国家骨干高职院校建设项目教材
高等职业技术教育项目化教材

水利工程施工技术

主　编　黄亚梅　张　军
副主编　雷衍波　黄　强　雷宏波
　　　　刘　伟　丘志平
主　审　黄善和　陆岸典

中国水利水电出版社
www.waterpub.com.cn

内 容 提 要

本书依据高等职业技术院校水利类专业水利工程施工技术的要求，采用以行动为导向、基于工作过程的理念，将知识学习和技能培养融入项目任务中，通过完成某一个施工项目来学习相关的知识和炼就相应的技能。

本书以施工导流、地基处理与灌浆施工、土石方工程施工、土石坝工程施工、混凝土坝工程施工、堤防与河道整治工程施工、渠系建筑物工程施工、水利工程施工组织与计划等8个项目为载体，以项目施工为主线，根据项目任务组织课程教学内容，使学生在通过基础知识学习、引例分析后掌握项目任务所需专业知识及技能。

本书可作为高职高专水利类专业水利工程施工课程教材及相关专业的教学参考书，也可供从事水利水电工程建设的专业技术人员、管理人员参考。

图书在版编目（CIP）数据

水利工程施工技术 / 黄亚梅，张军主编. -- 北京 : 中国水利水电出版社，2014.6(2023.2重印)
国家骨干高职院校建设项目教材. 高等职业技术教育项目化教材
ISBN 978-7-5170-1816-2

Ⅰ. ①水… Ⅱ. ①黄… ②张… Ⅲ. ①水利工程－工程施工－高等职业教育－教材 Ⅳ. ①TV52

中国版本图书馆CIP数据核字(2014)第112775号

书　名	国家骨干高职院校建设项目教材　高等职业技术教育项目化教材 **水利工程施工技术**
作　者	主　编　黄亚梅　张军 副主编　雷衍波　黄强　雷宏波　刘伟　丘志平 主　审　黄善和　陆岸典
出版发行	中国水利水电出版社 （北京市海淀区玉渊潭南路1号D座　100038） 网址：www.waterpub.com.cn E-mail：sales@mwr.gov.cn 电话：（010）68545888（营销中心）
经　售	北京科水图书销售有限公司 电话：（010）68545874、63202643 全国各地新华书店和相关出版物销售网点
排　版	中国水利水电出版社微机排版中心
印　刷	天津嘉恒印务有限公司
规　格	184mm×260mm　16开本　24.25印张　575千字
版　次	2014年6月第1版　2023年2月第5次印刷
印　数	7001—9000册
定　价	**65.00**元

前言

在国家高职教育发展如火如荼的今天，我院迎来了国家骨干高职院校建设的黄金机遇期，以培养学生岗位能力为目标、以水利工程项目为载体、联合水利企业共建的项目化课程改革也全面铺开。作为水利水电建筑工程专业建设核心课程之一的《水利工程施工技术》项目化教材就是在此背景下组织编写的。

水利工程施工技术是水利水电建筑工程专业、水利工程施工、水利工程监理、水利工程造价等专业的一门主要职业专业能力课程，也是一门综合应用性课程，强调实践性和综合性。其任务是培养学生分析工程条件、施工条件的能力，根据工程实际条件正确拟定、比选施工方案的能力，工程质量检测、控制的能力，施工机械设备选型及组合的能力，正确组织施工的能力。通过对这些能力的训练和培养，使学生具备水利工程各主要工种的实际操作技能，使学生具备对水工建筑物及水利工程正确组织施工的技能。

本书根据水利工程各主要工种和主要建筑物施工所对应的知识点和岗位技能要求，打破传统教学理念，采用以职业能力为导向，以项目为载体，任务驱动，基于系统化的工作过程来组织教学。全书共分8个项目，在每一个项目教学中，首先列出与实际工作岗位相对应的教学目标、教学要求；接着引入实际工程项目，介绍实施该项目所需的基本知识及基本技能；然后对项目进行分析，拟定项目的施工方案，正确组织施工；最后配合技能实训，强化学生的技能素养。本书将理论知识融入实际工程项目任务中，在完成任务的同时，学习专业知识和掌握专业技能，真正做到教、学、做一体化。

本书由广东水利电力职业技术学院黄亚梅高级工程师、副教授和张军高级工程师任主编，广东水利电力职业技术学院雷衍波高级工程师和黄强高级工程师、广东省水电二局股份有限公司雷宏波高级工程师、广东城华工程监理有限公司刘伟高级工程师、广东省水利水电第三工程局丘志平高级工程师任副主编，全书由广东省北江流域管理局黄善和教授级高级工程师和广东省水电二局股份有限公司陆岸典高级工程师主审。其中，项目1由张军、雷宏波编写；项目 2 由张军编写；项目 3、项目 4 由雷衍波、丘志平编写；项目 5 由黄亚梅编写；项目 6、项目 7 由黄强、刘伟编写；项目 8 由黄亚梅、雷宏波编写。

由于编者水平有限，书中不足之处敬请广大师生与读者批评指正，以便修订改进。如读者在使用本书的过程中有其他意见和建议，恳请向编者（huangym@gdsdxy.cn）踊跃提出宝贵意见，不胜感谢！

编者

2013 年 12 月

目录

项目1 施 工 导 流

【教学目标】

以一水闸工程项目为载体，通过该工程施工导流方案确定训练，掌握施工导流方案的编制、截流方案的选择及导流建筑物的设计，熟悉导流设计流量、截流设计流量的确定方法。

【教学要求】

知识要点	能力目标
施工导流的概念	理解施工导流的定义、方法及其适用条件，能根据工程实际选择合适的导流方法
施工导流方案设计	能根据资料划分导流时段，确定导流标准、导流流量，选择合适的导流方案，了解导流水力计算方法
围堰工程设计	能确定围堰的形式、构造与尺寸、布置，拟定围堰工程的填筑与拆除方法
截流工程设计	能确定截流标准、截流时段、截流流量，选择合适的截流方案，了解截流水力计算方法
基坑排水方法及设备布置设计	理解基坑排水方法，掌握基坑排水设备选型及布置设计

【引例】

稔坑水电站位于东江干流上游枫树坝水库至龙川县城河段，坝址位于龙川县黄石镇新联管理区境内，行政隶属龙川县黎咀镇。

东江发源于江西省的桠髻钵，上游称寻邬水，南流入广东境内，至龙川合河坝汇安远水后称东江。东江流经龙川、东源、源城、紫金、惠阳、惠城、博罗至东莞市的石龙，分南北两水道入狮子洋，经虎门出海。

稔坑水电站（二级）坝址位于黄石镇黄榜村，距上一级电站（龙潭）约17km，距枫树坝水库约29km，装机容量为3×6.7MW。电站承担枫树坝电厂的反调节任务，是一座以发电、反调节为主，兼顾航运和灌溉的低水头河床式径流电站。

稔坑水电站坝址以上流域面积为5500km^2，多年平均流量为140.7m^3/s。本阶段选定的正常蓄水位为84.5m，相应库容为1790万m^3。校核洪水位为85.11m，总库容为2060万m^3，电站总装机容量为20MW，多年平均发电量为7420万kWh。

坝址处河床宽约220m，河谷断面呈U形，主河道靠左侧；两岸地形为低丘陵，有不对称的一级阶地。右岸阶地较窄，宽15～20m，高程81～83m；左岸阶地宽120～150m，高程80～83m，厂房及上坝公路布置于此。坝址上游右岸500m及下游左岸200m地势相对较开阔平坦，均有阶地可布置施工临建设施。坝址至上游黎咀镇间无通航要求。

收集如气象、水文、地质概况等自然条件资料及施工现场如料场情况、地方材料、交通运输等相关资料。

试拟定该工程导、截流方案。

【基本知识学习】

1.1 施工导流方式

施工导流是指在水利水电工程中为保证河床中水工建筑物干地施工而利用围堰围护基坑，并将天然河道河水导向预定的泄水道，向下游宣泄的工程措施。

施工导流的方式大体上可分为两类基本方式，即分段围堰法导流和全段围堰法导流，还有一种辅助导流方式——淹没基坑法导流。

1.1.1 全段围堰法导流

全段围堰法导流，就是在河床主体工程的上、下游各建一道断流围堰，使水流经河床以外的临时或永久泄水道下泄。在坡降很陡的山区河道上，若泄水建筑物出口处的水位低于基坑处河床高程时，也可不修建下游围堰。主体工程建成或接近建成时，再将临时泄水道封堵。这种导流方式又称为河床外导流或一次拦断法导流。

按照泄水建筑物的不同，全段围堰法一般又可划分为明渠导流、隧洞导流和涵管导流。

1. 明渠导流

明渠导流是在河岸或滩地上开挖渠道，在基坑上、下游修建围堰，使河水经渠道向下游宣泄。一般适用于河流流量较大、岸坡平缓或有宽阔滩地的平原河道，如图1-1（a）所示。在规划时，应尽量利用有利条件以取得经济合理的效果。如利用当地老河道，或利用裁弯取直开挖明渠，或与永久建筑物相结合，埃及的阿斯旺坝就是利用了水电站的引水渠和尾水渠进行施工导流，如图1-1（b）所示。目前导流流量最大的明渠为中国三峡工程导流明渠，其轴线长3410.3m，断面为高低渠相结合的复式断面，最小底宽350m，设计导流流量为79000m^3/s，通航流量为20000～35000m^3/s。

导流明渠的布置设计，一定要以保证水流顺畅、泄水安全、施工方便、缩短轴线及减少工程量为原则。明渠进、出口应与上下游水流平顺衔接，与河道主流的交角以30°左右为宜；为保证水流畅通，明渠转弯半径应大于$5b$（b为渠底宽度）；明渠进出上下游围堰之间要有适当的距离，一般以50～100m为宜，以防明渠进出口水流冲刷围堰的迎水面。此外，为减少渠中水流向基坑内入渗，明渠水面到基坑水面之间的最短距离宜大于（2.5～3.0）H

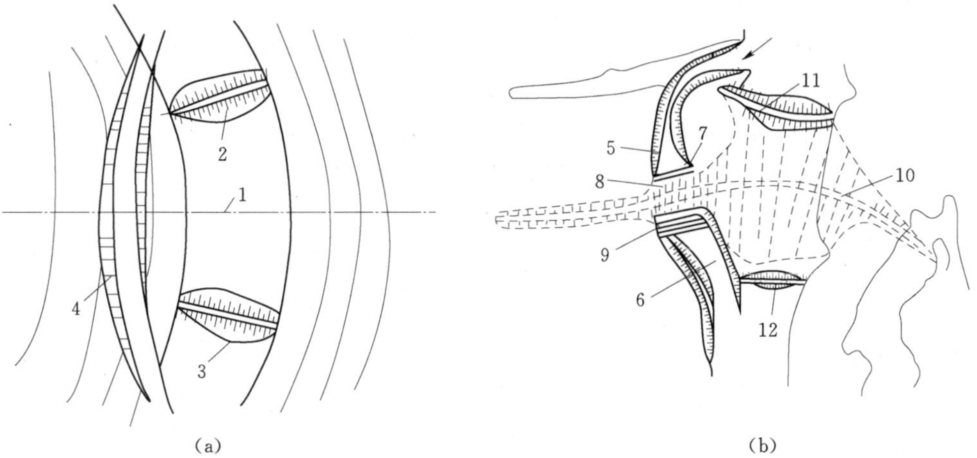

图 1-1 明渠导流示意图

(a) 在岸坡上开挖的明渠；(b) 利用水电站引水渠和尾水渠的导流明渠

1—水工建筑物轴线；2—上游围堰；3—下游围堰；4—导流明渠；5—电站引水渠；6—电站尾水渠；7—电站进水口；8—电站引水隧洞；9—电站厂房；10—大坝坝体；11—上游围堰；12—下游围堰

(H 为明渠水面与基坑水面的高差，以 m 计)。同时，为避免水流紊乱和影响交通运输，导流明渠一般单侧布置。

此外，对于要求施工期通航的水利工程，导流明渠还应考虑通航所需的宽度、深度和长度的要求。

2. 隧洞导流

隧洞导流是在河岸山体中开挖隧洞，在基坑的上下游修筑围堰，一次性拦断河床形成基坑，保护主体建筑物干地施工，天然河道水流全部或部分由导流隧洞下泄的导流方式。这种导流方法适用于河谷狭窄、两岸地形陡峻、山岩坚实的山区河流，如图 1-2 所示。

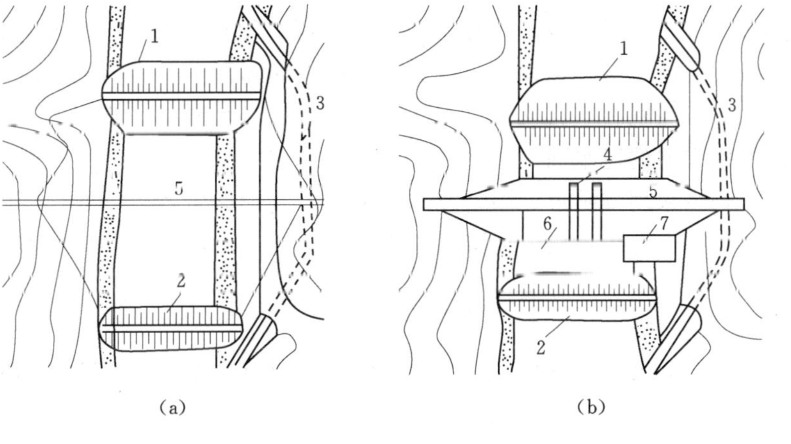

图 1-2 隧洞导流示意图

(a) 隧洞导流；(b) 隧洞导流并配合底孔宣泄汛期洪水

1—上游围堰；2—下游围堰；3—导流隧洞；4—底孔；5—坝轴线；6—溢流坝段；7—水电站厂房

例如，广东省乐昌峡水利枢纽工程导流洞工程，级别为4级，洞长约572m、洞口净断面为11m×13m，设计流量为1750m³/s；亚洲最大横断面的二滩导流隧洞工程，标准断面宽×高为17.5m×23m，两条洞长度分别为1.03km和1.1km，设计流量13500m³/s（图1-3）；金沙江溪洛渡导流隧洞工程，6条隧洞总长度达9.39km，标准断面达18m×20m，设计流量32000m³/s，是我国在建最大规模的导流隧洞工程。

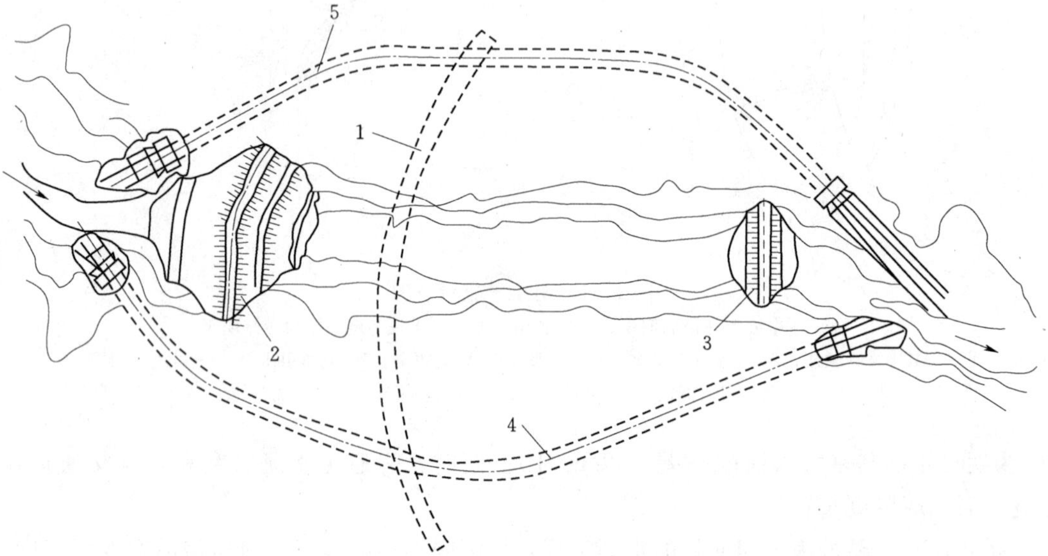

图1-3　二滩水电站隧洞导流

1—混凝土拱坝；2—上游围堰；3—下游围堰；4—右导流隧洞；5—左导流隧洞

导流隧洞的布置，取决于地形、地质、枢纽布置以及水流条件等因素，具体要求与水工隧洞类似。但必须指出，为了提高隧洞单位面积的泄流能力、减小洞径，应注意改善隧洞的过流条件。隧洞进出口应与上下游水流平顺衔接，与河道主流的交角以30°左右为宜；有条件时，隧洞最好布置成直线，若有弯道，其转弯半径以大于5b（b为洞宽）为宜；否则，因离心力作用会产生横波，或因流线折断而产生局部真空，影响隧洞泄流，严重时还会危及隧洞安全。隧洞进出口与上下游围堰之间要有适当距离，一般宜大于50m，以防隧洞进出口水流冲刷围堰的迎水面。

隧洞断面形式可采用方圆形、圆形或马蹄形，以方圆形居多。一般导流临时隧洞，若地质条件良好，可不做专门衬砌。为降低糙率，应进行光面爆破，以提高泄量，降低隧洞造价。

3. *涵管导流*

涵管一般为钢筋混凝土结构。河水通过埋设在坝下的涵管向下游宣泄，如图1-4所示。

涵管导流适用于导流流量较小的河流或只用来负担枯水期的导流。一般在修筑土坝、堆石坝等工程中采用。涵管通常布置在河岸滩地上，其位置常在枯水位以上，这样可在枯水期不修围堰或只修小围堰而先将涵管筑好，然后再修上、下游断流围堰，将河水经涵管下泄。

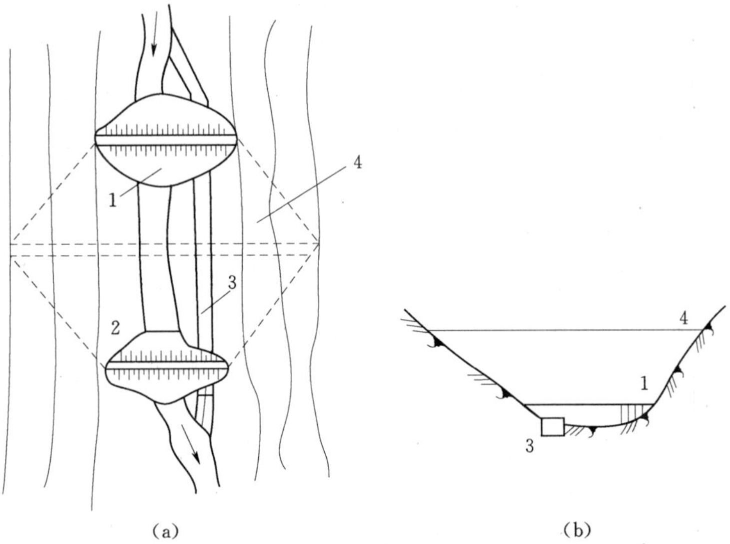

图 1-4 涵管导流示意图
(a) 平面图；(b) 上游立视图
1—上游围堰；2—下游围堰；3—涵管；4—坝体

涵管外壁和坝身防渗体之间易发生接触渗流，通常可在涵管外壁每隔一定距离设置截流环，以延长渗径，降低渗透坡降，减少渗流的破坏作用。此外，必须严格控制涵管外壁防渗体填料的压实质量。涵管管身的温度缝或沉陷缝中的止水也必须认真对待。

1.1.2 分段围堰法导流

分段围堰法导流，也称分期围堰导流，就是用围堰将水工建筑物分段分期围护起来进行施工的方法。分段就是将河床围成若干个干地施工基坑，分段进行施工。分期就是从时间上按导流过程划分施工阶段。段数分得越多，围堰工程量越大，施工也越复杂；同样，期数分得越多，工期有可能拖得越长。因此，在工程实践中，两段两期导流采用的最多，如图 1-5 所示。

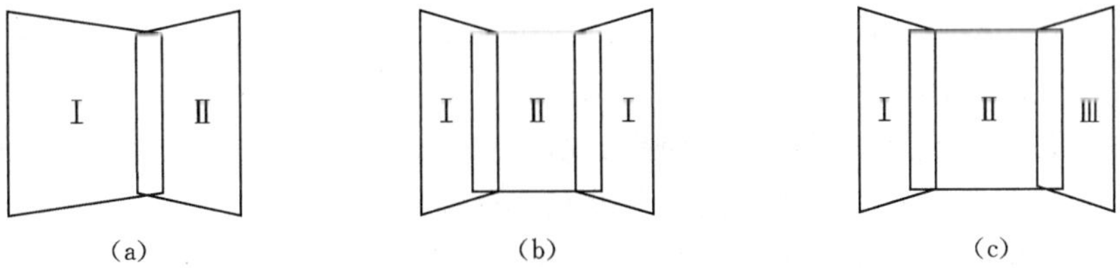

图 1-5 导流分期与分段示意图
(a) 两段两期；(b) 三段两期；(c) 三段三期
Ⅰ—一期基坑；Ⅱ—二期基坑；Ⅲ—三期基坑

图 1-6 所示为两期导流的例子。先在右岸进行第一期工程的施工，水流由左岸的束窄河床宣泄。一般情况下，在修建第一期工程时，为使水电站、船闸早日投入运行，满足初期发电和通航的要求，应优先考虑建造水电站、船闸，并在建造物内预留底孔、缺口等；或者在一期基坑里应有二期导流的泄水建筑物，如溢流坝段、泄水闸等。到第二期工程施工时，水流就可以通过船闸、预留底孔、缺口或溢流坝段等泄水通道下泄了。

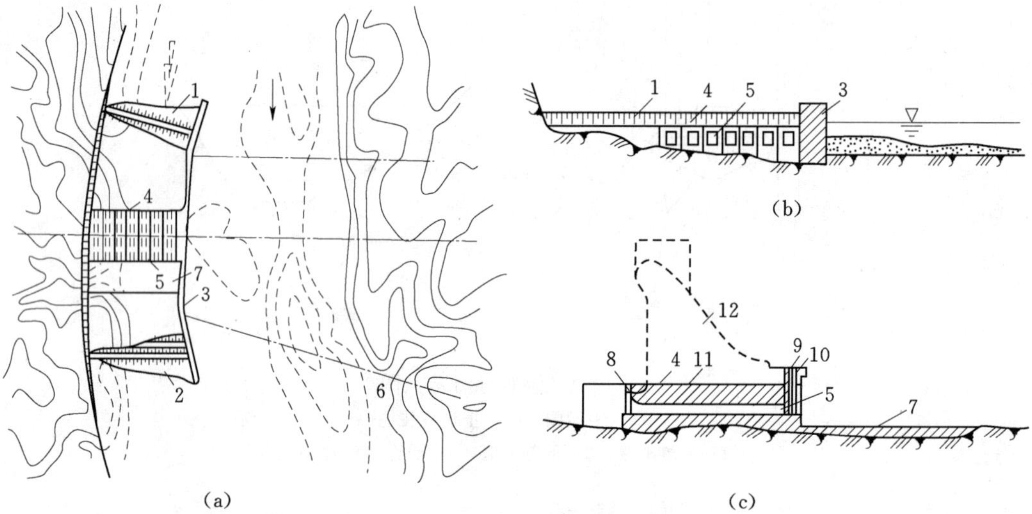

图 1-6 利用导流底孔、缺口导流的两段两期导流

(a) 平面图；(b) 下游立视图；(c) 导流底孔纵断面图

1—一期上游横向围堰；2—一期下游横向围堰；3—一、二期纵向围堰；4—预留缺口；5—导流底孔；6—二期上、下游围堰轴线；7—护坦；8—封堵闸门槽；9—工作闸门槽；10—事故闸门槽；11—已浇筑的混凝土坝体；12—未浇筑的混凝土坝体

1.1.3 导流方式的选择

1. 选择导流方式的一般原则

导流方式的选择，应当是工程施工组织总设计的一部分。导流方式选择是否得当，不仅对于导流费用有重大影响，而且对整个工程设计、施工总进度和总造价都有重大影响。导流方式的选择一般遵循以下原则：

(1) 导流方式应保证整个枢纽施工进度最快、造价最低。

(2) 因地制宜，充分利用地形、地质、水文及水工布置特点选择合适的导流方式。

(3) 应使整个工程施工有足够的安全度和灵活性。

(4) 尽可能满足施工期国民经济各部门的综合利用要求，如通航、过鱼、供水等。

(5) 施工方便，干扰小，技术上安全可靠。

2. 影响导流方案选择的主要因素

水利水电枢纽工程施工，从开工到完工往往不是采用单一的导流方式，而是几种导流方式组合起来配合运用，以取得最佳的技术经济效果。这种不同导流时段、不同导流方式的组合，通常称为导流方案。选择导流方案时应考虑的主要因素有以下几种：

(1) 水文条件。河流的水文特性，在很大程度上影响着导流方式的选择。每种导流方式均有适用的流量范围。除了流量大小外，流量过程线的特征、冰情与泥沙也影响着导流方式的选择。

(2) 地形、地质条件。前面已叙述过每种导流方式适用于不同的地形地质条件，如宽阔的平原河道，宜用分期或导流明渠导流，河谷狭窄的山区河道，常用隧洞导流。当河床中有天然石岛或沙洲时，采用分段围堰法导流，更有利于导流围堰的布置，特别是纵向围堰的布置。在河床狭窄、岸坡陡峻、山岩坚实的地区，宜采用隧洞导流。至于平原河道、河流的两岸或一岸比较平坦，或有河湾、老河道可资利用，则宜采用明渠导流。

(3) 枢纽类型及布置。水工建筑物的形式和布置与导流方案的选择相互影响，因此，在决定水工建筑物型式和布置时，应该同时考虑并初步拟定导流方案，应充分考虑施工导流的要求。

分期导流方式适用于混凝土坝枢纽；而土坝枢纽因不宜分段填筑，且一般不允许溢流，故多采用全段围堰法。高水头水利枢纽的后期导流常需多种导流方式的组合，导流程序也较复杂。例如，狭窄处高水头混凝土坝前期导流可用隧洞，但后期导流则常利用布置在坝体不同高程的泄水孔过流；高水头土石坝的前后期导流，一般采用布置在两岸不同高程上的多层隧洞；如果枢纽中有永久泄水建筑物，如泄水闸、溢洪坝段、隧洞、涵管、底孔、引水渠等，应尽量加以利用。

(4) 河流综合利用要求。施工期间，为了满足通航、筏运、供水、灌溉、生态保护或水电站运行等的要求，导流问题的解决更加复杂。在通航河道上，大都采用分段围堰法导流，要求河流在束窄以后，河宽仍能便于船只的通行，水深要与船只吃水深度相适应，束窄断面的最大流速一般不应超过 2.0m/s，特殊情况需与当地航运部门协商研究确定。

分期导流和明渠导流易满足通航、过木、过鱼、供水等要求。而某些峡谷地区的工程，为了满足过木要求，用明渠导流代替隧洞导流，这样又遇到了高边坡深开挖和导流程序复杂化的问题，这就往往需要多方面比较各种导流方案的优缺点再选择。在施工中、后期，水库拦洪蓄水时要注意满足下游供水、灌溉用水和水电站运行的要求。而某些工程为了满足过鱼需要，还需建造专门的鱼道、鱼类增殖站或设置集鱼装置等。

(5) 施工进度、施工方法及施工场地布置。水利水电工程的施工进度与导流方案密切相关，通常是根据导流方案安排控制性进度计划。在水利水电枢纽施工导流过程中，对施工进度起控制作用的关键性时段主要有导流建筑物的完工工期、截断河床水流的时间、坝体拦洪的期限、封堵临时泄水建筑物的时间以及水库蓄水发电的时间等，各项工程的施工方法和施工进度之间影响到各时段中导流任务的合理性和可能性。例如，在混凝土坝枢纽中，采用分段围堰法施工时若导流底孔没有建成，就不能截断河床水流和全面修建第二期围堰；若坝体没有达到一定高程和没有完成基础及坝身纵缝的接缝灌浆，就不能封堵底孔，水库也不能蓄水。因此，施工方法、施工进度与导流方案是密切相关的。

此外，导流方案的选择与施工场地的布置也相互影响。例如，在混凝土坝施工中，当混凝土生产系统布置在一岸时，宜采用全段围堰法导流。若采用分段围堰法导流，则应以混凝土生产系统所在的一岸作为第一期工程，因为这样两岸施工交通运输问题比较容易解决。

导流方案的选择受多种因素的影响。一个合理的导流方案，必须在周密研究各种影响因素的基础上，拟定几个可能的方案，并进行技术经济比较，从中选择技术经济指标优越的方案。

导流工程实例：

举世闻名的三峡水利枢纽工程采用两段三期导流方式。第一期导流，利用中堡岛修建一期土石围堰围护右岸叉河，一期基坑内修建导流明渠和碾压混凝土纵向围堰。同时在左岸岸坡修建临时船闸。本期江水及船舶仍从主河床通过。第二期导流，修建二期上、下游横向围堰，与混凝土纵向围堰形成二期基坑，进行河床泄洪坝段、左岸电站坝段、左岸电站厂房施工。同时在左岸修建永久通航建筑物。二期导流期间，江水经导流明渠下泄，船舶经明渠或临时船闸通行。第三期导流，修建三期碾压混凝土围堰，拦断明渠并蓄水至135m高程，左岸电站及永久船闸可开始投入运用。三期围堰与混凝土纵向围堰形成三期基坑，修建右岸大坝和电站。三期导流期间，江水经由永久深孔和设于泄洪坝段的22个临时导流底孔下泄，船舶经永久船闸通行，如图1－7所示。

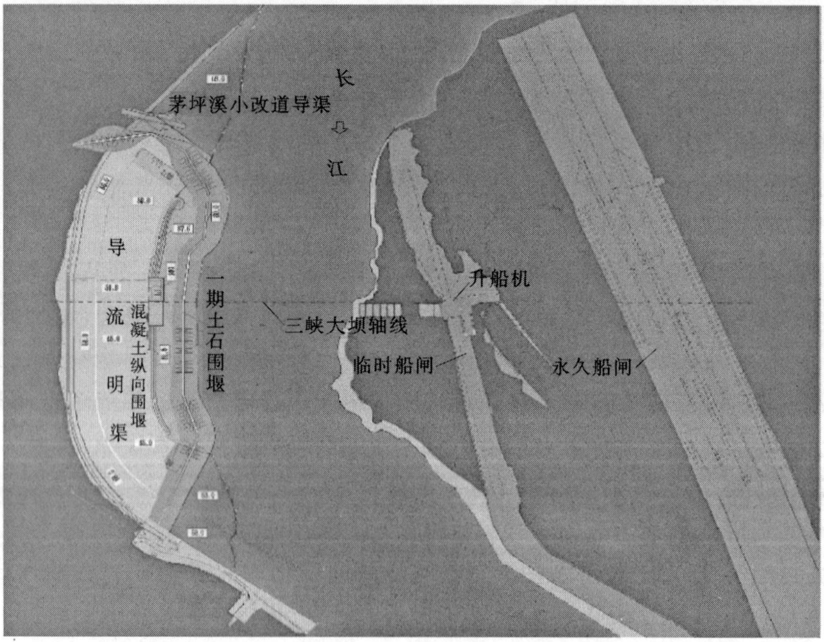

(a)

图1－7（一） 三峡水利枢纽工程三期导流方式

(a) 一期导流（1993～1997年）

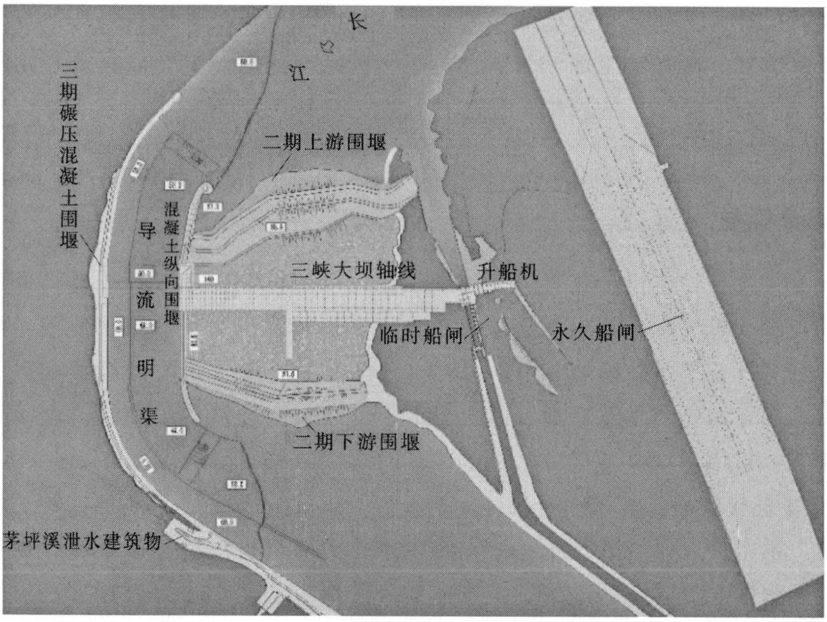

(b)

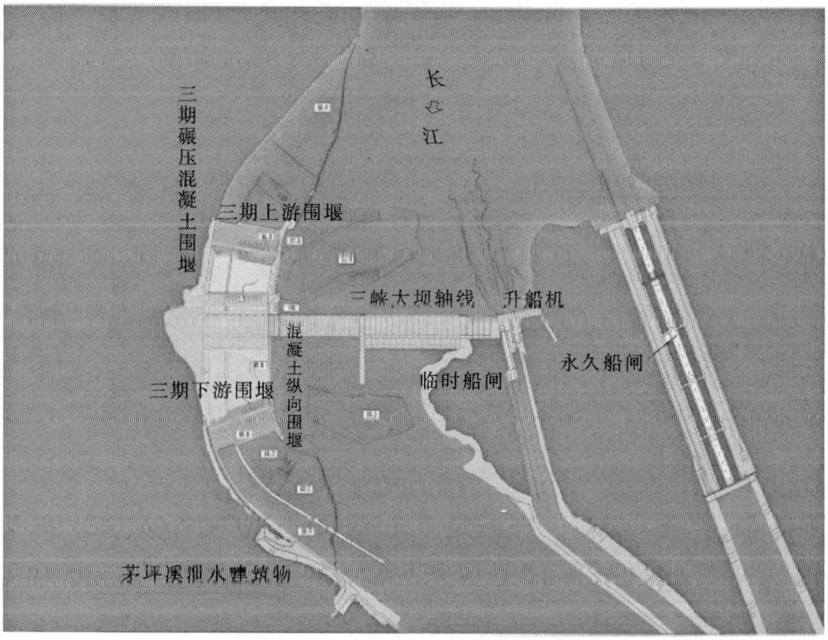

(c)

图 1-7（二） 三峡水利枢纽工程三期导流方式

(b) 二期导流（1998～2003 年）；(c) 二期导流（2004～2009 年）

1.2 导流设计流量及导流水力计算

在拟定导流方案时，面临的第一个问题就是导流设计流量的确定。导流设计流量是选择导流方案，设计导流建筑物规模的主要依据。目前，导流设计流量是按照导流时段根据导流标准来确定的。而在施工前，若能预报整个施工期的水情变化，据此拟定导流设计流量，最符合经济与安全施工的原则。但这种长期的预报，目前还不明确，难以作为确定导流设计流量的依据。

1.2.1 导流标准

导流标准是选择导流设计流量进行施工导流设计的标准。导流标准的高低实质上是风险度大小的问题。导流标准是根据导流建筑物的保护对象、失事后果、使用年限和工程规模等指标，划分导流建筑物的级别（3～5 级），再根据导流建筑物的级别和类型，并结合风险度分析，确定相应的洪水标准。施工导流标准还包括坝体施工期临时度汛洪水标准和导流泄水建筑物封堵后坝体度汛洪水标准。

1. 导流建筑物级别及其洪水标准

目前施工洪水计算是用数理统计法，将洪水作为随机事件，以概率形式预估可能发生的情势，然后根据导流建筑物的级别，选择某一洪水重现期作为导流标准。导流建筑物属于临时性水工建筑物，根据《水利水电工程等级划分及洪水标准》（SL 252—2000），其级别应根据保护对象的重要性、失事后果、使用年限和临时性建筑物规模，按表 1－1 确定。当导流建筑物按表 1－1 指标分属不同级别时，其级别应按其中最高级别确定。但对 3 级导流建筑物，符合该级别规定的指标不得少于两项。

表 1－1　　导流建筑物级别划分

级别	保护对象	失事后果	使用年限（年）	导流建筑物规模	
				围堰高度（m）	库容（$10^8 m^3$）
3	有特殊要求的 1 级永久性水工建筑物	淹没重要城镇、工矿企业、交通干线或推迟工程总工期及第一台（批）机组发电，造成重大灾害和损失	＞3	＞50	＞1.0
4	1 级、2 级永久性水工建筑物	淹没一般城镇、工矿企业，或影响工程总工期及第一台（批）机组发电，造成较大经济损失	1.5～3	15～50	0.1～1.0
5	3 级、4 级永久性水工建筑物	淹没基坑，但对总工期及第一台（批）机组发电影响不大，经济损失较小	＜1.5	＜15	＜0.1

导流建筑物的洪水标准，根据建筑物的结构类型和级别，在表 1－2 规定的幅度内，结合风险度综合分析，合理选用。对失事后果严重的，应考虑遇超标准洪水的应急措施。

表 1－2　　导流建筑物洪水标准［重现期（年）］

导流建筑物类型	导流建筑物级别		
	3	4	5
土石结构	50～20	20～10	10～5
混凝土、浆砌石结构	20～10	10～5	5～3

2. 坝体施工期临时度汛洪水标准

施工中后期的施工导流，往往需要由坝体挡水或拦洪。当坝体筑高到不需围堰保护时，其临时度汛洪水标准应根据坝型及坝前拦洪库容按表1-3规定执行。

表1-3　　坝体施工期临时度汛洪水标准［重现期（年）］

坝　型	拦洪库容（$10^8 m^3$）		
	≥1.0	1.0～0.1	＜0.1
土石坝	≥100	100～50	50～20
混凝土坝、浆砌石坝	≥50	50～20	20～10

3. 导流泄水建筑物封堵后坝体度汛洪水标准

导流泄水建筑物封堵后，如永久泄洪建筑物尚未具备设计泄洪能力，坝体度汛洪水标准的确定，应对坝体施工和运行要求进行分析后，按表1-4的规定执行。汛前坝体上升高度应满足拦洪要求，帷幕灌浆及接缝灌浆高程应满足蓄水要求。

表1-4　　导流泄水建筑物封堵后坝体度汛洪水标准［重现期（年）］

坝　型		大坝级别		
		1	2	3
土石坝	设计	500～200	200～100	100～50
	校核	1000～500	500～200	200～100
混凝土坝 浆砌石坝	设计	200～100	100～50	50～20
	校核	500～200	200～100	100～50

导流泄水建筑物的封堵时间应在满足水库拦洪蓄水要求的前提下，根据施工总进度确定。封堵下闸的设计流量可用封堵时段5～10年重现期的月或旬平均流量，或按实测水文统计资料分析确定。封堵工程施工阶段的导流设计标准，可根据工程的重要性、失事后果等因素在该时段5～20年重现期进行选择确定。

1.2.2　导流时段的划分

在工程施工过程中的不同阶段，可以采用不同的导流方式和不同类型的挡水、泄水建筑物。不同导流方法组合的顺序，即为导流程序。导流时段就是按照导流程序所划分的各个施工阶段的延续时间。

导流时段的划分，主要与河道水文特性、枢纽类型、导流方式、施工总进度及工期等有关。从施工角度对全年流量变化过程线所划分出的水文时段（图1-8），是划分导流时段的基本依据。

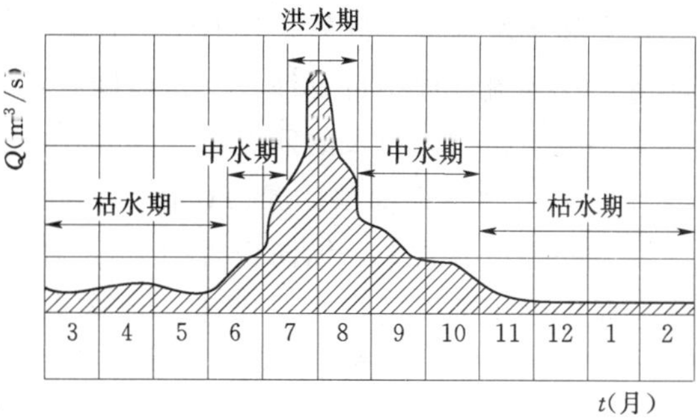

图1-8　河流全年流量变化过程线

我国河流的全年流量变化过程一般如图1-8所示。按河流的水文特征可分为枯水期、中水期和洪水期。在不影响主体工程施工的条件下，若导流建筑物只担负枯水期的挡水、泄水任务，显然可大大减少导流建筑物的工程量，改善导流建筑物的工作条件，具有明显的技术经济效果。因此，合理划分导流时段，明确不同时段导流建筑物的工作条件，是既安全又经济地完成导流任务的基本要求。

一般土石坝、堆石坝等不允许坝顶溢流，若在一个枯水期能建成，则导流时段即考虑取枯水期；若在一个枯水期不能建成拦洪时，导流时段就要考虑以全年为标准，其导流设计流量就应以年最大洪水的一定频率来设计；又若能争取让土坝在汛前修到临时拦洪断面，则导流时段可按不包括汛期的施工时段为标准，导流设计流量即为该时段按某导流标准的设计频率计算得到的最大流量，既可缩短围堰使用期限、降低围堰高度、减少围堰工程量，又能达到安全度汛、经济合理与快速施工的目的。若土石坝、堆石坝在施工期间坝体泄洪，应通过水力计算或经水工模型试验专门论证确定坝体堆筑高度、过流断面形式、水力学条件及相应的防护措施。

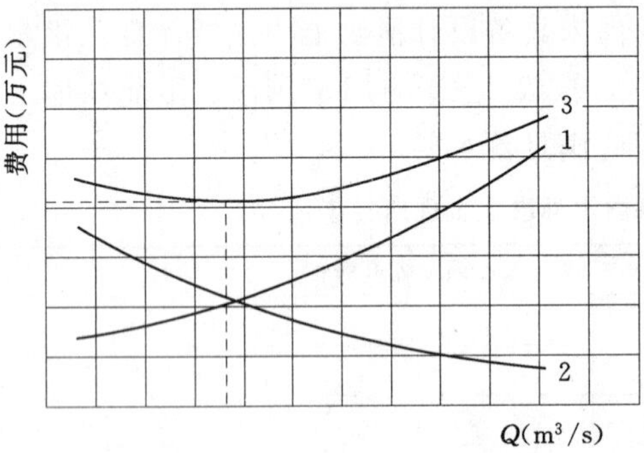

图 1-9　导流建筑物费用、基坑淹没损失费用与导流设计流量的关系

1—导流建筑物费用曲线；2—基坑淹没损失费用曲线；3—导流总费用曲线

对于混凝土坝、浆砌石坝等施工期允许坝顶溢流的建筑物，可考虑洪峰来时，让未建成的主体工程过水，部分或全部工程停工，待洪水过后再继续施工。尤其山区河流的特点是洪水期流量大、历时短，而枯水期流量则很小，水位暴涨暴落、变幅很大，此时可考虑采用允许基坑淹没作为辅助导流方式。选择的导流设计流量越低，基坑的年淹没次数就越多、年有效施工天数就越少，相应的基坑淹没损失就越大，而导流建筑物的费用则越低；反之，则基坑淹没损失就越小，而导流建筑物的费用则越高。因此，从经济的角度应选择导流总费用曲线（图 1-9）的最低点，然后再论证该方案的技术可行性。在采用允许基坑淹没的导流方案时，应注意对未建成的主体工程及施工设施的保护，如电站厂房、已开挖基坑、建在基坑内部的工厂及设施等。

1.2.3　导流水力计算

导流水力计算的主要任务是估算各种导流泄水建筑物的泄水能力，确定泄水建筑物的规模尺寸和围堰高度。此外，还有一些计算课题，如冲刷、汽蚀、波浪、渗流、施工调洪演算等，在导流设计中也有涉及。这些问题需参考水力学、水文学等相关著作，这里只讨论几个一般著作中未提及的问题。

1. 分期导流纵向围堰位置的选择

在分期导流方式中，纵向位置的布置与施工是关键问题之一。选择纵向围堰位置，实际上就是要确定适宜的河床束窄度。河床束窄度就是天然河流过水面积被围堰束窄的程度，一般用式（1-1）表示，即

$$K=\frac{A_2}{A_1}\times 100\% \tag{1-1}$$

式中 K——床束窄度，一般取值范围在40%～70%之间；

A_2——围堰和基坑所占的过水面积，m^2；

A_1——原河床的过水面积，m^2。

适宜的纵向围堰位置，与以下因素有关：

(1) 地形地质条件。河心洲、浅滩、小岛等，都是可供布置纵向围堰的有利条件。施工时可先围这一岸，利于初期通航、泄水宣泄及防冲保护，也利用初期施工组织，由简至繁。

(2) 枢纽建筑物的布置。尽可能利用厂房、闸坝等建筑物之间的隔水导墙作为纵向围堰的一部分。

(3) 河床允许束窄度。河床允许束窄度主要与河床地质条件和通航要求有关。

(4) 导流泄水的要求。进行一期导流布置时，需要考虑的问题是：一期基坑中能否布置下宣泄二期导流流量的泄水建筑物，二期施工时的截流落差是否过大。

(5) 施工布局的合理性。各期基坑中的施工强度应尽量均衡。

2. 束窄河床段的平均流速

束窄河床段的平均流速，可粗略按式（1－2）确定，即

$$v_c=\frac{Q}{\varepsilon(A_1-A_2)} \tag{1-2}$$

式中 v_c——束窄段河床的平均流速，m/s；

Q——导流设计流量，m^3/s；

ε——侧收缩系数，单侧收缩时采用0.95，两侧收缩时采用0.90。

3. 束窄河床段的水位壅高

由于围堰将河床束窄，改变了河床内原来的水流状态，在束窄段前产生水位壅高（图1－10），其壅高值可由式（1－3）估算，即

$$z=\frac{v_c^2}{2g\varphi^2}-\frac{v_0^2}{2g} \tag{1-3}$$

式中 z——壅高，m；

φ——流速系数，随围堰的平面布置型式而定，当平面布置为矩形时φ取值范围为0.75～0.85，为梯形时φ取值范围为0.80～0.85，有导流墙时φ取值范围为0.85～0.90；

v_0——行近流速，m/s；

g——重力加速度，$g=9.81m/s^2$。

4. 泄水建筑物的水力计算

如前所述，泄水建筑物如明渠、隧洞、底孔、坝体缺口、涵管、闸坝等的过流计算或规模尺寸需通过水力计算确定。这些知识在水力学、水文学等相关著作中叙述，这里不作介绍。

5. 上、下游围堰堰顶高程

围堰堰顶高程取决于导流设计流量及围堰的工作条件。

下游围堰的堰顶高程由式（1－4）决定，即

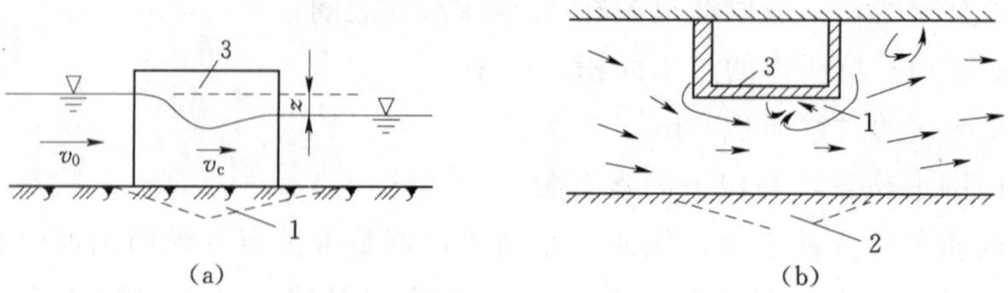

图 1-10　束窄河床段水力计算简图
(a) 剖面图；(b) 平面图
1、2—冲刷河段；3—围堰

$$H_d = h_d + h_a + \delta \tag{1-4}$$

式中　H_d——下游围堰堰顶高程；

h_d——下游水位高程，可直接从河流水位流量关系查出；

h_a——围堰的安全超高，对于不过水围堰可按表 1-5 确定，对于过水围堰可不予考虑。

表 1-5　　不过水围堰顶安全超高下限值　　（单位：m）

围堰型式	围堰级别	
	3	4～5
土石围堰	0.7	0.5
混凝土围堰、浆砌石围堰	0.4	0.3

上游围堰的堰顶高程由式（1-5）决定，即

$$H_u = h_d + z + h_a + \delta \tag{1-5}$$

式中　H_u——上游围堰堰顶高程，m；

z——上下游水位差，m。

其余符号意义同式（1-4）。

必须指出，当围堰要拦蓄一部分水流时，则堰顶高程应通过调洪计算确定。

纵向围堰的堰顶高程，要与束窄河段宣泄导流设计流量时的水面曲线相适应。因此，纵向围堰的顶面往往做成阶梯形或倾斜状，其上游和下游分别与上游围堰和下游围堰堰顶同高。

1.3　围堰工程

围堰是导流工程中的临时性挡水建筑物，用来围护施工基坑，保证水工建筑物能在干地施工。一般属临时性工程，但也常与主体工程结合而成为永久工程的一部分。在导流任务完成后，若对永久建筑物的运行或对施工有妨碍时，应予以拆除。

进行围堰设计时，必须根据当时当地具体条件，在满足下述基本要求的原则下，通过技术经济比较加以选定。

(1) 安全可靠，具有足够的稳定性、防渗性、抗冲性和强度。

(2) 就地取材，充分利用开挖弃料，造价便宜，构造简单，修建、拆除方便。

(3) 围堰的布置，应力求使水流平顺，不发生严重的局部冲刷。

(4) 堰基易于处理，围堰接头、与岸坡连接处要可靠，避免集中渗漏破坏。

(5) 必要时应设置抵抗冰凌、船筏冲击破坏的设施。

围堰按其与水流相对位置的不同，可分为横向围堰和纵向围堰；按导流期间基坑是否淹没，可分为过水围堰和不过水围堰。过水围堰应同时满足挡水和堰顶过水的要求；按构造和使用材料的不同，主要有土石围堰、混凝土围堰、草土围堰、木笼围堰、竹笼围堰、钢板桩格形围堰等；按围堰挡水时段，可分为全年挡水围堰和枯水期挡水围堰。

1.3.1 围堰的基本型式及构造

1. 土石围堰

土石围堰能充分利用当地材料或废弃的土石方，构造简单，施工方便。地基适应性强，可以在水流中、深水中、岩基上或有覆盖层的河床上修建。施工时，可与截流戗堤结合，可利用开挖弃渣，并可直接利用主体工程开挖装运设备进行机械化快速施工，是应用最广泛的围堰型式。

土石围堰工程量大，抗冲刷能力较低，堰身沉陷变形较大，占地面积大，一般多用于横向围堰，但在宽阔河床中，如有可靠的防冲保护措施，也可用于纵向围堰。此外，土石围堰一般不允许堰顶过水，其防渗结构形式有斜墙式、斜墙带水平铺盖式、垂直防渗墙式及帷幕灌浆式等，如图 1－11 所示。

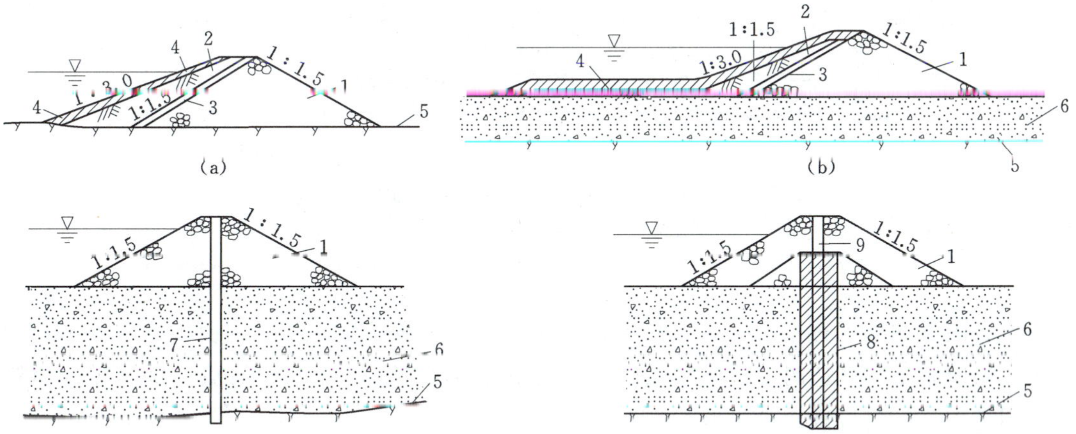

图 1－11 不过水土石围堰
(a) 斜墙式；(b) 斜墙带水平铺盖式；(c) 垂直防渗墙式；(d) 帷幕灌浆式
1—堆石体；2—黏土斜墙；3—反滤层；4—护面；5—隔水层；6—砂砾覆盖层；
7—垂直防渗墙；8—帷幕灌浆；9—黏土心墙

除了常用土质斜墙或心墙防渗、混凝土防渗墙、帷幕灌浆等方法解决防渗问题外，近年也广泛采用土工膜等材料防渗及高压喷射灌浆技术等，如图 1－12 所示。

当采用允许基坑淹没的导流方式时，围堰堰体必须允许过水。过水土石围堰的关键在

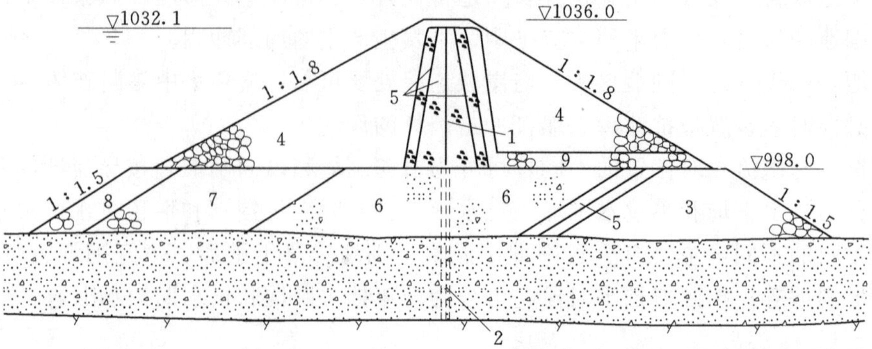

图 1-12 小湾水电站上游围堰断面

1—土工膜心墙；2—高压旋喷灌浆防渗墙（3 排）；3—截流戗堤；4—堆石；5—过渡料；6—水中抛填砂砾石；7—水中抛填石渣；8—水中抛填堆石；9—排水棱体

于在下游坡面及堰脚应采取可靠的加固保护措施。目前常采用的措施有大块石护面、钢筋石笼护面、加筋护面及混凝土板护面等，应用较普遍的是混凝土板护面，如图 1-13 所示。

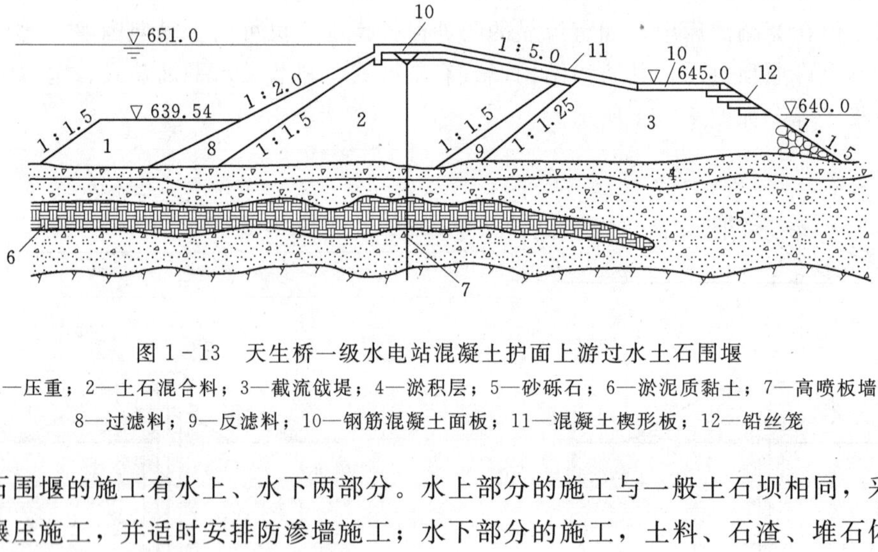

图 1-13 天生桥一级水电站混凝土护面上游过水土石围堰

1—压重；2—土石混合料；3—截流戗堤；4—淤积层；5—砂砾石；6—淤泥质黏土；7—高喷板墙；8—过滤料；9—反滤料；10—钢筋混凝土面板；11—混凝土楔形板；12—铅丝笼

土石围堰的施工有水上、水下两部分。水上部分的施工与一般土石坝相同，采用分层填筑，碾压施工，并适时安排防渗墙施工；水下部分的施工，土料、石渣、堆石体的填筑可采用进占法，也可采用各种驳船抛填水下材料。

土石围堰与岸坡的接头，主要通过扩大接触面和嵌入岸坡的方法，以延长塑性防渗体的接触，防止集中绕渗破坏。土石围堰与混凝土纵向围堰的接头，通常采用刺墙形式插入土石围堰的塑性防渗体中，并将接头的防渗体断面扩大，以保证在任一高程处均能满足绕流渗径长度要求。

2. 混凝土围堰

混凝土围堰的特点是挡水水头高，底宽小，抗冲能力大，堰顶可溢流。尤其是在分段围堰法导流施工中，用混凝土浇筑的纵向围堰可以两面挡水，而且可与永久建筑物相结合作为坝体或闸室体的一部分。

混凝土围堰是用常态混凝土或碾压混凝土建筑而成。近年来，由于碾压混凝土施工具有施工速度快，造价低，过水时安全性高等优势而广泛应用，也常采用碾压混凝土修筑围堰。如广西岩滩上下游RCC围堰（高52.3m），广西龙滩RCC重力围堰（高87.6m），三峡二期的纵向围堰，全长1218m，最大堰高达95m，碾压混凝土量达142万m^3；三峡三期上游RCC重力围堰（高121.0m）等。混凝土围堰宜建在岩石地基上，因此一般需在低水土石围堰保护下干地施工，也可创造条件在水下浇筑混凝土或预埋骨料灌浆。

混凝土围堰结构形式有重力式、拱形、支墩式等形式，断面可做成实体式，也可做成空心式，如图1－14和图1－15所示。重力式混凝土围堰往往可兼作第一期和第二期纵向围堰，两侧均能挡水，还能作为永久建筑物的一部分，如隔墙、导墙等，因此得到广泛使用。拱形混凝土围堰，由于利用了混凝土抗压强度较高的特点，与重力式围堰相比，断面较小，可节省混凝土工程量。当河谷狭窄且堰基和两岸地质条件良好时可考虑采用混凝土拱围堰。

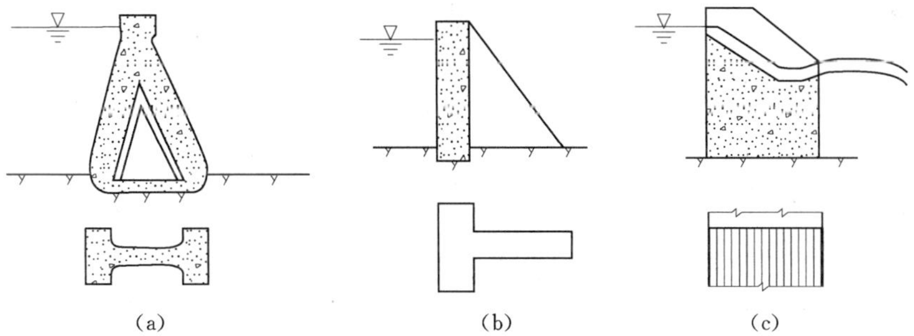

图1－14 混凝土围堰

(a) 双向挡水支墩式；(b) 撑墙式；(c) 溢流重力式

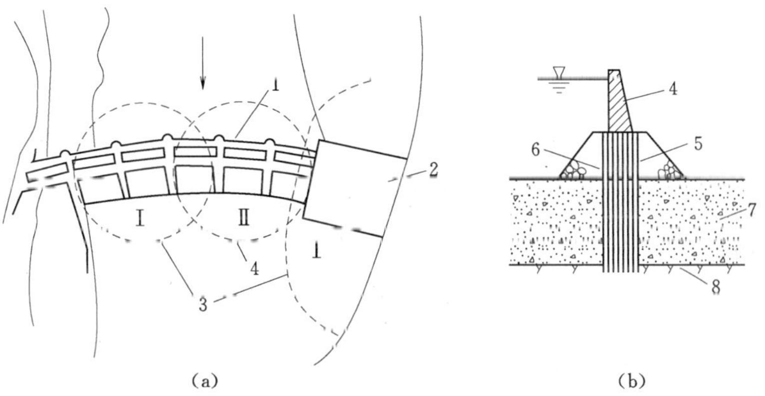

图1－15 维勒大坝工程重力式拱形围堰

(a) 平面图；(b) 横断面图

Ⅰ—一期基坑；Ⅱ—二期基坑

1—主体建筑物；2—水电站；3—一期围堰；4—二期围堰；5—堆石体；6—灌浆帷幕；7—覆盖层；8—基岩

3. 钢板桩格形围堰

钢板桩格形围堰是由一系列彼此相连的格体形成外壳，然后再内填以土料或砂料构成。格体是土或砂料和钢板桩的组合结构，由横向拉力强的钢板桩联锁围成一定几何形状的封闭系统。钢板桩格形围堰按挡水高度不同，其平面形式有圆筒形格体、扇形格体、花瓣形格体（图1-16），目前应用较多的是圆筒形格体。

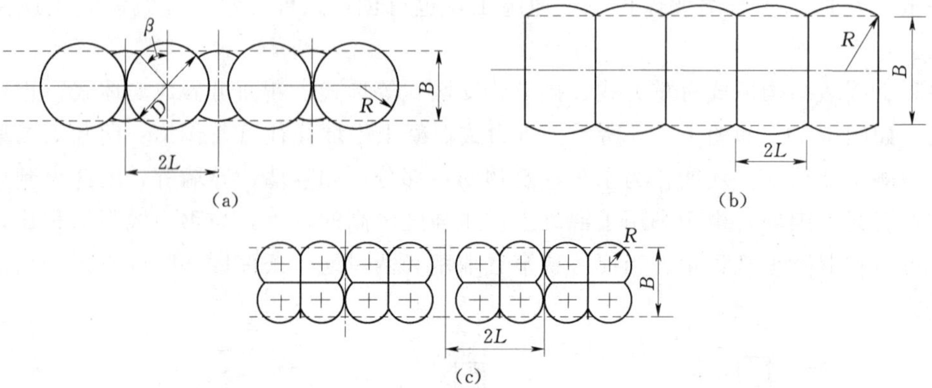

图1-16　钢板桩格形围堰平面形式

(a) 圆筒形格体；(b) 扇形格体；(c) 花瓣形格体

圆筒形格体钢板桩围堰是由“一”字形钢板桩拼装而成，由一系列主格体和连弧段所构成。格体内填充透水性较强的填料，如砂、砂卵石或石渣等（图1-17）。

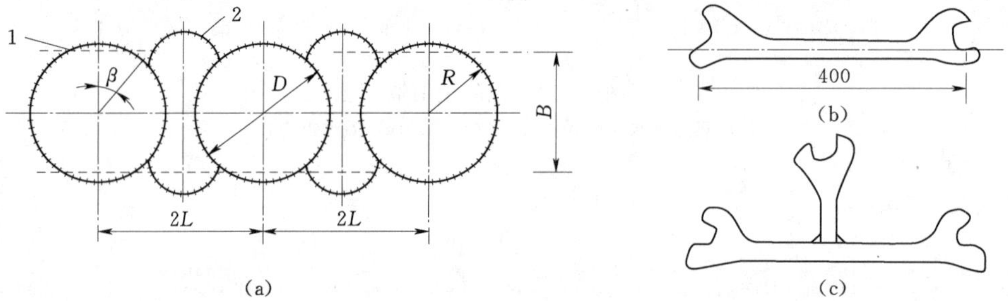

图1-17　圆筒形格体钢板桩围堰（单位：mm）

(a) 平面图；(b)“一”字形钢板桩；(c) 钢板桩异形接头

钢板桩围堰具有以下优点：修建和拆除可以高度机械化，钢板桩的回收率高，可达70%以上；边坡垂直、断面小、占地少、安全可靠等。一般适用于挡水高度小于15～18m的工程，可以建在岩基或非岩基上，也可作过水围堰用。葛洲坝工程曾采用圆筒形格体钢板桩围堰作为纵向围堰的一部分。

钢板桩格形围堰修建工序为定位、打设模架支柱、模架就位、安插打设钢板桩、安装围檩和拉杆、拆除支柱和模架、填充沙砾料至最高要求高度。

4. 草土围堰

草土围堰是一种草土混合结构。草土围堰能就地取材，结构简单，施工方便，造价低，防渗性能好，适应能力强，便于拆除，施工速度快。但草土围堰不能承受较大的水头，一般适用于水深不大于 6～8m，流速小于 3～5m/s，使用期在两年内的中、小型水利工程。

草土围堰是一种草土混合结构，多用捆草法修建。草土围堰的断面一般为矩形或边坡很陡的梯形，坡比为 1∶0.2～1∶0.3，如图 1－18 所示。断面尺寸除应满足抗滑、抗倾覆、防渗等要求外，还须考虑施工工程中的运草、运土等要求。根据实践经验，草土围堰的宽高比，在岩基河床上为 2～3；在软基河床上为 4～5，堰顶超高一般采用 1.5～2.0 m。

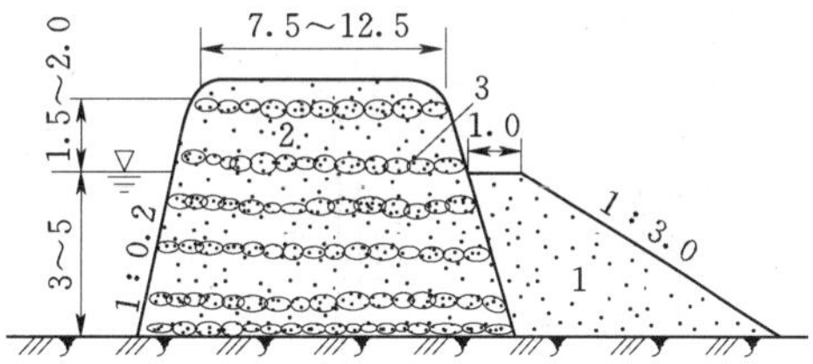

图 1－18　草土围堰断面图（单位：m）
1—戗土；2—土料；3—草捆

5. 木笼围堰

木笼围堰是由圆木或方木叠成的多层框架、填充石料组成的挡水建筑物。它施工简便，适应性广，与土石围堰相比具有断面小、抗水流冲刷能力强等优点，可用作分期导流的横向围堰或纵向围堰，可在 10～15m 的深水中修建。但木笼围堰消耗木材量较大，目前很少采用。

6. 竹笼围堰

竹笼围堰是用内填块石的竹笼堆叠而成的挡水建筑物，在迎水面一般用木板、混凝土面板或填黏土阻水。采用木面板或混凝土面板阻水时，迎水面直立；用黏土防渗时，迎水面为斜墙。竹笼围堰的使用年限一般为 1～2 年，最大高度约为 15m。

1.3.2　围堰的平面布置

围堰的平面布置是一个很重要的问题，如果平面布置不当，围护基坑的面积过大，会增加排水设备容量；过小则会妨碍主体工程施工，影响工期，而纵向围堰的平面布置更是关系到各时段的水流宣泄和围堰、岸坡的冲刷问题，关系到主体工程的安全施工。

当采用全段围堰法导流时，基坑是由上、下游横向围堰和两岸围成的。当采用分段围堰法导流时，围护基坑的还有纵向围堰。围堰的平面布置一般应按导流方案、主体工程轮廓和对围堰提出的要求而定。

上、下游横向围堰的布置取决于主体工程的轮廓再加上施工距离。通常，基坑坡趾与主体工程轮廓之间的施工距离，不应小于 20～30m，以便布置排水设施、交通运输道路及堆放材料和模板等，如图 1－19 所示。至于基坑开挖边坡的大小，则与地质条件有关。用分段围堰法导流时，上、下游横向围堰一般不与河床中心线垂直，做倾斜状布置，以保证水流顺畅，同时也便于运输道路的布置和衔接。采用全段围堰法导流时，为了减少工程量，围堰多与主河道垂直。

当纵向围堰不作为永久建筑物的一部分时，基坑纵向坡趾与主体工程轮廓之间的施工距离，一般不大于 2.0m，以供布置排水系统和堆放模板。如果无此要求，只需留 0.4～0.6m 即可。

此外，布置围堰时，应尽量利用有利地形，减小围堰的高度与长度，从而减少围堰的工程量。同时，还应结合泄水建筑物来考虑围堰的布置，以保证围堰的安全，比如有时为照顾个别建筑物施工的需要或避开岸边较大的溪沟，而将围堰布置成折线形。对于重要的、大中

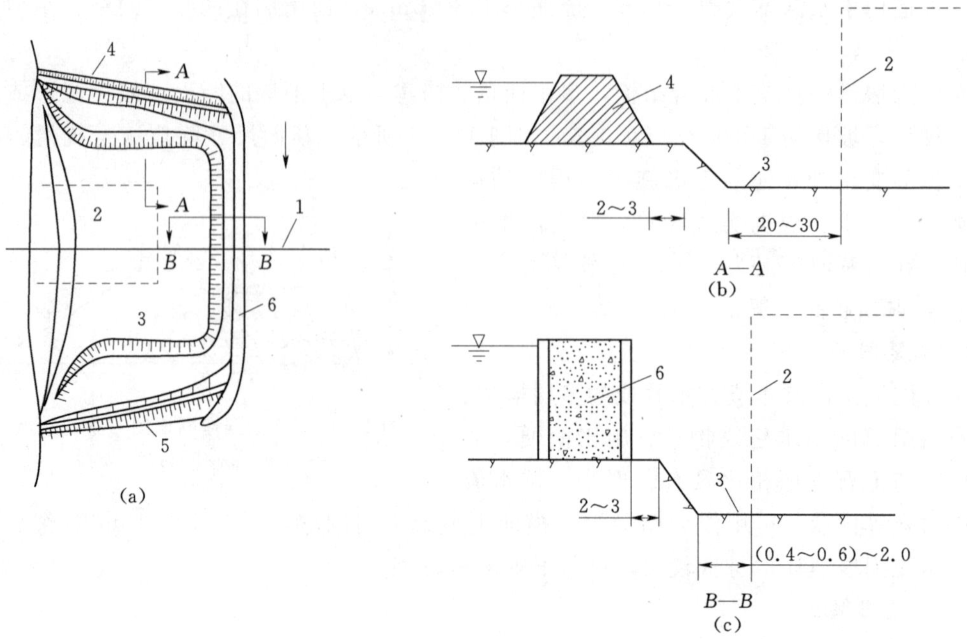

图 1-19　围堰布置与基坑范围示意图（单位：m）

(a) 平面图；(b) A—A 剖面图；(c) B—B 剖面图

1—主体工程轴线；2—主体工程轮廓；3—基坑；4—上游横向围堰；5—下游横向围堰；6—纵向围堰

型水利水电工程的围堰平面布置，要结合导流方案的选择，通过水工模型试验确定。

1.3.3　围堰的拆除

在选择围堰型式和材料时，必须考虑到如何拆除问题。围堰是临时建筑物，导流任务完成后，应按设计要求拆除相应部位，以免影响永久建筑物的施工和运行。

(1) 土石围堰的拆除。一般是在使用期的最后一个汛期过后，随上游水位的下降，逐层拆除围堰背水坡和水上部分。土石围堰的拆除可用挖掘机开挖、爆破、挖泥船开挖或人工开挖等。

(2) 混凝土围堰的拆除。一般只能用爆破法炸除，但应注意，必须使主体建筑物或其他设施不受爆破危害。

(3) 钢板桩围堰的拆除。工程完工后，围护的基坑充水使围堰的两侧水位平衡，围堰内的砂砾料分层挖除，拆除钢拉杆和围檩，用振动锤拔除钢板桩。

(4) 草土围堰的拆除比较容易，一般水上部分用人工拆除，水下部分可在堰体开挖一个缺口，让其过水冲毁或爆破法炸除。

1.4　截流工程

导流泄水建筑物完建后，截断原河床水流，迫使河水改道从导流泄水建筑物下泄，从而实现导流的工程措施，这就是截流。河道截流是大、中型水利水电工程施工中的关键环节之一，直接影响工程工期和造价，并且关系到整个工程的全局。

截流过程一般包括戗堤进占、龙口裹头及护底、合龙、闭气等工作，如图1-20所示。

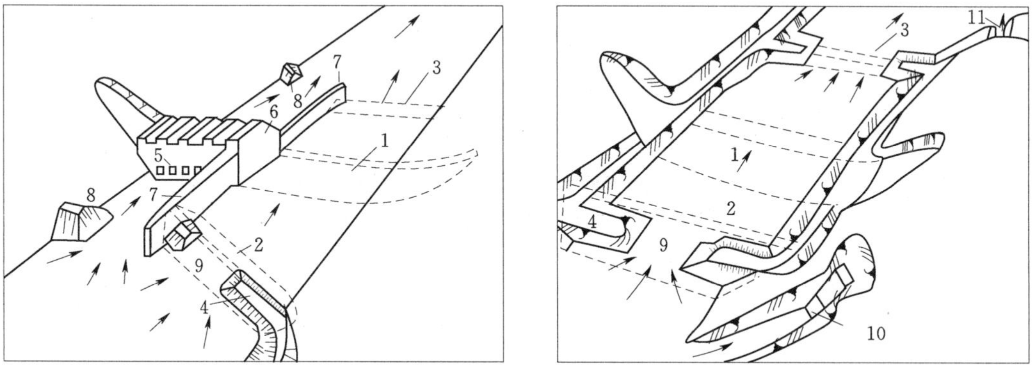

(a)　　(b)

图1-20　截流工程布置示意图

(a) 采用分段围堰底孔导流时的布置；(b) 采用全段围堰隧洞导流时的布置

1—大坝基坑；2—上游围堰；3—下游围堰；4—戗堤；5—底孔；6—已浇筑混凝土坝体；7—二期纵向围堰；8——期围堰残留部分；9—龙口；10—导流隧洞进口；11—导流隧洞出口

为截断河床而从河道的一侧或两侧向河中填筑的临时挡水堤称为戗堤。这种向水中筑戗堤的做法叫做进占。戗堤将河床束窄到一定程度，就形成了流速较大、有待最终封堵的缺口，这称为龙口。封堵龙口的做法称为合龙。在合龙开始以前，如果龙口河床或戗堤端部容易被冲毁，则须采取防冲措施加固龙口，如对龙口河床进行护底、对戗堤端部做裹头处理等。合龙以后，龙口部位的戗堤虽已高出水面，但其本身依然漏水，因此须在其迎水面全线设置防渗设施。在戗堤全线上设置防渗体的做法叫闭气。所以，整个截流过程包括戗堤的进占、龙口裹头和护底、合龙和闭气等工作。截流以后，再对戗堤进一步加高培厚，直至达到设计要求的围堰。

截流工程在技术上和施工组织上都具有相当的艰巨性和复杂性。必须充分掌握河流的水文、地形、地质等条件，掌握截流过程中水流的变化规律及其影响，切实做好材料、机械设备、道路和组织上的准备，在较短的时间内以较大的施工强度完成截流工作。而对于大型截流工程，还需进行严密的截流设计和水工模型试验，充分论证截流方案。

1.4.1　截流方法

截流方法可归纳为戗堤法截流和无戗堤法截流两类。戗堤法截流主要有平堵法、立堵法及混合堵法截流；无戗堤截流主要有建闸截流、水力冲填法、定向爆破截流、浮运结构截流等。其中基本截流方法为平堵法和立堵法两种，尤以立堵法为常见。

1. 戗堤法截流

(1) 平堵法。平堵法是先在龙口建造浮桥或栈桥，由自卸汽车等运输工具运料，沿龙口全线抛投，直至抛石堆体高出水面将河道水流截断为止，如图1-21所示。

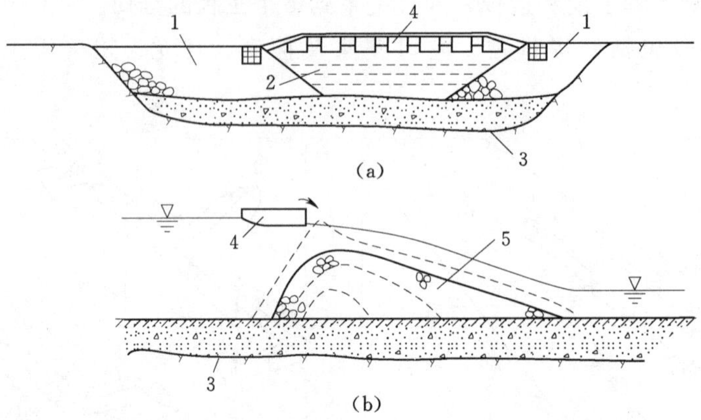

图 1-21　平堵法截流

(a) 立面图；(b) 横剖面图

1—截流戗堤；2—龙口；3—覆盖层；4—浮桥；5—截流体

平堵法施工，先下小料，随着流速增加，逐渐抛投大块料，使堆筑戗堤均匀地在水下上升，直至高出水面，截断河床。这种方法施工，单宽流量小，最大流速也小，水流条件较好，可以减少对龙口基床的冲刷，截流时工作前线长，抛投强度较大，施工进度快。所以特别适用于流量较大、易冲刷的软基河床上截流。但若在通航河道上，会因搭设浮桥或栈桥而影响河道的通航，且施工时技术复杂、造价高。

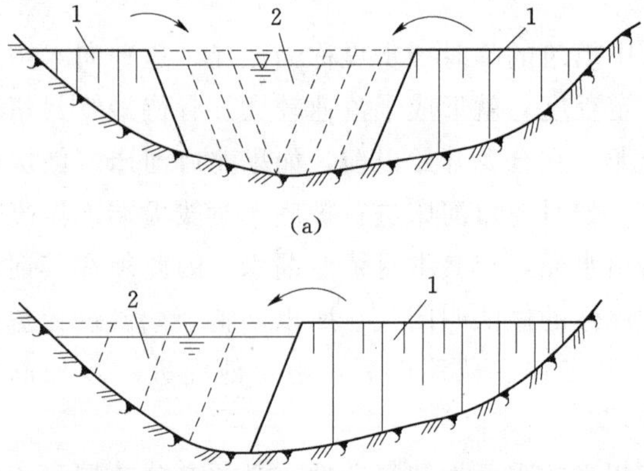

图 1-22　立堵法截流示意图

(a) 双向进占；(b) 单向进占

1—截流戗堤；2—龙口

(2) 立堵法。立堵法是用自卸汽车等运输工具运输抛投料，以端进法抛投（从龙口两端或一端下料）戗堤进占，逐渐束窄龙口直至截断河床，如图 1-22 所示。端进法施工时，可由自卸汽车在进占戗堤端部直接卸料入水，有时也需借助于推土机将材料推入水中。

立堵在截流过程中所发生的最大流速、单宽流量都较大，加以所生成的楔形水流和下游形成的立轴漩涡，对龙口及龙口下游河床将产生严重冲刷，在封堵龙口的最后阶段，往往需用单个重量较大的截流材料，且由于工作面狭窄，抛投强度受到限制。但立堵法不需要在龙口架设浮桥或栈桥，突出的优点是施工简便，没有（或很少）水上作业，造价较低，尤其在使用大型土石方施工设备如挖掘机、推土机、汽车等日益普遍的形势下，此法应用更加广泛。因此立堵法一般适用于有通航要求的覆盖层较薄的岩基河床上或有可靠护底措施的软基河床。

(3) 混合堵。混合堵是采用立堵和平堵相结合的方法，有立平堵法和平立堵法两种。

1）立平堵法。为了充分发挥平堵水力条件较好的优点，降低架桥的费用，工程中可采用先立堵、后架桥平堵的方式。

2）平立堵法。对于软基河床，单纯立堵易造成河床冲刷，往往采用先平抛护底，再立堵合龙的方案。此时，平抛多利用驳船进行。

2. 无戗堤法截流

（1）建闸截流。建闸就是在泄水道中预先修建闸墩，并建截流闸分流，降低戗堤水头，待抛石截流后再下闸截流。

（2）水力充填。河流在某种流量下有一定的挟砂能力，当水流含砂量远大于该挟砂能力时，粗颗粒泥砂将沉淀河底进行冲填。基于这一原理，充填开始时，大颗粒泥砂首先沉淀，而小颗粒则冲至其下游侧逐渐沉落。随着充填的进展，上游水位逐步壅高，部分流量通过泄水通道下泄。随着河床过水断面的缩窄，某些颗粒逐渐达到抗冲极限值，一部分土体仍向下游移动，结果使戗堤下游坡继续向下游扩展，一直到充填表面摩阻造成上游水位更大的壅高，而迫使更多流量流向泄水通道，围堰坡脚才不再扩展，而在高度方向急剧增长，直至露出水面。

（3）定向爆破。在坝址处于峡谷地区、岩石坚硬、岸坡陡峻、交通不便或缺乏运输设备时，可采用定向爆破截流。利用定向爆破，将大量岩石抛入河道预定地点，瞬时截断水流。在合龙时，为了瞬间抛入龙口大量材料封闭龙口，除了用定向爆破岩石外，还可在河床上预先浇筑巨大的混凝土块体或制作大体积石笼，将其支撑体用爆破法炸断，使块体落入水中，将龙口封闭。

（4）浮运结构截流。浮运结构截流就是将各种浮运结构拖至龙口，在埽捆、柴排护底下，装载土砂料，充水使其沉没水中，一次截断水流。其后进一步发展浮运结构成为封闭式钢筋混凝土浮箱，在浮箱之间留出缺口形成“梳齿孔”过流，由于缩窄龙口水流不大，浮箱容易沉放，最后，将缺口闸阀放下，即可达到截断水流的目的。截流用浮运结构包括旧驳船、钢筋混凝土结构。木笼也是一种浮运结构，我国新安江水电站曾采用这种方式截流。

浮运结构截流的优点是成戗断面较小，用料较少；缺点是制作需大型设备，耗用钢材（钢缆和金属闸门）多，造价高，护底标准高，基床面要求平整，施工也受气候、水文等条件影响。

综合近年来情况，有代表性的截流工程及软基河床截流工程情况如表1-6和表1-7所示。

表1-6 截流工程统计表

工程名称	河流	截流方式	备注
托克托古尔（前苏联）	纳纶河	立堵	落差7.18m、流速12.0m/s
三门峡（神门泄水道）	黄河	立堵	流量1720m^3/s、落差4.37m、流速6.5m/s
三门峡（鬼门河）	黄河	闸门	流量960m^3/s、落差7.08m、流速5.25m/s

续表

工程名称	河流	截流方式	备注
铁门	多瑙河	先立堵后栈桥平堵	落差3.72m、流速7.15m/s
汗泰（前苏联）	汗泰河	三戗立堵	落差6.57m、流速8.0m/s
恶滩	红水河	立堵	落差4.66m、流速9.0m/s
龚嘴	大渡河	立堵	落差4.0m、流速7.0m/s
葛洲坝	长江	单戗双向立堵，下游尾随进占	流量4480～4720 m^3/s、落差3.23m、流速7.1m/s
二滩	雅砻江	平、立堵	流量1440m^3/s、落差3.83m、流速7.14m/s
李家峡	黄河	立堵	落差5.0～6.0m、流速5.5m/s
三峡三期截流（导流明渠）	长江	双戗堤立堵截流	流量8600～10300m^3/s、落差2.26m、流速6.0m/s
三峡截流（大江）	长江	预平抛垫底单戗立堵	流量8480～11600m^3/s、流速4.22m/s
潮州供水枢纽	韩江	平抛护底，单戗立堵	流量910m^3/s、设计落差4.4m、设计流速7.66m/s

表1-7　软基河床截流工程统计表

工程	河流	河床地质情况	备注
三峡截流（大江）	长江	覆盖层及淤沙总厚20m	预平抛垫底单戗立堵，最大流速4.22m/s
天桥	黄河	细砂厚17～22m	立堵，最大流速6.0m/s
位山	黄河	细砂厚13～15m	立堵，最大流速3.78m/s
青铜峡	黄河	砂砾石厚8～12m	平立堵，最大流速4.65m/s
葛洲坝	长江	覆盖层分布不均匀，厚4～11m	单戗双向立堵，下游尾随进占，最大流速7.1m/s
飞来峡水利枢纽	北江	含砾砂石厚13～16m	立堵，最大流速3.07m/s
潮州供水枢纽	韩江	砂层、淤泥层厚20～34m	平抛护底，单戗立堵，设计流速7.66m/s

1.4.2 截流日期和截流设计流量

1. 截流日期的选择

截流年份应根据施工总进度计划的安排来确定。

截流年份内截流时段的选择，则要考虑以下原则，并经过全面分析比较而定：

（1）尽可能在较小流量时截流。但要考虑到，截流以后需要及时继续加高围堰，完成排水、清基、基础处理等大量基坑工作，并应把围堰或永久建筑物在汛期前抢修到一定高程以上。为了保证这些工作的完成，截流时段应尽量提前。

（2）对于有通航、灌溉、供水、过木等特殊要求的河道，应全面兼顾这些要求，尽量使截流对河道综合利用的影响最小。

（3）在北方有冰凌的河流上，截流时段不应在流冰期进行，因为冰凌很容易堵塞河道或分流泄水建筑物，壅高上游水位，给截流带来极大困难。

此外，截流开始前，应修好导流泄水建筑物，并做好过水准备。如清除影响泄水建筑物运用的围堰或其他设施，开挖引水渠，完成截流所需的一切材料、设备、交通道路的准备等。

综上所述，截流时段一般多选在枯水期初，流量已有明显下降的时候，而不一定选在流量最小的时刻。同时，在实际施工中，还须根据当时的水文气象预报及实际水情分析进行修正，最后确定截流日期。

2. 截流设计流量的确定

截流流量是截流设计的基本依据，据此确定合理的龙口尺寸、戗堤高度、龙口的截流设计参数及合理的截流方案。

截流标准即截流设计所取的流量标准，应根据截流时间和截流重要性综合考虑，一般采用截流时段重现期5～10年的月或旬平均流量。如水文资料不足，可用短期的水文观测资料或根据条件类似的工程来选择截流设计流量。同时，再根据当地的实际水情和水文预报加以修正，作为指导截流施工的依据。

1.4.3 龙口位置和宽度

1. 龙口位置选择

龙口位置的选择，对截流工作顺利与否有着密切的关系。选择龙口位置时要考虑下述技术要求：

(1) 从水力条件看，龙口应设置在河床主流部位，方向力求与主流顺直，使截流前河水能较顺畅地经由龙口下泄。但有时也可以将龙口设置在河滩上，此时，为了使截流时的水流平顺，应在龙口上、下游顺河流流势，按流量大小开挖引河。龙口设在河滩上时，一些准备工作就不必在深水中进行，这对确保施工进度和施工质量均较为有利。

(2) 从地质条件看，龙口应选择在耐冲河床上，以免截流时因流速增大，引起过分冲刷。如果条件不允许，也可设在覆盖层上，但应研究河床防冲加固的必要性。

(3) 从地形条件看，龙口附近应有较宽阔的场地，以便布置截流运输线路和制作、堆放截流材料。

2. 龙口宽度设计

原则上龙口宽度应尽可能窄些，这样可以减少合龙工程量，缩短截流延续时间，但以不引起龙口及其下游河床的冲刷为限。为了提高龙口的抗冲能力，保证戗堤安全，必要时须对龙口加以保护：龙口的保护包括护底和裹头。护底一般采用抛石、沉排、竹笼、柴石枕等。裹头就是用石块、钢筋石笼、黏土麻袋或草包、竹笼、柴石枕等把戗堤的端部保护起来，以防被水流冲塌。

龙口宽度的设计，一方面可根据相应的流量设计及龙口的抗冲流速计算确定；另一方面需考虑有无通航要求，若在通航河道上，当截流准备期通航设施尚未投入运用时，船只仍需在截流前由龙口通过。这时龙口宽度便不能太窄，流速也不能太大，以免影响航运。

1.4.4 截流材料

1. 截流材料类型

截流材料类型的选择，主要取决于截流时可能发生的流速及开挖、起重、运输设备的能力，一般应尽可能就地取材。大中型工程截流中一般优先选用块石作为截流的基本材料，当截流水力条件较差时，采用混凝土六面体、四面体、四脚体及钢筋混凝土构架等材料。中小型工程截流中，也常用各种不同的石笼、石串等。某些工程，因缺乏石料，或因河床易冲刷，则可根据当地条件采用梢捆、草土等材料截流。

2. 截流材料尺寸

合理选择截流材料的尺寸或重量，对于截流的成败和截流费用的节省具有重大意义。截流材料的尺寸或重量主要取决于龙口的流速。

立堵截流时截流材料抵抗水流冲动的流速，可按式（1-6）估算，即

$$v=K\sqrt{2gD\frac{\gamma_1-\gamma}{\gamma}} \tag{1-6}$$

式中 v——水流流速，m/s；

K——综合稳定系数；g 为重力加速度，m/s^2；

γ_1——石块的容重，kN/m^3；

γ——水的容重，kN/m^3；

D——石块折算成球体的化引直径，m。

立堵法截流的水力条件非常复杂，上述计算只能作为初步依据。对于大、中型及重要的水利水电工程，必须进行截流模型试验。同时还必须参考类似工程经验，最终确定截流设计方案。各种不同材料适用流速如表1-8所示。

表1-8 截流材料的适用流速

截流材料	适用流速（m/s）	截流材料	适用流速（m/s）
土料	0.5～0.7	31t重大块石或钢筋石笼	3.5
20～30kg重石块	0.8～1.0	4.5t重混凝土六面体	4.5
50～70kg重石块	1.2～1.3	5t重大块石、大石串或钢筋石笼	4.5～5.5
麻袋装土（0.7m×0.4m×0.2m）	1.5		
ϕ0.5m×2m装石竹笼	2.0	12～15t重混凝土四面体	7.2
ϕ0.6m×4m装石竹笼	2.5～3.0	20t重混凝土四面体	7.5
ϕ0.8m×6m装石竹笼	3.5～4.0	ϕ1.0m×15m柴石枕	7～8

3. 截流材料备料量

为确保截流安全顺利，又经济合理，正确计算截流材料的备料量是十分必要的。备料量的计算，通常按设计的戗堤体积为准，再考虑各项损失。如堆存、运输中损失，水流冲失，戗堤沉陷以及可能发生比设计更坏的水力条件而预留的备用量等。

备料量的多少取决于对损失量的估计，实际工程的备料量与设计用量之比多在1.3～1.5之间，个别工程达到2.0。但实践中，常因估计不准致使截流材料备用量均超过实际用量，尤其是人工块体的大量多余，造成浪费且不易处理。

1.4.5 减少截流难度的技术措施

截流工程是整个水利枢纽施工的关键，它的成败直接影响工程进度。截流工程的难易

程度取决于河道流量、泄水条件、龙口的落差、流速、地形地质条件、材料供应情况及施工方法、施工设备等因素。减少截流难度的主要技术措施包括加大分流量，改善分流条件，改善龙口水力条件，增大抛投料的稳定性，减少块料流失，加大截流施工强度等。

1. 加大分流量、改善分流条件

分流条件好坏直接影响到截流过程中龙口的流量、落差和流速。分流条件好，截流就容易，反之就困难。改善分流条件的主要措施有以下几个：

(1) 合理确定导流建筑物尺寸、断面形式和底高程。导流建筑物不仅要满足导流要求，而且应满足截流的需要。

(2) 确保泄水建筑物上、下游引渠开挖和上、下游围堰拆除的质量。这是改善分流条件的关键环节，不然泄水建筑物虽然尺寸很大，但分流却受上、下游引渠或上、下游围堰残留部分控制，泄水能力受到限制，增加截流工作的难度。

(3) 在永久泄水建筑物泄流能力不足时，可以专门修建截流分水闸或其他形式泄水道帮助分流，待截流完成后，借助于闸门封堵泄水闸，最后完成截流任务。

(4) 增大截流建筑物的泄水能力。当采用木笼、钢板桩格式围堰时，也可以间隔一定距离安放木笼或钢板桩格体，在其中间孔口宣泄河水，然后以闸板截断中间孔口，完成截流任务。另外，也可以在进占戗堤中埋设泄水管帮助泄水，或者采用投抛构架块体增大戗堤的渗流量等办法减少龙口溢流量和溢流落差，从而减轻截流的困难程度。

2. 改善龙口水力条件

龙口水力条件是影响截流的重要因素，改善龙口水力条件的措施有双戗截流、三戗截流、宽戗截流、平抛垫底等。

(1) 双戗截流。双戗截流采取上下游两道戗堤，协同进行截流，以分担落差。通常采取上下戗堤立堵。常见的进占方式有上下戗轮换进占、双戗固定进占和以上两种进占方式混合使用。也有以上戗进占为主，由下戗配合进占一定距离，局部壅高上戗下游水位，减少上戗进占的龙口落差和流速。

双戗进占，可以起到分摊落差，减轻截流难度，便于就地取材，避免使用或少使用大块料、人工块料的好处。但双线施工，施工组织较单戗截流复杂；二戗堤进度要求严格，指挥不易；软基截流，若双线进占龙口均要求护底，则大大增加了护底的工程量；在通航河道，船只需要经过两个龙口，困难较多，因此双戗截流应谨慎采用。

(2) 三戗截流。三戗截流是利用第三戗堤分担落差，可以在更大的落差下用来完成截流任务。

(3) 宽戗截流。宽戗截流是增大戗堤宽度，以分散水流落差，从而改善龙口水流条件。

但是进占前线宽，要求投抛强度大，工程量也大为增加，所以只有当戗堤可以作为坝体（土石坝）的一部分时，才宜采用，否则用料太多，过于浪费。

(4) 平抛垫底。对于水位较深，流量较大，河床基础覆盖层较厚的河道，常采取在龙口部位一定范围抛投适宜填料，抬高河床底部高程，以减少截流抛投强度，降低龙口流速，达到降低就截难度的目的。

3. 增大抛投料的稳定性、减少块料流失

增大抛投料的稳定性、减少块料流失的主要措施有采用特大块石、葡萄串石、钢构架石笼、混凝土块体等来提高投抛体的本身稳定性。也可在龙口下游平行于戗堤轴线设置一排拦石坎来保证抛投料的稳定，防止抛投料的流失。

4. 加大截流施工强度

加大截流施工强度，加快施工速度，可减少龙口的流量和落差，起到降低截流难度的作用，并可减少投抛料的流失。加大截流施工强度的主要措施有加大材料供应量、改进施工方法、增加施工设备投入等。

1.5 基坑排水

基坑排水工作，也是整个工程组织中一项重要的工作，有时因为对围堰和基础的防渗处理考虑不周，不仅造成经济上的损失，还可能造成基坑淹没、延误工期。

基坑排水工作按排水时间及性质，一般可分为初期排水和经常性排水两类。初期排水是指在围堰闭气后、基坑开挖前，为保证主体工程干地施工而排除基坑积水、围堰及基坑的渗水和降水；经常性排水是指基坑开挖及建筑物施工过程中，排除围堰和基坑的渗水、降水、基岩冲洗及混凝土养护用废水等。初期排水通常考虑设水泵站抽排，经常性排水按排水方法不同分为明沟排水和人工降低地下水位（也称暗式排水）两种。

1.5.1 初期排水

1. 排水量的估算及设备选型

初期排水包括基坑积水、围堰及基坑的渗水和降水。在选定排水设备的容量时，需估计初期排水量大小。根据地质情况、工期长短、施工条件等因素来确定，可按式（1－7）估算，即

$$Q=\frac{KV}{T} \tag{1-7}$$

式中 Q——排水设备容量，m^3/s；

K——积水体积系数，大中型工程采用4～10，小型工程采用2～3；

V——基坑的积水体积，m^3；

T——初期排水时间，s。

排水时间（T）的确定，应考虑基坑工期的紧迫程度、基坑水位允许下降的速度、各期抽水设备及相应用电负荷的均匀性等因素，进行比较后选定。一般情况下，大型基坑可采用5～7d，中型基坑可采用3～5d。允许下降速度视围堰形式、地基特性及基坑内水深而定。水位下降太快，则围堰或基坑边坡中动水压力变化过大，容易引起塌坡。对于土质围堰或覆盖层边坡，其基坑水位下降速度必须控制在允许范围内。开始排水降速以0.5～0.8m/d为宜，接近排干时可允许达1.0～1.5m/d。但其他形式围堰，基坑水位降速一般不是控制因素。

根据初期排水流量即可确定所需的排水设备容量。排水设备常用普通离心泵或潜水

泵。为运转方便，应选择容量不同的离心式水泵，以便组合使用。实际工作中，有时也常用试抽法确定排水设备容量。

2. 排水系统的布置

确定排水设备容量及数量后，要结合工程地形妥善布置水泵站，原则是充分发挥设备容量并减少移动。初期排水泵站的布置，有固定式和浮动式两种类型。固定式，即将泵站设在固定的围堰上或基坑内固定的平台上；浮动式，即将泵站设在移动的平台或浮船上，如图 1－23 所示。当基坑内水深较大时，可将水泵逐级下放至坑内平台，或用浮动泵站。

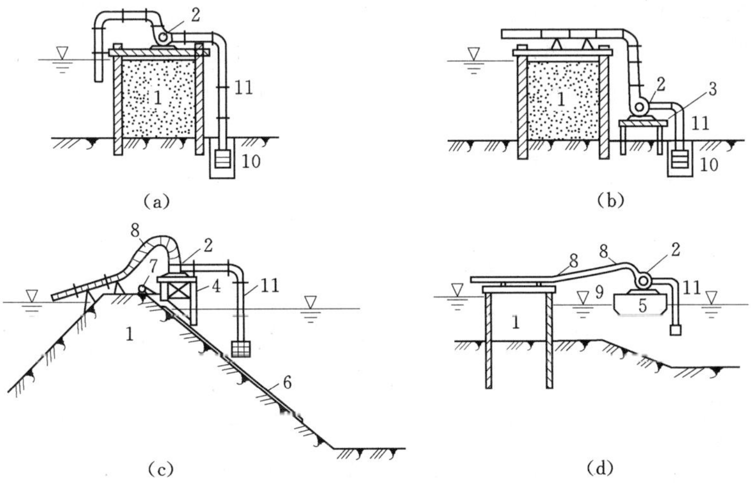

图 1－23 水泵站的布置

(a) 设在围堰上；(b) 设在固定平台上；(c) 设在移动平台上；(d) 设在浮桥上

1—围堰；2—水泵；3—固定平台；4—移动平台；5—浮船；6—滑道；7—绞车；8—橡皮接头；9—铰接桥；10—集水井；11—吸水管

1.5.2 经常性排水

基坑积水排干后，围堰内外的水位差增大，此时渗透流量相应增大。另外，基坑已开始施工，会产生不少施工废水积蓄在基坑内，需要不停地排除。在施工期内，还会遇到降雨，当降雨量较大且历时较长时，其水量也是不可低估的。因此，初期排水工作完成后，应接着进行经常性排水，并注意观察围堰的内坡、基坑边坡和基坑底面的变化，保证基坑工作顺利进行。

1.5.2.1 排水量估算

经常性排水应分别计算围堰和地基在设计水头渗流量、覆盖层中的含水量、排水时降水量及施工弃水量。其中，降水量按抽水时段最大日降水量在当天抽干计算；施工弃水量与降水量不应叠加。

基坑渗水量包括围堰渗水量和地基渗水量。有关渗水量的计算比较复杂，可参考水力学、水文地质和水工结构等相关论著，在分析围堰形式、防渗形式、堰基情况、地质资料可靠程度、渗流水头等因素下再适当扩大。

1.5.2.2 排水方法

按排水方法不同，可分为明沟排水和人工降低地下水位（或称明式排水和暗式排水）两种。

1. 明沟排水

基坑明沟排水是指基坑开挖和建筑物施工过程中，通过一系列的排水沟渠，拦截堰体及堰基渗水，并将渗透水流汇集于泵站的集水井，再用泵排出基坑以外，如图 1-24 所示。这种方式适宜于地基为岩基或粒径较粗、渗透系数较大的砂卵石覆盖面，在国内已建和在建的水利水电工程中应用最多。

明沟排水通常应考虑两种不同的情况：一种是基坑开挖过程中的排水系统布置；另一种是基坑开挖完成后修建建筑物时的排水系统布置。最好能两者结合起来考虑，并使排水系统尽可能不影响施工。

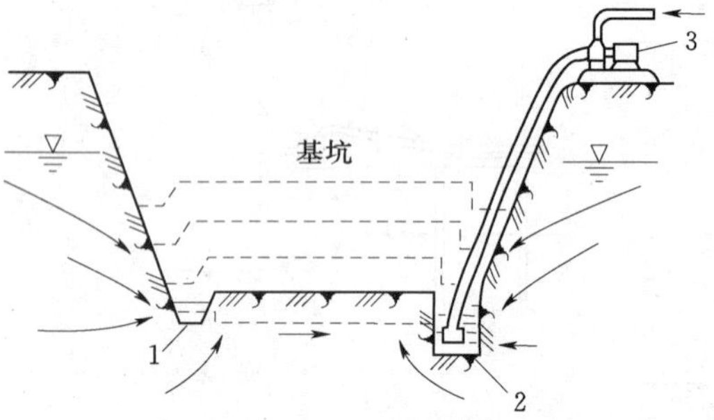

图 1-24　明沟排水法

1—排水沟；2—集水井；3—水泵

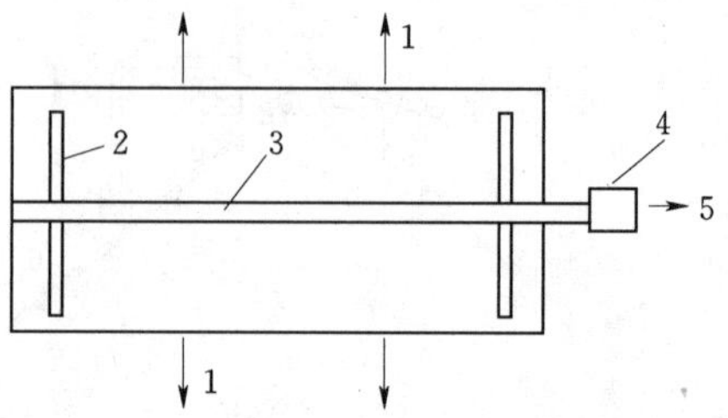

图 1-25　基坑开挖过程中的排水系统布置

1—运土方向；2—支沟；3—干沟；4—集水井；5—抽水

（1）基坑开挖过程中的排水系统布置。

基坑开挖过程中布置排水系统，应以不妨碍开挖和运输工作为原则，一般将排水干沟布置在基坑中部，以利两侧出土，如图 1-25 所示。随着基坑开挖工作的进展，应逐渐加深排水沟，通常保持干沟深度为 1.0～1.5m，支沟深度为 0.4～0.5m，集水井底部应低于干沟的沟底 0.5～1.0 m，或深于抽水泵进水阀的高度。集水井井壁应进行加固，以防井壁坍塌。井底可填 20cm 厚碎石或卵石。

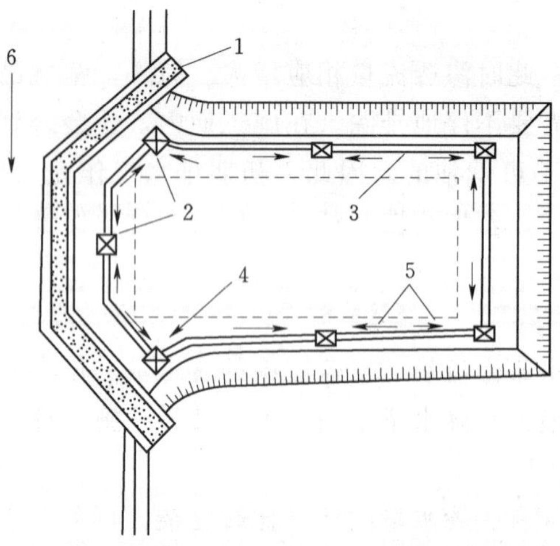

图 1-26　建筑物施工过程中的基坑排水系统布置

1—围堰；2—集水井；3—排水沟；4—建筑物轮廓线；5—水流方向；6—河流

（2）建筑物施工过程中的排水系统布置。

基坑开挖完成后修建建筑物时的排水系统，通常布置在基坑四周，以免对工程主体施工造成影响，如图 1-26 所示。排水沟应布置在建筑物轮廓线以外，且距离基坑边坡坡脚不小于0.3～0.5m。排水沟的断面尺寸和底坡大小，取决于排水量大小。

集水井布置在建筑物轮廓线以外较低的地方，干沟、集水井与建筑物外缘的距离应考虑立模、堆放材料、交通等所需要的宽度。

为了防止下雨时因地面径流进入基坑而增加抽水量甚至淹没基坑，往往在基坑外缘挖排水沟或截水沟，以拦截地面水。排水沟或截水沟的断面及底坡应根据流量及土质而定，一般沟宽和沟深不小于0.5m，底坡不小于2%。基坑外地面排水系统最好与道路排水系统相结合，以便自流排水。

有时由于基坑开挖深度不一，基坑底部不在同一高程，这时应根据基坑开挖的具体情况来布置排水系统。有的工程采用层层截流、分级抽水的办法，即在不同高程上布置截水沟、集水井和水泵站，进行分级排水。

2. 人工降低地下水位

在经常性排水过程中，为了保持基坑开挖工作始终在干地进行，常常要多次降低排水沟和集水井的高程，变换水泵站的位置，这会影响开挖工作的正常运行。此外，在开挖细砂土、砂壤土一类地基时，随着基坑底面的下降，坑底与地下水位的高差越来越大，在地下水渗透压力作用下，容易产生边坡脱滑、坑底隆起等事故，对开挖工作带来不利影响。

若采用人工降低地下水位，就可减轻或避免上述问题。人工降低地下水位的基本做法是：在基坑周围钻设一些井管，地下水渗入井管后，随即被抽走，使地下水位线降至开挖基坑底面以下。

人工降低地下水位的方法很多，按其排水原理分为管井排水法、轻型井点排水法、喷射井点排水法、电渗井点排水法等，可归纳为管井法和井点法两类。管井法是纯重力作用排水，井点法还附有真空或电渗排水的作用。

(1) 管井法降低地下水位。

管井法降低地下水位时，在基坑周围布置一系列管井，管井中放入水泵的吸水管，地下水在重力作用下流入井中，被水泵抽走，如图1-27所示。

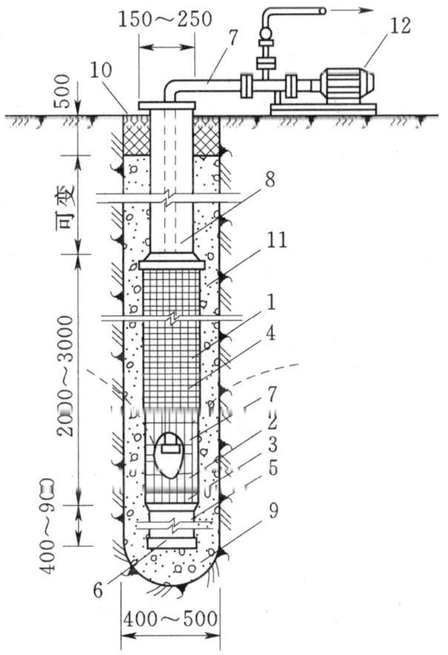

图1-27 管井井点排水及其构造

1—滤水井管；2—ϕ14mm钢筋焊接骨架；3—6mm×30mm铁环@250mm；4—10号铁丝垫筋@250mm焊于管骨架上，外包孔眼1～2mm铁丝网；5—沉砂管；6—木塞；7—吸水管；8—ϕ100～200mm钢管；9—钻孔；10—夯填黏土；11—填充砂砾；12—抽水设备

用管井法降低地下水位，需先设置管井，管井通常由下沉钢管构成，在缺乏钢管时也可用预制混凝土管代替。

井管的下部安装滤水管节（滤头），有时井管外还需设置反滤层。地下水从滤水管进入井管内，水中的泥沙则沉淀在沉砂管中。滤水管是井管的重要组成部分，其构造对井的出水量和可靠性影响很大，要求过水能力大，进入的泥沙少，有足够的强度和耐久性。

井管通常用射水法下沉，当土层中夹有硬黏土、岩石时，需配合钻机钻孔。射水下沉时，先用高压水冲土，下沉套管，较深时可配合振动或锤击，然后在套管中插入井管，最后在套管与井管的间隙中间填反滤层和拔套管。反滤层每填高一次，便拔一次套管，逐层上拔，直至完成。

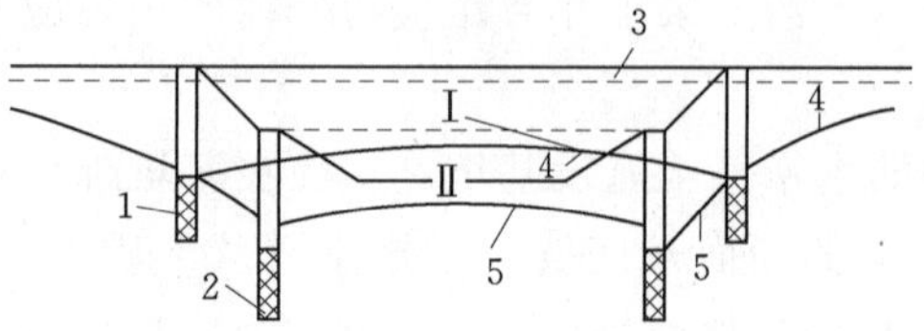

图 1-28　分层降低地下水位

Ⅰ—第一层；Ⅱ—第二层；1—第一层管井；2—第二层管井；3—天然地下水位；4—第一层水面降落曲线；5—第二层水面降落曲线

管井中抽水可应用各种抽水设备，但主要是用离心式水泵、深井水泵或潜水泵等。

用普通离心式水泵抽水，由于吸水高度的限制，当要求降低地下水位较深时，要分层设置井管，分层进行排水，如图 1-28 所示。

在要求大幅度降低地下水位的深井中抽水时，最好采用专用的离心式深井水泵（图 1-29）。每个深井水泵都可独立工作，井的间距也可以加大。深井水泵一般适用深度大于 20m，排水效果好，需要井数少的场合。

管井法降低地下水位，一般适用在渗透系数较大（为 10～150m/d）、地下水埋藏较浅（基坑低于地下水水位）、颗粒较粗的砂砾及岩石裂隙发育的地层。

（2）井点法降低地下水位。

井点法降低地下水位按其类型可分为轻型井点、喷射井点和电渗井点 3 类，最常用的井点是轻型井点。井点法降低地下水位适用于开挖深度较大、渗透系数较小、且土质又不好的地层。

1）轻型井点。轻型井点是由井点管、滤管、集水总管、抽水机组和集水箱等设备所组成的一个排水系统（图 1-30）。轻型井点根据抽水机组类型不同，分为真空泵轻型井点、射流泵轻型井点和隔膜泵轻型井点 3 种。

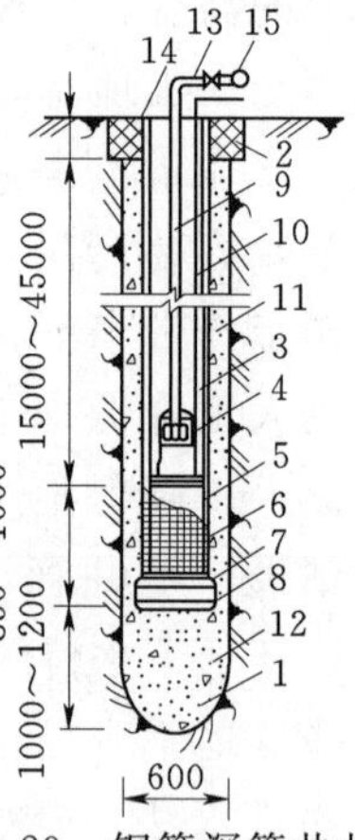

图 1-29　钢管深管井井点

1—井孔；2—黏土封口；3—ϕ375mm 钢井管；4—潜水电泵；5—滤水管；6—滤网；7—导向段；8—开孔底板；9—ϕ50mm 出水管；10—电缆；11—砾石滤水层；12—中粗砂；13—ϕ50mm 出水管；14—钢板井盖；15—ϕ75mm 总管

轻型井点的井点管一般为直径 38～50mm 的无缝钢管，间距 0.6～1m，最大可达 3m。地下水从井管下端的滤水管借真空泵和水泵的抽吸作用流入管内，沿井管上升汇入集水总管，经集水箱，由水泵排出。轻型井点系统开始工作时，先开动真空泵，排除系统内的空气，待集水箱内的水面上升到一定高度后，再启动水泵排水。水泵开始抽水后，为了保持系统内的真空度，仍需真空泵配合水泵工作。

井点系统排水时，地下水位的下降深度，取决于集水箱内的真空度与管路的漏气和水力损失。一般集水箱内真空度为 53～80kPa（为 400～600mmHg），相应的吸水高度为 5～8m，扣去各种损失后，地下水位的下降深度为 4～5m。

当地下水位降低的深度超过 4～5m 时，可以像井管一样分层布置井点，每层控制 3～4m，但以不超过 3 层为宜。层数太多，基坑范围内管路纵横，妨碍交通，影响施工，同时也增加挖方量；而且当上层井点发生故障时，下层水泵能力有限，地下水位回升，基坑

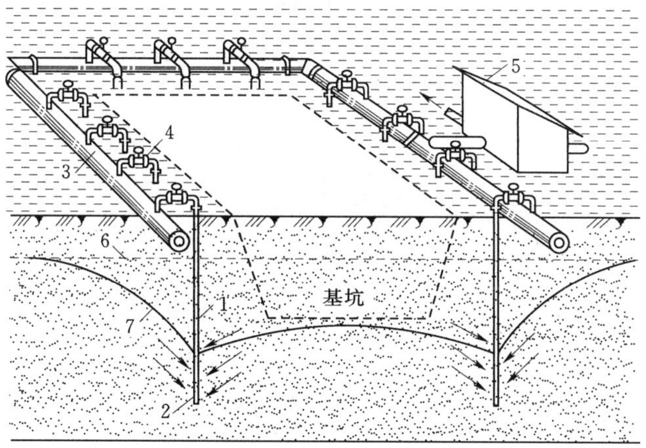

图1-30 轻型井点法示意图

1—井点管；2—滤管；3—总管；4—弯联管；5—水泵房；6—原地下水位线；7—降低后地下水位线

有被淹没的可能。

在安装井点管时，在距井口1m范围内，须填黏土密封，井点管与总管连接应注意密封，以防漏气。排水结束后，可用杠杆或倒链将井点管拔出。

2）喷射井点。喷射井点设备由喷射井管、高压水泵及进水排水管路组成（图1-31）。喷射井管由内管和外管组成，在内管下端设有扬水器与滤管相连。高压水经外管与内管之

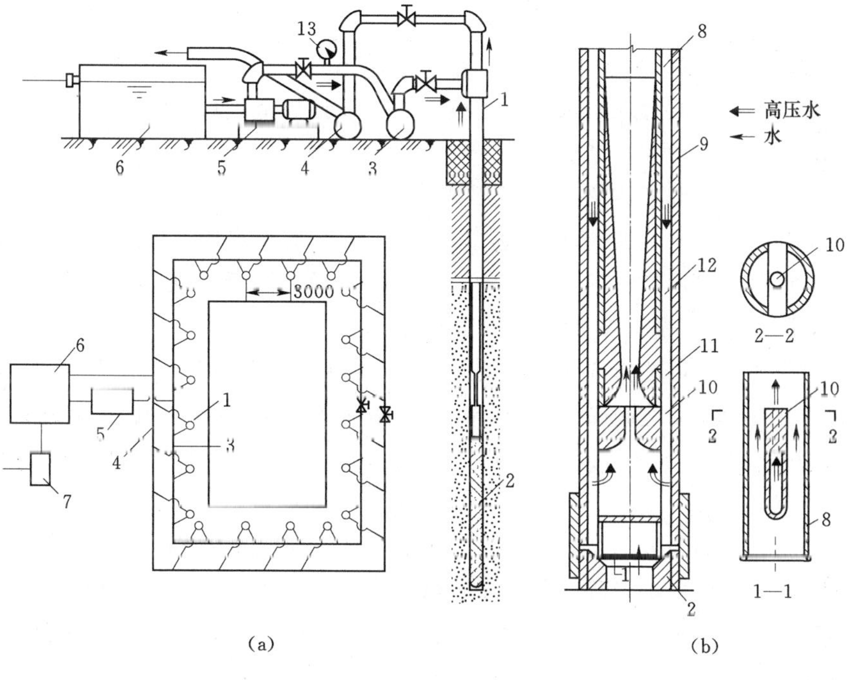

图1-31 喷射井点设备及布置

1—喷射井管；2—滤管；3—进水总管；4—排水总管；5—高压水泵；6—集水池；7—水泵；8—内管；9—外管；10—喷嘴；11—混合室；12—扩散管；13—压力表

间的环形空间，并经扬水器侧孔流向喷嘴，由于喷嘴处截面突然缩小，压力水经喷嘴以很高的流速喷入混合室，使该室压力下降造成一定的真空。此时，地下水被吸入混合室与高压水汇合流经扩散管，沿内管上升经排水总管排出。

喷射井点的排水效率不高，一般适用于渗透系数为3～50m/d，渗流量不大的场合。当基坑较深而地下水位又较高时，采用多级轻型井点使得工期较长，基坑挖方量大，可改用喷射井点。喷射井点的降水深度可达8～20m。

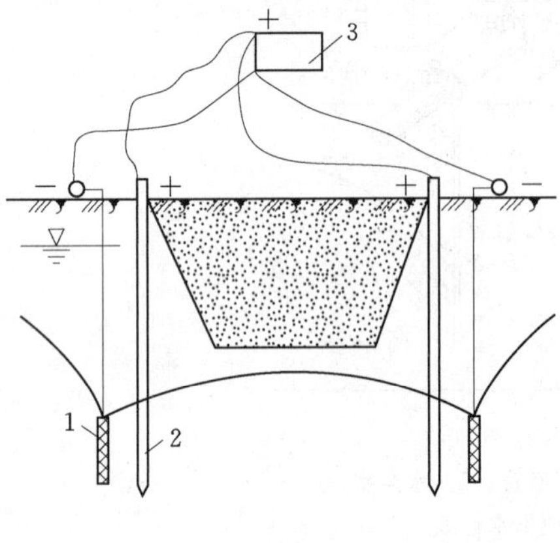

图1-32 电渗井点示意图

1—井点管；2—电极；3—小于60V的直流电源

3）电渗井点。电渗井点是以轻型井点或喷射井点的井点管作为阴极，用直径为25mm的钢筋或其他金属材料作阳极，通以直流电，利用土中水在电场作用下的电渗作用，加速地下水向井点管的渗透（图1-32）。阴、阳极的数量宜相等。阳极垂直埋设在井点管的内侧，埋设深度一般较井点管约深50cm，露出地面20～40cm。采用轻型井点和喷射井点时，阴、阳极的间距分别为0.8～1.0m和1.2～1.5m。

对于渗透系数小于0.1m/d的黏土或淤泥中降低地下水位时，采用轻型井点或喷射井点降水效果较差，宜改用电渗井点降水。

【引例分析】

根据工程实际资料及《水利水电工程施工组织设计规范》（SDJ 338—89）进行项目施工导流设计。

1. 导流标准、设计流量及导流时段划分

本工程属Ⅲ等工程，主要建筑物为3级，根据《水利水电工程施工组织设计规范》（SDJ 338—89）的规定，相应导流建筑物为5级，考虑上游枫树坝电站的调蓄作用，初选5年一遇洪水重现期作为施工导流设计洪水标准。

根据水文资料分析，选择5年一遇流量1685m^3/s为全年导流设计流量。9月至翌年4月洪水流量变化不大，初选10至翌年4月为枯水季导流时段，相应导流设计流量为501m^3/s。9月属汛后期，进行围堰填筑。

2. 导流方式选择

坝址处主河道宽约220m，河床高程76.0m，两岸阶地高程81～83m，厂房布置在左岸较开阔的阶地上；根据本工程的枢纽布置特点及地形、水文等条件，初选河床分期导流方式。鉴于厂房工程量较大、施工工序复杂，是本工程的关键控制项目，因此选择先围左岸厂房后围右岸的二期二段施工导流方案。现分述如下：

（1）Ⅰ期导流（第1年10月至第2年9月）。

第1年9月填筑岸边围堰，围护左岸厂房和相邻3孔闸坝基坑进行施工，右岸束窄河床导流，导流设计流量Q=1685m^3/s，河床束窄度36%，期间完成厂房及3孔闸坝混凝土浇筑，第2年8月拆除围堰。

Ⅰ期围堰拆除前，厂房3孔尾水事故闸门下闸（厂房运行配备）、修建厂房上游进水渠土石围堰挡水，保证厂房继续干地施工。

（2）Ⅱ期导流（第2年10月至第3年4月）。

第2年9月河道截流，修建上下游横向围堰，并与在Ⅰ期基坑内修建的混凝土纵向围堰一起围护右岸8孔闸坝和浆砌石坝基坑施工，左岸已建成的3孔闸泄流，设计流量$Q=501m^3/s$。

本工程导流方案特性值见表1-9。

表1-9　　施工导流特性表

项　目	单位	导流分期	
		Ⅰ期	Ⅱ期
导流标准	%	20	20
导流时段		第1年10月至第2年9月	第2年10月至第3年4月
导流流量	m^3/s	1685	501
导流方式		右岸束窄河床$k=36\%$	3孔泄洪闸
上游围堰前水位	m	81.2	79.9
上游围堰顶高程	m	81.7	80.4
下游围堰前水位	m	80.0	78.0
下游围堰顶高程	m	80.5	78.5
上/下游围堰最大堰高	m	5.7/5.0	4.4/3.0
主要施工项目		进行厂房和3孔闸坝的施工	厂房继续施工，右岸8孔闸坝施工

3. 导流建筑物设计

坝址河床覆盖层厚5～12m，上部为砾砂、粗砂，底部为砂卵砾石层。初选各期横向围堰均采用土石不过水围堰。

（1）Ⅰ期围堰。Ⅰ期围堰利用厂房部位的河滩阶地开挖料进行填筑。上游围堰顶高程为81.7m，最大堰高5.7m；下游围堰顶高程为80.5m，最大堰高5.0m；堰顶宽6m，迎水边坡为1∶2.5，背水边坡为1∶1.75；迎水面采用300mm厚的干砌石或抛石护坡，背水坡采用300mm厚砂袋压坡，围堰堰脚采用600mm厚的抛石护脚、宽5m。围堰堰体及堰基采用高喷墙防渗，墙顶高程低于堰顶0.5m，墙底高程进入基岩0.5m。

（2）Ⅱ期右岸挡水围堰。Ⅱ期上游围堰顶高程为80.4m，最大堰高4.4m；下游围堰顶高程为78.5m，最大堰高3.0m；迎水边坡为1∶2.25，背水边坡为1∶1.75，防渗结构也与Ⅰ期围堰相同，围堰填筑采用厂房部位的基坑开挖料。Ⅱ期纵向围堰采用混凝土形式，堰顶宽为0.8m，迎水面直立，背水边坡为1∶0.6，堰基采用高喷墙防渗。上下游围堰与纵向围堰交接处，采用铅丝笼块石护脚抗冲。

（3）Ⅱ期厂房进水渠挡水围堰。在Ⅱ期导流期间，就厂房进水口采用土石围堰挡水、还是采用3扇进水口检修闸门（需增加两扇闸门）下闸挡水的方案进行技术经济比较后认为，土石围堰具有能就地取材、节省工程投资（可节省35%～40%）等优点，因此厂房进水口推荐采用土石围堰方案。

Ⅱ期厂房进水口挡水围堰同Ⅰ期围堰的断面形式，堰顶高程为80.4m，堰高4.4m，围堰大部分坐落于进水渠混凝土底板，堰基不处理；堰体采用土工膜防渗处理。

各期围堰平面布置及断面结构详见施工图设计。施工导流工程量见表1-10。

表1-10　　施工导流工程量表

序　　号	项　　目	单　　位	数　　量
1	砂砾石围堰填筑	m^3	62763
2	C15混凝土围堰	m^3	2776
3	抛石	m^3	3351
4	干砌石	m^3	4215
5	土工布（200g/m^2）	m^2	15610
6	砂垫层	m^3	2414
7	高喷防渗墙	m^2	17921
8	土工膜	m^2	271
9	砂砾石开挖	m^3	1055
10	铅丝笼块石	m^3	880
11	砂袋填筑	m^3	1188
12	戗堤石渣填筑	m^3	6345
13	土石方围堰拆除	m^3	80276
14	混凝土围堰拆除	m^3	1851

4. 导流建筑物施工

（1）围堰填筑。围堰大部分直接利用开挖弃渣料填筑，其余取自临时堆渣场，采用2m^3挖掘机挖、装，12～15t自卸汽车运输到工作面，74kW推土机集料和散料，履带式拖拉机压实。Ⅱ期混凝土纵向围堰在Ⅰ期基坑内干地施工，施工方法同主体建筑物混凝土施工。

（2）围堰拆除。围堰的水面以上部分用2m^3反铲开挖12～15t自卸汽车运输至堆渣场；水面以下采用退挖方式拆除，自卸汽车配合出渣。混凝土围堰需膨胀爆破拆除。

（3）高喷防渗墙。同主体工程施工。

【技能训练】

一、填空题

1. 施工导流的基本方法大体上可分为________和________两类。

2. 用分段围堰法导流时，宣泄水流前期用________，后期可用________、________或________等。

3. 围堰按使用的材料不同，可以分为________、________、________、________等。

4. 解决围堰防冲的措施有______________、______________。

5. 导流时段的划分与________、________、________、________等有关。

6. 截流的施工过程包括________、________、________、________4 项工作。

7. 基坑排水按排水时间及性质分，可分为________________与______________。

8. 经常性排水的方法有________与________两大类。

二、选择题

1. 分段围堰法河床束窄程度约在（　　）之间。

A. 30%～45%　　B. 40%～70%　　C. 75%～85%

2. 导流隧洞进出口应与上下游水流相衔接，与河道主流的交角以（　　）左右为宜。

A. 30°　　B. 45°　　C. 0°

3. 导流明渠的进出口与上下围堰之间一般要保持（　　）的距离。

A. 30～50m　　B. 50～100m　　C. 100～150m

4. 圆筒形格体钢板桩围堰一般适用于挡水高度小于（　　）。

A. 8～14m　　B. 15～18m　　C. 19～22m

5. 导流建筑物属Ⅲ级，如用混凝土围堰，其设计洪水标准为（　　）年一遇洪水。

A. 50～20　　B. 20～10　　C. 10～5

6. 截流设计流量可采用截流时期内（　　）频率的月或旬平均流量。

A. 5%～10%　　B. 10%～20%　　C. 20%～30%

7. 50～70kg 重的石块截流适用流速为（　　）。

A. 0.5～0.7m/s　　B. 0.7～1.0m/s　　C. 1.2～1.3m/s

8. 坝体施工期临时度汛的洪水标准，对土石坝，当拦洪库容小于 0.1 亿 m^3 时为（　　）年一遇洪水。

A. 50～20　　B. 100～50　　C. >100

9. 基坑经常性排水系统的干沟深度通常保持（　　）。

A. 1.0～1.5m　　B. 0.5～1.0m　　C. 0.3～0.5m

10. 基坑初期排水，对土围堰，水位下降速度应小于（　　）。

A. 0.5m/d　　B. 1.0m/d　　C. 1.5m/d

三、问答题

1. 何谓施工导流？

2. 分段围堰法选择河床束窄程度应考虑哪几方面的因素？

3. 选择围堰形式应满足哪些基本要求？

4. 圆筒形格体钢板桩围堰的建造包括哪些工序？向格体内填料时应注意什么问题？

5. 土石围堰与其基础的防渗设施有哪些方式？

6. 简述选择导流方案时应考虑的主要因素。

7. 立堵法、平堵法截流具有什么特点？适用于什么情况？

8. 在基坑经常性排水中，建筑物施工过程中的排水系统如何布置？

9. 简述基坑经常性排水的人工降低地下水位法。

四、计算题

1. 混凝土重力坝施工，初期导流采用分段围堰法，第一期先围右岸河床，左岸河床泄流。设计洪水流量为 $1280m^3/s$，相应的过水深度为 5.0m，过水断面平均宽度为 200m，行近流速为 1.08m/s。验算河床束窄后的流速能否满足通航要求。围堰属Ⅲ级，求纵向围堰首、末端的高度（上、下游波浪高度分别为 0.6m、0.3m）。

2. 在渗透系数为 30m/d 的细砂地基中开挖基坑的开口尺寸为 15m×20m。地表高程为 105m，地下水位 104.5m。基坑底高程 100 m，不透水层顶板高程为 96.5m。用轻型井点降低地下水位。井管用 ϕ38mm 的钢管，滤水管长度 1.2m，井点距基坑边 2.0m，问井点管如何布置？

项目2　地基处理与灌浆施工

【教学目标】

以一水闸工程项目为载体，培养学生通过分析项目地质条件、实际施工条件，合理拟定项目地基处理方案的能力。

【教学要求】

知识要点	能力目标
水工建筑物地基分类及对地基基础要求	理解水工建筑物地基分类及特点、水工建筑物对地基的要求
地基处理的方法与技术	掌握地基处理的各种方法、适用条件及技术要求，能根据工程不同情况选择合适的地基处理技术
防渗墙的分类及施工技术	理解防渗墙的作用、分类，掌握防渗墙的施工程序、技术要求
桩基础的施工技术	理解桩基础的分类及特点，掌握各种桩基础的施工方法及技术要求
灌浆的种类、施工程序与技术要求	理解灌浆工程的分类及其不同特点，掌握岩基灌浆的程序及施工方法、高压喷射灌浆技术、接缝灌浆技术等，能根据工程实际情况选择合适的灌浆技术方案

【引例】

稔坑水电站是一座以发电为主的低水头河床式径流电站。枢纽主要由电站厂房、闸坝及两岸连接段组成（预留船闸）。坝址河床高程为76.0m，电站装机规模为3×6.7MW，厂房布置在河道左侧阶地，建基面高程为64.08m，水轮机安装高程为70.3m，主厂房平面尺寸为62m×17.6m×33.04m；安装间在主厂房左侧，平面尺寸21.5m×17.6m，与进厂公路相接；副厂房在主厂房的下游侧，平面尺寸62.3m×14.1m。河床中间为11孔（单孔净宽14m）拦河闸坝、建基面高程74.0m，闸顶高程87.5m，采用平板钢闸门型式。河床右岸为船闸预留部位，采用浆砌石坝连接闸坝和右岸山体。

闸坝址处于顺直的河段，主河道靠左侧，河床坡降比较平缓。河床高程75.6～76.3m，河面宽约220m，河谷横剖面呈U形，左岸的一、二级阶地，较为平坦，适宜于布置厂区。

闸坝址地基表层为厚8～12m的砂卵砾石层所覆盖，深度0～2m为松散粗砂，2～4m

为稍密至中密，含砾粗砂、砾砂，4m 以下为密实状卵砾石层。下伏粗粒花岗岩，强风化带厚度不均匀，为 1～3m 不等，岩体裂隙发育，多张开，呈碎裂结构，岩体强度较低，岩体稳定性较差，属于Ⅳ类岩体；弱风化带岩体裂隙较发育，呈块状或次块状结构，裂隙面多闭合状，岩体强度较高，岩体质量分类属Ⅲ类。

试拟定该工程主要建筑物地基处理方案。

【基本知识学习】

2.1 水工地基基础的要求及地基处理的方法

2.1.1 水工建筑物的地基分类

水工建筑物的地基分为两大类型，即岩基和软基。

（1）岩基是由岩石构成的地基，又称硬基。

（2）软基是由淤泥、壤土、砂、砂砾石、砂卵石等构成的地基，又可细分为砂砾石地基和软土地基。

1）砂砾石地基是由砂砾石、砂卵石等构成的地基，它的空隙大，孔隙率高，因而渗透性强。

2）软土地基是由淤泥、壤土、粉细砂等细微粒子的土质构成的地基。这种地基具有孔隙率大、压缩性大、含水量大、渗透系数小、水分不易排出、承载能力差、沉陷大、触变性强等特点，在外界的影响下很易变形。

2.1.2 水工建筑物对地基基础的基本要求

（1）具有足够的强度。能够承受上部结构传递的应力。

（2）具有足够的整体性和均一性。能够防止基础的滑动和不均匀沉陷。

（3）具有足够的抗渗性。能够避免发生严重的渗漏和渗透破坏。

（4）具有足够的耐久性。能够防止在地下水长期作用下发生侵蚀破坏。

2.1.3 水工建筑物地基处理的方法

由于受地质构造变化及水文地质的影响，天然地基往往存在不同形式与程度的缺陷，需要经过人工处理，才能作为水工建筑物的可靠地基。基础的质量是拦河大坝等水下建筑物安全可靠的根本保证，基础处理工程在水利水电工程建设中占有重要地位，是施工的重要环节。

水工建筑物的基础处理，就是根据建筑物对地基的要求，采用特定的技术手段来减少或消除地基的某些天然缺陷，改善和提高地基的物理力学性能，使地基具有足够的强度、整体性、抗渗性及稳定性，以保证工程的安全可靠和正常运行。随着水利水电建设事业的发展，对基础处理的方法与技术提出了越来越高的要求。同时，地基处理属隐蔽工程，要根据水工建筑物对地基的要求，分析水文、地质条件，进行技术经济比较，选择技术可行、效果可靠、工期较短、经济合理的施工方案。

由于天然地基的性状复杂多样，不同类型水工建筑物对地基的要求也各不相同，在实际施工中，就必然有各种不同的基础处理方案与技术措施。水利水电工程地基处理的基本方法主要有开挖、灌浆、防渗墙等，还有置换法、预压排水法以及挤实法等。

1. 开挖

开挖处理是将不符合设计要求的覆盖层、分化破碎有缺陷的岩层挖掉，是地基处理最通用的方法。

2. 灌浆

灌浆是利用灌浆泵的压力，通过钻孔、预埋管路或其他方式，把具有胶凝性质的材料（水泥）和掺合料（如黏土等）与水搅拌混合的浆液或化学溶液灌注到岩石、土层中的裂隙、洞穴或混凝土的裂隙、接缝内，以达到加固、防渗等工程目的的技术措施。详见本项目2.2节内容。

3. 防渗墙

防渗墙是使用专用机具钻凿圆孔或直接开挖槽孔，以泥浆固壁，孔内浇灌混凝土或其他防渗材料等，或安装预制混凝土构件，而形成连续的地下墙体，也可用板桩、灌注桩、旋喷桩或定喷桩等各类桩体连续形成防渗墙。详见本项目2.3节内容。

4. 置换法

置换法是将建筑物基础底面以下一定范围内的软弱土层挖去，换填无侵蚀性及低压缩性的散粒材料，从而加固软土结构的一种方法。置换法包括以下几种常见方式：

(1) 换填法。

就是将表层不良地基土挖除，然后回填有较好压密特性的土进行压实或夯实，形成良好的持力层。从而改变地基的承载力特性，提高抗变形和稳定能力。该法适用于淤泥、淤泥质土、湿陷性黄土、素填土、杂填土地基及暗沟、暗塘的浅层处理。

施工要点：将要转换的土层挖尽，注意坑边稳定；保证填料的质量；填料应分层夯实。

(2) 振冲置换法。

振冲置换法是利用振冲器或沉桩机，在软弱黏性土地基中成孔，再在孔内分批填入碎石或卵石等材料制成桩体。桩体和原来的黏性土构成复合地基，从而提高地基承载力，减小压缩性。碎石桩的承载力和压缩量在很大程度上取决于周围软土对碎石桩的约束作用。如周围的土过于软弱，对碎石桩的约束作用就差。振冲置换法适用于不排水抗剪强度为15～20kPa的软黏土或亚黏土地基的处理，最大加固深度为15m，加固后复合地基承载力可达200kPa。

振冲施工的步骤：①清理平整施工场地，布置桩位；②施工机具就位，使振冲器对准桩位；③启动供水泵和振冲器，水压可用200～600kPa，水量可用200～400L/min，将振冲器徐徐沉入土中，造孔速度宜为0.5～2.0m/min，直至达到设计深度，记录振冲器经各深度的水压、电流和留振时间；④造孔后边提升振冲器边冲水直至孔口，再放至孔底，重复2～3次扩大孔径并使孔内泥浆变稀，清除孔内泥土，保证填料畅通，并开始填料制桩；

⑤大功率振冲器投料可不提出孔口，小功率振冲器下料困难时，可将振冲器提出孔口填料，每次填料厚度不宜大于50cm，将振冲器沉入填料中进行振密制桩，当电流达到规定的密实电流值和规定的留振时间后，将振冲器提升30～50cm；⑥重复以上步骤，自下而上逐段制作桩体直至孔口，记录各段深度的填料量、最终电流值和留振时间，并均应符合设计规定；⑦关闭振冲器和水泵，如图2-1所示。

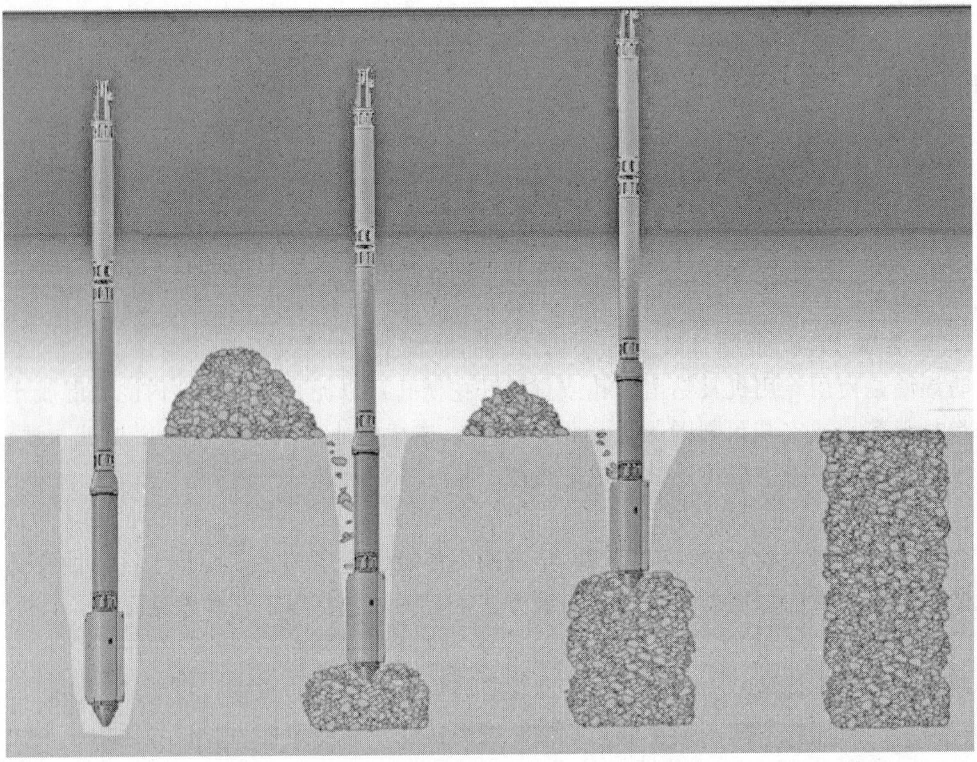

(a)　　(b)　　(c)　　(d)

图2-1　振冲置换法施工过程

(a) 振冲器下沉；(b) 填料；(c) 边振冲边填料；(d) 成桩

桩体施工完毕后应将顶部预留的松散桩体挖除，如无预留应将松散桩头压实，随后铺设300～500mm厚的碎石垫层，并压实垫层。

施工注意事项：碎石桩的承载力和沉降量很大程度上取决于原地基土对其的侧向约束作用，该约束作用越弱，碎石桩的作用效果越差，因而该方法用于强度很低的软黏土地基时必须慎重行事。

(3) 夯（挤）置换法。

利用沉管或夯锤的办法将管（锤）置入土中，使土体向侧边挤开，并在管内（或夯坑）放入碎石或砂等填料。该桩体与原地基土组成复合地基，由于挤、夯作用使土体侧向挤压，地面隆起，土体超静孔隙水压力提高，当超静孔隙水压力消散后土体强度也有相应的提高。

施工注意事项：当填料为透水性好的砂及碎石料时，是良好的竖向排水通道。

5．预压排水法

预压排水法是采取相应措施如砂垫层、排水井、塑料多孔排水板等，使软基表层或内部形成水平或垂直排水通道，然后在土壤自重或外部荷载压载作用下，加速土壤中水分的排除，使土壤固结的一种方法。

预压排水法由加压系统和排水系统两部分组成，如图2－2所示。

- 预压法
  - 排水系统
    - 竖向排水
      - 普通砂井
      - 袋装砂井
      - 塑料排水带
    - 水平排水——砂垫层
  - 加压系统
    - 堆载预压法
    - 真空预压法

图2－2 预压排水法组成

下面简单介绍堆载预压加固地基施工。

(1) 材料要求。

堆载材料：一般用填土、石料、砂、砖等散粒材料，也可用充水油罐作为堆载材料；对堤坝等以稳定为控制的工程，则有控制地分级加载，以其本身的重量作为堆载材料。

水平砂垫层和砂井使用的砂料宜用中粗砂，渗透系数宜大于1×10^{-2}cm/s，黏粒含量不宜大于3%，垫层砂料中可混有少量粒径小于50mm的砾石。

砂袋：砂袋必须选用抗拉、抗腐蚀和抗紫外线能力强、透水和透气性好、韧性和柔性好、在水中能起到滤网作用并不外露砂料的材料。目前国内普遍采用的砂袋材料是麻袋布和聚丙烯编织袋。

塑料排水带：目前我国生产的塑料排水带有两种，即南京产聚氯乙烯槽形塑料排水带及天津塘沽产聚丙烯梯形槽塑料排水带。塑料排水带的质量应符合规定的要求。

(2) 施工准备。

1) 技术准备：①收集工程地质勘察资料、设计文件及图纸、施工现场平面图、控制桩点的测量资料；②编制施工方案并经审批，方案内容主要包括水平排水垫层、竖向排水体、堆载施工工艺和技术要求、设备及材料计划，监测仪器的选型及安装方法，预压加固效果自检评价方法和监测手段等；③施工前对操作人员进行安全技术交底；④对砂料取样，进行含泥量、颗粒分析和渗透性试验；⑤塑料排水带现场随机抽样进行性能指标测试；⑥进行场区加固区划分，按基准点、施工图标定水平排水管及竖向排水体轴线，并进行复测；⑦在现场选择试验区进行预压试验，在预压过程中应进行地基竖向变形、侧向位移、孔隙水压力、地下水位等项目的监测，并进行原位十字板剪切试验和室内土工试验。根据试验区获得的监测资料确定加载速率控制指标，推算土的固结系数、固结度及最终竖向变形，分析地基处理效果，对原设计进行修正，并指导施工。

2) 机具设备：砂井、塑料排水带施工用打设机、振动锤、导管靴、桩尖、辅助设备与机具、监测设备。

3) 作业条件：①清除地上和地下的障碍物，清除杂草；②施工场地达到水通、电通、道路畅通，排水设施、临时房屋等准备就绪；场区平整，对松软地面进行碾压、夯实处理，或预先铺设一层水平砂石排水垫层；③施工前应对机械设备进行检查、维修、安装调试，确保各机械设备均处于正常状态。

(3) 工艺流程如图2－3所示。

6．挤实法

挤实法是将某些填料如砂、碎石或生石灰等用冲击、振动或两者兼而有之的方法压入

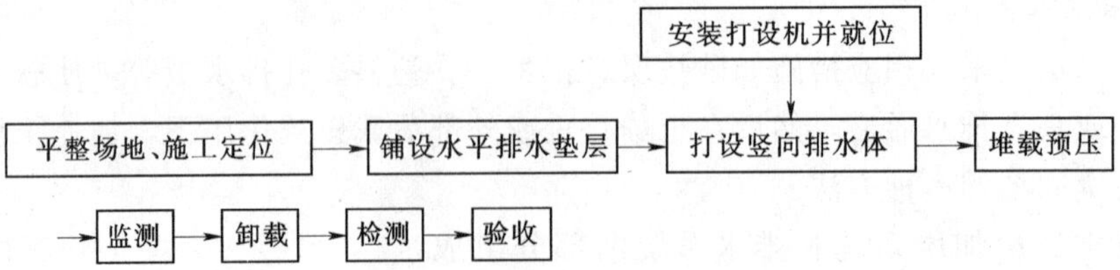

图 2-3　预压地基工艺流程

土中，形成一个个的柱体，将原土层挤实，从而增加地基强度的一种方法。该法可用于提高松散砂土地基的承载力和防止砂土振动液化，也可用于增大软弱黏性土地基的整体稳定性。

对于松散砂土、粉土、黏性土、素填土、杂填土、湿陷性黄土等地基处理工程，可采用振动沉管、锤击沉管或冲击成孔等方法形成砂石桩地基。下面介绍振动沉管成桩法施工。

振动沉管成桩法是在振动锤的振动作用下，把桩管打入土中至设计深度，然后投入砂料，振动密实而成为砂桩。

(1) 施工机械。其包括振动机、料斗、振动套管组成的振动打桩机，如图 2-4 所示。

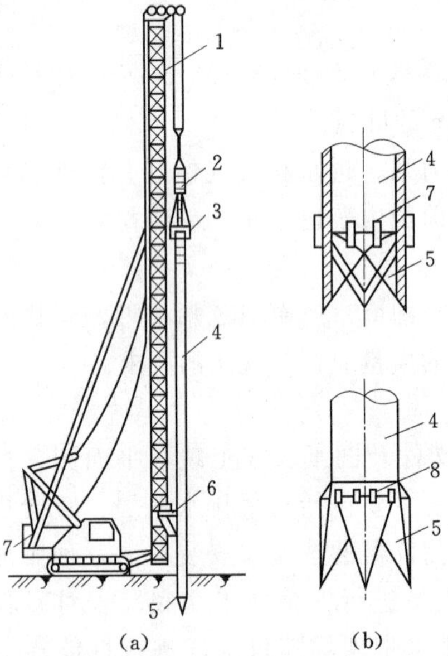

图 2-4　振动打桩机

(a) 振动打桩机沉桩；(b) 活瓣桩靴

1—机架；2—减振器；3—振动器；4—钢套管；5—活瓣桩尖；6—装砂下料斗；7—活门开启限位装置；8—锁轴

(2) 成桩工艺。就是在振动机的振动作用下，把带有底盖（或砂塞）的套管打入规定的设计深度。套管入土后，挤密了套管周围土体，然后投入砂石，再排砂石于土中，振动密实成桩，多次循环后就成为砂石桩。其工艺流程为：定桩位→桩机就位→成孔施工→填料并振实→成桩验收。

(3) 施工顺序如图 2-5 所示。①移动桩机及导向架，把套管及桩尖对准桩位；②开动振动机把套管打入土中，如遇有坚硬难打的土层，可辅以喷气或射水打入；③把套管打到预定深度，然后由上部送料斗投入套管规定数量的砂石；④再将套管拔到规定的高度，套管内的砂石即被压缩空气从套管内压出；⑤继后又将套管打下规定的深度，并加以振动，使排出的砂石振密，于是砂石再一次挤压周围的土体；⑥再一次投砂石于套管内，把套管拔到规定的高度；⑦将以上打桩工艺重复多次，砂石料不断补充，砂石桩不断增高，一直打到地面，即成为砂石桩。

7. 桩基础

可将建筑物荷载传到深部地基，起增大承载力、减小或调整沉降等作用。桩基础有预制桩、灌注桩、旋喷桩及深层搅拌桩。详见本项目 2.2、2.4 节内容。

(1) 预制桩。将不同材料制作的桩采用不同工艺打入、振入或插入地基。

（2）灌注桩。向使用不同工艺钻出不同形式的钻孔内，灌注砂、砾石（碎石）或混凝土，建成砂桩、砾（碎）石桩或混凝土灌注桩。

（3）旋喷桩。利用高压旋喷射流，将地层与水泥基质浆液搅动混合而成的圆断面桩。

（4）深层搅拌桩。以机械旋转方法搅动地层，同时注入水泥基质浆液或喷入水泥干粉，在松散细颗粒地层内形成的桩体。

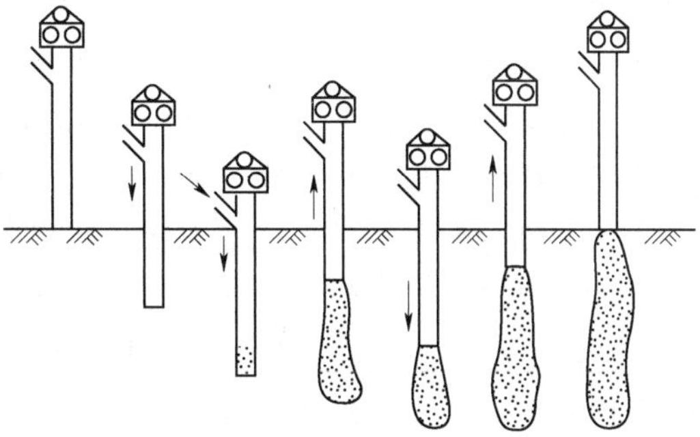

图2-5　振动挤实法施工

本项目主要介绍水利水电工程施工中常用的几种基础处理技术，包括岩石基础灌浆、高压喷射灌浆、防渗墙施工、桩基础施工等。

2.2　灌浆工程施工

2.2.1　灌浆种类

灌浆是利用灌浆机或浆液自重施加一定的压力，将具有胶凝性和流动性的浆液按规定的浆材配比，通过预先设置的钻孔和灌浆管（预埋管路），灌入岩石地基、土或建筑物中，使其充填胶结成坚固、密实而不透水的整体，以达到加固或防渗目的。

按灌浆目的和要求，灌浆工程主要有以下几种。

1．固结灌浆

固结灌浆是用浆液灌入岩体裂隙或破碎带，以提高岩体的整体性、均匀性和抗变形的能力。其作用主要表现在以下几点：

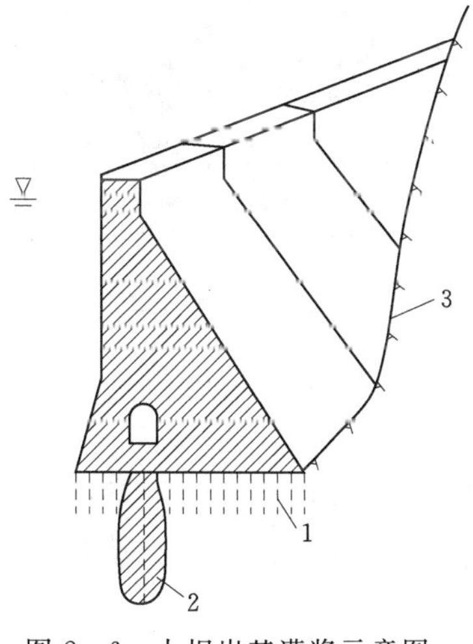

图2-6　大坝岩基灌浆示意图
1—固结灌浆；2—帷幕灌浆；3—接触灌浆

（1）提高基岩的弹性模量，增强其整体性，提高基岩的承载力。

（2）增加坝基岩石的密实度，降低岩体的渗透性。

（3）帷幕上游面的固结灌浆孔，可起辅助帷幕的作用。

坝基灌浆时，其灌浆范围和孔深，主要根据坝型、坝基地质条件、岩石破碎情况和岩石应力等因素而定。在坝基岩石较差且坝体较高时，多进行全面的固结灌浆。对于断面较大的重力坝，在基岩条件较好及坝基应力不大时，可只对上下游应力大的部位进行灌浆。对其他地质情况如断层、破碎夹层等，应针对具体情况专门布孔，如图2-6所示。

固结灌浆一般在岩石表面钻孔灌浆，深度较浅，呈“面状”分布。如在坝基岩面多采用梅花形或方格形布孔。钻孔间距由节理裂隙的密度、产状和渗透性等情况而定。一般孔距为2～4m，局部地区视情况加密。固结灌浆要求较高时，可进行灌浆试验；固结灌浆的孔深一般为5～8m，个别工程有的达到15～30m。一般采用群孔冲洗和群孔灌浆。

钻孔一般为直孔。对于已知产状的断层破碎带及大裂隙，可采用斜孔。

2. 帷幕灌浆

帷幕灌浆是用浆液灌入岩体或土层的裂隙、孔隙，形成阻水幕，以减小渗流量或降低扬压力的灌浆。通常在坝体迎水面下的基础内，形成一道连续而垂直或向上游倾斜的幕墙。设计和施工中多采用单孔灌浆，孔较深且灌浆压力较大。

帷幕灌浆钻孔较深，由1排或2～3排组成，呈“线形”分布。其设计包括平面布置、帷幕伸入两岸的长度、幕深、幕厚（排数），如图2-7所示。同时设计中确定灌浆的孔距、排距、压力、浆材、施工方法及工艺等，一般可通过灌浆试验取得。

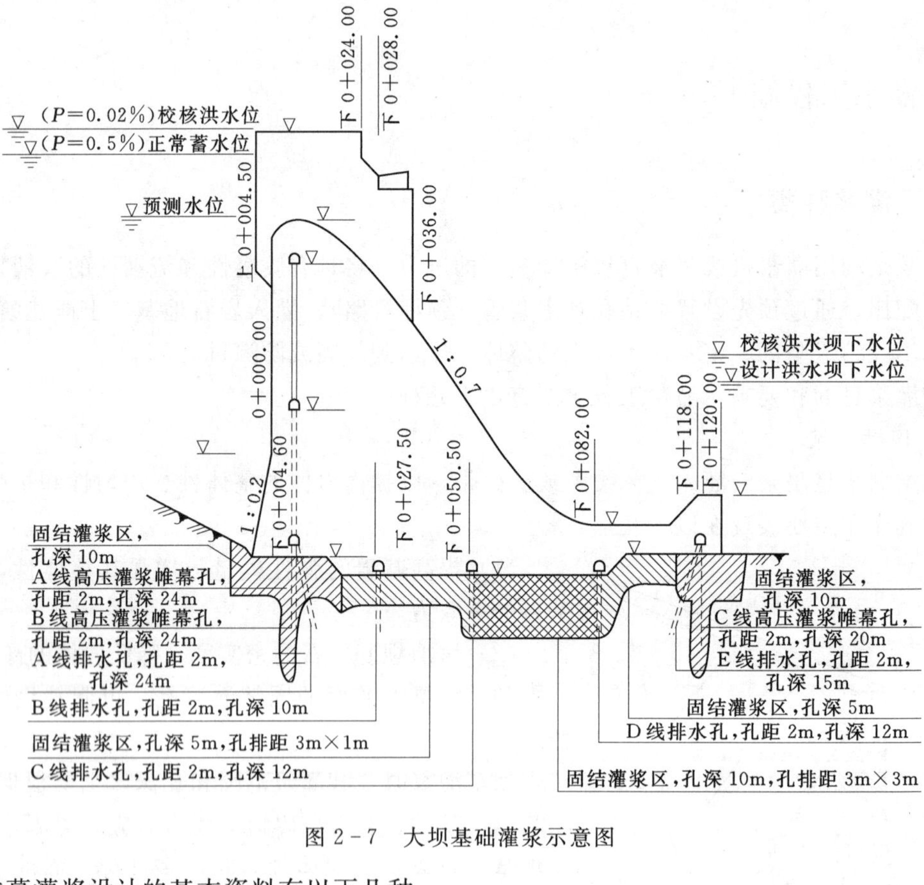

图2-7　大坝基础灌浆示意图

帷幕灌浆设计的基本资料有以下几种：

（1）建筑物基础的地质条件。查明影响渗透稳定的地质缺陷和水文地质条件，如裂隙、节理、断层破碎带、软弱夹层及溶洞等的发育程度、分布特征、产状、充填物情况和地下水的动态，了解岩石的渗透性、相对不透水层深度等。

（2）灌浆试验资料。选择有代表性的地段，进行灌浆试验，获得所需设计参数。如孔距、排距、灌浆压力、灌浆材料、浆液配比、钻灌方法与施工工艺、材料消耗等。

灌浆帷幕一般设在大坝上游坝踵附近的压应力区，在专设的廊道内施工。灌浆廊道一般布置在距上游坝面0.07～0.1倍坝面水头处，并不小于3m。有时为增加坝体的稳定性或把某些大的断裂置在帷幕之后便于处理，将帷幕前移，设在坝前水平铺盖的前沿。

实际工程中，为降低坝基扬压力，多数在坝体内同时布置帷幕和排水。排水孔一般布置在帷幕的背水侧，其深度可取帷幕深的1/2～2/3。我国一些大坝在一般地质条件时，常用帷幕深度为坝高的0.3～0.7倍。

帷幕的形式依其是否接到相对不透水岩层而分为接地式帷幕和悬挂式帷幕。接地式帷幕是坝址的相对不透水层埋藏较浅，帷幕能深入到相对不透水岩层，形成封闭式的阻水幕。此种形式帷幕防渗效果最好。一般深入隔水层的深度要求为3～5m；悬挂式帷幕是坝址的相对不透水层埋藏较深，帷幕不接到相对不透水岩层，防渗效果较差。当采用悬挂式灌浆帷幕时，需与其他的防渗措施配合使用，如在上游设置铺盖、下游增设排水减压措施等。

3. 接触灌浆

接触灌浆是用浆液灌入混凝土与基岩或混凝土与钢板之间的缝隙，以增强接触面的结合能力，这种缝隙是由于混凝土的凝固收缩而造成的。在固结灌浆的部位，结合固结灌浆进行。

一般通过混凝土钻孔压浆或在接触面埋设灌浆盒及相应的管道系统进行灌浆。

4. 接缝灌浆

接缝灌浆是通过埋设管路或其他方式将浆液灌入混凝土坝体的接缝，以改善传力条件，增强坝体的整体性。其特点是预埋灌浆系统复杂，各工序间干扰大，施工制约条件多，准备工作量大。

利用预埋灌浆系统，在灌浆区达到稳定温度时，对混凝土建筑物施工缝进行灌浆。

5. 回填灌浆

回填灌浆是用浆液填充混凝土与围岩或混凝土与钢板之间的空隙和孔洞，以增强围岩或结构的密实性的灌浆，这种空隙和孔洞是由于混凝土浇筑施工的缺陷或技术能力的限制所造成的，如隧洞顶拱岩面与衬砌混凝土面、压力钢管与底部混凝土接触面等。

2.2.2　灌浆材料

灌浆材料分为两类：一是固体颗粒材料，如水泥、黏土、粉煤灰等制成的浆液（悬浮液）；二是化学灌浆材料，如环氧树脂、甲凝等制成的浆液（真溶液）。灌浆材料应根据灌浆目的和环境水的侵蚀作用等由设计确定。实际工程中，如水泥灌浆、水泥黏土灌浆、黏土灌浆、沥青灌浆和化学灌浆等。现主要介绍水泥灌浆、黏土灌浆和化学灌浆。

1. 水泥灌浆

水泥灌浆一般采用纯水泥浆液，其要求颗粒细、稳定性好、胶结性强、耐久性好。水泥标号越高，颗粒越细，就越能填塞细小裂隙。一般情况下，可采用硅酸盐水泥或普通硅酸盐水泥。当有抗侵蚀或其他要求时，应使用特种水泥。

（1）基本要求。

1）使用矿渣硅酸盐水泥或火山灰质硅酸盐水泥灌浆时，因其早期强度低、稳定性差等，浆液水灰比不宜稀于1。

2）回填灌浆、固结灌浆和帷幕灌浆所用水泥的强度等级须为32.5或以上。

3）坝体接缝灌浆所用水泥的强度等级须为42.5或以上。

4）水泥细度对灌浆效果有重要影响，帷幕灌浆和坝体接缝灌浆所用水泥的细度宜为通过80μm方孔筛的筛余量不大于5%。

5）钢衬接触灌浆和岸坡接触灌浆所用水泥的强度等级和细度，可参考坝体接缝灌浆的要求。

纯水泥浆液一般不再进行室内试验。其他类型浆液应根据工程需要，有选择地进行相关性能试验，如掺合料的细度和颗分曲线、浆液的流动性或流变参数、浆液的沉降稳定性、浆液的凝结时间及结石的容重、强度、弹性模量和渗透性等。

（2）其他类型浆液。

近年来，一些特殊浆液应用于灌浆工程中，减少了水泥用量，节省了投资，并简化灌浆工艺。在特殊地质条件下或有特殊要求时，根据现场灌浆试验论证，可选用下列类型的浆液：

1）稳定浆液。系指掺有稳定剂，2h析水率不大于5%的水泥浆液。如对于遇水性能易恶化的岩石或注入量较大的洞穴等，稳定浆液灌浆得到推广应用，如灌浆过程的控制采用GIN（灌浆强度值）等方法。江垭大坝、小浪底、三峡水电站等工程就采用此法，取得良好效果。

2）混合浆液。系指掺有掺合料的水泥浆液，如水泥砂浆、水泥黏土浆、水泥粉煤灰浆、水泥水玻璃浆等。适用于注入量大或地下水流大的地层灌浆。加入掺合料是为了降低浆液造价，有的可改善浆液性能或增加结石强度。

3）膏状浆液。系指塑性屈服强度大于20Pa的混合浆液。浆液由水泥、黏土、粉煤灰、减水剂等材料混合而成。水泥可选用普通硅酸盐水泥。通常水和干料的质量比为1：1.8～1：2.4。

与普通浆液相比，具有较高的屈服强度、较大的塑性黏度及良好的触变性能，在大孔隙地层的扩散范围具有良好的可控性。适用于大孔隙（如岩石宽大裂隙、溶洞等）、堆石体的灌浆。如小湾水电站围堰防渗帷幕应用，效果良好。

4）细水泥浆液。适用于微细裂隙岩石和张开度小于0.5mm的坝体接缝灌浆。可采用干磨细水泥浆液、超细水泥浆液和湿磨细水泥浆液。干磨细水泥是将普通水泥通过振动研磨法进一步磨细，最大粒径D_{max}在35μm以下，平均粒径D_{50}在6～10μm；超细水泥是用特殊方法磨细的水泥，最大粒径D_{max}在12μm以下，D_{50}在3～6μm；湿磨细水泥是将水泥浆液通过湿磨机在施工现场磨细，边磨边灌。其细度与机型、研磨时间及研磨遍数有关。

（3）常用外加剂。

根据灌浆工程的需要，在水泥浆液中，可加入下列外加剂：

1）速凝剂，水玻璃、氯化钙等。

2）减水剂，萘系高效减水剂、木质素磺酸盐类减水剂等。

3）稳定剂，膨润土及其他高塑性黏土等。

为节省水泥，在吸浆量大的地方可加砂、黏土、石粉、粉煤灰（如Ⅰ、Ⅱ或Ⅲ级粉煤灰）等掺合料。帷幕灌浆时，为提高帷幕密实性，改善浆液性能，可掺适量黏土和塑化剂，一般黏土量不超过水泥重量的5%。固结灌浆采用纯水泥浆或水泥砂浆，不能掺加黏土。接触灌浆不加掺合料，只用较高标号的水泥浆。

2. 黏土灌浆

一般土层或砂砾石地基灌浆，采用黏土浆液作为灌浆材料。浆液是将土料经过浸泡、搅拌、筛滤净化拌制而成。对于土坝或砂砾石地基灌浆而言，其土料有不同的要求。如砂砾石地基灌浆，多选用黏粒含量不少于40%～50%、粉粒含量不超过45%～50%、砂粒含量不大于5%、塑性指数为10～20的亚黏土或黏土。

帷幕灌浆多采用水泥黏土浆，以改善浆液的胶结性能和提高结石强度，加速固结，在水下能继续凝固。一般水泥与土料的比例为1∶1～1∶4，浆液稠度水和干料的比例一般在1∶1～6∶1。水泥黏土浆成本低，但结石强度不高，仅用于对强度要求不高的岩基灌浆中。

3. 化学灌浆

化学灌浆是在水泥灌浆基础上发展起来的新型灌浆方法。它是将有机高分子材料配制成的浆液灌入地基或建筑物的裂缝中，经胶凝固化后，达到防渗、堵漏、补强、加固的目的。化学灌浆在基岩处理中，是作为水泥灌浆辅助手段的。它主要用于：裂隙与空隙细小（0.1mm以下），颗粒材料不能灌入；对基础的防渗或强度有较高要求；渗透水流的速度较大，其他灌浆材料不能封堵等情况。

（1）化学灌浆的特性。

化学灌浆材料有很多品种，每种材料都有其特殊的性能，按灌浆的目的可分为防渗堵漏和补强加固两大类。属于前者的有水玻璃、丙凝类、聚氨酯类等，属于后者的有环氧树脂类、甲凝类等。总体来讲，化学浆液具有以下特性：

1）化学浆液的黏度低，有的接近于水，有的比水还小。其流动性好，可灌性高，可以灌入水泥浆液灌不进去的细微裂隙中。

2）化学浆液的聚合时间（或称胶凝时间，固化、硬化时间）可以比较准确地控制，从几秒到几十分钟，有利于机动灵活地进行施工控制。

3）化学浆液聚合后的聚合体，渗透系数很小，一般为10^{-8}～10^{-6}cm/s，几乎是不透水的，防渗效果好。

4）有些化学浆液聚合体本身的强度及黏结强度比较高，可承受高水头。如用于加固补强的甲凝、环氧树脂等，而聚氨酯对防渗与加固都有作用。

5）化学灌浆材料聚合体的稳定性和耐久性均较好，能抗酸、碱及微生物的侵蚀。但一般高分子化学材料都存在有老化问题。

6）化学灌浆材料都有一定毒性，在配制、施工过程中要十分注意防护，并切实防止对环境的污染。

（2）化学灌浆的施工。

由于化学材料配制的浆液为真溶液，不存在粒状灌浆材料所存在的沉淀问题，故化学灌浆都采用纯压式灌浆。

化学灌浆的钻孔和清洗工艺及技术要求，与水泥灌浆基本相同，也遵循分序加密的原则进行钻孔灌浆。

化学灌浆的方法，按浆液的混合方式区分，有单液法灌浆和双液法灌浆。一次配制成的浆液或两种浆液组分在泵送灌注前先行混合的灌浆方法称为单液法。两种浆液组分在泵送后才混合的灌浆方法称为双液法。前者施工相对简单，在工程中使用较多。

为了保持连续供浆，现在多采用电动式比例泵提供压送浆液的动力。比例泵是专用的化学灌浆设备，由两个出浆量能够任意调整、可实现按设计比例压浆的活塞泵所构成。对于小型工程和个别补强加固的部位，也可采用手压泵。

工程施工中，无论采用哪一种灌浆材料，灌浆结束后应注意妥善处理废弃浆液，特别对化学灌浆材料要经过特殊处理而不须直接排入河道，防止污染环境。

2.2.3 岩基灌浆

岩基一般需要进行固结灌浆、帷幕灌浆和接触灌浆，以提高和改善岩基的强度、整体性和抗渗性。按灌注材料不同，分水泥灌浆、水泥黏土灌浆和化学灌浆等，其中以水泥灌浆最为常见。现结合水泥灌浆，介绍基岩灌浆施工中的主要施工环节与技术，包括钻孔、钻孔（裂隙）冲洗、压水试验、灌浆的方法与工艺、封孔、灌浆的质量检查等。

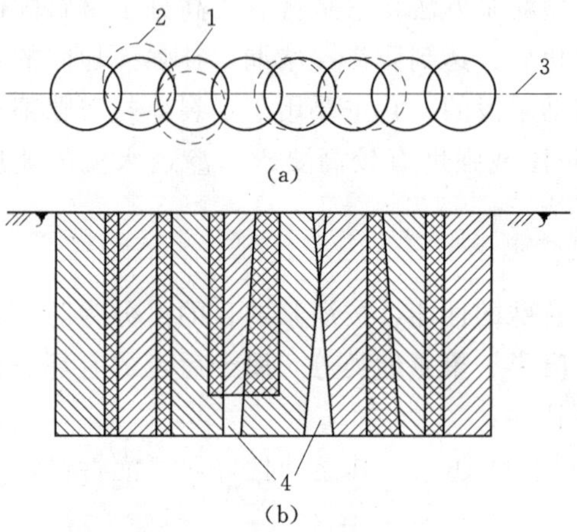

图 2-8　钻孔质量对帷幕的影响

(a) 平面图；(b) 剖面图

1—孔顶灌浆范围；2—孔底灌浆范围；3—帷幕轴线；4—漏水通道

2.2.3.1 钻孔

帷幕灌浆的钻孔宜采用回转式钻机和金刚石钻头或硬质合金钻头，其钻进效率较高，不受孔深、孔向和岩石硬度的限制，还可钻取岩心。钻孔的孔径一般为 75～91mm。固结灌浆则可采用各式合适的钻机与钻头。

钻孔的质量对灌浆效果影响很大。钻孔质量包括：①确保孔深、孔向、孔位符合设计要求；②力求孔径上下均一、孔壁平顺；③钻孔过程中产生的岩粉细屑较少。孔径均一，孔壁平顺，则灌浆栓塞能够卡紧卡牢，灌浆时不致产生返浆。钻进过程中产生过多的岩粉细屑，容易堵塞孔壁的缝隙，影响灌浆质量。钻孔的方向与深度是保证帷幕灌浆质量的关键。如果钻孔方向有偏斜，钻孔深度达不到要求，则通过各钻孔所灌注的浆液，不能连成一体，将形成漏水通路，如图 2-8 所示。

孔深的控制可根据钻杆钻进的长度推测。孔斜的控制相对较困难，特别是钻设斜孔，掌握钻孔方向更加困难。在工程实践中，按钻孔深度不同规定了钻孔偏斜的允许值，如表 2-1 所示。当深度大于 60m 时，则允许的偏差不应超过钻孔的间距。钻孔结束后，应对孔深、孔斜和孔底残留物等进行检查，不符合要求的应采取补救处理措施。

表2-1　　帷幕灌浆孔孔底允许偏差　　单位：m

孔深		20	30	40	50	60
允许偏差	单排孔	0.25	0.45	0.70	1.00	1.30
	二或三排孔	0.25	0.50	0.80	1.15	1.50

2.2.3.2　钻孔（裂隙）冲洗

钻孔后，进入冲洗阶段。冲洗工作通常分为：①钻孔冲洗，将残存在钻孔底和黏滞在孔壁的岩粉铁屑等冲洗出来；②岩层裂隙冲洗，将岩层裂隙中的充填物冲洗出孔外，以便浆液进入到腾出的空间，使浆液结石与基岩胶结成整体。在断层、破碎带和细微裂隙等复杂地层中灌浆，冲洗的质量对灌浆效果影响极大。

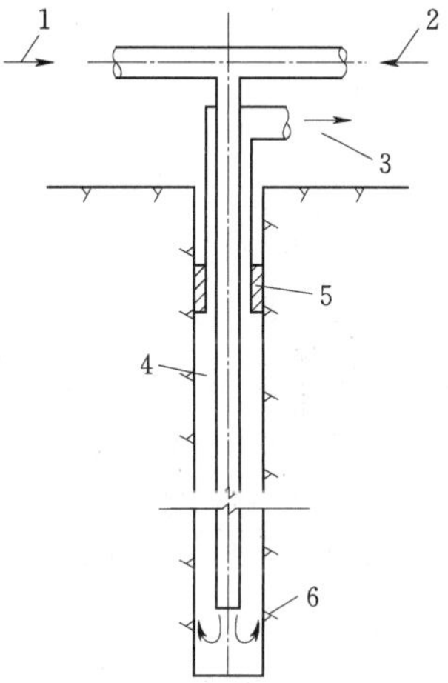

图2-9　钻孔冲洗示意图
1—压力水进口；2—压缩空气进口；3—出口；4—灌浆孔；5—阻塞器；6—缝隙

一般采用灌浆泵将水压入孔内循环管路进行冲洗，如图2-9所示。将冲洗管插入孔内，用阻塞器将孔口堵紧，用压力水冲洗；也可采用压力水和压缩空气轮换冲洗或压力水和压缩空气混合冲洗的方法。钻孔冲洗时，将钻杆下到孔底，从钻杆通入压力水进行冲洗。冲孔时流量要大，使孔内回水的流速足以将残留在孔内的岩粉铁末冲出孔外。冲孔一直要进行到回水澄清5～10min才结束。

岩层裂隙冲洗方法分单孔冲洗和群孔冲洗两种。

1. 单孔冲洗

在岩层比较完整、裂隙比较少的地方，可采用单孔冲洗。单孔冲洗有以下3种方法。

（1）高压水冲洗。整个冲洗过程均在高压下进行，裂隙中的充填物沿着加压的方向推移和压实。冲洗压力可以采用同段灌浆压力的70%～80%，但当大于1MPa时，采用1MPa。当回水洁净、流量稳定20min后就可停止冲洗。

（2）高压脉动冲洗。即采用高压、低压水反复变换冲洗。先用高压水冲洗，冲洗压力为灌浆压力的80%，经5～10min以后，将孔口压力在几秒钟内突然降低到零，形成反向脉冲水流，将裂隙中的碎屑带出。通过不断的升、降压循环，对裂隙进行反复冲洗，直到回水洁净，最后延续10～20min后就可结束冲洗。高压脉动的压力差越大，冲洗效果越好。

（3）扬水冲洗。对于地下水位较高、地下水补给条件良好的钻孔，可采用扬水冲洗，冲洗时先将管子下到钻孔底部，上接风管，通入压缩空气。孔中水气混合以后，由于相对密度减轻。在地下水压力作用下，再加压缩空气的释压膨胀与返流作用，挟带着孔内的碎屑杂物喷出孔外。如果孔内水位恢复较慢，则可向孔内补水，间歇地扬水，直到将孔洗净为止。

2. 群孔冲洗

一般适用于岩层破碎，节理裂隙比较发育且在钻孔之间互相串通的地层中。它是将两个或两个以上的钻孔组成一个孔组，轮换地向一个孔或几个孔压进压力水或压力水混合压缩空气，从另外的孔排出污水，这样反复交替冲洗，直到各个孔出水洁净为止，如图 2-10 所示。

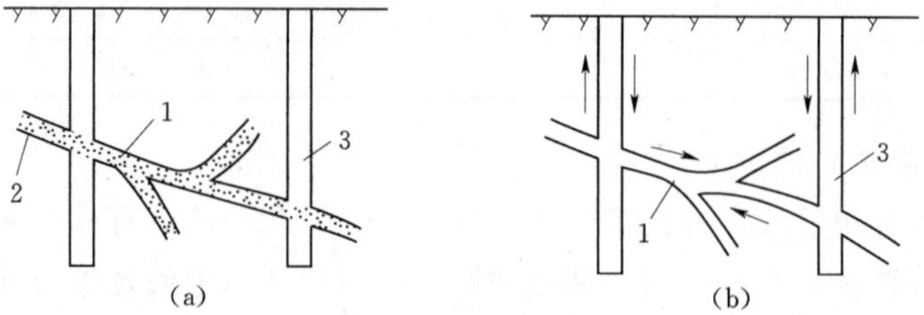

图 2-10　群孔冲洗示意图

(a) 冲洗前；(b) 冲洗后

1—裂缝；2—充填物；3—钻孔

群孔冲洗时，沿孔深方向冲洗段的划分不宜过长，否则冲洗段内钻孔通过裂隙增多，这样不仅分散冲洗压力和冲洗水量，并且一旦有部分裂隙冲通以后，水量将相对集中在这几条裂隙中流动，使其他裂隙得不到有效的冲洗，影响冲洗的质量和效果。为了提高冲洗效果，有时可在冲洗液中加入适量的化学剂，如碳酸钠（Na_2CO_3）、氢氧化钠（NaOH）或碳酸氢钠（$NaHCO_3$）等、以利于促进泥质充填物来溶解。加入化学剂的品种和掺量，宜通过实验确定。采用高压水或高压水气冲洗时，要注意观测，防止冲洗范围内岩层的抬动和变形。

2.2.3.3　压水试验

在冲洗完成并开始灌浆施工前，一般要对灌浆地层进行压水试验。压水试验的主要目的是：测定地层的渗透特性，为基岩的灌浆施工提供基本技术资料。压水试验也是检查地层灌浆实际效果的主要方法。

压水试验的原理：在一定的水头压力下，通过钻孔将水压入到孔壁四周的缝隙中，根据压入的水量和压水的时间，计算出代表岩层渗透特性的技术参数。一般可采用透水率 q 来表示岩层的渗透特性。透水率是指在单位时间内，通过单位长度试验孔段，在单位压力作用下所压入的水量。试验成果可按式（2-1）计算，即

$$q=\frac{Q}{PL} \tag{2-1}$$

式中　q——地层的透水率，Lu（读做：吕荣）；

Q——单位时间内实验段的注水总量，L/min；

P——作用于实验段内的全压力，MPa；

L——压水试验段的长度，m。

灌浆施工时的压水试验，使用的压力通常为同段灌浆压力的 80%，但一般不大于 1MPa。试验时，可在预定压力之下，每隔 5min 记录一次流量读数，直到流量稳定 30～60min，取最后的流量作为计算值，再按式（2-1）计算该地层的透水率 q。

对于构造破碎带、裂隙密集带、岩层接触带以及岩溶洞穴等透水性较强的岩层，应根据具体情况确定试验的长度。同一试段不宜跨越透水性相差悬殊的两种岩层，这样所获得的试验资料才有代表性。

帷幕灌浆采用自上而下分段灌浆法时，先导孔应自上而下分段进行压水试验，各次序灌浆孔的各灌浆段在灌浆前宜进行简易压水；采用自下而上分段灌浆法时，先导孔仍应自上而下分段进行压水试验。各次序灌浆孔在灌浆前全孔应进行一次钻孔冲洗和裂隙冲洗。除孔底段外，各灌浆段在灌浆前可不进行裂隙冲洗和简易压水。压水试验应在裂隙冲洗后进行，采用五点法或单点法。

另外，对于有岩溶泥质充填物和遇水性能易恶化的地层，在灌浆前可以不进行裂隙冲洗，也不宜做压水试验。

2.2.3.4　灌浆的方法与工艺

为了确保岩基灌浆的质量，必须注意以下问题。

1. 钻孔灌浆的次序

基岩的钻孔与灌浆应遵循分序加密的原则进行。一方面，可以提高浆液结石的密实性；另一方面，通过后序孔透水率和单位吸浆率的分析，可推断先序孔的灌浆效果，同时还有利于减少相邻孔串浆现象。

单排帷幕孔的钻灌次序是先钻灌第Ⅰ序孔，然后依次钻灌第Ⅱ、第Ⅲ序孔，如有必要再钻灌第Ⅳ序孔（图2－11）。

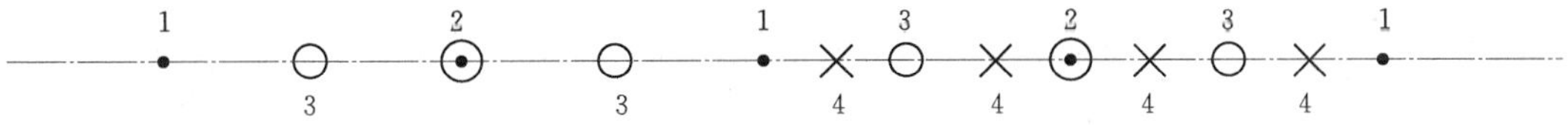

图2－11　单排帷幕孔的钻灌次序

1—第Ⅰ序孔；2—第Ⅱ序孔；3—第Ⅲ序孔；4—第Ⅳ序孔

双排和多排帷幕孔，在同一排内或排与排之间均应按逐渐加密的次序进行钻灌作业。双排孔帷幕通常是先灌下游排，后灌上游排；多排孔帷幕是先灌下游排，再灌上游排，最后灌中间排。在坝前已经壅水或有地下水活动的情况下，更有必要按照这样的次序进行钻灌作业，以免浆液过多地流失到灌浆区范围以外。

帷幕灌浆各个序孔的孔距视岩层完好程度而定，一般多采用第Ⅰ序孔孔距8～12m，然后内插加密，第Ⅱ序孔孔距4～6m，第Ⅲ序孔孔距2～3m，第Ⅳ序孔孔距1～1.5m。

固结灌浆宜在有混凝土覆盖压重的情况下进行，防止地表抬动和地面冒浆。一般覆盖混凝土达到50％设计强度后，才能进行灌浆。对于岩层比较完整、孔深5m左右的浅孔固结灌浆，可以采用两序孔进行钻灌作业；孔深5m以上的中深孔固结灌浆，则以采用三序孔施工为宜。固结灌浆最后一个序孔的孔距和排距，与基岩地质情况及应力条件等有关，一般在3～6m之间。固结灌浆的布孔方式及钻灌次序如图2－12所示。

2. 灌浆方式

按照灌浆时浆液灌注和流动的特点，灌浆方式有纯压式和循环式两种。对于帷幕灌浆，应优先采用循环式。

纯压式灌浆，就是一次将浆液压入钻孔，并扩散到岩层裂隙中。灌注过程中，浆液从灌浆机向钻孔流动，不再返回，如图2－13（a）所示。这种灌注方式设备简单，操作方便，但浆液流动速度较慢，容易沉淀，造成管路与岩层缝隙的堵塞，影响浆液扩散。纯压式灌浆多用于吸浆量大、有大裂隙存在、孔深不超过12～15m的情况。

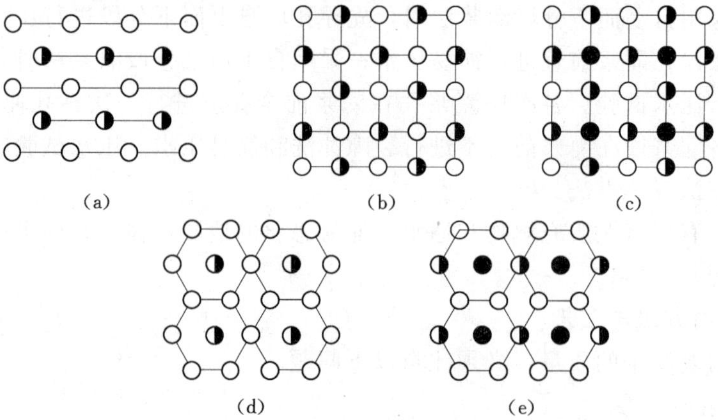

○—第Ⅰ次序孔 ◑—第Ⅱ次序孔 ●—第Ⅲ次序孔

图 2-12 固结灌浆的布孔方式和钻灌次序

(a)、(d)、(e) 梅花形布孔；(b)、(c) 棋盘形布孔

循环式灌浆，灌浆机把浆液压入钻孔后，浆液一部分被压入岩层缝隙中，另一部分由回浆管返回拌浆筒中，如图 2-13 (b) 所示。这种方法一方面可使浆液保持流动状态，减少浆液沉淀；另一方面可根据进浆和回浆浆液比例的差别，来了解岩层吸收情况，并作为判定灌浆结束的一个条件。

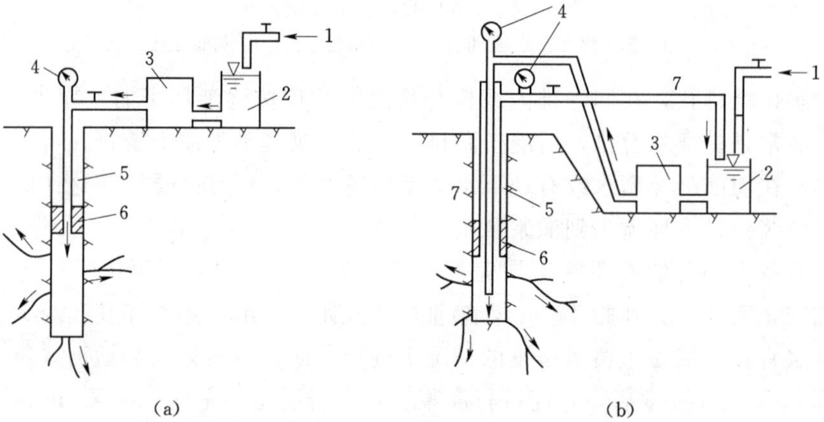

图 2-13 纯压式灌浆和循环式灌浆示意图

(a) 纯压式灌浆；(b) 循环式灌浆

1—水；2—拌浆筒；3—灌浆泵；4—压力表；5—灌浆管；6—灌浆塞；7—回浆管

3. *钻灌方法*

根据不同的地质条件和工程要求，基岩灌浆方法可选用全孔一次灌浆法、自上而下分段灌浆法、自下而上分段灌浆法、综合灌浆法或孔口封闭灌浆法。

(1) 全孔一次灌浆法。全孔一次钻灌是将灌浆孔一次钻到设计深度，并沿全孔进行灌浆。这种方法施工简单，多用于孔深不超过 6m、地质条件良好、基岩比较完整的情况。

(2) 自上而下分段灌浆法。分段钻孔，分段进行压水试验，有利于分析灌浆效果，估计灌浆材料用量。在钻灌一段后，待凝一定时间，再钻下一段，钻孔和灌浆交替进行（图

2-14)。特点是随着孔深的增加，可逐渐增加灌浆压力，上部岩层因灌浆而形成结石，避免冒浆现象，以保证灌浆质量。在工程地基处理中，多采用此种方法。但因机械设备搬迁频繁，对施工进度有影响。适用于地质条件较差、岩石破碎地区。

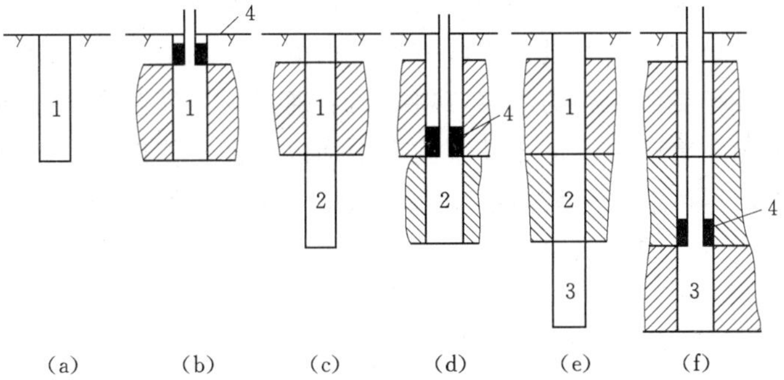

图2-14　自上而下分段灌浆

(a) 第一段钻孔；(b) 第一段灌浆；(c) 第二段钻孔；(d) 第二段灌浆；(e) 第三段钻孔；(f) 第三段灌浆

1、2、3—钻孔、灌浆先后顺序的段号；4—阻塞器

(3) 自下而上分段灌浆法。一次将孔钻到设计深度，然后自下而上分段灌浆（图2-15)。这种方法的优、缺点与自上而下分段灌浆刚好相反。一般多用在岩层比较完整或基岩上部已有足够压重，不致引起地面抬动的情况。其优点是钻孔和灌浆不干扰，进度快，成本低。不足之处在于后灌段的灌浆压力不能适当加大。

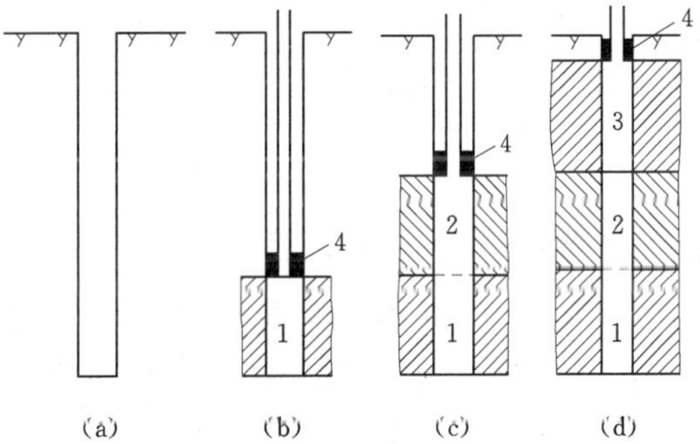

图2-15　自下而上分段灌浆

(a) 钻孔；(b) 第一段灌浆；(c) 第二段灌浆；(d) 第三段灌浆

1、2、3—灌浆先后顺序的段号；4—阻塞器

(4) 综合灌浆法。在实际工程中，通常是接近地表的岩层比较破碎，越往下岩层越完整。因此，在进行深孔灌浆时，可以兼取以上两种方法的优点，上部孔段采用自上而下法钻灌，下部孔段则用自下而上法钻灌。

(5) 孔口封闭灌浆法。在钻孔的孔口安装孔口管（如埋入钢管作为孔口管），自上而下分段钻孔和灌浆，各段灌浆时都在孔口安装孔口封闭器进行灌浆。该法是一种将封闭器设置在孔口，不用下入阻塞器的灌浆方法。其特点为不需待凝，钻进连续作业，进度快，工艺简便（孔径小)，多次复灌有利于提高灌浆质量。但埋入钢管不易回收，耗用钢材。一般适用于高压水泥灌浆工程，小于3MPa的灌浆工程可参照应用。

分段灌浆时，灌浆孔段的划分对灌浆质量有一定影响。原则上说，灌浆孔段的长度应该根据岩层裂缝分布情况确定，每一孔段的裂隙分布应大体均匀，以便施工操作和提高灌浆质量。一般情况下，灌浆孔段的长度多控制在5～6m。如果地质条件好，岩层比较完整，段长可适当放长，但也不宜超过10m；在岩层破碎、裂隙发育的部位，段长应适当缩短，可取3～4m；而在破碎带、大裂隙等漏水严重的地段以及坝体与基岩的接触面，应单独分段进行处理。

4. 灌浆压力的确定

灌浆压力是指作用在灌浆段中部的压力，也是控制灌浆质量和效果的重要因素。正确确定灌浆压力是较困难的，工程设计阶段一般是根据工程和地质情况进行分析计算并结合工程类比拟定，即参考类似工程的灌浆资料，然后通过现场灌浆试验论证，或通过经验计算公式，再通过现场灌浆试验论证或灌浆施工中加以验证、修改。一般在不破坏岩层稳定和坝体安全前提下，尽可能采用较高的压力，以增大浆液扩散半径。

灌浆压力可由式（2-2）确定，即

$$P=P_1+P_2\pm P_f \tag{2-2}$$

式中 P——灌浆压力，MPa；

P_1——灌浆管路中压力表的压力，MPa；

P_2——考虑地下水位影响后的浆液自重压力，取最大浆液密度计算，MPa；

P_f——压力表处至灌浆段间管路摩擦压力损失，MPa。

计算 P_f 时，当压力表安设在孔口进浆管上时，按浆液在孔内进浆管中流动时的压力损失计算，P_f 在式（2-2）中取“－”号；当压力表安设在孔口回浆管上时，按浆液在孔内环形截面回浆管中流动时的压力损失计算，P_f 在式（2-2）中取“＋”号。采用循环式灌浆时，压力表应安设在孔口回浆管路上。采用纯压式灌浆时，压力表应安设在孔口进浆管路上。

灌浆压力大小与孔深、地质条件、有无压重及灌浆要求等因素有关。工程中也常采用式（2-3）计算，即

$$P=P_0+mD+K\gamma gh \tag{2-3}$$

式中 P——灌浆压力，MPa；

P_0——基岩表层的允许压力，MPa，可参考表2-2；

m——灌浆段以上岩层每增加1m所能增加的灌浆压力，MPa，可参考表2-2；

D——灌浆段以上岩层的厚度，m；

K——系数，可选用1～3，在压重层松散时取低值；

γ——压重的容重，kg/m^3；

g——重力加速度，m/s^2；

h——灌浆孔以上压重的厚度，m。

表2-2　P_0 和 m 值选用表

岩石分类	岩　性	m（MPa）	P_0（MPa）	常用压力（MPa）
Ⅰ	具有陡倾斜裂隙、透水性低的坚固大块结晶岩、岩浆岩	0.2～0.5	0.3～0.5	4～10
Ⅱ	风化的中等坚固的块状结晶岩、变质岩或大块体弱裂隙的沉积岩	0.1～0.2	0.2～0.3	1.5～4
Ⅲ	坚固的半岩性岩石、砂岩、黏土页岩、凝灰岩、强或中等裂隙的成层的岩浆岩	0.05～0.1	0.15～0.2	0.5～1.5

续表

岩石分类	岩　性	m（MPa）	P_0（MPa）	常用压力（MPa）
Ⅳ	坚固性差的半岩性岩石、软质石灰岩、胶结弱的砂岩及泥灰岩、裂隙发育的较坚固的岩石	0.025～0.05	0.05～0.15	0.25～0.5
Ⅴ	松软的未胶结的泥沙土壤、砾石、砂、砂质黏土	0.015～0.025	0	0.05～0.25

注　1. 采用自下而上分段灌浆时，m 应选用较小值。
2. Ⅴ类岩石在外加压重情况下，才能有效地灌浆。

灌浆压力的大小，与孔深、岩层性质、有无压重及灌浆质量要求等有关，可参考类似工程的灌浆资料，特别是现场灌浆试验成果确定，并且在具体的灌浆施工中结合现场条件进行调整。

帷幕灌浆是在混凝土压重条件下进行的，其表层孔段的灌浆压力不宜小于1～1.5倍帷幕的工作水头，底部孔段不宜小于2～3倍工作水头。对于固结灌浆若为浅孔，且无盖重时，其压力可采用0.2～0.5MPa；有盖重时，采用0.3～0.7MPa。在地质条件较差或软弱岩层中，应适当降低灌浆压力。

应强调，由公式或经验确定的灌浆压力，仅作为压力估算的一种依据。实际施工时的灌浆压力，常通过灌浆试验来确定，而后在灌浆施工过程中调整修正。

5. *灌浆压力和浆液稠度的控制*

在灌浆过程中，合理地控制灌浆压力和浆液稠度，是提高灌浆质量的重要保证。

灌浆过程中灌浆压力的控制基本上有两种类型，即一次升压法和分级升压法。

（1）一次升压法。灌浆开始后，一次将压力升高到预定的压力，并在这个压力作用下，灌注由稀到浓的浆液。每一级浓度的浆液注入量和灌注时间达到一定限度以后，就变换浆液配比，逐级加浓。随着浆液浓度的增加，裂隙将被逐渐充填，浆液注入率将逐渐减少，当达到结束标准时，就结束灌浆。这种方法适用于透水性不大，裂隙不甚发育，岩层比较坚硬完整的地方。

（2）分级升压法。分级升压法是将整个灌浆压力分为几个阶段，逐级升压直到预定的压力。开始时，从最低一级压力起灌，当浆液注入率减少到规定的下限时，将压力升高一级，如此逐级升压，直到预定的灌浆压力。

分级升压法的压力分级不宜过多，一般以3级为限。例如，可分为0.4P、0.7P及P级，P为该灌浆段预定的灌浆压力。浆液注入率的上、下限，视岩层的透水性和灌浆部位、灌浆次序而定，通常上限可定为80～100L/min，下限为30～40L/min。在遇到岩层破碎透水性很大或有渗透途径与外界连通的孔段时。常采用分级升压法。如果遇到大的孔洞或裂隙，则应按特殊情况处理。处理的原则是低压浓浆，间歇停灌，直到规定的标准结束灌浆。待浆液凝固以后再重新钻开，进行复灌，以确保灌浆质量。

灌浆过程中，必须根据灌浆压力或吸浆率的变化情况，适时调整浆液的稠度，使岩层的大小缝隙既能灌饱，又不浪费。浆液稠度的变换按先稀后浓的原则控制，这是由于稀浆的流动性较好，宽细裂隙都能进浆，使细小裂隙先灌饱，而后随着浆液稠度逐渐变浓，其他较宽的裂隙也能逐步得到良好的充填。

岩基灌浆中的浆液稠度，即水灰比有8∶1、5∶1、3∶1、2∶1、1.5∶1、1∶1、

0.8∶1、0.6∶1、0.5∶1等9个比级。灌浆浆液应由稀至浓逐级变换，即先灌稀浆，使细的裂隙优先灌满，逐步变浓，使其他较宽的裂隙也逐步得到充填，直到结束标准。

帷幕灌浆浆液水灰比可采用5∶1、3∶1、2∶1、1∶1、0.8∶1、0.6∶1（或0.5∶1）等6个比级。固结灌浆浆液水灰比可采用3∶1、2∶1、1∶1、0.6∶1（或0.5∶1），也可采用2∶1、1∶1、0.8∶1、0.6∶1（或0.5∶1）4个比级。灌注细水泥浆液时，水灰比可采用2∶1、1∶1、0.6∶1或1∶1、0.8∶1、0.6∶1 3个比级。

根据规范要求，浆液变换原则如下：

（1）当灌浆压力保持不变，注入率持续减少时，或注入率不变而压力持续升高时，不得改变水灰比。

（2）当灌浆液注入量已达300L以上，或灌浆时间已达30min，而灌浆压力和注入率均无改变或改变不显著时，应改浓一级水灰比。

（3）当注入率大于30L/min时，可根据具体情况越级变浓。

浆液浓度的变换，工程中多采用限量法。它是根据每一级稠度的浆液灌入量（如采用400L）来控制，或根据工程的地质条件，规定具体的标准。灌浆过程中，灌浆压力或注入率突然改变较大时，应立即查明原因，采取相应的措施处理。

6. 灌浆的结束条件与封孔

灌浆的结束条件，一般用两个指标来控制，一个是残余吸浆量，又称最终吸浆量，即灌到最后的限定吸浆量；另一个是闭浆时间，即在残余吸浆量不变的情况下保持设计规定压力的延续时间。

帷幕灌浆时，在设计规定的压力之下，灌浆孔段的浆液注入率小于0.4L/min时，再延续灌注60min（自上而下法）或30min（自下而上法）；或浆液注入率不大于1.0L/min时，继续灌注90min或60min，即可结束灌浆。

对于固结灌浆，其结束标准是浆液注入率不大于0.4L/min，延续时间30min，灌浆可以结束。

封孔是施工中一项重要工作。灌浆孔若封堵不严，孔内就会有水渗出，对灌入到岩石缝隙中的浆液结石体起到冲刷溶蚀破坏作用。对于帷幕灌浆孔，宜采用浓浆灌浆法填实，再用水泥砂浆封孔；对于固结灌浆，孔深小于10m时，可采用机械压浆法进行回填封孔，即通过深入孔底的灌浆管压入浓水泥浆或砂浆，顶出孔内积水，随浆面的上升，缓慢提升灌浆管。当孔深大于10m时，其封孔与帷幕孔相同。

7. 灌浆特殊情况处理

灌浆过程中，发现冒浆漏浆，应根据具体情况采用嵌缝、表面封堵、低压、浓浆、限流、限量、间歇灌浆等方法进行处理。发生串浆时，如串浆孔具备灌浆条件，可以同时进行灌浆。应一泵灌一孔；否则应将串浆孔用塞塞住，待灌浆孔灌浆结束后，再对串浆孔并行扫孔、冲洗，而后继续钻进和灌浆。

灌浆工作必须连续进行，若因故中断，应及早恢复灌浆；否则应立即冲洗钻孔，而后恢复灌浆。若无法冲洗或冲洗无效，则应进行扫孔，而后恢复灌浆。恢复灌浆时，应使用开灌比级的水泥浆进行灌注。如注入率与中断前的相近，即可改用中断前比级的水泥浆继续灌注；如注入率较中断前的减少较多，则浆液应逐级加浓继续灌注。恢复灌浆后，如注入率较中断前的减少很多，且在短时间内停止吸浆，应采取补救措施。

2.2.3.5 灌浆的质量检查

基岩灌浆属于隐蔽性工程，必须加强灌浆质量的控制与检查。为此，一方面要认真做好灌浆施工的原始记录，严格灌浆施工的工艺控制，防止违规操作；另一方面，要在一个灌浆区灌浆结束以后，进行专门性的质量检查，作出科学的灌浆质量评定。基岩灌浆的质量检查结果，是整个工程验收的重要依据。

灌浆质量检查的方法很多，常用的有：在已灌地区钻设检查孔，通过压水试验和浆液注入率试验进行检查；通过检查孔，钻取岩芯进行检查，或进行钻孔照相和孔内电视，观察孔壁的灌浆质量；开挖平洞、竖井或钻设大口径钻孔，检查人员直接进去观察检查，并在其中进行抗剪强度、弹性模量等方面的试验；利用地球物理勘探技术，测定基岩的弹性模量、弹性波速等，对比这些参数在灌浆前后的变化，借以判断灌浆的质量和效果。

2.2.4 高压喷射灌浆

高压喷射灌浆是采用钻孔，将装有特制合金喷嘴的注浆管下到预定位置，然后用高压水泵或高压泥浆泵（20～40MPa）将水或浆液通过喷嘴喷射出来，冲击破坏土体，使土粒在喷射流束的冲击力、离心力和重力等综合作用下，与浆液搅拌混合，并按一定的浆土比例和质量大小，有规律地重新排列。待浆液凝固以后，在土内就形成一定形状的固结体。

1. 高压喷射灌浆的适用范围

高压喷射灌浆防渗和加固技术适用于软弱土层。实践证明，砂类土、黏性土、黄土和淤泥等地层均能进行喷射加固，效果较好。对粒径过大的含量过多的砾卵石以及有大量纤维质的腐殖土层，一般应通过现场试验确定施工方法。对含有较多漂石或块石的地层，应慎重使用。

2. 高压喷射灌浆的基本方法

高压喷射灌浆的基本方法有单管法、二管法、三管法（图 2－16）和多管法等。

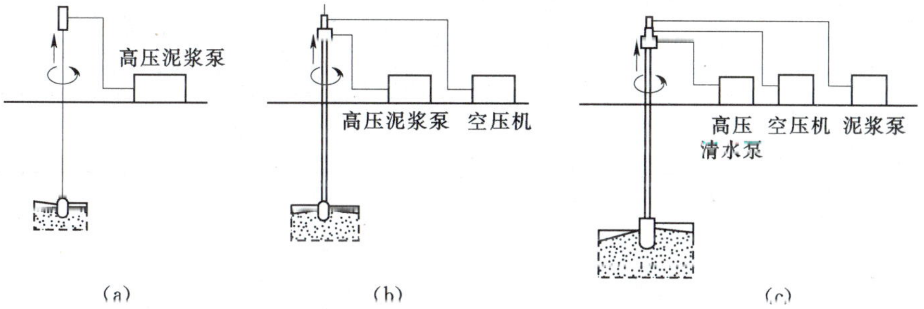

图 2－16 高压喷射灌浆法施工方法

(a) 单管法；(b) 二管法；(c) 三管法

(1) 单管法。单管法是用高压泥浆泵以 20～25MPa 或更高的压力，从喷嘴中喷射出水泥浆液射流，冲击破坏土体，同时提升或旋转喷射管，使浆液与土体上剥落下来的土石掺搅混合，经一定时间后凝固，在土中形成凝结体。这种方法形成凝结体的范围（桩径或延伸长度）较小，一般桩径为 0.5～0.9m，板状凝结体的延伸长度可达 1～2m。其加固质量好，施工速度快，成本低。

（2）二管法。二管法是用高压泥浆泵等高压发生装置产生20～25MPa或更高压力的浆液，用压缩空气机产生0.7～0.8MPa压力的压缩空气。浆液和压缩空气通过具有两个通道的喷射管，在喷射管底部侧面的同轴双重喷嘴中同时喷射出高压浆液和空气两种射流，冲击破坏土体，其直径达0.8～1.5m。

（3）三管法。三管法是使用能输送水、气、浆的3个通道的喷射管，从内喷嘴中喷射出压力为30～50MPa的超高压水流，水流周围环绕着从外喷嘴中喷射出一般压力为0.7～0.8MPa的圆状气流，同轴喷射的水流与气流冲击破坏土体。由泥浆泵灌注压力为0.2～0.7MPa、浆量80～100L/min、密度1.6～1.8g/cm^{3}的水泥浆液进行充填置换。其直径一般有1.0～2.0m，较二管法大，较单管法要大1～2倍。

3. 浆液材料和施工机具

（1）浆液材料。高喷灌浆最常用的材料为水泥浆，在防渗工程中使用黏土（膨润土）水泥浆。化学浆液使用较少，国内仅在个别工程中应用过丙凝等浆液。

（2）机具和设备。高压喷射灌浆的施工机械由钻机或特种钻机、高压发生装置等组成。喷射方法不同，所使用的机械设备也不相同。表2-3所列为不同喷射方法所使用的主要施工设备表。

表2-3　　高压喷射灌浆主要施工机械

设备名称	设备规格	单管法	二管法	三管法	新三管法
台车	提升台车，起重2～6t，起升高度15m	√		√	√
	履带吊车式高喷台车，架高34m		√	√	√
钻机	钻孔深度100m钻机，适用于浅孔	√	√	√	√
	钻孔深度300m钻机，适用于较深的高喷孔		√	√	√
	跟管钻进钻机		√	√	√
高压水泵	最大压力50MPa，流量75～100L/min		√	√	√
灌浆泵	通用灌浆泵，压力1.0～3.0MPa，流量80～200L/min		√	√	
	高压灌浆泵，最大压力40MPa，流量70～110L/min	√	√		√
	超高压灌浆泵，最大压力60～80MPa，流量150～200L/min		√		
搅拌机	卧式或立式	√	√	√	√
空气压缩机	气压0.7～0.8MPa，气量6m^3/min		√	√	√
	气压1.0～1.5MPa，气量6m^3/min		√	√	√
	高气压，大流量空压机，气压2.0MPa，气量20m^3/min		√		
喷射管	单管	√			
	二重管（二列管）		√		
	三重管（三列管）			√	√

4. 高压喷射灌浆的喷射形式

高压喷射灌浆的喷射形式有旋喷、摆喷、定喷3种。

高压喷射灌浆形成凝结体的形状与喷嘴移动方向和持续时间有密切关系。喷嘴喷射时，一面提升，一面进行旋喷则形成柱状体；一面提升，一面进行摆喷则形成哑铃体；当喷嘴一面喷射，一面提升，方向固定不变，进行定喷，则形成板状体。3种喷射形式如图2-17所示。上述3种喷射形式切割破碎土层的作用，以及被切割下来的土体与浆液搅拌混合，进而凝结、硬化和固结的机理基本相似，只是由于喷嘴运动方式的不同，致使凝结体的形状和结构有所差异。

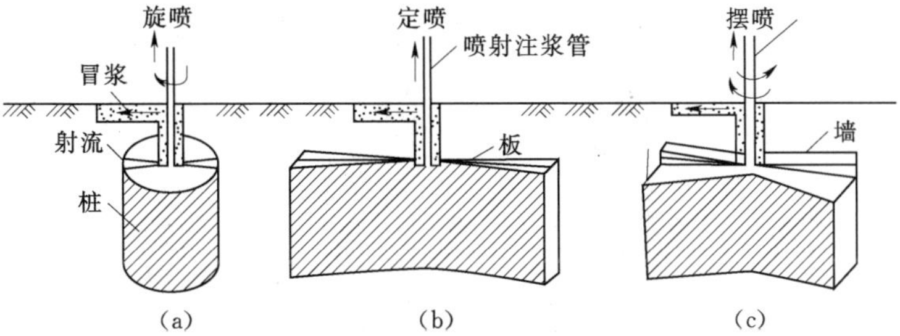

图2-17　旋喷、定喷和摆喷示意图

(a) 旋喷形成圆柱形固结物；(b) 定喷形成片状固结物；(c) 摆喷形成哑铃状固结物

高压喷射凝结体结构布置设计中要求慎重考虑和选用结构布置形式和孔距。孔距一般应根据地质条件、防渗要求、施工方法和工艺、结构布置形式、孔深等因素确定。

常用结构布置形式有定喷折线结构、摆喷折线结构、摆喷对接结构、柱定结构、柱摆结构、旋喷套接结构，如图2-18所示。以上几种布置形式以柱摆结构、旋喷套接结构防

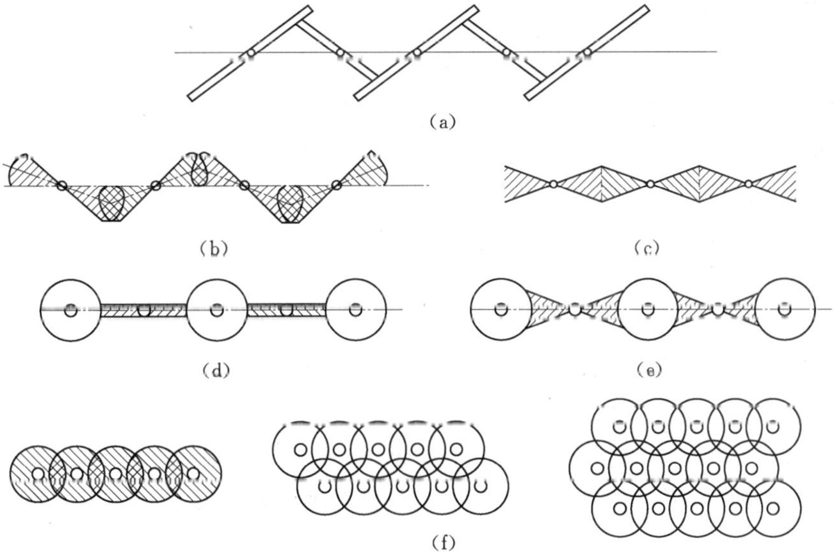

图2-18　高压喷射凝结体的结构布置形式

(a) 定喷折线结构；(b) 摆喷折线结构；(c) 摆喷对接结构；(d) 柱定结构；

(e) 柱摆结构；(f) 旋喷套接结构（单排、双排、三排）

渗效果为好。

5. 高压喷射灌浆的施工程序

高压喷射灌浆应分排分序进行。在坝、堤基或围堰中，由多排孔组成的高压喷射墙应先施工下游排孔，后施工上游排孔，最后施工中间排孔。在同一排内如采用钻、喷分别进行的程序施工时，应先施工Ⅰ序孔，后施工Ⅱ序孔。先导孔应最先施工。

施工程序为钻孔、下置喷射管、喷射提升、成桩成板或成墙等，如图 2-19 所示。

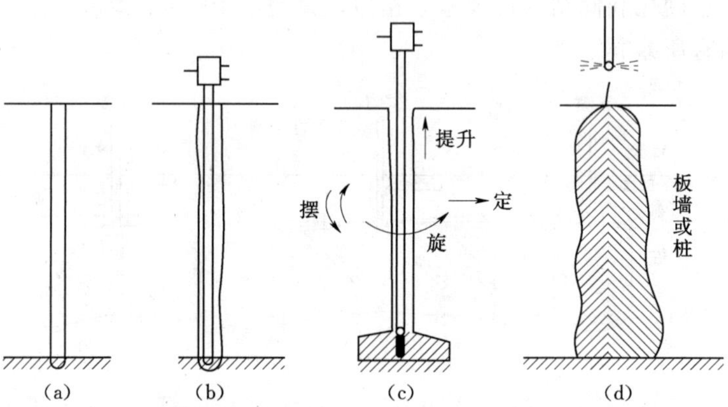

图 2-19 高压喷射灌浆施工程序示意图

(a) 造孔；(b) 下喷射管；(c) 喷射提升（旋转或摆动）；(d) 成桩或成墙

(1) 造孔。在软弱透水的地层进行造孔，应采用泥浆固壁或跟管（套管法）的方法确保成孔。造孔机具有回转式钻机、冲击式钻机等。目前用得较多的是立轴式液压回转钻机。为保证钻孔质量，孔位偏差应不大于 1～2cm，孔斜率小于 1%。

(2) 下喷射管。用泥浆固壁的钻孔，可以将喷射管直接下入孔内，直到孔底。用跟管法钻进的孔，可在拔管前向套管内注入密度大的塑性泥浆，边拔边注，并保持液面与孔口齐平，直至套管拔出，再将喷射管下到孔底。将喷嘴对准设计的喷射方向，不偏斜，是确保喷射灌浆成墙的关键。

(3) 喷射灌浆。根据设计的喷射方法与技术要求，将水、气、浆送入喷射管，喷射 1～3min；待注入的浆液冒出后，按预定的速度自上而下边喷射，边转动、摆动，逐渐提升到设计高度。

6. 高压喷射灌浆的质量检验

(1) 检验内容。包括：固结体的整体性、均匀性和垂直度；有效直径或加固长度、宽度；强度特性（包括轴向压力、水平推力、抗酸碱性、抗冻性和抗渗性等）；溶蚀和耐久性能等几个方面。

(2) 检验方法。有开挖检查、室内试验、钻孔检查、载荷试验以及其他非破坏性试验方法等。

如钻孔检查的做法：在高压喷射凝结体达到一定强度后，可钻取岩芯，观测浆液注入和胶结情况，测试岩芯密度、抗压强度、抗折强度、弹性模量及渗透系数、渗压比降等防渗性能；通过注水或压水试验，实测凝结体的渗透系数等。

2.3 防渗墙施工

防渗墙是修建在挡水建筑物基础和透水地层中，防止渗透的地下连续墙，具有结构可靠、防渗效果好、修建深度较大、适应多种不同的地层条件、施工进度快等优点。

2.3.1 防渗墙的作用与结构特点

防渗墙是一种防渗结构，但其实际的应用已远远超出了防渗的范围，可用来解决防渗、防冲、加固、承重及地下截流等工程问题。具体的运用主要有以下几个方面：

(1) 控制闸、坝基础的渗流。

(2) 控制土石围堰及其基础的渗流。

(3) 防止泄水建筑物下游基础的冲刷。

(4) 加固一些有病害的土石坝及堤防工程。

(5) 作为一般水工建筑物基础的承重结构。

(6) 拦截地下潜流，抬高地下水位，形成地下水库。

防渗墙的类型较多，但从其构造特点来说，主要是两类，即槽孔（板）型防渗墙和桩柱型防渗墙。前者是我国水利水电工程中混凝土防渗墙的主要型式。

防渗墙系垂直防渗措施，其立面布置有两种型式：封闭式与悬挂式。封闭式防渗墙是指墙体插入到基岩或相对不透水层一定深度，以实现全面截断渗流的目的。而悬挂式防渗墙，墙体只深入地层一定深度，仅能加长渗径，无法完全封闭渗流。

对于高水头的坝体或重要的围堰，有时设置两道防渗墙，共同作用，按一定比例分担水头。这时应注意水头的合理分配，避免造成单道墙承受水头过大而破坏，这对另一道墙也是很危险的。

防渗墙的墙体材料，按其抗压强度和弹性模量，一般分为刚性材料和柔性材料。可根据工程性质及技术经济比较后，选择合适的墙体材料。刚性材料包括普通混凝土、黏土混凝土和掺粉煤灰混凝土等，其抗压强度大于5MPa，弹性模量大于10000MPa。柔性材料的抗压强度则小于5MPa，弹性模量小于10000MPa，包括塑性混凝土、自凝灰浆和固化灰浆等。另外，现在有些工程开始使用强度大于25MPa的高强混凝土，以适应高坝深基础对防渗墙的技术要求。

2.3.2 防渗墙的施工程序

槽孔（板）型的防渗墙，是由一段段槽孔套接而成的地下墙。尽管在应用范围、构造形式和墙体材料等方面存在各种类型的防渗墙，但其施工程序与工艺是类似的，混凝土防渗墙的施工程序一般分为：造孔前准备→造孔（泥浆固壁）→终孔验收和清孔换浆→浇筑混凝土墙体→质量验收等。

1. 造孔前准备

造孔前应根据防渗墙的设计要求，做好定位、定向工作。同时沿防渗墙轴线安设导向槽，用以防止孔口坍塌，并起导向作用。槽壁一般为混凝土。其槽孔净宽一般略大于防渗墙的设计厚度，高度一般为1.5～2.0m。要求导向槽底部高程高出地下水位0.5m以上，顶部高程高于两侧地面高程，防止地表积水倒流和便于自流排浆。

工程中常在导向槽侧铺设钻机轨道，安装钻机，架设动力和照明线路及供水供浆管路等，做好排水排浆系统，并向槽内充灌泥浆，保持泥浆液面在槽顶以下30～50cm。

2. 造孔

(1) 泥浆固壁系统。

在松散的透水层和坝（堰）体内进行造孔成墙，如何维持槽孔孔壁的稳定是防渗墙施工的关键技术之一。工程实践表明，泥浆固壁是解决这类问题的主要方法。

泥浆固壁的原理是：由于槽孔内的泥浆压力要高于地层的水压力，使泥浆渗入槽壁介质中，其中较细的颗粒进入空隙，较粗的颗粒附在孔壁上，形成泥皮。泥皮对地下水的流动形成阻力，使槽孔内的泥浆与地层被泥皮隔开。泥浆一般具有较大密度，所产生的侧压力通过泥皮作用在孔壁上，就保证了槽壁的稳定。

泥浆除了固壁作用外，在造孔过程中，尚有悬浮和携带岩屑、冷却润滑钻头的作用；成墙以后，渗入孔壁的泥浆和胶结在孔壁的泥皮，还对防渗起辅助作用。

由于泥浆的特殊重要性，在防渗墙施工中，国内外工程对于泥浆的制浆土料、配比及质量控制等方面均有严格的要求。泥浆的制浆材料主要有膨润土、黏土、水以及改善泥浆性能的掺合料，如加重剂、增黏剂、分散剂和堵漏剂等。制浆材料通过搅拌机进行拌制，经过网过滤后，放入专用储浆池备用。

我国根据大量的工程实践，提出制浆土料的基本要求是：黏粒含量大于50%，塑性指数大于20，含砂量小于5%，氧化硅与三氧化二铝含量的比值以3～4为宜。

配制而成的泥浆，其性能指标应根据地层特性、造孔方法和泥浆用途等，通过试验选定。表2-4所列为新制黏土泥浆性能指标，可供参考。

表2-4　　新制黏土泥浆性能指标

漏斗黏度(s)	密度(g/cm^2)	含沙量(%)	胶体率(%)	稳定性[$g/(cm^3\cdot d)$]	失水量(mL/30min)	1min静切力(Pa)	泥饼厚(mm)	pH值
18～25	1.1～1.2	≤5	≥96	≤0.03	<30	20～5.0	2～4	7～9

泥浆的造价一般可占防渗墙总造价的15%以上，故应尽量做到泥浆的再生净化和回收利用，以降低工程造价，同时也有利于环境的保护。

(2) 钻孔成槽。

1) 槽孔长度。为保证防渗墙的整体性，应尽量减少槽孔间的接头，尽量采用较长的槽孔。但槽孔过长，可能影响混凝土墙的上升速度（一般要求不小于2m/h），导致产生质量事故。为此要提高拌和与运输能力，增加设备容量，槽孔长度必须满足下述条件，即

$$L\leqslant\frac{Q}{kBV} \tag{2-4}$$

式中　L——槽孔长度，m；

Q——混凝土生产能力，m^3/h；

B——防渗墙厚度，m；

V——槽孔混凝土上升速度，m/h；

k——墙厚扩大系数，可取1.2～1.3。

槽孔长度应综合分析地层特性、槽孔深浅、造孔机具性能、工期要求和混凝土生产能力等因素决定，一般为5～9m。

2）成槽工艺。开挖槽孔用的钻挖机械形式很多，主要有冲击钻机、回转钻机、钢绳抓斗及液压铣槽机等，对于复杂多样的地层，一般要考虑多种机具配套使用。为提高工效常将一个槽段划分成主孔和副孔，然后采用钻劈法、钻抓法、分层钻进等方法成槽或铣削法成槽。

a. 钻劈法。钻劈法又称“主孔钻进，副孔劈打”法，如图2-20所示。把一个槽孔划分成奇数个主孔，主孔长度等于终孔钻头直径，副孔长度通过施工试验确定，一般等于1.5～1.6倍主孔长度。先用冲击钻钻凿主孔，一般要求主孔先导8～12m，然后用同样的机械劈打副孔两侧，用抽砂筒及接砂斗出碴，副孔打至距主孔底1m处停止，再继续钻主孔，如此交替进行，直至设计深度。此法适用于砂卵石、全风化或半风化基岩。

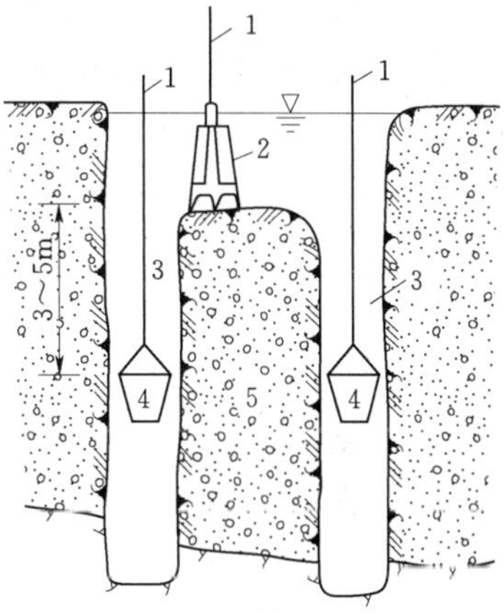

图2-20　钻劈法钻孔成槽

1—钢丝绳；2—钻头；3—主孔；4—接砂斗；5—副孔

b. 钻抓法。钻抓法又称“主孔钻进，副孔抓取”法，如图2-21所示。主、副孔的划分与钻劈法基本相同，主孔长度等于终孔钻头直径，副孔长度等于抓斗的有效抓取长度。先用冲击钻或回转钻钻凿主孔，然后用抓斗抓挖副孔。它适用于粒径较小的松散地层。

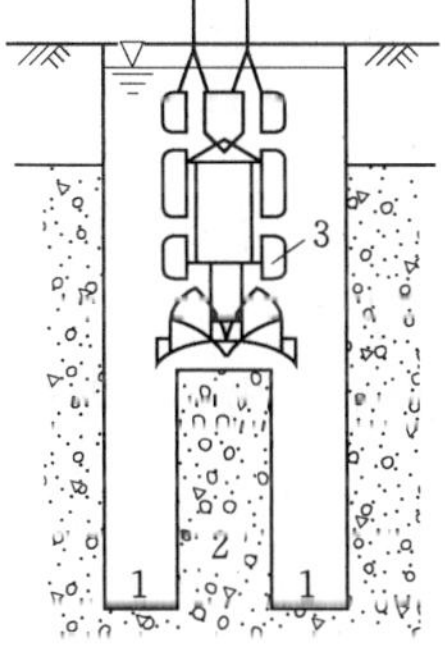

图2-21　钻抓法成槽过程

1—主孔；2—副孔；3—抓斗

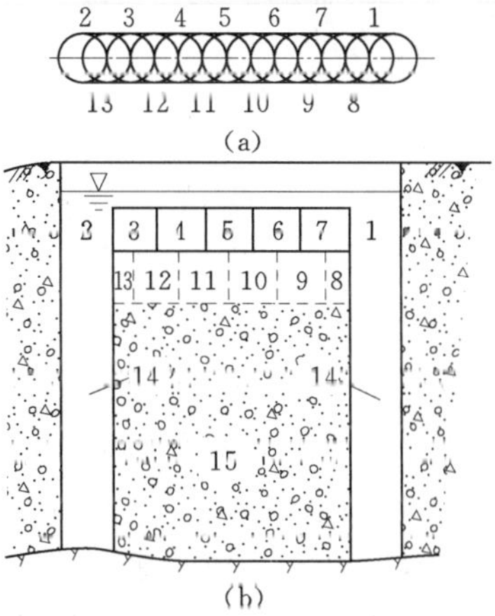

图2-22　分层钻进成槽法

（a）平面图；（b）剖面图

1～13—分层钻进顺序；14—端孔；15—分层平挖部分

c. 分层钻进法。分层钻进也叫分层平打法，如图2-22所示。它是利用钻具的重量和钻头的回转切削作用，分层钻进，每层深度一般等于半根或一根钻杆的长度。为防止槽孔两端发生孔斜，两端钻孔应先行超前钻进，比预计要钻进的层深超深 3～5m。分层下挖时，用砂泵经空心钻杆将土碴连同泥浆排出槽外。分层钻进法适用于细砂层或胶结的土层，不适于含有大粒径卵石或漂石的地层。

d. 铣削法。铣削法是采用液压双轮铣槽机，先从槽段一端开始铣削，然后逐层下挖成槽，如图 2-23 所示。液压双轮铣槽机是目前一种比较先进的防渗墙施工机械，它由两组相向旋转的铣切刀轮，对地层进行切削，这样可抵消地层的反作用力，保持设备的稳定。切削下来的碎屑集中在中心，由离心泥浆泵通过管道排出到地面。铣削式挖槽机结构较复杂，一般挖掘深度为 35～50m，最大宽度为 1.5m。

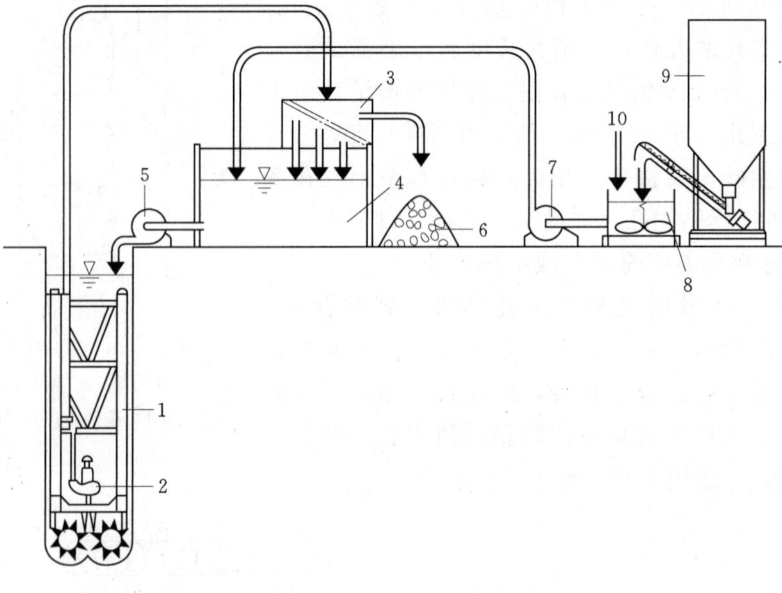

图 2-23　铣削法成槽工艺示意图

1—铣槽机；2—泥浆泵；3—除碴装置；4—泥浆罐；5—供浆泵；6—筛除的钻碴；7—补浆泵；8—泥浆搅拌机；9—膨润土储料罐；10—水泵

以上各种造孔挖槽的方法，都采用泥浆固壁，在泥浆液面下钻挖成槽。在造孔过程中，要严格按操作规程施工，防止掉钻、卡钻、埋钻等事故发生；必须经常注意泥浆液面的稳定，发现严重漏浆时，要及时补充泥浆，采用有效的止漏措施；要定时测定泥浆性能指标，并控制在允许范围以内；应及时排除废水、废浆、废碴，不允许在槽口两侧堆放重物，以免影响工作，甚至造成孔壁坍塌；要保持槽壁平直，保证孔位、孔斜、孔深、孔宽以及槽孔搭接厚度、嵌入基岩的深度等满足规定的要求，防止漏钻、漏挖和欠钻、欠挖。

3. 终孔验收和清孔换浆

(1) 终孔验收与清孔换浆要求。

终孔验收的项目和要求如表 2-5 所示。工程中要做好终孔验收和清孔换浆工作。验收合格方可进行清孔换浆。清孔换浆的目的是要清除回落在孔底的沉碴，换上新鲜泥浆，以保证混凝土和不透水层连接的质量。清孔换浆应该达到的标准是经过 1h 后，孔底淤积厚度不大于10cm，孔内泥浆相对密度不大于1.3，黏度不大于30s，含砂量不大于12%。一般要求清孔换浆以后4h内开始浇筑混凝土。如果不能按时浇筑，应采取措施，防止落淤。

（2）终孔验收和清孔验收内容。

1）槽孔的终孔验收应包括下列内容：孔位、孔深、孔斜、槽宽；基岩岩样与槽孔嵌入基岩深度；一、二期槽孔间接头的套接厚度。

2）槽孔的清孔验收应包括下列内容：孔内泥浆性能；孔底淤积厚度；接头孔壁刷洗质量。

表2-5　　终孔验收项目和要求

终孔验收项目	终孔验收要求	终孔验收项目	终孔验收要求
孔位允许偏差	±3cm	一、二期槽孔搭接孔位中心偏差	≤1/3设计墙厚
孔宽	≥设计墙厚	槽孔水平断面上	没有梅花孔、小墙
孔斜	≤4‰	槽孔嵌入基岩深度	满足设计要求

4. 墙体混凝土浇筑

防渗墙的混凝土浇筑和一般混凝土浇筑不同，是在泥浆液面下进行的。泥浆下浇筑混凝土的主要特点是：①不允许泥浆与混凝土掺混形成泥浆夹层；②确保混凝土与基础以及一、二期混凝土之间的结合；③连续浇筑，一气呵成。

泥浆下浇筑混凝土常用直升导管法。导管由若干节ϕ20～25cm的钢管连接而成，沿槽孔轴线布置，相邻导管的间距不宜大于3.5m，一期槽孔两端的导管距孔端以1.0～1.5m为宜，二期槽孔两端的导管距孔端以0.5～1.0m为宜，当孔底高差大于25cm时，导管中心应布置在该导管控制范围的最低处，如图2-24所示。这样布置导管，有利于全槽混凝土面均衡上升，有利于一、二期混凝土的结合，防止混凝土与泥浆掺混。

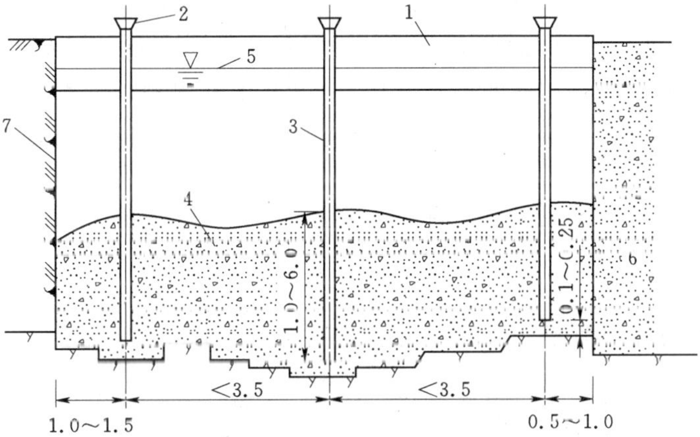

图2-24　导管布置（单位：m）

1—导向槽；2—受料斗；3—导管；4—混凝土；5—泥浆液面；6—已浇槽孔；7—未挖槽孔

浇筑前应仔细检查导管形状、接头、焊缝的质量，过度变形和破损的不能使用，并按预定长度在地面进行分段组装和编号。槽孔浇筑应严格遵循先深后浅的顺序，即从最深的导管开始，由深到浅一个一个导管依次开浇，待全槽混凝土浇平以后，再全槽均衡上升。

每个导管开浇时，先下入导柱塞，并在导管中灌入适量的水泥砂浆，准备好足够数量的混凝土，将导柱塞压到导管底部，使管内泥浆挤出管外。然后将导管稍微上提，使导柱塞浮出，一举将导管底端被泄出的砂浆和混凝土埋住，保证后续浇筑的混凝土不致与泥浆掺混。

在浇筑过程中，应保证连续供料，保持导管埋入混凝土的深度不小于1m，但不超过6m，以防泥浆掺混和埋管；维持全槽混凝土面均衡上升，上升速度不应小于2m/h，高差控制在0.5m范围内。

浇筑过程中应注意观测，做好混凝土面上升的记录，防止堵管、埋管、导管漏浆和泥浆掺混等事故的发生。全过程保持均衡、连续、有节奏地浇筑混凝土，直到全槽成墙为止。

5. 防渗墙的质量检查

对于混凝土防渗墙的质量检查应按规范及设计要求进行，主要有以下几个方面：

（1）槽孔的检查，包括几何尺寸和位置、钻孔偏斜、入岩深度等。

（2）清孔检查，包括槽段接头、孔底淤积厚度、清孔质量等。

（3）混凝土质量的检查，包括原材料、新拌料的性能、混凝土的终浇高程、硬化后的物理力学性能等。

（4）墙体的质量检测，主要通过钻孔取芯、超声波及地震透射层析成像（CT）技术等方法全面检查墙体的质量。

2.4 桩基础施工

桩基础是一种常用基础形式，桩的作用是将上部建筑物的荷载传递到深处承载能力较大的土层，或者将软弱土层挤压，以提高土壤的承载能力和密实度，从而保证建筑物的稳定性和减少地基沉降量。按桩的传力及作用性质的不同，可将桩分成端承桩和摩擦桩两种；按桩的横断面分有圆桩、方桩和多边形桩；按桩的材料分，则有木桩、混凝土桩、钢筋混凝土桩、钢桩和砂石桩等；按桩的施工方法不同可分为预制桩、灌注桩、旋喷桩、深层搅拌桩等。

结合工程应用，本节主要介绍不同桩基的施工工艺，旋喷桩工艺之前已述，这里着重介绍预制桩、灌注桩和深层搅拌桩的施工。

2.4.1 钢筋混凝土预制桩

钢筋混凝土预制桩施工主要包括预制、起吊、运输、堆放、沉桩等过程。一般应根据工艺条件、土质情况、荷载特点等予以综合考虑。

1. 桩的制作、起吊、运输和堆放

工程中较短的桩多在预制厂生产，较长的桩一般在打桩现场附近或打桩现场就地预制。

现场预制桩多用叠浇法施工，重叠层数应根据地面允许荷载和施工条件确定，但不宜超过3层。桩与桩间应做好隔离层，上层桩或邻桩的灌注，应在下层桩或邻桩混凝土达到设计强度的30%以后方可进行。预制场地应平整夯实，并防止浸水沉陷。桩的制作质量应满足施工规范的要求。

混凝土预制桩达到设计强度75%方可起吊，达到100%后方可运输。起吊时，吊点位置由设计决定。当吊点不大于3个时，其位置应按正、负弯矩相等的原则计算确定；当吊点多于3个时，其位置应按反力相等的原则计算。长20～30m的桩，一般采用3个吊点。常见的几种吊点合理位置如图2-25所示。

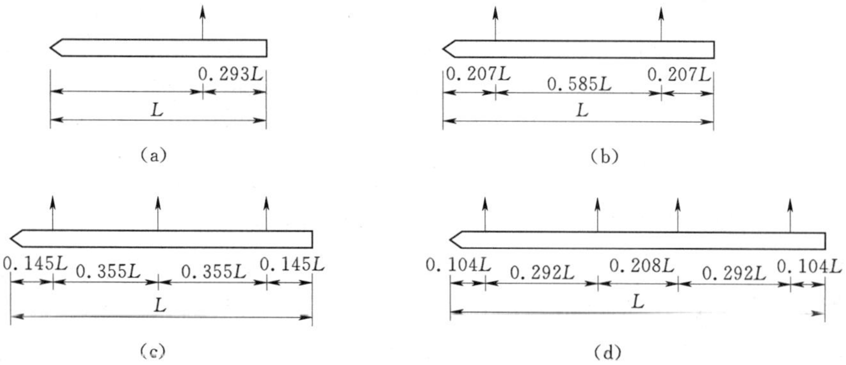

图2-25　吊点的合理位置
(a) 1个吊点；(b) 2个吊点；(c) 3个吊点；(d) 4个吊点

运桩前应检查桩的质量，运桩后还应进行复查。在运距不大时，桩的运输方式可采用在桩下垫以滚筒，用卷扬机拖拉；当运距较大时，可采用轻便轨道小平台车运输等。

桩堆放时，地面必须平整、坚实，垫木位置应与吊点位置相一致，各层垫木应位于同一垂直线上，堆放层数不宜超过4层，不同规格的桩应分别堆放。

2. 预制桩的施工方法

预制桩的沉桩方法包括打入法、静力压桩法、振动法、水冲沉桩法、钻孔锤击法。

(1) 打入法。

打入桩是靠桩锤或其他撞击部分落到桩顶上所产生的冲击能而沉入土中，如图2-26所示。打桩用的机械设备主要包括桩锤、桩架和动力装置3部分。在选择打桩设备时，一是根据地基土壤的性质、桩的种类、尺寸和承载力、工期要求；二是根据桩锤的性能和所要求的动力装置等两方面的因素综合进行考虑。

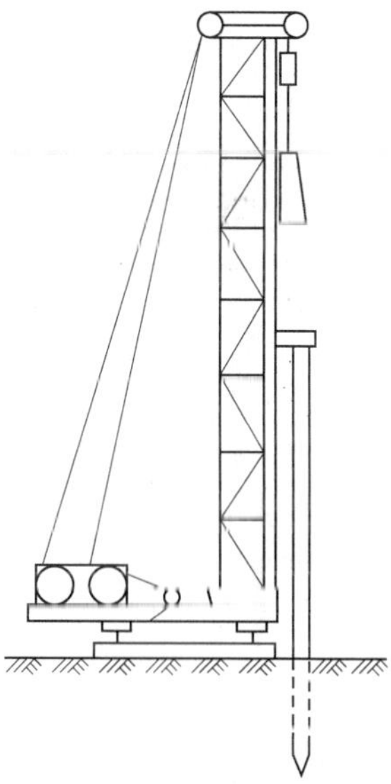

图2-26　打入桩

1) 桩锤的类型。施工中常用的桩锤有落锤、柴油锤、蒸汽锤和液压锤4种。

a. 落锤。落锤有构造简单，使用方便，能随意调整锤击高度等优点。轻型落锤可用人力拉升，一般均用卷扬机提升施打。但落锤生产效率低，对桩的损伤较大。落锤重量一般

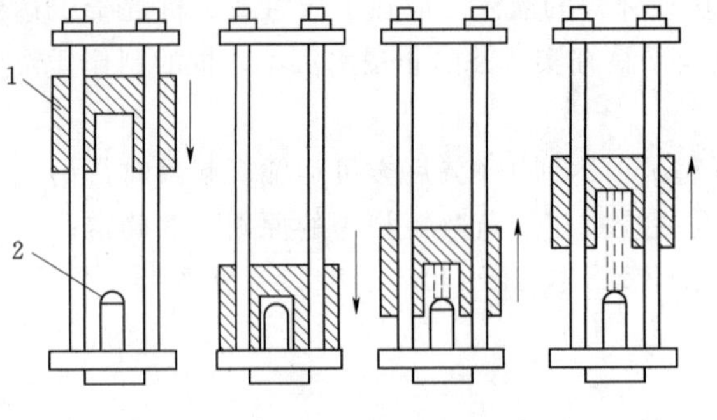

图 2-27　柴油锤的工作原理
1—柴油锤；2—喷嘴

在 5～15kN。适合于普通黏土和含砾石较多的土层中打桩，但打一桩速度较慢（6～12 次/min）。

b. 柴油锤。柴油锤分管式、活塞杆式和导杆式 3 种，重 3～100kN，其工作原理（以导杆式为例）如图 2-27 所示。当柴油锤 1 迅速下落击桩时，汽缸中的空气受到压缩，温度猛增；与此同时，柴油通过喷嘴 2 喷入汽缸而自行燃烧，所造成的压力又使汽缸上抛，待其丧失上升速度，则又重新降落击桩。柴油锤与桩架、动力设备配套组成柴油打桩机，机架轻便，打桩迅速，常用以打设桩、钢板桩和长度在 12m 以内的钢筋混凝土桩，但不适用于在硬土和松软土中打桩。

c. 蒸汽锤。蒸汽锤是利用蒸汽的动力进行锤击。根据其工作情况又可分为单动式汽锤与双动式汽锤。单动式汽锤的冲击只在上升时耗用动力，下降靠自重；双动式汽锤的冲击体升降均由蒸汽推动。蒸汽锤需要配备一套锅炉设备。

双动式汽锤的外壳（即汽缸）是固定在桩头上的，而锤是在外壳内上下运动。因冲击频率高（为 100～200 次/min）。所以工作效率高。适宜打各种桩，并可在水下打桩和用于拔桩。锤重一般为 6～60kN。

单动式汽锤的冲击力较大，可以打各种桩，常用锤重为 15～150kN。锤击次数为 25～30 次/min。

d. 液压锤。液压锤是一种新型打桩设备。它的冲击缸体通过液压油提升与降落，冲击缸体下部充满氮气。当冲击缸体下落时，首先是冲击头对桩施加压力，接着是通过可压缩的氮气对桩施加压力，使冲击缸体对桩施加压力的过程延长。因此每一击能获得更大的贯入度。液压锤不排出任何废气、无噪声，冲击频率高，并适合水下打桩，是理想的冲击打桩设备，但构造复杂、造价高。

2）桩锤选择。桩锤的类型应根据施工现场情况、机具设备条件及工作方式和工作效率等条件来选择。

桩锤类型选定之后，还要确定桩锤的重量，宜选择重锤低击。桩锤过重，所需动力设备也大，不经济；桩锤过轻，必将加大落距，锤击功能很大部分被桩身吸收，桩不易打入，且桩头容易打坏，保护层可能振掉。轻锤高击所产生的应力，还会促使距桩顶 1/3 桩长范围内薄弱处产生水平裂缝，甚至使桩身断裂。因此，选择稍重的锤，用重锤低击和重锤快击的方法效果较好。桩锤重量选择应根据地质条件、桩型、桩的密集程度、单桩竖向承载力及现有施工条件等决定。

3）桩架种类。常用桩架有滚筒式桩架、多功能桩架和履带式桩架 3 种，如图 2-28 所示。

a. 滚筒式桩架。桩架行走靠两根钢滚筒在垫木上滚动，优点是结构简单、制作容易，但在平面转弯、调头方面不够灵活，操作人员较多。

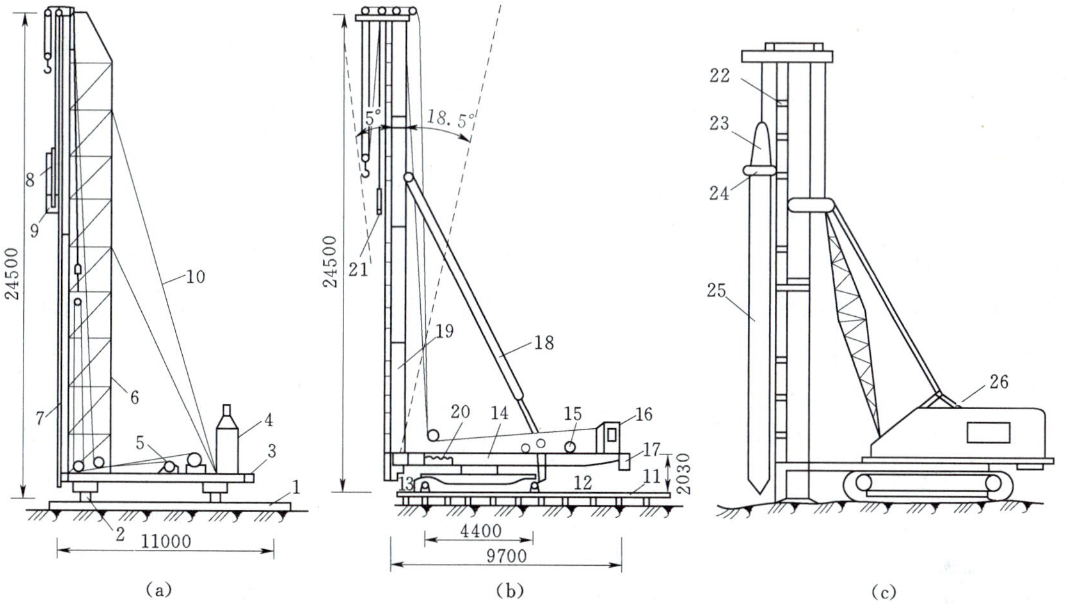

图 2-28　桩架种类

(a) 滚筒式桩架；(b) 多功能桩架；(c) 履带式桩架

1—枕木；2—滚筒；3—底盘；4—锅炉；5—卷扬机；6—桩架；7—龙门；8—蒸汽锤；9—桩帽；10—缆绳
11—枕木；12—钢轨；13—底盘；14—回转平台；15—卷扬机；16—司机室；17—平衡重；
18—撑杆；19—挺杆；20—水平调整装置；21—桩锤与桩帽
22—导架；23—桩锤；24—桩帽；25—桩；26—吊车

b. 多功能桩架。由立柱、斜撑、回转工作台、底盘及传动机构组成，其机动性和适应性很大，在水平方向可做360°回转。导架可以伸缩和前后倾斜，底盘下装有轮子，可在轨道上行走。缺点是机构庞大，现场组装和拆迁麻烦。

c. 履带式桩架。履带式桩架以履带式起重机为底盘，增加立柱和斜撑组成。性能较多功能桩架灵活，移动方便，适用范围更广。

4）打桩顺序。打桩顺序一般分为逐排打、自中央向边缘打、自边缘向中央打和分段打 4 种，如图 2-29 所示。

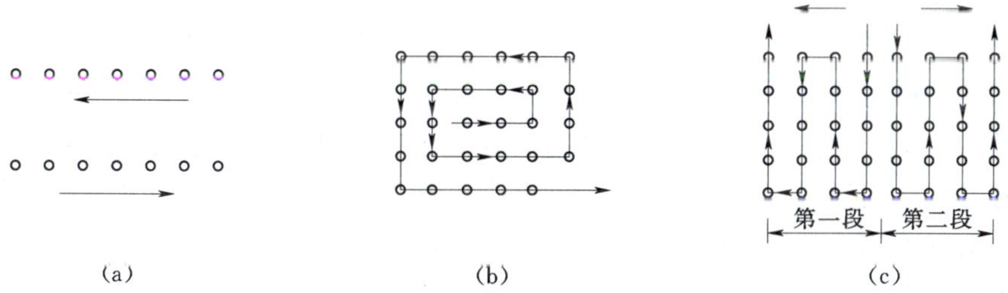

图 2-29　打桩顺序

(a) 逐排打设；(b) 由中央向四周打设；(c) 分段打设

逐排打设容易导致土壤向一个方向挤压而不均匀，使其后面的桩打入深度逐渐减少，最终引起建筑物的不均匀沉降。因此，实际工程中多采用自中央向两边缘打设和分段打设两种方法。

5）打桩中的注意事项。打桩过程包括桩架移动和就位、吊桩和定桩、打桩、截桩和接桩等。桩机就位时桩架应垂直，导桩中心线与打桩方向一致，校核无误后将其固定，然后将桩锤和桩帽吊升起来，其高度超过桩顶再吊起桩身，送至导杆内，对准桩位，调整垂直偏差，合格后，将桩帽或桩箍在桩顶固定，并将锤缓落到桩顶上。在桩锤的作用下，桩沉入土中一定深度，达到稳定，再校正桩位及垂直度，此谓定桩。然后，打桩开始，用短落距轻击数锤至桩入土一定深度，观察桩身与桩架、桩锤是否在同一垂直直线上，然后再以全落距施打。桩的施打原则是“重锤低击”，这样可以使桩锤对桩头的冲击小、回弹小，桩头不易损坏，大部分能量用于沉桩。

打桩施工时应注意以下几点：

a. 桩锤回弹。正常时桩锤回弹较小，如发现经常回弹较大，桩下沉量小，说明桩锤太轻，应更换桩锤；否则，不但沉桩效率低，且易将桩顶打坏。

b. 桩的贯入度。打桩时若出现贯入度骤减，桩锤回弹增大，应减小落距锤击。若还有这种现象，说明桩下有障碍物；若贯入度突然增大，则可能桩尖或桩身遭到破坏，或遇软土层、洞穴等，应暂停锤击，查明原因并采取相应措施。

c. 打桩时应连续施打。若中途停歇时间过长，桩身周围的土起固结作用，再继续施打时，则难以打入土中。

d. 打桩时防止偏心锤击，以免打坏桩头或使桩身断裂。如发生桩头破坏严重、桩身偏斜或断裂，应将桩拔出，在原桩附近补打一桩。

e. 做好打桩记录，为工程质量验收提供依据。

f. 打桩过程中应注意打桩机工作情况和稳定性。经常检查机件运转是否有异常，绳索有无损伤，桩锤悬挂是否牢固。桩架移动和固定是否安全等。

g. 当桩顶位于地面以下一定深度而需打送桩（即为一工具式短桩）时，桩与送桩轴线应在同一直线上，否则会导致预制桩入土时发生倾斜。

桩的入土深度的控制，对于承受轴向荷载的摩擦桩，以标高为主，以贯入度作为参考；端承桩则以贯入度为主，以标高作为参考。

贯入度是指一阵（每10击为一阵，落锤、柴油桩锤）或者1min（单动汽锤、双动汽锤）桩的入土深度。

（2）静力压桩法。

静力压桩是利用静压力将预制桩逐节压入土中的一种沉桩新工艺，利用压桩架的自重和配重通过卷扬机的牵引传到桩顶，将桩逐节压入土中，已在我国沿海软土地基上较为广泛采用。静力压桩无振动、噪声，可节约材料、降低造价、减少高空作业。但此法只适用于土质均匀的软土地基，且不能压斜桩。

静力压桩机有顶压式、箍压式和前压式3种类型。

箍压式压桩机为全液压操纵。行走机构为新型液压步履机，前后左右可自由行走，还可做任何角度的回转，以电动液压油泵为动力，最大压桩力可达7000kN，如图2-30所示。其压桩架用型钢制成，一般高为16～20m；静压力为800～1500kN。桩应分节预制，每节长6～10m。当第一节压入土中，其上端距地面2m左右时，即将第二节桩接上，然后继续压入。

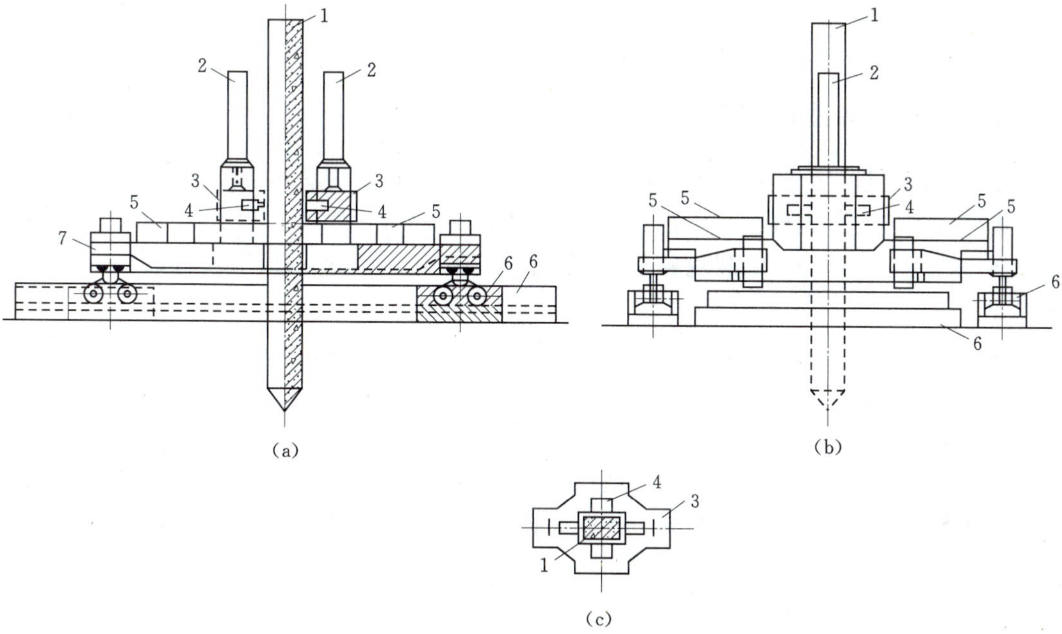

图2-30 箍压式压桩机构造示意图

(a) 侧视图及剖视图；(b) 侧视图及剖视图；(c) 压桩夹头俯视图

1—预制桩；2—主液压千斤顶；3—压桩夹头；4—夹紧千斤顶；

5—压重；6—行走机构；7—机架

压桩的施工流程为：测量放线→桩机就位→起吊预制桩（提前进行预制桩检验）→桩身对中调直→压桩→接桩→送桩→检查验收→转移桩机。

待桩顶压至距地面1m左右时需接桩，可以采用焊接法、法兰法、硫磺胶泥法（浆锚法）3种方法。焊接法和法兰法接桩适用于各类土层桩的连接，硫磺胶泥法适用于软土层，但对一级建筑桩基或承受拔力的桩不宜使用。

(3) 预制桩的其他施工方法。

预制桩的其他施工方法有振动法、水冲沉桩法及钻孔锤击法等。

1) 振动法。振动法就是借助固定于桩头上的大功率甩动振动器的振动锤或液压振动锤所产生的振动力，以减小桩与土之间的摩擦阻力，使桩在自重与机械力的作用下沉入土中。振动法不但能将桩沉入土中，还能将桩利用振动拔出。经验证明，此方法对H型钢桩和钢板桩拔出效果良好。振动法主要适用于砂石、黄土、软土和亚黏土层中，在含水砂层中的效果更为显著。

2) 水冲沉桩法。水冲法往往与振动沉桩法同时使用，利用高压水流冲刷桩尖下面的土壤，以减小桩侧面与土之间的摩擦力和桩尖下土的阻力，使桩身在自重或锤击作用下很快沉入土中。此法适用于砂土、砾石或其他坚硬的土层，特别是对于打设较重的钢筋混凝土桩更为有效。

3) 钻孔锤击法。与水冲法相似，在坚硬土层、厚砂层，锤击法遇到困难时可以先钻孔后锤击。钻孔深度距持力层 1～2m 时应停止钻孔，再用锤击至预定持力层深度。为防止提钻孔壁坍塌，在提钻前注入泥浆起护壁作用。钻孔直径应小于预制桩径，打桩架以双导向桩架适宜。钻孔完成后即可吊桩，然后锤击沉入。

2.4.2 混凝土灌注桩施工

混凝土灌注桩是直接在施工现场桩位上成孔，然后在孔内灌注混凝土或钢筋混凝土的一种成桩方法。与预制桩相比，施工方便，节约材料，可降低成本 1/3～1/2。但操作要求较严格，容易发生缩颈、断裂现象；技术间隔时间较长，不能立即承受荷载，冬季施工困难较大。

灌注桩按施工方法的不同可分为钻孔灌注桩、沉管灌注桩、人工挖孔灌注桩和爆扩灌注桩等多种。

1. 钻孔灌注桩

钻孔灌注桩是先用钻孔机械进行钻孔，然后在桩孔内放入钢筋笼再灌注混凝土。依据地质条件不同，钻孔灌注桩可分为干作业成孔和泥浆护壁（湿作业）成孔两类。

（1）泥浆护壁成孔。

钻孔机械包括潜水钻、回转钻、冲击钻、冲抓锥等，如图 2－31 至图 2－33 所示。

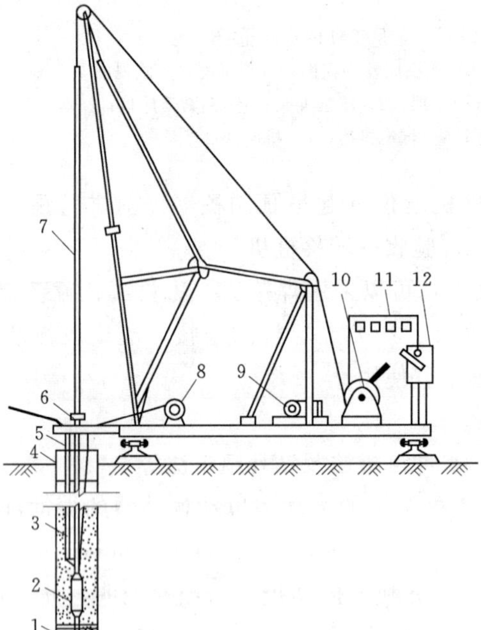

图 2－31　潜水钻机成孔示意图

1—钻头；2—潜水钻机；3—电缆；4—护筒；5—水管；6—滚轮；7—钻杆；8—电缆盘；9—5kN 卷扬机；10—20kN 卷扬机；11—电流电压表；12—启动开关

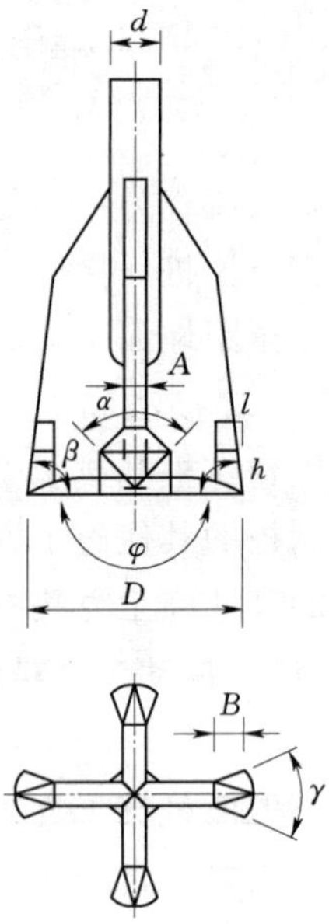

图 2－32　冲击钻下“十”字形冲头

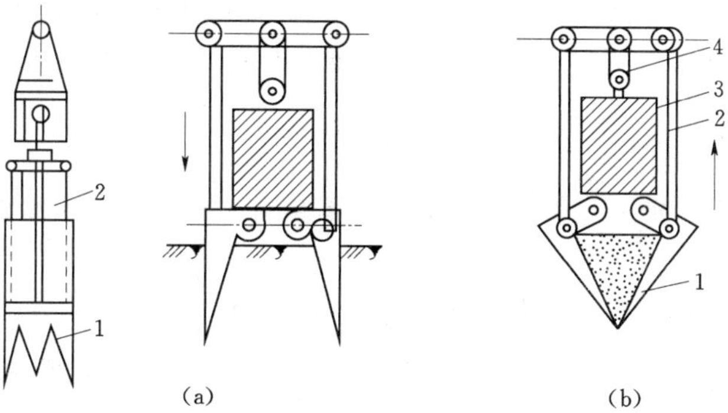

图 2-33　冲抓锥
(a) 抓土；(b) 提土
1—抓片；2—连杆；3—压重；4—滑轮组

潜水钻机是一种旋转式钻孔机，防水电机和钻头密封在一起，由桩架和钻杆定位后可潜入水、泥浆中钻孔。机架轻便灵活，钻进速度快，深度可达 50m。适用于小直径桩、软弱土层。

回转钻机是一种旋转式钻孔机，钻头根据钻孔土质的不同而采用不同的形式。与潜水钻机不同的是电机位于机架操作台上而不是水下，适用于各种直径、各种土层的钻孔桩，深度可达 50m 以上，是目前灌注桩施工用得最多的施工机械。

冲击钻机是通过机架、卷扬机把带刃的冲击锤提到一定高度，靠自由下落的冲击力切削破碎岩层或冲击土层成孔，部分碎渣挤进孔壁，大部分碎渣随泥浆或用抽渣筒排出。冲击钻头有"十"字形、"工"字形和"人"字形等，一般常用"十"字形。每冲击 3～4m 掏渣一次。适用于有孤石的砂卵石层、坚质土层、岩层等，孔径可达 1500mm。

冲抓锥成孔：冲抓锥成孔与冲击钻成孔方法基本相同，只是钻头和钻头的起落高度有所不同。

泥浆护壁钻孔灌注桩的工艺流程如图 2-34 所示。施工中应注意以下几点：

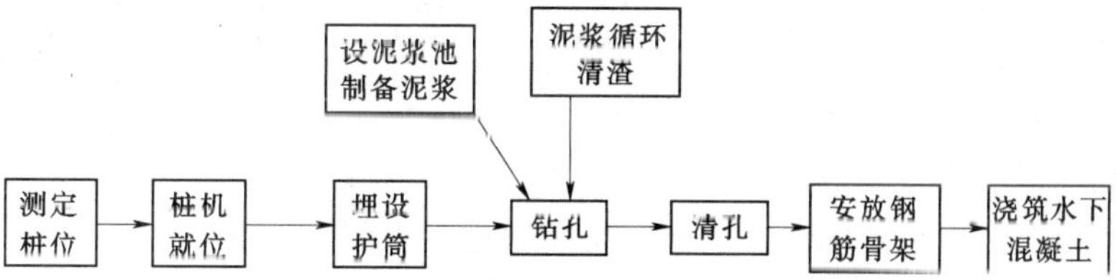

图 2-34　泥浆护壁钻孔灌注桩施工流程

1）桩机就位应平整，钻杆轴线与钻孔中心线应对准，钻杆应垂直。

2）钻孔过程中应注入泥浆护壁；在杂土或松软土层中钻孔时，应在桩位处埋设护筒。护筒用 3～5mm 钢板制作，内径比钻头直径大 100mm，埋入黏土中深度不小于 1.0m，砂土中不宜小于 1.5m。

3）钻孔达到要求深度后必须清孔，可以采用射水法和换浆法清孔。清孔后应尽快吊放钢筋笼并浇筑混凝土。控制混凝土坍落度，一般黏土中宜用5～7cm，砂类土中用7～9cm，黄土中用6～9cm。混凝土应分层浇筑捣实，每层高度一般为0.5～0.6m。

4）在水下灌注混凝土常用导管法施工，施工工艺基本同于前2.3节防渗墙的水下混凝土施工。

（2）干作业成孔。

成孔时若无地下水或地下水很少，基本上不影响工程施工时，称为干作业成孔。主要适用于北方地区或地下水位低的土层。

干作业成孔一般用螺旋钻机成孔，还可采用机扩法扩底。螺旋钻头外径分别为400mm、500mm、600mm等3种，钻孔深度相应为12m、10m、8m，如图2-35所示。

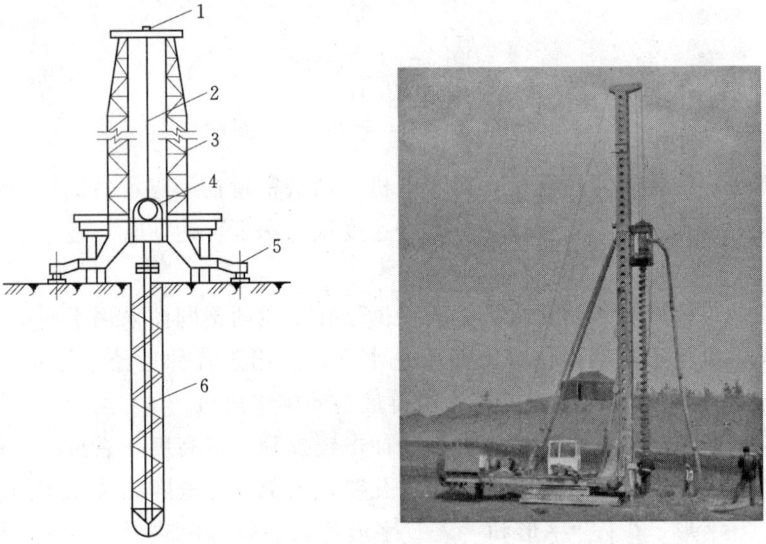

(a)　　(b)

图2-35　全叶螺旋钻机示意图

1—导向滑轮；2—钢丝绳；3—龙门导架；4—动力箱；5—千斤顶支架；6—螺旋钻杆

干作业成孔灌注桩施工工艺流程及施工注意事项如下：

1）成孔工艺流程：钻孔机就位→钻孔→检查质量→孔底清理→孔口盖板→移钻孔机。

2）浇筑混凝土工艺流程：移盖板测孔深、垂直度→放钢筋笼→放混凝土溜筒→浇筑混凝土（随浇随振）→插桩顶钢筋。

a. 钻孔机就位。钻孔机就位时，必须保持平稳，不发生倾斜、位移，为准确控制钻孔深度，应在机架上做出控制标尺，以便在施工中进行观测、记录。

b. 钻孔。调直机架挺杆，对好桩位，开动机器钻进，出土，达到控制深度后停钻，提钻。

c. 检查成孔质量。用测深绳（锤）测量钻孔深度（即虚土顶面深度），虚土厚度等于实际钻深减去测量深度。

虚土厚度一般不应超过10cm。对于含石块较多或含水量较大的软塑性黏土层时，必须防止钻杆晃动，引起孔径扩大。

d. 清理孔底。钻至预定深度，于孔底处空转清土，然后提出钻杆，并及时封闭井口。

e. 浇筑混凝土。移走孔口盖板，再次复查孔深、孔径、孔壁、垂直度及孔底虚土厚度。与质量标准不符者经过处理后，方能进行下道施工工序。绑好砂浆垫块或塑料卡，吊放钢筋笼，吊放时对准孔位，吊直扶稳，缓慢下沉，避免碰撞孔壁，放到设计位置后，立即固定，确保保护层厚度符合要求。放置串筒连续浇筑混凝土，分层振捣，分层高度根据捣固机具的性能确定，一般不超过 0.5m。混凝土浇筑到桩顶部时，应适当超过桩顶设计标高（一般为 50cm），以保证在凿除浮浆后桩顶标高符合设计要求。

f. 撤串筒并进行桩顶插筋。混凝土浇筑至距桩顶 1.5m 时，可拔出串筒，直接浇筑混凝土。垂直插入桩顶插筋。

g. 混凝土的坍落度宜为 7～10cm。同一配比的试块，每班不得少于 1 组，每根桩不得少于 1 组。

h. 冬、雨期施工。冬期当温度低于 0℃以下时，应采取加热保温措施。在桩顶强度未达设计标号 50%以前不得受冻。气温高于 30℃时，应对混凝土采取缓凝措施。雨期施工时，应严格坚持成孔后及时浇灌混凝土的原则，施工现场必须做好排水，严防地面雨水流入桩孔内，要防止桩机移动，以免造成桩孔歪斜。

2. 沉管灌注桩

沉管灌注桩是目前常用的一种灌注桩。它适用于可塑、软塑、流塑的黏性土，稍密及松散砂土。其施工方法是利用锤击打桩法或振动打桩法，将带有钢筋混凝土桩靴或带有活瓣式桩尖的钢管沉入土中，如图 2-36 所示。然后在规定标高处吊放钢筋骨架并灌注混凝土，最后拔出钢管，便形成所需要的灌注桩。

施工工艺流程如下：合拢活瓣桩靴（或在桩位上安置预制钢筋混凝土桩靴）→钢管桩就位（或置于预制桩靴上），校正垂直度→开动振动桩锤使桩管下沉达到要求的贯入度或标高→测量孔深、检查桩靴有无卡住桩管→放入钢筋笼→浇筑混凝土→边振动边拔出桩管。图 2-37 所示为沉管灌注桩的施工过程示意图。

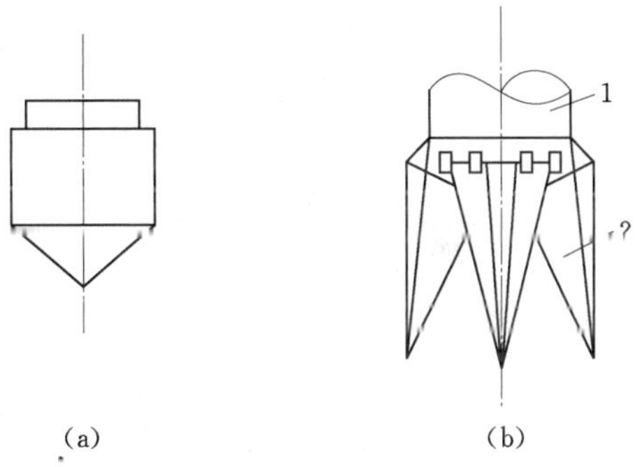

图 2-36　桩靴示意图

(a) 钢筋混凝土靴；(b) 钢活瓣桩靴

1—桩管；2—活瓣

3. 人工挖孔灌注桩

人工挖孔灌注桩是用人工挖孔成桩，具有施工机具操作简单、占用施工场地少、对周围建筑物无影响、桩质量可靠、可全面展开、缩短工期、造价较低等优点。适用于桩径（不含护壁）800mm 以上，无地下水或地下水较少的土层。目前大直径灌注桩的桩径可达 1～3m，桩深为 20～40m，最深可达 60～80m。每根桩的承载力为 10000～40000kN，甚至可高达 60000～70000kN。大直径灌注桩除可采用机械挖孔外，常常采用人工挖孔灌注桩，尤其狭窄市区高层建筑施工。

人工挖孔灌注桩施工安全问题突出，主要应解决孔壁坍塌、施工排水、预防流砂和管涌冒砂现象。事先应根据地质水文资料，拟定合理的衬圈护壁和施工排水、降水方案。常用的护壁方法有混凝土护圈、沉井护圈和钢套管护圈 3 种。

(1) 混凝土护圈。混凝土护圈挖孔桩如图 2-38 所示，也称为"倒挂金钟"的施工方

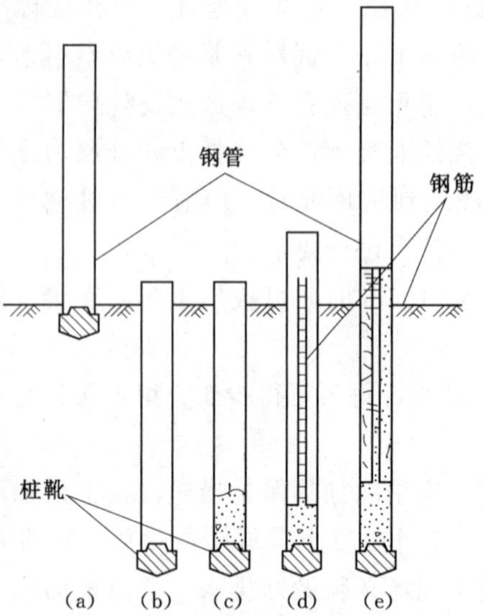

图 2－37 沉管灌注桩施工过程

(a) 就位；(b) 沉钢管；(c) 开始浇筑混凝土；(d) 下钢筋笼继续浇筑混凝土；(e) 拔管成型

法，即分段开挖、分段浇筑护圈混凝土直至设计标高后，封底和浇筑桩身混凝土，待浇至钢筋笼的底标高时，再吊入钢筋笼就位固定，并继续浇筑桩身混凝土。也有用喷锚砂浆护圈的，即当井筒分段开挖后，随即在筒壁四周架立钢丝网，然后喷以砂浆，无需安装模板。

(2) 沉井护圈。沉井护圈挖孔是先在桩位上制作钢筋混凝土井筒，然后在筒内挖土，井筒靠自重或附加荷载克服筒壁与土之间的摩阻力而下沉，沉至设计标高后，再在筒内浇筑钢筋混凝土，如图 2－39 所示。

(3) 钢套管护圈。钢套管护圈挖孔是在桩位地面上先打入钢套管，直至设计标高，然后再将套内的土挖出，并浇筑混凝土，待桩基混凝土浇筑完毕，随即将套管拔出移至另一桩位使用。

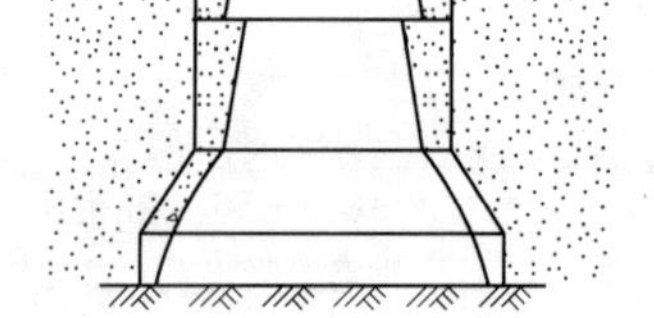

图 2－38 混凝土护圈示意图

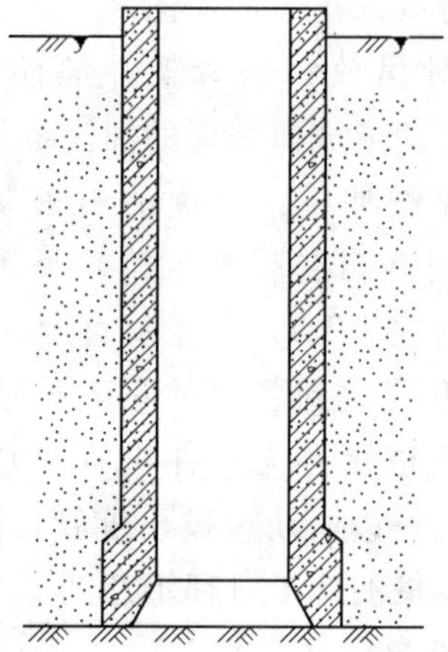

图 2－39 沉井护圈示意图

钢套管由 12～16mm 厚的钢板卷焊加工成型，其高度根据地质情况和设计要求而定。当地质构造有流砂层或承压含水层时，采用这种方法施工，可避免产生硫砂和管涌现象，能确保施工安全。

4. 爆扩灌注桩

爆扩灌注桩又称爆扩桩，是用钻孔或爆扩法成孔，孔底放入炸药，再灌入适量的混凝土，然后引爆，使孔底形成扩大头。此时，孔内混凝土落入孔底空腔内，再放置钢筋骨架，浇筑桩身混凝土而制成灌注桩，如图 2－40 所示。

爆扩桩在黏土层中使用效果较好，但在软土及砂土中不易成型。桩长 (H) 一般为

3～6m，最大不超过10m，扩大头直径 D 为桩径的2.5～3.5倍。具有成孔简单、节省劳力和成本低等特点，但检查不便，施工时要求质量较高。

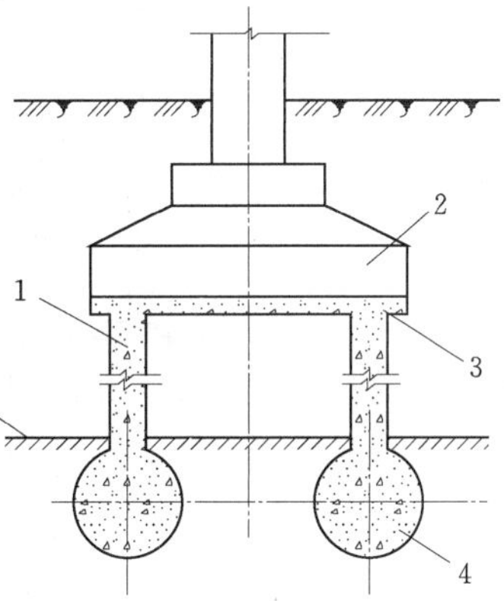

图2-40　爆扩桩基础构造示意图
1—桩身；2—承台；3—混凝土垫层；
4—扩大头；5—坚土层

2.4.3　深层搅拌水泥桩

1. 概述

深层搅拌水泥桩地基是利用水泥作为固化剂，通过搅拌机械将其与地基土强制搅拌，硬化后形成的地基。深层搅拌法形成的水泥土加固体，可作为竖向承载的复合地基，基坑工程围护挡墙，被动区加固、防渗帷幕，大体积水泥稳定土等使用。加固体形状可分为柱状、壁状、格栅状或块状等。深层搅拌法适用于处理正常固结的淤泥与淤泥质土、粉土、饱和黄土、素填土、黏性土以及无流动地下水的饱和松散砂土等地基。

深层搅拌桩的施工方法有湿法和干法两种。使用水泥浆作为固化剂的水泥土搅拌法，简称湿法；使用干水泥粉作为固化剂的水泥土搅拌法，简称干法。

2. 施工准备

（1）技术准备。

1）熟悉场地工程地质勘察报告，编制施工方案，对操作人员进行技术交底。

2）测放场地的水准控制点和轴线桩，注明桩位编号。

3）深层搅拌机定位时，必须经过技术复核确保定位准确，必要时请监理人员进行轴线定位验收。

4）施工前应确定灰浆泵输浆量、灰浆经输浆管到达搅拌机喷浆口的时间和起吊设备提升速度等施工参数，并根据设计要求通过工艺性成桩试验确定施工工艺。

（2）主要机具。

深层搅拌机、起重机、灰浆搅拌机、灰浆泵、冷却泵、机动翻斗车、导向架、集料斗、磅秤、提速测定仪、电气控制柜、铁锹、手推车等。

3. 施工工艺流程及注意事项

深层搅拌桩的施工程序为：地上（下）清障→深层搅拌机定位、调平→预搅下沉至设计加固深度→配制水泥浆（粉）→边喷浆（粉）边搅拌提升至预定的停浆（灰）面→重复搅拌下沉至设计加固深度→喷浆（粉）或仅搅拌提升至预定的停浆（灰）面→关闭搅拌机、清洗→移至下一根桩，如图2-41所示。

深层搅拌法施工由于湿法和干法的施工设备不同而略有差异。

（1）湿法施工。

1）施工时，先将深层搅拌机用钢丝绳吊挂在起重机上，用输浆胶管将储料罐砂浆泵与深层搅拌机接通，开通电动机，搅拌机叶片相向而转，借设备自重，以0.38～0.75m/min的速度沉至要求的加固深度，再以0.3～0.5m/min的均匀速度提起搅拌机，与此同时，开动砂浆泵，将砂浆从深层搅拌机中心管不断压入土中，由搅拌叶片将水泥浆与深层

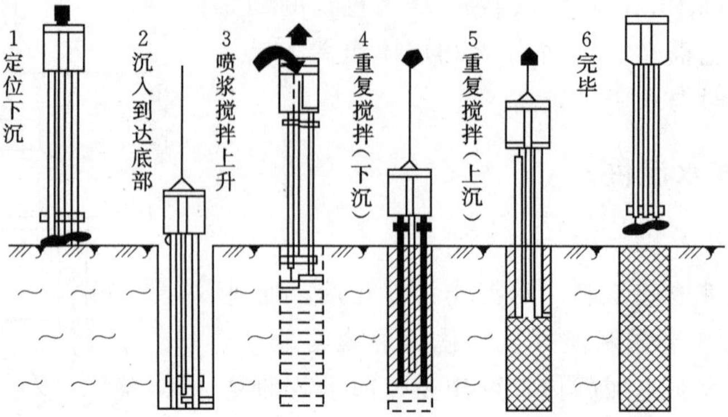

图 2-41　深层搅拌桩施工工艺流程

处的软土搅拌，边搅拌边喷浆直到提至地面，即完成一次搅拌过程。用同法再一次重复搅拌下沉和重复搅拌喷浆上升，即完成一根柱状加固体。外形呈“8”字形（轮廓尺寸：纵向最大为 1.3m，横向最大为 0.8m），一根接一根搭接，搭接宽度根据设计要求确定，一般宜大于 200mm，以增强其整体性，即呈壁状加固，几个壁状加固体连成一片，即呈块状。

2）搅拌桩的桩身垂直偏差不得超过 1%，桩位的偏差不得大于 50mm，成桩直径和桩长不得小于设计值。当桩身强度及尺寸达不到设计要求时，可采用复喷的方法。搅拌次数以 1 次喷浆、1 次搅拌或 2 次喷浆、3 次搅拌为宜，且最后一次提升搅拌宜采用慢速提升。

3）施工时设计停浆面一般应高出基础底面标高 0.5m。在基坑开挖时，应将高出的部分挖去。搅拌桩施工完毕应养护 14d 以上才可开挖。基坑基底标高以上 300mm，应采用人工开挖。

4）施工时因故停喷浆，宜将搅拌机下沉至停浆点以下 0.5m，待恢复供浆时再喷浆提升。若停机时间超过 3h 应清洗管路。

5）壁状加固时，桩与桩的搭接时间不应大于 24h，如间歇时间过长，应采取钻孔留出榫头或局部补桩、注浆等措施。

6）每天加固完毕，应用水清洗储料罐、砂浆泵、深层搅拌机及相应管道，以备再用。

7）所使用的水泥都应过筛，制备好的浆液不得离析，泵送必须连续；拌制水泥浆液的罐数、水泥和外掺剂用量以及泵送浆液的时间等应有专人记录；喷浆量及搅拌深度必须采用经国家计量部门认证的监测仪器进行自动记录。

8）搅拌机提升的速度和次数必须符合施工工艺的要求，并应有专人记录。当水泥浆液到达出浆口后应喷浆搅拌 30s，在水泥浆与桩端土充分搅拌后，再开始提升搅拌头。

（2）干法施工。

1）～6）同前。

7）深层搅拌法（干法）喷粉施工机械必须配置经国家计量部门确认的具有能瞬时检测并记录出粉量的粉体计量装置及搅拌深度自动记录仪。喷粉施工前应仔细检查搅拌机械、供粉泵、送气（粉）管路、接头和阀门的密封性和可靠性。送气（粉）管道的长度不宜大于 60m。

8）当搅拌头到达设计桩底以上1.5m时，应即开启喷粉机提前进行喷粉作业。当搅拌头提升至地面下500mm时，喷粉机应停止喷粉。成桩过程中因故停止喷粉，应将搅拌头下沉至停灰面以下1m处，待恢复喷粉时再喷粉搅拌提升。

9）搅拌头每旋转一周，其提升高度不得超过16mm。搅拌头的直径应定期复核检查，其磨耗量不得大于10mm。

10）需在地基土天然含水量小于30%土层中喷粉成桩时，应采用地面注水搅拌工艺。

4. 质量控制事项

（1）深层搅拌桩的质量控制应贯穿在施工的全过程，并应坚持全程的施工监理。施工过程中必须随时检查施工记录和计量记录，并对照规定的施工工艺对每根桩进行质量评定。

检查重点是水泥用量、桩长、搅拌头转数和提升速度、复搅次数和复搅深度、停浆处理方法等。

（2）深层搅拌桩的施工质量检验可采用以下方法：①成桩后3d内，可用轻型触探（N_{10}）检查每米桩身的均匀性。检查数量为总桩数的10%，且不少于3根；②成桩7d后，采用浅部开挖桩头（深度宜超过停浆（灰）面下0.5m），目测检查搅拌的均匀性，量测成桩直径。检查数量为总桩数的5%。

（3）竖向承载深层搅拌桩地基竣工验收时，承载力检验应采用复合地基载荷试验和单桩载荷试验。

（4）深层搅拌桩地基质量检验标准必须符合表2-6的规定。

表2-6　　深层搅拌桩地基质量检验标准

项目	序号	检查项目	允许偏差或允许值	检查方法
主控项目	1	水泥及外掺剂质量	设计要求	查产品证书或抽样送检
	2	水泥用量	参考指标	查看流量计
	3	桩体强度	设计要求	按规定办法
	4	地基承载力	设计要求	按规定办法
一般项目	1	机头提升速度（m/min）	≤0.5	量机头上升距离及时间
	2	桩底标高（mm）	±200	量机头深度
	3	桩顶标高（mm）	+100 −50	水准仪（最上部500mm不计入）
	4	桩位偏差（mm）	<50	用钢尺量
	5	桩径（mm）	<0.04D	用钢尺量，D为桩径
	6	垂直度（%）	≤1.5	经纬仪
	7	搭接（mm）	>200	用钢尺量

【引例分析】

稔坑水电站枢纽主要由电站厂房、拦河闸坝及左岸连接土坝、右岸连接浆砌石重力坝等组成。闸坝址处于开阔顺直的河段，河床冲积砂卵砾石层覆盖厚度为8～12m。闸坝址如果采用岩基，弱风化带顶面可作为建基面，其埋深为9～12m；如果采用软基，地基由粗砂、砾砂、砂卵砾石组成，透水性强，地基承载力相对较低，要做好地基加固和防渗处理。工程地基处理方案设计如下：

1. 土石方开挖

（1）土方开挖。主要是砂砾石覆盖层开挖、全风化土开挖及厂区淤泥开挖，采用$2m^3$挖掘机挖、装12t自卸汽车运输至围堰填筑部位、临时堆土场或弃渣场弃渣，74kW推土机集料与散料。

（2）石方明挖。主要是厂房基坑强风化、弱风化花岗岩开挖。采用手风钻钻孔爆破，$2m^3$挖掘机挖、装石渣，12t自卸汽车运输，74kW推土机集料与散料。

2. 拦河闸坝地基处理

由于河床覆盖表层0～2m粗砂较松散，2～4m为稍密至中密含砾粗砂砾砂，4m以下为密实状卵砾石层。强风化带粗粒花岗岩体强度较低，岩体稳定性较差。弱风化带岩体强度较高，但下伏较深。由于河床覆盖层较深，达8～12m，开挖工程量较大，因此，闸地基选择软基，建基面位于砂砾石层。闸坝基础做以下处理：河床覆盖表层0～2m粗砂较松散给予挖除，基础采取压实加固措施。根据地质报告砾砂渗透系数平均值$\overline{K}=1.53\times10^{-1}$cm/s，砾石渗透系数平均值$\overline{K}=1.13\times10^{-1}$cm/s，强风化带裂隙发育，岩石破碎，透水性较大，弱风化岩透水性较小，可视为相对隔水层。因此，闸基上游粗砂、砾砂、卵砾石层防渗处理采用垂直混凝土防渗墙（厚0.6m）嵌入弱风化花岗岩内。

闸坝地基混凝土地下防渗墙，墙厚600mm，平均墙深14.5m，穿越砂卵石及强风化层；采用两钻一抓成孔法分槽段施工，即先用CZ—22型冲击式钻机钻导孔2～3个，导杆式抓斗抓去导孔间的土体形成槽段，泥浆固壁，下导管自下而上浇筑混凝土。具体施工工艺略。

3. 厂房地基处理

厂房建基面大部分位于花岗强风化带上，局部位于弱风化带上，地质条件良好。根据厂房整体稳定计算，厂房地基应力满足设计承载力要求。因此，基础不考虑做加固和防渗处理。

4. 左岸土坝地基处理

左岸土坝基础主要处于淤泥质土上，该层强度低，变形大，易引起土坝变形，须经挖除处理。土坝防渗处理采用高喷防渗墙（厚0.3m）。

左岸土坝坝基采用高压喷射墙防渗止水，高压喷射灌浆工艺包括两道工序，即造孔和高压喷射灌浆。钻孔机械采用XY-2型钻机，钻孔孔径为150mm，泥浆护壁成孔，高喷台车三重管法喷射注浆成墙。具体施工工艺略。

5. 浆砌石坝地基处理

右岸浆砌石坝共长35.66m，其中长19m浆砌石坝的建基面为砂砾石，其基础防渗处理采用与闸坝一致的混凝土防渗墙（墙厚0.6m）；长16.66m浆砌石坝的建基面为强风化花岗岩，其基础防渗处理仅做帷幕灌浆防渗处理。浆砌石坝与闸坝间设置混凝土刺墙。具体施工工艺略。

【技能训练】

一、填空题

1. 水工建筑物的地基分为两种基本类型，即__________和__________。

2. 岩基灌浆按目的不同，有__________、__________和__________3类。

3. 多排帷幕灌浆应先灌__________排，再灌__________排，最后灌__________排。

4. 影响灌浆压力大小的因素有__________、__________、__________。

5. 常用的化灌材料有__________、__________、__________、__________及__________浆液。

6. 高压喷射灌浆的基本方法有__________、__________、__________、__________。

7. 防渗墙的施工过程包括了__________、__________、__________、__________、__________。

8. 泥浆下浇筑混凝土防渗墙的混凝土主要特点体现在：__________、__________、__________。

9. 桩基础按不同施工方法可分为__________、__________、__________、__________等。

10. 深层搅拌桩的施工方法有__________和__________两种。

二、选择题

1. 振冲置换法适用于不排水抗剪强度为（　　）的软黏土或亚黏土地基的处理。

A. 5～10kPa　　B. 25～30kPa　　C. 15～20kPa

2. 挤实法可用于提高（　　）地基的承载力。

A. 密实黏土　　B. 松散砂土　　C. 砂砾石

3. 岩基灌浆使用最广泛的是（　　）。

A. 水泥灌浆　　B. 水泥黏土灌浆　　C. 化学灌浆

4. 灌浆施工时的压水试验使用的压力通常为同段灌浆压力的（　　）。

A. 50%～60%　　B. 70%～80%　　C. >100%

5. 灌浆中的单位吸浆量的上限可定为（　　）。

A. 30～40L/min　　B. 60～70L/min　　C. 80～100L/min

6. 化学灌浆的聚合体，几乎不透水，其渗透系数一般为（　　）。

A. 10^{-7}～10^{-5}cm/s　　B. 10^{-8}～10^{-6}cm/s　　C. <10^{-10}cm/s

7. 防渗墙施工所用固壁泥浆的密度为（　　）g/cm^3。

A. 0.9～1.0　　B. 1.1～1.2　　C. 1.3～1.5

8. 用直升导管法浇筑混凝土，要求导管埋入混凝土深度不小于（　　）。

A. 0.5m　　B. 1.0m　　C. 1.5m

9. 振冲置换法施工，下沉振冲器造孔的速度一般控制为（　　）。

A. 0.5～2.0m/min　　B. <1m/min　　C. 2～2.5m/min

10. 深层搅拌桩施工，沉至要求的加固深度后，再以（　　）的均匀速度提起搅拌机，与此同时开动砂浆泵。

A. 0.3～0.5m/min　　B. 0.8～1.2 m/min　　C. 0.5～0.8m/min

三、判断题

1. 岩基承载能力高、沉降小，故任何水工建筑物地基处理的岩基方案都优于软基方案。（　）

2. 钻孔冲洗，在岩层比较完整、裂隙较少的场合可用群孔冲洗；岩层破碎、节理裂隙比较发育可用单孔冲洗。（　）

3. 自下而上分段灌浆适用于地质条件不良、岩层破碎、竖向裂隙发育的情况。（　）

4. 浅孔固结灌浆压力，有盖重时可采用（3～7）$\times 10^5$Pa；无盖重时可取（2～5）$\times 10^5$Pa。（　）

5. 化学灌浆都采用纯压式灌浆。（　）

6. 化学灌浆的双液法是两种化学药液按比例混合在一起，再由泵压入地层中。（　）

7. 高压喷射注浆筑墙的注浆方式有旋喷与定喷两种方式。（　）

8. 振冲挤密适用于加固砂性土层。振冲置换适用于加固黏性土层。（　）

四、问答题

1. 水工建筑物对地基基础的基本要求有哪些？

2. 帷幕灌浆的目的是什么？

3. 岩基灌浆包括哪几道工序？

4. 灌浆质量检查有哪些方法？

5. 化学灌浆有哪些特点？

6. 简述高压喷射灌浆法的施工程序、适用条件。

7. 简述用直升导管法浇筑混凝土的施工方法。

8. 预制桩有哪几种不同沉桩方法？

9. 简述预压排水法加固地基的原理与施工过程。

10. 简述深层搅拌桩加固地基的原理与施工过程。

五、计算题

1. 在具有中等裂隙的成层的岩浆岩中用循环式灌浆法灌注容重为 1.29t/ m^3 的水泥浆，采用分段、自上而下灌浆方法。灌浆段长 5m，灌浆段顶距地表 10m，地表上无盖重。管路压力损失估计为 0.1×10^5Pa。求灌浆段中心允许的最高灌浆压力和控制此灌浆压力的压力表读数。压力表距地高度为 1.5m（注：基岩表层允许灌浆压力 1.5×10^5Pa，每米岩层厚度增加的压力增加值为 5×10^5Pa）。

2. 混凝土防渗墙施工，槽孔宽度 1.2m，用 800L 混凝土搅拌机拌和，生产率为 12.0m^3/h。求槽孔分段长度及每段需用导管数。

项目3 土石方工程施工

【教学目标】

以一大坝工程项目为载体，分析现场地形条件，拟定坝肩、坝基的开挖方案。

【教学要求】

知识要点	能力目标
土石方分级和土石方平衡调配	正确理解土石分级，掌握土石方平衡调配原则
土石方开挖的方法	掌握土石方开挖的各种方法、适用条件及技术要求，能根据工程不同情况选择合适的土石方开挖方案
爆破施工技术	掌握爆破开挖土石方的施工程序、技术要求，能根据工程具体情况，拟定爆破方案
边坡加固施工技术	掌握各种边坡的加固方法及技术要求，并根据工程具体情况加以利用

【引例】

某枢纽工程由碾压混凝土重力坝、发电引水隧洞、电站厂房等建筑物组成。拦河坝由溢流坝段和非溢流坝段组成，溢流坝段布置在河床中部，设有3孔溢流表孔，堰顶高程，孔口尺寸10m×9m（宽×高），装有3扇露顶式弧形钢闸门；非溢流坝段分左、右两重力坝段，坝顶高程804m，最大坝高约60m。发电引水隧洞全长约2000m，衬砌洞径8m。电站厂房布置于碾压混凝土重力坝下游右岸，为引水式发电厂房，装有3×15MW混流式水轮发电机组。

大坝基础石方开挖约8.0万m^3，具体工程量分布详见表3-1。月开挖强度4万m^3/月。

表3-1　石方开挖工程量表

序号	施工部位及施工项目	工程量		备注
		单位	数量	
1	大坝左岸	m^3	22406	EL752.5以上
2	大坝右岸	m^3	16829	EL752.5以上
3	大坝基坑	m^3	40880	EL752.5以下
合计		m^3	80115	

试拟定该工程项目的开挖方案。

【基本知识学习】

3.1 土石分级及土石方平衡调配

3.1.1 土石工程分类

土方工程施工和工程预算定额中，土是按其开挖难易程度进行分类（16级）。一般工程土类分Ⅰ、Ⅱ、Ⅲ、Ⅳ级，Ⅴ～ⅩⅥ级属岩石。不同级别的土应采用不同的方法和设备施工。其中土类开挖级别划分如表3-2所列。

表3-2 土类开挖级别划分

土类级别		土类名称	天然湿度下平均容重（kg/m^3）	可松性系数		外形特征	开挖方法
				K_1	K_2		
松土	Ⅰ	(1) 砂土 (2) 种植土	1650～1750	1.08～1.17	1.01～1.03	疏松，黏着力差或易透水略有黏性	用锹或略用脚踩
	Ⅱ	(1) 壤土 (2) 淤泥 (3) 含壤种植土	1750～1850	1.14～1.28	1.02～1.05	开挖时能成块，并易打碎	用锹，需用脚踩
普通土	Ⅲ	(1) 黏土 (2) 干燥黄土 (3) 干淤泥 (4) 含少量砾石黏土	1800～1950	1.24～1.30	1.04～1.07	粘手，看不见砂粒或干硬	用镐、三齿耙开挖或用锹用力加脚踩开挖
硬土	Ⅳ	(1) 坚硬黏土 (2) 砾质黏土 (3) 含卵石黏土	1900～2100	1.26～1.32	1.06～1.09	土壤结构坚硬，将土分裂后成块状或含黏粒砾石较多	用镐、三齿耙等开挖

根据岩石强度系数 f 的大小，岩石开挖级别划分为软石（Ⅴ）、坚石（Ⅵ～Ⅻ）、特坚石（ⅩⅢ～ⅩⅥ）。常用爆破方法开挖。其相应岩石名称、天然湿度下平均容重（kg/m^3）、极限抗压强度 R（MPa）等可参见《水利水电工程施工组织设计规范》（SL 303—2004）。

土按其颗粒大小划分为碎石土、砂土、粉土和黏性土四类。

1. 碎石土

碎石土是指粒径大于2mm的颗粒含量超过全重50%的土称为碎石土。碎石土的粒径越大、含量越大者，其承载能力越高。碎石土按密实度分为密实、中密、稍密。

2. 砂土

砂土是指粒径大于2mm的颗粒含量不超过全重50%，粒径大于0.075mm的颗粒超过全重50%的土。砂土的密实度根据天然孔隙比分为密实、中密、稍密、松散4种。砂土的湿度根据饱和度分为稍湿、很湿、饱和。

3. 粉土

粉土是指粒径大于0.075mm的颗粒含量不超过全重50%，塑性指数不大于10的土。

其性质介于砂土和黏性土之间。

4. 黏性土

塑性指数大于10的土称为黏性土。

黏性土的工程性质与土的成因、生成年代的关系很密切，不同成因和年代的黏性土，尽管其某些物理指标值可能很接近，但其工程性质可能相差很悬殊。因而黏性土按沉积年代、塑性指数进行分类。按沉积年代分老黏性土（第四纪晚更新世及其以前沉积的土，工程性好）、一般黏性土（第四纪全新世沉积的黏性土，工程性变化大 ）和新近沉积的黏性土（文化期以来沉积的黏性土，工程性能差）。

一般来说，沉积年代长的黏土强度高，压缩性低，但也不尽然，需具体情况具体分析。

3.1.2 土的性质

土的性质包括物理性质、力学性质和工程性质等。土是由固体颗粒、水和空气组成的三相体系。由于三相比例的不同，决定了土的物理性质（轻重、疏密、干湿、软硬）。土的物理性质又决定了土的力学性质，因此土的物理性质是研究的主要特性之一。与工程有关的几个重要物理性质如下：

1. 含水量

土的含水量（W）是指土中所含的水与土颗粒的质量比，以百分数表示为

$$W=\frac{G_1-G_2}{G_2}\times 100\% \tag{3-1}$$

式中 G_1——含水状态时土的质量；

G_2——土烘干后的质量。

土的含水量大小对工程施工和质量控制有直接影响。含水量过大会给施工带来困难。如回填夯实时，若土料呈饱和状态，会产生橡皮土的现象。工程中回填土料应使土的含水量处于最佳范围内。

2. 渗透性

土的渗透性是指土体被水透过的性能，它与土的密实度有关。一般取决于土的形成条件、颗粒级配、胶体颗粒含量和土的结构等因素。

渗透水流在碎石土、砂土和粉土中多呈层流状态，其运动速度服从达西定律。达西定律表达式为

$$V=KI \tag{3-2}$$

式中 V——渗透水流的速度，m/d；

K——渗透系数，m/d；

I——水力坡度。

3. 动水压力和流砂

动水压力表达式为

$$G_D=I\gamma_w \tag{3-3}$$

式中 G_D——动水压力（渗透力），kN/m³；

I——水力坡度；

γ_w——水的容重，kN/m^3。

动水压力的大小与水力坡度成正比，其作用方向与水流方向相同。当动水压力不小于土的浸水重度时，土颗粒失去自重，处于悬浮状态，随渗流的水一起流动，此现象即流砂。在一定动水压力作用下，松散而饱和的细砂和粉砂易产生流砂。

4. 土的可松性

自然状态的土经开挖后会因变松散而使体积增大，以后即使再经填筑压实一般也难以恢复到原来的体积，这种性质称为土的可松性。土的可松性大小用可松性系数表示，即

$$K_1=\frac{V_2}{V_1} \tag{3-4}$$

$$K_2=\frac{V_3}{V_1} \tag{3-5}$$

式中 K_1——最初可松性系数（表3-3）；

K_2——最终可松性系数（表3-3）；

V_1——土在自然状态下的体积，m^3；

V_2——土经开挖后的松散体积，m^3；

V_3——土经填筑、压实后的体积，m^3。

土的可松性对于土方需求量、料场规划、运输工具数量及土方平衡调配等计算都有重要的实用意义。移挖作填或借土回填，一般土经过挖运、填压后均有压缩，在核实土方量时，一般可按填方断面增加10%～20%的土方数考虑。

5. 自然倾斜角

自然堆积土壤的表面与水平面间所形成的角度，即土的自然倾斜角。工程中挖方、填方边坡的大小与土壤的自然倾斜角有关。

表3-3　　土的可松性系数参考值

土的类别	土的名称	K_s	K_s'
一类土	松软土	1.08～1.17	1.01～1.03
二类土	普通土	1.14～1.28	1.02～1.05
三类土	次坚土	1.24～1.3	1.04～1.07
四类土	坚土	1.26～1.32	1.06～1.09
五类土	软石	1.30～1.45	1.10～1.20
六～八类土	近次坚石、次坚石、坚石	1.3～1.5	1.10～1.30

3.1.3 土石方平衡调配

土方调配工作是大型土方施工设计的一个重要内容。土方调配的目的是在使土方总运输量（$m^3 \cdot m$）最小或土方运输成本（元）最小或土方施工费用（元）最小的条件下，确定填挖方区土方调配方向和数量，从而达到缩短工期和降低成本的目的。

土方调配区的划分，平均运距和土方施工单价的确定：进行土方调配时，首先要划分调配区。划分调配区应注意下列几点：

（1）调配区的划分应该与房屋和构筑物的平面位置相协调，并考虑它们的开工顺序、工程的分期施工顺序。

（2）调配区的大小应该满足土方施工主导机械（铲运机、挖土机等）的技术要求，如调配区的范围应该不小于机械的铲土长度。调配区的面积最好和施工段的大小相适应。

（3）调配区的范围应该和土方工程量计算用的方格网协调，通常可由若干个方格组成一个调配区。

（4）当土方运距较大或场区范围内土方不平衡时，可根据附近地形，考虑就近取土或就近弃土，这时一个取土区或一个弃土区都可作为一个独立的调配区。

调配区的大小和位置确定之后，便可计算各填、挖方调配区之间的平均运距。当用铲运机或推土机平土时，挖方调配区和填方调配区土方重心之间的距离，通常就是该填、挖方调配区之间的平均运距。

在场地设计中，土石方平衡这块还是比较重要的。在没有场外条件限制的情况下，场地平整一般有3种方法，即最小二乘法（即最佳设计平面法，挖填土方量平衡和总土方量最小两个条件）、挖填土方量平衡法和垂直截面平衡法。

1）最小二乘法（即最佳设计平面法）主要针对大型场地的竖向规划设计，应用最小二乘法原理，计算出最佳设计平面，可以满足挖填土方量平衡和总土方量最小两个条件。虽然用最小二乘法能满足这两个条件，但有时当得到的场地设计坡度超出规范要求，就要进行重新调整，在满足其中一个条件下尽量接近另一个条件。

2）挖填土方量平衡法，需要建筑师面对的场地平整设计，大多主要针对小型的场地。当场地标高没有特殊要求和限制时常用的设计方法。挖填土方量平衡法应是建筑师完全掌握的场地平整方法，在设计中进行场地研究时，场地平整后结果对于场地上的各个建筑关系有着很大的影响。虽然使用挖填土方量平衡法达到填挖土方量尽量相等，却不能保证总土方量最小（而是接近最小），但此方法概念直观，计算简便，在精度上能满足施工要求，因而是经常在场地平整施工中采用的方法。

3）垂直截面平衡法是针对地面比较规则，并且地形不复杂的场地的。应该说是挖填土方量平衡法的变种，计算更加直观和简单，在实际中是比较常用的方法，在进行填挖方式的比较时多有使用。

在水利工程施工中，土方的平衡调配非常重要，侧重考虑如何利用开挖料作为填筑的需要。尽量减少弃土和二次转运。

3.2　爆破工程施工

3.2.1　炸药及药量计算

3.2.1.1　爆破基本原理

爆破是利用炸药的爆炸能量对炸药周围的介质（土、岩石及混凝土等），使其发生变形并进行破坏，如松动、破碎或抛掷等。

1. 无限均匀介质中的爆破

在均匀的无限介质中起爆球形药包时，地震波将呈同心球面向外传播，对一定区域内的岩体产生不同程度的破坏作用。这种破坏作用距药包中心越近，破坏程度越大。根据破坏程度大小，可将介质大致分成压缩圈（粉碎圈）、抛掷圈、松动圈、震动圈4个圈，相应的半径为压缩半径（或粉碎半径）R_C、抛掷半径R、松动半径R_P、震动半径R_Z。震动圈以外爆破作用的能量就消失了。以上各圈只是为了说明爆破作业而划分的，其爆破作用与炸药特性和用量、药包结构、爆炸方式及介质特性等密切相关。

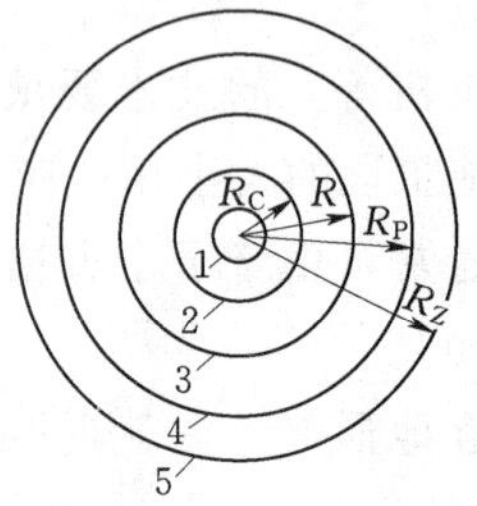

图3-1　无限介质中爆破原理示意图

1—药包；2—压缩圈；3—抛掷圈；4—松动圈；5—震动圈

2. 有限均匀介质中的爆破

土岩介质与空气介质的交界面往往称为自由面或临空面。当自由面（临空面）在爆破作用的影响范围以内时，自由面将对爆破产生聚能作用和反射拉力波作用。有限介质的爆破是指药包埋设深度不大，爆破作用受到临空面影响的爆破。当药包的爆破作用具有使部分介质抛向临空面的能量时，往往形成一个倒立圆锥形的爆破坑，形如漏斗，如图3-2所示。

爆破漏斗的几何特征参数有：药包中心至临空面的最短距离，即最小抵抗线长度W，爆破漏斗底半径r，爆破作用半径R，可见漏斗深度P和抛掷距离L。爆破漏斗的几何特性反映了药包重量和埋深的关系，反映了爆破作用的影响范围。显然，爆破作用指数$n=r/W$最能反映爆破漏斗的几何特性，它是爆破设计中最重要的参数。n值大形成宽浅式漏斗，n值小形成窄深式漏斗，甚至不出现爆破漏斗，故可用n值大小对爆破进行分类。

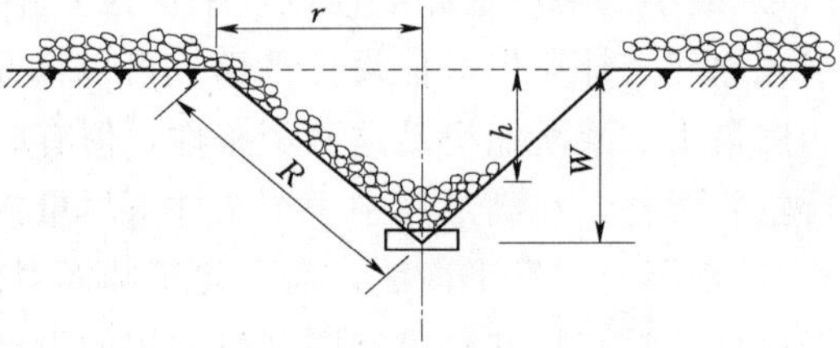

图3-2　爆破漏斗示意图

当$n=1$，称为标准抛掷爆破。

当$n>1$，称为加强抛掷爆破。

当$0.75<n<1$，称为减弱抛掷爆破。

当$0.33<n\leqslant 0.75$，称为松动爆破。

当$n\leqslant 0.33$，称为隐藏式爆破。

以上各类爆破的药包分别称为标准抛掷药包、加强抛掷药包、减弱抛掷药包、松动药包和炸胀药包。

3.2.1.2　炸药的主要性能指标

爆破应根据岩石性质和施工要求选择不同特性的炸药。反映炸药特性的基本性能指标有以下几个。

1. 威力

威力分别以爆力和猛度表示。前者又称静力威力，用定量炸药炸开规定尺寸铅柱体内空腔的容积来表示，它表征炸药破坏一定体积介质的能力。后者又称动力威力，用定量炸药炸塌规定尺寸铅柱体的高度来表示，它表征炸药爆炸时粉碎一定体积介质的能力。威力的大小主要反映在爆速、爆热、爆温、爆气量与爆压等几个方面。

2. 安定性

安定性是指炸药在长期储存和运输过程中，保持自身物理和化学性质稳定不变的能力。物理安定性主要有吸湿、结块、挥发、渗油、老化、冻结、耐水等性能。化学安定性取决于炸药的化学性能。例如，硝化甘油类炸药在50℃时开始分解，如果热量不能及时散发，可能引起自燃与爆炸。

3. 敏感度

敏感度是指炸药在外界能量的作用下，发生爆炸的难易程度。不同的炸药对不同的外界能量的敏感程度往往是不可比的。炸药的敏感度常用爆燃点、发火性、撞击敏感度和起爆敏感度等来表示。爆燃点是指在规定时间内（5min）使炸药发生爆炸的最低温度；发火性是指炸药对火焰的敏感程度；撞击敏感度是指炸药对机械作用的敏感程度；起爆敏感度是指引起炸药爆炸的极限药量。

炸药的敏感度，常随掺合物的不同而改变。例如，在炸药中掺有棱角坚硬物（砂、玻璃、金属屑等）时敏感度提高；当掺有水、石蜡、沥青、油、凡士林等柔软、热容量大、发火点高的掺合物时，敏感度降低。

4. 最佳密度

最佳密度是指炸药能获得最大爆破效果的密度。炸药密度凡高于和低于此密度，爆破效果都会降低。

5. 氧平衡

氧平衡是炸药含氧量和氧化反应程度的指标。当炸药的含氧量恰好等于可燃物完全氧化所需要的氧量，则生成无毒的 CO_2 和 H_2O，并释放大量热能，称零氧平衡。若含氧量大于需氧量，则生成有毒的 NO_2，并释放较少的热量，称正氧平衡。若含氧量不足，只能生成有毒的 CO，释放热量仅为正氧平衡的 1/3 左右。显然，从充分发挥炸药化学反应的放热能力和有利于安全出发，炸药最好是零氧平衡。考虑到炸药包装材料燃烧的需氧量，炸药通常配制成微量的正氧平衡。氧平衡可通过炸药的掺和来调整。

例如，TNT 炸药是负氧平衡，掺入正氧平衡的硝酸铵，使之达到微量的正氧平衡。对于正氧平衡的炸药药卷，也可增加包装纸爆炸燃烧达到零氧平衡。

6. 殉爆距

殉爆是由于一个药包的爆炸引起与之相距一定距离的另一药包爆炸的现象。殉爆距是能够连续 3 次使该药包出现殉爆现象的最大距离。

7. 稳定性

炸药起爆后，若能以恒定不变的速度自始至终保持完整的爆炸反应，称为稳定的爆炸。在钻孔爆破中影响爆炸稳定性的因素有药包直径（d）和炸药密度（ρ）。

3.2.1.3 常用工程炸药的种类

1. 炸药的种类

炸药一般分为起爆炸药和主炸药。起爆炸药是用于制造起爆器材的炸药。其主要特点有：敏感度高；爆速增加快，易由燃烧转为爆轰；安定性好，特别是化学安定性好；有很好的松散性和压缩性。常用的起爆炸药主要有：雷汞 $Hg(CNO)_2$，50℃开始分解，160℃爆炸，对温度敏感；氮化铅 $Pb(N_3)_2$，比雷汞迟钝，不溶于水；二硝基重氮酚 $C_6H_2O_5N_4$，安定性好，起爆能力强，相对安全，价格便宜等。

主炸药是产生爆破作用的炸药。其主要特点有：威力大，能被普通雷管引爆；成本低，种类多（适用于各种条件），安全可靠。常用的主炸药主要有三硝基甲苯、硝化甘油、铵锑炸药、铵油炸药、浆状炸药、乳化炸药和黑火药等。

2. 常用工程炸药

（1）三硝基甲苯（TNT）。TNT 是一种烈性炸药，呈黄色粉末或鱼鳞片状，热安定性好，遇火能燃烧（特别条件下能转为爆炸），机械敏感度低，难溶于水，可用于水下爆破。爆炸后呈负氧平衡，故一般不用于地下工程或通风不好的隧洞爆破。爆破爆速 7000m/s，爆热 950kcal/kg，价格昂贵。由于威力大，常用来做副起爆炸药（雷管加强药）。

（2）胶质炸药。其主要成分是硝化甘油，威力大、密度大、抗水性强，可做副起爆炸药，可用于水下和地下爆破工程。它价格昂贵，爆力 500mL，猛度 22～23mm。例如，国产 SHJ－K 水胶炸药，不仅威力大，抗水性好，且敏感度低，运输、储存和使用均较安全。

（3）铵锑炸药。淡黄色粉末，本身有毒但爆炸气体无毒，敏感度小，价格低，易潮湿结块。主要成分是硝酸铵加少量的 TNT（敏感剂）和木粉（可燃剂）混合而成。调整 3 种成分的百分比可制成不同性能的铵锑炸药。国产铵锑炸药品种有：露天铵锑炸药 1 号、2 号、3 号；岩石铵锑炸药 1 号、2 号和安全铵锑炸药等。其主要性能指标如表 3－4 所列。

表 3－4　　铵锑炸药性能指标

性能	1号岩	2号岩	1号露	2号露	3号露
炸力（mL）	350	320	300	250	230
猛度（mm）	13	12	11	8	5
殉爆距（cm）	6	5	4	3	2
密度（g/cm^3）	0.45～1.1	0.95～1.1	0.85～1.1	0.85～1.1	0.85～1.1

硝酸铵加入一定配比的松香、沥青、石蜡和木粉，可改善炸药的吸湿性和结块性，用于潮湿和有少量水的地方，爆破中等坚固的岩石；加入一定成分的 35 号柴油，则可制成性能良好的铵—油炸药。

3.2.1.4　药量计算

在进行药量计算时，应首先分清药包的类型，因为药包的类型不同，药量计算也不一样。按形状，药包分为集中药包和延长药包。当药包的最长边与最短边的比值 $L/a \leqslant 4$ 时，为集中药包；当 $L/a > 4$ 时，为延长药包。对于洞室爆破，常用集中系数 Φ 来区分药包的类型。当 $\Phi \geqslant 0.41$ 时为集中药包；反之，为延长药包或条形药包。

$$\Phi = 0.62\frac{\sqrt[3]{V}}{b} \tag{3-6}$$

式中　b——药包中心到药包最远点的距离，m；

V——药包的体积，m^3。

对单个集中药包，药量可按式（3-7）计算，即

$$Q=KW^3f(n) \tag{3-7}$$

式中 K——单位耗药量，kg/m^3；

W——最小抵抗线长度，m；

$f(n)$——爆破作用指数函数。标准抛掷爆破 $f(n)=1$；加强抛掷爆破 $f(n)=0.4+0.6n^3$；减弱抛掷爆破 $f(n)=[(4+3n)/7]^3$；松动爆破 $f(n)=n^3$。

爆破设计时，标准抛掷爆破的单位用药量 K 值（标准情况）可根据试验确定，也可参考表3-5确定。标准情况是指：标准抛掷爆破，标准炸药，在一个临空面的平地上进行爆破。随着临空面的增多，单位耗药量随之减少。有两个临空面为 $0.83K$；有3个临空面为 $0.67K$。当采用非标准炸药时，尚须用爆力换算系数 e 对表3-5中的 K 值进行修正。

$$e=\frac{e_b}{e_i} \tag{3-8}$$

式中 e_i——实际采用炸药的爆力值，cm^3；

e_b——标准炸药爆力值，国内以2号岩石铵锑炸药为标准炸药，其爆力值为 $320cm^3$。

表3-5　　单位用药量 K 值

岩石种类	K 值（kg/m^3）	岩石种类	K 值（kg/m^3）	岩石种类	K 值（kg/m^3）
黏土	1.0～1.1	砾岩	1.4～1.8	坚实黏土、黄土	1.1～1.25
泥灰岩	1.2～1.4	片麻岩	1.4～1.8	页岩、千枚岩、板岩	1.2～1.5
石灰岩	1.2～1.7	花岗岩	1.4～2.0	石英斑岩	1.3～1.4
砂岩	1.3～1.6	闪长岩	1.5～2.1	石英砂岩	1.5～1.8
流纹岩	1.4～1.6	辉长岩	1.6～1.9	安山岩、玄武岩	1.6～2.1
白云岩	1.4～1.7	辉绿岩	1.7～1.9	石英岩	1.7～2.0

3.2.2 爆破基本方法

工程爆破的基本方法有孔眼爆破、洞室爆破和药壶爆破等。孔眼爆破又分为浅孔爆破和深孔爆破。爆破参数主要包括爆破介质与炸药特性，药包布置、炮孔的孔径和孔深、装药结构及起爆药量等。施工过程包括布孔、钻孔、清孔、装药、捣实、堵气、引爆等几道工序。爆破方法取决于工程规模、开挖强度和施工条件。

对于明挖钻孔爆破，设计内容有：爆破区地形、地质条件；爆破区周围环境及质量、安全标准；梯段高度和爆破参数；边坡轮廓、建基面及爆区附近建筑物等保护；炸药品种、装药方法和堵塞；爆破方式与起爆方法；单响最大起爆药量；爆破安全距离计算；施工技术要求和质量、安全措施；附图（表），如孔网平面布置图、起爆网络敷设图、单孔装药结构图和排孔装药量明细表等。

3.2.2.1 浅孔爆破

浅孔爆破是炮孔深度 L 一般小于5m装药引爆的爆破技术。它适用于各种地形条件和

工作面情况，有利于控制开挖面的形状和规格，使用的钻孔机具较简单，操作方便，但劳动强度大，生产效率低，孔耗大，不适合大规模的爆破工程。

1. 炮孔布置原则

炮孔布置合理与否，直接关系到爆破效果。设计时要充分利用天然临空面或积极创造更多的临空面。例如，在基础开挖时往往先开挖先锋槽，形成阶梯，这样不仅便于组织钻孔、装药、爆破和出碴等流水作业，安排出碴运输和基坑排水，避免施工干扰，加快进度，而且有利于提高爆破效果，降低成本；布孔时，宜使炮孔与岩石层面和节理面正交，不宜穿过与地面贯穿的裂缝，以防漏气，影响爆破效果。图 3-3 表示孔眼爆破梯段布孔图。平面上炮孔一般采用梅花状布置。

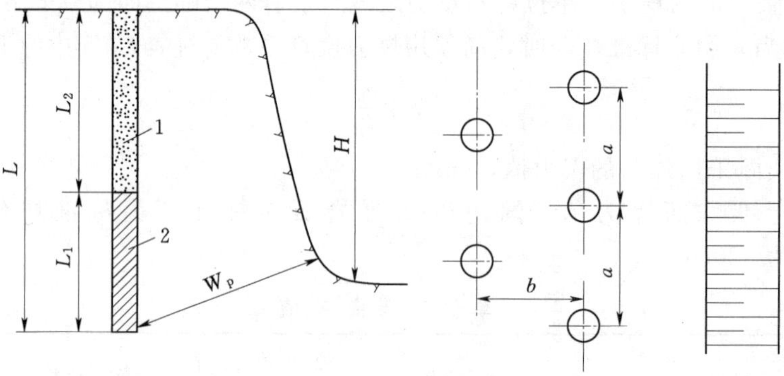

图 3-3 孔眼爆破梯段布孔

1—堵塞段；2—药包

2. 技术参数计算

（1）抵抗线长度 W_p(m)，有

$$W_p = K_w d \tag{3-9}$$

（2）阶梯高度 H(m)，有

$$H = K_h W_p \tag{3-10}$$

（3）炮孔深度 L(m)，有

$$L = K_L H \tag{3-11}$$

（4）炮孔间距 a(m)，有

$$a = K_a W_p \tag{3-12}$$

（5）炮孔排距 b(m)，有

$$b = (0.8 \sim 1.2) W_p \tag{3-13}$$

（6）装药长度 $L_{药}$ (m)，有

$$L_{药} = (1/3 \sim 1/2) L \tag{3-14}$$

式中 K_w——岩石性质对抵抗线的影响系数，常采用 15～30；

K_h——防止爆破顶面逸出的系数，常采用 1.2～2.0；

K_L——岩性对孔深的影响系数，坚硬岩石取 1.1～1.15，中等坚硬岩石取 1.0，松软岩石取 0.85～0.95；

K_a——起爆方式对孔距的影响系数，火花起爆取1.0～1.5，电气起爆取1.2～2.0；

d——炮孔直径，m。

3.2.2.2 深孔爆破

深孔爆破是炮孔深度$L>5$m，装药引爆的爆破技术。深孔爆破适用于料场和基坑规模大、强度高的采挖工作，且多采用松动爆破。深孔爆破具有爆破单位体积岩体所消耗的钻孔工作量和炸药量少、爆破控制性差、对保留岩体影响大等特点。常用冲击式、回转式、潜孔钻等造孔。

1. 深孔布置

深孔爆破的炮孔布置原则与浅孔爆破基本相同，平面上也采用梅花状布置；垂直方向上主要有垂直孔和倾斜孔两种，如图3-4所示。倾斜孔由于W_p全等均匀，所以具有堆碴高和宽容易控制、爆后坡面平整等优点，但倾斜孔技术复杂，装药也相对较难。

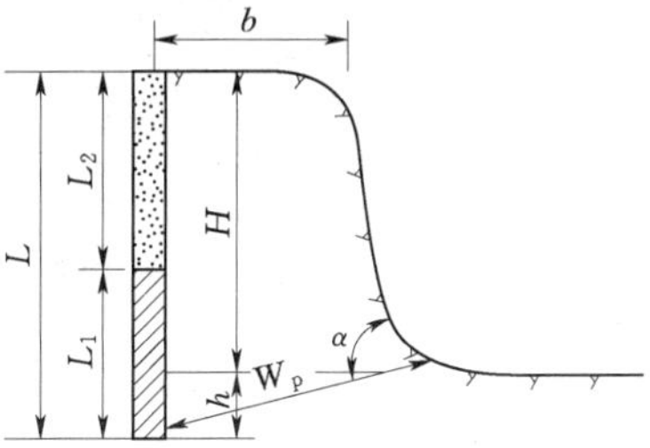

图3-4 露天深孔布置

2. 技术参数计算

(1) 抵抗线长度W_p(m)，有

$$W_p=HD\eta d/150 \tag{3-15}$$

(2) 超钻深度ΔH(m)，有

$$\Delta H=L-H=(0.12\sim0.3)W_p \tag{3-16}$$

(3) 炮孔间距a(m)，有

$$a=(0.7\sim1.4)W_p \tag{3-17}$$

(4) 炮孔排距b(m)。一般双排布孔呈等边三角形，多排呈梅花形，有

$$b=a\sin60°=0.87a \tag{3-18}$$

(5) 药包重量Q(kg)，有

$$Q=0.33KHW_pa \tag{3-19}$$

(6) 炮孔最小堵塞长度L_{min}，有

$$L_{min}\geqslant W_p \tag{3-20}$$

式中 D——岩石硬度影响系数，一般取0.46～0.56；

η——阶梯高度系数，见表3-6；

d——炮孔直径，mm；

K——系数，坚硬岩0.54～0.6，中坚岩0.3～0.45，松软岩0.15～0.3；

其他符号同前。

表3-6 阶梯高度系数η值

H (m)	10	12	15	17	20	22	25	27	30
η	1.0	0.85	0.74	0.67	0.6	0.56	0.52	0.47	0.42

3.2.2.3 洞室爆破

工程设计和施工中，有时需要开凿洞室装药进行大量爆破，来完成特定的施工任务，如采料、截流或定向爆破筑坝等。根据地形条件，一般洞室爆破的药室常用平洞或竖井相连，装药后须按要求将平洞或竖井堵塞，以确保爆破施工质量和效果，如图 3－5 所示。

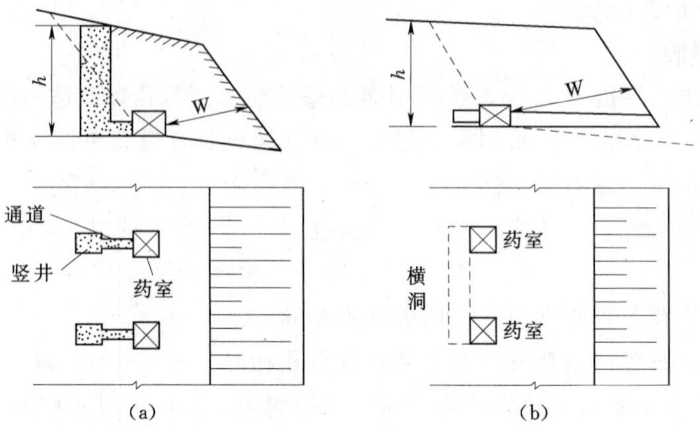

图 3－5　洞室爆破布置示意图

(a) 竖洞；(b) 平洞

1. 导洞与药室布置

导洞可以是平洞或竖井。当开挖工程量相近时，平洞比竖井投资少、施工方便，具体应根据地形条件选择。平洞截面一般取 1.2m×1.8m，竖井取 1.5m×1.5m，以满足最小工作面需要。平洞不宜太长，竖井深度也应不大于 30m，以利于自然通风。对于群孔药包，为了减少开挖量，连接药室的洞井宜布置成 T 形或倒 T 形。对条形布药，可利用与自由面平行的平洞作为药室。集中装药的药室以接近立方体为好。药室容积 V(m^3) 可按式 (3－21) 计算，即

$$V=CQ/\Delta \tag{3-21}$$

式中　C——炸药的装填系数，它与药室支护及装药方式有关，有支护可取 1.5～1.8，无支护可取 1.1～1.25，散装取小值，袋装取大值；

Q——装药量，t；

Δ——炸药密实度，t/m^3。

集中布药，药室间距 a(m) 和药室排距 b(m) 可分别按式 (3－22)、式 (3－23) 计算，即

$$a=(1.1\sim1.2)W_p \tag{3-22}$$

$$b=(1.3\sim1.4)W_p \tag{3-23}$$

式中　W_p——相邻药室的平均最小抵抗线长度，m，$W_p=(0.6\sim0.8)H$。

2. 洞室爆破施工

(1) 装药。装药前应对洞室内的松石进行处理，并做好排水和防潮工作。

装药时，先在药室四周装填选用的炸药，再放置猛度较高、性能稳定的炸药，最后于中部放置起爆体。起爆体重为 20～25kg，内装有敏感度高、传爆速度快的烈性起爆炸药，其中安放几个电雷管组或传爆索。起爆药量通常为总装药量的 1%～2%。导洞和药室应采用 12～36V 的低压电照明。

(2) 堵塞。堵塞时先用木板或其他材料封闭药室，再用黏土填塞 3～5m，最后用石碴

料堵塞。总的堵塞长度不能小于最小抵抗线长度的1.2～1.5倍。对T形导洞可适当缩小堵塞长度。

(3) 起爆系统。起爆网络可用复式并串联，即药室内雷管间用并联，药室间用串联，同样的并串联网路设两套，最终并联在同一条主线上。起爆电源的电压要稳定，电流不应低于安全准爆电流。

3.2.2.4 改善爆破效果的方法和措施

改善爆破效果的目的是提高爆破的有效能量利用率，应针对不同情况采取不同的措施。

1. 合理利用临空面、积极创造临空面

充分利用多面临空的地形，或人工创造多面临空的自由面，有利于降低爆破的单位耗药量。当采用深孔爆破时，增加梯段高度或用斜孔爆破，均有利于提高爆效。平行坡面的斜孔爆破，由于爆破时沿坡面的阻抗大体相等，且反射拉力波的作用范围增大，通常可较竖孔的能量利用率提高50%。斜孔爆破后边坡稳定，块度均匀，还有利于提高装车效率。

2. 采用毫秒微差挤压爆破

毫秒微差挤压爆破是利用孔间微差迟发不断创造临空面，使岩石内的应力波与先期产生残留在岩体内的应力相叠加，从而提高爆破的能量利用率。在深孔爆破中可降低单位耗药量15%～25%。

3. 采用不耦合装药、提高爆破效果

炮孔直径与药包直径的比值称为不耦合系数。其值大小与介质、炸药特性等有关。由于药包四周存在空隙，降低了爆炸的峰压，从而降低或避免了过度粉碎岩石，也使爆压作用时间增长，提高了爆破能量利用率。

4. 分段装药爆破

一般孔眼爆破，药包位于孔底，爆后块度不均匀。为改善爆破效果，沿孔长分段装药，使爆能均匀分布，且增长爆压作用时间。图3-6所示为分段装药示意图。

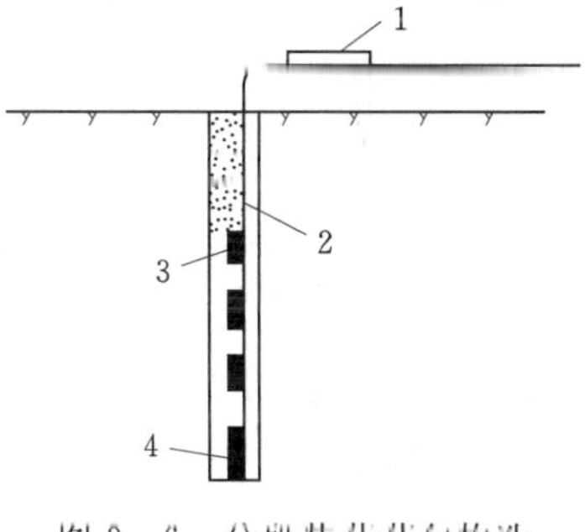

图3-6 分段装药药包构造
1—雷管；2—导爆索；3—药包；4—底部加强药包

分段装药的药包（或药壶）宜设在坚硬完整的岩层内，空穴设于软弱岩层内。在孔深20m以内，一般分2～3段装药，底部药包通常占总药量的60%～70%。堵塞段长应不小于计算抵抗线的0.7倍。

5. 保证堵塞长度和堵塞质量

一般堵塞良好时其爆破效果和能量利用率较堵塞不良的可以成倍地提高。工程中应严格按规范进行爆破施工质量控制。

3.2.3 钻孔与起爆

3.2.3.1 钻孔机具

钻孔的效率和质量很大程度上取决于钻孔机具。爆破施工中多数采用孔眼爆破法。钻爆作业中，当开挖厚度和方量较小时，可采用手提式钻机；开挖场面较狭窄、交通困难或高陡坡上，宜用移动方便的轻型钻机；开挖场面较大、地势较平坦的梯段爆破，可用潜孔钻机或履带式液压钻机。采石、基础开挖等作业多用大型钻机进行深孔作业。

1. 风钻

浅孔爆破作业中，向下钻垂直孔，多采用轻型手提式风钻；向上及倾斜钻孔，则多采用支架式重型风钻，所用风压一般为 $4\times10^5\sim6\times10^5$Pa，耗风量一般为 $2\sim4m^3/min$。国内常用 YT－23 型、YT－25 型和 YT－30 型以及带腿的 YTP－26 型风钻。YT－23 型自重轻，钻孔效率高。

2. 回转式钻机

回转式钻机一般以钻孔最大深度表示钻机的型号，如国产 XJ－100 型和 X－300 型回转式钻机。回转式钻机可钻斜孔，钻进速度快。钻杆端部可根据钻孔孔径要求装大小不同的钻头，如钢钻头和嵌有合金刀片的各种型式钻头、钻石钻头等。钻进过程中为了排除岩粉，冷却钻头，由钻杆顶部通过空心钻杆向孔内注水。钻松软岩石时，可向孔内注入泥浆，使岩屑悬浮至表面溢出孔外，泥浆还起固护孔壁的作用。

图 3－7　冲击式钻机

3. 冲击式钻机

冲击式钻机工作时只能钻垂直向下的孔，如图 3－7 所示。钻具凭自重下落冲击岩石，其自重和落高是机械类型的控制参数，如国产 CZ－20型、CZ－2 型钻机。钻孔时每冲击一次，钢索旋转带动钻具旋转一个角度，以保证钻具均匀破碎岩石，形成圆形钻孔。钻进时应向孔内加水，以冷却钻头。

4. 潜孔钻

潜孔钻结构较以上钻机有进一步改进，钻孔方向有 45°、60°、75°、90° 4 种。钻进过程中，将粉尘由设在孔口的捕尘罩借助抽风机将粉尘吸入集尘箱处理。潜孔钻运行可靠，是一种通用的、功能良好的深孔作业钻孔机械。

3.2.3.2　起爆器材与起爆方法

利用外能使药包爆炸的过程称为起爆，它是爆破设计施工的重要环节，起爆药包的制作过程如图 3－8 所示。结合工程应用，主要起爆方法有导火索起爆法、电力起爆法、导爆管起爆法和导爆索起爆法。

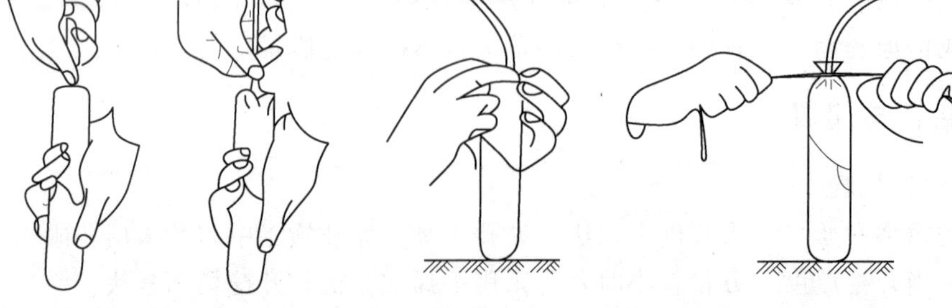

图 3－8　起爆药包制作

1. 导火索起爆法

导火索起爆法又称火雷管起爆法，是利用导火索产生的火焰使火雷管爆炸，从而引起药包爆炸的方法。

火雷管由管壳、起爆炸药和加强帽组成，如图 3－9（a）所示。管壳一般用铜、铝、塑料等材料制成，一端压成凹形穴，起聚能作用，导火索从另一端插入。起爆炸药分正、负两部分，正起爆药常为雷汞或氮化铅等。

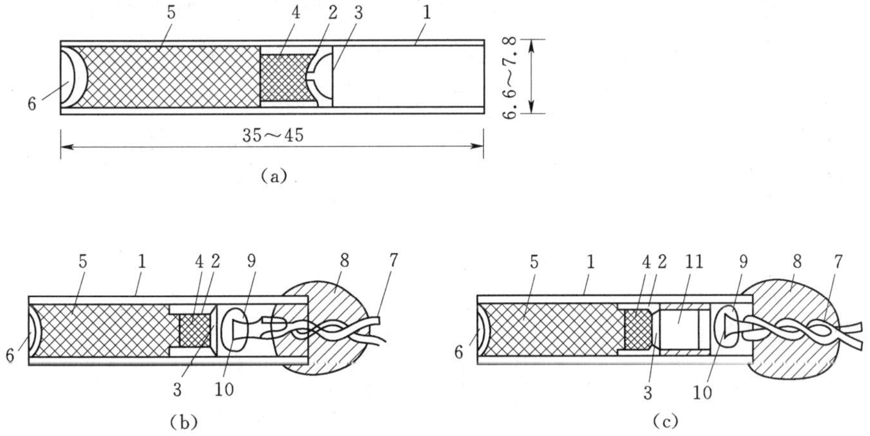

图 3－9　各型雷管构造示意图

(a) 火雷管结构；(b) 普通电雷管；(c) 延迟电雷管

1—管壳；2—加强帽；3—帽孔；4—正起爆药；5—负起爆药；6—聚能窝槽；7—脚线；8—绝缘涂胶；9—球形发火剂；10—电阻丝；11—缓燃剂

导火索一般由压缩的黑火药做线芯，外缠纱线并涂沥青防水。导火索在储存、运输和使用中应防止折断，使用前应进行燃速试验。导火索的长度由炮工撤至安全区及点炮所需的总时间来确定。

火花起爆虽然简便，但一次点炮的数目不宜太多，不宜用于重要的、大型爆破工程。

导火索起爆法应注意以下几点：

(1) 火前用快刀切除导火索点火端 5cm，严禁边点火边切除。

(2) 应使用导火索段或专用点火器材点火。

(3) 在爆破区附近应有点炮人员的安全避炮设施。

2. 电力起爆法

电雷管与火雷管的不同之处在于管的前段装有电点火装置，如图 3－9（b）、（c）所示。当电雷管中输入大于安全准爆电流后即可起爆。

电雷管按起爆时间的不同，分为即发电雷管、秒延发电雷管和毫秒微差电雷管 3 种。常用的即发电雷管为 6～8 号；秒延发电雷管在点火装置与加强帽之间加了一段缓燃剂，根据缓燃剂的性质和多少控制延发时间。国产的延发雷管分 7 段，每段延发间隔 1s；毫秒微差电雷管的缓燃剂是特殊的延发剂，一般延发时间为 25～200ms，国产毫秒微差电雷管共有 20 段。一般电雷管因爆点附近有杂散电流而容易产生意外爆炸，国产 BJ－1 型安全电雷管则有抗杂散电流的功能。

电力起爆适用于远距离同时或分段起爆大规模药包群。可用仪表检测电雷管和起爆网路，保证起爆的安全可靠性。为了安全准爆，要求通过每个电雷管的最小准爆电流：直流电流为1.8A，交流电流为2.5A；雷管电阻为1.0～1.5Ω之间，成组串联的电雷管电阻差最大不得大于0.25Ω；不同种类的即发和延发雷管不能串联在同一支路上，只能分类串联，各支路间可以相互并联接入主线，但各支路电阻必须保持平衡。

常用的电爆网络连接方法有串联法、并联法和混合联。串联法要求电压大而电流小，导线损耗小，接线和检测容易，但只要有一处脚线或雷管断路，整个网络的雷管将全部拒爆；并联法要求电压小而电流大，导线损耗大，只要主线不断损，雷管间互不影响；串联法和并联法只宜用于小规模爆破。为了准爆和减小电流消耗，施工中多采用混合连接，如串并联和并串联，对于分段起爆的网络，各段分别采用即发或某一延发雷管，则宜采用并一串一并联网络，如图3-10所示。

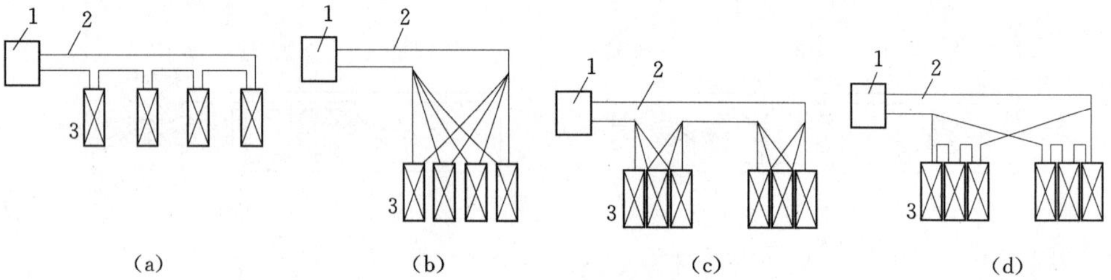

图3-10　电爆网络连接示例

(a) 串联；(b) 并联；(c) 并串联；(d) 串并联

1—电源；2—输电线；3—药包

起爆网络连接方式选定后，尚须进行电路设计计算，如网络的总电阻、准爆总电流、所需的总电压以及通过每个雷管的电流强度等。

电力起爆应注意以下几点：

(1) 只允许在无雷电天气、感应电流和杂散电流小于30mA的区域使用。

(2) 爆破器材进入爆破区前，现场所有带电的设备、设施、导电的管与线设备必须切断电源。

(3) 起爆电源开关须专用且在危险区内人员未撤离、避炮防护工作未完前禁止打开起爆箱。

3. 导爆管起爆法

导爆管传递的爆轰波是一种低爆速的爆轰波，只能起爆与之相匹配的非电雷管，再由雷管爆炸引爆孔内炸药。导爆管用火或撞击均不能引爆，须用起爆枪或雷管才能起爆。

导爆管是一根外径为3mm、内径为1.4mm的塑料软管，内壁涂有薄层烈性炸药，其传爆速度在2000m/s以上，在起爆网路中多用串联连接。它适用于非电引爆的起爆系统，只能用雷管起爆，不受爆点附近杂散电流及火花影响。储存、运输和使用比较安全。

导爆管起爆应严格执行以下规定：

(1) 起爆导爆管的雷管聚能穴方向与导爆管的传爆方向相反。起爆雷管应捆扎在导爆管末端不少于15cm的位置上。

(2) 集中起爆的导爆管应用连接块连接传爆，采用捆扎法应均匀捆扎在起爆雷管的周围，导爆管不得超过两层。

（3）寒冷季节或高寒地区出现导爆管硬化易折断时，不得使用导爆管起爆法。

4. 导爆索起爆法

利用绑在导爆索一端的雷管起爆导爆索，由导爆索引爆药包，即导爆索的传爆可直接引爆起爆药包。多用于深孔和洞室爆破。

导爆索是由黑索金或泰安等单质炸药卷成，外涂红色或红白间色。导爆索可用火雷管或电雷管引爆。

施工中导爆索的连接，一般采用搭接和扭接的方法。连接处的两根导爆索之间不得夹有杂物，且接合紧密两端捆紧，如图3-11所示。

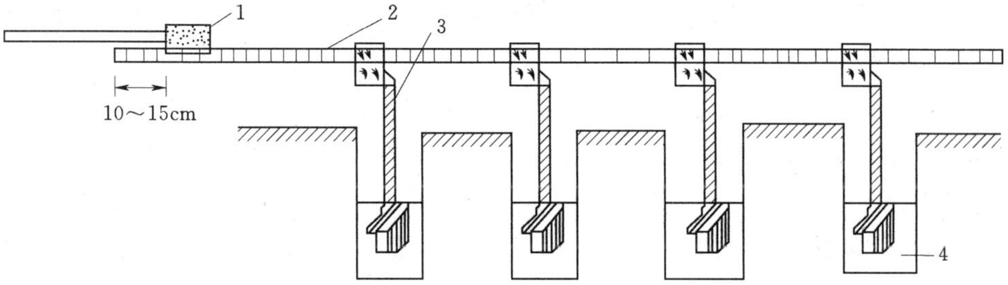

图3-11 导爆索连接法

1—雷管；2—主线；3—支线；4—药室

导爆索起爆法应注意以下几点：

（1）进入孔内的导爆索，须与起爆药包紧密结合。

（2）起爆导爆索的雷管聚能穴应朝向导爆索的传爆方向。起爆雷管应捆扎在距导爆索末端不少于15cm的位置上。

（3）孔口堵塞前应对导爆索进行检查。

需指出，当工程爆破为群体药包时，可用同时、延期或组内同时组间延期的方式起爆。同时起爆能增强爆破效果，但爆炸破坏及震动影响随之增大。为保护围岩的完整性和相邻建筑物的安全，常需限制一次同时起爆的炸药用量。延期起爆常采用电力起爆方式，选用秒延发或毫秒延发雷管控制延发时间。秒延发起爆有创造辅助临空面和减震的作用。

3.2.4 特种爆破技术

特种爆破实质上是在某一特殊条件下的控制爆破。结合水利工程应用，主要介绍定向爆破、预裂爆破、光面爆破、微差挤压爆破等。

3.2.4.1 定向爆破

1. 定向爆破原理

爆破工程中，当进行抛掷爆破时，介质从爆破漏斗中抛出。实践证明，临空面对抛掷速度有明显的影响。介质流主要沿药包中心至临空面的最短距离，即沿最小抵抗线 W 方向抛射是其必然的结果。

向外弯曲的临空面及曲心被称为“定向坑”和“定向中心”，是单药包爆破时设计的关键。群药包定向爆破，绝大部分介质流的运动是沿着几个药包联合作用所决定的方向。只要药包布置得当，群药包定向爆破的效果比单药包好。在陡峭且狭窄的山谷中搞定向爆破有时可以不用抛掷，因介质流还受重力的作用，靠重力将爆松的土岩滚到沟底预期位置（崩塌爆破）。爆破时应尽量利用天然地形布置药包，或利用辅助药包创造人工临空面，以满足工程定向抛掷的要求。定向爆破可以用来截流、筑坝、开渠、移山填谷等。

2. 定向爆破筑坝

（1）基本要求。

1）地形条件。地形上要求河谷狭窄，岸坡陡峻（通常在40°以上）；坝肩山体有一定的高度、厚度和可爆宽度，要求山高山厚为设计坝高的2倍以上，且大于坝顶设计长度。同时满足这些条件的地形是不多见的，根据经验，只要所选地形有某一方面突出的优点，也可以用定向爆破筑坝。

2）地质条件。地质上要求爆区岩性均匀、强度高、风化弱、构造简单、覆盖层薄、地下水位低、渗水量小，爆区岩石性质适合作坝体材料，坝址地质构造受爆破震动影响在允许范围内。

3）整体布置条件。定向爆破筑坝要满足整体布置条件，泄水和导流建筑物的进、出口应在堆积范围以外，并满足防止爆震的安全要求；施工上要求爆前完成导流建筑物、布药岸的交通道路、导洞药室的施工及引爆系统的敷设等。

（2）药包布置。

药包布置的总体原则是：在保证安全的前提下，尽可能提高抛掷上坝方量，减少人工加高培厚的工作量，且方便施工。

定向爆破开挖渠道，在渠道底部埋设边药包和主药包。药包布置如图3-12所示。

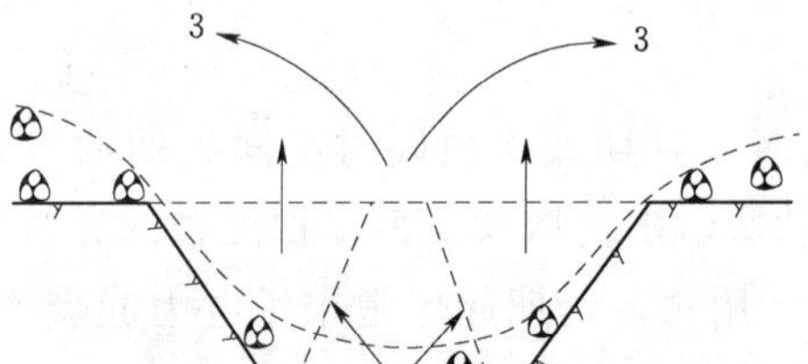

图3-12 定向爆破开挖渠道布置
1—主药包；2—边行药包；3—抛掷方向

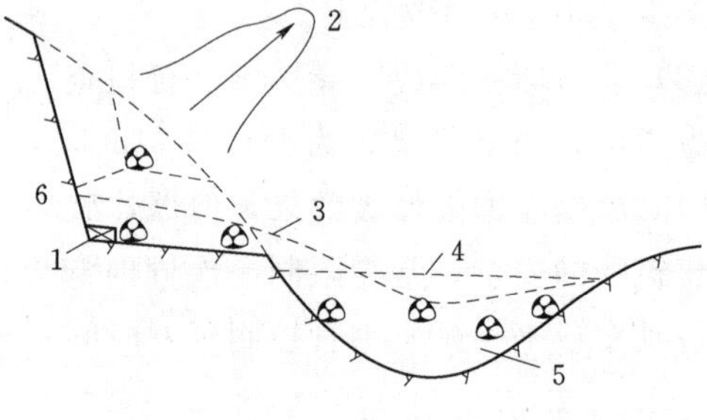

图3-13 定向爆破筑坝一岸布置药包
1—主药包；2—抛掷方向；3—堆积体；4—筑坝；5—河床；6—辅助药包

在已建成的定向爆破筑坝工程中，有20%左右采用的是崩塌爆破。尽管崩塌爆破为首选方案，但目前能直接采用崩塌爆破的地形很少，所以多采用单岸或双岸布药爆破。

条件允许时应尽可能采用双岸爆破，双岸爆破一般一岸为主爆区，另一岸为副爆区，即使在很平缓的岸坡上也可以布置几个药包作为副爆区。

如果一岸不具备条件或河谷特窄，一岸山体雄厚，爆落方量已能满足需要，则单岸爆破也是可行的。药包布置如图3-13所示。

药包布置的高程，一方面，为了提高抛掷上坝方量，减少人工加高培厚及善后处理工作量，药包布置应尽可能的低；另一方面，从维护工程安全出发，为了防止爆破后基岩破坏造成绕坝、渗漏等问题，要求药包位于正常水位以上，且大于垂直破坏半径。药包与坝肩的水平距离大于水平破坏半径。

在实际工程中，定向爆破筑坝一般都采用群药包布置方案，药包布置位置按“排、列、层”系统考虑。药包布置应充分利用天然凹岸，在同一高程按坝轴线对称布置单排药包。当河段平直，则布置双排药包，利用前排的辅助药包创造人工临空面，利用后排的主药包保证上坝堆积方量。

3.2.4.2　预裂爆破

1. 预裂爆破机理

预裂爆破即在开挖区主体爆破之前，先沿设计开挖线钻孔装药并爆破（图3-14），使岩体形成一条沿设计开挖线延伸的宽1～4cm的贯穿裂缝，在这条缝的“屏蔽”下再进行主体爆破，冲击波的能量通常可被预裂缝削减70%，保留区（开挖区以外的保留体）的震动破坏得到控制，设计边坡稳定平整，同时避免了不必要的超挖和欠挖。预裂爆破常用于大劈坡、基础开挖、深槽开挖等爆破施工中。

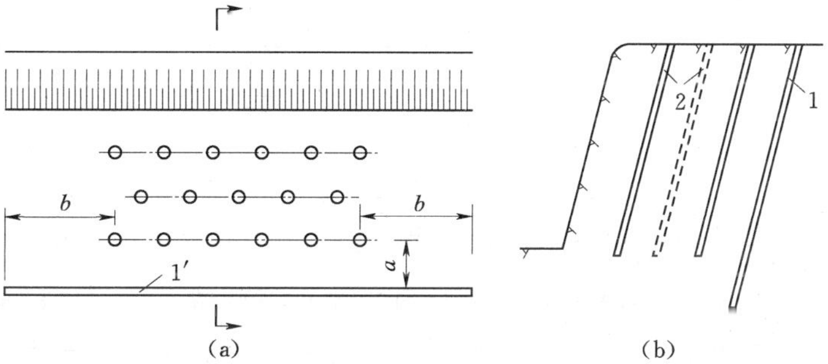

图3-14　预裂爆破布孔
（a）平面图；（b）剖面图
1—预裂缝；2—爆破孔

预裂孔采用的是一种不耦合装药结构（药卷直径小于炮孔直径），如图3-14所示。由于药包和孔壁间环状空隙的存在，削减了作用在孔壁上的爆压峰值，不致使孔壁产生明显的压缩破坏作用，只有切向拉力使炮孔四周产生径向裂纹（岩石抗压强度远大于抗拉强度）。滞后的高压气体，沿缝产生“气刃”劈裂作用，使周边孔间连线上的裂纹全部贯通成缝。

2. 预裂爆破设计与施工

影响预裂爆破效果的主要因素有炮孔直径D、炮孔间距a、装药量及装药集中度、岩石物理力学性质、地质构造、炸药品种及其特性、药包结构、起爆技术和施工条件等。

（1）炮孔直径d。预裂爆破孔径通常为50～200mm，浅孔爆破用小值，深孔爆破用大值。

（2）不耦合系数η。为避免孔壁破坏，采用不耦合装药，不耦合系数一般取$\eta=2\sim4$。

（3）炮孔间距a。与岩石特性、炸药性质、装药情况、缝壁平整度要求、孔径等有关，

通常为 $a=(8\sim12)d$，小孔径取大值，大孔径取小值，岩石均匀完整取大值，反之取小值。

(4) 线装药密度 Q 线。预裂炮孔内采用线状分散间隔装药，单位长度的装药量称为线装药密度，根据不同岩性，一般 $Q_{线}$ 为 200～400g/m。为克服岩石对孔底的夹制作用，孔底药包采用线装药密度的 2～5 倍。

(5) 钻孔工艺。钻孔质量是保证预裂面平整度的关键。钻孔轴线与设计开挖线的偏离值应控制在 15cm 内。

(6) 堵塞与起爆。预裂炮孔的孔口应用粒径小于 10mm 的砾石堵塞。起爆时差控制在 10ms 以内，以利用微差爆破提高爆破效果。

(7) 预裂缝。为阻隔主爆区传来的冲击波，应使预裂孔的深度超过开挖区炮孔深度 Δh，预裂缝的长度应比开挖区里排炮孔连线两端各长 ΔL，同时应与内排炮孔保持 Δa 的距离，表 3-7 所列为葛洲坝工程预裂爆破开挖区与预裂缝的关系。开挖区里排炮孔宜用小直径药包，远离预缝的炮孔可采用大直径药包。前者为了减震，后者可以改善爆破效果。

表 3-7　　预裂缝与开挖区炮孔的关系

药包直径 d (mm)	Δa (m)	ΔL (m)	Δh (m)
55	0.8～1.0	6	0.8
90	1.5～2.0	9	1.3
100～150	2.5～6.0	10～15	1.3

特别指出，在岩基爆破施工时，为防止上部梯段爆破造成水平建基面岩体的破坏（如出现爆破裂隙或使原有节理裂隙面明显张开和错动）而预留一定厚度的岩体（保护层）。通常有分层爆破法、保护层一次爆破法和无保护层一次爆破法。对于无保护层一次爆破法，基础岩石开挖采用梯段爆破法，水平建基面开挖采用预裂爆破法。

3. 预裂爆破质量控制

预裂爆破的质量控制主要是预裂面的质量控制，通常按以下标准控制：

(1) 预裂缝面的最小张开宽度应大于 0.5～1cm，坚硬岩石取小值，软弱岩石取大值。

(2) 预裂面上残留半孔率，对坚硬岩石不小于 85%；中等坚硬岩石不小于 70%；软弱岩石不小于 50%。

(3) 钻孔偏斜度小于 1°，预裂面的不平整度不大于 15cm。

3.2.4.3　光面爆破

1. 光面爆破机理

光面爆破即沿开挖周边线按设计孔距钻孔，采用不耦合装药毫秒爆破，在主爆孔起爆后起爆，使开挖后沿设计轮廓获得保留良好边坡壁面的爆破技术（图 3-15）。

光面爆破与预裂爆破在爆破顺序上恰好相反，是先在开挖区内对主体部位的岩石进行爆破，然后再利用布置在设计开挖线上的光爆孔，将作为保护层的“光爆层”爆除，从而形成光滑平整的开挖面。其设计、施工比预裂爆破复杂，要求也比预裂爆破高。

光面爆破被广泛地用于隧道（洞）等地下工程的施工中，它具有成型性好、爆岩平整

图 3-15 某隧洞光面爆破效果

光滑、围岩破坏小、超挖少、效率高、与喷锚技术结合施工质量好且安全可靠、省材料、成本低等一系列优点。

2. 光面爆破设计与施工

影响光面爆破效果的主要因素有炮孔直径 D、炮孔间距 a、装药量及装药集中度 Q 线、最小抵抗线（光爆层厚度）W、周边孔密集系数 m、岩石物理性质及地质构造、炸药品种及其特性、药包结构、起爆技术和施工条件等。

光面爆破设计说明书包括的内容有：标有起爆方式的炮孔布置图；周边孔装药结构图，光爆参数一览表及其文字说明和计算，技术指标和质量要求等。

（1）炮孔直径 d。对于隧洞，常用的孔径为 d=35～45mm，光面爆破的周边孔与掘进作业的其他炮孔直径一致。

（2）不耦合系数 η。一般 d=62～200mm 时，η=2～4；d=35～45mm，η=1.5～2.0。

（3）周边炮孔间距 a。a 值过大，W 值大则须加大装药量，从而增大围岩的损坏和震裂，W 值小则周边会凹凸不平；a 值过小而 W 值取大，则爆后难以成缝。通常 a=(12～16)D，具体视岩石硬度而定。如果在两炮孔间加一不装药的导向孔则效果更好。

（4）线装药密度 Q 线。一般当露天光面爆破 $d \geqslant 50$mm、$W>1$m 时，Q 线=100～300g/m，完整坚硬的取大值；反之取小值。全断面一次起爆时适当增加药量。

（5）光爆层厚度 W 与周边孔密集系数 m。光爆层是周边炮孔与主爆区最边一排炮孔之间的那层岩石，其厚度就是周边炮孔的最小抵抗线 W，一般不小于炮孔间距 a，在隧洞爆破中取 W=70～80cm 较好。a 与 W 的比值称为炮孔密集系数 m，它随岩石性质、地质构造和开挖条件的不同而变化，一般 $m=a/W$=0.8～1.0。

（6）周边孔的深度和角度。对于隧洞开挖，从光爆效果来说，周边孔越深越好，但受岩壁的阻碍，一般深度为 1.5～2.0m，采用钻孔台车作业时为 3～5m，以一个工作班能进行一个掘进循环为原则。钻孔要求"准、平、直、齐"，但受岩壁的阻碍，凿岩机钻孔时不得不甩出一个小角度，一般要求将此角度控制在4°以内。

(7) 装药结构。常用的装药结构有3种：一是普通标准药卷（ϕ32mm）空气间隔装药；二是小直径药卷径向空气间隙连续装药；三是小直径药卷（ϕ20～25mm）间隔装药。

3. 光面爆破质量控制

(1) 周边轮廓尺寸符合设计要求，岩石壁面平整。露天光爆壁面不平整度控制在±20cm以内；隧洞工程欠挖不大于5cm，超挖不大于5cm；岩石起伏差控制在15～20cm以内。

(2) 光爆后岩面上残留半孔率，对坚硬岩石不小于80%；中等坚硬岩石不小于65%；软弱岩石不小于50%。

(3) 光爆后，地质好的无危石，地质差的无大危石，保留面上无粉碎和明显的新裂缝。

(4) 两排炮孔衔接处的“台阶”，露天大直径深孔光爆应控制在30～50cm以内，地下隧洞工程应控制在10～15cm以内。

3.2.4.4 微差挤压爆破

1. 微差挤压爆破机理

微差挤压爆破是在大规模的深孔爆破中，将炮孔以ms级的时间间隔，分组进行顺序起爆的方法。其大致过程是：先起爆的深孔相当于单孔漏斗爆破，在压缩波和拉伸波的作用下，形成破裂漏斗，并在漏斗体外的周围岩石中产生应力场及微裂隙。短时内漏斗体内的岩石尚未明显移动，深孔内的高压爆气也未消失；在第一组深孔爆破漏斗形成后，第二组微差延发的深孔紧接着起爆，爆破漏斗成为第二组的新增临空面，爆破效果提高；若先爆一组的应力波和高压爆气在周围岩体中尚未消失，将与后一组的相互叠加，加强岩石的破碎效果；前一组爆碎的岩石在后一组爆碎岩石的挤压作用下更加破碎，前、后两次产生的少量飞散岩石也相互碰撞产生补充破碎，使爆堆集中，飞散较远的碎石量也较少。

由于不同组的起爆时间有微差间隔，因而地震强度大大降低。观测资料表明，微差爆破的地震作用比一般爆破降低1/3～2/3。

2. 微差挤压爆破应用

由于微差挤压爆破应用于深孔爆破中具有增加自由面、应力波叠加、岩块相互碰撞和挤压、地震效应减弱等一系列优点，所以微差挤压爆破被广泛应用于水利水电工程施工的基坑开挖中。

微差挤压爆破是爆破工作面前有堆碴的微差爆破。在一般条件下，爆破后破碎岩石的体积要比在原岩状态下增加50%～60%，所以在自由面要留出足够的空间，在基坑开挖中一般称先锋槽。采用深孔台阶挤压爆破，爆破后岩石仅产生微动，碎胀系数仅为1.05～1.10，这大大减少了等待爆破的停产时间和设备及建筑物转移或保护的工作量。

微差挤压爆破一般采用大型机械装碴，这样不怕爆碴过度挤压，只要破碎均匀块度适当即可。考虑到爆破工作面堆碴连成一体，反射波能量减少，可适当增加单位耗药量。

此外，拆除爆破技术在工程中也得到应用，如用来拆除临时围堰、临时导墙、砂石料仓的隔墙等。在爆破参数选择、布孔、药量计算和炸药单耗确定等设计中，常依据等能、微分、失稳等原理，采取相应的技术措施，以达到拆除爆破控制的目的。

3.2.5 爆破安全控制

3.2.5.1 爆破作业安全防护措施

1. 严格规章制度、加强安全教育

建立严格的爆破器材领发、清退制度、工作人员的岗位责任、培训制度以及重大爆破技术措施的审批制度，加强对施工人员的安全教育，未经专门培训并考试合格取得相应资质的人员，严禁从事相应的爆破作业；管理中一般起爆器材与炸药要分开运输、储存和保管；爆破器材在运输中不得抛掷、撞击，严防明火接近；炸药储存地点相互应有足够的殉爆安全距离；装药洞室内应用 36V 以内的低压照明。

2. 提高工艺水平、增加技术含量

爆破作业应尽可能采用分段延期和毫秒微差爆破，减少一次起爆药量，调整震动周期和减少震动；通过打防震孔、挖防震槽或进行预裂爆破，以保护有关建筑物、构筑物和重要设施；尽量避免采用裸露爆破，以节约炸药，减少飞石和空气冲击波压力；水下爆破可采用气幕防震，利用气泡压缩变形吸收能量，减轻水中冲击波对被保护目标的破坏；尽可能选择小的爆破作用指数和孔距小、孔深浅的爆破，减小抛掷距离和飞石；也可以采用调整布孔和起爆顺序的方法来改变最小抵抗线的方向，避免最小抵抗线正对居民区、重要建筑物、主要施工机械设备及其他重要设施。

3. 加强保护措施、防止飞石破坏

对飞石的防护措施可根据被保护对象的特征和施工条件而异。在平地开挖宽度不大于 4m 的沟槽，可采用拱式或壳式覆盖；挡板式覆盖的架设拆除费时费工，要求架设在高于爆破对象的天然或人工支承上，距爆破表面不小于 0.3～0.5m；网式和链式覆盖多用于对房屋建筑的拆除爆破；浅孔爆破在孔口压土袋，大量爆破用填土覆盖被保护建筑物，对防止飞石破坏有明显效果。

3.2.5.2 安全控制距离

在制定爆破作业安全措施时，应根据各种情况对安全控制距离进行计算，以便确定安全警戒范围和安全保护措施。

1. 飞石安全控制距离 R_F(m)

爆破时个别飞石对人的安全距离 R_F 可按式（3－24）计算，即

$$R_F = 20n^2WK_F \tag{3-24}$$

式中 W——最小抵抗线，m；

n——爆破作用指数；

K_F——安全系数，一般采用 1.0～1.5，大风时取 1.5～2.0。

计算时应注意以下几点：

（1）飞石对机械设备的影响，按式（3－24）计算值减半。

（2）一般抛掷爆破的个别飞石飞散范围可参考表 3－8。

（3）在不同爆破条件下，其爆破作用指数 n 值可见表 3－9。

表 3-8　**抛掷爆破个别飞石的安全距离**　(单位：m)

最小抵抗线	对于人员					对于机械及建筑物				
	n 值					n 值				
	1.0	1.5	2.0	2.5	3.0	1.0	1.5	2.0	2.5	3.0
1.5	200	300	350	400	400	100	150	250	300	300
2.0	200	400	600	600	600	100	200	350	400	400
4.0	300	500	700	800	800	150	250	500	550	550
6.0	300	600	800	1000	1000	150	300	550	650	650

注　当 $n<1$ 时，将最大药包的最小抵抗线 W 换算成相当于抛掷爆破的最小抵抗线 W_p，$W_p=5W/7$，再根据 $n=1$ 条件下按本表查得碎石飞散的安全距离。

表 3-9　**不同条件下的爆破作用指数 n 值**

爆破条件		n 值
多临空面	抛掷	1.0～1.25
	加强松动	0.7～0.8
陡坡	抛掷	0.8～1.0
	加强松动	0.65～0.75

2. 爆破地震作用安全控制距离

爆破地震安全，多采用质点振速 v 进行控制，即以实测质点振速是否大于允许振速 $[v]$（表 3-10）来判断该点处的建筑物是否安全。地表某质点振速 v 可根据一些半经验半理论的公式进行计算，可查阅有关参考书。

表 3-10　**爆破振动破坏允许振速 $[v]$**

建筑物或构筑物情况	允许振速（cm/s）
简易木结构房屋、砖砌居住房屋、钢筋混凝土烟囱	5
无胶结材料的大型砌块房屋	1.2～1.5
砖砌体烟囱	2～5
有精密仪器的工业厂房	1.5～3
一般工业厂房、桥梁	5～10
钢筋混凝土框架结构	5～15
钢构件结构	8～16
跨度 8～10m 的洞室（顶部岩石坚硬或中等坚硬）	8～12
跨度 15～18m 的洞室（顶部岩石坚硬或中等坚硬）	7～10
跨度 19～25m 的洞室（顶部岩石坚硬或中等坚硬）	4～6

在混凝土浇筑或其基础灌浆过程中，若邻近的部位还在钻孔爆破，为确保爆破时混凝

土、灌浆、预应力锚杆（索）质量及电站设备不受影响，必须采取控制爆破。控制标准见表3－11。

表3－11　允许爆破质点振动速度　（单位：cm/s）

项　目	龄　期（d）			备　注
	3	3～7	7～28	
混凝土	1～2	2～5	6～10	
坝基灌浆	1	1.5	2～2.5	含坝体、接缝灌浆
预应力锚索	1	1.5	5～7	含锚杆
电站机电设备	0.9			含仪表、主变压器

3. 空气冲击波影响的安全距离 R_b

空气冲击波为球形波，为保证人身安全，其波阵面的超压不应大于 1.96×10^4Pa。对于建筑物避免危害影响的半径可按式（3－25）计算，即

$$R_b = K_b\sqrt{Q} \tag{3-25}$$

式中　Q——一次同时起爆药包重量，kg；

K_b——与装药情况和限制破坏程度有关的系数，可查表3－12确定。

表3－12　空气冲击波影响安全距离系数 K_b 值

破坏程度	安全级别	K_b	
		裸露药包	埋入药包
完全无损坏	Ⅰ	50～150	10～50
玻璃窗偶然破坏	Ⅱ	10～50	5～10
玻璃窗全坏，门局部破坏	Ⅲ	5～10	2～5
隔墙、门窗、板棚破坏	Ⅳ	2～5	1～2
砖、石、木结构破坏	Ⅴ	1.5～2	0.5～1
全部破坏	Ⅵ	1.5	

进行地下爆破时，对人员保护的安全距离应根据洞型、巷道分布、药量及损害程度等因素，经测试确定。水中爆破冲击波对人员、船舶的安全距离分别见表3－13、表3－14。

表3－13　水中爆破冲击波对人员的最小安全距离　（单位：m）

装药及人员情况		装　药　量（kg）		
		≤50	50～200	200～1000
水中裸露装药	游泳	900	1400	2000
	潜水	1200	1800	2600
钻孔或药室装药	游泳	500	700	1100
	潜水	600	900	1400

表 3-14　对船舶的水冲击波最小安全距离

爆破方式	装药量（kg）	非机动船（m）	机动船（m）	
			停泊	航行
裸露药包	5～20	90	120	200
钻孔装药	200～500			
裸露药包	50～150	120	150	300
钻孔装药	100～500			

4. 有害气体扩散安全控制距离

炸药爆炸生成的各种有害气体，如一氧化碳、二氧化碳、二氧化硫和硫化氢等，在空气中的含量超过一定数值就会危及人身安全。空气中爆生有害气体浓度随扩散距离增加而渐减，直到许可标准，这段扩散距离可作为有害气体扩散的控制安全距离，爆破有害气体的许可量视有害气体种类不同而异，可参考有关安全规程确定。

5. 库区外部安全距离和库间殉爆安全距离

炸药库与炸药库之间、炸药库与雷管库之间要相隔一段殉爆安全距离，防止一处爆炸引起另一处发生爆炸。根据规范规定，炸药库房之间、雷管库与炸药库间的最小安全距离分别如表 3-15 和表 3-16 所示。爆破器材库或药堆至居民区或村庄边缘的最小外部距离如表 3-17 所示。

表 3-15　炸药库房之间允许最小安全距离　（单位：m）

C＼B＼A	150～200	100～150	80～100	50～80	30～50	20～30	10～20	5～10	<5
硝铵类炸药	42	35	30	26	24	20	20	20	20
TNT	—	100	90	80	70	60	50	40	35
黑索金	—	—	100	90	80	70	60	50	40
胶质炸药	—	—	—	—	100	85	75	60	50

注　1. A 为存药量，t；B 为距离，m；C 为炸药名称。
2. 表中为各库均设有土堤的最小距离。不设土堤时表中距离需调整。
3. 相邻库房储存不同品种装药时，应分别计算，取其最大值。
4. 导爆索按每万米为 140kg 黑索金计算。

表 3-16　雷管库与药库间的允许最小安全距离　（单位：m）

C＼B＼A	200	100	80	60	50	40	30	20	10	5
雷管库与炸药库之间	42	30	27	23	21	19	17	14	10	8
雷管库与雷管库之间	71	50	45	39	35	32	27	22	16	11

注　1. A 为雷管储量，万发；B 为距离，m；C 为库房名称。
2. 表中为各库均设有土堤的最小距离。不设土堤时表中距离需调整。

表 3-17　　爆破器材库或药堆至居民区或村庄边缘的最小外部距离

存药量（t）	150～200	100～150	50～100	30～50	20～30	10～20	5～10	≤5
最小外部距离（m）	1000	900	800	700	600	500	400	300

注　表中距离适用于平坦地形。遇山坡（沟）时需调整。

3.2.5.3　盲炮及其处理

1. 盲炮产生原因

通过引爆而未能爆炸的药包称为盲炮。通常炮孔外有残留的导火线、引爆电线或传爆线，炮孔附近地表有裂缝而无明显松动和抛掷现象，炮孔或药室间有明显未爆破的间隔等都是盲炮的迹象。

造成盲炮的原因：一方面是起爆材料的质量检查不严格，起爆网络连接不良和网络电阻计算有误及堵塞炮泥操作时损坏起爆线路。例如，雷管或炸药过期失效，非防水炸药受潮或浸水，引爆系统线路接触不良，起爆的电流、电压不足等；另一方面，执行爆破作业的规章制度不严格或操作不当容易产生盲炮。

2. 盲炮处理

爆破作业后，怀疑或发现盲炮应立即设置明显标志，并派专人监护，查明原因后进行处理。对于明挖钻孔爆破，一般盲炮处理方法如下：

（1）当网络中有拒爆引起盲炮，可进行支线、干线检查处理，重新连线再次起爆。

（2）炮孔深度在 0.5m 以内时，可用表面爆破法处理。

（3）炮孔深度在 0.5～2m 时，宜用冲洗法处理。可先用竹、木工具掏出上部堵塞的炮泥，再用压力水将雷管冲出来或采用起爆药包进行诱爆。

（4）孔深超过 2m 时，应用钻孔爆破法处理，即在盲炮孔附近打一平行孔，孔距为不小于原炮孔孔径的 10 倍，但不得小于 50cm，装药爆破。

对于洞室爆破出现的盲炮，尽可能重新接线起爆。洞室爆破若属起爆体内的问题，则应清除堵塞物并取出起爆体进行检查处理。

3.3　露天土石方的开挖方法

土方在工程量较少、施工地点分散和缺少设备情况下可采用人工开挖。开挖机械根据工作方式可分为单斗式挖掘机、多斗式挖掘机、铲运机械和水力开挖机械等类型。淤泥等可采用水力机械进行开挖。冻土或岩石一般采用爆破的方法开挖。

3.3.1　机械开挖

1. 单斗式挖掘机

单斗式挖掘机是仅有一个铲土斗的挖掘机械（图 3-16），均由行走装置、动力装置和工作装置三大部分组成。行走装置有履带式、轮胎式和步行式 3 类。常用的为履带式，它对地面的单位压力小，可在较软的地面上开行，但转移速度慢；动力装置有电动和内燃机两类，国内以内燃机式使用较多；工作装置有正向铲、反向铲、拉铲和抓铲 4 类，前两类

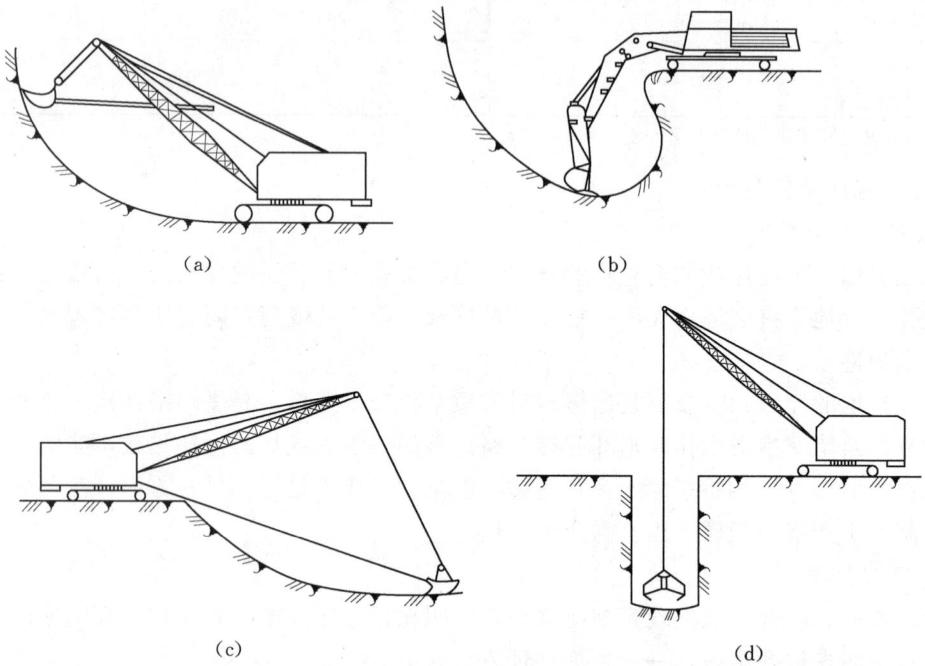

图 3-16　单斗式挖掘机

(a) 正向铲；(b) 反向铲；(c) 拉铲；(d) 抓铲

应用最广泛。

工作装置可用钢索操纵或液压操纵。大、中型正向铲一般用钢索操纵，小型正向铲和反向铲趋向液压操纵。液压操纵的挖掘机结构紧凑、传动平稳、操纵灵活、工作效率高。

图 3-17　正向铲挖掘机

(1) 正向铲挖掘机。

正向铲挖掘机如图 3-17 所示，最适于挖掘停机面以上的土方，但也可挖停机面以下一定深度的土方，工作面高度一般不宜小于 1.5m，过低或开挖停机面以下的土方生产率较低。工程中正向铲的斗容量常用 $1\sim4m^3$。正向铲稳定性好、铲土力大，可挖掘Ⅰ～Ⅳ类土及爆破石渣。

挖土机的每一工作循环包括挖掘、回转、卸土和返回 4 个过程。它的生产率主要决定于每斗的铲土量和每斗作业的延续时间。为了提高挖土机的生产率，除了工作面（指挖土机挖土时的工作空间，也称为掌子面）高度必须满足一次铲土能装满土斗的要求外，还要考虑开挖方式和与运土机械的配合问题，应尽量减少回转角度，缩短每个循环的延续时间。

正向铲的挖土方式有两种，即正向掌子挖土和侧向掌子挖土。掌子的轮廓尺寸由挖土机的工作性能及运输方式决定。开挖基坑常采用正向掌子，并尽量采用最宽工作面，使汽车便于倒车和运土（图 3-18）。

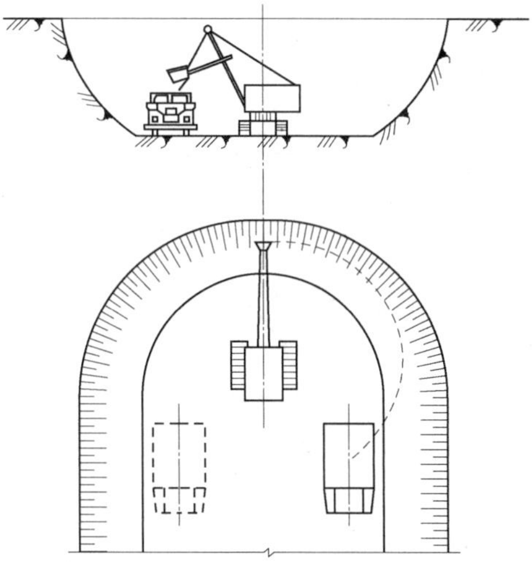

图 3-18 正向铲正向掌子挖土

开挖料场、土丘及渠道土方，宜采用侧向掌子，汽车停在挖掘机的侧面，与挖掘机的开行路线平行（图 3-19），使得挖掘卸土的回转角度较小，省去汽车倒车与转弯时间，可提高挖土机生产率。

大型土方开挖工程，常常是先用正向掌子开道，将整个土场分成较小的开挖区，增加开挖前线，再用侧向掌子进行开挖，可大大提高生产率。

(2) 反向铲挖掘机。

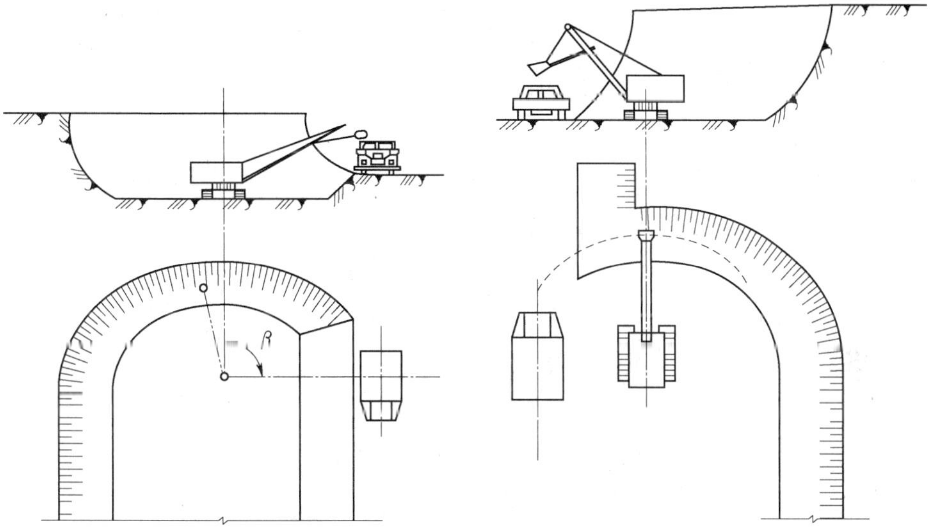

图 3-19 正向铲侧向掌子挖土

目前，工程中常用液压反铲（图 3-20）。其最适于开挖停机面以下的土方，如基坑、渠道、管沟等土方，最大挖土深度为 4～6m，经济挖土深度为 1.5～3m。但也可开挖停机面以上的土方。常用反铲斗容量有 $0.5m^3$、$1.0m^3$、$1.6m^3$ 等数种。反铲的稳定性及铲土力均较正铲为小，只能挖Ⅰ～Ⅱ类土。

图 3-20 履带式液压反铲挖掘机

反铲挖土可采用两种方式：一种是挖掘机位于沟端倒退着进行开挖，称为沟端开行［图 3-21 (a)］；另一种是挖掘机位于沟侧，行进方向与开挖方向垂直，称为沟侧开行［图 3-21 (b)］。后者挖土的宽度与深度小于前者，但能将土弃于距沟边较远的地方。

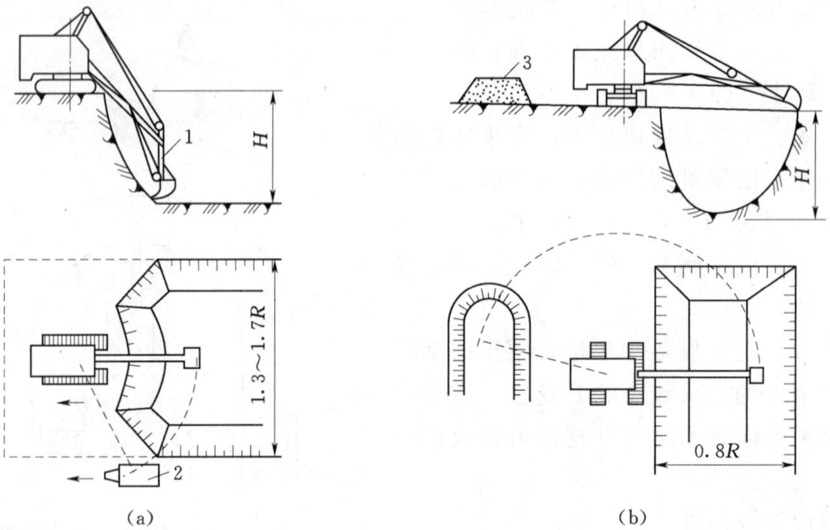

图 3-21 反铲挖掘机开行方式与工作面

(a) 沟端倒退开行；(b) 沟侧开行

1—反铲挖掘机；2—自卸汽车；3—弃土堆

(3) 拉铲挖掘机。

常用拉铲的斗容量为 $0.5m^3$、$1.0m^3$、$2.0m^3$、$4.0m^3$ 等数种。拉铲一般用于挖掘停机面以下的土方，最适于开挖水下土方及含水量大的土方。

拉铲的臂杆较长，且可利用回转通过钢索将铲斗抛至较远距离，故其挖掘半径、卸土半径和卸载高度均较大（图 3-22），最适于直接向弃土区弃土。在大型渠道、基坑的开挖与清淤及水下砂卵石开挖中应用较广泛。

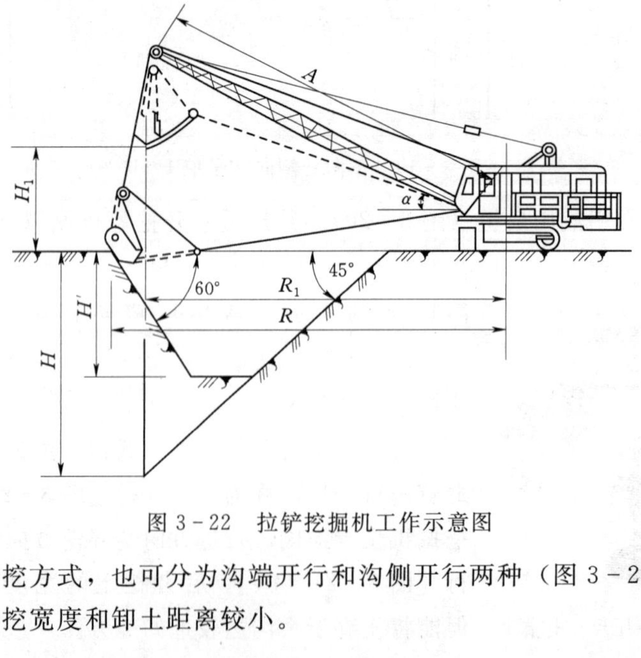

图 3-22 拉铲挖掘机工作示意图

拉铲的基本开挖方式，也可分为沟端开行和沟侧开行两种（图 3-23）。沟端开行的开挖深度较大，但开挖宽度和卸土距离较小。

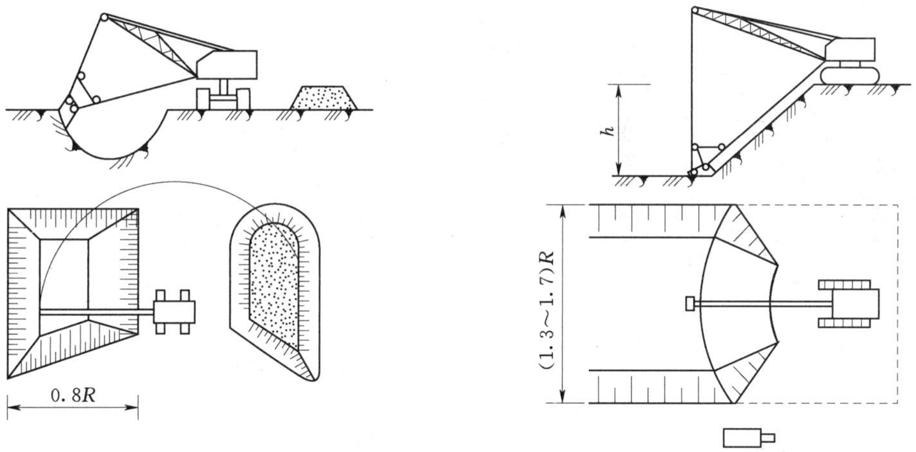

(a) (b)

图3-23 拉铲开行方式

(a) 沟侧开行；(b) 沟端开行

(4) 抓铲挖掘机。

抓铲挖掘机靠其合瓣式铲斗自由下落的冲力切入土中，而后抓取土料提升，回转后卸掉。抓铲挖掘机适于挖掘窄深基坑或沉井中的水下淤泥及砂卵石等松软土方，也可用于装卸散粒材料。抓铲挖掘机的外形和工作示意如图3-24、图3-25所示。

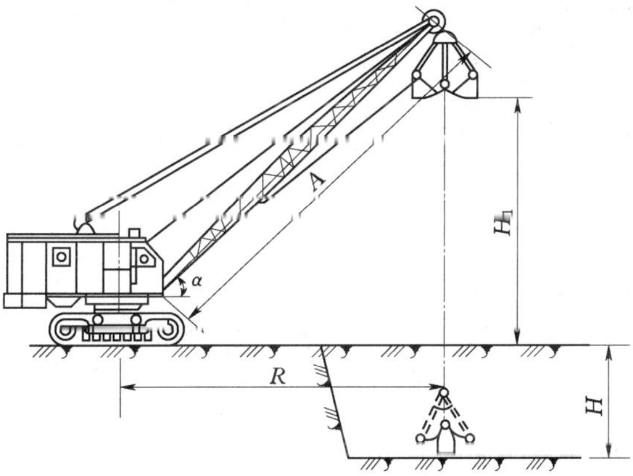

图3-24 抓铲挖掘机工作示意图

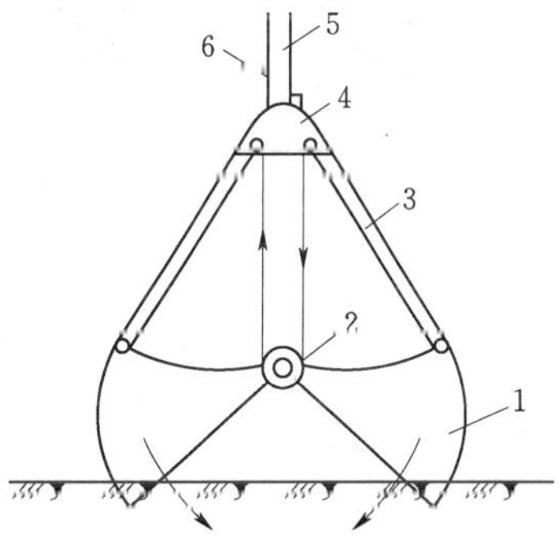

图3-25 抓铲土斗工作示意图

1—斗瓣；2—中心铰；3—拉杆；4—顶铰；5—升降索；6—取土索

2. 多斗式挖掘机

多斗式挖掘机是有若干个铲土斗的挖掘机械。其类型很多，主要有链斗式采砂船、斗轮式挖掘机两种。链斗式采砂船在我国水利工程中广泛采用。它是一种生产率较高的多斗式挖掘机，可以挖取水下砂卵石（图3-26）。工作时，链斗挖得的砂卵石经漏斗落到横向的水平皮带输送机，卸到岸上的运输车上或水上运输船中。采砂船一般不能自行，挖掘时靠船头两侧的卷扬机收紧与放松锚于上游河岸或水下的两根钢索使船身左右摆动前进。采砂船生产率有120m^3/h、320m^3/h、750m^3/h等数种。

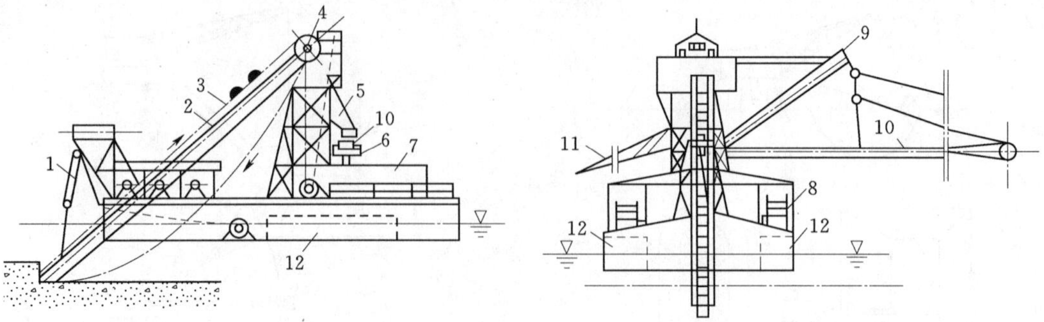

图 3-26 链斗式采砂船

1—斗架提升索；2—斗架；3—链斗；4—主动链轮；5—卸料漏斗；6—回转盘；7—主机房；8—卷扬机；9—带式运输机吊杆；10—带式运输机；11—排水槽；12—平衡水箱

斗轮式挖掘机是陆上使用较广泛的一种多斗式挖掘机（图 3-27），它的生产率很高。该机装有多个铲斗，开挖料先卸入输送皮带，再卸入卸料皮带导向卸料口装车。美国在建造圣路易·沃洛维尔高土坝时，仅用了一台斗轮式挖掘机承担该工程 66%的采料任务，其生产率达到了 $2300m^3/h$。

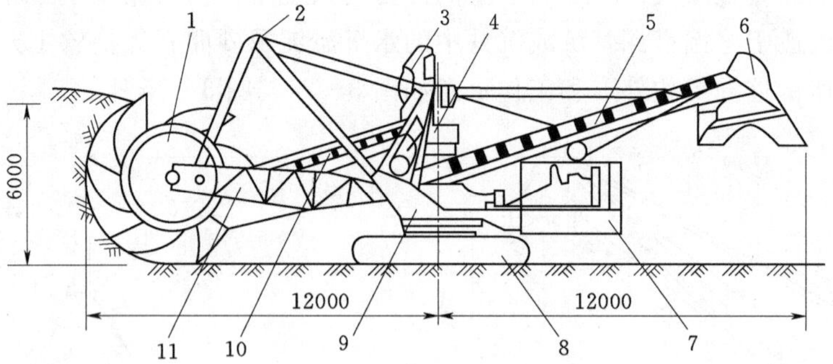

图 3-27 斗轮式挖掘机

1—斗轮；2—升降机构；3—司机室；4—中心料斗；5—排料皮带机；6—双槽卸料斗；7—动力装置；8—履带；9—转台；10—受料皮带机；11—斗轮臂

3. 铲运机械

铲运机械是水利工程中常用的兼有铲土和运土功能的机械，主要有推土机和铲运机。

（1）推土机。

推土机是在履带式拖拉机上安装推土刀等工作装置而成的一种铲运机械（图 3-28），主要用于平整场地，开挖宽浅的渠道、基坑、回填沟壑等。此外，也可拖拉其他无动力的机械（如羊足碾、松土器等）及用于小方量密实度要求不高的土方压实和坍落度较低的混凝土（如碾压混凝土）平仓。

推土机适宜推挖Ⅰ～Ⅲ级土。推土机的推土距离宜在 100m 以内，运距为 30～50m 时生产效率较高。

推土刀的操纵有钢索和液压操纵两种方式，目前以液压操纵使用最广泛。液压操纵的推土刀较轻，可借助液压切入较硬土层。安装有回转式推土刀的，推土刀可在立面上回转

图 3-28 推土机构造示意图

3°～9°，平面上回转 30°～60°，能适应不同的工作要求。

推土机的生产率主要决定于推土刀推土的体积和切土、推土、回程等工作的循环时间。工程中采取下坡推土、多机并列推土、分批分段集中一次推运及在推土刀两侧加焊挡土板等措施，可起到增加推土力、减少推土散失，达到提高生产率的目的（图 3-29）。

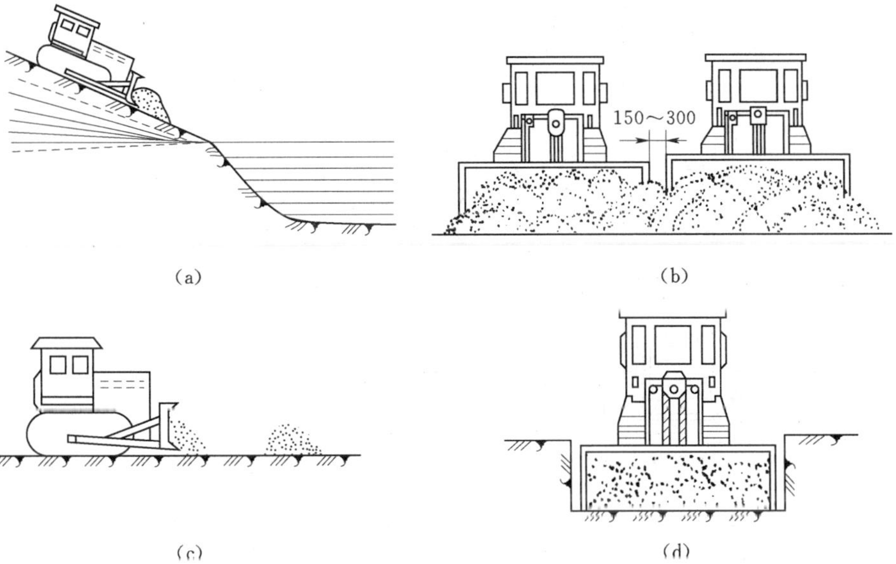

图 3-29 提高生产率的推土方法

(a) 下坡推土；(b) 并列推土；(c) 集中推土；(d) 槽形推土

(2) 铲运机。

铲运机是一种能连续完成铲土、运土、卸土、铺土和平土等施工工序的综合土方机械，其生产率高、运转费用低，适于平整大面积场地、开挖大型基坑、河渠、填筑堤坝和路基等。

按行走装置和方式不同，可分为轮胎自行式和履带拖拉式两种（图 3-30、图 3-31）。自行式切土力较小，装满铲斗所需的铲土长度较大，但行驶速度快，运距在 800～1500m

时，生产效率较高；拖拉式切土力较大，所需的铲土长度较短，但行驶速度慢，运距在250～350m时生产效率较高。常用国产铲运机的斗容量有2m^3、5m^3、6m^3、8m^3、15m^3等数种。

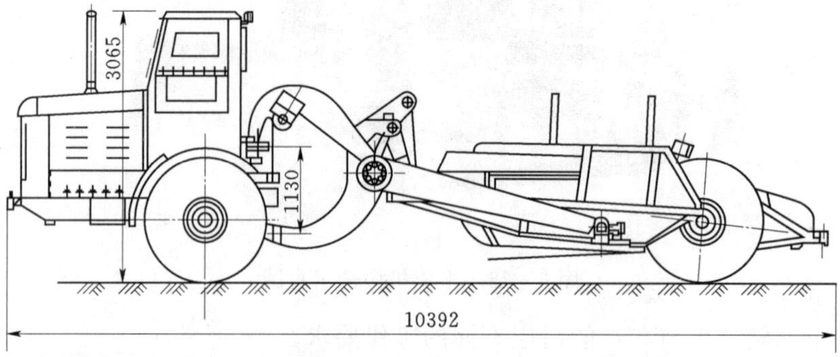

图3-30 自行式铲运机工作示意图

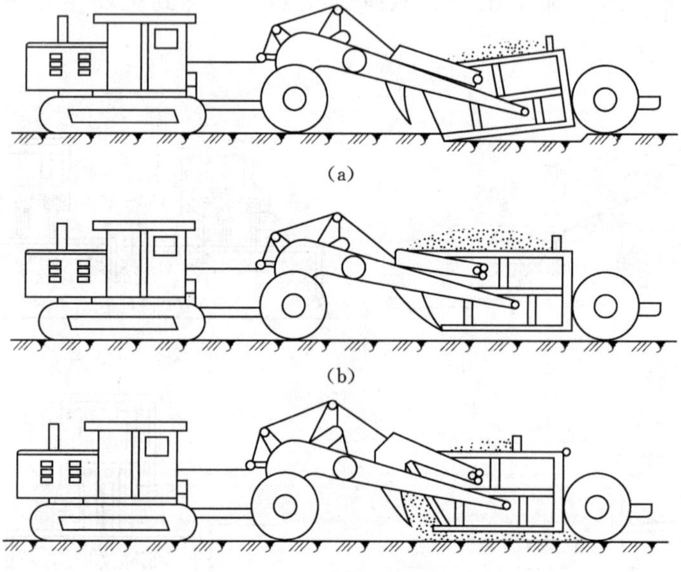

图3-31 拖拉式铲运机工作示意图
(a) 铲土；(b) 运土；(c) 卸土

铲运机的生产率主要取决于铲斗装土容量及铲土、运土、卸土和回程的工作循环时间。为提高铲运机的生产率，可采取下坡取土、推土机助铲等方法，减少铲土阻力、缩短装土时间。结合工程实际，选择合理的开行路线，如环形和“8”字形路线（图3-32）。

4. 水力开挖机械

水力开挖是利用水枪的高速射流将水上土方冲成泥浆或挖泥船的绞刀将水下土方绞成泥浆而后运走或筑坝（吹填法）的土方开挖方法。

(1) 水枪开挖。

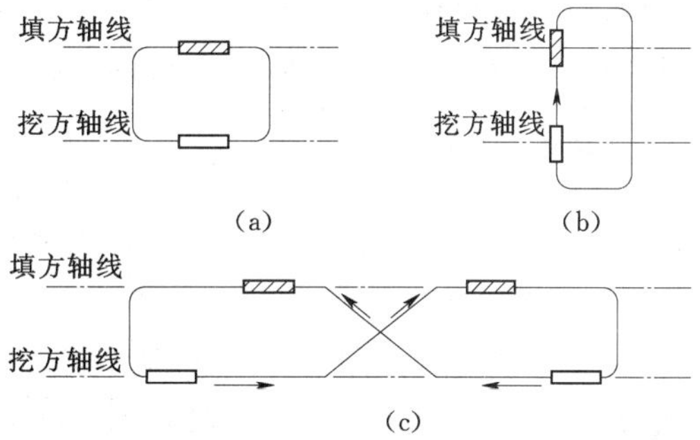

图 3-32 铲运机开行路线

(a) 纵向环形路线；(b) 横向环形路线；(c)“8”字形路线

水枪可在平面上回转 360°，在立面上俯仰 50°～60°。由管道压送来的高压水经喷嘴形成射程达 20～30m 的高速射流将干土冲成泥浆，沿一定坡度的输泥沟自流或由吸泥泵经管道输送至填筑地或弃土坑。水枪可利用其基座支于地面上冲击掌子面的土方，也可利用浮筒浮于水面上冲击基坑四壁的土方，以适应不同的工作环境。

利用水枪开挖基坑、溢洪道及料场的土方具有很高的经济效益，但开挖基坑时，须离基底设计标高预留一定保护层。水枪开挖最适于砂土、亚黏土和淤泥。

(2) 吸泥船。

吸泥船（图 3-33）用于水下开挖，疏浚河道及水库、湖泊、海港清淤，还可于水边进行水上土方开挖以开辟水道。绞刀绞成的泥浆由泥浆泵吸起，经浮动输泥管输至岸上或运泥船运走。

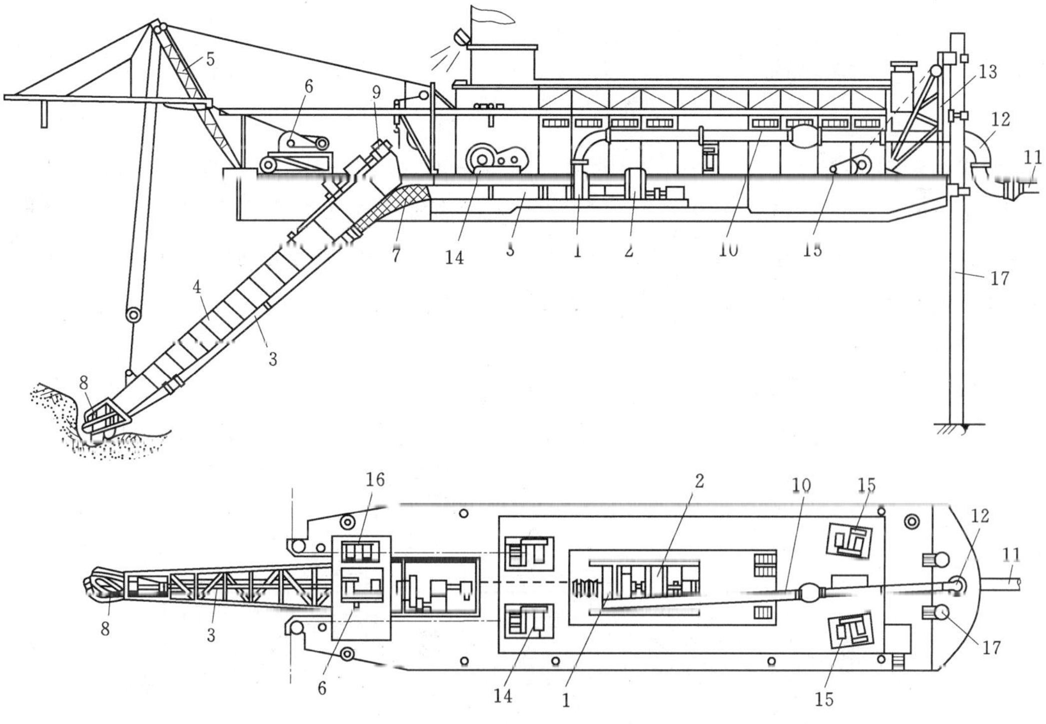
图 3-33 绞吸式挖泥船

1—泥泵；2—电动机；3—吸泥管；4—吸泥管及绞刀支架；5—桅杆；6—升降吸泥管用绞车；7—软管；8—绞刀；9—绞刀电动机；10—压力输泥管；11—浮动输泥管；12—输泥管弯管；13—拐桩吊架；14—锚索；15—拐桩升降绞车；16—绞车；17—拐桩

吸泥船不能自行，须由拖轮送到工作地点，靠尾部的两根拐桩轮流插入土中和船头的一对带锚索的绞车的牵引做弧形摆动前进和挖土。

3.3.2 运输机械

土石方的运输机械种类较多，现介绍带式运输机和装载机。

1. 带式运输机

带式运输机是最常用的连续运输机械。根据有无行驶装置，可分为移动式和固定式两种。前者多用于短程运输和散体材料的装卸堆存，后者用于长距离运输。固定式常采用分段布置，每段长度一般不超过200m（图3-34）。

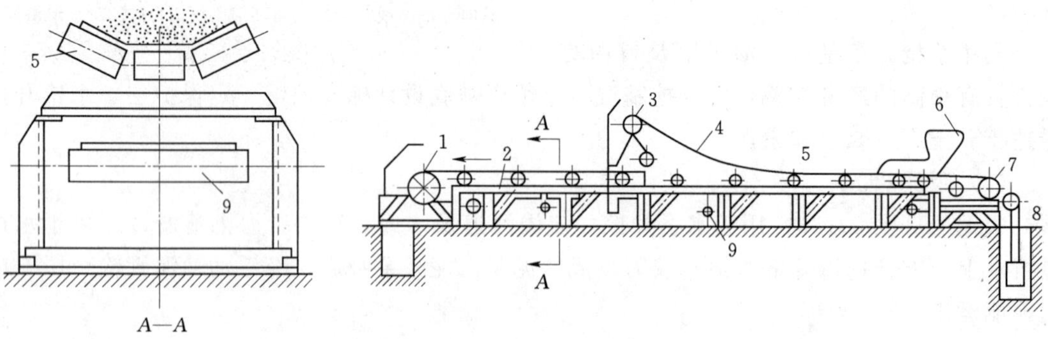

图3-34 固定带式运输机构造

1—驱动鼓轮；2—机架；3—卸料小车；4—带条；5—上托辊；6—装料漏斗；7—张紧鼓轮；8—重锤；9—下托辊

带式运输机的皮带常用橡胶带。带宽一般为800～1800mm，运行速度一般在240m/min以内，最大生产率可达12000t/h。固定带式运输机往往架设在脚手架上，不受地形的限制，并且结构简单，运行灵活方便，生产率较高。但采用带式运输机运输土方，土料暴露在外界的时间和面积都较大，受外界环境影响较大。

2. 装载机

装载机是一种短程装运结合的机械。常用的斗容量为1～3m^3，运行灵活方便，在水利工程中使用较广泛。图3-35是斗容量为2m^3的国产ZL-40型装载机的外形。

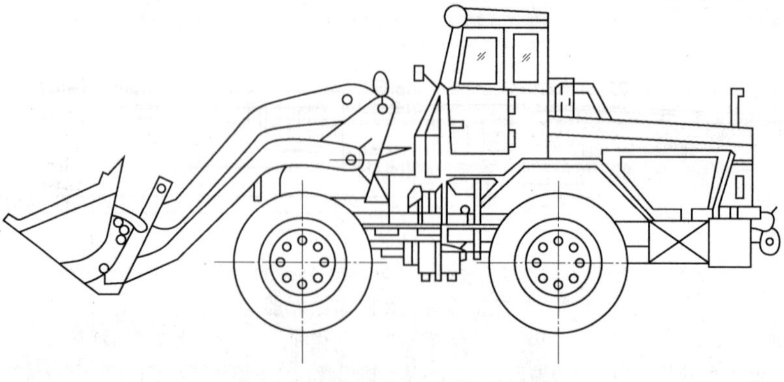

图3-35 ZL-40型装载机外形

3.3.3　开挖与运输机械数量的确定

1. 开挖与运输机械的选择

进行施工机械选择及计算需收集相关资料，如施工现场自然地形条件、施工现场情况、能源供应、企业施工机械装备和使用管理水平等。结合工程实际，应注意以下几点：

(1) 优先选用正铲挖掘机作为大体积集中土石方开挖的主要机械，再选择配套的运输机械和辅助机械。其具体机型的选定应充分考虑工程量大小、工期长短、开挖强度及施工部位特点和要求。

(2) 对于开挖Ⅲ级以下土方、挖装松散土方和砂砾石、施工场地狭窄且不便于挖掘机作业的土石方挖装等情况，可选用装载机作为主要挖装机械。

(3) 与土石方开挖机械配套的运输机械主要选用不同类型和规格的自卸汽车。自卸汽车的装载容量应与挖装机械相匹配，其容量宜取挖装机械铲斗斗容的3～6倍。

(4) 对于弃渣场平整、小型基坑及不深的河渠土方开挖、配合开挖机械作掌子面清理和渣堆集散、配合铲运机开挖助推等工况，宜选用推土机。

(5) 具备岸坡作业条件的水下土石方开挖，应优先考虑选择不同类型和规格的反铲、拉铲和抓斗挖掘机。

(6) 不具备岸坡作业条件的水下土石方开挖，应选择水上作业机械。水上作业机械需与拖轮、泥驳等设备配套。

1) 采集水下天然砂石料，宜用链斗或轮斗式采砂船。

2) 挖掘水下土石方、爆破块石，包括水下清障作业，宜用铲斗船。

3) 范围狭窄而开挖深度大的水下基础工程，宜用抓斗船。

4) 开挖松散砂壤土、淤泥及软塑黏土等，宜用铰吸式挖泥船。

(7) 钻孔凿岩机械的选择，根据岩石特性、开挖部位、爆破方式等综合分析后确定，同时考虑孔径、孔深、钻孔方向、风压及架设移动的方便程度等因素。

2. 开挖与运输机械数量的确定

(1) 挖掘机、装载机和铲运机。

生产能力 P 计算，有

$$P=\frac{TVK_{ch}K_t}{K_k t} \tag{3-26}$$

式中　P——台班生产率，m^3（自然方）/台班；

T——台班工作时间，取 $T=480$min；

V——铲斗容量，m^3；

K_{ch}——铲斗充满系数，对挖掘机，壤土取1.0，黏土取0.8，爆破石渣取0.6；对装载机，当装载干砂土、煤粉时取1.2，其他物料同挖掘机；对铲运机，一般取0.5～0.9，有推土机助推时，取0.8～1.2；

K_t——时间利用系数，对挖掘机，作业条件一般，机械运用和管理水平良好，取0.7；对装载机，取0.7～0.8；对铲运机，一般取0.65～0.75；

K_k——物料松散系数，对挖掘机和装载机，Ⅰ～Ⅳ级土取1.10～1.30；对铲运机，一般取 1.10～1.25；

t——每次作业循环时间，min。

需要量 N 计算，有

$$N=\frac{Q}{MP} \tag{3-27}$$

式中　N——机械需要量，台；

Q——由工程总进度决定的月开挖强度，m^3/月；

M——单机月工作台班数；

P——单机台班生产率，m^3/台班。

(2) 采砂船、吸泥船。

链斗式采砂船生产能力 P 计算，有

$$P=TVnK_{ch}K_t\frac{1}{K_k} \tag{3-28}$$

式中　P——单船每班生产率，m^3/班；

T——每班工作时间，取 $T=480$min；

V——单个链斗容量，m^3；

n——每分钟链斗通过个数，个/ min；

K_{ch}——链斗充满系数；

K_t——时间利用系数；

K_k——物料松散系数。

铰吸式挖泥船生产能力 P 计算，有

$$P=TK_tQB \tag{3-29}$$

式中　P——单船每班生产率，m^3/班；

T——每班工作时间，取 $T=480$min；

Q——泥浆流量，m^3/min；

B——泥浆浓度，%；

K_t——时间利用系数。

各类工作船舶的需要量均可参照式（3-27）进行计算。

(3) 钻孔凿岩机械。

钻孔机械生产能力 P 计算，有

$$P=TvK_tK_s \tag{3-30}$$

式中　P——钻机台班生产率，m/台班；

T——台班工作时间，取 $T=480$min；

v——钻速，m/min，由厂家提供，在地质条件、钻机压力和钻孔方向等改变时需修正；

K_t——工作时间利用系数；

K_s——钻机同时利用系数，取 0.7～1.0（1～10 台），台数多取小值，反之取大值，单台取 1.0。

当考虑钻孔爆破与开挖直接配套时，钻孔机械的需要量 N，有

$$N=L/P \tag{3-31}$$

式中 N——需要量，台；

P——钻机台班生产率，m/台班；

L——岩石月开挖强度为 Q 时，钻机平均每台班需要钻孔的总进尺，m/台班，$L=Q/(mq)$；

Q——月开挖强度，m^3/月；

m——钻机月工作台班数；

q——每米钻孔爆破石方量（自然方），m^3/m，由钻爆设计取值。

（4）运输汽车。

运输汽车数量应保证挖掘机连续工作来配置。汽车数量按式（3-32）计算，即

$$N_1=T_a/t_1 \tag{3-32}$$

式中 N_1——汽车数量；

T_a——自卸汽车每一运土循环的延续时间，min；$T_a=t_1+2L/v_c+t_2+t_3$；

t_1——自卸汽车每次装车时间，min，$t_1=nt$；

n——自卸汽车每车装土次数；$n=Q_1K_s/qK_c\gamma$；

t——挖土机每次循环延续时间，s，即每挖一斗的时间，对 W－100 正铲挖土机为 25～40s，对 W－100 拉铲挖土机为 45～60s；

Q_1——自卸汽车的载重量，kN；

γ——土的重度，一般取 $17kN/m^3$；

L——运土距离，m；

v_c——重车与空车的平均速度，m/min；

t_2——自卸汽车卸土时间，min；

t_3——自卸汽车操纵时间，min，包括停放等待、待装、等车、让车等，一般取 2～3min；

K_s——土的可松行系数；

K_c——土斗充盈系数，取 0.8～1.1；

q——挖掘机的斗容量，m^3。

3.4 地下土石方的开挖方法

地下土石方的开挖在水利工程施工中，比较典型的开挖是隧洞和地下厂房的开挖。在此着重介绍隧洞的开挖方法。

隧洞施工具有工作面狭窄、劳动条件差、工序多、干扰大等特点，特别是容易发生安全事故，必须事先做好地质勘探工作，合理选定洞口、支洞位置、出碴运输路线以及隧洞开挖的方法。隧洞开挖主要包括掘进、出碴、安全支护以及风、水、电供应和通风、排水等辅助作业。

在岩石地层中应用最多的是钻孔爆破法，从 20 世纪 50 年代开始，随着隧洞掘进机的

发展，在许多国家用隧洞掘进机开挖隧洞也占一定比例。在土质地层中，除以人工为主开挖外，还可采用盾构法或顶管法施工。

3.4.1 开挖方法

1. 钻孔爆破法

通过钻孔、装药、爆破开挖岩石的方法，简称钻爆法。这一方法从早期由人工手把钎、锤击凿孔，用火雷管逐个引爆单个药包，发展到用凿岩台车或多臂钻车钻孔，应用毫秒爆破、预裂爆破及光面爆破等爆破技术。施工前，要根据地质条件、断面大小、支护方式、工期要求以及施工设备、技术等条件，选定掘进方式。主要的掘进方式有以下几种：

（1）全断面掘进法。整个开挖断面一次钻孔爆破，开挖成型，全面推进。在隧洞高度较大时，也可分为上、下两部分，形成台阶，同步爆破，并行掘进。在地质条件和施工条件许可时，优先采用全断面掘进法。

（2）导洞法。先开挖断面的一部分作为导洞，再逐次扩大开挖隧洞的整个断面。这是在隧洞断面较大，由于地质条件或施工条件，采用全断面开挖有困难时，以中小型机械为主的一种施工方法。导洞断面不宜过大，以能适应装碴机械装碴、出碴车辆运输、风水管路安装和施工安全为度。导洞可增加开挖爆破时的自由面，有利于探明隧洞的地质和水文地质情况，并为洞内通风和排水创造条件。根据地质条件、地下水情况、隧洞长度和施工条件，确定采用下导洞、上导洞或中心导洞等。导洞开挖后，扩挖可以在导洞全长挖完之后进行，也可以和导洞开挖平行作业。

（3）分部开挖法。在围岩稳定性较差，一般需要支护的情况下，开挖大断面的隧洞时，可先开挖一部分断面，及时做好支护，然后再逐次扩大开挖。用钻爆法开挖隧洞，通常从第一序钻孔开始，经过装药、爆破、通风散烟、出碴等工序，到开始第二序钻孔，作为一个隧洞开挖作业循环。尽量设法压缩作业循环时间，以加快掘进速度。20 世纪 80 年代，一些国家采用钻爆法在中硬岩中开挖断面面积为 $100m^3$ 左右的隧洞，掘进速度平均每月约为 200m。中国鲁布革水电站工程，开挖直径为 8.8m 的引水隧洞，单工作面平均月进尺达 231m，最高月进尺达 373.7m。

2. 掘进机法

掘进机是全断面开挖隧洞的专用设备。它利用大直径转动刀盘上的刀具对岩石的挤压、滚切作用来破碎岩石。美国罗宾斯公司在 1952 年开始生产第一台掘进机。20 世纪 70 年代以后，掘进机有了较快的发展。开挖直径范围为 1.8～11.5m。在中硬岩中，用掘进机开挖 80～$100m^3$ 大断面隧洞，平均掘进速度为每月 350～400m。美国芝加哥卫生管理区隧洞和蓄水库工程，在石灰岩中开挖直径为 9.8m 的隧洞，最高月进尺可达 750m。美国奥索引水隧洞直径 3.09m，在页岩中开挖，最高月进尺达 2088m。隧洞掘进机开挖比钻爆法掘进速度快，用工少，施工安全，开挖面平整，造价低，但机体庞大，运输不便，只能适用于长洞的开挖，并且本机直径不能调整，对地质条件及岩性变化的适应性差，使用有局限性。

3. 新奥地利隧洞施工法

新奥地利隧洞施工法简称新奥法（NATM），是奥地利学者 L. V. 拉布采维茨等人于

20世纪50年代初期创建，并于1963年正式命名的，涉及隧洞设计、施工及管理等方面一整套的工程技术方法。它的主要特点是：运用现代岩石力学的理论，充分考虑并利用围岩的自身承载能力，把衬砌与围岩当成一个整体看待；在施工过程中，必须进行现场量测，并应用量测资料修订设计和指导施工；采用预裂爆破、光面爆破等技术或用掘进机开挖，用锚杆和喷射混凝土等作为支护手段，并强调适时支护。总之，是在充分考虑围岩自身承载能力的基础上，因地制宜地搞好隧洞开挖与支护。

4. 盾构法

盾构法是利用盾构在软质地基或破碎岩层中掘进隧洞的施工方法。盾构是一种带有护罩的专用设备，利用尾部已装好的衬砌块作为支点向前推进，用刀盘切割土体，同时排土和拼装后面的预制混凝土衬砌块。盾构法是19世纪初期发明，首先用于开挖英国伦敦泰晤士河水底隧道。盾构机掘进的出碴方式有机械式和水力式，以水力式居多。水力盾构在工作面处有一个注满膨润土液的密封室。膨润土液既用于平衡土压力和地下水压力，又用作输送排出土体的介质。

5. 顶管法

为在地下修建涵洞或管道，用千斤顶将预制钢筋混凝土管或钢管逐渐顶入土层中，随顶随将土从管内挖出。这样将一节节管子顶入，做好接口，建成涵管。顶管法特别适于修建穿过已成建筑物或交通线下面的涵管。

3.4.2 洞室开挖其他作业内容

1. 隧洞出碴

隧洞开挖出碴，包括装碴和运输。装碴可用装岩机、扒碴机、装载机和挖掘机等。运输则分有轨与无轨两种方式。有轨运输由机车牵引斗车或梭式矿车，在窄轨铁路上行驶。无轨运输应用较多，一般由装载机或挖掘机配合汽车完成。

2. 竖井和斜井开挖

竖井和斜井施工方法与平洞开挖的方法略有不同。自上而下进行竖（斜）井开挖称为正挖；反之为反挖。对下部无通道的竖井，宜采用全断面正挖的方法。对下部已形成施工通道的竖井，宜采用先打通一个导井，然后利用导井出碴，自上而下进行扩大的方法。导井开挖可先钻若干深孔，自下而上逐次爆破成井；也可通过钻孔悬挂吊罐或利用专用设备——爬罐等反挖的方法；还可利用大直径钻机直接钻井。竖井开挖还可使用天井钻机开挖。

3. 辅助作业和安全支护

隧洞开挖施工中，除做好供风、供水、供电等辅助工程外，还必须重视通风散烟、降尘、防有害气体和排水等辅助作业，特别要注意做好安全支护。在不良地质或地下水活动较严重的地段开挖隧洞，必要时还要钻超前孔以探明地下水情况，或对围岩进行预灌浆。在硬土或软岩中开挖隧洞，有的采用超前旋喷灌浆处理，使之形成一加强圈，然后开挖。

在国内隧道钻爆法施工中，瑞典ATLAS的凿岩台车及芬兰NORMET的喷浆台车应用最为普遍。

水工洞室开挖技术详见项目7渠系建筑物工程施工。

3.5 边坡支护技术

边坡支护是指为保证边坡及其环境的安全，对边坡采取的支挡、加固与防护措施。边坡支护应考虑施工周期，遭遇降雨、周边堆载、振动等诸多不利影响。

常用的支护结构形式有重力式挡墙、扶壁式挡墙、悬臂式支护、板肋式或格构式锚杆挡墙支护、排桩式锚杆挡墙支护、锚喷支护和坡率法。

3.5.1 重力式挡土墙

重力式挡土墙指的是依靠墙身自重抵抗土体侧压力的挡土墙。重力式挡土墙可用块石、片石、混凝土预制块作为砌体，或采用片石混凝土、混凝土进行整体浇筑。半重力式挡土墙可采用混凝土或少筋混凝土浇筑。重力式挡土墙可用石砌或混凝土建成，一般都做成简单的梯形。

1. 重力式挡土墙的优点与缺点

重力式挡土墙优点是就地取材，施工方便，经济效果好，在我国铁路、公路、水利、港湾、矿山等工程中得到广泛的应用。缺点是由于重力式挡土墙靠自重维持平衡稳定，因此，体积、重量都大，在软弱地基上修建往往受到承载力的限制。如果墙太高，它耗费材料多，也不经济。

2. 重力式挡土墙的类型划分

重力式挡土墙可根据其墙背的坡度分为仰斜、俯斜、直立 3 种类型。按土压力理论，仰斜墙背的主动土压力最小，而俯斜墙背的主动土压力最大，垂直墙背位于两者之间。

3. 重力式挡土墙构造

重力式挡土墙的尺寸随墙型和墙高而变。重力式挡土墙墙面胸坡和墙背的背坡一般选用 1∶0.2～1∶0.3，仰斜墙背坡度越缓，土压力越小。但为避免施工困难及本身的稳定，墙背坡不小于 1∶0.25，墙面尽量与墙背平行。对于垂直墙，如地面坡度较陡时，墙面坡度可有 1∶0.05～1∶0.2，对于中、高挡土墙，地形平坦时，墙面坡度可较缓，但不宜缓于 1∶0.4。

采用混凝土块和石砌体的挡土墙，墙顶宽不宜小于 0.4m；整体灌注的混凝土挡土墙，墙顶宽不应小于 0.2m；钢筋混凝土挡土墙，墙顶不应小于 0.2m。通常顶宽约为 $H/12$，而墙底宽为 $(0.5\sim0.7)H$，应根据计算最后决定墙底宽。

当墙身高度超过一定限度时，基底压应力往往是控制截面尺寸的重要因素。为了使地基压应力不超过地基承载力，可在墙底加设墙趾台阶。加设墙趾台阶时挡土墙抗倾覆稳定也有利。墙趾的高度与宽度比，应按圬工（砌体）的刚性角确定，要求墙趾台阶连线与竖直线之间的夹角 θ（图 6-3），对于石砌圬工不大于 35°，对于混凝土圬工不大于 45°。一般墙趾的宽度不大于墙高的 1/20，也不应小于 0.1m。墙趾高应按刚性角确定，但不宜小于 0.4m。

4. 墙体材料

挡土墙墙身及基础，采用混凝土不低于 C15，采用砌石、石料的抗压强度一般不小于

MU30，寒冷及地震区，石料的重度不小于 20kN/m^3，经 25 次冻融循环，应无明显破损。挡土墙高小于 6m 砂浆采用 M5；超过 6m 高时宜采用 M7.5，在寒冷及地震地区应选用 M10。

5. 重力式挡土墙设计

挡土墙在墙后填土土压力作用下，必须具有足够的整体稳定性和结构的强度。设计时应验算挡土墙在荷载作用下沿基底的滑动稳定性、绕墙趾转动的倾覆稳定性和地基的承载力。当基底下存在软弱土层时，应当验算该土层的滑动稳定性。在地基承载力较小时，应考虑采用工程措施，以保证挡土墙的稳定性。

3.5.2 扶壁式挡土墙

1. 扶壁式挡土墙的定义

扶壁式挡土墙指的是沿悬臂式挡土墙的立臂，每隔一定距离加一道扶壁，将立壁与踵板连接起来的挡土墙。

2. 扶壁式挡土墙的优点与缺点

扶壁式挡土墙是一种钢筋混凝土薄壁式挡土墙，其主要特点是构造简单、施工方便，墙身断面较小，自身质量轻，可以较好地发挥材料的强度性能，能适应承载力较低的地基。适用于缺乏石料及地震地区。一般在较高的填方路段采用来稳定路堤，以减少土石方工程量和占地面积。扶壁式挡土墙，断面尺寸较小，踵板上的土体重力可有效地抵抗倾覆和滑移，竖板和扶壁共同承受土压力产生的弯矩和剪力，比悬臂式挡土墙受力好。适用 6～12m 高的填方边坡，可有效地防止填方边坡的滑动。

扶壁式挡土墙是路肩挡土墙的一种，是将预制的挡墙板焊接在预埋于基础混凝土中的钢板上，然后在其内倒填土的一种挡墙形式。与其他几种形式的挡墙比较，扶壁式挡土墙具有节省占地空间、缩短施工工期、美化城市环境、较易施工等优点，是城市公路工程立交桥引道中常用的一种挡墙形式。

扶壁式挡土墙由墙面板（立壁）、墙趾板、墙踵板及扶肋（扶壁）组成。扶肋把立壁同墙踵板连接起来，起加劲的作用，以改善立壁和墙踵板的受力条件，提高结构的刚度和整体性，减小立壁的变形。

它适用于缺乏石料的地区。由于墙踵板的施工条件，一般用于填方路段做路肩墙或路堤墙使用。悬臂式挡土墙高度不宜大于 6m，当墙高大于 4m 时，宜在墙面板前加肋。扶壁式挡土墙宜整体灌注，也可采用拼装，但拼装式扶壁挡土墙不宜在地质不良地段和地震烈度大于或等于 8 度的地区使用。扶壁式挡土墙的结构稳定性是依靠墙身自重和墙踵板上方填土的重力来保证的，而且墙趾板的设置也显著地增大了挡土墙的抗倾覆稳定性，并大大减小了基底接触应力。

它的主要特点是构造简单、施工方便，墙身断面较小，自身质量轻，可以较好地发挥材料的强度性能，能适应承载力较低的地基。但是需耗用一定数量的钢材和水泥，特别是墙高较大时，钢材用量急剧增加，影响其经济性能。

3. 扶壁式挡土墙的施工工艺

扶壁式挡土墙的施工工艺如下：

(1) 施工准备。施工前对挡土墙下 CFG 桩的桩头进行截除，截除后的桩顶标高应符合设计要求，清理桩头并报检测单位进行检测。检测合格后，先将 0.2m 厚的碎石褥垫层夯实整平后，再浇筑 0.1m 厚的 C15 素混凝土垫层，为扶壁式挡墙的基础施工提供作业面。

(2) 测量放线。根据施工图划分施工段，测定挡土墙墙趾处路基中心线及基础主轴线、墙顶轴线、挡土墙起讫点和横断面，注明高程及开挖深度。每根轴线均应在基线两端延长线上设 4 个桩点，并分别以混凝土包封保护；放测桩位时，应测定中心桩及挡土墙的基础地面高程，临时水准点应设置在施工干扰区域之外，测量结果应符合精度要求并与相邻路段水准点相闭合。

(3) 基础施工。测量放线确定基础尺寸后进行钢筋绑扎、立模，同时预埋墙面板钢筋和扶壁钢筋。基础钢筋的绑扎要注意钢筋的保护层厚度，垫块采用和基础同强度的混凝土垫块，以保证混凝土的质量。挡土墙基础的施工可以按 3 个标准单元节同时浇筑混凝土，为挡墙的墙面板施工提供较多的作业面。混凝土由罐车从集中拌和站运至现场，经泵送料入模，采用插入式振捣棒振捣，不得过振及漏振。

(4) 墙面板和扶壁施工。首先绑扎墙面板钢筋和扶壁钢筋，钢筋安装完经监理检查合格后，开始灌模，施工中需特别注意模板的垂直度和平整度。在钢筋混凝土与模板间设置垫块，垫块与钢筋扎紧，垫块应采用细石混凝土制作，保证垫块的强度与混凝土结构的强度相同。垫块的安装应该保证钢筋的保护层厚度符合设计要求，同时要保证 4 个/m^2。在混凝土施工过程中要经常检查垫块的位置是否准确。

(5) 泄水孔施工。泄水孔按梅花形交错布置，间隔为 2～3m，采用小于 50mm 的 PVC 管，并用透水土工布包裹 PVC 管，泄水孔的横坡为 4%，在安装时，可通过钢筋对 PVC 管进行固定，对于墙面板方向的泄水孔，要使 PVC 管与正面模板接触紧密，PVC 管的端面要形成相应的斜面，保证在浇筑混凝土的过程中 PVC 管周围不会漏浆，使面板光滑、平整。

(6) 混凝土养护。混凝土灌注完毕后，安排专人在初凝前进行混凝土收面，待混凝土终凝前再进行一次收面压光处理，然后再覆盖土工布进行洒水保湿养护。当气候炎热或有风时，2～3h 后即可浇水以维持充分的润湿状态。在潮湿气候条件下，空气相对湿度大于 60%时，使用普通水泥时，湿润养护时间不少于 7d。

(7) 模板拆除。模板的拆除期限应根据结构物特点、模板部位和混凝土所达到的强度来决定。墙面板和扶壁的侧模板属非承重模板，应在混凝土强度能保证其表面及棱角不受损伤时才能拆除，一般应在混凝土抗压强度达到 2.5MPa 时方可拆除侧模板。

(8) 墙背填土。墙背回填应该在挡土墙混凝土的强度达到设计强度的 70%时才能够进行填土。

3.5.3 悬臂式挡土墙

1. 悬臂式挡土墙的定义

悬臂式挡土墙指的是由立壁、趾板、踵板 3 个钢筋混凝土悬臂构件组成的挡土墙。面坡常用 1∶0.02～1∶0.05，背坡可直立。顶宽大于 0.15m，路肩墙大于 0.2m，踵板采用等厚，趾板端部厚度可减薄，但不小于0.30m。

2. 悬臂式挡土墙的优点与缺点

悬臂式挡土墙构造简单，施工方便，能适应较松软的地基，墙高一般在6～9m之间。当墙高较大时，立壁下部的弯矩较大，钢筋与混凝土的用量剧增，影响这种结构形式的经济效果，此时采用扶壁式挡土墙。

3. 悬臂式挡土墙的构造

悬臂式挡土墙是由立板和底板两部分组成。为便于施工，立板内侧（即墙背）做成竖直面，外侧（即墙面）可做成1∶0.02～1∶0.05的斜坡，具体坡度值将根据立板的强度和刚度要求确定。当挡土墙墙高不大时，立板可做成等厚度。墙顶的最小厚度通常采用20～25cm。当墙高较高时，宜在立板下部将截面加厚。墙底板一般水平设置。通常做成变厚度，底面水平，顶面则与立板连接处向两侧倾斜。

墙底板是由墙踵板和墙趾板两部分组成。墙踵板顶面倾斜，底面水平，其长度由全墙抗滑稳定验算确定，并具有一定的刚度。靠立板处厚度一般取为墙高的1/12～1/10，且不应小于20～30cm。

墙趾板的长度应根据全墙的倾覆稳定、基底应力（即地基承载力）和偏心距等条件来确定，一般可取为（0.15～0.3）B，其厚度与墙踵相同。通常底板的宽度由墙的整体稳定来决定，一般可取墙高度H的0.6～0.8倍。当墙后为地下水位较高，且地基承载力很小的软弱地基时，宽度值可能会增大到1倍墙高或者更大。

为提高挡土墙抗滑稳定的能力，底板设置凸榫。为使凸榫前的土体产生最大的被动土压力，墙后的主动土压力不因设凸榫而增大，凸榫应设在正确位置上。

4. 悬臂式挡土墙的设计

悬臂式挡土墙设计，分为墙身截面尺寸拟定及钢筋混凝土结构设计两部分。

确定墙身的断面尺寸，是通过试算法进行的。其做法是先拟定截面的试算尺寸，计算作用其上的土压力，通过全部稳定验算来确定墙踵板和墙趾板的长度。

钢筋混凝土结构设计，则是对已确定的墙身截面尺寸，进行内力计算和设计钢筋。在配筋设计时，可能会调整截面尺寸，特别是墙身的厚度。一般情况下，这种墙身厚度的调整对整体稳定性影响不大，可不再进行全墙的稳定验算。

3.5.4 锚喷支护

1. 锚喷支护的定义

锚喷支护是指由锚杆和喷射混凝土面板组成的支护。20世纪60年代以来，已被广泛采用。锚杆和喷射混凝土与围岩共同形成一个承载结构，可有效地限制围岩变形的自由发展，调整围岩的应力分布，防止岩体松散坠落。它可用作施工过程中的临时支护，在有些情况下，也可以不必再做永久支护或衬砌。

2. 锚喷支护的形式

根据围岩的地质条件，可以选用各种支护形式：①单独采用锚杆，一般只用于局部；②单独采用喷射混凝土，有时也只用于局部；③锚杆结合喷射混凝土，多用于地下洞室的顶拱和边墙；④锚杆和喷射混凝土，加设单层或双层钢筋网，可提高喷层抗拉强度和抗裂能力，从而提高支护能力；⑤锚喷加金属网，并在喷层内加设工字钢等型钢作成的肋形支撑。

上述各种形式的锚喷支护，所采用的锚杆根数、深度、间距、喷层的厚度以及金属网和肋形支撑的尺寸等，均要根据实际情况确定。为搞好支护还需要进行围岩变位和变形等现场量测工作。锚喷支护常紧跟开挖掘进，平行作业，特别是在隧洞或地下厂房施工中采用分部开挖的方式时，可随着开挖断面的扩大，边挖边喷，直至全断面完成。

3. 锚喷支护的施工工艺

锚喷支护的施工工艺如下：

材料试验→测量放线→钻锚杆孔→锚杆孔检查→安装锚杆→锚杆孔注浆→编钢筋网→喷射混凝土→混凝土养护。

3.5.5 坡率法

1. 坡率法的定义

在边坡设计中，如果通过控制边坡的高度和坡度而无需对边坡进行整体加固就能使边坡达到自身稳定的边坡设计方法，通常称之为坡率法。在工程条件许可的情况下，应优先采用坡率法。

2. 不应采用坡率法的边坡

放坡开挖对拟建或相邻建（构）筑物有不利影响的边坡；地下水发育的边坡；稳定性差的边坡。

【引例分析】

根据背景资料，综合分析，拟定本项目施工方案如下。

一、开挖施工程序

根据坝基分区、分层布置，各部位开挖施工时，按自上而下、由外向内的原则进行，坝基开挖程序为：先开挖左岸肩（EL752.5以上），其次开挖右岸肩（EL752.5以上），最后开挖基坑（EL752.5以下）。开挖的工序为：场地清理→土方开挖→梯段钻爆开挖→建基面保护层开挖。施工时按各道工序依次进行，形成多工作面流水作业。

二、土石方施工方法

1. 场地清理

施工前由测量放出设计开挖边线，对开挖范围内的原始地形、地貌进行复测，核实开挖原始断面，确定开挖及清理范围，人工配合液压反铲挖掘机清理开挖区内的植被、杂物，并在开挖开口边线外按设计要求做好排水沟。

2. 土方开挖

本工程土方开挖为局部覆盖层开挖。首先进行测量放样，标识出开挖范围和位置，然后用人工结合机械清理开挖区域内的树木和杂物，清理范围延伸至开挖线外侧3m，并将开挖区域上部孤石、险石排除，较大块石用小炮清除。开挖区域清理完毕后，按设计要求设置施工边坡上部地面排水系统。

覆盖层开挖采用CAT330反铲削坡，人工配合修整边坡。按照测量放样开口线沿马道方向形成边坡开口，然后自上而下分层开挖。同一层面开挖施工，按照“先土方开挖，后石方开挖，再边坡支护”的顺序进行，使开挖面同步下降。开挖土料翻落至下部集渣平台或直接装车。

土方边坡开挖接近设计坡面时，按设计边坡预留0.2～0.3m厚度的削坡余量，再人工整修。人工整修边坡的控制方法为：制作一个与设计边坡相同坡比的角尺，削坡时，用角尺检查边坡的超欠情况，边检查边整修。在修整过程中，每隔3m高差，用测量仪器检查校核一次削坡情况，形成达到设计要求的坡度和平整度为止。雨天施工时，施工台阶略向外倾斜，以利于部位排水。在开挖施工过程中，根据施工需要，经常检测边坡设计控制点、线和高程，以指导施工，并在边坡地质条件较差部位设置变形观测点，定时观测边坡变形情况，如出现异常，立即向监理工程师和业主报告并采取应急处理措施。土方开挖采用自上而下分层开挖的方式进行。施工程序详见图3-36。

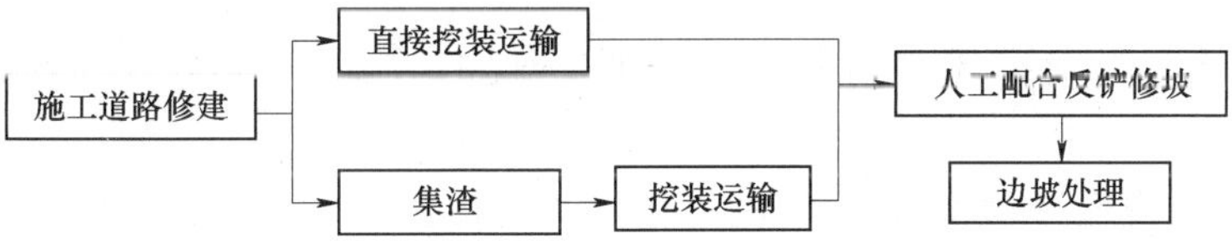

图3-36　土方开挖施工程序框图

3. *石方开挖*

根据分层、分区布置，结合施工道路布置情况，石方开挖采用自上而下、由外向内的顺序进行施工。各区、层的开挖按钻孔、爆破、出渣等各道工序依次进行，形成多工作面流水作业。石方开挖施工程序见图3-37。

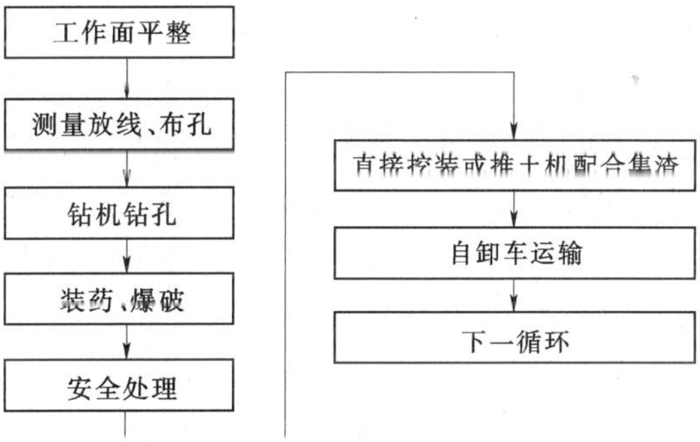

图3-37　石方开挖施工程序框图

4. 钻爆参数设计

根据爆破施工经验，并综合考虑主要岩性为混合岩、片麻岩，属中至厚层状夹薄层状岩体的物理力学特性，初拟爆破试验参数如表3-18～表3-21。

表3-18　深孔梯段爆破试验参数

梯段高度（m）	钻孔深度（m）	最小抵抗线（m）	孔间距（m）	孔径（mm）	孔排距（m）	单耗（kg/m^3）	堵塞高度（m）	起爆网络	起爆方式
8	10	2.0	3.0	$\phi 115$	2.7	0.4	1.5～2.0	电起爆网络	排间微差

注　对该爆破参数试验成果进行分析，编制爆破参数作业指导书。

表 3-19　深孔预裂爆破试验参数

梯段高度（m）	钻孔深度（m）	最小抵抗线（m）	孔间距（m）	孔径（mm）	线装药密度（kg/m）	堵塞高度（m）	起爆网络	起爆方式
8	10	1.2	0.80	ϕ90	0.23～0.3	0.8～1.2	导爆索起爆	齐爆

注　对该爆破参数试验成果进行分析，编制爆破参数作业指导书。

表 3-20　水平保护层开挖钻爆参数

类别	炮孔深度（m）	孔径（mm）	孔间距（m）	孔排距（m）	药卷直径（mm）	装药密度	堵塞长（m）	装药结构
光爆孔	2～11	42 或 90	0.8	—	ϕ32	250～300g/m	0.5	间隔装药
爆破孔	2～11	42	1	1.2	ϕ32	0.35kg/m^3	1	连续装药

表 3-21　光面爆破钻爆参数表

梯段高度（m）	钻孔深度（m）	最小抵抗线（m）	孔间距（m）	孔径（mm）	线装药密度（kg/m）	堵塞高度（m）	起爆网络	起爆方式
8	10	1.2	1.5	ϕ90	0.4	1.5～2.0	导爆索起爆	导爆索起爆

边坡大面石方开挖采用梯段爆破、边坡预裂的方式进行施工，梯段高度一般为5～10m。

（1）钻孔。主爆孔采用CL351钻机造孔，钻孔直径为ϕ115mm，间排距为2.5～3m，排距为3.5～4m；岩石边坡采用预裂爆破，造孔采用CL351钻机造孔，钻孔直径为ϕ90mm，间距在0.8～1m内，对于较薄及边角边坡开挖部位，采用手风钻造孔；为减小爆破对边坡的破坏，爆破孔与预裂孔间设一排缓冲孔。

（2）装药。爆破孔单耗根据右岸坝肩的开挖经验，按0.3～0.35kg/m^{3}控制，装药采用直径ϕ90mm的药卷连续装药；预裂孔采用竹片绑扎，导爆索串联ϕ32mm乳化药卷间隔装药，线装药密度为230～300g/m控制。

（3）起爆方式。采用毫秒延期非电微差起爆网络，最大单响药量按不大于200kg控制。

（4）出渣。左岸坝肩开挖，分别在EL804高程、EL784高程和EL756高程设置3道截渣平台，EL804高程截渣平台利用现有L3左岸上坝公路开挖拓宽后形成，EL804高程以上范围内的石渣翻入EL804.00m的截渣平台，石渣由L3施工道路将石渣运至左岸上游弃渣场。EL784高程截渣平台为由右岸上坝公路沿冲沟以10%的坡度修筑一条施工便道（L3－2），到达坝基EL784高程后拓宽形成，EL784.00～804.00m高差范围内的石渣翻入EL784.00m的截渣平台，由L3施工道路将石渣运至左岸上游弃渣场。EL756高程截渣平台利用左岸下游EL756.00m施工道路延伸拓宽后作为截渣平台。由L2施工道路将石渣运至左岸钢栈桥下游弃渣场，当有部分石渣落入河床内时，及时进行清理，保障河道畅通；右岸坝肩开挖石渣直接用挖掘机翻渣至右岸EL762平台，利用现有右岸EL762.00m施工道路拓宽后作为截渣平台，EL762.00～810.00m高差范围内的石渣翻入EL762.00m的截渣平台，由EL762.00m的截渣平台出渣，石渣由L1施工道路运至右岸导流洞进口上游Ⅱ弃渣场，当有部分石渣落入河床内时，及时进行清理，保障河道畅通；基坑开挖利用

L4 基坑施工道路出渣，无用料直接运至弃渣场，可用料直接用于围堰填筑。石方开挖出渣主要采用 CAT330 反铲挖掘机，配 15t 自卸车运输。

5. 保护层及基坑开挖方法

为确保马道或基础建基面不遭受破坏，邻近边坡马道或基础建基面时，预留 1m 厚岩体保护层，保护层开挖方式主要采用水平钻孔或垂直钻孔两种方式，其中马道采用深孔水平光爆法施工，由于原河床至底部开挖厚度为 2m 左右，所以基坑开挖采用垂直预裂爆破施工。

（1）钻孔。水平钻孔采用手风钻造孔，钻孔直径为 ϕ42mm，垂直预裂孔采用 CL351 钻机造孔，钻孔直径为 ϕ90mm，孔深控制在 10～15m，孔距为 0.8～0.9m。

（2）装药。爆破孔装药采用竹片、导爆索绑扎直径 ϕ32mm 药卷间隔装药。

（3）起爆方式。采用毫秒延期非电微差起爆网络，最大单响药量不大于 50kg。

（4）出渣。出渣主要采用 CAT330 反铲挖掘机，配 15t 自卸车运输；保护层开挖先采用人工配合翻渣，然后再进行机械出渣。

6. 齿槽、止水槽及断层开挖方法

（1）钻孔。造孔采用手风钻，采用小药量、小单响的爆破，周边采用预裂孔爆破，爆破孔间排距为 1.8m×1.8m 的方形布孔。

（2）装药。爆破孔装药采用竹片绑扎串联直径为 ϕ32mm 药卷连续装药，预裂孔采用竹片绑扎，导爆索串联 ϕ32mm 药卷间隔装药。

（3）起爆方式。爆破网络采用拉槽钻爆，炸药单耗比常规梯段爆破略大，取 $q=0.6\text{kg/m}^3$，爆破网络采用接力式非电导爆管雷管。

（4）出渣。出渣主要采用 CAT330 反铲挖装，15t 自卸车运至渣场。

三、主要施工机械配置

坝基土石方开挖施工机械主要为挖掘机、钻机和运输机械，按高峰月开挖强度 4 万 m^3 进行配置。钻孔采用 CL351 履带钻和手风钻；装运采用反铲挖掘机 CAT330D 进行挖、装，配 15t 自卸汽车进行运输。考虑到开挖强度和工作面布置情况，月工作时间按 25d 计、每天实行两班制作业、每班工作 9h 的工作制度进行机械设备的配置。

1. 挖掘机

（1）生产率计算，有

$$P_j = 60qnK_eK_cK_yK_z$$

式中 q——铲斗几何容量，m^3，CAT330D 铲斗 1.8m^3；

n——挖掘机每分钟挖土次数，取 2 次；

K_e——土壤可松系数，爆破不好的岩石取 0.75；

K_c——铲斗充盈系数，爆破不好的岩石取 0.7；

K_y——挖掘机在掌子面内移动影响系数，取 0.95；

K_z——掌子面高低与旋转角大小的校正系数，取 1.2。

根据上述系数计算：

CAT 330D 生产率：$P_j=60\times1.8\times2\times0.75\times0.7\times0.95\times1.2=129(\text{m}^3/\text{h})$（自然方）；

实际生产率为：

CAT330D 生产率：$P=9\times0.9\times129=1045$（$m^3$/台班）（自然方）

（2）挖掘机需用量计算。

挖掘机、装载机需用量主要根据开挖量和机械生产效率来确定，按下式计算，即

$$N=K_s m/WP_s K_t$$

式中　m——月开挖的方量，4 万 m^3（自然方）；

K_s——岩石松散系数，取 1.45；

W——月台班数，每月工作 25d，每天 2 台班；

K_t——时间利用系数，取 0.9。

经过计算，并根据工作面的需要，配置 CAT330D 挖掘机两台能满足工程需求，同时备用 1 台 CAT330D 挖掘机。

2. 履带钻机

（1）生产率计算，有

$$P=9VK_t$$

式中　P——钻机生产率，m/台班；

V——钻机钻进速度，履带钻机钻中硬岩石取 30m/h；

K_t——时间利用系数，取 0.9。

根据上述系数计算：

生产率：$P=9\times30\times0.9=243$（m/台班）

（2）钻机需用量计算。

钻机需用量按下式计算，即

$$N=L/P=Q/qP$$

式中　Q——月开挖的方量，4 万 m^3；

q——每延米孔深爆破方量，按岩石坚固系数 10，每 $12m^3$/延米；

P——生产率，243m/台班。

则需履带钻机数量 $N_1=40000/12/243/2/25=0.27$（台），选配 1 台，另外还选配了 8 把手风钻作为大块石解小及局部补充爆破钻孔。

3. 自卸汽车

（1）生产率计算。

本工程开挖区至弃渣场最大距离约 1km，考虑运输道路情况及施工条件，每小时运 4 趟，15t 汽车载重按 $8m^3$（自然方）；工作时间每月 25d，每天 2 台班，每台班 9h 计算，则其生产率：

15t 汽车生产率：$P=25\times4\times9\times2\times8\times0.8=11520$（$m^3$/月）

（2）汽车需用量计算。

汽车需用量按下式计算，即

$$N=K_s m/P$$

式中　m——月开挖强度，4 万 m^3（自然方）；

P——生产率，15t 汽车生产率 11520m³/月。

则需：15t 汽车数量 N=40000/11520=3.4（台）。工作面需要增加 4 台。则实际进场车辆为 8 台。

根据开挖施工进度安排，采用加大施工机械投入来加以确保，现按土石方高峰强度为 4 万 m³/月。主要施工机械配置见表 3-22。

表 3-22　主要施工机械配置表

序　号	设　备　名　称	型　号　规　格	单　位	数　量	备　注
1	履带潜孔钻机	CL351	台	2	
2	手风钻	YT28	台	8	
3	空压机	21m³/min	台	2	
4	空压机	17m³/min	台	1	
5	反铲挖掘机	CAT330D	台	1	
6	反铲挖掘机	HD215	台	1	
7	装载机	ZL50	台	1	
8	自卸车	15t	台	8	
9	潜水泵	3kW	台	2	

【技能训练】

一、单选题

1. 土方工程施工不具有的特点是（　　）。

A. 土方量大　　B. 劳动繁重　　C. 工期短　　D. 施工条件复杂

2. 已知某基坑的开挖深度为 4m，采用放坡开挖，坡度系数为 0.5，则其单侧边坡宽度为（　　）。

A. 2m　　B. 3.5m　　C. 4m　　D. 8m

3. 有支护结构的深基坑开挖时，应遵循由上而下，（　　），严禁超挖的原则。

A. 先撑后挖，分层开挖　　B. 先挖后撑，分层开挖

C. 先撑后挖，分段开挖　　D. 先挖后撑，分段开挖

4. 推土机常用于（　　）。

A. 开挖大型干燥基坑　　B. 场地清理与平整

C. 开挖窄而深的基坑　　D. 开挖较深较大的基坑

5. 反铲挖土机的挖土特点是（　　）。

A. 后退向下，强制切土　　B. 前进向上，强制切土

C. 后退向下，自重切土　　D. 直上直下，自重切土

6. 当单斗挖土机与自卸汽车配套时，为充分发挥两者的生产率，自卸汽车的载重量宜为挖土机每斗土重量的（　　）倍。

A. 1～2　　B. 3～5　　C. 6～8　　D. 8～10

7. 若药包埋设深度为4m，引爆后爆破漏斗底圆半径为5m，则此类爆破属（　　）。

A. 加强抛掷爆破　　B. 标准抛掷爆破　　C. 减弱抛掷爆破

8. 浅孔阶梯爆破中，若爆破介质为松软岩石，则炮孔深度 L 应（　　）阶梯高度。

A. 小于　　B. 等于　　C. 大于

9. 定向爆破筑坝时，爆破区设在（　　）为宜。

A. 凸岸　　B. 凹岸　　C. 山顶

10. 预裂爆破就是要在开挖边线上形成一条足够宽度的裂缝，其目的是为了（　　）。

A. 保护爆破区岩体免遭破坏

B. 保护爆破区岩体，以免能量损失

C. 削减爆破时冲击波能量，使保护区免遭破坏

二、多选题

1. 影响基坑边坡大小的因素有（　　）。

A. 开挖深度　　B. 土质条件　　C. 地下水位　　D. 施工方法　　E. 坡顶荷载

2. 下列各种情况下受土的可松性影响的是（　　）。

A. 填方所需挖土体积计算　　B. 确定运土机具数量

C. 计算土方机械生产率　　D. 土方平衡调配

E. 场地平整

3. 影响填土压实质量的因素是（　　）。

A. 土料的种类和颗粒级配　　B. 压实功　　C. 土的含水量

D. 每层铺土厚度　　E. 压实遍数

4. 正铲挖土机的作业特点有（　　）。

A. 能开挖停机面以上1～4类土　　B. 挖掘力大　　C. 挖土时，直上直下自重切土

D. 生产效率高　　E. 宜于开挖高度大于2m的干燥基坑

5. 土方调配就是对（　　）之间的关系进行综合协调的处理。

A. 土方量的计算　　B. 挖土的利用

C. 挖出后土的堆弃　　D. 预留回填土

三、简答题

1. 土方工程施工中，根据土体开挖的难易程度土体如何分类?

2. 单斗挖土机有哪几种类型？其工作特点和适用范围如何？正铲、反铲挖土机开挖方式有哪几种？如何选择?

3. 土方调配应遵循哪些原则？调配区如何划分?

4. 简述在有限介质中的爆破机理。

5. 爆破装药量计算中，所选用的单位耗药量是标准情况下的采用值。何谓标准情况？如何确定单位耗药量?

6. 何谓毫秒微差爆破？其有何优点?

7. 提高爆破效果的方法和措施有哪些?

8. 爆破工程中有哪些安全问题？各种安全问题的控制指标是什么？它们与哪些因素有关?

四、计算题

1. 一埋置深度为4m的药包，爆破后得到底直径为10m的爆破漏斗。求：(1) 爆破作用指数，指出属何种类型的爆破？如果炸药单耗为1.5kg/m^3，爆破药量是多少？(2) 如果漏斗直径不变，要求实现减弱抛掷爆破，其深度如何调整？

2. 某施工单位承担一土石坝施工任务，该单位对坝基开挖做了施工组织设计，坝基基坑深为-4.5m，采用爆破法施工，土方量为8000m^3，平均运距为8km，合同工期为7d。该施工单位有甲、乙、丙液压挖掘机各4台、2台、2台，A、B、C自卸汽车各12台、30台、18台，挖掘机的机械利用率为0.9，自卸汽车的机械利用率为0.95，其主要参数见表3-23和表3-24。

表3-23　　挖　掘　机

型　号	甲	乙	丙
斗容量	0.60	0.75	1.00
台班产量（m^3）	450	600	700
台班单价（元/台班）	1050	1300	1400

表3-24　　自　卸　汽　车

能力	A	B	C
运距8km台班运量（m^3）	35	48	75
台班单价（元/台班）	380	460	790

(1) 若挖掘机和自卸汽车只能取一种，而数量没有限制，如何组合最经济？说明理由。并计算其单方挖运直接费。

(2) 若每天一个台班，安排挖掘机和自卸汽车的型号、数量不变，应安排多少台、何种型号的挖掘机和自卸汽车可以完成施工任务？

(3) 按上述安排，1m^3土石方的挖、运直接费为多少？列式计算。

项目4　土石坝工程施工

【教学目标】

以一土石坝工程项目为载体，通过分析土坝、堆石坝具体施工条件，掌握做现场碾压试验、合理编制土石坝施工方案的技能。

【教学要求】

知识要点	能力目标
土石料场规划	理解土石坝土石料场规划的原则，并能依据工程实际情况加以分析利用
土石料开挖与运输	掌握土石料开挖和运输的机械化施工方法，并能依据工程实际情况正确地选择挖运方案
土石料的填筑与压实	掌握土石料填筑与压实的施工程序和方法，根据土料的不同，能正确地选择土石坝填筑与压实的方法
碾压试验与质量控制	掌握碾压试验的方法，根据试验结果选择正确的质量控制参数
面板堆石坝施工技术	了解面板堆石坝的施工程序和技术要求

【引例】

水布垭电站挡水大坝为钢筋混凝土面板堆石坝，最大坝高 233m，坝轴线长度 660m。坝顶高程 409m，坝顶宽度 12m，防浪墙顶高程 410.4m，墙高 5.4m。大坝上游坝坡 1∶1.4，下游平均坝坡 1∶1.4。最大横断面底宽约 640m。

（一）坝体填筑设计工程量

坝体填料分 7 个主要填筑区，从上游至下游分别为盖重区（ⅠB)、粉细砂铺盖区（ⅠA)、垫层区（ⅡA 包括小区垫层料ⅡAA)、过渡区（ⅢA)、主堆石区（ⅢB)、次堆石区（ⅢC)、下游堆石区（ⅢD）和下游坡面干砌块石，大坝填筑量（包括上游铺盖）为 1563.74 万 m^3。分区工程量见表 4－1。

表 4－1　大坝填筑分区工程量表

大坝分区	工程量（m^3）	大坝分区	工程量（m^3）
垫层料（ⅡA)	464100	粉细砂料（ⅠA)	54600
小区垫层料（ⅡAA)	24000	盖重料（ⅠB)	626900
过渡区（ⅢA)	642000	干砌石护坡	134500

续表

大坝分区	工程量（m^3）	大坝分区	工程量（m^3）
主堆石区（ⅢB）	7760100	反滤料	
次堆石区（ⅢC）	4211500		
下游堆石区（ⅢD）	1719700	合计	15637400

（二）填筑设计技术要求

由于工程枢纽各建筑物部位开挖量大，因此尽量利用其开挖料作为填筑料物，不足部分从石料场开采补充，根据坝体填筑的不同部位的填筑料要求不一。结合各建筑物基础开挖确定大坝填筑料，主要来源及材料特性见表4-2。

表4-2　　大坝填筑料源及材料特性表

大坝分区	母岩类别	填料来源	级配要求			干密度（g/cm^3）	孔隙率（%）	含泥量（%）	最大压实层厚（mm）	洒水量（%）	最少碾压遍数（初定）	渗透系数（cm/s）
			最大料径（mm）	≤5mm（%）	＜0.1mm（%）							
ⅡA	茅口组灰岩	料场开采料、人工轧制（外购）	80	35～50	4～7	2.25	17		400	10	6	$1\times10^{-2\sim5}\times10^{-4}$
ⅡAA	茅口组灰岩	料场开采料、人工轧制（外购）	40	35～50	4～7	2.25	17		200	10	6	$1\times10^{-2\sim5}\times10^{-4}$
ⅢA	茅口组灰岩	公山包、桥沟料场开采料洞挖料（硬岩）	300		≤5	2.20	18.8		400	10	6	$5\times100^{0\sim1}\times10^{-1}$
ⅢB	茅口组灰岩	开挖料、料场开采料	800			2.18	10.6	＜5	800	20	6	自由排水
ⅢC	栖霞组灰岩混合料	开挖料、桥沟、长淌河存料	800			2.15	20.7	≤5	800	10	6	自由排水
ⅢD	栖霞组硬岩	开挖料桥沟存料	1200			2.15	20.7	≤5	1200	20	6	自由排水
ⅠA		外购	1		10～20				300	适量	压实	
ⅠB		开挖料	300						300	适量	压实	
坝坡砌石			≥800									

1. 垫层料、小区料

（1）材料要求。

ⅡA、ⅡAA区料为半透水垫层，对堵缝无黏性细料有反滤保护作用，具有低压缩性、高抗剪强度，为非塑性的、级配良好的灰岩人工制备料，要求颗粒坚硬、耐久，不含黏土和有机物等杂质。

垫层料（ⅡA）的级配范围：最大粒径80mm，含砂（$d \leqslant 5$mm）量为35%～50%，小于0.1mm颗粒含量4%～7%。设计干密度2.25g/cm^3，相应孔隙率17%，渗透系数$1\times10^{-2}\sim5\times10^{-4}$cm/s。

小区料（ⅡAA）为ⅡA区料剔除大于40mm部分后的级配料。

(2) 铺料与碾压要求。

垫层料区每层铺料厚度为400mm，小区料区每层铺料厚度为200mm，铺料应近似水平并防止分离形成大空隙。

ⅡA区应与ⅢA区平起填筑，以便和ⅢA区同时碾压。

水平碾压：选用不小于10t的自行式振动平碾，激振力不小于200kN，初定碾压遍数不小于6遍，ⅡAA区料和垫层料（ⅡA）上游边缘50cm压实和两侧边角采用重型平板式振动碾压设备。

与趾板或面板相邻区域所采用的填筑碾压设备和方法以不破坏混凝土结构为原则。

在碾压过程中，需适当洒（加）水，水量约10%（体积比），最终加水量经碾压试验确定。

2. 过渡层（ⅢA）

(1) 材料要求。

ⅢA料区为过渡层，料源取自建筑物洞挖料和石料场开采的灰岩料，为非塑性的、碾压后级配良好的细堆石料，颗粒坚硬和耐久，不含黏土和有机物。只有弱风化到新鲜的石灰岩才能作为过渡料源。

过渡料最大粒径不大于300mm，颗粒粒径$d<0.1$mm的含量不大于5%，其级配应符合设计施工图纸的要求，设计干密度2.20g/cm^3，相应孔隙率18.8%，渗透系数$5\times10^{0}\sim1\times10^{-1}$cm/s。

(2) 铺料与碾压要求。

ⅢA区铺料的层厚为不大于400mm，卸料和铺料不允许颗粒分离，并形成近似水平面。

ⅢA区料的高程和相邻的ⅢB区顶部高程的高差不大于400mm。

ⅢA区拟选用16t振动平碾（质量160kN，激振力不小于320kN）碾压不小于6遍，加（洒）水量约为10%（体积比）。

3. 主堆石（ⅢB）

(1) 材料要求。

用于ⅢB区的石料取自建筑物开挖和石料场开采的茅口组灰岩料，ⅢB区堆石料碾压后应级配良好，级配范围应符合设计包络线要求，堆石区经碾压后，应能自由排水。

主堆石料最大粒径不大于800mm，设计干密度2.18g/cm^3，孔隙率19.6%，含泥量小于5%。

(2) 铺料与碾压要求。

ⅢB区料各层铺料最大压实层厚为800mm，石料应铺成近似水平面，铺料厚度根据碾压试验确定。

选用自重大于16t的振动碾，其振动碾运行频率1100～1500次/min，最大激振力不小于 320kN。

ⅢB 区料碾压遍数不小于 6 遍，加（洒）水量约为 20%（体积比）。

4. 次堆石料（ⅢC）及下游堆石料（ⅢD）

（1）材料要求。

ⅢC、ⅢD 区的石料从建筑物开挖料中获取，其石料级配范围应符合设计施工图纸的要求，堆石料经碾压后，应能排水畅通自由。

次堆石料（ⅢC）最大粒径不大于 800mm，下游堆石（ⅢD）料最大粒径不大于 1200mm，ⅢC、ⅢD 料设计干密度 2.15g/cm^3，孔隙率 20.7%，含泥量不大于 5%。

（2）铺料和碾压要求。

次堆石料最大压实层厚为 800mm，下游区堆石料最大压实层厚为 1200mm，堆石料摊铺为近似的水平面。

在填筑和摊铺ⅢD 区堆石料时，将高程 225m 以上的较大的岩块（直径大于 1000mm）推到大坝下游坡面作为干砌块石料。

碾压采用大于 16t 振动碾，平碾最大激振力不小于 320kN，压实遍数不小于 6 遍，并适当洒水，其ⅢC 区为 10%、ⅢD 区约为 20%（体积比），最终通过碾压试验确定。

5. 下游坝坡砌石

（1）材料要求。

下游坡面石块从相邻ⅢD 区挑选大块石，母岩为栖霞组硬岩，块石的最大粒径不宜小于 80cm。坡面应有均匀的颜色和外观，不要求加水和碾压。

（2）施工要求。

下游坡面块石护坡应随坝体上升逐层砌筑。

块石坡面的施工由人工或机械手挑选合格的块石堆放在靠近坝坡边缘呈条带状，便于定位。要求块石大面朝外，坡面误差值在±10cm 内。各层的护坡块石与同层的堆石料采用交替砌筑的方法进行。

6. 铺盖填筑

（1）填料的要求。

ⅠA 区的填料由人工粉细砂筛选制成。满足下列要求：

1）最大粒径为 1.0mm，通过 0.1mm 筛网的含量在 10%～20%之间。

2）可塑性试验的结果表明为非塑性土料。

ⅠB 区的填料为建筑物开挖料中土石混合料。

（2）铺料与碾压。

ⅠA 料近似水平地连续分层填筑，铺层厚度不大于 300mm。ⅠA 区与ⅠB 区料平起填筑，ⅠA 区与ⅠB 区之间的填筑高差不大于 300mm。

ⅠA、ⅠB 区采用运输车辆和推土机压实，并适量洒水。

7. 垫层坡面保护

（1）上游垫层坡面料每上升 15～25m 进行一次斜坡面碾压。修整后的坡面高出设计法线方向厚度 10～15cm，具体范围及数值将根据坝体实际施工的变形情况计算确定。

（2）沿斜坡方向采用滚筒式振动碾，或用重型平板式振动碾压设备。

(3) 斜坡碾压按3个阶段进行:

阶段1　无振动。

阶段2　半振动:指振动碾在最大频率一半的振动。

阶段3　全振动:指振动碾在最大频率时的振动。

3个阶段各种碾压参数由试验确定。确定原则为:用全振动碾压时,坡面上的填料不会沿坡面滚下。

(4) 坡面保护的碾压砂浆采用M5,厚度为5cm。

(5) 碾压砂浆上部先喷涂水稀释的阳离子沥青乳液底层一次,再喷阳离子沥青乳液两层,用量为1.4~2.8L/m^2,每喷一层沥青乳液撒一层砂,即采用三沥二砂保护。

本工程大坝填筑共有1563.74万m^3,高峰时段平均强度45.75万m^3/月,高峰强度达58万m^3/月。

试拟定该堆石坝填筑施工方案。

【基本知识学习】

土石坝包括各种碾压式土坝、堆石坝和土石混合坝,是一种充分利用当地材料的坝型。随着大型、高效施工机械的广泛采用,坝体防渗结构和材料的改进,施工人数大量减少,施工工期不断缩短,施工费用显著降低,施工条件日益改善,为土石坝发展开辟了广阔前景。自20世纪70年代以来,世界各国兴建的土石坝无论在数量上还是在高度上均超过了混凝土坝。特别是20世纪80年代以来,混凝土面板堆石坝以其经济性和快速施工的显著特点,更成为坝工建设中具有很强竞争力的一种新坝型。

根据施工方法的不同,土石坝分为干填碾压、水中填土、水力冲填(包括水坠坝)和定向爆破修筑等类型。国内外均以碾压式土石坝采用最多。

碾压式土石坝的施工,包括准备作业、基本作业、辅助作业和附加作业。

准备作业包括:平整场地、通车、通水、通电;架设通信线路;修建生产、生活、行政办公用房以及排水清基等项工作。

基本作业包括:料场土石料开采,挖、装、运、卸以及坝面铺平、压实、质检等项作业。辅助作业是保证准备及基本作业顺利进行,创造良好工作条件的作业,包括清除施工场地及料场的覆盖,从上坝土料中剔除超径块石、杂物,坝面排水、层间刨毛和加水等。

附加作业是保证坝体长期安全运行的防护及修整工作,包括坝坡修整,铺砌护面块石及铺植草皮等。

4.1　坝体材料与料场规划

4.1.1　土石坝筑坝材料及其要求

土石坝最大的特点是对材料的适应性,能够根据近坝材料的特性,设计坝体断面,因此,土石坝又称为当地材料坝。

1. 防渗料

作为防渗的土料最基本的要求是防渗性，渗透系数不大于 1×10^{-5}cm/s 时，一般即可满足要求。同时，还希望具有一定的抗剪强度，有较好的渗流稳定性，有适应坝体变形的塑性，有良好的施工性、低压缩性，不存在影响坝体稳定的膨胀性或收缩性，无过量的可溶盐（5%）和有机物（2%）含量等。施工性方面，一般要求土料的天然含水量在最优含水量附近，无影响压实的超径材料，压实后的坝面有较高的承载力，以便于施工机械正常作业。只要渗透系数满足要求，做好反滤保护，无塑性的粉质砂土也可以作为高坝的防渗材料。严格反滤、放宽材料，是现代心墙用料的工程趋向。

渗流稳定性指防渗料的抗管涌能力与抗冲蚀能力。一般认为，塑性大的细粒土抗管涌能力强；砾类土抗冲蚀能力强，可以使心墙裂缝自愈。设计施工中，强调反滤料对心墙保护以及设置接触黏土，以防止心墙与基础面的接触冲蚀，起到改善心墙应力的作用。

细粒土是我国采用最多的防渗材料，在 20 世纪 80 年代以前开工建设的高土石坝的心墙都采用纯细粒土，其最大粒径不超过 5mm。黄河小浪底心墙堆石坝（坝高 154m）也采用细粒土作为心墙料。只要坝址附近有数量足够、天然含水量适中的细粒土，采用细粒土作为防渗料是较好的选择。

采用风化料作高土石坝的防渗材料，国外开始于 20 世纪 50 年代，70 年代以来日臻成熟。我国采用风化料作 100m 以上的土石坝的防渗体，开始于 20 世纪 80 年代初。云南黄泥河鲁布革心墙堆石坝（104m）即采用了风化料作防渗心墙料。

砾质土有很高的承载力，可以采用中型机械进行碾压，在良好级配情况下，也可作为防渗材料。如设计中的大渡河瀑布沟心墙堆石坝（坝高 186m）即采用砾质土作防渗料。

采用黏土与砂砾石掺合料作防渗材料，可以改善防渗体的施工性，减小其压缩性，并增强其抗冲蚀能力，如我国援外项目阿尔巴尼亚的菲尔泽垂直心墙坝（坝高 165.5m）即采用掺合料作防渗料。

2. 坝壳料

工程实践中，堆石、砂砾石及风化料等均可作为坝壳料。

堆石按施工方式可分为抛填、分层碾压、手工干砌石、机械干砌石等；按其材料及来源可分为采石场玄武岩、变质安山岩、砂岩、砾岩、采石场花岗岩、片麻岩、石灰岩、冲积的漂卵石、石渣料等。堆石是最好的筑坝材料，现广泛用作高土石坝的坝壳料。

我国已建的土石坝坝壳采用砂砾石的很多，如大伙房、密云、石头河、碧口等。混凝土面板堆石中，不少也以砂砾石为筑坝材料，如小干沟、两岔河、吉林台一级等。碾压砂砾石压缩性低，抗剪强度高，但往往细粒含量大，易冲蚀，易管涌，因此需要加强渗流控制措施。

风化料属于抗压强度小于 30MPa 的软岩类，往往存在湿陷问题。因此，用作坝壳料，其填筑含水量必须大于湿陷含水量，压实到最大密度，以改善其工程性质。

3. 反滤料

反滤料一般要满足坚固度要求，要求级配严格，一般采用混凝土砂石料生产系统生产，但不要求冲洗。也可采用天然冲积层砂砾石经筛分生产。

4.1.2 料场规划的原则

土石坝用料量很大，料场的合理规划与使用，是土石坝施工中的关键问题之一，它不仅关系到坝体的施工质量、工期和工程投资，而且还会影响到工程的生态环境和国民经济其他部门。在选坝阶段需对土石料场全面调查，施工前配合施工组织设计，要对料场做深入勘测，并从空间、时间、质与量等方面进行全面规划。

空间规划系指对料场位置、高程的恰当选择，合理布置。土石料的上坝运距尽可能短些，高程上有利于重车下坡，减少运输机械功率的消耗。近料场不应因取料影响坝的防渗、稳定和上坝运输；也不应使道路坡度过陡引起运输事故。坝的上下游、左右岸最好都选有料场，这样有利于上下游左右岸同时供料，减少施工干扰，保证坝体均衡上升。用料时原则上应低料低用，高料高用，当高料场储量有余裕时，也可高料低用。同时料场的位置应有利于布置开采设备、交通及排水通畅。对石料场尚应考虑与重要建筑物、构筑物、机械设备等保持足够的防爆、防震安全距离。

时间规划就是考虑施工强度和坝体填筑部位的变化。随着季节及坝前蓄水情况的变化，料场的工作条件也在变化。在用料规划上应力求做到上坝强度高时用近料场，低时用较远的料场，使运输任务比较均衡。对近料场和上游易淹的料场应先用，远料和下游不易淹的料场后用；含水量高的料场旱季用，含水量低的料场雨季用。在料场使用规划中，还应保留一部分近料场供合龙段填筑和拦洪度汛高峰时使用。此外，还应对时间和空间进行统筹规划，否则会事与愿违。例如，甘肃省碧口土坝，施工初期由于料源不足，规划不落实，导流后第一年度汛时就将4.5km以内的砂砾料场基本用完，而以后逐年度汛用料量更大，不得不用4.5km以外的远料场，不仅增加了不必要的运输任务，而且也给后期各年度汛增加了困难。

料场质与量的规划，是料场规划最基本的要求，也是决定料场取舍的重要因素。在选择和规划使用料场时，应对料场的地质成因、产状、埋深、储量以及各种物理力学指标进行全面勘探和试验。勘探精度应随设计深度加深而提高。在施工组织设计中，进行用料规划，不仅应使料场的总储量满足坝体总方量的要求，而且应满足施工各阶段最大上坝强度的要求。料尽其用，充分利用永久和临时建筑物基础开挖碴料是土石坝料场规划的又一重要原则。为此应增加必要的施工技术组织措施，确保碴料的充分利用。例如，若导流建筑物和永久建筑物的基础开挖时间与上坝时间不一致时，则可调整开挖和填筑进度，或增设堆料场储备碴料，供填筑时使用。为了紧缩坝体设计断面和充分利用碴料，采用人工筛分控制填料的级配越来越普遍。美国园峰坝有70%上坝料经过筛分，沃洛维尔坝在开挖心墙料时将大于7.5cm的料选出来作为坝壳填料。国内碧口土石坝利用混凝土骨料筛分后的超径料作为坝壳填料。这类利用料的数量、规格都应纳入料场规划中去。

料场规划还应对主要料场和备用料场分别加以考虑。前者要求质好、量大、运距近，且有利于常年开采；后者通常在淹没区外，当前者被淹没或因库区水位抬高，土料过湿或其他原因中断使用时，则用备用料场保证坝体填筑不致中断。

在规划料场实际可开采总量时，应考虑料场查勘的精度、料场天然容重与压实容重的差异，以及开挖运输、坝面清理、返工削坡等损失。实际可开采总量与坝体填筑量之比一般为：土料 2～2.5；砂砾料 1.5～2；水下砂砾料 2～3；石料 1.5～2；反滤料应根据筛后有效方量确定，一般不宜小于 3。另外，料场选择还应与施工总体布置结合考虑，应根据运输方式、强度来研究运输线路的规划和装料面的布置。料场内装料面应保持合理的间距，间距太小会使道路频繁搬迁，影响工效；间距太大影响开采强度，通常装料面间距取 100m 为宜。整个场地规划还应排水通畅，全面考虑出料、堆料、弃料的位置，力求避免干扰以加快采运速度。

4.1.3　料场优化的基本方法

土石坝工程，既有大量的土石方开挖，又有大量的土石方填筑。开挖可用料的充分利用，废弃料的妥善处理，补充料场的选择与开采数量的确定，备用料场的选择，以及物料的储存、调度是土石坝施工组织设计的重要内容，对保证工程质量、加快施工进度、降低工程造价、节约用地和保护环境具有重要意义。

土石方平衡的原则是充分而合理地利用建筑物开挖料。根据建筑物开挖料和料场开采料的料种与品质，安排采、供、弃规划，优料优用，劣料劣用。保证工程质量，便于管理，便于施工。充分考虑挖填进度要求，物料储存条件，且留有余地，妥善安排弃料，做到保护环境。

在划分标段时，溢洪道等拟作坝料的大方量建筑物开挖工程，宜与大坝填筑划归同一标段，以创造开挖料直接上坝条件。与填筑不同期的开挖体、与填筑不是同一标段的开挖工程，不宜直接上坝；同期同一标段的开挖工程，也应该设置足够容量的调节料场，作为挖填不能同期施工时调节之用。拟作坝料的大方量建筑物开挖工程，应尽量和坝体填筑进行协调施工，避免或减少因料场转运增加费用和物料损耗。土石方的平衡方法从以下两个方面着手：

1. 填挖料平衡计算

根据建筑物设计填筑工程量统计各料种填筑方量。根据建筑物设计开挖工程量、地质资料、建筑物开挖料可用及不可用分选标准，进行经济比较，确定并计算可用料和不可用料数量；根据施工进度计划和渣料存储规划，确定可用料的直接上坝数量和需要存储的数量；根据折方系数、损耗系数，计算各建筑物开挖料的设计使用数量（含直接上坝数量和堆存数量）、舍弃数量和由料场开采的数量，进行挖、填、堆、弃综合平衡。

2. 土石方调度优化

土石方调度优化的目的是找出总运输量最小的调度方案，从而达到运输费用最低，降低工程造价。土石方调度是一个物资调动问题，可用线性规划等方法进行优化处理。对于大型土石坝，可进行土石方平衡及坝体填筑施工动态仿真，优化土石方调配，论证调度方案的经济性、合理性和可行性。

4.2　土石料的开挖与运输

4.2.1　土石料的开采与加工

料场开采前应做好以下准备工作：划定料场范围；分期分区清理覆盖层；设置排水系

统；修建施工道路；修建辅助设施。坝料开采与加工，应参考已建工程经验，结合本工程情况，进行必要的现场试验，选择合适的工艺过程。试验一般包括：调整土料含水量试验；堆石料爆破试验；掺合料掺和工艺试验；各种料的碾压压实试验；其他特定条件下的试验等。

1. *土料的开采*

土料开采一般有立采和平采两种。当土层较厚，天然含水量接近填筑含水量，土料层次较多，各层土质差异较大时，宜采用立面开采方法。规划中应确定开采方向、掌子面尺寸、先锋槽位置、采料条带布置和开采顺序。在土层较薄，土料层次少且相对均质、天然含水量偏高需翻晒减水的情况下，宜采用平面开采方法。规划中应根据供料要求、开采和处理工艺，将料场划分成数区，进行流水作业。

2. *土料的加工*

土料的加工包括调整土料含水量、掺合、超径料处理和某些特殊的处理要求。降低土料含水量的方法有挖装运卸中的自然蒸发、翻晒、掺料、烘烤等方法。提高土料含水量的方法有在料场加水，料堆加水，在开挖、装料、运输过程中加水。

土料与一定的掺料掺合加工成为掺合料，可分别或综合解决以下问题：减小土料压缩性，防止防渗体开裂，改变土料含水量，改善土料的施工特性，改善防渗性能，节约土料等。一般掺合办法有：①水平层铺料——立面（斜面）开采掺合法；②土料场水平单层铺放掺料——立面开采掺合法；③在填筑面堆放掺合法；④漏斗——带式输送机掺合法。其中，第①、④种方法采用较多。

砾质土中超径石含量不多时，常用装耙的推土机先在料场中初步清除，然后在坝体填筑面上进行填筑平整时再做进一步清除；当超径石的含量较多时，可用料斗加设蓖条筛（格筛）或其他简单筛分装置加以筛除，还可采用从高坡下料，造成粗细分离的方法清除粗粒料。

在进行反滤料、垫层料、过渡料等小区料的开采和加工时，若级配合适，可用砂砾石料直接开采上坝或经简易破碎筛分后上坝。若无砂砾石料可供使用，则可用开采碎石加工制备。对于粗粒径较大的过渡料宜直接采用控制爆破技术开采，对于较细且质量要求高的反滤料、垫层料，则可用破碎、筛分、掺合工艺加工。

如果其级配接近混凝土骨料级配，可考虑与混凝土骨料共同使用一个加工系统，必要时也可单独设置破碎筛分系统。

3. *砂砾石料和堆石料的开采*

砂砾石料开采，主要有陆上和水下开采两种方式。陆上开采用一般挖运设备即可。水下开采，一般采用采砂船和索铲开采。当水下开采砂砾石料含水量高时，需加以堆放排水。

主堆石料方量大，开采强度高，是土石坝工程施工进度控制的关键环节，必须详细研究其开采规划和开采工艺。块石料的开采一般是结合建筑物开挖或由石料场开采，开采的布置要形成多工作面流水作业方式。开采方法一般采用深孔梯段爆破，除非为了特定的目的才使用洞室爆破。

4. 超径料的处理

超径块石料的处理方法，主要有浅孔爆破法和机械破碎法两种。

浅孔爆破法是指采用手持式风动凿岩机对超径石进行钻孔爆破。

机械破碎法是指采用风动和振动破石、锤击破碎超径块石，也可利用吊车起吊重锤，重锤自由下落破碎超径块石。

4.2.2 土石料开挖运输方案

坝料的开挖与运输，是保证上坝强度的重要环节之一。开挖运输方案主要根据坝体结构布置特点、坝料性质、填筑强度、料场特性、运距远近、可供选择的机械设备型号等多种因素，综合分析比较确定。土石坝施工中常见的开挖运输方案主要有以下几种：

（1）正向铲开挖，自卸汽车运输上坝。正向铲开挖、装载，自卸汽车运输直接上坝，通常运距10km。自卸汽车可运各种坝料，运输能力强，设备通用，能直接铺料，机动灵活，转变半径小，爬坡能力较强，管理方便，设备易于获得，在国内外的高土石坝施工中，获得了广泛的应用，且挖运机械朝着大斗容量、大吨位方向发展。

在施工布置上，正向铲一般都采用立面开挖，汽车运输道路可布置成循环路线，装料时停在挖掘机一侧的同一平面上，即汽车鱼贯式地装料与行驶，如图4-1所示。这种布置形式，可避免或减少汽车的倒车时间，正向铲采用60°～90°的转角侧向卸料，回转角度小，生产率高，能充分发挥正向铲与汽车的效率。

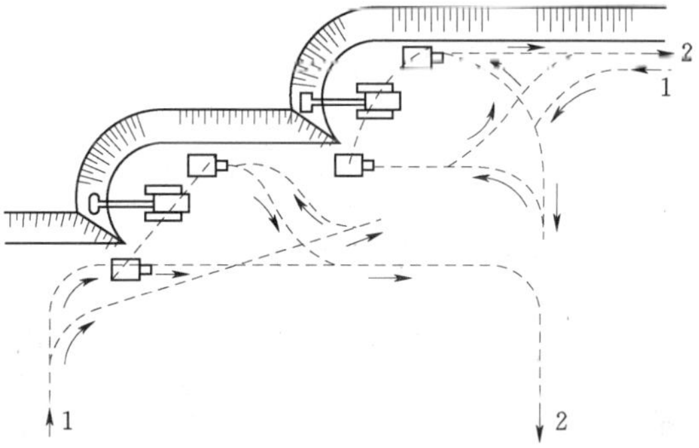

图4-1 汽车在正向铲机侧、机后装料平面布置
1—空车线路；2—重车线路

（2）正向铲开挖，带式运输机运输上坝。国内外水利水电工程施工中，广泛采用了胶带机运输土、砂石料。如我国的大伙房、岳城、石头河等土石坝施工，带式运输机均为主要的运输工具。带式运输机的爬坡能力强，架设简易，运输费用较低，比自卸汽车可降低运输费用1/3～1/2，运输能力也较强。带式运输机合理运距小于10km，可直接从料场运输上坝；也可与自卸汽车配合，做长距离运输，在坝前经漏斗由汽车转运上坝；或与有轨机车配合，用带式运输机转运上坝做短距离运输。

（3）斗轮式挖掘机开挖，带式运输机运输，转自卸汽车上坝。对于填筑方量大、上坝强度高的土石坝，若料场储量大而集中，可采用斗轮式挖掘机开挖，其生产率高，具有连续挖掘、装料的特点。斗轮式挖掘机将料转入移动式带式运输机，其后接长距离的固定式带式运输机至坝面或坝面附近经自卸汽车运至填筑面。这种方案，可使挖、装、运连续进行，简化了施工工艺，提高了机械化水平和生产率。石头河土石坝采用DW－200型斗轮式挖掘机开采土料，用宽1000mm、长逾120m、带速150m/min带式运输机上坝，经双翼卸料机于坝面用12t自卸汽车转运卸料，日强度平均达4000～5000m^3，最高达10000m^3（压实方）。

美国圣路易土石坝施工中，采用特大型斗轮式挖掘机，开采的土料经两个卸料口轮流直接装入 100t 的底卸式汽车运输，21 个工作小时装车 1000 车，取土高度 12m，前沿开挖宽度 18.3m。

(4) 采砂船开挖，有轨机车运输，转带式运输机（或自卸汽车）上坝。国内一些大中型水利水电工程施工中，广泛采用采砂船开采水下的砂石料，配合有轨机车运输。在我国大型载重汽车尚不能满足要求的情况下，有轨机车仍是一种效率较高的运输工具，它具有机械结构简单、修配容易的优点。当料场集中、运输量大、运距较远（大于 10km）时，可用有轨机车进行水平运输。有轨机车运输的临建工程量大，设备投资较高，对线路坡度、转变半径等的要求也较高。有轨机车不能直接上坝，可在坝脚经卸料装置卸至带式运输机或自卸汽车转运上坝。

坝料开挖运输方案很多，但无论采用何种方案，都应结合工程施工的具体条件，组织好挖、装、运、卸的机械化联合作业，提高机械利用率，减少坝料的转运次数；各种坝料铺筑方法及设备应尽量一致，减少辅助设施；充分利用地形条件，进行统筹规划和布置。此外，运输道路的质量标准，对提高工效、降低车辆设备损耗具有重要作用。

4.3 坝体填筑与压实

当基础开挖和基础处理基本完成后，就可以进行坝体的铺填、压实施工。

4.3.1 坝面作业施工组织规划

土石坝坝面作业施工程序包括卸料、铺料、洒水、压实（对于黏性土料采用平碾，压实后尚需刨毛以保证层间结合的质量）、质量检查等。坝面作业，工作面狭窄，工种多，工序多，机械设备多，施工时需有妥善的施工组织规划。

为避免坝面施工中的干扰，延误施工进度，土石坝坝面作业宜采用分段流水作业施工。流水作业施工组织应先按施工工序数目对坝面分段，然后组织相应专业施工队依次进入各工段施工。这样，对同一工段而言，各专业队按工序依次连续施工；对各专业施工队而言，依次不停地在各工段完成固定的专业工作。其结果是实现了施工专业化，有利于工人熟练程度的提高。同时，各工段都有专业队使用固定的施工机具，从而保证施工过程人、机、地三不闲，避免施工干扰，有利于坝面作业多、快、好、省、安全地进行。

铺料和卸料有 3 种方法，即进占法、后退法和综合法。一般采用进占法，厚层填筑也可采用综合法铺料，以减小铺料工作量。进占法铺料层厚易控制，表面容易平整，压实设备工作条件较好。一般采用推土机进行铺料作业。铺料应保证随卸随铺，确保设计的铺料厚度。

按设计厚度铺料平料是保证压实质量的关键。采用带式运输机或自卸汽车上坝，卸料集中。为保证铺料均匀，需用推土机或平土机散料平料。国内不少工地采用“算方上料、定点卸料、随卸随平、定机定人、铺平把关、插杆检查”的措施，使平料工作取得良好的效果。铺填中不应使坝面起伏不平，避免降雨积水。在坝面各料区的边界处，铺料会越界，通常规定其他材料不准进入防渗区边界线的内侧，边界外侧铺土距边界线的距离不能超过50cm。为配合碾压施工，防渗体土料铺筑应平行于坝轴线方向进行。坝体压实是填筑的最关键工序，压实设备应根据砂石料性质选择。碾压遍数和碾压速度应根据碾压试验确定。碾压方法应便于施工，便于质量控制，避免或减少欠碾和超碾，一般采用进退错距法和圈转套压法，如图4-2所示。进退错距法操作简便，碾压、铺土和质检等工序协调，便于分段流水作业，错距容易掌握，压实质量容易保证，其开行方式如图4-2（a）所示；圈转套压法要求开行的工作面较大，适合于多碾碾组合碾压。其优点是生产率较高，但碾压中转弯套压交接处重压过多，易于超压。当转弯半径小时，容易引起土层扭曲，产生剪力破坏，在转弯的四角容易漏压，质量难以保证。其开行方式如图4-2（b）所示。国内多采用进退错距法。用这种开行方式，为避免漏压，可在碾压带的两侧先往复压够遍数后，再进行错距碾压。错距宽度b(m)按式（4-1）计算，即

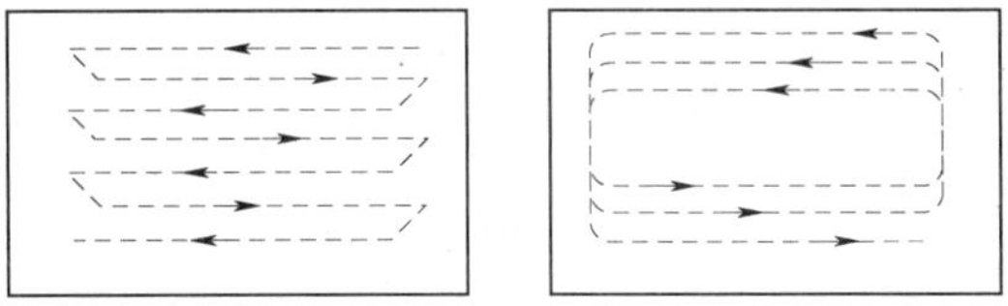

(a) (b)

图4-2 碾压机械开行方式

（a）进退错距法；（b）圈转套压法

$$b=\frac{B}{n} \tag{4-1}$$

式中 n——设计碾压遍数；

B——碾碾净宽，m；

b——碾碾错距宽度，m。

在错距时，为便于施工人员控制，也可前进后退仅错距一次，则错距宽度可增加一倍。对于碾压起始和结束的部分，按正常错距法无法压到要求的遍数，可采用前进后退不错距的方法，压到要求的碾压遍数，或辅以其他方法达到设计密度的要求。

坝体分期分块填筑时，会形成横向或纵向接缝。由于接缝处坡面临空，压实机械有一定安全距离，坡面上有一定厚度的不密实层，另外铺料不可避免地溜滑，也增加了不密实层厚度，这部分在相邻块段填筑时必须处理，一般采用留台法或削坡法。

坝壳靠近岸坡部位施工，用汽车卸料及推土机平料时，大粒径料容易集中，碾压机械压实时，碾碾不能靠近岸坡，因此，需采取一定措施保证施工质量。坝壳与岸坡接合填筑带的质量保证措施一般有限制铺料层厚、限制粒径、充填细料、采用夯击式机械夯实。

对于汽车上坝或光面压实机具压实的土层，应刨毛处理，以利层间结合。通常刨毛深度为3～5cm，可用推土机改装的刨毛机刨毛，工效高、质量好。

4.3.2 结合部位的施工

土石坝施工中，坝体的防渗土料不可避免地要与地基、岸坡、周围其他建筑物的边界相结合；由于施工导流、施工方法、分期分段分层填筑等的要求，还必须设置纵横向的接坡、接缝。所有这些结合部位，都是影响坝体整体性和质量的关键部位，也是施工中的薄

弱环节，质量不易控制。接坡、接缝过多，还会影响到坝体填筑速度，特别是影响机械化施工。对结合部位的施工，必须采取可靠的技术措施，加强质量控制和管理，确保坝体的填筑质量，满足设计要求。

1. 坝基结合面

对于基础部位的填土，一般用薄层、轻碾的方法，不允许用重型碾或重型夯，以免破坏基础，造成渗漏。

对黏性土、砾质土坝基，应将其表层含水量调节至施工含水量上限范围，用与防渗体土料相同的碾压参数压实，然后刨毛深3～5cm，再铺土压实。

非黏性土地基应先压实，再铺第一层土料，含水量为施工含水量的上限，采用轻型机械压实，压实干表观密度可略低于设计要求。与岩基接触面，应首先把局部凹凸不平的岩石修理平整，封闭岩基表面节理、裂隙，防止渗水冲蚀防渗体。若岩基干燥可适当洒水，并使用含水量略高的土料，以便容易与岩基或混凝土紧密结合。碾压前，对岩基凹陷处，应用人工填土夯实。不论何种坝基，当填筑厚度达到2m以后，才可使用重型压实机械。

2. 与岸坡及混凝土建筑物结合

填土前，先将结合面的污物冲洗干净，清除松动岩石，在结合面上洒水湿润，涂刷一层厚约5mm的浓黏土浆或浓水泥黏土浆或水泥砂浆，其目的是为了提高浆体凝固后强度，防止产生危险的接触冲刷和渗透。涂刷浆体时，应边涂刷、边铺土、边碾压，涂刷高度与铺土厚度一致，注意涂刷层之间的搭接，避免漏涂。要严格防止泥浆干固（或凝固）后再铺土，因为它对结合非常不利。

防渗体与岸坡结合处，宽度为1.5～2.0m范围内或边角处，不得使用羊脚碾、夯板等重型机具，应以轻型机具压实，并保证与坝体碾压搭接宽度在1m以上。

混凝土齿墙或坝下埋管两侧及顶部0.5m范围内填土，必须用小型机具压实，其两侧填土应保持均衡上升。

岸坡、混凝土建筑物与砾质土、掺合土结合处，应填筑1～2m宽塑性较高而透水低的土料，避免直接与粗料接触。

3. 坝体纵横向接坡及接缝

土石坝施工中，坝体接坡具有高差较大、停歇时间长、要求坡身稳定的特点。对于允许接合坡度大小及高差大小有争论，尤其对防渗墙与斜墙是否可设置纵横向接坡的争论更大。土石坝施工的实践经验证明，几乎在任何部位都可以适当设置纵横向接坡，关键在于有无必要和采取什么样的施工措施。一般情况下，填筑面应力争平起，斜墙及窄心墙不应留有纵向接缝，如临时度汛需要设置时，应进行技术论证。

防渗体及均质坝的横向接坡不应陡于1∶3，高差不超过15m。均质坝（不包括高压缩性地基上的土坝）的纵向接缝，宜采用不同高度的斜坡和平台相间形式，坡度及平台宽度根据施工要求确定，并满足稳定的要求，平台高差不大于15m。

坝体接坡面可用推土机自上而下削坡，适当留有保护层，配合填筑上升，逐层清至合格层，接合面削坡合格后，要控制其含水量为施工含水量范围的上限。

坝体施工临时设置的接缝相对接坡来讲，其高差较小，停置时间短，没有稳定问题，通常高差以不超过铺土厚度的 1～2 倍为宜，分缝在高程上应适当错开。

4.3.3　反滤料、垫层料、过渡料的施工

反滤料、垫层料、过渡料一般方量不大，但其要求较高，铺料不能分离，一般与防渗体和一定宽度的大体积坝壳石料平起上升，压实标准高，分区线的误差有一定的控制范围。当铺填料宽度较宽时，铺料可采用装载机辅以人工进行。

填筑方法有削坡法、挡板法及土、砂松坡接触平起法 3 类。土、砂松坡接触平起法能适应机械化施工，填筑强度高，可以做到防渗体、反滤层与坝壳料平起填筑，均衡施工，是被广泛应用的施工方法。根据防渗体土料和反滤层填筑的次序、搭接形式的不同，又可分成先砂后土法、先土后砂法、土砂平起法几种。

先土后砂法如图 4-3（a）所示，先填 2～3 层土料，压实时边缘留 30～50cm 宽松土带，一次铺反滤料与黏土齐平，压实反滤料，并用气胎碾压实土砂接缝带。此法容易排除坝面积水；因填土料无侧面限制，施工中有超坡，且接缝处土料不便压实。当反滤料上坝强度赶不上土料填筑时，可采用此法。

先砂后土法如图 4-3（b）所示，先在反滤料设计线内用反滤料筑一小堤，再填筑 2～3 层土料与反滤料齐平，然后压实反滤料及土料接缝带。此法填土料时有反滤料作侧限，便于控制防渗土体边线，接缝处土料便于压实，宜优先采用此法。

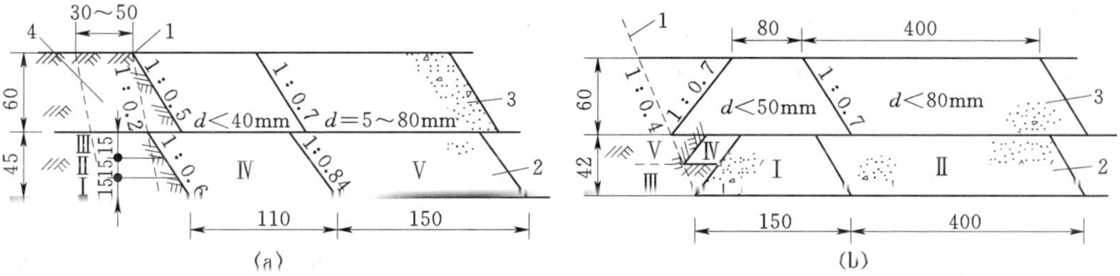

图 4-3　土砂平起施工示意图（单位：mm）

（a）先土后砂法；（b）先砂后土法

1—心墙设计线；2—已压实层；3—未压实层；4—松土带

Ⅰ、Ⅱ、Ⅲ、Ⅳ、Ⅴ—填筑次序

反滤料的压实应包括接触带土料与反滤料的压实。当防渗体土料用气胎碾碾压时，反滤料铺土厚度可与黏土铺土厚度相同，并同时用气胎碾碾压，这是施工中压实接触带最好的方法。若防渗体土料采用羊脚碾碾压时，对于土压砂的情况，两者应同时平起，羊脚碾压到距土砂结合边 0.3～0.5cm 为止，以免羊脚将土下的砂翻出来。然后用气胎碾碾压反滤层，其碾迹与羊脚碾碾迹至少重叠 0.5m 以上，如图 4-4（a）所示。若砂压土时，土、砂也同时平起，同样先用羊脚碾碾压土料，且羊脚碾压到反滤料至少 0.5m 宽，以便把反滤料下的土料压实，然后用气胎碾碾压反滤料，并压实到土料上的宽度至少为 0.5m，如图 4-4（b）所示。

无论是先土后砂法还是先砂后土法，土砂之间必然出现犬牙交错的现象。反滤料的设计厚度，不应将犬牙厚度计算在内，不允许过多削弱防渗体的有效断面，反滤料一般不应

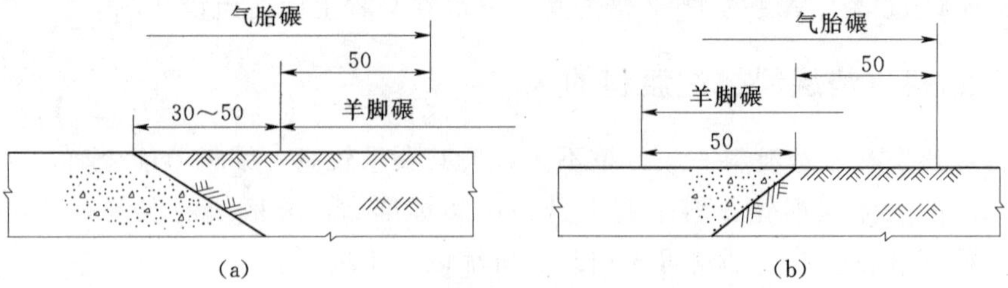

图 4-4　土、砂结合带的压实（单位：cm）

（a）土压砂；（b）砂压土

伸入心墙内，犬牙大小由各种材料的休止角所决定，且犬牙交错带不得大于其每层铺土厚度的 1.5～2.0 倍。

当铺料宽度较宽时，采用自卸汽车运输，推土机平料，压实机械根据不同的填筑材料和施工方法有所不同，一般用振动碾碾压，边角不能达到的部位辅以夯击或平板振动器压实。当料物较细时，应严格控制加水量，避免出现橡皮土现象。

4.3.4　压实机械及压实方法

众所周知，土料不同，其物理力学性质也不同，因此使之密实的作用外力也不同。黏性土料黏接力是主要的，要求压实作用外力能克服黏接力；非黏性土料（砂性土料、石碴料、砾石料）内摩擦力是主要的，要求压实作用外力能克服颗粒间的内摩擦力。不同的压实机械设备产生的压实作用外力不同，大体可分为碾压、夯击和震动 3 种基本类型，如图 4-5 所示。

碾压的作用力是静压力，其大小不随作用时间而变化，如图 4-5（a）所示。夯击的作用力为瞬时动力，有瞬时脉冲作用，其大小随时间和落高而变化，如图 4-5（b）所示。震动的作用力为周期性的重复动力，其大小随时间呈周期性变化，震动周期的长短，随震动频率的大小而变化，如图 4-5（c）所示。

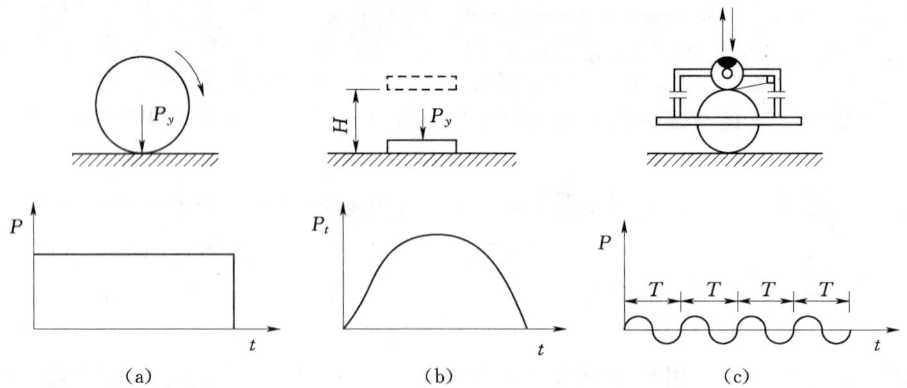

图 4-5　土料压实作用外力示意图

（a）碾压；（b）夯击；（c）震动

1. 压实机械及压实方法

根据压实作用力来划分，通常有碾压、夯击、震动压实 3 种机具。随着工程机械的发展，又有震动和碾压同时作用的震动碾、产生震动和夯击作用的震动夯等。常用的压实机有以下几种：

（1）羊脚碾。

羊脚碾的外形如图 4－6 所示，它与平碾不同，在碾压滚筒表面设有交错排列的截头圆锥体，状如羊脚。钢铁空心滚筒侧面设有加载孔，加载大小根据设计需要确定。加载物料有铸铁块和砂砾石等。碾磙的轴由框架支撑，与牵引的拖拉机用杠辕相连。羊脚的长度随碾磙的重量增加而增加，一般为碾磙直径的 1/7～1/6。羊脚过长，其表面面积过大，压实阻力增加，羊脚端部的接触应力减小，影响压实效果。重型羊脚碾碾重可达 30t，羊脚相应长 40cm。拖拉机的牵引力随碾重增加而增加。

图 4－6　羊脚碾外形

1—羊脚；2—加载孔；3—碾磙筒；4—杠辕框架

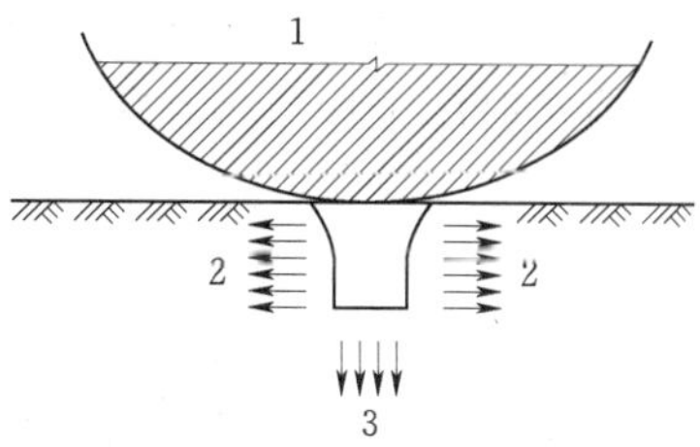

图 4－7　羊脚对土料的正压力和侧压力

1—碾磙；2—侧压力；3—正压力

羊脚碾的羊脚插入土中，不仅使羊脚端部的土料受到压实，而且使侧向土料受到挤压，从而达到均匀压实的效果，如图 4－7 所示。在压实过程中，羊脚对表层土有翻松作用，无需刨毛就能保证土料良好的层间结合。

（2）震动碾。

这是一种震动和碾压相结合的压实机械，如图 4－8 所示。它是由柴油机带动与机身相连的附有偏心块的轴旋转，迫使碾磙产生高频震动。震动功能以压力波的形式传到土体内。非黏性土料在震动作用下，土粒间的内摩擦力迅速降低，同时由于颗粒大小不均匀，质量有差异，导致惯性力存在差异，从而产生相对位移，使细颗粒填入粗颗粒间的空隙而达到密实。然而，黏性土颗粒间的粘接力是主要的，且土粒相对比较均匀，在震动作用下，不能取得像非黏性土那样的压实效果。

由于震动作用，震动碾的压实影响深度比一般碾压机械大 1～3 倍，可达 1m 以上。它的碾压面积比震动夯、震动器压实面积大，生产率很高。国产 SD－80－13.5 型震动碾，全机重 13.5t，震动频率为 1500～1800 次/min，生产率高达 600m³/台·时。震动压实效果好，使非黏性土料的相对密度大为提高，坝体的沉陷量大幅度降低，稳定性明显增强，使土工建筑物的抗震性能大为改善。故抗震规范明确规定，对有防震要求的土工建筑物必须用震动碾压实。震动碾结构简单，制作方便，成本低廉，生产率高，是压实非黏性土石料的高效压实机械。

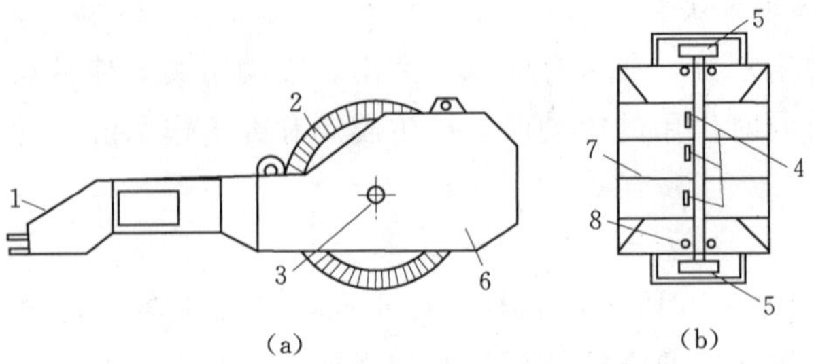

图 4-8　震动碾示意图
(a) 外形；(b) 碾磙构造
1—牵引挂钩；2—碾磙；3—轴；4—偏心块；5—带轮；6—车架侧壁；7—隔板；8—弹簧悬架

(3) 气胎碾。

气胎碾有单轴和双轴之分。单轴的主要构造是由装载荷重的金属车厢和装在轴上的4～6个气胎组成。碾压时在金属车厢内加载，并同时将气胎充气至设计压力。为防止气胎损坏，停工时用千斤顶将金属车厢支托起来，并把胎内的气放掉，见图 4-9。

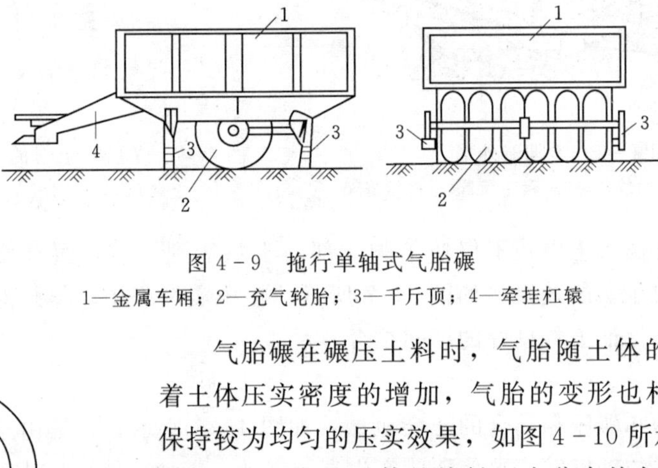

图 4-9　拖行单轴式气胎碾
1—金属车厢；2—充气轮胎；3—千斤顶；4—牵挂杠辕

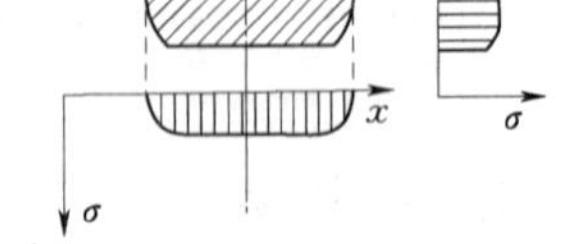

图 4-10　气胎碾压实应力分布

气胎碾在碾压土料时，气胎随土体的变形而变形。随着土体压实密度的增加，气胎的变形也相应增加，始终能保持较为均匀的压实效果，如图 4-10 所示。它与刚性碾比较，气胎不仅对土体的接触压力分布均匀而且作用时间长，压实效果好，压实土料厚度大，生产效率高。

气胎碾可根据压实土料的特性调整其内压力，使气胎对土体的压力始终保持在土料的极限强度内。通常气胎的内压力，对黏性土以 $(5\sim6)\times10^5$Pa、非黏性土以 $(2\sim4)\times10^5$Pa 最好。平碾碾磙是刚性的，不能适应土体的变形，荷载过大就会使碾磙的接触应力超过土体的极限强度，这就限制了这类碾朝重型方向发展。气胎碾却不然，随着荷载的增加，气胎与土体的接触面增大，接触应力仍不致超过土体的极限强度。所以只要牵引力能满足要求，就不妨碍气胎碾朝重型高效方向发展。早在 20 世纪 60 年代，美国就生产了重 200t 的超重型气胎碾。由于气胎碾既适宜于压实黏性土料，又适宜于压实非黏性土料，能做到一机多用，有利于防渗土料与坝壳土料平起同时上升，用途广泛，很有发展前途。

(4) 夯板。

夯板可以吊装在去掉土斗的挖掘机的臂杆上，借助卷扬机操纵绳索系统使夯板上升。夯击土料时将索具放松，使夯板自由下落，夯实土料，其压实铺土厚度可达1m，生产效率较高。对于大颗粒填料可用夯板夯实，其破碎率比用碾压机械压实大得多。为了提高夯实效果，适应夯实土料特性，在夯击黏性土料或略受冰冻的土料时，尚可将夯板装上羊脚，即成羊脚夯。

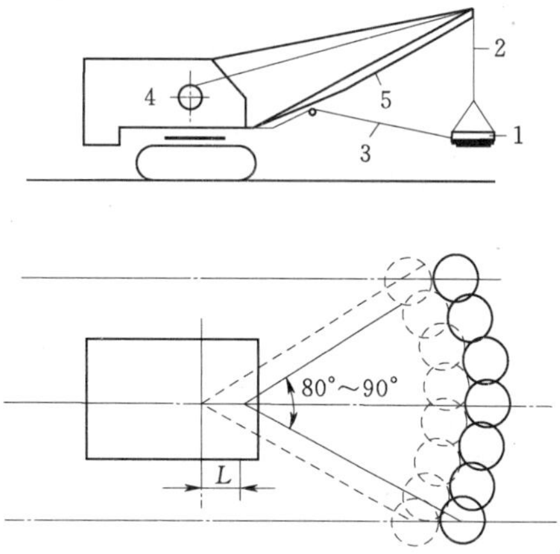

图4-11　夯板及其工作示意图
1—夯板；2—提升索；3—操纵索；4—机房；5—支杆

夯板的尺寸与铺土厚度 h 密切相关。在夯击作用下，土层沿垂直方向应力的分布随夯板短边 b 的尺寸而变化。当 $b=h$ 时，底层应力与表层应力之比为0.965；当 $b=0.5h$ 时，底层应力与表层应力比为0.473。若夯板尺寸不变，表层和底层的应力差值，随铺土厚度增加而增加。差值越大，压实后的土层竖向密度越不均匀。故选择夯板尺寸时，应尽可能使夯板的短边尺寸接近或略大于铺土厚度。

夯板工作时，机身在压实地段中部后退移动，随夯板臂杆的回转，土料被夯实的夯迹呈扇形。为避免漏夯，夯迹与夯迹之间要套夯，其重叠宽度为10～15cm，夯迹排与排之间也要搭接相同的宽度。为充分发挥夯板的工作效率，避免前后排套压过多，夯板的工作转角以不大于80°～90°为宜，如图4-11所示。

2. 压实机械的选择

压实机械的选择对土料的压实起着极为重要的作用，选择压实机械通常需考虑以下一些原则：

(1) 与压实土料的物理力学性质相适应。

(2) 能够满足设计压实标准。

(3) 可能取得的设备类型。

(4) 满足施工强度要求。

(5) 设备类型、规格与工作面的大小、压实部位相适应。

(6) 施工队伍现有装备和施工经验等。

根据国产碾压设备情况，宜用50t气胎碾碾压黏性土、砾质土，压实含水量略高于最优含水量（或塑限）的土料。用9.0～14.6t的双联羊脚碾压实黏性土，重型羊脚碾宜用于含水量低于最优含水量的重黏性土，对于含水量较高、压实标准较低的轻黏性土也可用肋型碾和平碾压实。堆石与含有大于500mm特大粒径的砂卵石多用10～25t的自行式震动碾压实。用直径110cm、重2.5t的夯板夯实砂砾料和狭窄地带的填土，对于刚性建筑物、岸坡等的接触带，边角、拐角等部位可用轻便夯夯实，如采用HW-01型蛙式夯。各种碾压机械的适应性可归纳如表4-3所示。

表 4-3　　主要压实机械的适用情况

压实设备＼土料种类	堆石	砂、砂砾料		砾质土	黏性土	黏　土		软弱风化土石混合料
		优良级配	均匀级配			低中强度黏土	高强度黏土	
5～10t 振动平碾	△	○	○	○	△	△	△	
10～15t 振动平碾	○	○	○	○	△	△	△	
振动凸块碾			△	△	○	○	△	
振动羊足碾				△	△	○	△	
气胎碾		○	○	○	○	○	○	
羊脚碾				△	○	○	○	
夯板		○	○	○	○	△	△	
尖齿碾								○

注　○表示适用，△表示可用。

4.3.5　土石料的压实标准及压实参数的选择

土石料的压实，是保证土石坝施工质量的关键。维持土石坝自身稳定的土料内部阻力（粘接力和摩擦力）、土料的防渗性能等，都随土料密实度的增加而提高。例如，干表观密度为 $1.4t/m^3$ 的砂壤土，压实后若提高到 $1.7t/m^3$，其抗压强度可提高 4 倍，渗透系数将降至 1/2000，其结果可使坝坡加陡，体积减少，工程投资降低。

1. 土石料的压实特性

土石料压实特性，与土石料本身的性质、颗粒组成情况、级配特点、含水量大小及压实功能等有关。黏性土料与非黏性土料的压实有着显著的差别。

一般黏性土料的粘接力较大，摩擦力较小，具有较大的压缩性，但由于其透水性小，排水困难，压缩过程慢，所以很难达到固结压实。而非黏性土料粘接力小，摩擦力大，具有较小的压缩性，但由于透水性大，排水容易，压缩过程快，能很快达到密实。

土料颗粒粗细组成也影响压实效果。颗粒越细，孔隙比就越大，所含矿物分散度越高，就越不容易压实。所以黏性土的压实干表观密度低于非黏性土的压实干表观密度。颗粒不均匀的砂砾料比颗粒均匀的砂砾料可能达到的干表观密度大一些。

土料的含水量是影响压实效果的重要因素之一。用击实仪（原南京水利实验处，简称南实仪）对黏性土的击实试验，得到一组击实次数、干表观密度与含水量的关系曲线如图 4-12 所示，图中 n 为击实次数，G 为饱和度。

在某一击实次数下，干表观密度达到最大值时的含水量为最优含水量；对每一种土料，在一定的压实功能下，只有在最优含水量范围内，才能获得最大干表观密度，且压实也较经济。非黏性土料的透水性大，排水容易，压缩过程快，能够很快达到压实，不存在最优含水量，含水量不作专门控制。这是非黏性土料与黏性土料压实特性的根本区别。

压实功能的大小，也影响着土料干表观密度的大小，从图 4-12 中可以看出，击实次数增加，干表观密度也随之增大，而最优含水量则随之减小。说明同一种土料的最优含水量和最大干表观密度并不是一个恒定值，而是随压实功能的不同而异。

一般来说，增加压实功能可增加干表观密度，这种特性对于含水量较低（小于最优含水量）的土料比对于含水量较高（大于最优含水量）的土料更为显著。

2. 土石料的压实标准

土石料压实得越好，物理力学性能指标就越高，坝体填筑质量就越有保证。但土石料的过分压实，不仅提高了压实费用，而且会产生剪切破坏，反而达不到应有的技术经济效果。土石料的压实标准是根据水工设计要求和土料的物理力学特性提出来的。

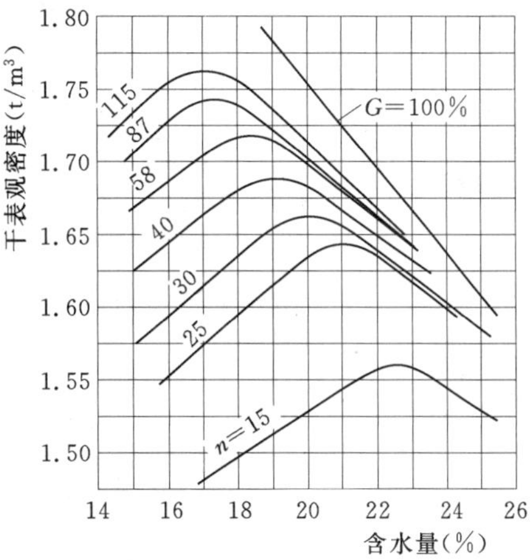

图 4-12　某工程粉质黏土的击实曲线

黏性土料的压实标准，主要以压实干表观密度 γ_d 和施工含水量这两个指标来控制，非黏性土料（如砂土及砂砾石）以相对密度 D 来控制，而石渣或堆石体则可用孔隙率作为压实指标。

在现场用相对密度来控制施工质量不太方便，通常将相对密度 D 转换成对应的干表观密度 γ_d 来控制，其大小按非黏性土不同砾石含量，分别确定不同标准。其换算式为

$$\gamma_d=\frac{\gamma_1\gamma_2}{\gamma_2(1-D)+\gamma_1 D} \tag{4-2}$$

式中　γ_1——土料极松散时的干表观密度，t/m³；

γ_2——土料极紧密时的干表观密度，t/m³；

D——土料的相对密度；

γ_d——与土料相对密度 D 对应的干表观密度，t/m³。

3. 压实参数的确定

在确定土料压实参数前必须对土料场进行充分调查，全面掌握各料场土料的物理力学指标，在此基础上选择具有代表性料场进行碾压试验，作为施工过程的控制参数。当所选料场土性差异较大时，应分别进行碾压试验。压实试验前，先通过理论计算并参照已建类似工程的经验，初选几种碾压机械和拟定几组碾压参数，采用逐步收敛法进行试验。先以室内试验确定的最优含水量进行现场试验。逐步收敛法系指固定其他参数，变动一个参数，通过试验得到该参数的最优值。将优选的此参数和其他参数固定，再变动另一个参数，用试验确定其最优值。以此类推，得到每个参数的最优值。最后将这组最优参数再进行一次复核试验。若试验结果满足设计、施工要求，便可作为现场使用的碾压参数。试验中，碾压参数组合可参照表 4-4 而定。黏性土料压实含水量可取 $w_1=w_p+2\%$、$w_2=w_p$、$w_3=w_p-2\%$ 3 种进行试验。w_p 为土料的塑限。

试验的铺土厚度和碾压遍数应根据所选用的碾压设备型号确定。试验测定相应的含水量和干表观密度，作出对应的关系曲线如图 4-13 所示。根据上述关系，再作出铺土厚度、

表 4-4　**现场碾压试验设备及碾压参数组合**

压实参数 \ 碾压机械	平碾	羊脚碾	气胎碾	夯板	震动碾
机械参数	选择 3 种单宽压力或碾重	选择 3 种羊脚接触压力或碾重	气胎的内压力和碾重各选 3 种	夯板的自重和直径各选择 3 种	对确定的一种机械碾重为定值
施工参数	(1) 选 3 种铺土厚度 (2) 选 3 种碾压遍数 (3) 选 3 种含水量	(1) 选 3 种铺土厚度 (2) 选 3 种碾压遍数 (3) 选 3 种含水量	(1) 选 3 种铺土厚度 (2) 选 3 种碾压遍数 (3) 选 3 种含水量	(1) 选 3 种铺土厚度 (2) 选 3 种夯实遍数 (3) 选 3 种夯板落距 (4) 选 3 种含水量	(1) 选 3 种铺土厚度 (2) 选 3 种碾压遍数 (3) 充分洒水①
复核试验参数	按最优参数试验	按最优参数试验	按最优参数试验	按最优参数试验	按最优参数试验
全部试验组数	13	13	16	19(16)*	10(7)**
每个参数试验场地大小 (m^2)	3×10	6×10	6×10	8×8	10×20

① 堆石的洒水量为其体积的 30%～50%，砂砾料为 20%～40%。

* 通常固定夯板直径，这里只试验 16 组。

** 通常固定碾重，这时只试验 7 组。

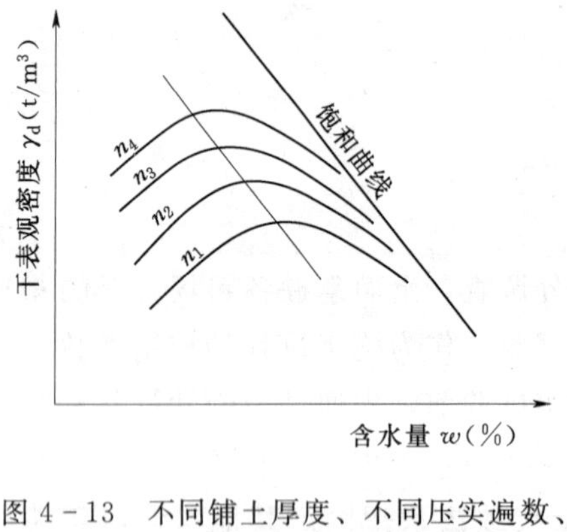

图 4-13　不同铺土厚度、不同压实遍数、土料含水量和干表观密度的关系曲线

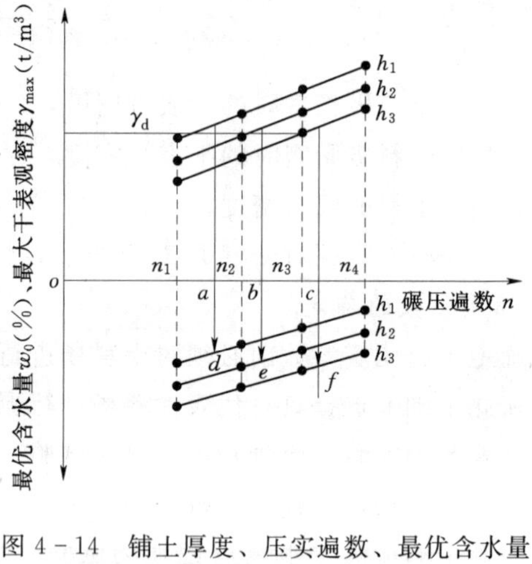

图 4-14　铺土厚度、压实遍数、最优含水量和最大干表观密度的关系曲线

压实遍数与最大干表观密度、最优含水量关系曲线，如图 4-14 所示。

从图 4-14 所示的曲线中，根据设计干表观密度 γ_d，分别查出不同铺土厚度 h_1、h_2、h_3 所需的压实遍数 a、b、c 及相应的最优含水量 d、e、f。然后再分别计算 h_1/a、h_2/b、h_3/c 的值（即单位压实遍数的压实厚度）进行比较，以单位压实遍数的压实厚度最大者为最经济合理。

选定经济压实厚度和压实遍数后，应首先核对是否满足压实标准的含水量要求，将选定的含水量控制范围与天然含水量比较，看是否便于施工控制。如果施工控制很困难，可适当改变含水量或其他参数。此外，在施工过程中如果压实干表观密度的合格率不满足设计标准要求，也可适当调整碾压遍数。有时对同一种土料采用两种机械进行组合压实时，可能获得最好的效果。

非黏性土料含水量的影响不如黏性土料显著，试验中可充分洒水，只作铺土厚度、相对密度（或干表观密度）与压实遍数的关系曲线，如图 4－15 所示。根据设计要求的相对密度 D_r，求出不同铺土厚度对应的压实遍数 a、b、c，然后比较 h_1/a、h_2/b、h_3/c，其最大值即为最经济的铺土厚度和压实遍数。最后再结合施工情况，综合分析选定铺土厚度和压实遍数。

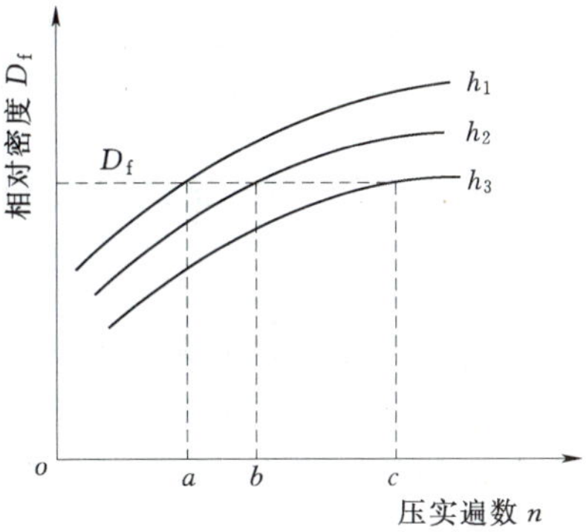

图 4－15　非黏性土的不同铺土厚度、相对密度与压实遍数的关系曲线

4.4　土石坝施工的质量控制

施工质量检查和控制是土石坝安全的重要保证，它贯穿于土石坝施工的各个环节和施工全过程。在施工中除对地基进行专门检查外，对料场土料，坝身填筑以及堆石体、反滤料等填筑都应进行严格的检查和控制，在土石坝施工中应实行全面质量管理，建立健全质量保证体系。

4.4.1　料场的质量检查和控制

对土料场应经常检查所取土料的土质情况、土块大小、杂质含量和含水量是否符合规范规定。其中，含水量的检查和控制尤为重要。

若土料的含水量偏高，一方面应改善料场的排水条件和采取防雨措施，另一方面需将含水量偏高的土料进行翻晒处理，或采取轮换掌子面的办法，使土料含水量降低到规定范围再开挖。若以上方法仍难以满足要求，可以采用机械烘干法烘干。

当土料含水量不均匀时，应考虑堆筑“土牛”（大土堆），使含水量均匀后再外运。当含水量偏低时，对于黏性土料应考虑在料场加水。料场加水量 Q_0 可近似用式（4－3）计算，即

$$Q_0=Q\gamma_e(w_0+w-w_e)/K_p \tag{4-3}$$

式中　Q——土料上坝强度；

K_p——土料的可松性系数；

γ_e——料场的土料表观密度；

w_0、w、w_e——坝面碾压要求的含水量、装车和运输过程中含水量的蒸发损失以及料场土料的天然含水量，w 值通常取 0.02～0.03，最好在现场测定。

料场加水的有效方法是采用分块筑畦埂，灌水浸渍，轮换取土。地形高差大也可采用喷灌机喷洒，此法易于掌握，节约用水。无论采用哪种加水方式，均应进行现场试验。对

非黏性土料可用洒水车在坝面喷洒加水，避免运输时从料场至坝上的水量损失。

对石料场应经常检查石质、风化程度、爆落块料级配大小及形状是否满足上坝要求。如发现不符合要求，应查明原因，及时处理。

4.4.2 坝面的质量检查和控制

在坝面作业中，应对铺土厚度、填土块度、含水量大小、压实后的干表观密度等进行检查，并提出质量控制措施。对黏性土，含水量的检测是关键。简单办法是“手检”，即手握土料能成团，手指撮可成碎块，则含水量合适。手试法靠经验估计，不十分可靠；工地多用取样烘干法，如酒精灯燃烧法、红外线烘干法、高频电炉烘干法、微波含水量测定仪等；采用核子水分密度仪能够迅速、准确地测定压实土料的含水量及表观密度。

对于Ⅰ、Ⅱ级坝的心、斜墙，测定土料干表观密度的合格率应不小于90%；Ⅲ、Ⅳ级坝的心斜墙或Ⅰ、Ⅱ均质坝应达到80%～90%。不合格干表观密度不得低于设计干表观密度的98%，且不合格样不得集中。压实表观密度的测定，黏性土一般可用体积为200～500cm^3的环刀测定；砂可用体积为500cm^3的环刀测定；砾质土、砂砾料、反滤料用灌水法或灌砂法测定；堆石因其空隙大，一般用灌水法测定。当砂砾料因缺乏细料而架空时，也用灌水法测定。

根据地形、地质、坝料特性等因素，在施工特征部位和防渗体中，选定一些固定取样断面，沿坝高5～10m，取代表性试样（总数不宜少于30个）进行室内物理力学性能试验，作为核对设计及工程管理的根据。此外，还须对坝面、坝基、削坡、坝肩接合部、与刚性建筑物连接处以及各种土料的过渡带进行检查。对土层层间接合处是否出现光面和剪力破坏应引起足够重视，认真检查。对施工中发现的可疑问题，如上坝土料的土质、含水量不符合要求，漏压或碾压遍数不够，超压或碾压遍数过多，铺土厚度不均匀及坑洼部位等进行重点抽查，不合格者返工。

对于反滤层、过渡层、坝壳等非黏性土的填筑，主要应控制压实参数，如不符合要求，施工人员应及时纠正。在填筑排水反滤层过程中，每层在25m×25m的面积内取样1～2个；对于条形反滤层，每隔50m设一取样断面，每个取样断面每层取样不得少于4个，均匀分布在断面的不同部位，且层间取样位置应彼此对应。对于反滤层铺填厚度、是否混有杂物、填料的质量及颗粒级配等应全面检查。通过颗粒分析，查明反滤层的层间系数（$D50/d50$）和每层的颗粒不均匀系数（$d60/d10$）是否符合设计要求。如不符合要求，应重新筛选，重新铺填。土坝的堆石棱体与堆石体的质量检查大体相同。主要应检查上坝石料的质量、风化程度、石块的重量、尺寸、形状、堆筑过程中有无离析架空现象发生等。对于堆石的级配、孔隙率大小，应分层分段取样，检查是否符合规范要求。随坝体的填筑应分层埋设沉降管，对施工过程中坝体的沉陷进行定期观测，并作出沉陷随时间的变化过程线。

对于填筑土料、反滤料、堆石等的质量检查记录，应及时整理，分别编号存档，编制数据库，既作为施工过程全面质量管理的依据，也作为坝体运行后进行长期观测和事故分析的佐证。

近年来，我国已研制成功一种装设在振动碾上的压实计，能向在碾压中的堆石层发射和接收其反射的震动波，可在仪器上显示出堆石体在碾压过程中的变形模量。这种装置使用方便，可随时获得所需资料，但其精度较低，只能作为量测变形模量的辅助措施。

4.5 面板堆石坝施工

我国第一座混凝土面板堆石坝是抛填式的贵州百花水电站大坝，高 47.8m，于 1966 年建成。现代混凝土面板堆石坝的建设始于 1985 年，首先开工的为 95m 高的湖北西北口坝（1985 年开工），首先建成的为 58.5m 高的辽宁关门山坝（1988 年建成）。此后，面板坝的建设如雨后春笋，在建的湖北水布垭面板堆石坝最大坝高 233m，也是目前世界上最高的面板堆石坝。此外，面板堆石坝还用于心墙堆石坝、浆砌石坝的加高。

混凝土面板坝的防渗系统由基础防渗工程、趾板、面板组成。其特点是：堆石坝体能直接挡水或过水，简化了施工导流与度汛，枢纽布置紧凑，充分利用当地材料。面板坝可以分期施工，便于机械化施工，施工受气候条件的影响较小。

4.5.1 混凝土面板坝坝体分区

面板堆石坝上游面有薄层面板，面板可以是刚性钢筋混凝土的，也可以是柔性沥青混凝土的。坝身主要是堆石结构。良好的堆石材料，尽量减少堆石体的变形，为面板正常工作创造条件，是坝体安全运行的基础。

坝体部位不同，受力状况不同，对填筑材料的要求也不同，所以应对坝体进行分区。图 4-16 所示为关门山水库混凝土面板堆石坝的坝体分区剖面图。

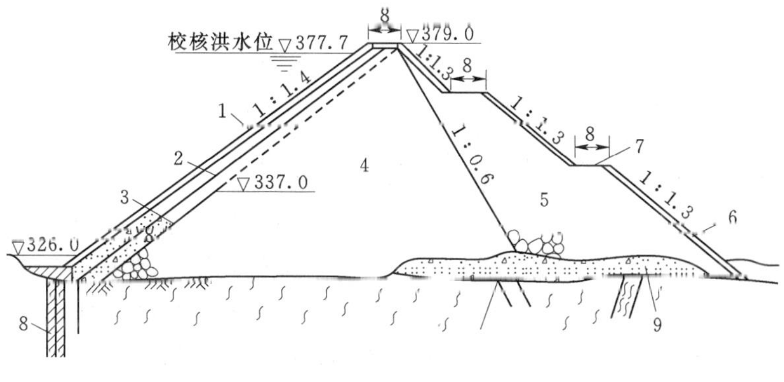

图 4-16 混凝土面板堆石坝分区剖面图（单位：m）

1—混凝土面板；2—垫层料区；3—过渡料区；4—主堆石区；5—下游堆石区；6—干砌石护坡；7—上坝公路；8—灌浆帷幕；9—砂砾石

面板下垫层区的主要作用在于为面板提供平整、密实的基础，将面板承受的水压力均匀传递给主堆石体。过渡区位于垫层区和主堆石区之间，其主要作用是保护垫层区在高水头作用下不产生破坏。其粒径、级配要求符合垫层料与主堆石料间的反滤要求。主堆石区是坝体维持稳定的主体，其石质好坏、密度、沉降量大小，直接影响面板的安危。下游堆石区起保护主堆石体及下游边坡稳定作用，要求采用较大石料填筑，允许有少量分散的风化岩。由于该区沉陷变形对面板已影响甚微，故对石质及密度要求有所放宽。

一般面板坝的施工程序为：岸坡坝基开挖清理，趾板基础及坝基开挖，趾板混凝土浇筑，基础灌浆，分期分块填筑主堆石料，垫层料必须与部分主堆石料平起上升，填至分期高度时用滑模浇筑面板，同时填筑下期坝体，再浇混凝土面板，直到坝顶。

堆石坝填筑的施工设备、工艺和压实参数的确定，和常规土石坝非黏性土料施工没有本质区别。

4.5.2 垫层料施工

垫层为堆石体坡面最上游部分，可用人工碎石料或级配良好的砂砾料填筑。为减少面板混凝土超浇量，改善面板的应力条件，对上游垫层坡面必须修整和压实。一般水平填筑时向外超填15～30cm，斜坡长度达到10～15m时修整、压实一次。修整可采用人工或激光制导反铲（天生桥一级采用）进行。在坡面修整后即进行斜坡碾压。一般可利用为填筑坝顶布置的索吊牵引振动碾上下往返运行。也可使用平板式振动压实器进行斜坡压实。

未浇筑面板之前的上游坡面，尽管经斜坡碾压后具有较高的密实度，但其抗冲蚀和抗人为因素破坏的性能差，一般须进行垫层坡面的防护处理。防护的作用有3点：防止雨水冲刷垫层坡面；为面板混凝土施工提供良好的工作面；利用堆石坝体挡水或过水时，垫层护面可起临时防渗和保护作用。一般采用喷洒乳化沥青保护，喷射混凝土或摊铺和碾压水泥砂浆防护。混凝土面板或面板浇筑前的垫层料，施工期不允许承受反向水压力。

4.5.3 趾板施工

趾板施工程序为，河床段趾板应在基岩开挖完毕后立即进行浇筑，在大坝填筑之前浇筑完毕。岸坡部位的趾板必须在填筑之前一个月内完成，为减少工序干扰和加快施工进度，可随趾板基岩开挖出一段之后，立即由顶部自上而下分段进行施工。如工期和工序不受约束，也可在趾板基岩全部开挖完成以后，再进行趾板施工。趾板施工的步骤是：清理工作面、测量与放线、锚杆施工、立模安止水片、架设钢筋、预埋件埋设、冲洗仓面、开仓检查、浇筑混凝土、养护。混凝土浇筑可采用滑模或常规模板进行。

4.5.4 钢筋混凝土面板施工

钢筋混凝土面板是刚性面板堆石坝的主要防渗结构，厚度薄、面积大，在满足抗渗性和耐久性条件下，要求具有一定的柔性，以适应堆石体的变形。

面板浇筑一般在堆石坝体填筑完成或至某一高度后，气温适当的季节内集中进行，由于汛期限制，工期往往很紧。面板由起始板及主面板组成。起始板可以采用固定模板或翻转模板浇筑，也可用滑模浇筑。当起始板不采用滑模浇筑时，应尽量在坝体填筑时创造条件提前浇筑。中等高度以下的坝，面板混凝土不宜设置水平缝，高坝和要求施工期蓄水的坝，面板可设1～2条水平工作缝，分期浇筑。垂直缝分缝宽度应根据滑模结构，以易于操作、便于仓面组织等原则确定，一般为12～16m。

钢筋混凝土面板一般采用滑模法施工，滑模分有轨滑模和无轨滑模两种。无轨滑模是近几年来在面板坝施工实践中提出来的，它克服了有轨滑模的缺点，减轻了滑动模板自身重量，提高了工效，节约了投资，在国内广泛使用。滑模上升速度一般为1～2.5m/h，最高可达6m/h。混凝土场外运输主要采用混凝土搅拌运输车、自卸汽车等。坝面输送主要采用溜槽和混凝土泵。

钢筋的架设一般采用现场绑扎和焊接或预制钢筋网片和现场拼接的方法，巴西辛果坝即采用预制钢筋网片法。

金属止水片的成型主要有冷挤压成型、热加工成型或手工成型。一般成型后应进行退火处理。现场拼接方式有搭接、咬接、对接；对接一般用在止水接头异形处，应在加工厂内施焊，以保证质量。

4.5.5 沥青混凝土面板施工

沥青混凝土施工过程中温度控制十分严格，必须根据材料的性质、配比、不同地区、不同季节，通过试验确定不同温度的控制标准。沥青混凝土防渗体的施工过程中，各道工序的温度控制范围如图4-17所示。

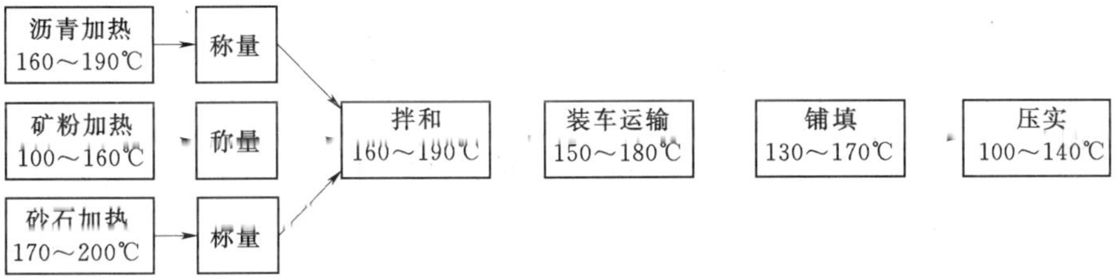

图4-17 沥青混凝土防渗体施工工艺

沥青在泵送、拌和、喷射、浇筑和压实过程中对其运动黏度值ν应加以控制。沥青的运动黏度值ν与温度存在一定关系，因此，控制沥青的运动黏度ν的过程，也是控制温度的过程，二者应协调一致。

沥青混凝土面板的施工特点在于铺填及压实层薄，通常板厚10～30cm，施工压实层厚仅5～10cm，且铺填及压实均在坡面上进行。沥青混凝土的铺填和压实多采用机械化流水作业施工，如图4-18所示。沥青混凝土热料由汽车或装有料罐的平车经堆石体上的工作平台运至坝顶门式绞车前，由门式绞车杆吊运料罐卸料入给料车的料斗内。给料车供给铺料车沥青混凝土。铺料车在门式绞车的牵引下，沿平整后的堆石坡面自下而上地铺料，铺料宽度一般为3～4m。特制的斜坡振动碾压机械，在门式绞车的牵引下，尾随铺料车将铺好的沥青混凝土压实。采用这些机械施工的最大坡长150m。当坡长超过范围时，须将堆石体分成两期或多期进行，每期堆石体顶部均须留出20～30m的工作平台宽度，如图4-18（c）所示。机械化施工，每天可铺填压实300～500t沥青混凝土。

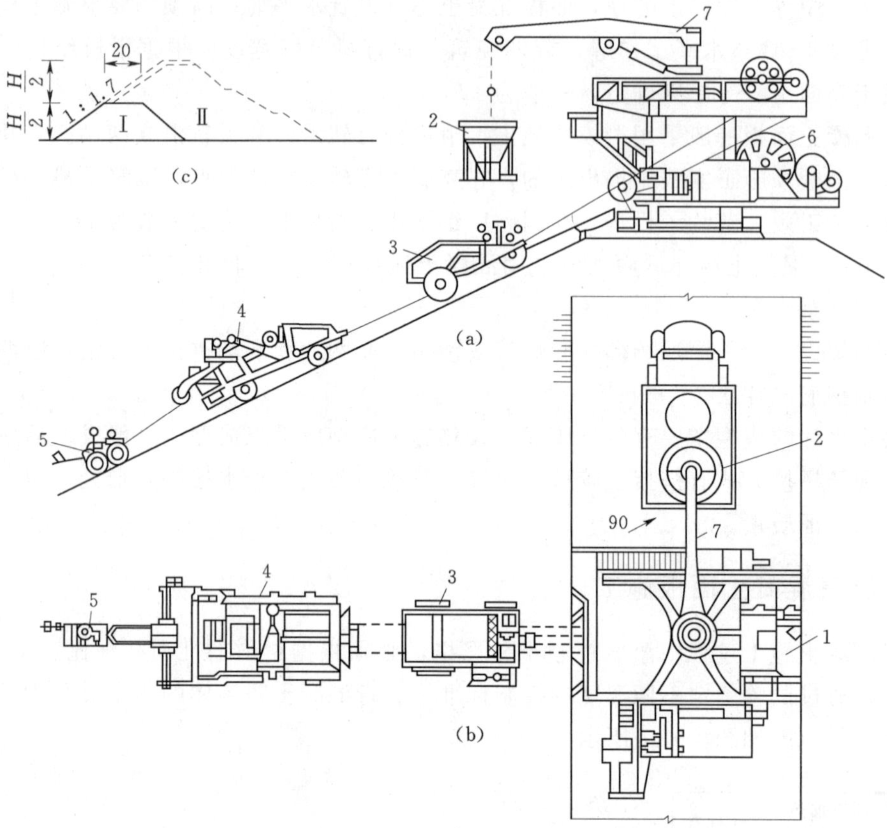

图 4-18 沥青混凝土面板机械施工联合作业（单位：m）

(a) 侧视图；(b) 顶视图；(c) 坝体分期施工图

1—履带门式绞车；2—料罐；3—给料车；4—铺料车；

5—振动碾；6—绞车；7—回转支杆

【引例分析】

根据项目的背景资料分析，拟定以下土石坝的施工方案：

(一) 施工准备工作

1. 坝体填筑碾压试验

大坝填筑前，选定有代表性的填筑石料，模拟正常填筑施工状况，对坝体各区料进行碾压试验，以确定合理的碾压参数。

碾压试验项目主要是对坝体的各填筑分区石料（垫层料、过渡料、主堆石料、次堆石料和坝上游斜坡面垫层保护）的铺料方式、铺料厚度、超径石处理、振动碾的类型及重量、碾压行进线路、碾压遍数、铺料过程中的加水量、压实层的孔隙率、干密度、沉降量、压实后级配等进行试验，垫层料、过渡料还应进行渗透性试验。

试验场地拟选在桥沟或公山包料场，最终报业主、监理批准确定。

碾压试验结束后向监理人提交试验成果报告，经监理人批准的碾压参数作为碾压施工控制的依据。

2. 施工道路布置（略）

3. 料场的准备（略）

（二）大坝填筑单元的划分

1. 划分填筑单元的目的

水布垭大坝从上游至下游的最大底宽约为640m，自左岸至右岸最大长度为660m。为了使大坝填筑各个工序尽量连续施工、不停顿，必须优化施工作业，在填筑作业时划分成若干个工作面，即单元，以提高坝面上各类施工机械的使用效率，提高上坝强度。

2. 工作面填筑单元的划分

每个单元面积的大小，依施工设备的品种、型号和数量而定。单元太小，会给车辆卸料、洒水及碾压造成困难；单元太大，单元数则减少，会给单元的循环造成困难。

根据类似工程经验，每个单元面积控制在3000～6000m^{2}为宜。

3. 填筑单元的循环

单元循环的原则是：第一个单元在铺料平料，第二个单元洒水碾压，第三个单元在质量检查通过验收，照此循环往复。这3个环节须衔接有序，若有一个环节衔接不上，就会影响上坝产量。

（三）大坝填筑施工程序（一个填筑单元）

一个填筑单元的施工程序见图4-19。

（四）大坝填筑施工工艺和方法

1. 基础准备

（1）坝基面的软弱夹层等缺陷已按设计要求进行了处理。

（2）坝基及岸坡的不稳定体已按设计要求进行了削坡或回填混凝土进行了保护。

（3）大坝填筑范围内的溶沟、勘探洞及地质钻探孔已按设计要求进行了回填处理。

（4）河床覆盖层保留部分已按设计要求进行了平整和夯实。

（5）根据招标文件要求，大坝基础地质描述已完成。

（6）大坝填筑基础面的平面和断面测量已完成。

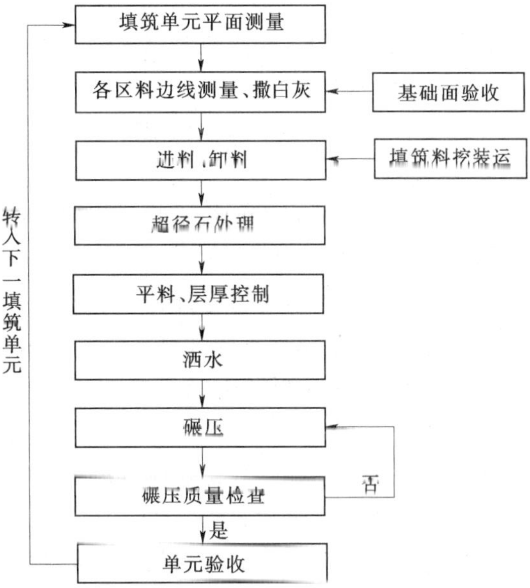

图4-19 大坝填筑施工流程

（7）上述各项工作都经单项检查后，再请业主、设计、监理等单位进行综合基础验收合格后才能开始填筑。

2. 坝料运输与卸料

（1）上坝料运输。

1）主堆石料和次堆石料：以32t自卸汽车运输为主，20t自卸汽车运输为辅。

2）过渡料、垫层料和小区料等主要采用20t自卸汽车运输。

3）上坝料的运输车辆均设置标志牌，以区分不同的料区，如运输ⅢB料的挂上（ⅢB料）的标志牌等。

（2）坝料卸料。

1）ⅢB、ⅢC、ⅢD料采用进占法卸料。即自卸汽车行走平台及卸料平台是该填筑层已经初步推平但尚未碾压的填筑面，有利于工作面的推平整理，提高碾压质量；同时，细颗粒与大颗粒石料间的嵌填作用，有利于提高干密度，确保填筑质量。

2）ⅡA、ⅢA料采用后退法卸料，即在已压实的层面上后退卸料形成密集料堆，再用推土机平料。这种卸料方式可减少填筑料的分离，对防渗、减少渗流量有利。

3. 铺料

根据招标文件技术要求，结合以往施工经验，每层铺料厚度比压实厚度多填2～10cm，经碾压后达到技术要求层厚。大坝各区料铺填层厚初步确定为表4-5，所列参数通过碾压试验来最终确定。

表4-5　　大坝各区料铺料层厚表

项　目	ⅡAA	ⅡA	ⅢA	ⅢB	ⅢC	ⅢD	备　注
铺料厚度（cm）	22	44	44	88	88	130	

除ⅡAA、ⅡA、ⅢA区料外，ⅢB、ⅢC、ⅢD区料主要采用进占法铺料。ⅡAA料区紧贴趾板混凝土边，推土机难以施铺，因此主要采用人工摊铺。ⅡA区料和ⅢA区料采用D85推土机平料。ⅢB、ⅢC、ⅢD区料采用320HP以上的推土机进行平料，铺料过程中采用高度标杆来控制，以免出现超厚或不足现象。

4. 超径石处理

（1）对于ⅢA料在推土机平料过程中，出现个别超径石时，由反铲将超径石清理到ⅢB区填筑面上，用作ⅢB区填料。

（2）对ⅢB区中出现超径石时，采用以下方法处理：

1）将超径石挖运到ⅢD区填筑面，用作ⅢD区填料。

2）采用液压冲击锤将超径石破碎。

5. 坝料洒水

堆石坝料洒水问题一直是影响混凝土面板堆石坝填筑质量控制的主要问题之一，根据以往的经验，本工程采用料场喷水、坝外加水和坝面补水相结合的方案。

（1）料场喷水。即在开采料场设喷水管，在坝料装运前将石料洒湿。料场喷水以不扬尘和道路不打滑为准，由人工控制。

（2）坝外加水。坝料上坝前，通过加水站加水，然后再运输到填筑工作面上。加水量以汽车在爬坡时车尾不流水为准。加水站由专人负责，自动控制。

（3）坝面补水。主要利用左、右岸上游供水主管的岔管接支管，连接移动式高压喷射枪进行洒水。坝面部分供水支管用特制的软管，软管由设置自动卷筒式滚轮的车辆控制，可以伸收自如，洒水喷射枪由人工控制。在坝体局部部位采用大吨位的洒水车，在供水点处接水，运至工作面洒水。

（4）加水量控制。按照已经批准的碾压试验确定的加水量，在料场、加水站加一部分水量，在坝面上补充剩余的水量。初步确定，在料场喷洒3%～5%；在加水站加水5%～7%；在填筑作业面补充加水8%～12%。最终现场试验确定。

对垫层料（含小区料）先做含水量试验，当含水量大于最佳含水量时，在料场脱水；当含水量小于最佳含水量时，拟在坝面铺料区进行洒水，使垫层料碾压时符合最佳含水量。

6. 坝料碾压

（1）水平碾压。

1）设备配备。

a. 垫层料、过渡料：采用18t自行式振动碾碾压。

b. 堆石料：采用25t自行式振动碾。

2）碾压方法。

a. 振动碾行走方向：与坝轴线平行。

b. 振动碾行走速度：1.5～2km/h（一挡）。

c. 碾压方法：主要采用错距法（碾轮宽/碾压遍数），即从一侧到另一侧一次碾压完成。碾压遍数和错距宽度通过碾压试验最终确定。

（2）特殊区域的碾压。

1）小区料采用小型振动平碾碾压，靠近趾板周边缝1m范围，为保护趾板混凝土，采用振动夯板夯实。

2）垫层料上游1∶1.4的斜坡，为保证振动碾行走安全，滚筒上游侧边距垫层料上游边线30cm的安全距离碾压不到，在水平碾压完成后，用振动夯板补压。

（3）斜坡碾压。

1）设备配备。

a. 牵引设备：国产40t定型牵引机。

b. 碾压设备：国产YZ10L牵引式振动碾，滚筒重10t。

2）碾压方法。

a. 碾压前坡面洒水湿润，湿润层控制在5～10cm。

b. 布置牵引机：牵引机布置在填筑坝体的顶面上，离平台上游边线2m的距离。

c. 安装振动碾：保证振动碾在斜面上碾压的过程中钢丝绳始终与斜坡面平行，而不破坏垫层坡面。

d. 斜坡碾压：采用静碾、动碾相结合的方式，先静碾两遍（振动碾一下一上为一遍），再半振碾压两遍（振动碾下放时不振动，上升时振动）。最后全振动碾压2遍（上振，下不振）。最终碾压遍数由试验决定。

7 特殊部位处理（接缝）

（1）坝体分区交界面处理。

1）ⅡA区与ⅢA区交界面的处理。ⅡA区、ⅢA区铺料时按测量放样线先铺填ⅢA区料，用反铲与人工配合将ⅢA区滚落到ⅡA区边的大于20cm以上的块石清除，然后再铺填ⅡA区料。采用18t自行式振动碾，同时碾压ⅡA与ⅢA料。ⅡA、ⅢA区料必须与

ⅢB区一定范围平起上升。各料区高差最大为40cm。

2）ⅢA与ⅢB区交界面的处理。先铺一层ⅢA料，再铺一层ⅢB料，然后铺一层ⅢA料。在铺ⅢA前，先将ⅢB料上游侧坡面上大于30cm的块石清除到下游侧，使ⅢA与ⅢB有一个平顺的过渡。每上升一层ⅢB料，上升二层ⅢA料。第二层ⅢA料与该层ⅢB料同时碾压。

3）ⅢB与ⅢD、ⅢB与ⅢC区料交界面处理。由于ⅢB料可侵占ⅢD区料、ⅢC区料，因此铺料时，先铺ⅢB料，然后再铺ⅢD料或ⅢC区料。对ⅢB与ⅢC交界面，铺料厚度相同，因此同时碾压、平起上升。ⅢD料铺层厚度为120cm，因此先铺筑两层ⅢB、ⅢC料，再铺ⅢD料一层；ⅢB、ⅢC铺第三层后，再铺第二层ⅢD料，同时碾压。

（2）临时经济断面下游边坡的处理。

对经济断面下游临时边坡采用台阶收坡法，即每上升一层填筑料，在其基础面的填筑层上预留0.4倍层厚宽度的台阶，随着填筑层的上升，形成台阶状，平均坡为1∶1.4。后续回填时采用反铲对相应填筑层的台阶松散料挖除及修整，待该层铺料碾压时，可进行搭接碾压，从而保证交接面的碾压质量。

（3）上坝路与坝体结合部。

上坝路与坝体接合部，坝区内采用坝体相同料区的石料进行分层填筑。填筑质量按相同区料的填筑要求控制。当坝体填筑上升掩盖该路段时，路两侧的松渣采用反铲分层挖除至相应填筑层，一起平料碾压。坝区外下游侧路段与坝体接触部位，待该路段完成运输任务后，再采用反铲挖除，并清理松渣，按坝后干砌块石要求砌筑块石。上游跨趾板栈桥拆除后，其趾板下游侧坝基按填筑基础要求进行处理。

（4）坝内斜坡道路。

随着坝体临时经济断面上升，坝基下游必须形成临时斜坡运输道路。坝内斜坡道路按纵坡10%、路面宽度12m设置。道路填筑料采用相同坝区的石料，填筑质量按同品种料要求进行铺料和碾压。当坝体填筑上升覆盖坝内临时斜坡道时，采用反铲将斜坡道路两侧的松散石料挖除到同一层面上，与该层填筑料同时碾压。

（五）主要施工配套机具的选择

坝体填筑的施工配套机具在设备选型时，主要综合考虑水布垭工程的施工环境条件和高坝施工的特性，结合施工单位现有施工设备的实力，加之配置部分新设备，使工程施工设备配置上达到合理、先进，以满足填筑强度的需要。

（1）运输设备。

水布垭工程交通主干道宽度为10～12m，其他为8.5m，满足20～32t级汽车的正常通行。在填筑施工期，上坝道路考虑运料车和其他车辆通行，双向车流量为1.9车次/min，属合理流量。如全部选用20t及其以下的中小型车辆，则综合车流量将达3.5车次/min以上，会车频繁，影响车辆运行速度，属不合理配置。因此，拟采用以32t自卸汽车为主，20t汽车为辅方案。

坝体填筑主要分为7个区，其中主堆石区、次堆石区、下游堆石区、填筑方量大，工作面也较大，运输设备采用32t自卸汽车为主，20t自卸为辅。主堆石区、次堆石区、下游堆石区填料主要来源于溢洪道、马崖、庙包及电站引水渠开挖料，以及公山包料场、桥沟料场的开采料和长淌河、桥沟、段家沟存料场的存料等，平均运距为4～5km。根据施工进度计划，高峰强度填筑量将达58万m^3，因此，将32t自卸汽车作为主要的运输车辆；另选部分国产品牌20t自卸汽车，如斯太尔、T20等，既利于降低配置成本，又利于维修保养。

参考以往工程施工中的设备使用经验并结合水布垭工程的具体情况，按高峰月强度58万m^3/月、运距5km计，选配的主要运输设备的数量为32t计80台（0.55万m^3/月·台），20t计50台（0.3万m^3/月·台）。这种配置有以下优势：

1）这两种型号的自卸汽车既具有较大的载重量，又具有良好的灵活性和道路可通过性。

2）这些自卸汽车以往使用过，具有丰富的调配、操作、保养和维修经验。

3）这些自卸汽车的配套的装载设备容易购买，通用性好。

（2）挖装设备。

挖装设备的选择，主要比较容量大小和动力来源。在斗容上，考虑大小配合，选择4～7m^3正向铲。液压正铲的性能稳定，机械出勤率高，宜尽量多选用，反铲机动灵活，可适量配备。

共配备挖掘设备20余台套，斗容总量为70m^3，可满足58万m^3/月的挖装任务。

另外，在大坝填筑作业区，配两台1.2m^3反铲进行建基面清理及搭接缝处理，局部平整等辅助工作。同时配置3台4m^3装载机进行施工道路维护及坝面作业。

（3）平整设备。

针对大坝填筑强度高，填筑面较窄，又有大吨位自卸汽车运料上坝等特点，需配备大功率推土机及时进行平整。可选用220～460马力的推土机，其中选用两台220马力推土机主要进行垫层料、过渡料、道路维护等任务；选用6台320马力和3台460马力推土机进行堆石料平整。

（4）碾压设备。

碾压进度是控制施工进度的重要因素之一，而压实效果的好坏直接影响施工质量。因此，选择合适的碾压设备至关重要。根据以往施工经验，一般选择大吨位、大激振力振动碾。

根据国产、进口设备的性能及施工单位以往的使用经验，主要选用进口的BW217D、225D型振动碾；边角碾压则选用进口的BW75E型振动碾和MC80、HS11000振动平板；坡面碾压，选用较轻型的国产YZ10L型牵引式振动碾，沥青封闭层静碾采用小型轻型碾施工。

垫层料及过渡料一般碾压厚度为40cm，选用两台BW217D 18t振动碾；堆石料碾压厚度一般为0.8m，选用重型振动碾，选用4台目前大压实功能的振动碾（BW225D）。

【技能训练】

一、单选题

1. 土石坝工作面的划分，应尽可能（　　）。

A. 垂直坝轴线方向　　　　B. 平行坝轴线方向

C. 根据施工方便灵活设置　　D. 不须考虑压实机械工作条件

2. 对土料场的质量检查和控制中（　　）的检查和控制最为重要。

A. 土块大小　　B. 杂质含量

C. 含水量　　D. 土质情况

3. 在碾压滚筒表面设有交错排列的截头圆锥体，并且适用于黏性土的压实机械是（　　）。

A. 振动碾　　B. 夯击

C. 羊脚碾　　D. 气胎碾

4. 坝面作业保证压实质量的关键要求（　　）。

A. 铺料均匀　　B. 按设计厚度铺料平整

C. 铺料宜平行坝轴线进行　　D. 采用推土机散料平土

5. 贯穿于土石坝施工的各个环节和施工全过程的是（　　）。

A. 施工质量检查和控制　　B. 施工监督

C. 施工前的准备工作　　D. 施工中的安全第一原则

6. 黏性土的压实标准由（　　）项指标控制。

A. 相对密实度　　B. 天然密度

C. 干密度　　D. 含水量

7. 对于堆石级配的质量检查应（　　）。

A. 随机取样　　B. 分层分段取样

C. 分层分段后再随机取样　　D. 梅花形取样

8. 对于黏性土料，当含水量偏低时，应考虑（　　）措施。

A. 压实前加水　　B. 运输过程中加水

C. 料场加水　　D. 压实后加水

二、多选题

1. 料场规划的基本要求是（　　）。

A. 料场规划应考虑充分利用永久和临时建筑物基础开挖的碴料

B. 料场规划应对主要料场和备用料场分别加以考虑

C. 在规划料场实际可开采总量时，应考虑料场查勘的精度、料场天然重度与坝体压实重度的差异，以及开挖运输、坝面清理、返工削坡等损失

D. 料场规划中应先考虑料场的清理过程

E. 料场规划应把所需的备料准备齐全和完整

2. 挖掘停机地面以下深处和进行水下开挖的单斗式挖掘机有（　　）。

A. 索铲　　B. 正向铲

C. 反向铲　　D. 抓铲

E. 铲运机

3. 根据施工方法、施工条件及土石料性质的不同，坝面作业可分为（　　）几个主要工序。

A. 覆盖层清除　　B. 铺料

C. 整平　　　　　　　　　　D. 质检

E. 压实

4. 土石坝施工中，铺料与整平时应注意（　　）。

A. 铺料宜平行坝轴线进行，铺土厚度要匀

B. 进入防渗体内铺料，自卸汽车卸料宜用进占法倒退铺土

C. 黏性土料含水量偏低，主要应在坝面加水

D. 非黏性土料含水量偏低，主要应在料场加水

E. 铺填中不应使坝面起伏不平，避免降雨积水

5. 土石坝施工质量控制主要包括（　　）的质量检查和控制。

A. 填筑工艺　　　　　　　　B. 施工机械

C. 料场　　　　　　　　　　D. 坝面

E. 压实参数

6. 在黏土心墙施工中，可采用（　　）等施工方法。

A. 先土后砂平起施工　　　　B. 先砂后土平起施工

C. 先修墙再填筑　　　　　　D. 先填筑再修墙

E. 土砂平起

7. 下列混凝土面板施工程序中，正确的选项是（　　）。

A. 先铺止水，再铺砂浆，架立侧模　B. 先铺砂浆，再铺止水，架立侧模

C. 架立侧模，再铺止水，铺砂浆　　D. 架立侧模，再铺砂浆，铺止水

8. 堆石坝坝体材料分区基本定型，主要有（　　）。

A. 垫层区　　　　　　　　　B. 过渡区

C. 主堆石区　　　　　　　　D. 下游堆石区

E. 底层区

三、问答题

1. 碾压式土石坝施工要做好哪些准备作业？

2. 什么是碾压式土石坝施工的辅助作业与附加作业？

3. 土石坝施工料场的空间规划应考虑哪些方面的问题？

4. 组织土石坝综合机械化施工的基本原则是什么？

5. 常用的土石坝施工挖运方案有哪些？其中最常用的是什么方案？

6. 土石坝施工坝面如何组织流水作业？

7. 土石坝施工坝面铺土有哪些要求？

8. 什么是最优含水量？施工中如何保证土料的含水量为最优含水量？

四、计算题

1. 土坝施工，黏性土的上坝强度为 $4992m^3/d$。已知设计干容重为 $1.65t/m^3$，料场土料干容重 $1.35t/m^3$，土料松散干容重为 $1.2t/m^3$。土料开挖损失系数为0.95，运输损失系数为0.98，求开挖强度与运输强度。

2. 对砂砾料进行碾压试验，所得数据列入表4－6中，设计干容重为 $2.05t/m^3$，求最优的碾压参数。

表 4-6　　**碾压试验资料——干容重**　　单位：t/m^3

碾压遍数 \ 铺料厚度（cm）	50	75	100	125
2	2.00	1.95	1.89	1.84
4	2.11	2.06	2.00	1.95
6	2.18	2.14	2.09	2.03
8	2.22	2.18	2.13	2.07

项目5 混凝土坝工程施工

【教学目标】

通过教学，使学生具备正确组织模板、钢筋、混凝土施工的能力；正确组织混凝土坝、碾压混凝土坝、水电站厂房施工的能力；掌握钢筋混凝土质量控制要点，确保施工质量。

【教学要求】

知识要点		能力目标
模板工程	模板的组成与类型	根据混凝土结构特点，恰当选择模板形式
	模板设计	会进行模板的受力分析及荷载组合计算，稳定验算
	模板的安装、拆除	能进行各种形式的混凝土结构的模板安装；正确确定模板拆除期限、拆除顺序
	模板的安装质量控制	安装的模板符合施工规范要求
	模板的施工安全	遵守安全规则，文明安全施工
钢筋工程	钢筋的配料	根据施工图纸，进行钢筋配料，编制钢筋配料单
	钢筋的加工	正确进行钢筋的冷加工、焊接、机械连接、调直、除锈、弯曲等加工制作并能控制加工质量
	钢筋的绑扎与安装	确定钢筋绑扎接头的位置、正确绑扎钢筋，按图、按规范控制钢筋安装质量
混凝土工程	骨料生产	确定骨料开采方法，选择骨料加工机械，掌握骨料加工工艺
	混凝土生产	确定混凝土生产系统的生产能力，正确布置混凝土生产系统
	混凝土制备	能准确配料；正确布置混凝土生产系统和正确操作混凝土搅拌机
	混凝土运输	能根据工程条件合理拟定混凝土运输方案
	混凝土坝施工	能根据工程条件合理制定混凝土坝的浇筑方案并控制施工质量
	大体积混凝土温度控制	根据坝址气候条件、坝体结构特点，合理拟定大体积混凝土温度控制措施
	碾压混凝土坝施工	正确组织碾压混凝土坝的施工及控制施工质量
	水电站厂房施工	拟定水电站厂房混凝土浇筑方案，混凝土施工质量控制

【引例】

乐昌峡水利枢纽工程位于广东省韶关市乐昌市境内北江支流武水乐昌峡河段内，坝址地处原京广线塘角火车站附近，下距乐昌市区约 14km、韶关市区约 81.4km。

乐昌峡水利枢纽工程是以防洪为主，结合发电，兼顾航运和灌溉等综合利用的枢纽工程，选定正常蓄水位为 154.5m，校核洪水位为 164.2m，防洪库容为 2.1129 亿 m^3，总库容为 3.7358 亿 m^3，电站装机容量为 132.0MW，上游过木码头年设计容材量为 5 万 m^3。

工程等别为Ⅱ等大（2）型，其主要建筑物拦河坝的级别为 2 级，次要建筑物的级别为 3 级，临时性建筑物为 4 级；松山子、鹅公带、半岭等滑坡体的边坡级别为 4 级。

拦河坝为碾压混凝土重力坝，河床中央布置 5 孔溢流坝，每孔净宽 12m，堰顶高程 134.8m，闸孔孔口尺寸为 12m×10.7m。坝顶高程为 164.2m，最大坝高 84.2m，坝顶长 256.0m，其中溢流坝段长 78.0m，左岸非溢流坝段长 96.0m，右岸非溢流坝段长 82.0m。

本工程混凝土浇筑总方量为 43.2 万 m^3，其中碾压混凝土 27.6 万 m^3、变态混凝土 1.86 万 m^3、预制混凝土 1.06 万 m^3，常态混凝土 13.6 万 m^3。常态混凝土包括大坝常态混凝土、出线场混凝土、下游护坡混凝土、鹅公带滑坡体混凝土、导流洞封堵混凝土等，其中大坝工程常态混凝土有坝基垫层混凝土、基坑回填混凝土、溢流堰顶混凝土、溢流坝段闸墩胸墙混凝土等。

试编制常态混凝土施工方案。

【基本知识学习】

5.1 模板工程

模板是新浇混凝土成型的模壳，根据混凝土结构的尺寸形状，用模板围成相应尺寸和形状的浇筑仓，在仓内实现混凝土的浇筑。一般混凝土的模板费用约占混凝土工程总费用的 25%～35%，大体积混凝土的模板费用所占比例在 15%～20%内。

5.1.1 模板系统的组成及作用

模板与其支撑体系及连接紧固件共同组成模板系统。模板表面直接与混凝土接触，使混凝土按设计要求的尺寸形状成型。支撑体系承受模板传递的各种荷载并确保浇筑仓的稳固。连接紧固件即在模板与模板之间及模板与支撑之间、支撑与支撑之间起连接和紧固作用。

5.1.2 对模板的要求

（1）保证混凝土浇筑物结构的形状、尺寸与相互位置符合设计要求。

（2）模板应具有足够的强度、刚度和稳定性，能承受设计要求的各项施工荷载。

（3）模板表面光洁平整、拼缝密合、不漏浆，以保证混凝土表面质量。

(4) 尽量做到标准化、系列化，装拆方便，周转次数多。

(5) 有利于混凝土工程机械化施工。

5.1.3 模板的分类

5.1.3.1 混凝土施工中模板分类

(1) 按模板外形分，可分为平面模板、曲面模板。

(2) 按模板材料分，可分为木模板、钢模板、钢木模板、铝合金模板、塑料模板、竹模板、胶合板模板、混凝土模板、土模、砖模等。

(3) 按模板构造分，可分为拼合式模板、工具式模板。

(4) 按模板周转工艺分，可分为拆移式模板、整体移动式模板（如隧洞钢模台车）和滑动式模板（如滑模和拉模）。

(5) 按模板受力条件分，可分为承重模板、非承重模板（即侧面模板）。

5.1.3.2 几种常用的模板形式

1. 木模板

木材是最早被人们用来制作模板的工程材料，其主要优点是：制作方便、拼装随意，尤其适用于外形复杂或异形的混凝土构件。此外，因其热导率小，对混凝土冬期施工有一定的保温作用。

木模板的木材主要采用松木和杉木，其含水率不宜过高，以免干裂，材质不宜低于三等材。木模板的基本元件是拼板，它由板条和拼条（木档）组成，如图5-1所示。板条厚25～50mm，宽度不宜超过200mm，以保证在干缩时缝隙均匀，浇水后缝隙要严密且板条不翘曲，但梁底板的板条宽度不受限制，以免漏浆，拼条截面尺寸为25mm×35～50mm×50mm，拼条间距根据施工荷载大小及板条的厚度而定，一般取400～500mm。

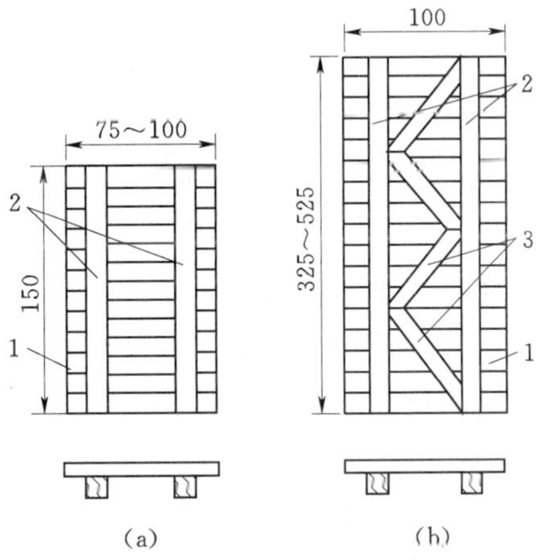

图5-1 标准平面木模板

(a) 小型平面木模板；(b) 大型平面木模板

1—面板；2—加劲肋；3—斜撑

2. 定型组合钢模板

定型组合钢模板系列包括钢模板、连接件、支撑件3部分。其中，钢模板包括平面钢模板和拐角模板。连接件有U形卡、L形插销、钩头螺栓、紧固螺栓、蝶形扣件等；支承件有圆钢管、薄壁矩形钢管、内卷边槽钢、单管伸缩支撑等。

(1) 钢模板的规格和型号。

钢模板包括平面模板、阳角模板、阴角模板和连接角模，如图5-2所示。单块钢模板由面板、边框和加劲肋焊接而成。面板厚2.3mm或2.5mm，边框和加劲肋上面按一定距离（如150mm）钻孔，可利用U形卡和L形插销等拼装成大块模板。

钢模板的宽度以100mm为基础，50mm进级，宽度在200mm以上的模板有纵肋；长度以450mm为基础，150mm进级；高度皆为55mm。其规格和型号已做到标准化、系列化。用P代表平面模板，Y代表阳角模板，E代表阴角模板，J代表连接角模。例如，型

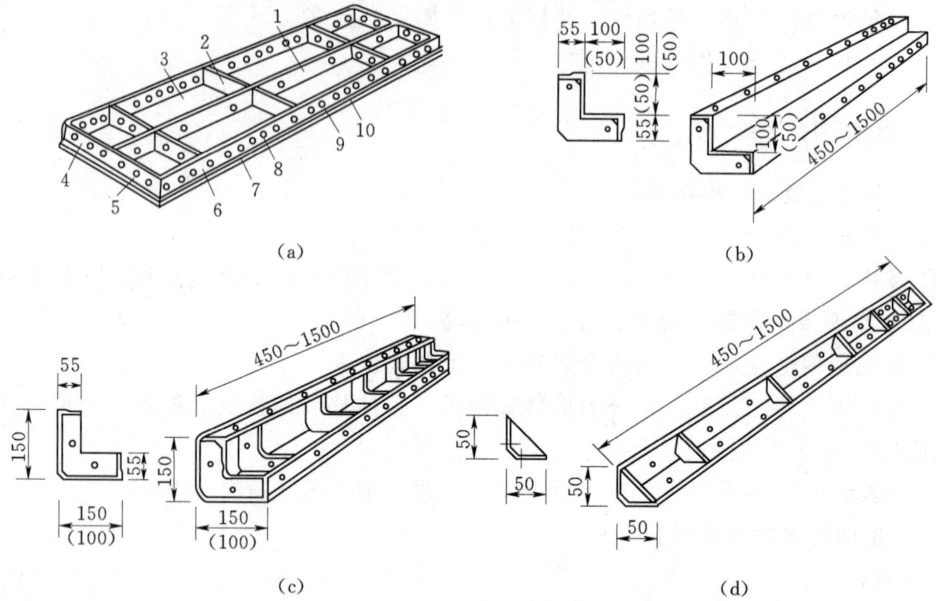

图 5-2　钢模板类型

(a) 平面模板；(b) 阳角模板；(c) 阴角模板；(d) 连接角模

1—中纵肋；2—中横肋；3—面板；4—横肋；5—插销孔；6—纵肋；7—凸棱；8—凸鼓；9—U 形卡孔；10—钉子孔

号为 P3015 的钢模板，P 表示平面模板，3015 表示宽×长为 300mm×1500mm。又如，型号为 Y1015 的钢模板，Y 表示阳角模板，1015 表示宽×长为 100mm×1500mm。如拼装时出现不足模数的空隙时，用镶嵌木条补缺，用钉子或螺栓将木条与板块边框上的孔洞连接。

(2) 连接件。

连接件如图 5-3 所示。

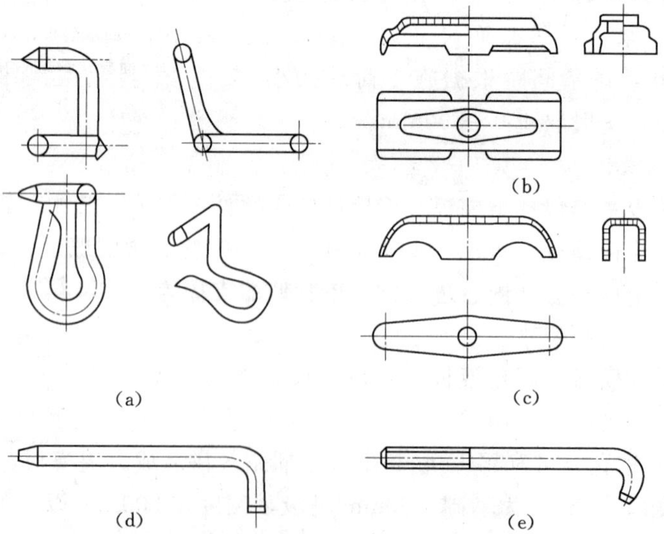

图 5-3　钢模板的主要连接件

(a) U 形卡；(b) 蝶形扣件；(c) 3 形扣件；(d) L 形插销；(e) 钩头螺栓

1）U形卡。它用于钢模板之间的连接与锁定，使钢模板拼装密合。U形卡安装间距一般不大于300mm，即每隔一孔卡插一个，安装方向一顺一倒相互交错。

2）L形插销。它插入模板两端边框的插销孔内，用于增强钢模板纵向拼接的刚度和保证接头处板面平整。

3）钩头螺栓。用于钢模板与内、外钢楞之间的连接固定，使之成为整体，安装间距一般不大于600mm，长度应与采用的钢楞尺寸相适应。

4）对拉螺栓。用来保持模板与模板之间的设计厚度并承受混凝土侧压力及水平荷载，使模板不致变形。

5）紧固螺栓。用于紧固钢模板内外钢楞，增强组合模板的整体刚度，长度与采用的钢楞尺寸相适应。

6）扣件。用于将钢模板与钢楞紧固，与其他的配件一起将钢模板拼装成整体。按钢楞的不同形状尺寸，分别采用碟形扣件和3形扣件，其规格分为大小两种。

（3）支撑件。

配件的支撑件包括钢楞、柱箍、梁卡具、圈梁卡、钢管架、斜撑、组合支柱、钢管脚手支架、平面可调桁架和曲面可变桁架等。

3. 固定式模板

固定式模板是指在预制构件厂或现场按构件形状、尺寸制作的位置固定的模板。预制构件厂生产大批量形状尺寸固定的构件（如平板），可多次重复使用固定式模板。现场预制数目较少、形状不规则的构件一般为一次性使用。又如，预制重力式素混凝土模板及厚仅8～10cm的钢筋混凝土模板，其外表面与结构外表形状一致，安装于建筑物的表面或廊道、竖井等处或大跨度承重结构的底部，浇筑混凝土后不再拆除。固定式模板可节约大量木材、支架，减少现场施工干扰和立模困难，加快施工进度。

4. 拆移式模板

拆移式模板在水利工程中应用较广泛。拆移式模板是模板在一处拼装，待混凝土达到适当强度后拆除，可以移至他处继续使用的模板。一般由事先制好的钢、木或钢木组合定型模板和相应的支撑及紧固件组成，如基础侧面模板、坝体高空侧面模板、墩墙模板、桥梁承重模板等。

目前，拆移式模板多为组合钢模拼装而成。组合钢模既可以组拼成各种尺寸和形状的平面模板，也可以组拼成折线形模板，以适应建筑物的板、梁、柱、墙及大块体结构、构件的需要，如图5-4所示。

5. 整体移动式模板

整体移动式模板适用于断面尺寸较大且形状沿移动方向不变的水平长度很大的直线形混凝土建筑物，如隧洞、涵洞、管道及渠道等的现浇衬砌施工，较之用拆移式模板，可加快施工进度和降低工程造价。

整体移动式模板一般由轨道、承重结构（或钢模台车）及模板等组成。模板可用钢材、钢木混合结构制成，如图5-5所示。

6. 滑动式模板

滑动式模板（滑模）施工是现浇混凝土工程的一种连续成型施工工艺。该工艺方法是

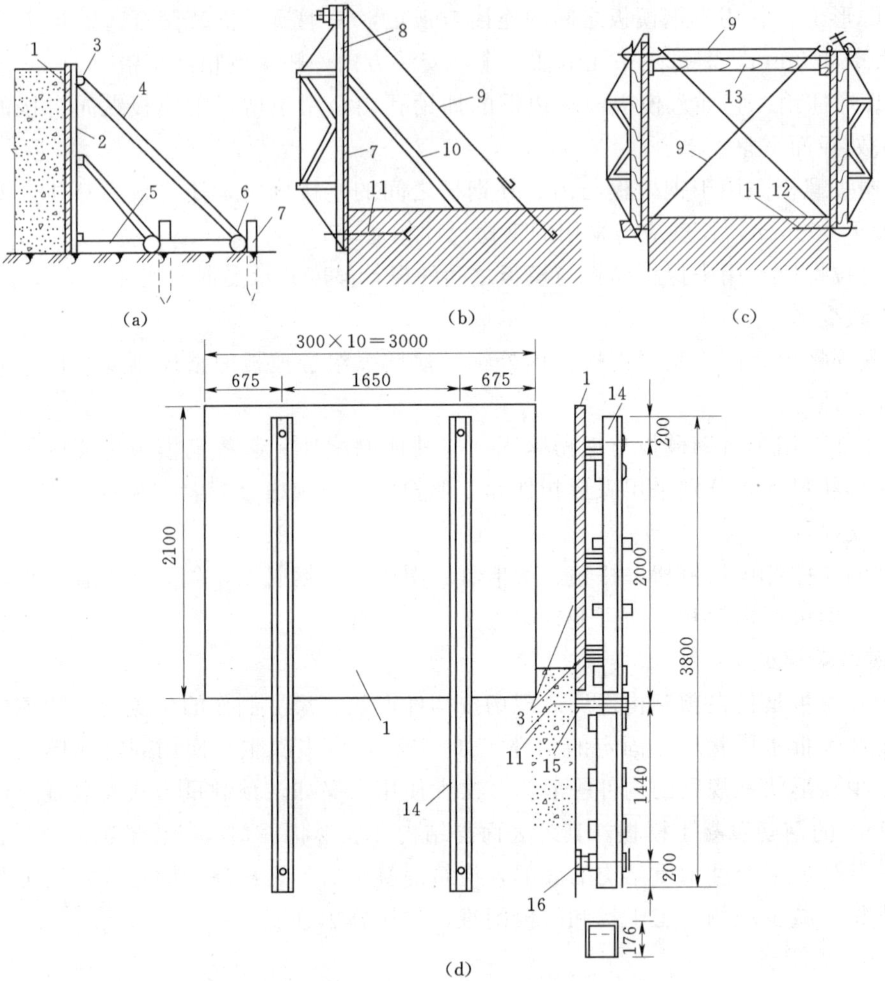

图 5-4　拆移式侧面模板

(a) 土基上斜撑式侧模；(b) 高空桁架式侧模；(c) 墩墙桁架式模板；(d) 悬臂钢模板

1—面板；2—竖围令；3—横围令；4—斜撑；5—水平撑；6—地龙；7—木桩；8—桁架；9—拉条；10—预制混凝土撑杆；11—预埋紧固螺栓或U形环；12—预埋钢筋环；13—顶撑；14—支承柱；15—紧固螺母；16—千斤顶螺栓

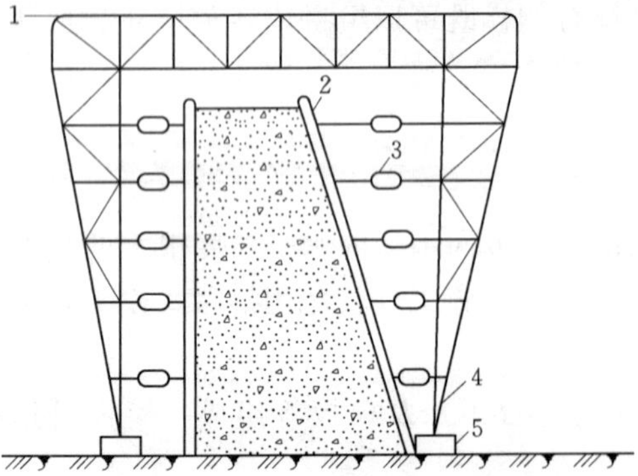

图 5-5　移动式模板浇筑混凝土墙

1—支承钢架；2—钢模板；3—花篮螺钉；4—行驶轮；5—轨道

在混凝土浇筑过程中，利用电动液压提升设备或电动葫芦、手动葫芦等，使模板系统随浇筑而滑移（滑升、拉升或水平滑移），直至需要浇筑的高度为止（图 5-6）。

滑模施工机械化程度高，可以节约模板和支撑材料，加快施工进度，保证结构整体性，提高混凝土表面质量。缺点是滑模系统一次性投资大，耗钢量大，对结构立面造型有一定的限制，结构设计上也必须根据滑模施工的特点予以配合，且保温条件差，不适于低温季节使用。

滑模施工最适于断面形状尺寸沿高度基本不变的高耸建筑物，如竖井、墩墙、烟囱、水塔、筒仓、框架结构等的现场浇筑，近年来，也常用于大坝溢流面、双曲线冷却塔及水平长条形规则结构、构件的施工。

滑升模板由模板系统、操作平台系统和液压支承系统3部分组成。模板系统包括模板、围圈和提升架等。模板多用钢模或钢木混合模板，其高度取决于滑升速度、结构形状和混凝土达到出模强度所需的时间。一般高为0.5～1.2m。

操作平台系统包括操作平台、内外吊脚手，是承放液压控制台、临时堆存钢筋、混凝土及修饰刚刚出模的混凝土面的施工操作场所，一般为木结构或钢木混合结构。

液压支承系统包括支承杆、穿心式液压千斤顶、输油管路和液压控制台等，是使模板向上滑升的动力和支承装置。支承杆的接长可采用焊接、榫接或丝扣连接。

千斤顶按卡具形式不同有钢珠式和卡块式两类，按额定起重量来分有30kN、60kN、75kN、90kN、100kN等。图5-7是HQ-30液压千斤顶的构造示意图。

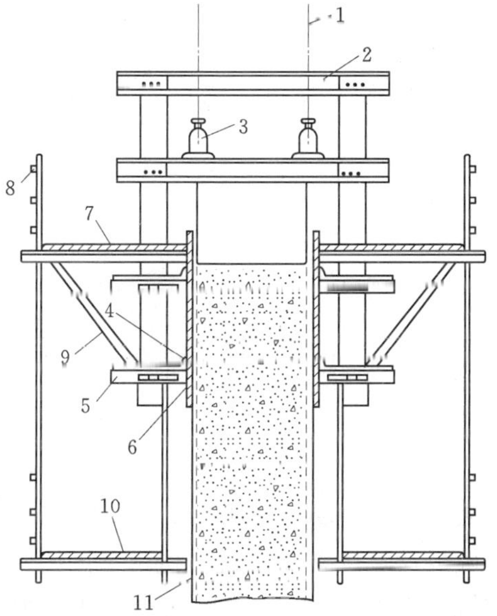

图5-6 滑升模板

1—支承杆；2—提升架；3—液压千斤顶；4—围圈；5—围圈支托；6—模板；7—操作平台；8—栏杆；9—外挑三脚架；10—吊脚手；11—墙体

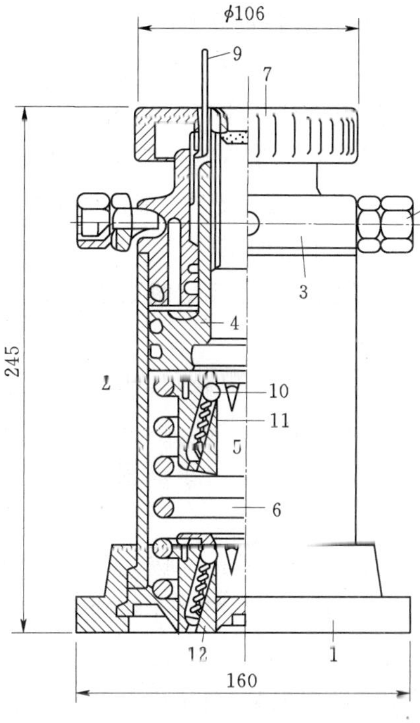

图5-7 HQ-30液压千斤顶构造示意图

1—底座；2—缸体；3—缸盖；4—活塞；5—上卡头；6—排油弹簧；7—行程调整帽；8—油嘴；9—行程指示杆；10—钢珠；11—卡头小弹簧；12—下卡头

滑模装置的组装程序如图5-8所示。

5.1.4 模板设计

在施工前，施工企业应根据建筑物的实际情况、现场条件、混凝土结构施工与验收规范及有关的模板技术规范进行模板设计。模板设计包括模板面板、支承系统及连接配件的

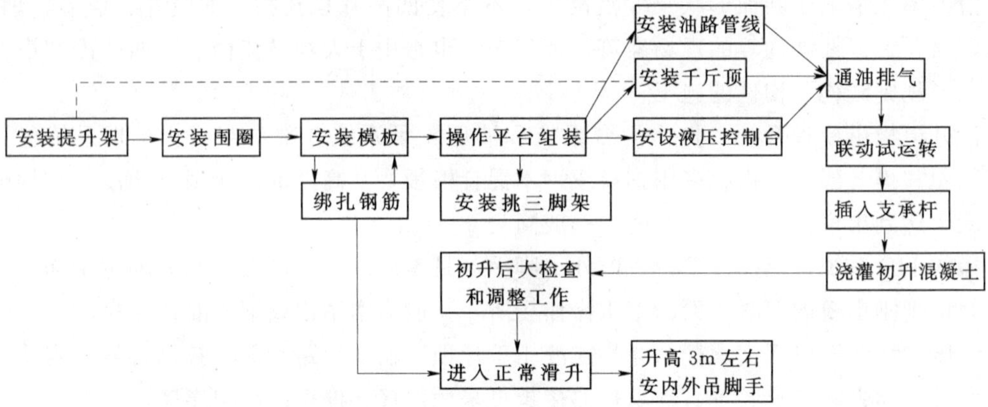

图5-8　滑模装置的组装程序

设计。

5.1.4.1　模板设计的步骤

根据工程实践经验，模板设计大致可分为以下3个环节。

(1) 配板设计并绘制配板图和支承系统布置图。

(2) 根据施工条件确定荷载并对模板及支承系统进行验算。

(3) 编制模板及配件的规格数量汇总表和周转计划，制定模板系统安装与拆除的程序与方法以及施工说明书等。

5.1.4.2　模板的受力及荷载组合

1. 设计荷载

设计荷载分基本荷载和特殊荷载两类。

(1) 基本荷载。

1) 模板及其支架自重。根据设计图确定，木材：针叶类按600kg/m³ 计；阔叶类按800kg/m³ 计。

2) 新浇混凝土重量，按2.4～2.5t/m³ 计。

3) 钢筋重量。根据设计图确定：对一般钢筋混凝土，钢筋重量可按100kg/m³ 计。

4) 工作人员及浇筑设备、工具的荷载。计算模板及直接支撑模板的楞木（围图）时，可按均布荷载2.5kPa及集中荷载2.5kN计算；计算支撑楞木的构件时，可按1.5kPa计算，计算支架立柱时，可按1kPa计算。

5) 振捣混凝土时产生的荷载，可按照1kPa计算。

6) 新浇混凝土的侧压力。这是侧面模板承受的主要荷载。侧压力的大小与混凝土浇筑速度、浇筑温度、坍落度、入仓振捣方式及模板变形性能等因素有关，在无实测资料的情况下，可参考《水工混凝土施工规范》(SDJ 207—82) 附录中的有关规定选用。

(2) 特殊荷载。

1) 风荷载。根据现行《工业与民用建筑物荷载规范》(GB 50009—2001) 确定。

2) 其他荷载。可按实际情况计算，如平仓机、非模板工程的脚手架、工作平台、超过规定堆放的材料重量等。

2. 设计荷载组合及稳定校核

（1）荷载组合。在计算模板及支架的强度和刚度时，根据承重模板和侧面模板（竖向模板）受力条件的不同，其荷载组合按表5-1进行。表5-1中列6项基本荷载，除侧压力为水平荷载外，其余5项均为垂直荷载，表列之外的特殊荷载，按可能发生的情况计算，如在振捣混凝土的同时卸料入仓，则应计算卸料对模板的水平冲击力（kPa），可根据入仓工具的容量大小，按2～6kPa计。

表5-1　模板结构的基本荷载组合

项次	模板种类	基本荷载组合	
		计算强度用	计算刚度用
1	承重模板 （1）板、薄壳的模板及支架 （2）梁、其他混凝土结构（厚于0.4m）的底模支架	 ①+②+③+④ ①+②+③+④	 ①+②+③ ①+②+③
2	侧模板	⑥或⑤+⑥	⑥

注　表内①～⑥依次表示：模板及其支架自重；新浇混凝土重量；钢筋重量；工作人员及浇筑设备、工具的荷载；振捣混凝土时产生的荷载；新浇混凝土的侧压力。

（2）稳定校核。

1）在计算承重模板及支架的抗倾稳定性时，应分别计算下列3项荷载产生的倾覆力矩，并取其中最大值，3项荷载为风荷载、实际可能发生的最大水平作用力、作用于承重模板边缘的1.5kN/m水平力。

模板及支架（包括同时安装的钢筋在内）自重产生的稳定力矩，则应乘以0.8的折减系数。

承重模板及支架的抗倾稳定系数应大于1.4。

2）竖向模板及内侧模板，必须设置内部支撑或外部拉杆，当其最低处高于地面10m时，应考虑各方向风荷载作用的抗倾稳定性。

5.1.5　水工混凝土专用模板施工

5.1.5.1　模板安装

1. 大体积混凝土模板

大体积混凝土施工，模板以大型模板为主。大型模板的尺寸没有统一的规定，各个工程根据具体情况确定。为使浇筑出的混凝土表面分层线条整齐，模板高度一般与浇筑层高齐平，模板宽度受起吊能力、坝体形状尺寸的限制，一般在10m以内。

大型模板的面板材料，在20世纪80年代以前，主要采用木面板，进入80年代后，钢面板逐渐取代木面板。钢面板有两种形式：一种是用钢板，用型钢加工制成；另一种是用定型组合钢模拼装。

大型模板按支撑方式和安装方法不同，分拉条固定式模板、半悬臂模板、悬臂模板和自升悬臂模板。

（1）拉条固定式模板。图5-9所示为拉条固定式模板，这种模板布置有两层拉条。

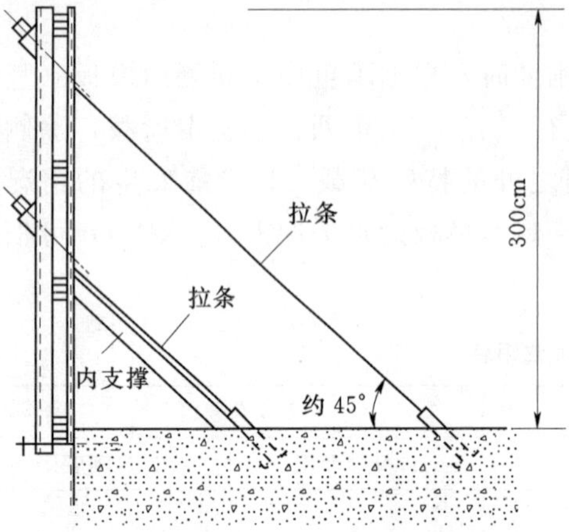

图 5-9 拉条固定式模板

由于混凝土吊罐不能碰拉条，因此卸料点与模板应相距 3m 以上，这样不便于混凝土平仓，影响混凝土浇筑质量。

(2) 半悬臂模板。这种模板只设一层拉条，拉条以上的部分由悬臂受力。

乌江渡工程大坝混凝土施工采用的半悬臂钢木模板，如图 5-10 所示。浇筑层厚 3m，模板尺寸有 3 种规格：3m×7.5m、3m×6.5m、3m×6m。模板由钢骨架、木格栅、木面板组成。木面板厚 3cm，木格栅用 8cm×10cm 方木，间距 30cm，钢立柱用 12 号工字钢，拉条 ϕ20mm，钢骨架采用焊接结构。

安装大型模板，两块模板之间需要留 10cm 左右的间隙，用木板条镶补，以适应模板经多次使用后的错位变化。

模板拆除后，在原位置提升安装，利用仓面起吊设备（汽车吊）边拆边安装。先挂好吊钩，然后拧下拉条和支座的套筒螺栓；用撬棍撬动模板，使模板脱离混凝土面，再提升模板；在预埋螺栓上安装支座；最后，模板就位、扳正、固定。

为了防止模板内倾，需设内支撑杆固定，如图 5-10 所示。模板安装时，用木撑临时

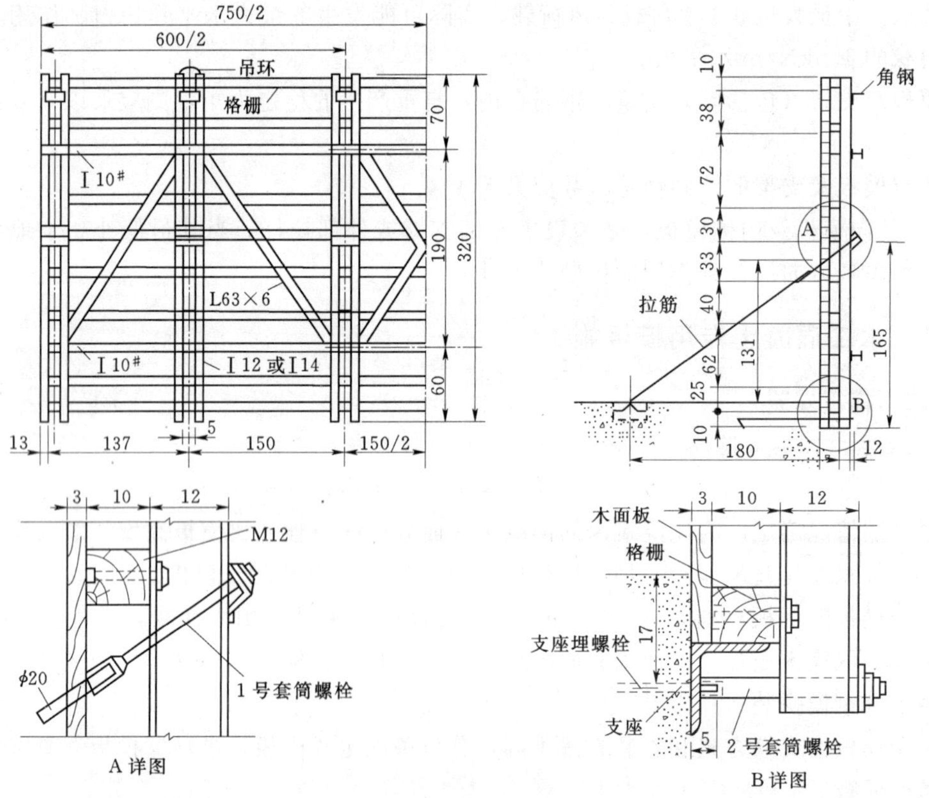

图 5-10 半悬臂钢木模板（单位：mm）

支撑，模板固定后，改用预制混凝土柱。预制混凝土柱的断面为10cm×10cm。

（3）悬臂模板。悬臂模板由面板和悬臂支撑两部分组成，不用拉条，有利于仓面机械化施工。面板将混凝土侧压力传给悬臂支撑。悬臂支撑分型钢梁和桁架两种。

1）型钢梁悬臂模板。图5-11所示为型钢梁悬臂模板示意图。模板规格为2.5m×10m，悬臂用两根26号槽钢焊成，悬臂梁间距2.15m；横肋为6.3号槽钢，间距0.5m；面板为4mm钢板。模板上口设插座，下口设插销，模板上口开一个22cm×35cm的方孔，插座安在方孔内，成为模板的一部分。混凝土浇筑时，插座上的锚筋埋在混凝土中。拆模时，插座与模板分开，模板拆走，插座仍留在原位置。上层模板安装时，模板下口的插销在插座内，用来固定模板。型钢梁下端设有拆模和调整模板位置用的螺栓。

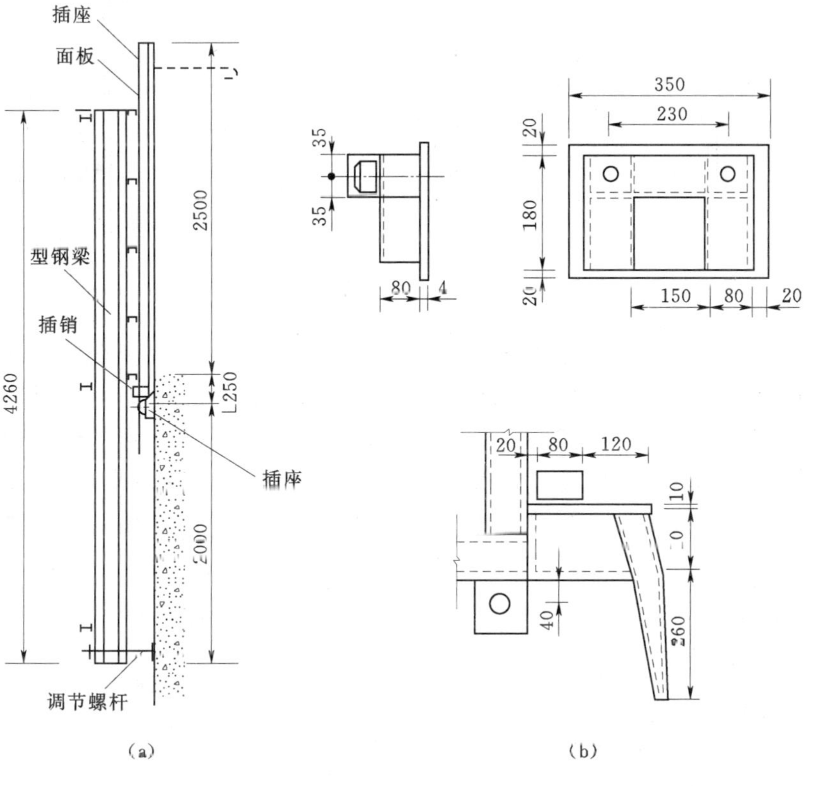

图5-11 型钢梁悬臂模板（单位：mm）
（a）插座大样；（b）插销大样

图5-12所示为悬臂组合钢模板。模板的面积为2.3m×3m，浇筑层高2m。面板采用组合钢模板拼装，ϕ48mm钢管做横向围图。围图与钢模板用“3”字形扣件、钩头螺栓连成整体。底部采用一根10号槽钢作底梁。每块模板有3根立柱，立柱由两根20号槽钢组合而成。面板与立柱用钩头螺栓连接。模板背面设两层工作平台，上层工作平台供安装预埋锚杆用，下层工作平台供装拆套筒螺栓及调整千斤顶用。

工作平台的宽度为60cm，部分模板的上、下层工作平台之间设爬梯。模板构件全部用螺栓和扣件连接，便于装配和重新组合。每块模板重1350kg。

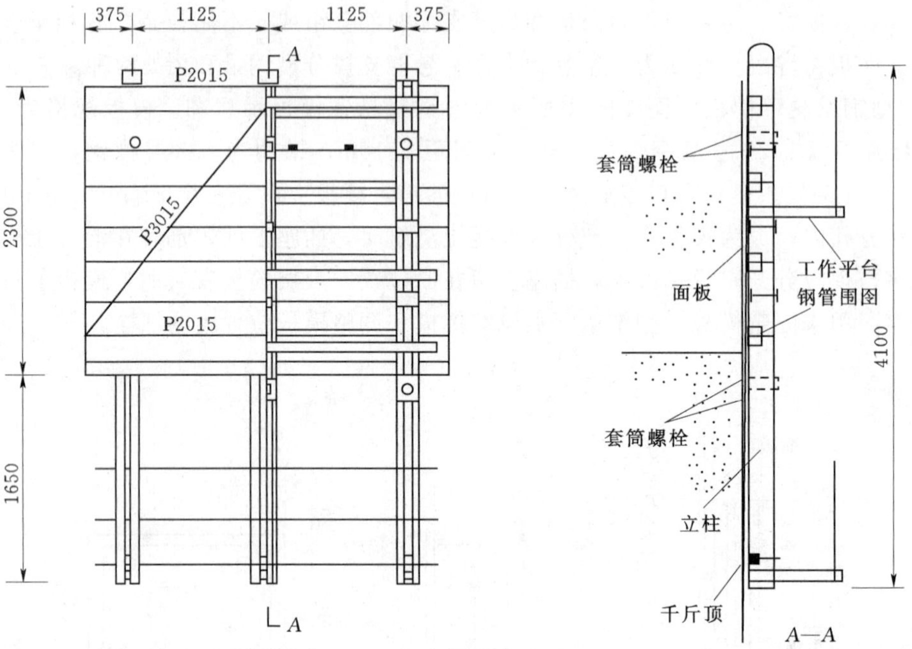

图 5-12　悬臂组合钢模板（单位：mm）

型钢梁悬臂模板加工简单，运输、堆放方便；虽然单位面积用钢量稍多些，但周转次数多，还是比较经济的。适用于浇筑层厚小于 3m、对模板变形要求不很严格的部位。

2）桁架悬臂模板。桁架悬臂模板根据桁架形状不同，分三角形桁架悬臂模板、梯形桁架悬臂模板、矩形桁架悬臂模板等几种类型。

图 5-13 所示为三角形桁架悬臂模板示意图，其中图 5-13（a）所示模板的规格为

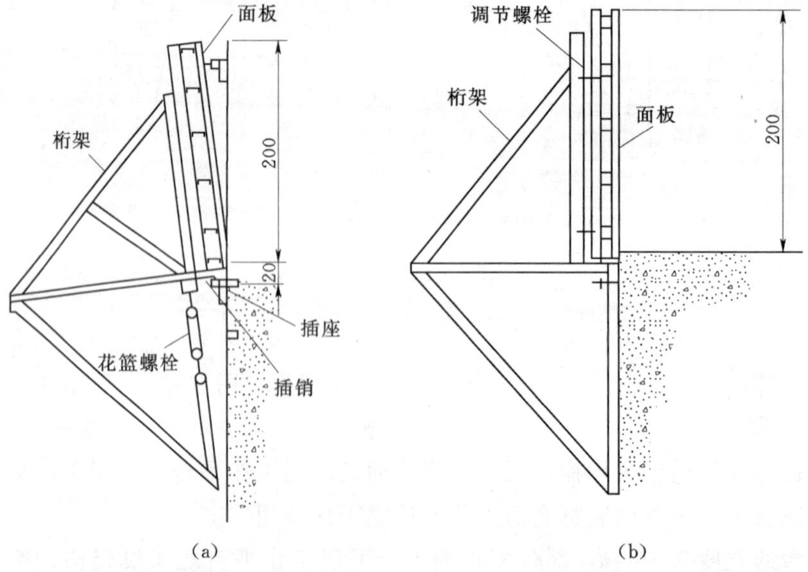

图 5-13　三角形桁架悬臂模板（单位：cm）

2.1m×10m。桁架杆件由两根60mm×60mm的角钢合焊成方形断面，间距2m。钢面板厚4mm，横肋为12号工字钢，间距0.4m；竖围囹为14号工字钢，间距与三角形桁架间距相同。模板总量2154kg。

桁架上半部的杆件之间采用焊接，下半部的杆件之间采用铰接。下半部竖杆为M24花篮螺栓。转动花篮螺栓，可使竖杆伸长或缩短，带动下斜杆的下端沿混凝土壁面上、下移动，从而拉动桁架悬臂上半部分转动，便于调整面板位置和拆模。

图5-13（b）所示的是另一种形式的三角形桁架悬臂模板的示意图，模板规格为2.2m×10m。桁架的上竖杆为14号槽钢，下竖杆、斜杆和横杆为12号工字钢，杆件之间均采用焊接。桁架间距为1.5m。面板由钢骨架和木板构成，板厚4cm，横肋为5cm×12cm方木，间距52cm；竖围囹为12号槽钢，间距与桁架间距相同。面板搁在桁架上，通过面板与桁架间的螺栓，调整面板的位置和拆模。面板底部垫一根ϕ20mm钢管，便于面板移动。

三角形桁架悬臂模板刚度大、变形小、用钢量较省，但不便于堆放。矩形桁架悬臂模板的形状和尺寸如图5-14所示。梯形桁架悬臂模板的形状和尺寸如图5-15所示。

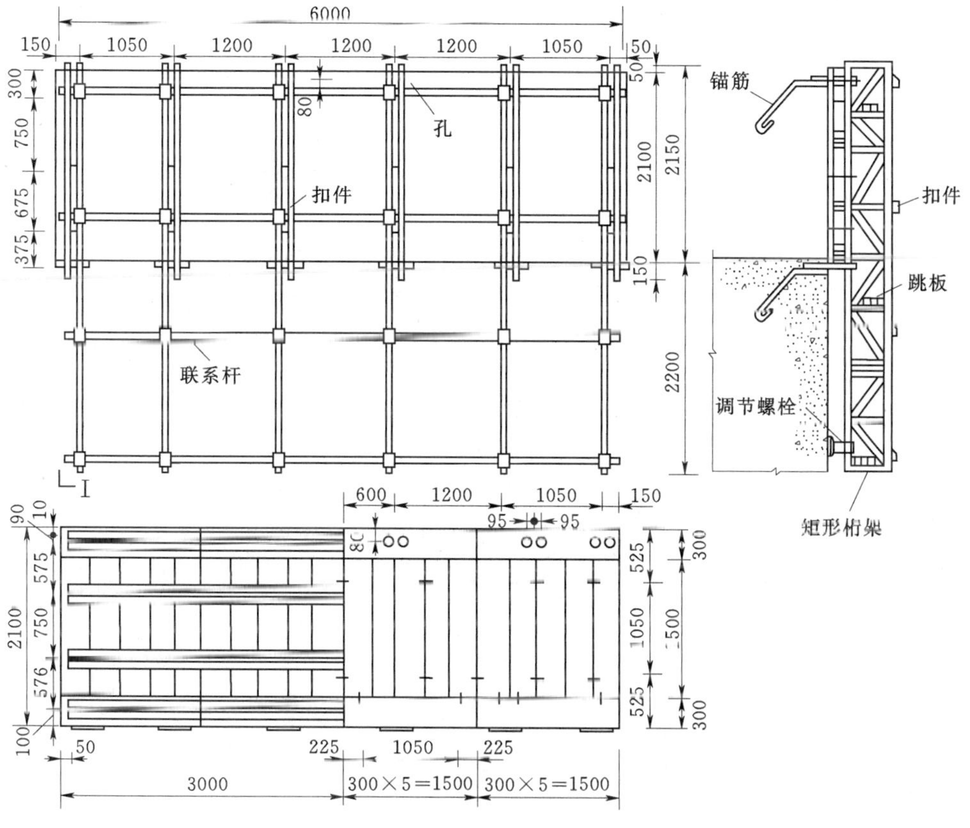

图5-14 矩形桁架悬臂模板（单位：cm）

变曲率桁架悬臂模板如图5-16所示，垂直方向和水平方向都可以改变曲率，能满足双曲拱坝坝体施工的要求。

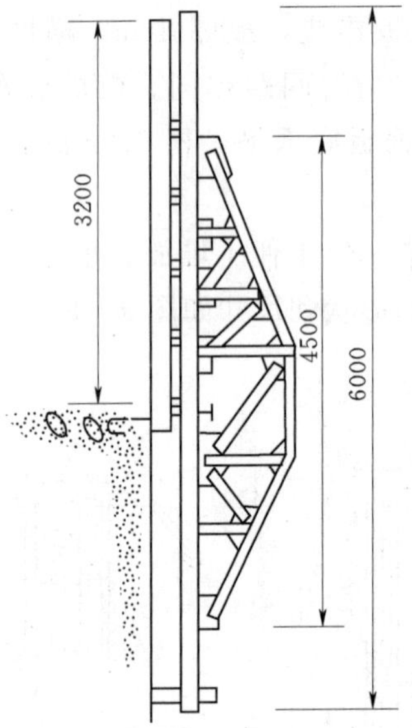

图 5-15 梯形桁架悬臂模板
(单位：cm)

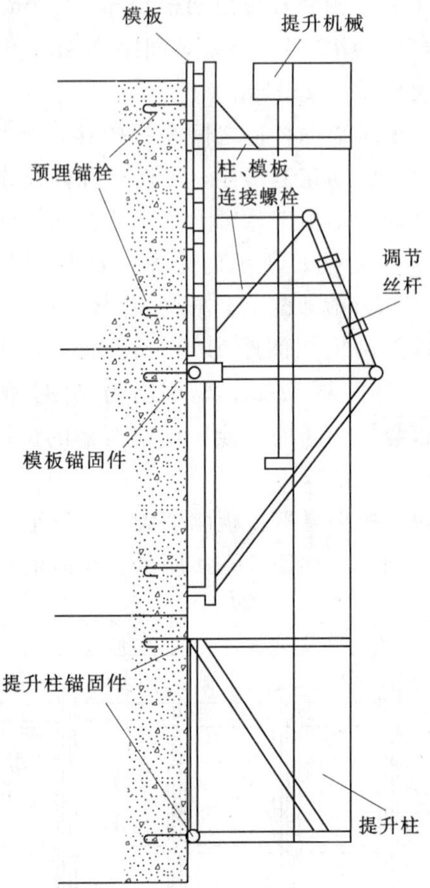

图 5-16 变曲率桁架悬臂模板
(单位：cm)

(4) 自升悬臂模板。自升悬臂模板是在悬臂模板基础上发展起来的一种新式模板，如图 5-17 所示。

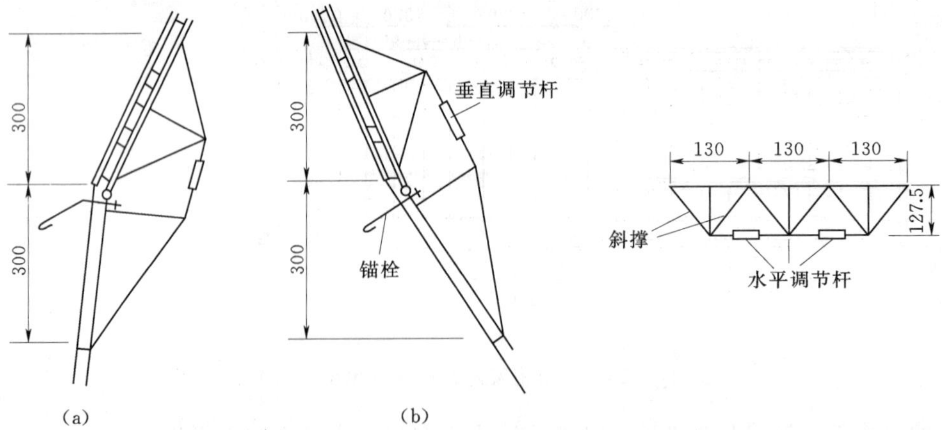

图 5-17 自升悬臂模板

这种模板比悬臂模板多了一个提升柱，利用提升柱可自行提升模板，而不用起重设备，避免了模板装拆与其他工序争用起重设备的矛盾。而且安装迅速、方便，安全、可靠。

自升悬臂模板的面板由组合钢模板拼装而成，桁架、提升柱由型钢、钢管焊接而成。模板高 3.3m，宽 3m，重 3.6t。

模板提升原理如图 5－18 所示。

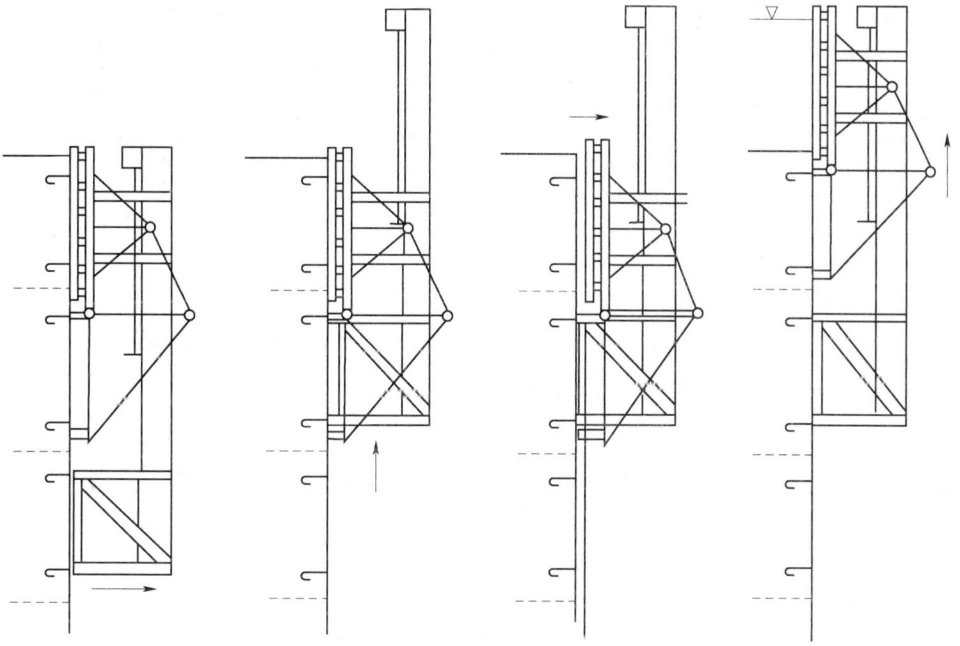

图 5－18　自升悬臂模板工作原理

(1) 已浇筑混凝土达到一定强度后，将提升柱锚固螺栓松开，使提升柱向外（远离混凝土面）移动 5cm。

(2) 启动电动机带动螺栓杆正转，将提升柱提升到指定位置。

(3) 将提升柱重新锚固好后，面板锚固螺栓松开，使面板脱离混凝土面 15cm。

(4) 启动电动机带动螺杆反转，将模板提升到预定位置。模板到位后，利用桁架上的调节丝杆调整模板位置。

大型模板装拆需要使用仓面起重设备。当仓面起重设备忙不过来时，为了不影响模板装拆，可以用简易吊架及 5t 电葫芦提升模板。吊架形式可因地制宜，多种多样。

2. 牛腿模板

牛腿模板施工，难度较大的是反坡模板（外倾模板）。作用在反坡模板上的荷载，包括混凝土侧压力和混凝土重量。模板支撑方式有内拉式和外撑式。

内拉式模板支撑如图 5－19 所示，钢筋柱浇入混凝土中。

外撑式模板支撑如图 5－20 所示，三角桁架和三角支撑的间距根据荷载大小确定。为了保证模板稳定，各桁架之间设剪刀撑。外撑式模板支撑适用于悬挑部分较短的牛腿。

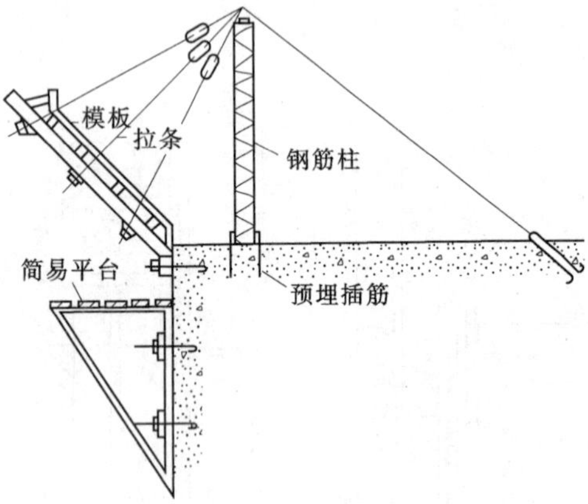

图 5-19 内拉式模板支撑

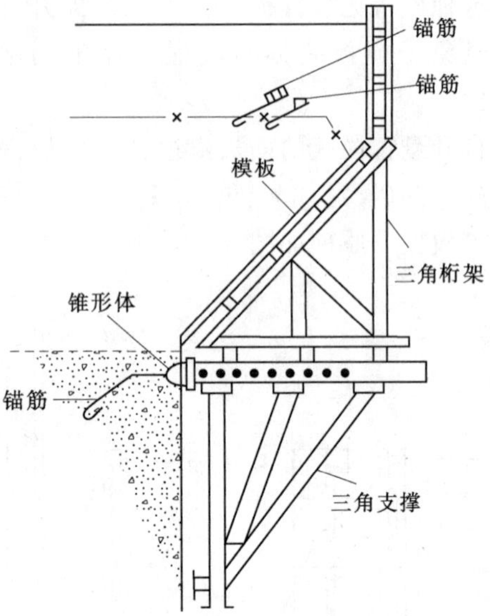

图 5-20 外撑式模板支撑

牛腿反坡模板还可采用免拆式预制混凝土模板。

3. 溢流面模板

溢流面面积较少，不宜采用滑模施工时，则采用顺坡模板（内倾模板）施工，如图 5-21 所示。

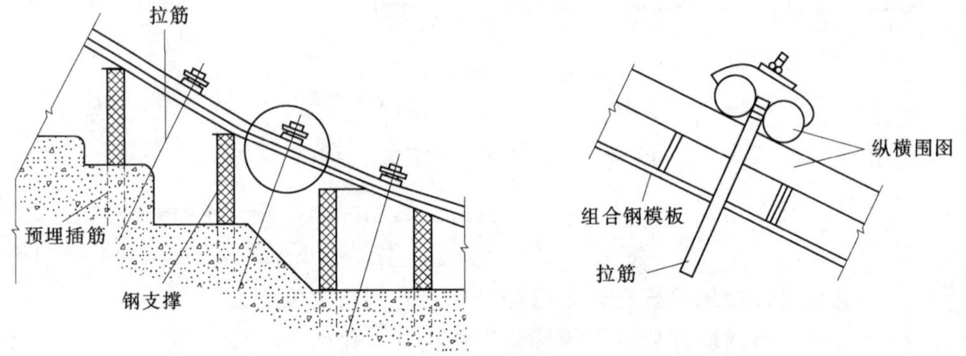

图 5-21 溢流面模板

混凝土浇筑之前，模板重量由钢支撑承担；混凝土浇筑时，作用在模板上的侧压力和浮托力由拉筋平衡。

先将钢支撑焊在预埋插筋上，然后按溢流面轮廓线装好模板纵横围囹及面板。纵围囹采用 ϕ48mm 钢管或粗钢筋弯成弧形，面板上开一些窗口，便于混凝土入仓。

曲面模板也可用曲面可变桁架立模，如图 5-22 所示。钢支撑与桁架用对拉螺栓连接，组合钢模板用钩头螺栓固定在桁架下方。

溢流面混凝土浇筑之后，掌握合适的时间拆模，然后对混凝土表面进行抹面、压实。隧洞、渡槽、厂房等水工建筑物的模板施工在相应项目里介绍。

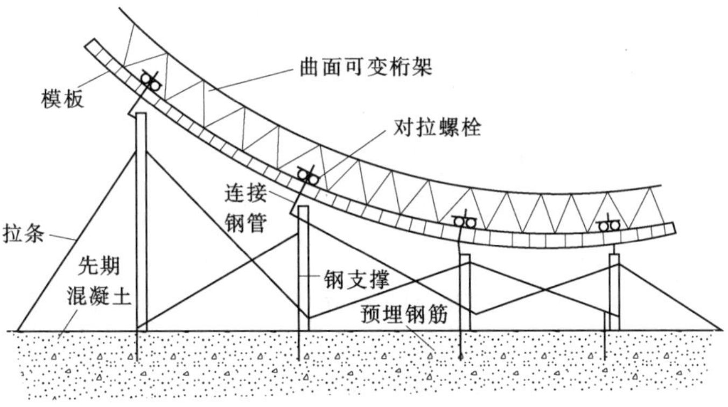

图 5-22 曲面可变桁架立模

5.1.5.2 模板拆除

模板的拆除顺序一般是先非承重模板，后承重模板；先侧板，后底板。

1. 拆模期限

(1) 不承重的侧模板在混凝土强度能保证混凝土表面和棱角不因拆模而受损害时方可拆模。一般此时混凝土的强度应达到 2.5MPa 以上。

(2) 承重模板应在混凝土达到下列强度以后方能拆除（按设计强度的百分率计）。

1) 当梁、板、拱的跨度小于 2m 时，要求达到设计强度的 50%。

2) 跨度为 2～5m 时，要求达到设计强度的 70%。

3) 跨度为 5m 以上时，要求达到设计强度的 100%。

4) 悬臂板、梁跨度小于 2m 为 70%，跨度大于 2m 为 100%。

2. 拆模注意事项

(1) 模板拆除工作应遵守一定的方法与步骤。拆模时要按照模板各接合点构造情况，逐块松卸。首先去掉扒钉、螺栓等连接铁件，然后用撬杠将模板松动或用木楔插入模板与混凝土接触面的缝隙中，以锤击木楔，使模板与混凝土面逐渐分离。拆模时，禁止用重锤直接敲击模板，以免使建筑物受到强烈震动或将模板毁坏。

(2) 拆卸拱形模板时，应先将支柱下的木楔缓慢放松，使拱架徐徐下降，避免新拱因模板突然大幅度下沉而担负全部自重，并应从跨中点向两端同时对称拆卸。拆卸跨度较大的拱模时，则需从拱顶中部分段分期向两端对称拆卸。

(3) 高空拆卸模板时，不得将模板自高处摔下，而应用绳索吊卸，以防砸坏模板或发生事故。

(4) 当模板拆卸完毕后，应将附着在板面上的混凝土砂浆洗凿干净，损坏部分需加以修整，板上的圆钉应及时拔除（部分可以回收使用），以免刺脚伤人。卸下的螺栓应与螺帽、垫圈等拧在一起，并加黄油防锈。扒钉、铁丝等物均应收捡归仓，不得丢失。所有模板应按规格分放，妥加保管，以备下次立模周转使用。

(5) 对于大体积混凝土，为了防止拆模后混凝土表面温度骤然下降而产生表面裂缝，应考虑外界温度的变化而确定拆模时间，并应避免早、晚或夜间拆模。

5.1.6 模板的施工安全

模板施工中的不安全因素较多，从模板的加工制作到模板的支模拆除，都必须认真加以防范。特别是模板支撑和拆卸时的悬空作业，必须遵守以下规定：

(1) 支模应按规定的作业程序进行，模板未固定前不得进行下一道工序。严禁在连接件和支撑件上攀登上下，并严禁在上下同一垂直面上装、拆模板。结构复杂的模板，装、拆应严格按照施工组织设计的措施进行。

(2) 支设高度在3m以上的柱模板，四周应设斜撑，并应该设立操作平台，低于3m的可使用马凳操作。

(3) 支设悬挑形式的模板时，应有稳固的立足点。支设临空构筑物模板时，应搭设支架或脚手架，模板上有预留洞时，应在安装后将洞盖没，混凝土板上拆模后形成的临边或洞口，应按有关要求进行防护。

(4) 拆模高处作业，应配置登高用具或搭设支架。

5.2 钢筋工程

5.2.1 钢筋的配料

钢筋的配料是指识读工程图纸、计算钢筋下料长度和编制配筋表。

1. 钢筋下料长度

(1) 钢筋长度。施工图（钢筋图）中所指的钢筋长度是钢筋外缘至外缘之间的长度，即外包尺寸。

(2) 混凝土保护层厚度。混凝土保护层厚度是指受力钢筋外缘至混凝土表面的距离，其作用是保护钢筋在混凝土中不被锈蚀。

(3) 钢筋接头增加值。由于钢筋直条的供货长度一般为6～10m，而有的钢筋混凝土结构的尺寸很大，需要对钢筋进行接长。钢筋接头增加值见表5-2～表5-4。

表5-2　钢筋绑扎接头的最小搭接长度

钢筋级别	HPB235级	HRB335级	HRB400级
受拉区	$30d$	$35d$	$40d$
受压区	$20d$	$25d$	$30d$

表5-3　钢筋对焊长度损失值　（单位：mm）

钢筋直径	<16	16～25	>25
损失值	20	25	30

表5-4　钢筋搭接焊最小搭接长度

焊接类型	HPB235级钢筋	HRB335级钢筋和HRB400级钢筋
双面焊	$4d$	$5d$
单面焊	$8d$	$10d$

(4) 钢筋弯曲调整长度。钢筋有弯曲时，在弯曲处的内侧发生收缩，而外皮却出现延伸，中心线则保持原有尺寸。一般量取钢筋尺寸时，对于架立筋和受力筋量外皮、箍筋量内皮、下料则量中心线。这样，钢筋的外包线长度与中心线长度（直条状钢筋两者相等除外）存在一个差值，即弯曲调整值，计算下料长度时必须从外包尺寸中扣除该差值。

弯曲调整值的大小与弯转角度、钢筋直径及弯转时心轴的直径有关。对于Ⅰ级圆钢弯曲角度为30°、45°、60°、90°、135°时，其弯曲调整值分别为$0.35d$、$0.5d$、$0.85d$、$2d$、$2.5d$。

钢筋端部弯钩的长度与弯钩的形式及弯制方法有关。人工弯制时，半圆弯钩的端部加长值为$6.25d$，斜弯钩端部加长值为$4.9d$（取$5d$），直角弯钩为$3.5d$。机械弯制时该加长值可缩短或取消。

(5) 钢筋下料长度计算。

直筋下料长度＝构件长度＋搭接长度－保护层厚度＋弯钩增加长度

弯起筋下料长度＝直段长度＋斜段长度＋搭接长度－弯折减少长度＋弯钩增加长度

箍筋下料长度＝直段长度＋弯钩增加长度－弯折减少长度

＝箍筋周长＋箍筋调整值

2. 钢筋配料

钢筋配料是钢筋加工中的一项重要工作，合理地配料能使钢筋得到最大限度的利用，并使钢筋的安装和绑扎工作简单化。钢筋配料是依据钢筋表合理安排同规格、同品种的下料，使钢筋的出厂规格长度能够得以充分利用，或库存各种规格和长度的钢筋得以充分利用。

(1) 归整相同规格和材质的钢筋。下料长度计算完毕后，把相同规格和材质的钢筋进行归整和组合，同时根据现有钢筋的长度和能够及时采购到的钢筋的长度进行合理组合加工。

(2) 合理利用钢筋的接头位置。对有接头的配料，在满足构件中接头的对焊或搭接长度，接头错开的前提下，必须根据钢筋原材料的长度来考虑接头的布置。要充分考虑原材料被截下来的一段长度的合理使用，如果能够使一根钢筋正好分成几段钢筋的下料长度，则是最佳方案。但往往难以做到，所以在配料时，要尽量地使被截下的一段能够长一些，这样才不致使余料成为废料，使钢筋能得到充分利用。

(3) 钢筋配料应注意的事项。

1) 配料计算时，要考虑钢筋的形状和尺寸在满足设计要求的前提下，要有利于加工安装。

2) 配料时，要考虑施工需要的附加钢筋。如板双层钢筋中保证上层钢筋位置的撑脚、墩墙双层钢筋中固定钢筋间距的撑铁、柱钢筋骨架增加四面斜撑等。

根据钢筋下料长度计算结果和配料选择后，汇总编制钢筋配料单。在钢筋配料单中必须反映出工程部位、构件名称、钢筋编号、钢筋简图及尺寸、钢筋直径、钢号、数量、下料长度和钢筋重量等。

列入加工计划的配料单，将每一编号的钢筋制作一块料牌作为钢筋加工的依据，并在安装中作为区别各工程部位、构件和各种编号钢筋的标志，如图5-23所示。

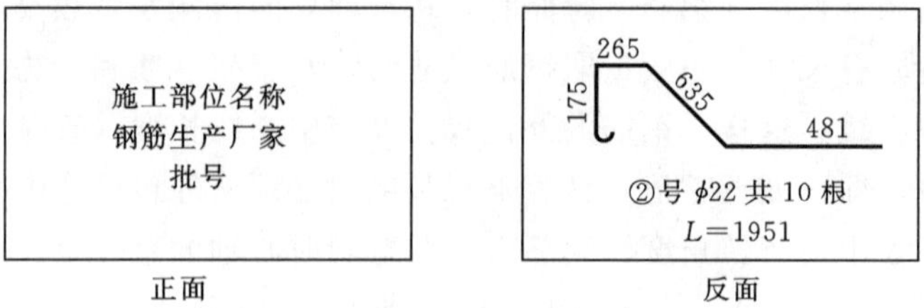

图 5-23　钢筋料牌

钢筋配料单和料牌，应严格校核，必须准确无误，以免返工浪费。

3. 钢筋代换

钢筋加工时，由于工地现有钢筋的种类、钢号和直径与设计不符，应尽量在不影响使用条件下进行代换。但代换必须征得工程监理的同意。

（1）钢筋代换的基本原则。

1）等强度代换。不同种类的钢筋代换，按抗拉设计值相等的原则进行代换。

2）等截面代换。相同种类和级别的钢筋代换，按截面相等的原则进行代换。

（2）钢筋代换方法。

1）等强度代换。如施工图中所用的钢筋设计强度为 f_{y1}，钢筋总面积为 A_{s1}，代换后的钢筋设计强度为 f_{y2}，钢筋总面积为 A_{s2}，则应使

$$A_{s1}f_{y1} \leqslant A_{s2}f_{y2} \tag{5-1}$$

即

$$(n_1\pi d_1^2 f_{y1})/4 \leqslant (n_2\pi d_2^2 f_{y2})/4$$

$$n_2 \geqslant (n_1 d_1^2 f_{y1})/(d_2^2 f_{y2})$$

式中　n_1——施工图钢筋根数；

n_2——代换钢筋根数；

d_1——施工图钢筋直径；

d_2——代换钢筋直径。

2）等截面代换。如代换后的钢筋与设计钢筋级别相同，则应使

$$A_{s1} \leqslant A_{s2} \tag{5-2}$$

则

$$n_2 \geqslant (n_1 d_1^2)/d_2^2$$

式中符号意义同上。

5.2.2　钢筋加工

5.2.2.1　钢筋的除锈

钢筋由于保管不善或存放时间过久，就会受潮生锈。在生锈初期，钢筋表面呈黄褐色，称水锈或色锈，这种水锈除在焊点附近必须清除外，一般可不处理；但是当钢筋锈蚀进一步发展，钢筋表面已形成一层锈皮，受锤击或碰撞可见剥落，这种铁锈不能很好地和混凝土粘接，影响钢筋和混凝土的握裹力，并且在混凝土中继续发展，需要清除。

钢筋除锈方式有 3 种：手工除锈，如钢丝刷、沙堆、麻袋砂包、砂盘等擦锈；除锈机

械除锈；在钢筋的其他加工工序的同时除锈，如在冷拉、调直过程中除锈。

5.2.2.2 钢筋调直

钢筋在使用前必须经过调直，否则会影响钢筋受力，甚至会使混凝土提前产生裂缝，如未调直就直接下料，会影响钢筋的下料长度，并影响后续工序的质量。

钢筋调直应符合下列要求：

(1) 钢筋表面应洁净，使用前应无表面油渍、漆皮、锈皮等。

(2) 钢筋应平直，无局部弯曲，钢筋中心线同直线的偏差不超过其全长的1%。成盘的钢筋或弯曲的钢筋均应调直后才允许使用。

(3) 钢筋调直后，其表面伤痕不得使钢筋截面积减少5%以上。

1. 人工调直

(1) 钢丝的人工调直。

低碳钢丝经冷拔加工后塑性下降，硬度增高，用一般人工平直方法调直较困难，因此一般采用机械调直的方法。但在工程量小、缺乏设备的情况下，可以采用蛇形管或夹轮牵引调直。

蛇形管是用长40～50cm、外径为2cm的厚壁钢管（或用外径2.5cm钢管内衬弹簧圈）弯曲成蛇形，钢管内径稍大于钢丝直径，蛇形管四周钻小孔，钢丝拉拔时可使锈粉从小孔中排出。管两端连接喇叭进出口，将蛇形管固定在支架上，需要调直的钢丝穿过蛇形管，用人力向前牵引，即可将钢丝基本调直，局部弯曲处可用小锤加以平直，如图5-24所示。

冷拔低碳钢丝还可以通过夹轮牵引调直，如图5-25所示。

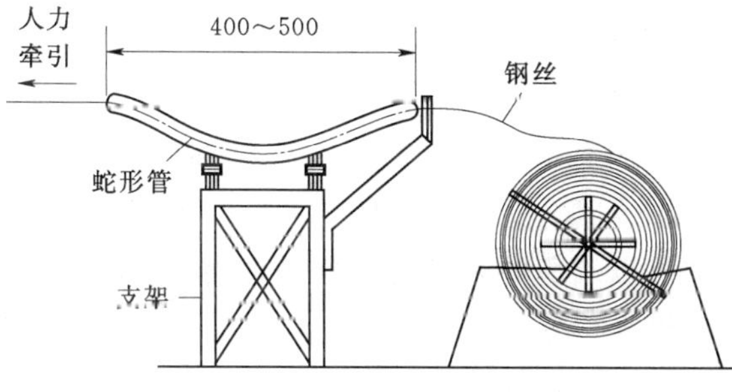

图5-24 蛇形管调直架

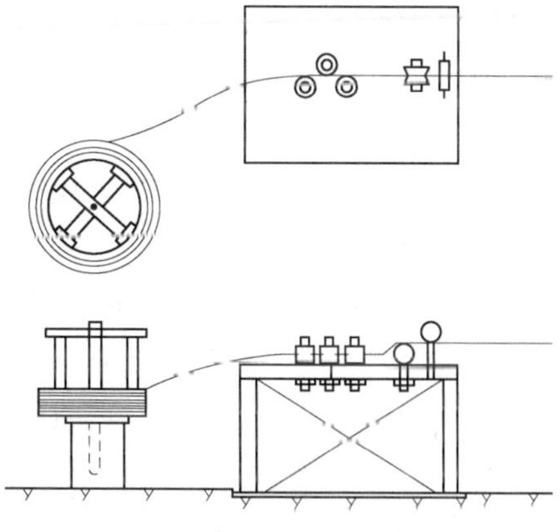

图5-25 夹轮牵引调直架

(2) 盘圆钢筋人工调直。

直径在10mm以下的盘圆钢筋可用绞磨拉直，如图5-26所示，先将盘圆钢筋搁在放圈架上，人工将钢筋拉到一定长度切断，分别将钢筋两端夹在地锚和绞磨的夹具上，推动绞磨，即可将钢筋拉直。

(3) 粗钢筋人工调直。

直径在10mm以上的粗钢筋呈直条状，在运输和堆放过程中易造成弯曲，其调直方法

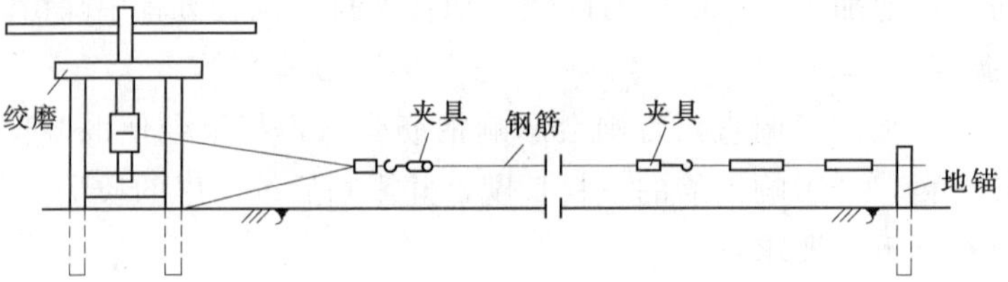

图 5-26　绞磨拉直钢筋装置

是：根据具体弯曲情况将钢筋弯曲部位置于工作台的扳柱间，利用手工扳子将钢筋弯曲基本矫直，如图 5-27 所示。也可手持直段钢筋处作为力臂，直接将钢筋弯曲处放在扳柱间扳直，然后将基本矫直的钢筋放在铁砧上，用大锤敲直，如图 5-28 所示。

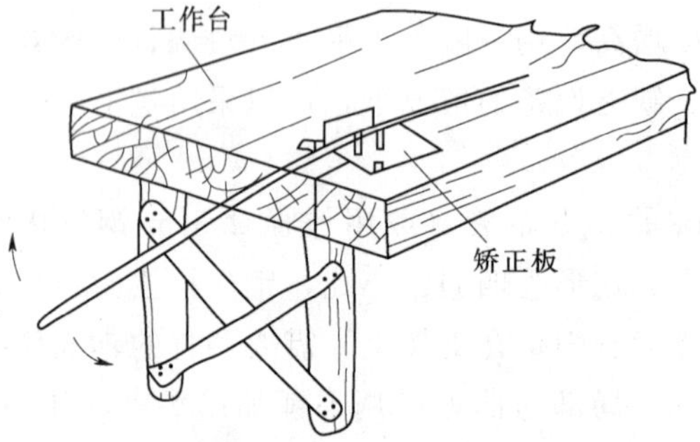

图 5-27　人工矫直粗钢筋

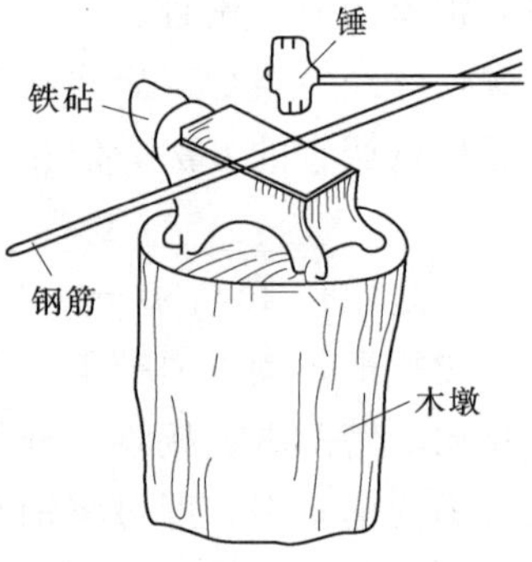

图 5-28　人工敲直钢筋

2. 机械调直

钢筋的机械调直可用钢筋调直机、弯筋机、卷扬机等调直。钢筋调直机用于圆钢筋的调直和切断，并可清除其表面的氧化皮和污迹。目前常用的钢筋调直机有 GT16/4、GT3/8、GT6/12、GT10/16。此外，还有一种数控钢筋调直切断机，是利用光电管进行调直、输送、切断、除锈等功能的自动控制。

GT16/4 型钢筋调直切断机主要由放盘架、调直筒、传动箱、牵引机构、切断机构、承料架、机架及电控箱等组成，其基本构造如图 5-29 所示。它由电动机通过三角皮带传动，而带动调直筒高速旋转。调直筒内有 5 块可以调节的调直模，被调直钢筋在牵引辊强迫作用下通过调直筒，利用调直模的偏心，使钢筋得到多次连续的反复塑性变形，从而将钢筋调直。牵引与切断机构是由一台电动机，通过三角皮带传动、齿轮传动、杠杆、离合器及制动器等实现。牵引辊根据钢筋直径不同，更换相应的辊槽。当调直好的钢筋达到预设的长度，而触及电磁铁，通过杠杆控制离合器，使之与齿轮成为一体，带动凸轮轴旋转，并通过凸轮和杠杆使装有切刀的刀架摆动，切断钢筋同时强迫盛料架挡板打开，成品落到集材槽内，从而完成一个工作循环。

5.2.2.3　钢筋切断

钢筋切断有人工剪断、机械切断、氧气切割等 3 种方法。直径大于 40mm 的钢筋一般用氧气切割。

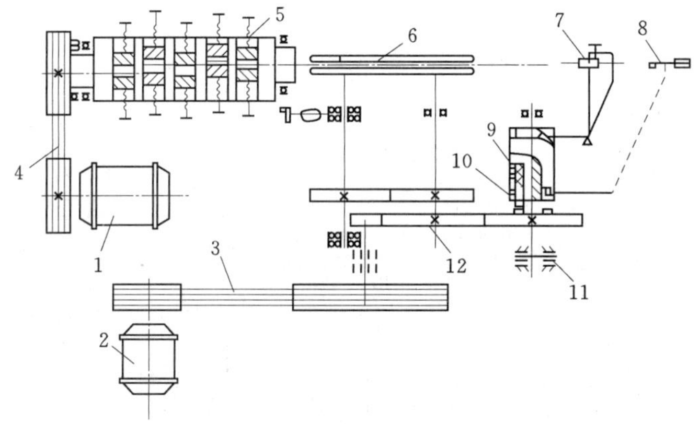

图 5-29 GT16/4 型钢筋调直切断机

1，2—电动机；3，4—三角皮带；5—调直机构；6—牵引辊；7—切断机构；8—操纵机构；9—凸轮系统；10—离合器；11—制动装置；12—变速箱

1. 手工切断

手工切断的工具有以下几种：

(1) 断线钳。断线钳是定型产品，如图 5-30 所示，按其外形长度可分为 450mm、600mm、750mm、900mm、1050mm 5 种，最常用的是 600mm。断线钳用于切断 5mm 以下的钢丝。

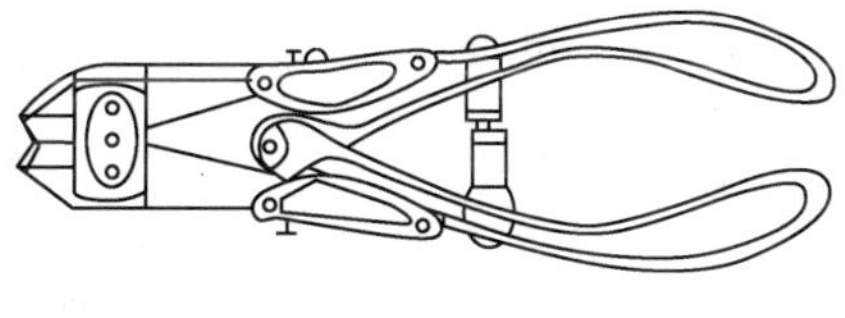

图 5-30 断线钳

(2) 手动液压钢筋切断机。手动液压钢筋切断机构造如图 5-31 所示，能切断直径在 16mm 以下的钢筋和直径在 25mm 以下的钢绞线。

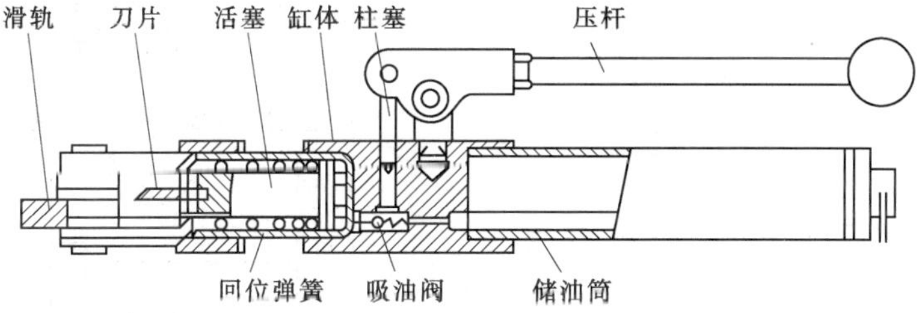

图 5-31 GJ5Y-16 型手动液压钢筋切断机

手动液压钢筋切断机操作时把放油阀按顺时针方向旋紧，揿动压杆使柱塞提升，吸油阀被打开，工作油进入油室；提升压杆，工作油便被压缩进入缸体内腔，压力油推动活塞前进，安装在活塞前部的刀片即可断料。切断完毕后立即按逆时针方向旋开放油阀，在回位弹簧的作用下，压力油又流回油室，刀头自动缩回缸内。如此重复动作，进行切断钢筋操作。

(3) 手压切断器。手压切断器用于切断直径在 16mm 以下的 HPB 级钢筋，如图 5-32 所示。手压切断器由固定刀片、活动刀片、底座、手柄等组成，固定刀片连接在底座上，活动刀片通过几个轴（或齿轮）以杠杆原理加力来切断钢筋，当钢筋直径较大时可适当加长手柄。

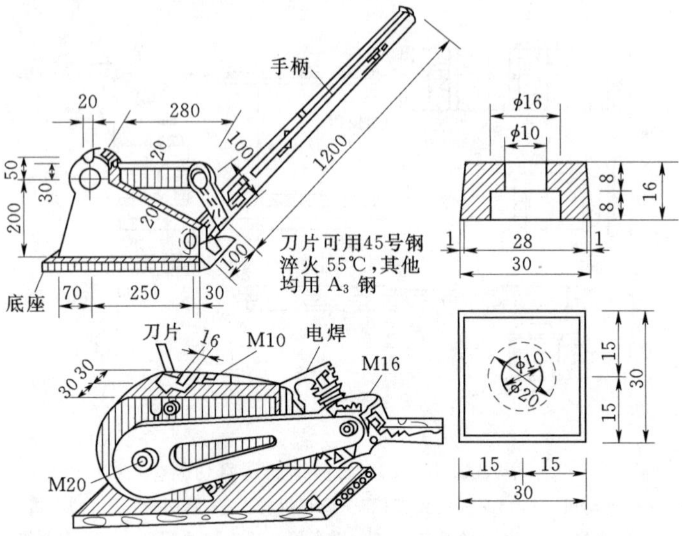

图 5-32 手压切断器（单位：mm）

(4) 克子切断器。克子切断器用于钢筋加工量少或缺乏切断设备的场合。使用时将下克插在铁砧的孔里，把钢筋放在下克槽里，上克边紧贴下克边，用大锤敲击上克使钢筋切断，如图 5-33 所示。

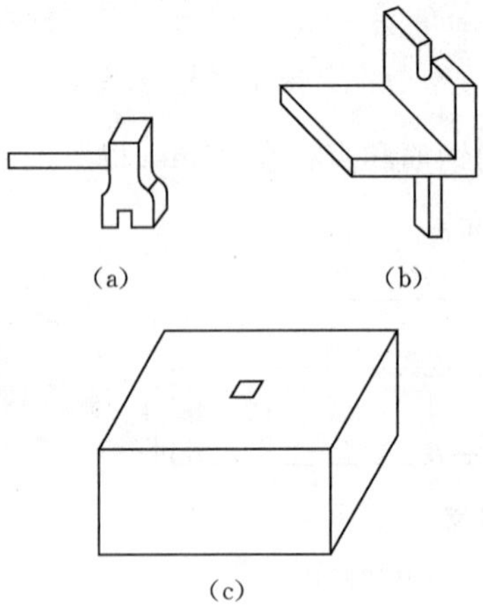

图 5-33 “克子”切断器

(a) 上克；(b) 下克；(c) 铁砧

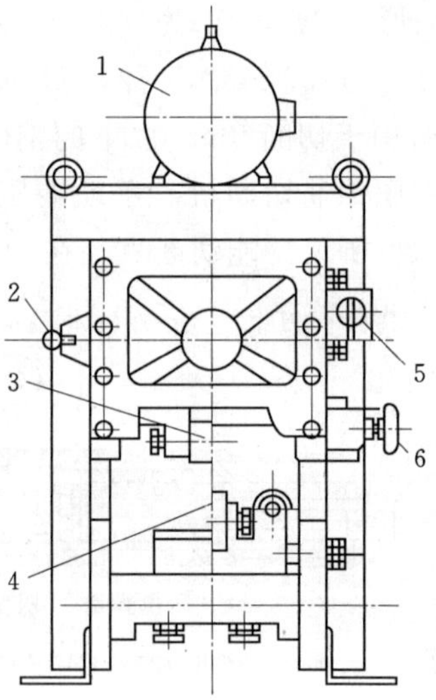

图 5-34 偏心轴立式钢筋切断机

1—电动机；2—离合器操纵杆；3—动刀片；4—定刀片；5—电气开关；6—压料机构

2. 机械切断

钢筋切断机是用来把钢筋原材料或已调直的钢筋切断，其主要类型有机械式、液压式和手持式钢筋切断机。机械式钢筋切断机有偏心轴立式、凸轮式和曲柄连杆式等形式，如图 5-34 和图 5-35 所示。

偏心轴立式钢筋切断机由电动机、齿轮传动系统、偏心轴、压料系统、切断刀及机体部件等组成。一般用于钢筋加工生产线上。由一台功率为 3kW 的电动机通过一对皮带轮

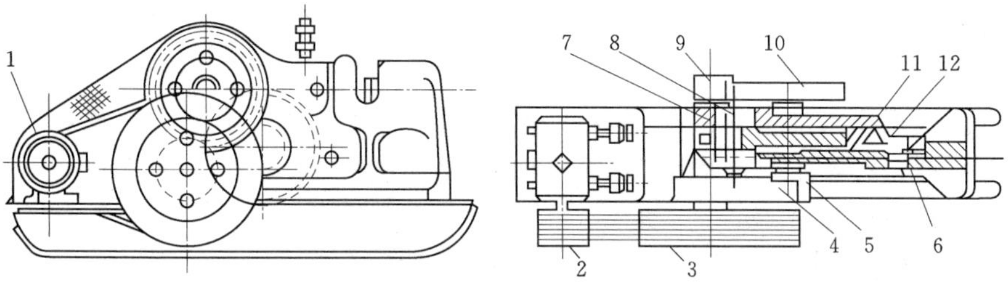

图 5-35 曲柄连杆开式钢筋切断机

1—电动机；2，3—三角皮带轮；4，5，9，10—减速齿轮；6—固定刀片；7—连杆；8—偏心轴；11—滑块；12—活动刀片

驱动飞轮轴，再经三级齿轮减速后，通过转键离合器驱动偏心轴，实现动刀片往复运动与定刀片配合切断钢筋。

曲柄连杆式钢筋切断机又分开式、半开式及封闭式3种，它主要由电动机、曲柄连杆机构、偏心轴、传动齿轮、减速齿轮及切断刀等组成。曲柄连杆式钢筋切断机由电动机驱动三角皮带轮，通过减速齿轮系统带动偏心轴旋转。偏心轴上的连杆带动滑块和活动刀片在机座的滑道中做往复运动，配合机座上的固定刀片切断钢筋。

5.2.2.4 钢筋弯曲成型

1. 划线

钢筋弯曲前，对形状复杂的钢筋（如弯起钢筋），根据钢筋料牌上标明的尺寸，用石笔将各弯曲点位置划出。划线时应注意以下几点：

（1）根据不同的弯曲角度扣除弯曲调整值，其扣法是从相邻两段长度中各扣一半。

（2）钢筋端部带半圆弯钩时，该段长度划线时增加 0.5d（d 为钢筋直径）。

（3）划线工作宜从钢筋中线开始向两边进行，两边不对称的钢筋，也可从钢筋一端开始划线，如划到另一端有出入时，则应重新调整。

如果工程有一根直径 20mm 的弯起钢筋，其所需的形状和尺寸如图 5-36 所示。划线方法如下：

（1）在钢筋中心线上划第一道线。

（2）取中段 $4000/2-0.5d/2=1995$（mm），划第二道线。

（3）取斜断 $635-2\times0.5d/2=625$（mm），划第三道线。

（4）取直段 $850-0.5d/2+0.5d=855$（mm），划第四道线。

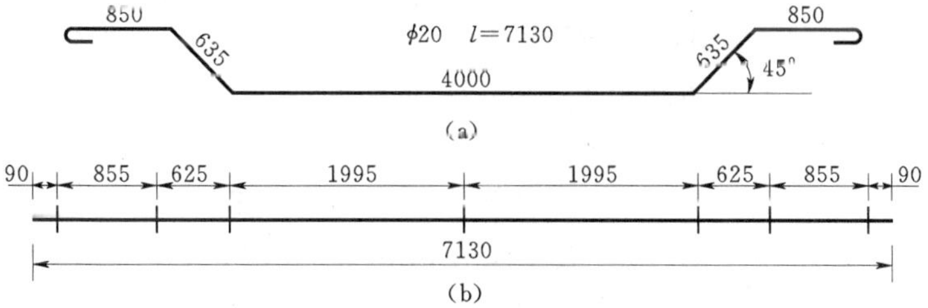

图 5-36 弯起钢筋的划线

（a）弯起钢筋的形状和尺寸；（b）钢筋划线

上述划线方法仅供参考。第一根钢筋成型后应与设计尺寸校对一遍，完全符合后再成

批生产。

2. 钢筋弯曲成型

钢筋弯曲成型要求加工的钢筋形状正确，平面上没有翘曲不平的现象，便于绑扎安装。钢筋弯曲成型有手工弯曲成型和机械弯曲成型两种方法。

（1）手工弯曲成型。

1）加工工具及装置。

a. 工作台。弯曲钢筋的工作台，台面尺寸约为 600cm×80cm（长×宽），高度为 80～90cm。工作台要求稳固、牢靠，避免在工作时发生晃动。

b. 手摇板。手摇板是弯曲盘圆钢筋的主要工具，如图 5-37 所示。手摇板 A 是用来弯制 12mm 以下的单根钢筋；手摇板 B 可弯制 8mm 以下的多根钢筋，一次可弯制 4～8 根，主要适宜弯制箍筋。手摇板为自制，它由一块钢板底盘和扳柱、扳手组成。扳手长度为 30～50cm，可根据弯制钢筋直径适当调节，扳手用 14～18mm 钢筋制成；扳柱直径为 16～18mm；钢板底盘厚 4～6mm。操作时将底盘固定在工作台上，底盘面与台面相平。如果使用钢制工作台，挡板、扳柱可直接固定在台面上。

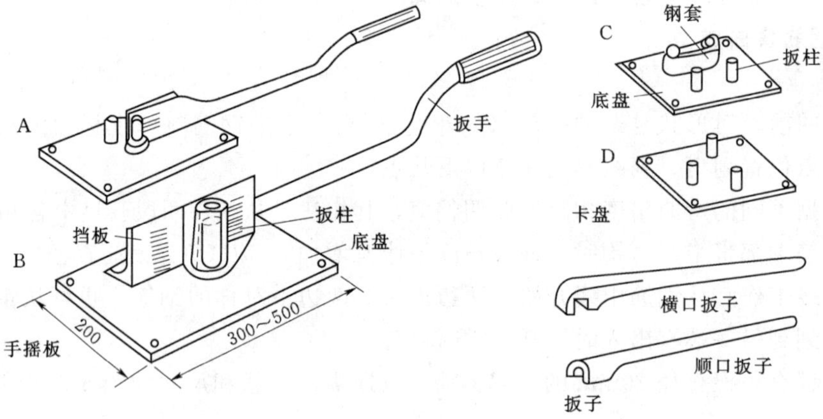

图 5-37 手工弯曲钢筋的工具（单位：mm）

c. 卡盘。卡盘是弯粗钢筋的主要工具之一，它由一块钢板底盘和扳柱组成。底盘约厚 12mm，固定在工作台上；扳柱直径应根据所弯制钢筋来选择，一般为 20～25mm。卡盘有两种形式：一种是在一块钢板上焊 4 个扳柱（图 5-37 中卡盘 C），水平方向净距为 100mm，垂直方向净距为 34mm，可弯制 32mm 以下的钢筋，但在弯制 28mm 以下的钢筋时，在后面两个扳柱上要加不同厚度的钢套；另一种是在一块钢板上焊 3 个扳柱（图 5-37 中卡盘 D），扳柱的两条斜边净距为 100mm，底边净距为 80mm，这种卡盘不需配备不同厚度的钢套。

d. 钢筋扳子。钢筋扳子有横口扳子和顺口扳子两种，它主要和卡盘配合使用。横口扳子又有平头和弯头两种，弯头横口扳子仅在绑扎钢筋时纠正某些钢筋形状或位置时使用，常用的是平头横口扳子。当弯制直径较粗钢筋时，可在扳子柄上接上钢管，加长力臂省力。钢筋扳子的扳口尺寸要比弯制钢筋大 2mm 较为合适，过大会影响弯制形状的正确。

2）手工弯制作业。

a. 准备工作。熟悉要进行弯曲加工钢筋的规格、形状和各部分尺寸，确定弯曲操作的步骤和工具。确定弯曲顺序，避免在弯曲时将钢筋反复调转，影响工效。

b. 划线。一般划线方法是在划弯曲钢筋分段尺寸时，将不同角度的长度调整值在弯曲操作方向相反的一侧长度内扣除，划上分段尺寸线，这条线称为弯曲点线，根据这条线并按规定方法弯曲后，钢筋的形状和尺寸与图纸要求的基本相符。当形状比较简单或对同一形状根数较多的钢筋进行弯曲时，可以不划线，而在工作台上按各段尺寸要求固定若干标志，按标志操作。

c. 试弯。在成批钢筋弯曲操作之前，各种类型的弯曲钢筋都要试弯一根，然后检查其弯曲形状、尺寸是否和设计要求相符；并校对钢筋的弯曲顺序、划线、所定的弯曲标志、扳距等是否合适。经过调整后，再进行批量生产。

d. 弯曲成型。在钢筋开始弯曲前，应注意扳距和弯曲点线、扳柱之间的关系。为了保证钢筋弯曲形状正确，使钢筋弯曲圆弧有一定曲率，且在操作时扳子端部不碰到扳柱，扳子和扳柱间必须有一定的距离，这段距离称为扳距，如图 5-38 所示。

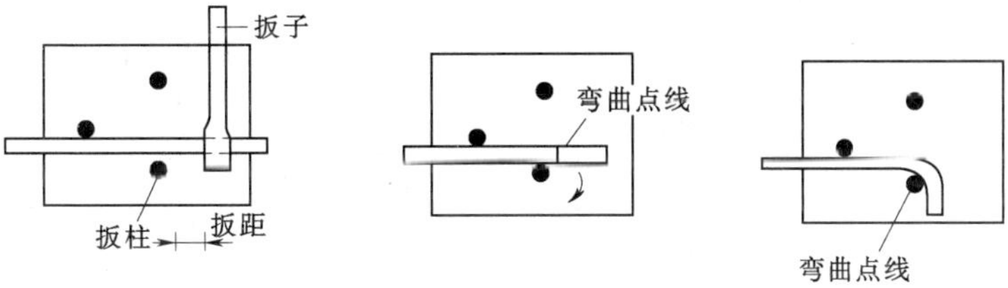

图 5-38 扳距、弯曲点线和扳柱的关系

扳距的大小是根据钢筋的弯制角度和直径来变化的，扳距可参考表 5-5。

表 5-5 弯曲角度与扳距关系表

弯曲角度	45°	90°	135°	180°
扳距	(1.5～2) d	(2.5～3) d	(3～3.5) d	(3.5～4) d

进行弯曲钢筋操作时，钢筋弯曲点线在扳柱钢板上的位置，要配合划线的操作方向，使弯曲点线与扳柱外边缘相平。

(2) 机械弯曲。

钢筋弯曲机有机械钢筋弯曲机、液压钢筋弯曲机和钢筋弯箍机等几种型式。机械式钢筋弯曲机按工作原理分为齿轮式及蜗轮蜗杆式钢筋弯曲机两种。蜗轮蜗杆式钢筋弯曲机由电动机、工作盘、插入座、蜗轮、蜗杆、皮带轮、齿轮及滚轴等组成。也可在底部装设行走轮，便于移动。其构造如图 5-39 所示。弯曲钢筋在工作盘上进行，工作盘

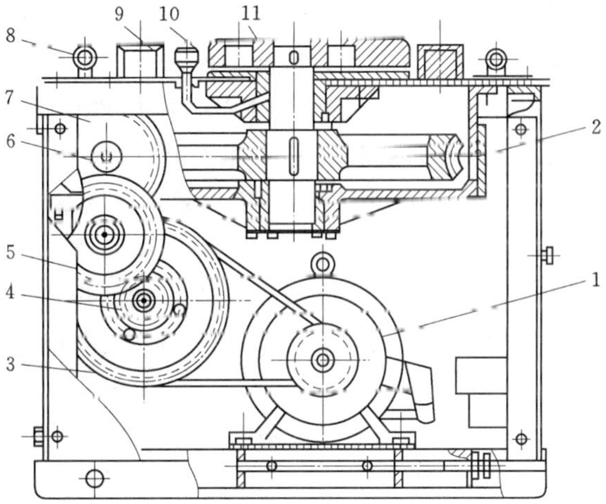

图 5-39 蜗轮蜗杆式钢筋弯曲机

1—电动机；2—蜗轮；3—皮带轮；4，5，7—齿轮；6—蜗杆；8—滚轴；9—插入座；10—油杯；11—工作盘

的底面与蜗轮轴连在一起，盘面上有9个轴孔，中心的一个孔插中心轴，周围的8个孔插成型轴或轴套。工作盘外的插入孔上插有挡铁轴。它由电动机带动三角皮带轮旋转，皮带轮通过齿轮传动蜗轮蜗杆，再带动工作盘旋转。当工作盘旋转时，中心轴和成型轴都在转动，由于中心轴在圆心上，圆盘虽在转动，但中心轴位置并没有移动；而成型轴却围绕着中心轴做圆弧转动。如果钢筋一端被挡铁轴阻止自由活动，那么钢筋就被成型轴绕着中心轴进行弯曲。通过调整成型轴的位置，可将钢筋弯曲成所需要的形状。改变中心轴的直径（16mm、20mm、25mm、35mm、45mm、60mm、75mm、85mm、100mm），可保证不同直径的钢筋所需的不同的弯曲半径。

齿轮式钢筋弯曲机主要由电动机、齿轮减速箱、皮带轮、工作盘、滚轴、夹持器、转轴及控制配电箱等组成，其构造如图5-40所示。

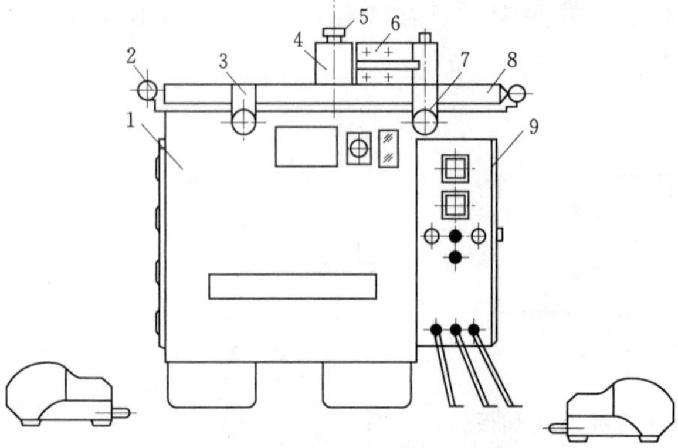

图5-40　齿轮式钢筋弯曲机

1—机架；2—深轴；3，7—调节手轮；4—转轴；5—紧固手柄；6—夹持器；8—工作台；9—控制配电箱

齿轮式钢筋弯曲机，由电动机通过三角皮带轮或直接驱动圆柱齿轮减速，带动工作盘旋转。工作盘左、右两个插入座可通过调节手轮进行无级调节，并与不同直径的成型轴及挡料轴配合，把钢筋弯曲成各种不同规格。当钢筋被弯曲到预先确定的角度时，限位销触到行程开关，电动机自动停机、反转、回位。

5.2.2.5　钢筋连接

钢筋连接有焊接和机械连接两类。常用的钢筋焊接机械有电阻焊接机、电弧焊接机、气压焊接机及电渣压力焊机等。钢筋机械连接方法主要有钢筋套筒挤压连接、锥螺纹套筒连接等。

1. 钢筋焊接

采用焊接代替绑扎，可改善结构受力性能、提高工效、节约钢材及降低成本。结构的有些部位，如轴心受拉和小偏心受拉构件中的钢筋接头应焊接。普通混凝土中直径大于22mm的钢筋和轻骨料混凝土中直径大于20mm的HRB335级钢筋及直径大于25mm的HRB335、HRB400级钢筋，均宜采用焊接接头。

钢筋的焊接，应采用闪光对焊、电弧焊、电渣压力焊和电阻点焊。钢筋与钢板的T形连接，宜采用埋弧压力焊或电弧焊。钢筋焊接的接头形式、焊接工艺和质量验收，应符合《钢筋焊接及验收规程》（JGJ 18—2003）的规定。焊接方法及适用范围见表5-6。

（1）钢筋点焊。

电阻点焊主要用于焊接钢筋网片、钢筋骨架等（适用于直径为6～14mm的HPB235级、HRB335级钢筋和直径为3～5mm的冷拔低碳钢丝），它生产效率高，节约材料，应用广泛。

电阻点焊的工作原理如图5-41所示，将已除锈的钢筋交叉点放在点焊机的两电极间，使钢筋通电发热至一定温度后，加压使焊点金属焊合。常用点焊机有单点点焊机、多点点焊机和悬挂式点焊机，施工现场还可采用手提式点焊机。

表 5－6　　　　焊接方法及适用范围

项次	焊接方法			接头形式	适用范围：钢筋级别	适用范围：直径（mm）
1	电阻点焊				HPB 235 级 HRB 335 级 冷拔低碳钢丝	6～14 3～5
2	闪光对焊				HRB 335 级 HRB 400 级	10～40
3	电弧焊	帮条焊	双面焊	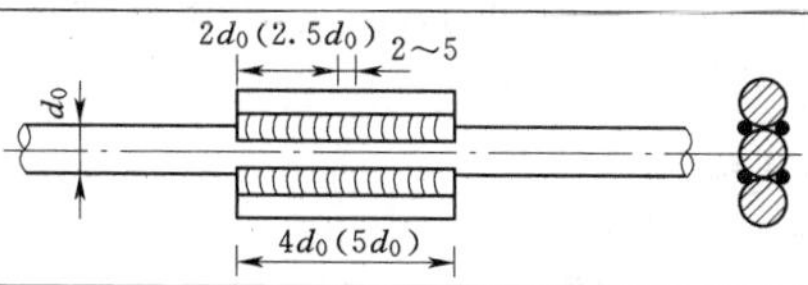	HPB 235 级 HRB 335 级 HRB 400 级	10～40
			单面焊	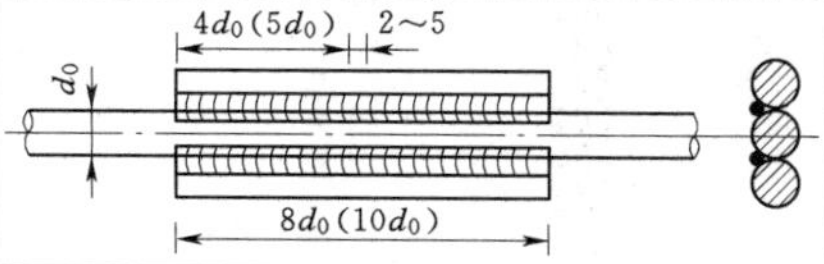	HPB 235 级 HRB 335 级 HRB 400 级	10～40
		搭接焊	双面焊	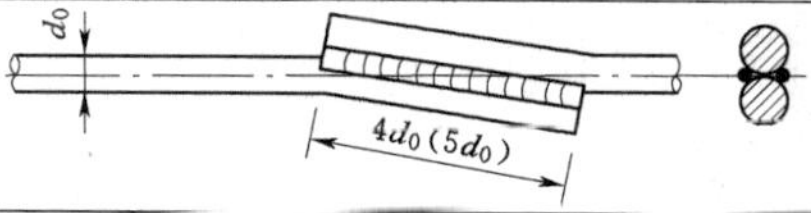	HPB 235 级 HRB 335 级	10～40
			单面焊	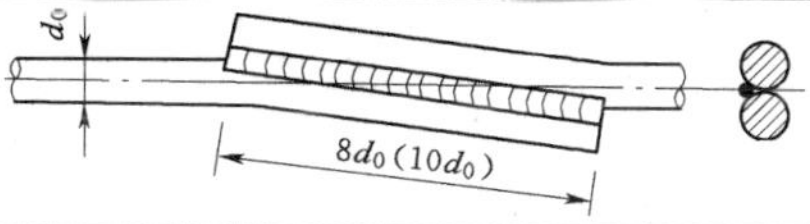	HPB 235 级 HRB 335 级	10～40
		熔槽帮条焊		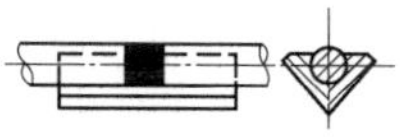	HPB 235 级 HRB 335 级 HRB 400 级	25～40
		坡口焊	平焊	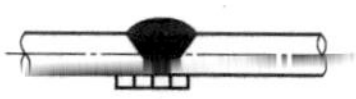	HPB 235 级 HRB 335 级 HRB 400 级	18～40
			立焊		HPB 235 级 HRB 335 级 HRB 400 级	18～40
		钢筋与钢板搭接焊			HPB 235 级 HRB 335 级	8～40
		预埋件T形接头电弧焊	贴角焊	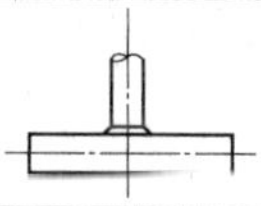	HPB 235 级 HRB 335 级	6～16
			穿孔塞焊	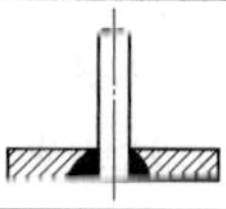	HPB 235 级 HRB 335 级	≥18
4	电渣压力焊				HPB 235 级 HRB 335 级	14～40
5	预埋 T 形接头埋弧压力焊			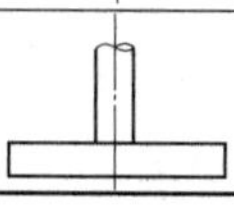	HPB 235 级 HRB 335 级	6～20

（2）钢筋闪光对焊。

闪光对焊用于钢筋的接长及预应力筋与螺丝端杆的焊接。它是利用对焊机将两段钢筋对头接触，通以低电压的强电流，待钢筋端部加热闪光至变软后，轴向加压顶锻形成对焊接头（图5-42）。其成本较低，热轧钢筋的接长宜优先采用闪光对焊。只在无对焊设备或容量不足时，或在施工现场无法进行对焊时，才采用电弧焊或其他焊接方法。

钢筋对焊根据钢筋品种、直径、端面平整度及对焊机的容量不同，可采用连续闪光焊、预热—闪光焊和闪光—预热—闪光焊以及焊后通电热处理等工艺。

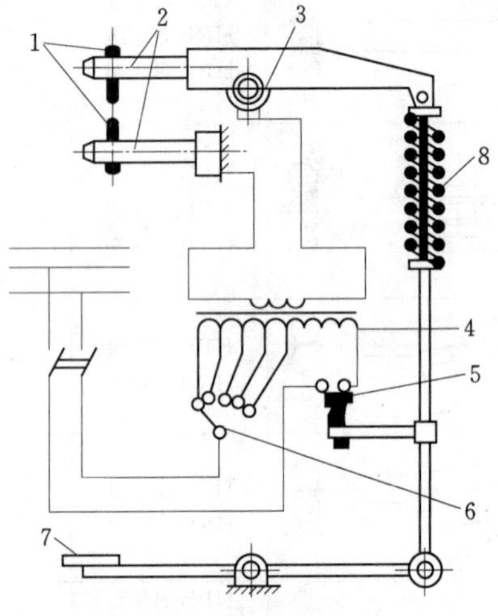

图5-41　点焊机工作原理

1—电极；2—电极臂；3—变压器的次级线圈；4—变压器的初级线圈；5—断路器；6—变压器的调节开关；7—踏板；8—压紧机构

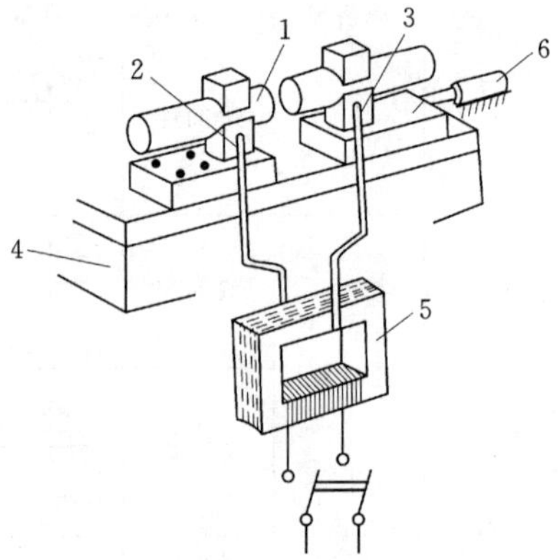

图5-42　钢筋闪光对焊原理

1—焊接的钢筋；2—固定电极；3—可动电极；4—机座；5—变压器；6—手动顶压机构

（3）电弧焊接。

电弧焊是利用弧焊机使焊条与焊件之间产生高温电弧，熔化焊条和焊件形成焊缝。它宜用于焊接直径为10～40mm的Ⅰ～Ⅲ级钢筋与5号钢钢筋，也广泛用于钢筋与钢板及各种钢结构的焊接。

钢筋电弧焊的接头型式如图5-43所示。弧焊机有直流弧焊机、交流弧焊机和整流弧焊机3种。工地常用交流弧焊机。电弧焊所用焊条应按设计选定。重要结构的钢筋接头，应选用低氢型碱性焊条。

（4）埋弧压力焊。

埋弧压力焊是将钢筋与钢板安放成T形形状，利用焊接电流通过时在焊剂层下产生电弧，形成熔池，加压完成的一种压焊方法。具有生产效率高、质量好等优点，适用于各种预埋件、T形接头、钢筋与钢板的焊接。预埋件钢筋压力焊适用于热轧直径为6～25mm的HPB235级、HRB335级钢筋的焊接，钢板为普通碳素钢，厚度为6～20mm。

埋弧压力焊机主要由焊接电源（BX2-500、AX1-500）、焊接机构和控制系统（控制箱）3部分组成。图5-44是由BX2-500型交流弧焊机作为电源的埋弧压力焊机的基本构造。其工作线圈（副线圈）分别接入活动电极（钢筋夹头）及固定电极（电磁吸铁盘）。

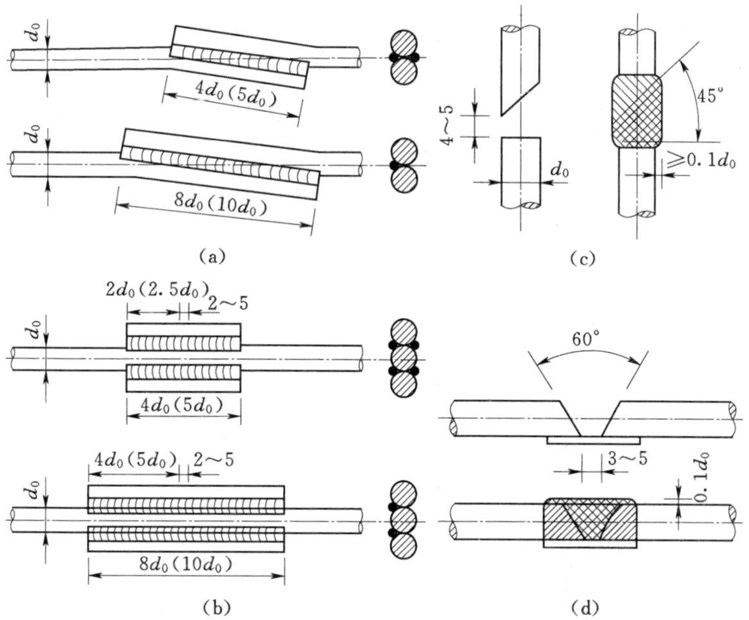

图5-43　钢筋电弧焊的接头型式

(a) 搭接焊接头；(b) 帮条的焊接头；(c) 立焊的坡口焊接头；(d) 平焊的坡口焊接头

焊机结构采用摇臂式，摇臂固定在立柱上，可做左右回转活动；摇臂本身可做前后移动，以使焊接时能取得所需要的工作位置。摇臂末端装有可上下移动的工作头，其下端是用导电材料制成的偏心夹头，夹头接工作线圈，成为活动电极。工作平台上装有平面型电磁吸铁盘，拟焊钢板放置其上，接通电源，能被吸住而固定不动。

在埋弧压力焊时，钢筋与钢板之间引燃电弧之后，由于电弧作用使局部用材及部分焊剂熔化和蒸发，蒸发气体形成了一个空腔，空腔被熔化的焊剂所形成的熔渣包围，焊接电弧就在这个空腔内燃烧，在焊接电弧热的作用下，熔化的钢筋端部和钢板金属形成焊接熔池。待钢筋整个截面均匀加热到一定温度，将钢筋向下顶压，随即切断焊接电源，冷却凝固后形成焊接接头。

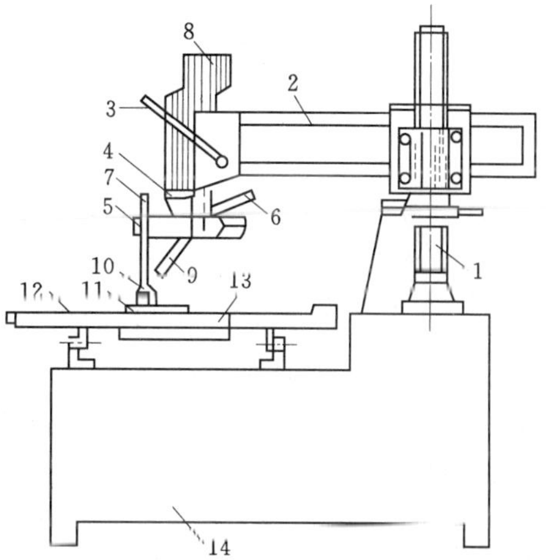

图5-44　埋弧压力焊机

1—立柱；2—摇臂；3—压柄；4—工作头；5—钢筋夹头；6—手柄；7—钢筋；8—焊剂料箱；9—焊剂漏口；10—铁圈；11—预埋钢板；12—工作平台；13—焊剂储斗；14—机座

(5) 气压焊接。

气压焊接设备由供气瓶、加热器、加压器、卡具等4部分组成。它是将两根需要连接的钢筋端面接触，通过氧炔焰加热，使接头处塑化，表面金属分子激活，引起结晶重新组合，同时进行加压顶锻，形成扁圆形的镦粗接头。

钢筋气压焊接工艺设备如图5-45所示，质量可靠，焊接速度快，节省钢材和电能。适于施工现场各种方向钢筋的连接。

(6) 电渣压力焊。

接触电渣焊是利用电流通过渣池产生的电阻热将钢筋端部熔化后加压顶锻而成。焊接前，须将钢筋端部约 100mm 范围内的铁锈除尽。

接触电渣焊多用于施工现场竖向钢筋的对接。与电弧焊相比，它节约钢筋，不使用焊条，工效高，成本低。适于焊接Ⅰ～Ⅲ级钢筋。但由于焊接用药盒有一定的尺度，竖向钢筋过密时尚难使用，如图 5-46 所示。

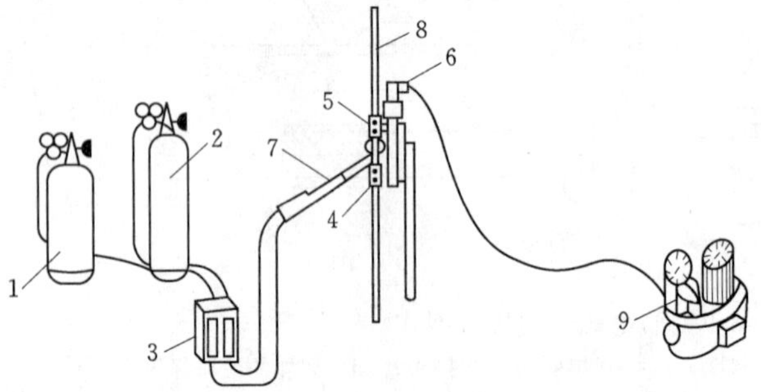

图 5-45　气压焊接设备示意图

1—乙炔；2—氧气；3—流量计；4—固定卡具；5—活动卡具；6—压节器；7—加热器与焊炬；8—被焊接的钢筋；9—电动油泵

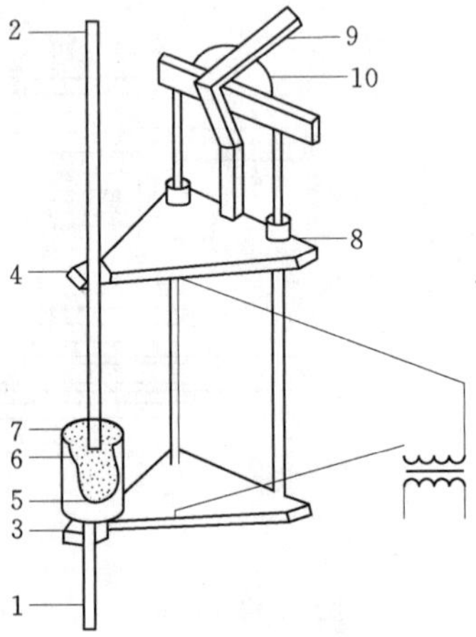

图 5-46　焊接夹具构造示意图

1—钢筋；2—活动电极；3—焊剂；4—导电焊剂；5—焊剂盒；6—固定电极；7—钢筋；8—标尺；9—操纵杆；10—变压器

2. 钢筋机械连接

钢筋机械连接是通过连接件的机械咬合作用或钢筋端面的承压作用，将一根钢筋中的力传递至另一根钢筋的连接方法。它具有施工简便、工艺性能良好、接头质量可靠、不受钢筋焊接性的制约、节约钢材和能源等优点。

常用机械连接有套筒挤压连接和锥螺纹套筒连接，如图 5-47 和图 5-48 所示。

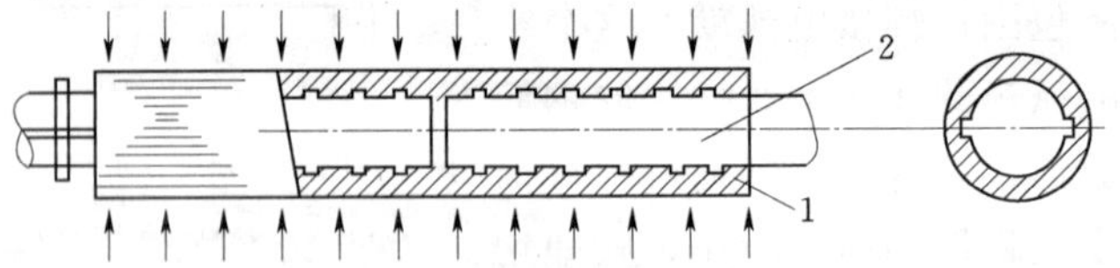

图 5-47　钢筋径向挤压连接原理

1—钢套筒；2—被连接的钢筋

5.2.3　钢筋的冷拉

钢筋的冷加工有冷拉、冷拔、冷轧等 3 种形式。这里仅介绍钢筋的冷拉。

1. 冷拉机械

常用的冷拉机械有阻力轮式、卷扬机式、丝杠式、液压式等钢筋冷拉机。

（1）阻力轮式钢筋冷拉机。

阻力轮式钢筋冷拉机的构造如图5－49所示。它由支承架、阻力轮、电动机、变速箱、绞轮等组成。主要适用于冷拉直径为6～8mm的盘圆钢筋，冷拉率为6%～8%。若与两台调直机配合使用，可加工出所需长度的冷拉钢筋。阻力轮式钢筋冷拉机是利用一个变速箱，其出头轴装有绞轮，由电动机带动变速箱高速轴，使绞轮随着变速箱低速轴一同旋转，强力使钢筋通过4个（或6个）不在一条直线上的阻力轮，将钢筋拉长。绞轮直径一般为550mm。阻力轮是固定在支承架上的滑轮，直径为100mm，其中一个阻力轮的高度可以调节，以便改变阻力大小，控制冷拉率。

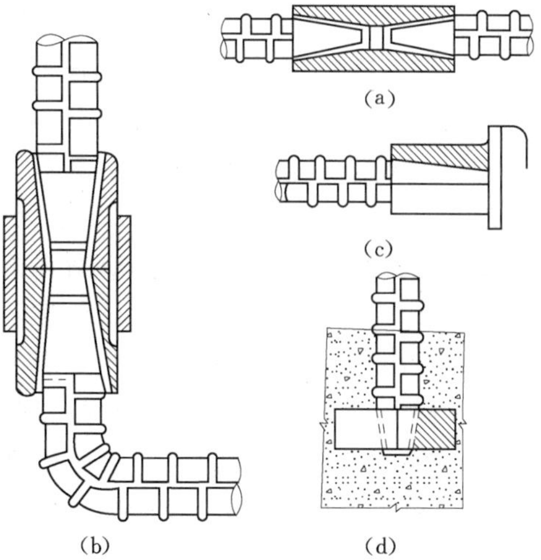

图5－48　钢筋锥套管螺纹连接
（a）两根直钢筋连接；（b）一根直钢筋与一根弯钢筋连接；（c）在金属结构上接装钢筋；（d）在混凝土构件中插接钢筋

（2）卷扬机式钢筋冷拉机。

卷扬机式钢筋冷拉工艺是目前普遍采用的冷拉工艺。它具有：适应性强，可按要求调节冷拉率和冷拉控制应力；冷拉行程大，不受设备限制，可适应冷拉不同长度和直径的钢筋；设备简单、效率高、成本低。图5－50所示为卷扬机式钢筋冷拉机构造，它主要由卷扬机、滑轮组、地锚、导向滑轮、夹具和测力装置等组成。工作时，由于卷筒上传动钢丝绳是正、反穿绕在两副动滑轮组上，因此当卷扬机旋转时，夹持钢筋的副动滑轮组被拉向卷扬机，使钢筋被拉伸；而另一副动滑轮组则被拉向导向滑轮，为下次冷拉时交替使用。钢筋所受的拉力经传力杆、活动横梁传送给测力装置，从而测出拉力的大小。对于拉伸长度，可通过标尺直接测量或用行程开关来控制。

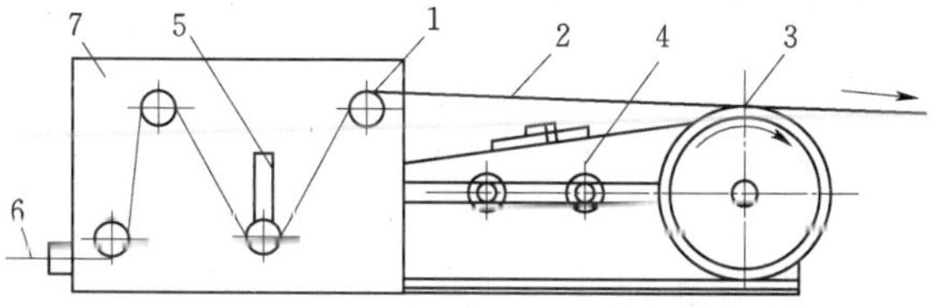

图5－49　阻力轮式钢筋冷拉设备
1—阻力轮；2—钢筋；3—绞轮；4—变速箱；5—调节槽；6—钢筋；7—支承梁

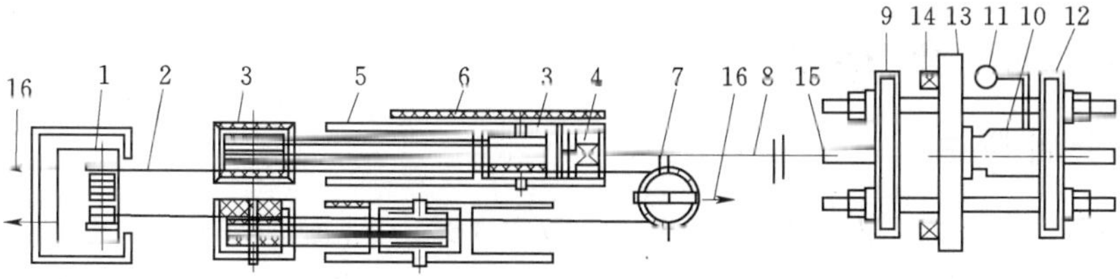

图5－50　卷扬机式钢筋冷拉机
1—卷扬机；2—传动钢丝绳；3—滑轮组；4—夹具；5—轨道；6—标尺；7—导向滑轮；8—钢筋；9—活动前横梁；10—千斤顶；11—油压表；12—活动后横梁；13—固定横梁；14—台座；15—夹具；16—地锚

2. 冷拉钢筋作业

（1）钢筋冷拉前，应先检查钢筋冷拉设备的能力和冷拉钢筋所需的吨位值是否相适应，不允许超载冷拉。特别是用旧设备拉粗钢筋时应特别注意。

（2）为确保冷拉钢筋的质量，钢筋冷拉前应对测力器和各项冷拉数据进行校核，并做好记录。

（3）冷拉钢筋时，操作人员应站在冷拉线的侧向，操作人员应在统一指挥下进行作业。听到开车信号，看到操作人员离开危险区后方能开车。

（4）在冷拉过程中，应随时注意限制信号，当看到停车信号或见到有人误入危险区时，应立即停车，并稍微放松钢丝绳。在作业过程中，严禁横向跨越钢丝绳或冷拉线。

（5）冷拉钢筋时，不论是拉紧还是放松，均应缓慢、均匀进行，绝不能时快时慢。

（6）冷拉钢筋时，如果焊接接头被拉断，可重新焊接后再拉，但一般不得超过两次。

5.2.4 钢筋的绑扎与安装

建基面终验清理完毕或施工缝处理完毕养护一定时间，混凝土强度达到 2.5MPa 后，即进行钢筋的绑扎与安装作业。

钢筋的安装方法有两种：一种是将钢筋骨架在加工厂制好，再运到现场安装，叫整装法；另一种是将加工好的散钢筋运到现场，再逐根安装，叫散装法。

绑扎是用钢筋钩把 20～22 号铁丝或镀锌铁丝绑扎在需要连接的钢筋上。一般钢筋可全部在现场进行绑扎，或预制成骨架（网片）后在现场进行接头的绑扎。绑扎的基本要求是：钢筋位置准确，绑扎牢固，钢筋接头位置、数量、搭接长度、保护层厚度等满足要求。

钢筋绑扎安装完毕后应进行检查验收，并应做好隐蔽工程记录。检查内容有以下几项：

（1）钢筋的级别、直径、根数、间距、位置以及预埋件的规格、位置、数量是否与设计相符。

（2）钢筋接头位置、数量、搭接长度是否符合规定。

（3）钢筋绑扎是否牢固、钢筋表面是否清洁，有无油污、铁锈等。

（4）混凝土保护层是否符合要求等。

5.3 混凝土的生产与运输

5.3.1 砂石骨料生产

砂石骨料是混凝土的最基本组成成分。通常 1m^3 的混凝土需要 1.5m^3 的松散砂石骨料。所以对混凝土用量很大的工程，砂石骨料的需要量也相当大。骨料质量的好坏直接影响混凝土强度、水泥用量和温控要求，从而影响大坝的质量和造价。为此，在混凝土建筑物的设计施工中应统筹规划，认真研究砂石骨料的储量，物理力学指标，杂质含量以及开采、运输、堆存和加工等各个环节。水工混凝土砂石骨料一般在施工现场制备。

中、大型水利工程根据砂石骨料来源的不同，可将骨料生产分为 3 种基本类型：

(1) 天然骨料，即在河床中开挖天然砂砾料（毛料），经冲洗筛分而形成砾石和砂。

(2) 人工骨料，即用爆破开采块石，经破碎、冲洗、筛分、磨制而成碎石和人工砂。

(3) 组合骨料，即以天然骨料为主、人工骨料为辅配合使用。

砂石骨料生产过程包括开采、运输、加工和储存。

5.3.1.1 毛料开采

毛料开采应根据施工组织设计安排的料场顺序开采。开采方法有以下几种：

1. 水下开采

在河床或河滩开采天然砂砾料，一般使用链斗式采砂船开采，配套砂驳作水上运输至岸边，然后用皮带机运上岸，最后组织陆路运输至骨料加工厂毛料堆场。

2. 陆上开采

陆上一般采用正铲、反铲、索铲开采，用自卸汽车、火车、皮带机等运至骨料加工厂毛料堆场。

3. 山场开采

人工骨料的毛料，一般在山场进行爆破开采，也可利用岩基开挖的石渣，但要求原岩质地坚硬，符合规范要求。爆破方式可采用洞室爆破或深孔爆破，用正铲、反铲或装载机装渣，用上述设备运至骨料加工厂毛料堆场。

5.3.1.2 骨料加工

从料场开采的毛料不能直接用于拌制混凝土，需要通过破碎、筛分、冲洗等加工过程，制成符合级配要求、除去杂质的各级粗、细骨料。

1. 破碎

为了将开采的石料破碎到规定的粒径，往往需要经过几次破碎才能完成。因此，通常将骨料破碎过程分为粗碎（将原石料破碎到70～300mm）、中碎（破碎到20～70mm）和细碎（破碎到1～20mm）3种。

骨料用碎石机进行破碎。碎石机的类型有颚式碎石机、锥式碎石机、辊式碎石机和锤式碎石机等，如图5-51和图5-52。

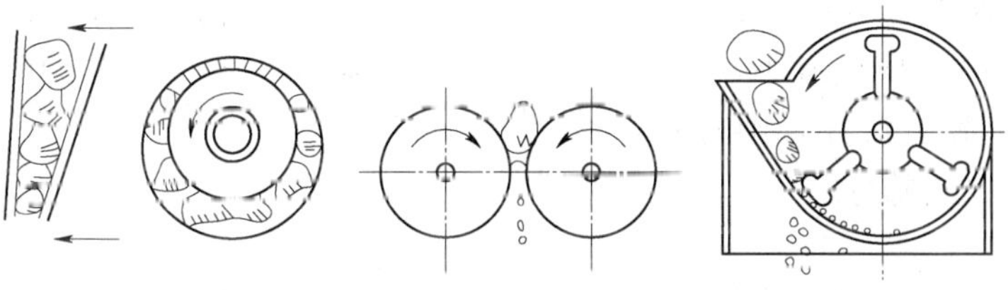

(a) (b) (c) (d)

图5-51 各种碎石机工作示意图

(a) 颚式碎石机；(b) 锥式碎石机；(c) 滚式碎石机；(d) 锤式碎石机

(1) 颚式碎石机。借活动颚板对固定颚板的相对运动轧碎石块。工作时，活动颚板被推向固定颚板，投入两颚板间的石块即被轧碎，而从下口漏出。

(2) 锥式碎石机。由活动的内锥体与固定的锥形机壳构成破碎室，借上口大的外锥与下口大且偏心的内锥的相对运动轧碎石块。工作时，内锥体在绕外锥竖轴的旋转过程中依

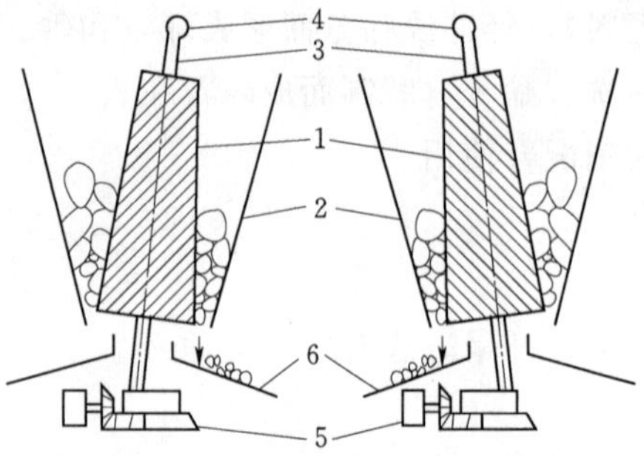

图 5-52 锥式碎石机工作原理

1—内锥体；2—破碎室机壳；3—偏心主轴；4—球形铰；5—伞齿及传动装置；6—出料滑板

次靠近外锥面的不同位置，对投入两锥间的石块形成强力挤压。

(3) 滚式碎石机。借两个水平滚轴的相对回转轧碎石块。

(4) 锤式碎石机。带有锤子的圆盘在回转时锤碎石块。

2. 筛分

骨料的机械筛分和冲洗常结合进行，常用的筛洗机械有以下几种：

(1) 格筛。格筛筛面倾斜 28°～30°，石料在其上滚动筛分。格筛一般由钢轨、工字钢或各种断面的钢栅棒，按规定水平间距顺坡排列而成，用于混合料进入其他筛分机之前或待碎石块进入破碎机之前剔除超径石。

(2) 振动筛。按振动的特点可分为偏心振动筛、惯性振动筛及自定中心振动筛等几种。它们的共同特点是振动频率高，振幅小，振动时筛面上的砂石料迅速发生离析颤跳现象，可获得较高的筛分效率和生产率。

1) 偏心振动筛为主轴旋转时，筛箱随之做环形运动而形成振动，骨料顺倾斜筛面跳动前进，通过筛孔实现筛分（图 5-53）。偏心筛的特点是：振幅不随进料的变化而变化，不会发生因进料多而使振幅减小，从而引起筛孔堵塞的现象。它的筛网一般为 2～3 层，适于筛分粗、中粒骨料。筛分中，常用它担任第一道筛分。

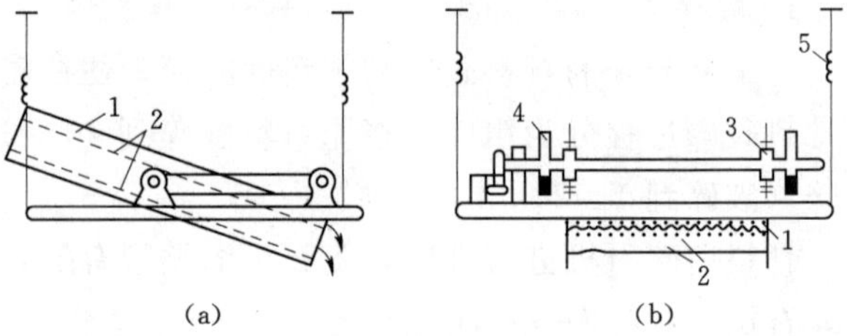

图 5-53 偏心振动筛示意图

(a) 侧视图；(b) 横剖面图

1—筛架；2—筛网；3—偏心部位；4—平衡重；5—消振弹簧

2) 惯性振动筛与偏心振动筛的主要区别是筛箱通过两侧的支承钣簧固定在筛架上，筛箱主轴上装有偏心块，主轴旋转时即产生振动（图 5-54）。其特点是振幅受负荷变化的影响较大。给料多时，振幅减小，容易发生堵孔现象。适于筛分较细骨料，常用于骨料的第二道筛分。

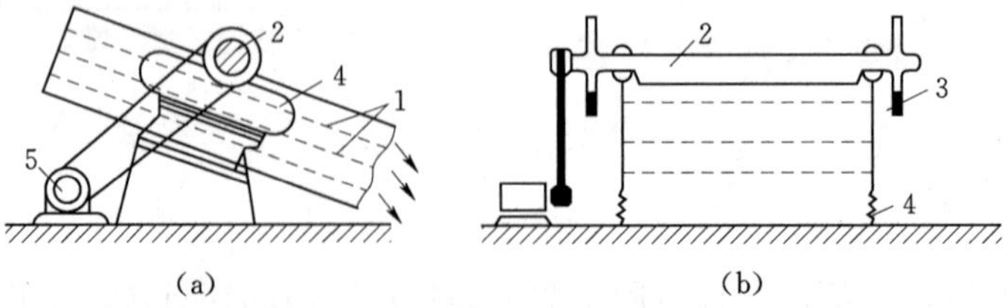

图 5-54 惯性振动筛结构示意图

(a) 侧视图；(b) 横剖面图

1—筛网；2—单轴振动器；3—配重盘；4—消振弹簧；5—电动机

3）自定中心振动筛的构造与惯性筛相似，但有带缓冲弹簧的吊架。其特点是向上、向下的离心力保持同心平衡，使皮带轮中心位置基本不变。运转时传给支座的振动较小，皮带也不易打滑。适于筛分中、细骨料。

3. 沉砂箱

其主要用于清洗砂中的污泥和排除废砂（直径在0.15mm以下）。由于不同粒径的砂粒和其他杂物在水中沉降速度不同，只要控制沉砂箱中水的上溢速度，便可随水流除去污泥与废砂，使大于0.15mm的砂粒在其中沉降下来，并进入螺旋洗砂机进一步洗涤。

4. 螺旋洗砂机

在一个上开口倾角为18°～20°的钢板半圆槽中，装有1～2个螺旋输送器。来自沉砂箱的砂子自较低的一端进入，被螺旋输送器旋向较高端，同时从较高端放入水，水与砂子相向运动，并充分接触完成冲洗，污水自较低端溢出。可用来清洗在沉砂箱中处理不干净的砂料。

筛分中的主要质量问题是超径和逊径。当骨料受筛时间过短或筛网网眼偏小，使应过筛的下一级骨料由筛分面分入大一级颗粒中称为逊径；反之，若筛网孔眼变形偏大，大一级骨料漏入小一级骨料中称为超径。

5.3.2 混凝土生产

混凝土制备的过程包括储料、供料、配料和拌和。其中配料和拌和是主要生产环节，也是质量控制的关键，要求品种无误、配料准确、拌和充分。

1. 混凝土配料

（1）给料设备。给料是将混凝土各组分从料仓按要求供到称料料斗，给料设备的工作机构常与称量设备相连，当需要给料时，控制电路开通，进行给料，当计量达到要求时，即断电停止给料。常用的给料设备见表5-7。

表5-7　常用给料设备表

序号	名称	特点	适宜给料对象
1	皮带给料机	运行稳定，无噪声，磨损小，使用寿命长，精度较高	砂
2	给料闸门	结构简单，操作方便，误差较大，可手控、气控、电磁控制	砂、石
3	电磁振动给料机	给料均匀，可调整给料量，误差较大，噪声较大	砂、石
4	叶轮给料机	运行稳定，无噪声，称料准确，可调给料量，满足粗、精称量要求	水泥、混合材料
5	螺旋给料机	运行稳定，给料距离灵活，工艺布置方便，但精度不高	水泥、混合材料

（2）配料称量设备。混凝土配料称量的设备，有简易称量（地磅）、电动磅秤、自动配料杠杆秤、电子秤、配水箱及定量水表。

1）简易称量。当混凝土拌制量不大，可采用简易称量方式，如图5-55所示。磅称量是将地磅安装在地槽内，用手推车装运材料推到地磅上进行称量。这种方法最简便，但称量速度较慢。台秤称量需配置称料斗、储料斗等辅助设备。称料斗安装在台秤上，骨料能由储料斗迅速落入，故称量时间较快。但储料斗承受骨料的重量大，结构较复杂。储料斗的进料可采用皮带机、卷扬机等提升设备。

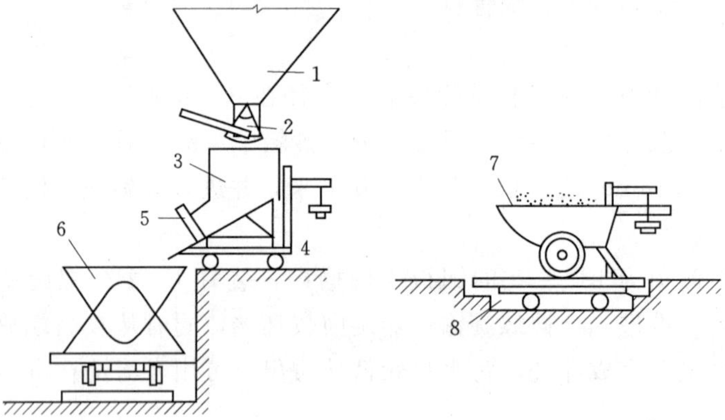

(a)　　(b)

图 5-55　简易称量设备

(a) 称料斗称料；(b) 地磅秆料

1—储料斗；2—弧形门；3—称料斗；4—台秤；5—卸料门；6—斗车；7—手推车；8—地槽

2）电动磅秤。电动磅秤是简单的自控计量装置，每种材料用一台装置，如图 5-56 所示，给料设备下料至主称量料斗，达到要求重量后即断电停止供料，称量料斗内材料卸至皮带机送至集料斗。

3）自动配料杠杆秤。自动配料杠杆秤带有配料装置和自动控制装置（图 5-57），自动化水平高，可进行砂、石的称量，精度较高。

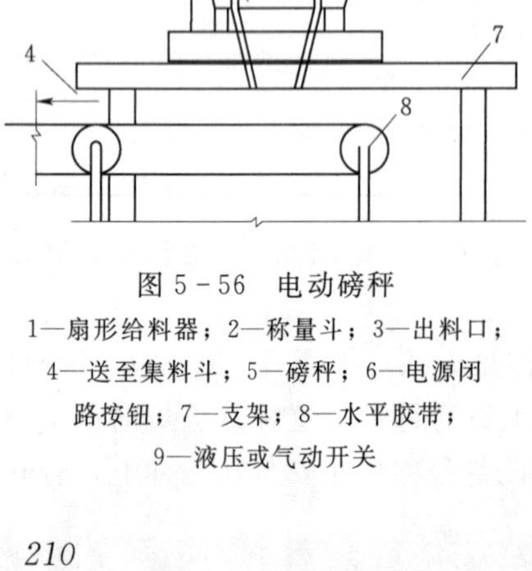

图 5-56　电动磅秤

1—扇形给料器；2—称量斗；3—出料口；4—送至集料斗；5—磅秤；6—电源闭路按钮；7—支架；8—水平胶带；9—液压或气动开关

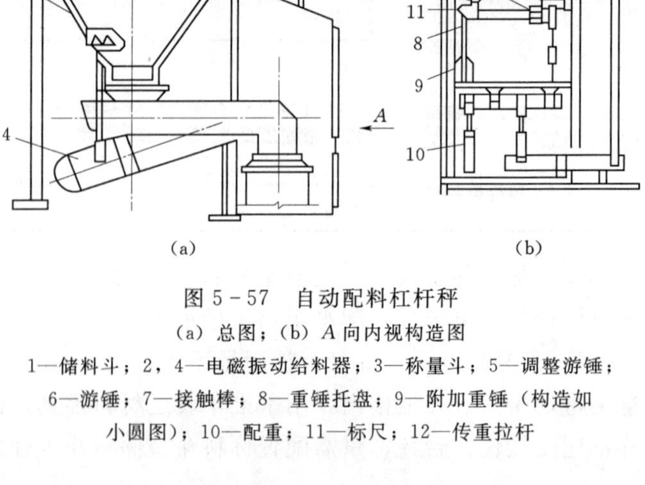

(a)　　(b)

图 5-57　自动配料杠杆秤

(a) 总图；(b) A 向内视构造图

1—储料斗；2，4—电磁振动给料器；3—称量斗；5—调整游锤；6—游锤；7—接触棒；8—重锤托盘；9—附加重锤（构造如小圆图）；10—配重；11—标尺；12—传重拉杆

4）电子秤。电子秤是通过传感器承受材料重力拉伸，输出电信号在标尺上指出荷重的大小，当指针与预先给定数据的电接触点接通时，即断电停止给料，同时继电器动作，称料斗斗门打开向集料斗供料，如图5-58和图5-59所示。

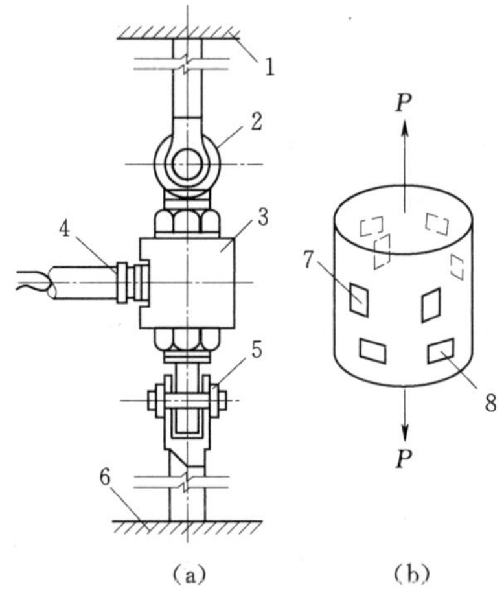

图5-58 电子配料杠杆秤
(a) 传感器安装示意；(b) 传感器内应变片粘贴示意
1—储料仓支架；2，5—球铰；3—传感器；4—电路线插头；6—称量斗；7—竖贴应变片；8—横贴应变片

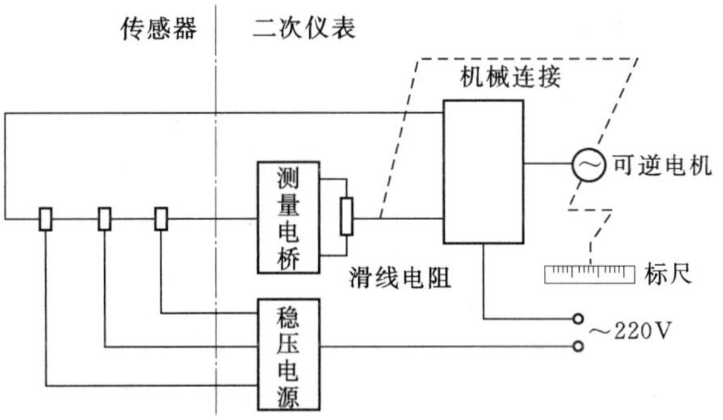

图5-59 电子秤测量原理

5）配水箱及定量水表。水和外加剂溶液可用配水箱和定量水表计量。配水箱是搅拌机的附属设备，可利用配水箱的浮球刻度尺控制水或外加剂溶液的投放量。定量水表常用于大型搅拌楼，使用时将指针拨至每盘搅拌用水量刻度上，按电钮即可送水，指针也随进水量回移，至零位时电磁阀即断开停水，此后，指针能自动复位至设定的位置。

2. 混凝土拌和

用拌和机拌和混凝土的方式运用较广泛，该方式能提高拌和质量和生产率。拌和机械按搅拌原理分，有自落式、强制式两种。

(1) 混凝土搅拌机。

1）自落式混凝土搅拌机。自落式搅拌机是通过筒身旋转，带动搅拌叶片将物料提高，在重力作用下物料自由坠下，反复进行，互相穿插、翻拌、混合使混凝土各组分搅拌均匀的。

a. 锥形反转出料搅拌机。锥形反转出料搅拌机是中、小型建筑工程常用的一种搅拌机，正转搅拌，反转出料。由于搅拌叶片呈正、反相交叉布置，拌合料一方面被提升后靠自落进行搅拌，另一方面又被迫沿轴向做左右窜动，搅拌作用强。

图5-60所示为锥形反转出料搅拌机外形。它主要由上料装置、搅拌筒、传动机构、配水系统和电气控制系统等组成。图5-61所示为搅拌筒示意图，当混合料拌好以后，可通过按钮直接改变搅拌筒的旋转方向，拌合料即可经出料叶片排出。

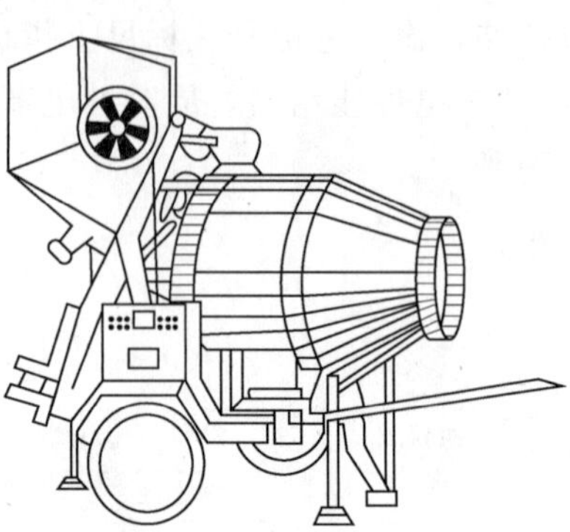

图 5－60　锥形反转出料机外形

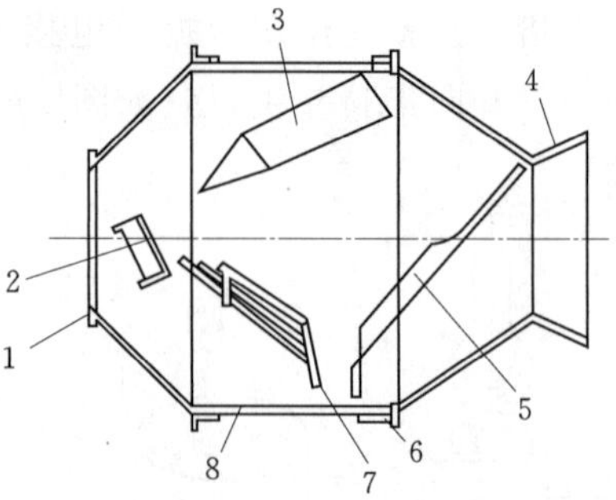

图 5－61　锥形反转出料搅拌机的搅拌筒

1—进料口；2—挡料叶片；3—主搅拌叶片；4—出料口；5—出料叶片；6—滚道；7—副叶片；8—搅拌筒筒身

b. 双锥形倾翻出料搅拌机。双锥形倾翻出料搅拌机进出料在同一口，出料时由气动倾翻装置使搅拌筒下旋 50°～60°，即可将物料卸出，如图 5－62 所示，双锥形倾翻出料搅拌机卸料迅速，拌筒容积利用系数高，拌合物的提升速度低，物料在拌筒内靠滚动自落而搅拌均匀，能耗低，磨损小，能搅拌大粒径骨料混凝土，主要用于大体积混凝土工程。

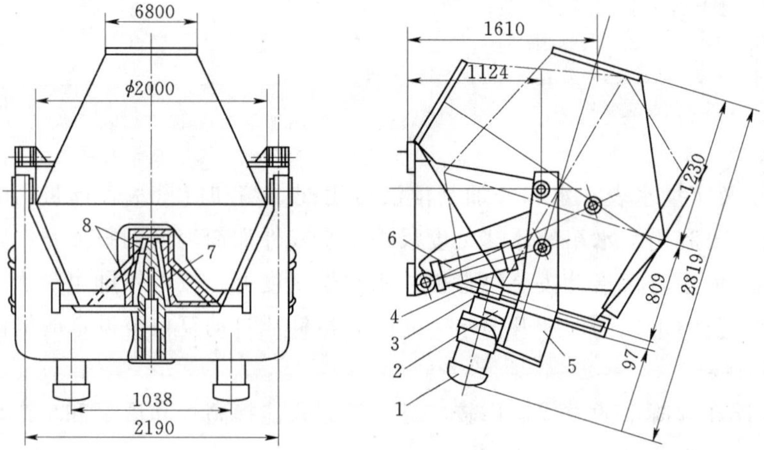

图 5－62　双锥形搅拌机结构示意图（单位：mm）

1—电动机；2—行星摆线减速器；3—小齿轮；4—倾翻机架；5—竖向固定支架；6—倾翻汽缸；7—锥形轴；8—单列圆锥滚珠轴承

2）强制式混凝土搅拌机。强制式混凝土搅拌机一般筒身固定，搅拌机叶片旋转，对物料施加剪切、挤压、翻滚、滑动、混合，使混凝土各组分搅拌均匀。

a. 涡桨强制式搅拌机。涡桨强制式搅拌机是在圆盘搅拌筒中装一根回转抽，轴上装有拌和铲和刮板，随轴一同旋转，如图 5－63 所示，它用旋转着的叶片，将装在搅拌筒内的物料强行搅拌使之均匀。涡桨强制式搅拌机由动力传动系统、上料和卸料装置、搅拌系统、操纵机构和机架等组成。

b. 单卧轴强制式混凝土搅拌机。单卧轴强制式混凝土搅拌机的搅拌轴上装有两组叶

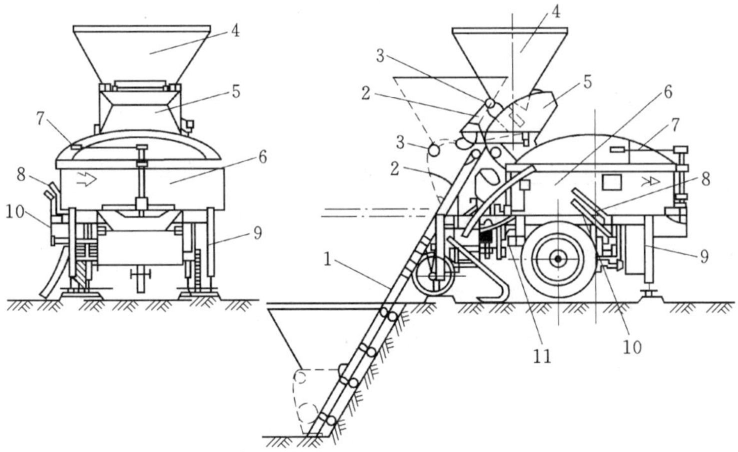

图 5-63 涡桨强制式混凝土搅拌机

1—上料轨道；2—上料斗底座；3—铰链轴；4—上料斗；5—进料承口；6—搅拌筒；7—卸料手柄；8—料斗下降手柄；9—撑脚；10—上料手柄；11—给水手柄

片，两组推料方向相反，使物料既有圆周方向运动，也有轴向运动，因而能形成强烈的物料对流，混合料能在较短的时间内搅拌均匀。它由搅拌系统、进料系统、卸料系统和供水系统等组成，如图 5-64 所示。

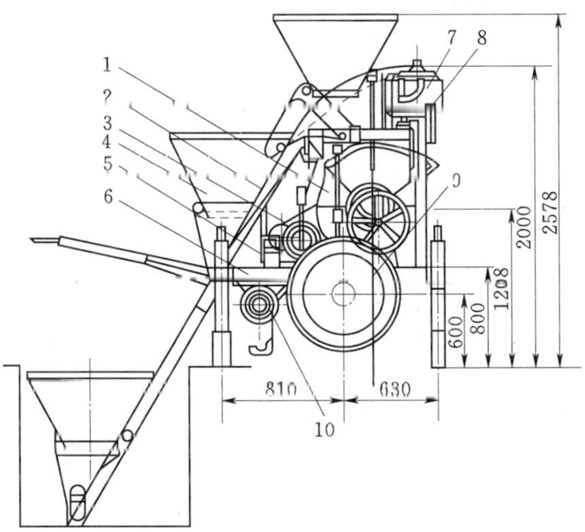

图 5-64 单卧轴强制式搅拌机结构（单位：mm）

1—搅拌装置；2—上料架；3—料斗操纵手柄；4—料斗；5—水泵；6—底盘；7—水箱；8—供水装置操纵手柄；9—车轮；10—传动装置

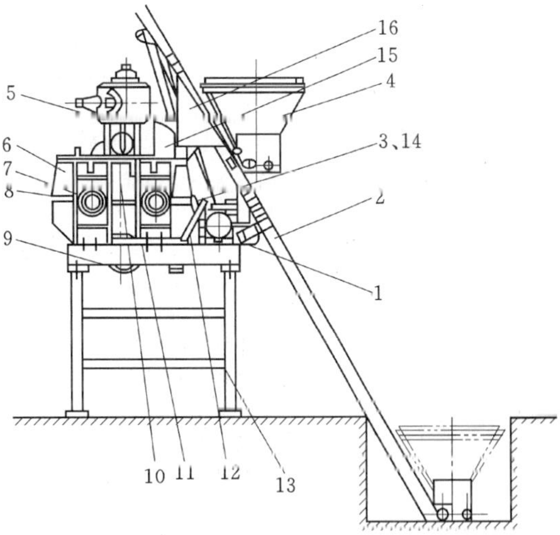

图 5-65 双卧轴强制式搅拌机

1—上料传动装置；2—上料架；3—搅拌驱动装置；4—料斗；5—水箱；6—搅拌筒；7—搅拌装置；8—供油器；9—卸料装置；10—三通阀；11—操纵杆；12—水泵；13—支撑架；14—罩盖；15—受料斗；16—电气箱

c. 双卧轴强制式混凝土搅拌机。双卧轴强制式混凝土搅拌机如图 5-65 所示，有两根搅拌轴，轴上布置有不同角度的搅拌叶片，工作时两轴按相反方向同步相对旋转。由于两根轴上的搅拌铲布置位置不同，螺旋线方向相反，于是被搅拌的物料在筒内既有上下翻滚的动作，也有沿轴向的来回运动，从而增强了混合料运动的剧烈程度，因此搅拌效果更好。双卧轴强制式混凝土搅拌机为固定式，其结构基本与单卧式相似，它由搅拌系统、进料系统、卸料系统和供水系统等组成。

（2）投料顺序。普通混凝土一般采用一次投料法或两次投料法。一次投料法是按砂（石子）—水泥—石子（砂）的次序投料，并在搅拌的同时加入全部拌和水进行搅拌；二次投料法是先将石子投入拌和筒并加入部分拌和用水进行搅拌，清除前一盘拌合料粘附在筒壁上的残余料，然后再将砂、水泥及剩余的拌和用水投入搅拌筒内继续拌和。

（3）搅拌时间。混凝土搅拌质量直接和搅拌时间有关，搅拌时间应满足表5-8的要求。

表5-8　混凝土搅拌的最短时间　（单位：s）

混凝土坍落度（cm）	搅拌机型号	搅拌机容量（L）		
		<250	250～500	>500
≤3	强制式	60	90	120
	自落式	90	120	150
>3	强制式	60	60	90
	自落式	90	90	120

（4）操作要点。搅拌机操作要点见表5-9。

表5-9　搅拌机操作要点

序号	项目	操作要求
1	进料	（1）应防止砂、石落入运转机构 （2）进料容量不得超载 （3）进料时避免水泥先进，避免水泥粘结机体
2	运行	（1）注意声响，如有异常，应立即检查 （2）运行中经常检查紧固件及搅拌叶，防止松动或变形
3	安全	（1）上料斗升降区严禁任何人通过或停留。检修或清理该场地时，用链条或锁闩将上料斗扣牢 （2）进料手柄在非工作时或工作人员暂时离开时，必须用保险环扣紧 （3）出浆时操作人员应手不离开操作手柄，防止手柄自动回弹伤人（强制式机更要重视） （4）出浆后，上料前，应将出浆手柄用安全钩扣牢，方可上料搅拌 （5）停机下班，应将电源拉断，关好开关箱 （6）冬季施工下班，应将水箱、管道内的存水排清
4	停电或机械故障	（1）快硬、早强、高强混凝土，及时将机内拌合物掏清 （2）普通混凝土，在停拌45min内将拌合物掏清 （3）缓凝混凝土，根据缓凝时间，在初凝前将拌合物掏清 （4）掏料时，应将电源拉断，防止突然来电

（5）搅拌质量检查。混凝土拌合物的搅拌质量应经常检查，混凝土拌合物颜色均匀一致，无明显的沙粒、砂团及水泥团，石子完全被砂浆所包裹，说明其搅拌质量较好。

3. 拌和站（楼）

混凝土用量大的工地常建立拌和站（楼），集中拌制混凝土。拌和站（楼）根据其组成部分在竖向的布置方式不同，分为单阶式和双阶式两类（图5-66）。单阶式是原料一次提升到顶后，经储料斗靠自重下落进入称量和搅拌工序，最后将熟料卸入底部的运输工具中。由于称量与拌和等系统在一个楼状建筑物中，故称为拌和楼。其优点是生产效率高、占地少、自动化程度高，缺点是结构复杂、投资大。一般大型拌和楼均采用单阶式布置（图5-67）；双阶式布置（拌和站），材料需要提升两次，搅拌机多为单列布置。优点是建筑高度小，运输设备简单，投产快，但效率和自动化程度较低，占地面积大，中、小型工程多采用双阶式。

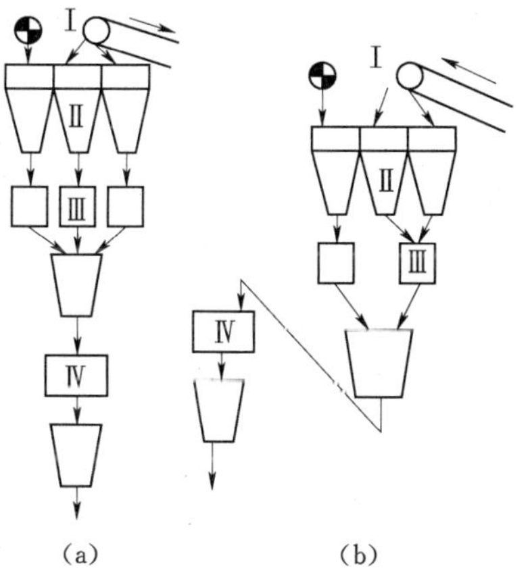

图5-66　拌和站工艺流程

(a) 单阶式；(b) 双阶式

Ⅰ—运输设备；Ⅱ—料斗设备；Ⅲ—称量设备；Ⅳ—搅拌设备

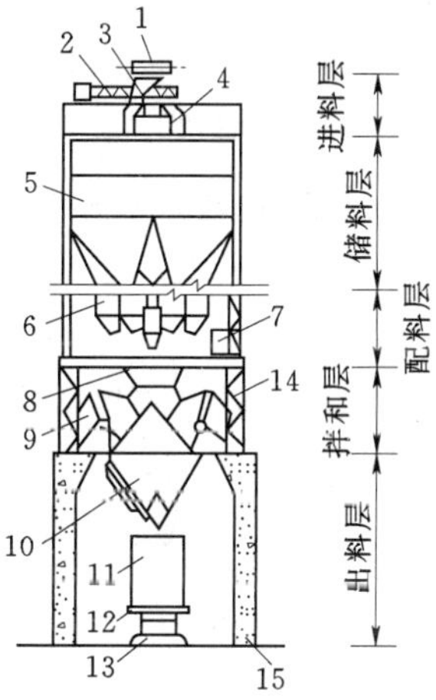

图5-67　单阶式混凝土拌和楼

1—进料皮带；2—水泥螺旋输送机；3—旋转料斗；4—分料器；5—储料斗；6—配料斗；7—量水器；8—集料斗；9—拌和机；10—混凝土料斗；11—混凝土罐；12—平台车；13—出料轨道；14—钢架；15—混凝土柱

当破堤（坝）建闸，在深基坑内浇筑建筑物或有其他斜坡可以利用的工地，可采用顺坡布置的“斜坡式”搅拌站，如图5-68所示。

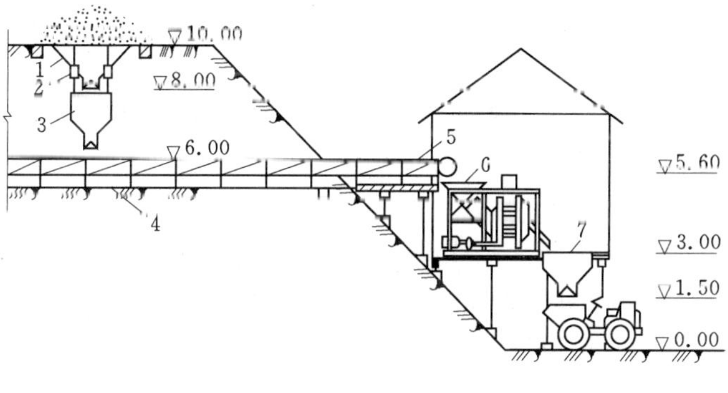

图5-68　斜坡式拌和站布置示意图

1—储料斗；2—电子秤传感器；3—配料斗；4—带式运输机廊道；5—配料皮带机；6—集料斗；7—分料斗

布置时，拌和站（楼）应尽可能靠近浇筑地点，并满足爆破安全距离的要求；妥善利用地形来减少工程量，主要建筑物应建在稳定、坚实、承载力足够强的地基上；要统筹兼顾前、后期的施工要求，尽量避免中途搬迁。

5.3.3 混凝土运输

混凝土运输是整个混凝土施工中的一个重要环节，对工程质量和施工进度影响较大。由于混凝土料拌和后不能久存，而且在运输过程中对外界的影响敏感，运输方法不当或疏忽大意都会降低混凝土质量，甚至造成废品。如供料不及时或混凝土品种错误，正在浇筑的施工部位将不能顺利进行。因此要解决好混凝土拌和、浇筑、水平运输和垂直运输之间的协调配合问题，还必须采用适当的措施，保证运输混凝土的质量。

5.3.3.1 混凝土料在运输过程中应满足的基本要求

（1）运输设备应不吸水、不漏浆，运输过程中不出现混凝土拌合物分离、严重泌水及过多降低坍落度的问题。

（2）同时运输两种以上强度等级的混凝土时，应在运输设备上设置标志，以免混淆。

（3）尽量缩短运输时间，减少转运次数。运输时间不得超过表5-10的规定。因故停歇过久，混凝土产生初凝时，应作废料处理。在任何情况下，严禁中途加水后运入仓内。

表5-10　　混凝土允许运输时间

气温（℃）	混凝土允许运输时间（min）
20～30	30
10～20	45
5～10	60

（4）运输道路基本平坦，避免拌合物振动、离析、分层。

（5）混凝土运输工具及浇筑地点，必要时应有遮盖或保温措施，以避免因日晒、雨淋、受冻而影响混凝土的质量。

（6）混凝土拌和物自由下落高度以不大于2m为宜，超过此界限时应采用缓降措施。

5.3.3.2 混凝土运输设备

混凝土运输包括两个过程：一是从拌和机前到浇筑仓前，主要是水平运输；二是从浇筑仓前到仓内，主要是垂直运输。

混凝土的水平运输又称为供料运输。常用的运输方式有人工、机动翻斗车、混凝土搅拌运输车、自卸汽车、混凝土泵、皮带机、机车等几种，应根据工程规模、施工场地宽窄和设备供应情况选用。混凝土的垂直运输又称为入仓运输，主要由起重机械来完成，常见的起重机有履带式、门机、塔机等几种。

1. 水平运输设备

（1）人工运输。人工运输混凝土常用手推车、架子车和斗车等。用手推车和架子车时，要求运输道路路面平整，随时清扫干净，防止混凝土在运输过程中受到强烈振动。道路的纵坡，一般要求水平，局部不宜大于15%，一次爬高不宜超过2～3m，运输距离不宜超过 200m。

用窄轨斗车运输混凝土时，窄轨（轨距 610mm）车道的转弯半径以不小于 10m 为宜。轨道尽量为水平，局部纵坡不宜超过 4%，尽可能铺设双线；以便轻、重车道分开。如为单线要设避车叉道。容量为 0.60m³ 的斗车一般用人力推运，局部地段可用卷扬机牵引。

（2）机动翻斗车。机动翻斗车是混凝土工程中使用较多的水平运输机械。它轻便灵活、转弯半径小、速度快且能自动卸料。车前装有容量为 476L 的翻斗，载重量约 1t，最高时速 20km/h。它适用于短途运输混凝土或砂石料。

（3）混凝土搅拌运输车。混凝土搅拌运输车（图 5-69）是运送混凝土的专用设备。它的特点是在运量大、运距远的情况下，能保证混凝土的质量均匀，一般用于混凝土制备点（商品混凝土站）与浇筑点距离较远时使用。它的运输方式有两种：一是在 10km 范围内作短距离运送时，只作运输工具使用，即将拌和好的混凝土接送至浇筑点，在运输途中为防止混凝土分离，让搅拌筒只做低速搅动，使混凝土拌和物不致分离、凝结；二是在运距较长时，搅拌运输两者兼用，即先在混凝土拌和站将干料——砂、石、水泥按配比装入搅拌鼓筒内，并将水注入配水箱，开始只作干料运送，然后在到达距使用点 10～15min 路程时，启动搅拌筒回转，并向搅拌筒注入定量的水，这样在运输途中边运输边搅拌成混凝土拌和物，送至浇筑点卸出。

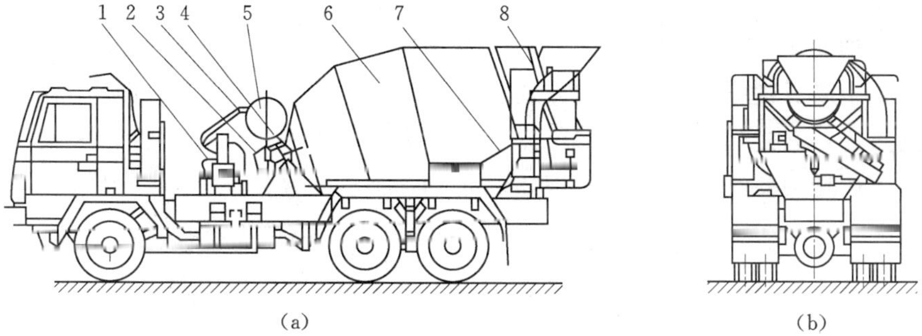

图 5-69 搅拌运输车外形及结构

（a）侧视；（b）后视

1—泵连接组件；2—减速机总成；3—液压系统；4—机架；5—供水系统；6—搅拌筒；7—操纵系统；8—进出料装置

（4）自卸汽车。图 5-70 是以载重汽车作为驱动力，在其底盘上装置一套液压升降机构，使车厢举升和降落，以便自卸物料。自卸汽车适用于远距离和混凝土需用量大的水平运输。

（5）铁路运输。大型水工混凝土工程多采用铁路平台列车运输混凝土，以保证相当大的运输强度。

图 5-70 自卸汽车

铁路运输常采用窄轨柴油机车拖挂 3～5 节平台列车，上放混凝土立式吊罐 2～4 个，直接到拌和楼装料。列车上预留一个罐的空位，以备转运时放置起重机吊回的空罐。这种运输方法，有利于提高机车和起重机的效率，缩短混凝土运输时间。

(6) 带式运输机。带式运输机是最常用的连续运输机械。根据有无行驶装置，可分为移动式和固定式两种。前者多用于短程运输和散体材料的装卸堆存；后者用于长距离运输。固定式常采用分段布置，每段长度一般不超过200m，如图5-71所示。

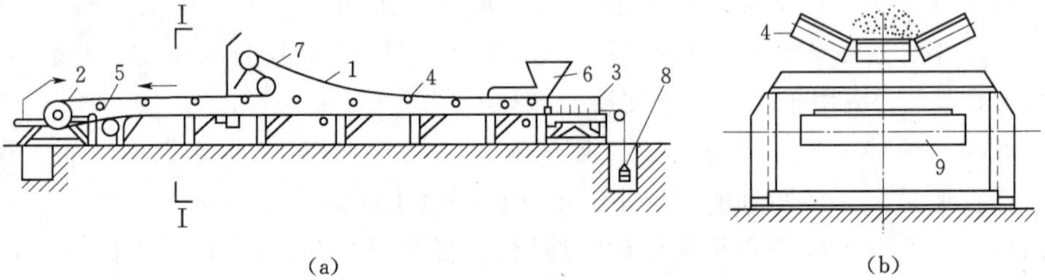

图5-71 固定带式运输机构造

(a) 纵剖面图；(b) 横剖面图

1—皮带；2—驱动鼓轮；3—张紧鼓轮；4—上托辊；5—机架；6—喂料器；7—卸料小车；8—张紧重锤；9—下托辊

带式运输机的皮带常用橡胶带。带宽一般为800～1800mm，运行速度一般在240m/min以内，最大生产率可达12000t/h。固定带式运输机往往架设在脚手架上，不受地形的限制，并且结构简单，运行灵活方便，生产率较高。

(7) 混凝土泵。混凝土泵按驱动方式有多种类型。水利工程上目前使用较多的是液压活塞式混凝土泵，它是通过液压缸的压力油推动活塞，再通过活塞杆推动混凝土缸中的工作活塞来进行压送混凝土。其工作原理如图5-72所示。

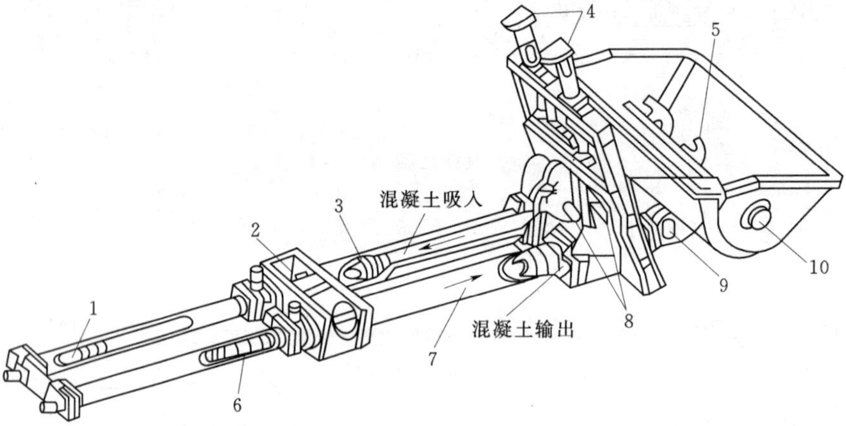

图5-72 液压活塞式混凝土泵工作原理

1—主油缸；2—洗涤室；3—混凝土活塞；4—滑阀缸；5—搅拌叶片；6—主油缸活塞；7—输送缸；8—滑阀；9—Y形管；10—料斗

混凝土泵分为拖式（地泵）和泵车两种形式。图5-73所示为HBT60型拖式混凝土泵示意图。它主要由混凝土泵送系统、液压操作系统、混凝土搅拌系统、油脂润滑系统、冷却和水泵清洗系统以及用来安装和支承上述系统的金属结构车架、车桥、支脚和导向轮等组成。

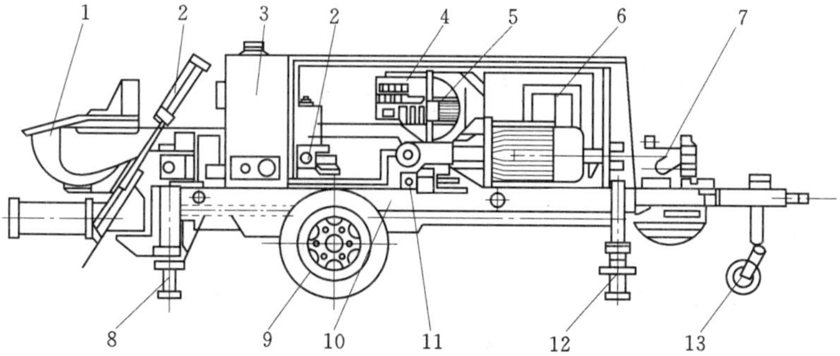

图 5-73 HBT60 型拖式混凝土泵（单位：mm）

1—料斗；2—集流阀组；3—油箱；4—操作盘；5—冷却器；6—电器柜；7—水泵；8—后支脚；9—车桥；10—车架；11—排出量手轮；12—前支腿；13—导向轮

混凝土泵送系统由左主油缸、右主油缸、先导阀、洗涤室、止动销、混凝土活塞、输送缸、滑阀及滑阀缸、Y形管、料斗架组成。当压力油进入右主油缸无杆腔时，有杆腔的液压油通过闭合油路进入左主油缸，同时带动混凝土活塞缩回并产生自吸作用，这时在料斗搅拌叶片的助推作用下，料斗的混凝土通过滑阀吸入口，被吸入输送缸，直到右主轴油缸活塞行程到达终点，撞击先导阀实现自动换向后，左缸吸入的混凝土再通过滑阀输出口进入Y形管，完成一个吸、送行程。由于左、右主油缸是不断地交叉完成各自的吸、送行程，这样，料斗里的混凝土就源源不断地被输送到达作业点，完成泵送作业，见表 5-11。

表 5-11　　　　混凝土泵送循环

状　　态	活　　塞	滑　　阀	
吸入混凝土	缩回	吸入口放开	输出口关闭
输出混凝土	推进	吸入口关闭	输出口开放

将混凝土泵安装在汽车上称为臂架式混凝土泵车，它是将混凝土泵安装在汽车底盘上，并用液压折叠式臂架管道来运输混凝土，不需要在现场临时铺设管道，如图 5-74 所示。

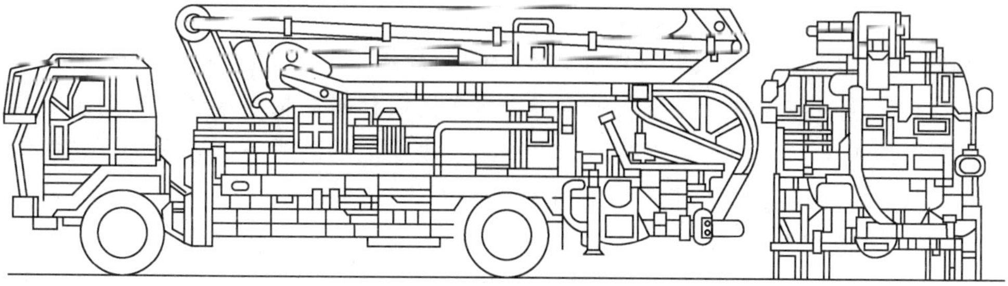

图 5-74 混凝土泵车

2. 垂直运输设备

(1) 起重机械。

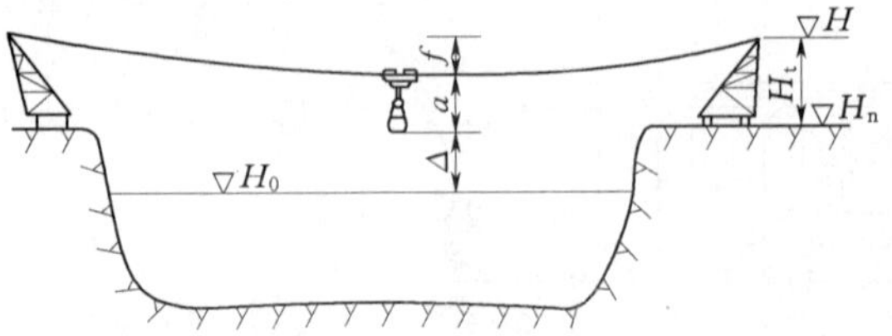

图 5-75　缆机控制高程计算图

1) 缆机。缆机是数根高强度光面钢绞线组成的承重索为基础的一种特殊起重机械，其利用悬挂于承重索上的起重滑车组进行作业。常用于架设桥梁、安装渡槽、厂房、吊运材料、设备及混凝土等。尤其适合于高山峡谷地形，跨距较大（图 5-75）。实际工程如乌江渡、安康、龙羊峡、万家寨等均采用缆机。采用缆机方案时浇筑混凝土控制范围大，生产效率高，不受导流、度汛等影响。但初期投资较大，塔架和设备的土建安装工程量大，设备的设计制造周期长。

缆机由主塔架、索道系统、主机房等组成。在索道系统中，承载索是支承索道上的荷载，并将其荷载作用力传递到两岸的塔架。吊荷移动通过操作牵引索使起重小车沿承载索运动。起重量一般为 10～20t。塔架支于建筑物吊装轴线两端较高处。

目前，国产缆机小车的运行速度为 360～420m/min，吊钩升降速度为 90～120m/min。国外高速缆机运行速度为小车 500～600m/min，最高达 690m/min，吊钩 125～290m/min。塔架移动速度，国内外相差不多，一般多为 6～8m/min。

a. 塔架高度与塔顶控制高程。工程中缆机跨度和塔架高度应根据建筑物的外形尺寸和其所在位置的地形设计而定。

由图 5-75 知，塔架高度为

$$H_t = H - H_n \tag{5-3}$$

塔顶控制高程为

$$H = H_0 + \Delta + a + f \tag{5-4}$$

式中　H_0——缆机浇筑部位最大高程，m；

Δ——吊物最低安全裕度，一般不小于 1m；

a——吊罐底至承重索的最小距离，可取 6～10m；

f——满载时承重索的垂度，一般可取跨度的 5%；

H_n——轨道顶面高程，m。

b. 缆机类型与布置。缆机的具体形式应根据两岸地形、坝型及工程布置、浇筑强度、设备布置及其获得条件等进行比较后确定。缆机布置设计时尽量缩小缆机的跨度和塔架高度，控制范围尽量大。此外，因承载索端点在主、副塔上的高程不同，应进行包络线的计算（空载、重载及不同工况），以确定其工作区和对平台的要求。

缆机布置有辐射式、平移式、固定式等，有时需布置多台缆机来满足施工要求。对于高坝、高大建筑物，垂直运输占主导地位，应以缆机方案和门式起重机、塔式起重机栈桥方案作为主要比较方案。

ⅰ. 平移式缆机。平移式缆机使用条件和布置要点见表5-12。平移式缆机适用于各种坝型，工程中平移式缆机对峡谷中的重力坝利用率较高。平移式缆机有首、尾两个可移动的钢塔架。在首尾塔架顶部凌空架设承重缆索（图5-76）。布置时几台缆机在同一轨道上，为满足两台缆机同时浇筑一个仓位，可用以下两种方案：

表5-12　　常用缆机适用条件与布置要点

类别	适用条件	钢架支承结构	布置要点
平移式	（1）控制面积为矩形，适用于高山峡谷高坝枢纽，尤其是在直线形重力坝、坝后厂房枢纽 （2）地形基本对称，有比较平缓的地形或阶地 （3）枢纽混凝土量较大，工期较长	（1）塔架式 （2）拉索式	（1）缆机两岸轨道平行 （2）使用多台时，应划分每台工作区段，可以形成平面轨道分段、前后错轨式或高低平台穿越式，但必须互不干扰 （3）混凝土供料线常布置在主塔一侧
辐射式	（1）控制面积为扇形，适用于峡谷区高拱坝枢纽 （2）两岸地形不对称，地形复杂 （3）枢纽工程量大，工期长	（1）固定及行走塔架 （2）固定桅杆和行走塔架	（1）一岸为固定塔（如地形地质许可时，也可用锚桩），另一岸为弧形轨道移动塔 （2）台数多时，可采用集中或分散的固定塔布置 （3）水平供料线常布置在固定塔一侧
固定式	（1）控制面积为条带，灵活性较小，适用于峡谷区、断面宽度较小的高坝 （2）两岸地形陡峻 （3）宜用于辅助工作 （4）混凝土工程量较小	固定塔架（主塔及副塔）	两岸为固定塔或锚桩

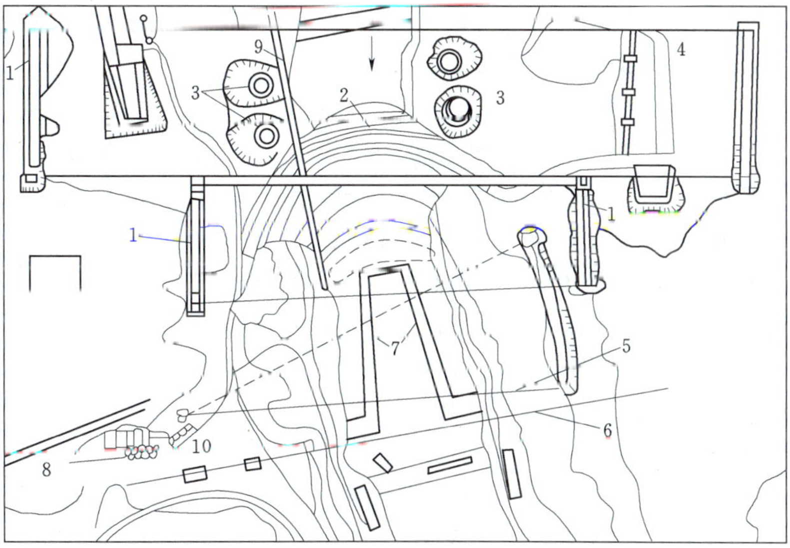

图5-76　鲍尔德坝综合缆机方案布置

1—平移式缆机轨道；2—重力拱坝；3—进水塔；4—溢流堰；5—辐射式缆机；6—固定式缆机；7—水电站厂房；8—水泥仓库；9—供料栈桥；10—混凝土拌和楼

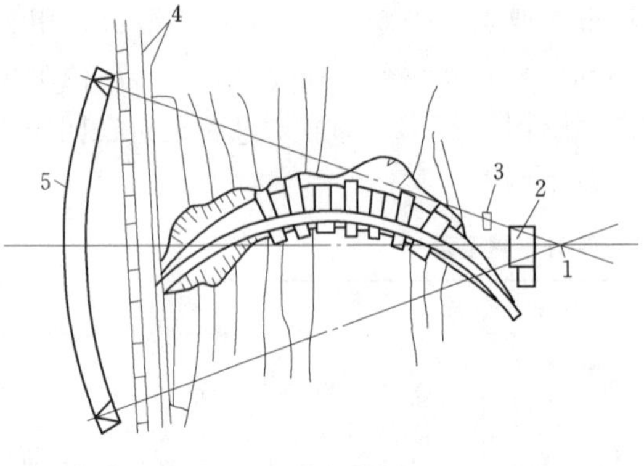

图 5-77　东风拱坝辐射式缆机布置
1—岩壁锚固；2—机房；3—操作房；
4—运料轨道；5—缆机轨道

方案一　同高程塔架错开布置

错开的位置按塔架具体尺寸决定。为了安全操作，一般主索之间的距离不宜小于 7～10m。

方案二　高低平台错开布置

在不同高程的平台上错开布置塔架。有的工程为了使高、低平台的缆机能互为备用，布置成穿越式。要注意上层缆机满载时的吊罐底部与下层缆机的牵引索之间，应有一定的安全距离。

ⅱ. 辐射式缆机。尾塔固定，首塔沿弧形轨道移动者，称为辐射式缆机（表 5-12）。其布置如图 5-77 所示。辐射式缆机适用于各种坝型，但更适用于拱坝施工。当两台缆机共用一个固定塔架时，移动塔可布置在同一高程，也可布置在不同高程。

根据工程具体情况，可采用平移与辐射式混合布置，两者也可形成穿越式。

ⅲ. 固定式缆机。缆机两端固定（表 5-12），控制面积为条带，灵活性较小，适用于峡谷区，断面宽度较小的高坝。

需指出，施工总体布置时应尽可能将混凝土拌和站（楼）靠近缆机，以缩短吊运循环时间。可考虑料罐不脱钩，直接从拌和站（楼）接料。若拌和站（楼）不在缆机控制范围内，可用特制运料小车，向不脱钩的料罐供料（图 5-78）。

2）履带起重机。履带起重机由机身（包括动力装置、卷扬机及操作机构）、回转机构、行走机构（履带及支架）、变幅机构及起重机构（滑轮组及起重臂）等组成。

履带起重机与汽车式、轮胎式起重机相比，履带对地面的平均压力小，可在松软、泥泞的恶劣地面上作业。其特点是操作灵活、使用方便、爬坡能力强，可以载荷行驶和工作，在高度较低的建筑物，包括低坝、厂房、水闸、船闸、护坦及各种导墙、吊装高度不大的渡槽、桥梁等工程中应用广泛。但起重机自身质量大，行驶速度慢，履带会破坏路面。

a. 履带起重机分类。按其传动方式不同，履带起重机可分为机械式、液压式、电动式 3 种。机械式履带起重机与液压式履带起重机的构造基本相同，主要区别在于机械传动和液压传动。由于液压传动结构简单，作业效率高，已逐步代替

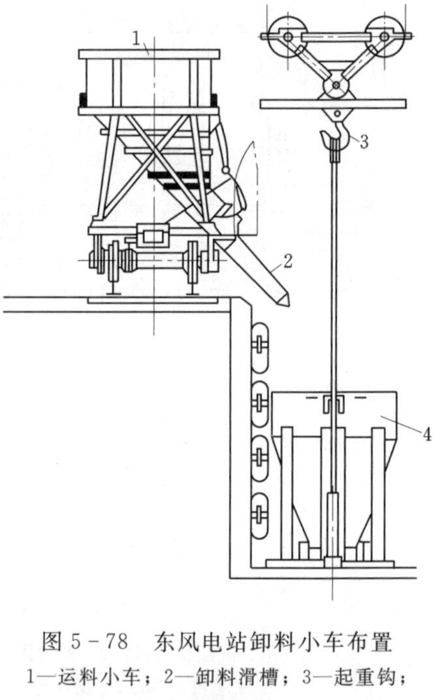

图 5-78　东风电站卸料小车布置
1—运料小车；2—卸料滑槽；3—起重钩；
4—装料料罐

机械传动起重机。如 QUY50 型液压履带起重机外形结构如图 5-79 所示。

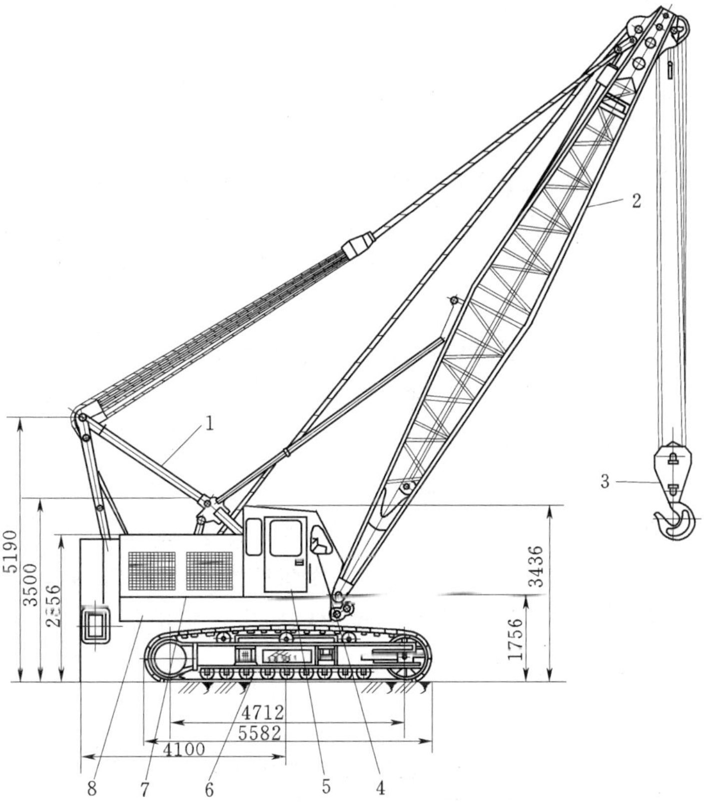

图 5-79 QUY50 型液压履带起重机外形和结构

1—双足支架；2—起重臂；3—吊钩及滑轮组；4—操纵台；5—驾驶室；
6—履带台车；7—机棚总成；8—上部机构总成

除部分小型起重机采用和汽车式起重机相同的箱形伸缩起重臂外，均采用桁架式起重臂。如 QUY 型起重机的基本臂为 13m，加节后可达 52m。

变幅机构是由变幅卷筒收放变幅钢丝绳，通过固定在双足支架上的复式滑轮组将一端固定在滑轮组上，另一端固定在起重臂顶端滑轮轴上的拉臂绳使起重臂升降。

b. 履带起重机使用和维护。履带起重机使用时应注意以下几点：

ⅰ. 对新购、大修或重新装配的起重机，应按规定进行技术试验，以测定整机技术性能和安全可靠性。

ⅱ. 作业前试运转检查各机构工作是否正常，特别是在雨雪后作业，应进行起重试吊。

ⅲ. 作业范围内不得有影响作业的障碍物。严禁起重机载运人员。

ⅳ. 按规定的起重性能作业，不得超载和起吊不明质量的物体，严禁用起重钩斜位、斜吊。

ⅴ. 遇大风、大雪、大雨或大雾时，应停止作业，并将起重臂转至顺风方向。

ⅵ. 使用两台起重机合力抬吊重大物件时，重物质量不得超过两台起重机所允许起重量总和的 75%。

ⅶ. 对操作人员和负责起重作业的指挥人员进行专业培训，熟悉所操作或指挥起重机的技术和起重性能。

ⅷ. 履带起重机的维护按日常养护、月度维护、年度维护进行，实行定检维护制。常见履带起重机故障及排除方法见有关参考书。

3）汽车式起重机。起重机的工作机构都安装在载重汽车底盘上的起重机，称为汽车式起重机。其优点是机动灵活，可快速转移，对路面破坏小，但起吊时对工作场地要求较高。适用于流动性大，经常变换地点的作业。其不足之处是安装作业时稳定性差。

a. 汽车式起重机分类。汽车起重机按其传动装置不同，可分为机械式（Q)、电动式（QD）和液压式（QY）3 种类型。按起重量不同，汽车起重机可分为小型、中型、大型和特大型 4 类。其中起重量在 120kN 以下者为小型；起重量为 160～500kN 者为中型；起重量为 650～1250kN 者为大型；起重量在 1250kN 以上者为特大型。

目前，汽车起重机的生产厂较多，产品型号更多，以采用液压式起重机较广泛。部分厂家产品见表 5-13。其结构基本相同，工作机构包括起升机构、回转机构、起重臂伸缩机构、变幅机构和支腿机构。其中，起升机构由定量液压马达、减速器、离合器、制动器及主、副卷筒等组成；回转机构由定量液压马达、减速器及回转滚动支承等组成。

表 5-13　　汽车式起重机主要技术性能

型号		QY12T	QY20R	QY50A	QY16K	QY40	QY25	QY75
最大起重量（t）		120	200	500	160	400	250	750
最大起升高度（m）	基本臂	9.11	9.6	12.5	10	11.0	9.8	13.4
	伸缩臂	17	23.3	34	24.4	32.47	24.4	40.6
	副臂	23.04	30.8	48	32.3	46.8	32.4	55.6
最大起升幅度（m）	基本臂	7	8	9	8.7	9.53	8	11
	伸缩臂	14	22	29	21.3	28.58	21	35
	副臂	20.5	27	32.5	28.0	41.57	26	40
工作速度	起升（m/min）	12	10	9.2	100	118	10.8	55.4
	回转（r/min）	2.4	2	2.2	2.1	2	2	1.5
行驶性能	最大行驶性能（km/h）	75	65	65	69	68	66	30
	最大爬坡能力（%）	20	33	28	32	37		15
	最小回转半径（m）	9.2	9.5	9.5	10.5	12		
整机质量（t）		15.2	26.5	38.5	21.54	37.51	25.8	67.85
生产厂		北京起重机厂			徐州起重机厂		长江起重机厂	

b. 汽车式起重机使用和维护。汽车式起重机的技术含量、自动化程度及购置费用等高于一般起重机械，须正确使用和维护，延长使用寿命。有关使用管理方面的要求，基本和塔式起重机相似。

实际工作时，影响其稳定性的因素如起重机的倾斜和回转造成的离心力、起升惯性力等。对于新购、大修或重新装配的起重机，应按规定进行空载试验、额定载荷试验和超载试验等。

在汽车式起重机作业和日常维护中，应注意以下几点：

ⅰ. 新购或大修的起重机使用初期，机构零件处于磨合状态，最大起重量不应超过额定最大起重量的75%，不得在无负荷时高速空转发动机和急剧起步、加速及紧急制动等。

ⅱ. 作业前将载荷、作业区障碍物、地基等情况调查清楚，遇松软地基或起伏不平地面，要采取垫平措施。

ⅲ. 检查各制动器及安全装置是否可靠，各关键部位零件是否紧固以及吊具、索具的牢固程度，确认正常后方可作业。

ⅳ. 作业时起重臂下严禁站人，底盘车驾驶室内不得有人。

ⅴ. 起吊重物达到额定起重量的90%以上时，不得同时进行两种及以上的操作动作。

ⅵ. 注意对液压系统的维护。若其受污染，危害极大，如液压油污染和空气污染。不同品种、不同牌号的液压油不得混合使用，也不得随意代用。

需指出，除汽车式起重机外，轮胎式起重机在工程中也得到应用。其与汽车式起重机一样，是将工作机构安装在自行式充气轮胎底盘上的起重机。在结构、性能、用途等方面与汽车式起重机有许多相同之处。其中全液压越野式轮胎式起重机进一步提高了越野功能和机动性。

液压式轮胎起重机兼备有轮胎起重机和汽车起重机的优点。行走部分一般采用专用的轮式底盘。其稳定性较好，行驶速度快，对路面破坏性小（图5-80）。

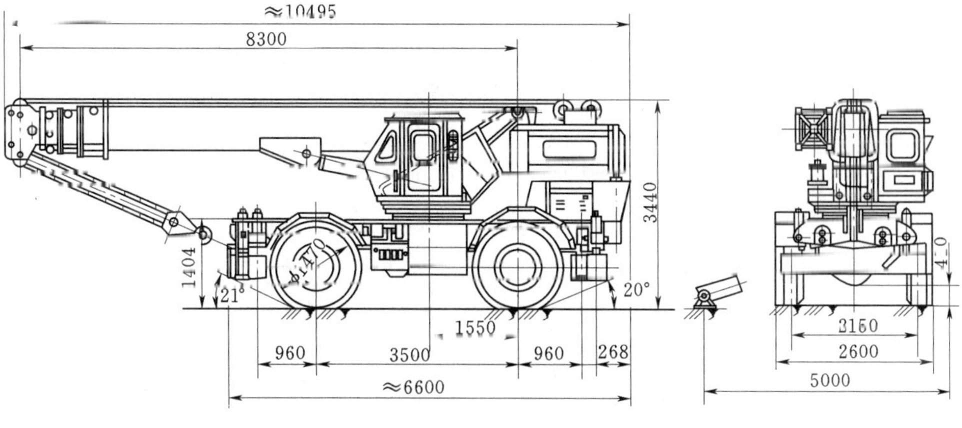

图5-80 QLY25型起重机外形及尺寸

4）塔式起重机。塔式起重机是将起重臂置于型钢格构式塔身上部的一种起重机。作业时有效范围广，是大坝、大型水闸、混凝土预制构件厂及高陡建筑物施工中常用的起重机械。结合工程布置和应用，塔式起重机具有其他起重机械难以相比的优点。主要表现为以下几点：

a. 起重臂装于塔身顶部，塔身高及有效起升高度大。

b. 起重臂长，有效作业面广。

c. 能同时进行起升、回转、行走、变幅等动作，生产效率高。

d. 与其他起重机相比，结构较为简单，电力操纵动作平稳、安全可靠。

塔式起重机按行走机构分有固定式和自行式，按变幅方式分有动臂变幅式和小车变幅式，按回转方式分有上回转式和下回转式，按升高方式分有外部附着式和内部爬升式。其中自行式起重机可在轨道上负载行走，能同时完成垂直和水平运输，并可接近建筑物，灵活机动，使用方便，但需铺设轨道，装拆较为费时；固定式没有行走装置，塔身固定在混凝土基础上，随着建筑物的升高，塔身可以相应接高，能提高起重机的承载能力。

塔式起重机外形结构及起重特性如图 5-81 和图 5-82 所示。

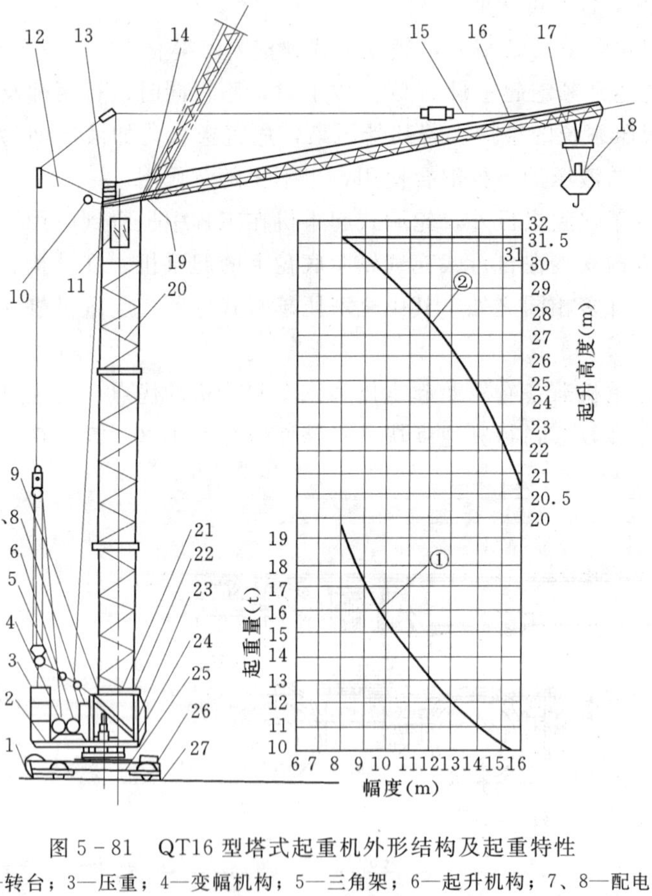

图 5-81　QT16 型塔式起重机外形结构及起重特性

1—电缆卷筒；2—转台；3—压重；4—变幅机构；5—三角架；6—起升机构；7、8—配电柜及操纵系统；9—千斤顶；10—后撑架；11—驾驶室；12—塔顶支架；13—力矩限制器及导向滑轮；14—幅度指示器及限位器；15—变幅拉索；16—起重臂；17—吊钩高度限位器；18—吊钩；19—幅度限制拉索；20—塔身；21—回转机构；22—中央集电环；23—回转支承；24—下驾驶室；25—底架；26—行走机构；27—夹轨室

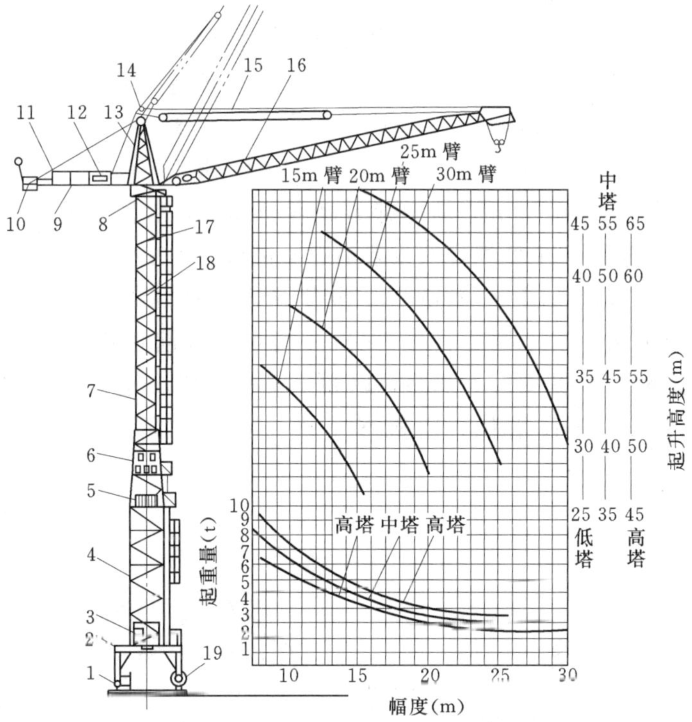

图 5-82 TQ60/80 型塔式起重机外形结构及起重特性

1—电缆卷筒；2—门架；3—中心压重；4—塔身基础节；5—起升机构；6—驾驶室；7—塔身上部节；8—回转机构；9—平衡臂；10—平衡重箱；11—平衡臂拉索；12—变幅机构；13—塔尖节；14—塔帽；15—变幅滑轮组；16—起重臂；17—起升钢丝绳；18—护栏；19—行走机构及台车

塔式起重机的部件主要包括：

a. 塔式起重机的钢结构。塔式起重机的钢结构是起重机的骨架，由塔身、起重臂、平衡臂、底架等主要部分组成。塔身是起重机的主体，支承着起重机本体和吊载的重量。塔身结构有固定高度、可变高度之分，大多采用角钢焊接而成。

b. 塔式起重机的工作机构。塔式起重机设有起升、回转、行走、变幅等工作机构。起升机构由电动机、减速器、卷筒和制动器等组成。

c. 塔式起重机的电气设备。每个工作机构都采用独立驱动，即一台电动机通过传动、制动和一整套操纵、控制和保护装置进行驱动，如电动机、中央集电环、操纵、控制电器，保护电器如自动空气开关、熔断器、限位开关等。此外，还有控制、切换用的各种开关、按钮及照明、音响等辅助电器。

d. 塔式起重机的安全装置。为确保安全作业，防止误操作并避免由于误操作而造成的意外事故，构造上配置了各种安全装置，如限位装置、超载保险器等。有些还装设有风速报警装置，及时提醒机组人员采取防范措施。

选择塔式起重机时，可根据施工对起重机的要求，如起重量、起升高度、工作幅度及其他技术要求等，查阅塔式起重机技术性能表，通过全面分析加以确定。

5）门式起重机。门式起重机（门机）的机身下部有一门架，可供运输车辆通行。其起重臂可上扬收拢，特别是混凝土浇筑时便于在较拥挤狭窄的工作面上与相邻门机共浇一仓，可提高浇筑速度。要求起吊设备能控制整个仓面和各高程上的浇筑部位。作业时操作方便，可起吊物料做径向、环向移动，工作效率高，如图 5-83 所示。

工程中常用的有 100/200kN、100/300kN、200/600kN 等门式起重机。100/200kN 门式起重机最大起重幅度为 40/20m，轨上起重高度 30m。后两种起重机可在高坝施工，减少栈桥层次和高度，也用于中低坝降低或取消起重机行驶的工作栈桥。

国产主要门机、塔机如图 5-83 所示。特别指出，在混凝土工程浇筑时，常采用塔机、门机运输浇筑方案。设立栈桥（图 5-84）时可扩大起重机的工作范围，增加浇筑高度，为起重、运输机械提供行驶线路，以利于安全、高效施工；对于一些中、低水头工程，也可不设栈桥，使得塔机、门机尽早投入使用，但设备搬迁次数增多，如图 5-85 所示。

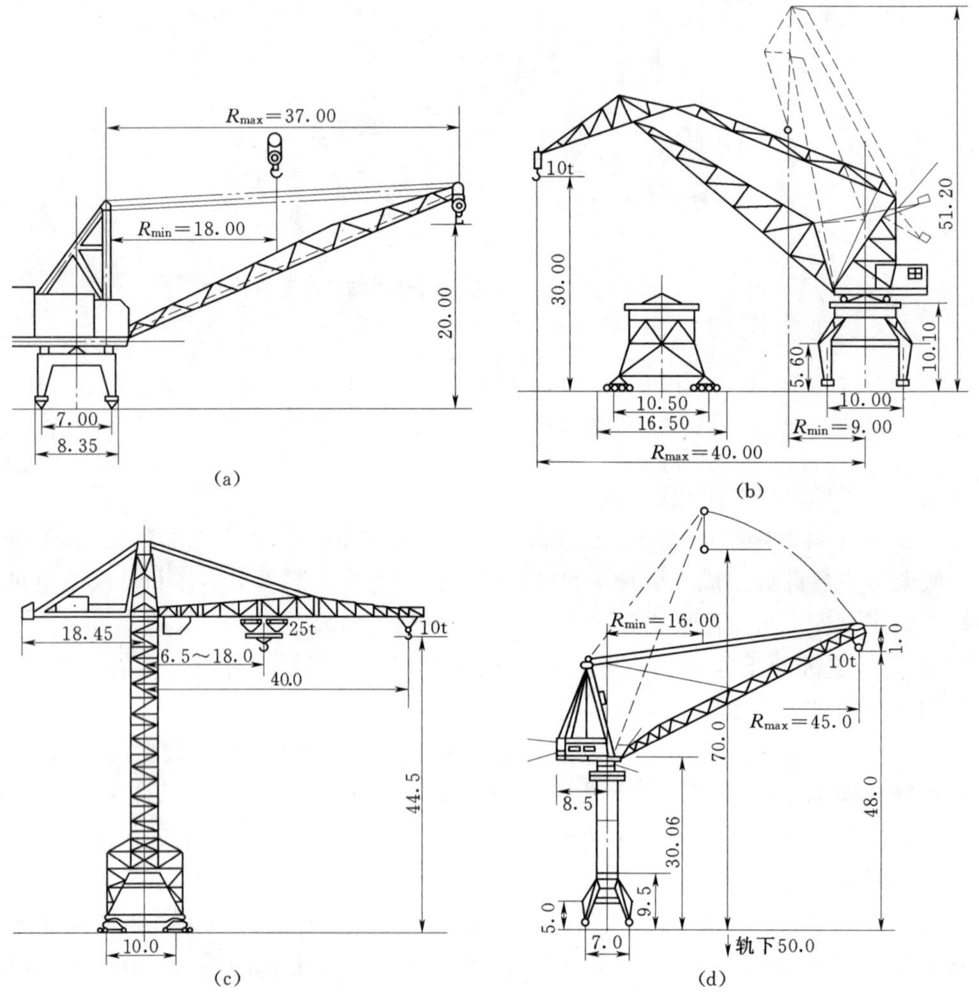

图 5-83　国产主要门机、塔机（一）（单位：m）

（a）丰满门机；（b）四连杆门机；（c）塔机；（d）MQ540/30 高架门机

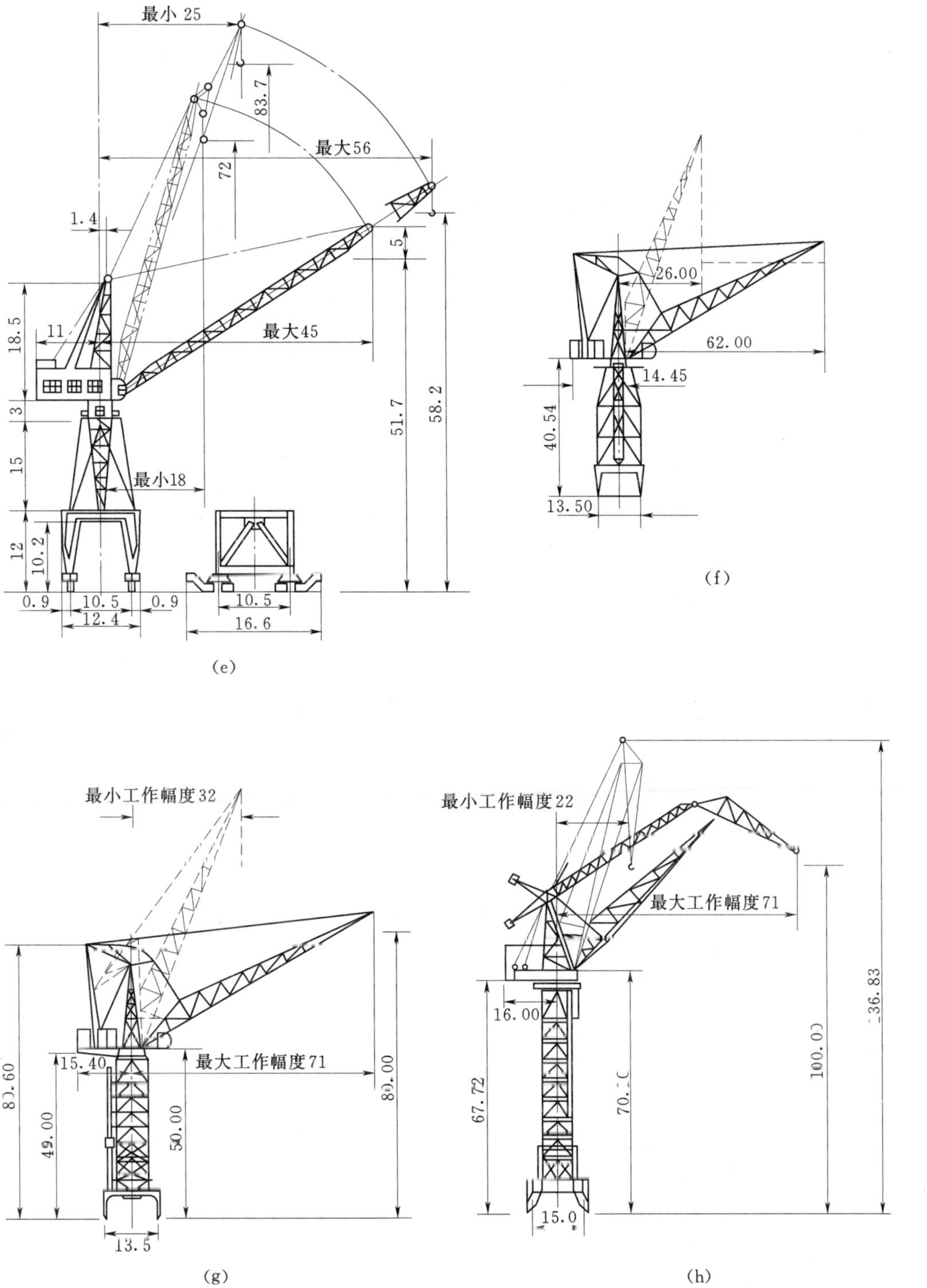

图5-83 国产主要门机、塔机（二）（单位：m）

（e）SDMQ1260/60高架门机；（f）SDTQ1800/60高架门机；（g）MQ2000单臂架高架门机；（h）MQ2000四连杆高架门机

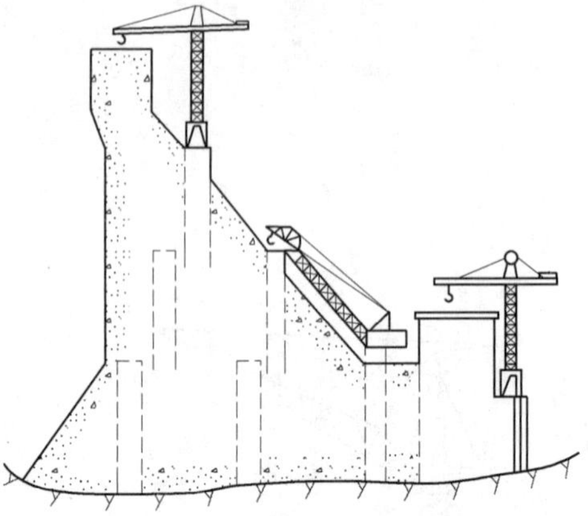

图 5-84　多线多高程栈桥布置

(2) 起重机械选择。

1) 起重量 Q。起重机的最大起重量随起重幅度的增大而减少。起重量与起重幅度的关系可在起重机的技术说明书中查阅。

对应起重幅度下的最大起重量 Q，可按式 (5-5) 确定，即

$$Q > Q_1 + Q_2 \tag{5-5}$$

式中　Q——起重机起重量，kN；

Q_1——货物或设备的质量，kN；

Q_2——吊具质量（吊钩、吊环除外），kN。

稳定安全系数为

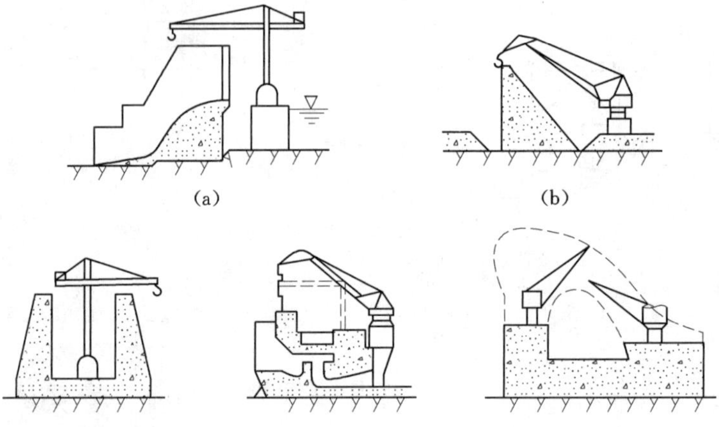

图 5-85　无栈桥门、塔机施工布置

(a) 塔机放在上游围堰顶上；(b) 门机放在基坑内的地面上；(c) 塔机放在已浇好的船闸底板上；(d) 门机放在已浇好的厂房尾水平台上；(e) 门机放在待加高的坝块上

$$K = M_s / M_t \tag{5-6}$$

式中　K——稳定安全系数，大于 1.0；

M_s——位置在倾翻线内侧的稳定力矩，kN·m；

M_t——位置在倾翻线外侧的倾翻力矩，kN·m。

2) 起重高度 H。起重机的起重高度 H 是指起重吊钩到停机面的垂直距离，其最大值与起重幅度有关。可按式 (5-7) 计算，即

$$H \geqslant h_1 + h_2 + h_3 + h_4 \tag{5-7}$$

式中　H——起重高度，m；

h_1——货物、设备高度，m；

h_2——索具高度（包括千斤顶、铁扁担、卸扣等高度），m；

h_3——转运车辆的高度，m；

h_4——起吊后，货物、设备离转运车辆之间的必要间隙，m。

3. 混凝土辅助运输设备

运输混凝土的辅助设备有吊罐、集料斗、溜槽和溜管等。用于混凝土装料、卸料和转运入仓，对于保证混凝土质量和运输工作顺利进行起着相当大的作用。

（1）溜槽与振动溜槽。

溜槽为钢制槽子（钢模），可从皮带机、自卸汽车、斗车等受料，将混凝土转送入仓。其坡度可由试验确定，常采用45°左右。当卸料高度过大时，可采用振动溜槽。振动溜槽装有振动器。单节长4～6m，拼装总长可达30m，其输送坡度由于振动器的作用可放缓至15°～20°。采用溜槽时，应在溜槽末端加设1～2节溜管或挡板（图5-86），以防止混凝土料在下滑过程中分离。利用溜槽转运入仓，是大型机械设备难以控制部位的有效入仓手段。

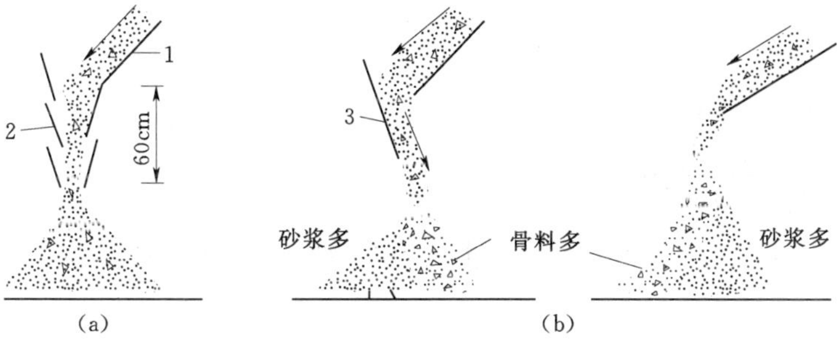

图5-86 溜槽卸料

(a) 正确方法；(b) 不正确方法

1—溜槽；2—成两节溜筒；3—挡板

（2）溜管与振动溜管。

溜管（溜筒）由多节铁皮管串挂而成。每节长0.8～1m，上大下小，相邻管节铰挂在一起，可以拖动，如图5-87所示。采用溜管卸料可起到缓冲消能的作用，以防止混凝土料分离和破碎。

溜管卸料时，其出口离浇筑面的高差应不大于1.5m，卸料高度不大于1.5m。并利用拉索拖动均匀卸料，但应使溜管出口段约2m长与浇筑面保持垂直，以避免混凝土料分离。随着混凝土浇筑面的上升，可逐节拆卸溜管下端的管节。

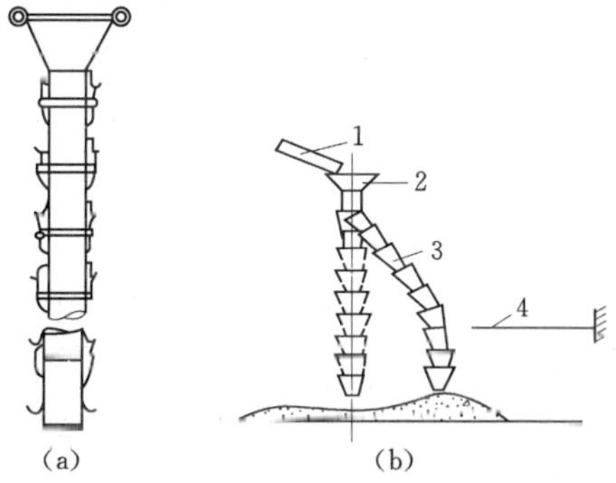

图5-87 溜筒

(a) 垂直位置；(b) 拉向一侧卸料

1—运料工具；2—受料斗；3—溜管；4—拉索

溜管卸料多用于断面小、钢筋密的浇筑部位，其卸料半径为1～1.5m，卸料高度不大于10m。

振动溜管与普通溜管相似，但每隔4～8m的距离装有一个振动器，以防止混凝土料中途堵塞，其卸料高度可达10～20m。

（3）吊罐。

吊罐有卧罐和立罐之分。卧罐通过自卸汽车受料，立罐置于平台列车直接在搅拌楼出料口受料，如图5-88、图5-89所示。

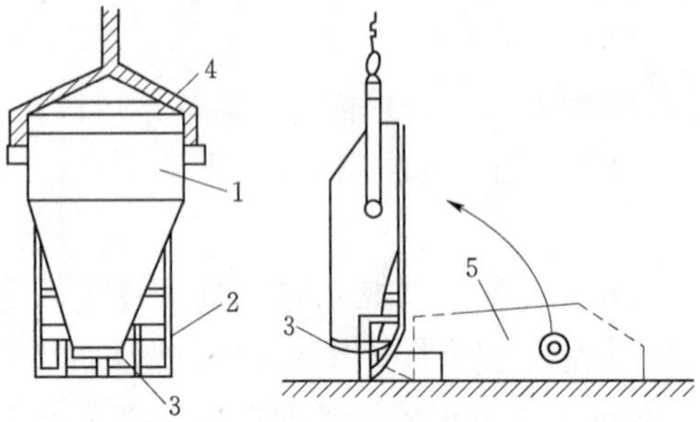

图 5-88　混凝土卧罐

1—装料斗；2—滑架；3—斗门；4—吊梁；5—平卧状态

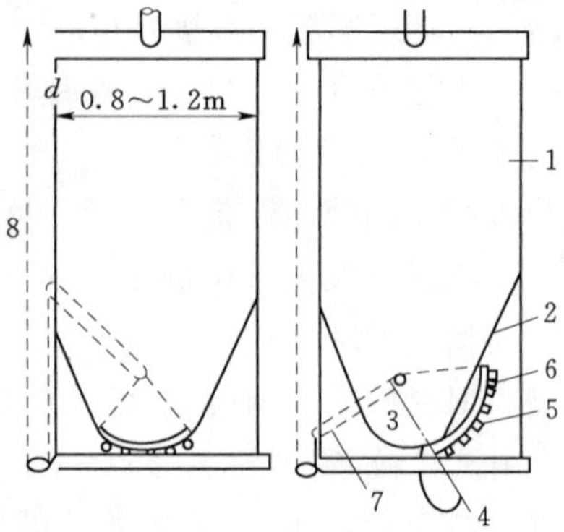

图 5-89　混凝土立罐

1—金属桶；2—料斗；3—出料口；4—橡皮垫；5—辊轴；6—扇形活门；7—手柄；8—绳索

5.4　混凝土坝的施工

5.4.1　混凝土浇筑前的准备

为了保证混凝土工程质量和混凝土工程施工的顺利进行，在浇筑前要做好以下工作：

1. 地基处理

土基应先将开挖基础时预留下来的保护层挖除，并清除杂物，然后用碎石垫底，盖上湿砂，再进行压实，浇 8～12cm 厚素混凝土垫层。砂砾地基应清除杂物，整平基础面，并浇筑 10～20cm 厚素混凝土垫层。

对于岩基，一般要求清除到质地坚硬的新鲜岩面，然后进行整修。整修是用铁锹等工具去掉表面松软岩石、棱角和反坡，并用高压水冲洗、压缩空气吹扫。若岩面上有油污、灰浆及粘接的杂物，还应采用钢丝刷反复刷洗，直至岩面清洁为止。清洗后的岩基在混凝土浇筑前应保持洁净和湿润。

当有地下水时，要认真处理，否则会影响混凝土的质量。处理方法是：做截水墙，拦截渗水，引入集水井排出；对基岩进行必要的固结灌浆，以封堵裂缝，阻止渗水；沿周边打排水孔，导出地下水，在浇筑混凝土时埋管，用水泵抽出孔内积水，直至混凝土初凝，7d 后灌浆封孔；将底层砂浆和混凝土的水灰比适当降低。

2. 施工缝处理

混凝土构筑物体积较大时，因散热要求、立模受限制而不得不沿垂直或水平方向分次浇筑，形成中断一定时间再浇的水平分隔面，称为施工缝。施工缝上老混凝土的表面往往有一薄层灰白色的软弱乳皮，在续浇上部混凝土时，必须事先将其清除干净，形成石子半露而不松动的清洁糙面，以利新老混凝土接合牢固。

基岩面和施工缝面在浇筑第一层混凝土之前，可铺水泥砂浆、小级配混凝土或同等强度等级的富砂浆混凝土，保证新混凝土与岩基或老混凝土施工缝面的结合良好。

施工缝的处理方法如下：

(1) 高压水冲毛。在混凝土初凝后至终凝前，用压力水对混凝土表面进行冲刷，形成毛面，称为冲毛。压力水冲毛的水压力一般为0.4～0.6MPa，对龄期较长的混凝土可采用高压冲毛机冲毛，其最高水压力可达50MPa。压力水冲毛的关键是要掌握好开始冲毛的时间。一般春秋季节，在浇筑完毕后10～16h开始；夏季掌握在6～10h，冬季则在18～24h后进行。过早冲毛会使混凝土表层松散和冲去表层混凝土；过迟则混凝土已经硬化，不仅增加工作困难，而且不能保证冲毛质量。如在新浇筑混凝土表面洒刷缓凝剂，则能延长冲毛的时间。全部冲刷完后，再用高压水冲洗干净，并盖上麻袋或草袋进行养护。

（2）风砂枪喷毛。将经过筛选的粗砂和水装入密封的砂箱，并通入压缩空气。压缩空气与水、砂混合，经喷枪喷出，把混凝土表面冲毛。风砂枪的构造原理如图5-90所示。冲毛时间一般在浇筑后24～48h内进行。如能在表层混凝土中加入缓凝剂，则可减小冲毛的难度。

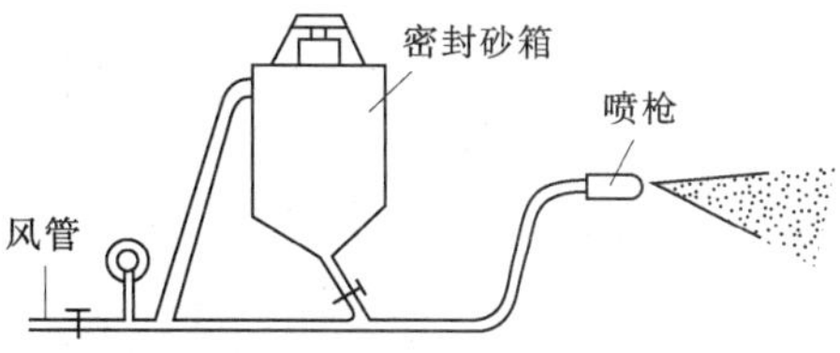

图5-90　风砂枪示意图

（3）风镐凿毛或人工凿毛。对坚硬混凝土可利用风镐凿毛或石工工具凿毛，凿深1～2cm，然后再用压力水冲净。凿毛时间在浇筑后32～40h为宜。凿毛多用于垂直缝，因为垂直缝要在混凝土硬化后才能拆模，不能使用冲毛的方法。

（4）刷毛机刷毛。在大而平坦的仓面上，可用刷毛机刷毛，它装有旋转的粗钢丝刷和吸收浮渣的装置。

仓面清扫应在即将浇筑前进行，以清除施工缝上的垃圾、浮渣和灰尘，并用压力水冲洗干净。

5.4.2　混凝土浇筑方式确定

5.4.2.1　混凝土坝分缝分块原则

混凝土坝施工，由于受到温度应力与混凝土浇筑能力的限制，不可能使整个坝段连续不断地一次浇筑完毕。因此，需要用垂直于坝轴线的横缝和平行于坝轴线的纵缝以及水平缝，将坝体划分为许多浇筑块进行浇筑。

（1）根据结构特点、形状及应力情况进行分层分块，避免在应力集中、结构薄弱部位分缝。

（2）采用错缝分块时，必须采取措施防止竖直施工缝张开后向上、向下继续延伸。

（3）分层厚度应根据结构特点和温度控制要求确定。基础约束区一般为1～2m，约束区以上可适当加厚；墩墙侧面可散热，分层也可厚些。

（4）应根据混凝土的浇筑能力和温度控制要求确定分块面积的大小。块体的长宽比不宜过大，一般以小于2.5：1为宜。

（5）分层分块均应考虑施工方便。

5.4.2.2　混凝土坝的分缝分块形式

混凝土坝的浇筑块是用垂直于坝轴线的横缝和平行于坝轴线的纵缝以及水平缝划分的。分缝方式有垂直纵缝法、错缝法、斜缝法、通仓浇筑法等，如图5-91和图5-92所示。

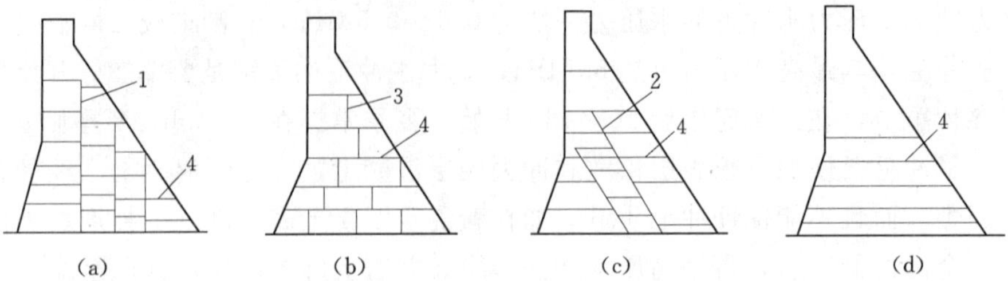

图 5-91 混凝土坝的分缝型式

(a) 垂直纵缝法；(b) 错缝法；(c) 斜缝法；(d) 通仓浇筑法

1—纵缝；2—斜缝；3—错缝；4—水平缝

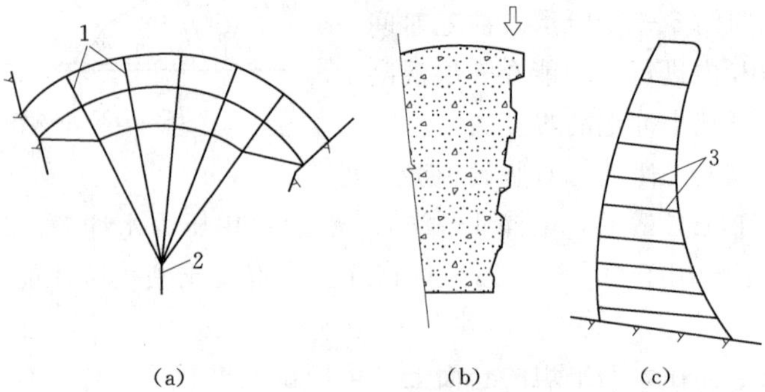

图 5-92 拱坝浇筑分缝分块

(a) 临时横缝布置；(b) 临时横缝的梯形键槽；(c) 浇筑块

1—临时横缝；2—拱心；3—水平缝

1. 纵缝法

用垂直纵缝把坝段分成独立的柱状体，因此又叫柱状分块。它的优点是温度控制容易，混凝土浇筑工艺较简单，各柱状块可分别上升，彼此干扰小，施工安排灵活，但为保证坝体的整体性，必须进行接缝灌浆；模板工作量大，施工复杂。纵缝间距一般为 20～40m，以便降温后接缝有一定的张开度，便于接缝灌浆。

为了传递剪应力的需要，在纵缝面上设置键槽，并需要在坝体到达稳定温度后进行接缝灌浆，以增加其传递剪应力的能力，提高坝体的整体性和刚度。

2. 错缝分块法

错缝法又称砌砖法。分块时将块间纵缝错开，互不贯通，故坝的整体性好，进行纵缝灌浆。但由于浇筑块互相搭接，施工干扰很大，施工进度较慢，同时在纵缝上、下端因应力集中容易开裂。

3. 斜缝法

斜缝一般沿平行于坝体第二主应力方向设置，缝面剪应力很小，只要设置缝面键槽不必进行接缝灌浆，斜缝法往往是为了便于坝内埋管的安装，或利用斜缝形成临时挡洪面采用的。但斜缝法施工干扰大，斜缝顶并缝处容易产生应力集中，斜缝前后浇筑块的高差和温差需严格控制，否则会产生很大的温度应力。

4. 通缝法

通缝法即通仓浇筑法，它不设纵缝，混凝土浇筑按整个坝段分层进行；一般不需要埋设冷却水管。同时由于浇筑仓面大，便于大规模机械化施工，简化了施工程序，特别是大大减少模板工作量，施工速度快。但因其浇筑块长度大，容易产生温度裂缝，所以温度控制要求比较严格。

5.4.3　入仓铺料

开始浇筑前，要在岩面或老混凝土面上先铺一层2～3cm厚的水泥砂浆（接缝砂浆），以保证新混凝土与基岩或老混凝土结合良好。砂浆的水灰比应较混凝土水灰比减少0.03～0.05。混凝土的浇筑，应按一定厚度、次序、方向分层推进。

铺料厚度应根据拌和能力、运输距离、浇筑速度、气温及振捣器的性能等因素确定。

一般情况下，浇筑层的允许最大厚度不应超过表5-14规定的数值，如采用低流态混凝土及大型强力振捣设备时，其浇筑层厚度应根据试验确定。

表5-14　　混凝土浇筑层的允许最大铺料厚度

项次	振捣器类别或结构类型		浇筑层的允许最大铺料厚度
1	插入式	电动硬轴振捣器	振捣器工作长度的0.8倍
		软轴振捣器	振捣器工作长度的1.25倍
2	表面式	在无筋或单层钢筋结构中	250mm
		在双层钢筋结构中	120mm

混凝土入仓时，应尽量使混凝土按先低后高顺序进行，并注意分料不要过分集中，包括以下要求：

（1）仓内有低塘或溜面，应按先低后高进行卸料，以免泌水集中带走灰浆。

（2）由迎水面至背水面把泌水赶至背水面部分，然后处理集中的泌水。

（3）根据混凝土强度等级分区，先高强度后低强度进行下料，以减少高强度区的断面。

（4）要适应结构物特点。如浇筑块内有廊道、钢管或埋件的仓位，卸料必须两侧平起，廊道、钢管两侧的混凝土高差不得超过铺料的层厚（一般30～50cm）。

5.4.3.1　平层浇筑法

平层浇筑法是混凝土按水平层连续地逐层铺镇，第一层浇完后再浇筑第二层，依次类推，直至达到设计高度，如图5-93（a）所示。

平层浇筑法，因浇筑层之间的接触面积大（等于整个仓面面积），应注意防止出现冷缝（即铺填上层混凝土时，下层混凝土已经初凝）。为了避免产生冷缝，仓面面积A和浇筑层厚度h必须满足

$$Ah \leqslant KQ(t_2 - t_1) \tag{5-8}$$

式中　A——浇筑仓面最大水平面积，m^2；

h——浇筑厚度，取决于振捣器的工作深度，一般为0.3～0.5m；

K——时间延误系数，可取0.8～0.85；

Q——混凝土浇筑的实际生产能力，m^3/h；

t_2——混凝土初凝时间，h；

t_1——混凝土运输、浇筑所占时间，h。

平层浇筑法实际应用较多，包括以下特点：

(1) 铺料的接头明显，混凝土便于振捣，不易漏振。

(2) 平层铺料法能较好地保持老混凝土的清洁，保证新老混凝土之间的接合质量。

(3) 适用于不同坍落度的混凝土。

(4) 适用于有廊道、竖井、钢管等结构的混凝土。

5.4.3.2 斜层浇筑法

当浇筑仓面面积较大，而混凝土搅和、运输能力有限时，采用平层浇筑法容易产生冷缝时，可用斜层浇筑法和台阶浇筑法。

斜层浇筑法是在浇筑仓面，从一端向另一端推进，推进中及时覆盖，以免发生冷缝。斜层坡度不超过10°，否则在平仓振捣时易使砂浆流动，骨料分离，下层已捣实的混凝土也可产生错动，如图5-93(b)所示。浇筑块高度一般限制在1.5m左右。当浇筑块较薄，且对混凝土采取预冷措施时，斜层浇筑法是较常见的方法，因浇筑过程中混凝土冷量损失较小。

5.4.3.3 台阶浇筑法

台阶浇筑法是从块体短边一端向另一端铺料，边前进边加高，逐步向前推进并形成明显的台阶，直至把整个仓位浇到收仓高程。浇筑坝体迎水面仓位时，应顺坝轴线方向铺料，如图5-93(c)所示。

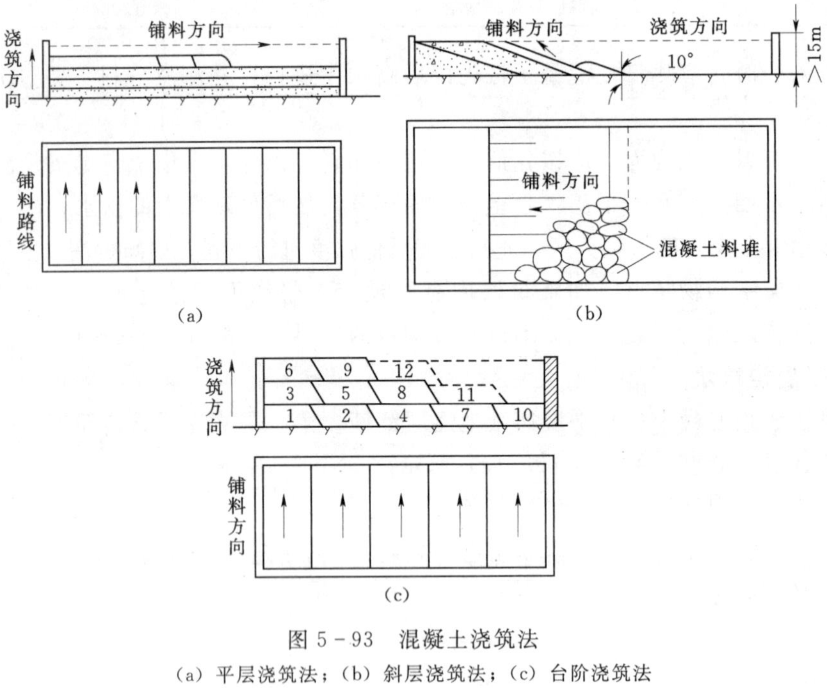

图5-93 混凝土浇筑法

(a) 平层浇筑法；(b) 斜层浇筑法；(c) 台阶浇筑法

施工要求如下：

(1) 浇筑块的台阶层数以3～5层为宜，层数过多，易使下层混凝土错动，并使浇筑仓内平仓振捣机械上下频繁调动，容易造成漏振。

(2) 浇筑过程中，要求台阶层次分明。铺料厚度一般为0.3～0.5m。台阶宽度应大于1.0m，长度为2～3m，坡度不大于1：2。

(3) 水平施工缝只能逐步覆盖，必须注意保持老混凝土面的湿润和清洁。接缝砂浆在老混凝土面上边摊铺边浇筑混凝土。

(4) 平仓振捣时注意防止混凝土分离和漏振。

(5) 在浇筑中如因机械和停电等故障而中止工作时，要做好停仓准备，即必须在混凝土初凝前，把接头处混凝土振捣密实。

应该指出，不管采用上述何种铺筑方法，浇筑时相邻两层混凝土的间歇时间不允许超过混凝土铺料允许间隔时间，混凝土允许间隔时间是指自混凝土拌和机出料口到初凝前覆盖上层混凝土为止的这一段时间，它与气温、太阳辐射、风速、混凝土入仓温度、水泥品种、掺外加剂品种等条件有关，见表5-15。

表5-15　　混凝土浇筑允许间隔时间

混凝土浇筑时的气温（℃）	允许间隔时间（min）	
	普通硅酸盐水泥	矿渣硅酸盐水泥及火山灰质硅酸盐水泥
20～30	90	120
10～20	135	180
5～10	195	

注　本表数值未考虑外加剂、混合料及其他特殊施工措施的影响。

5.4.4 平仓、振捣

1. 平仓

将卸入仓内的成堆混凝土，按要求厚度摊平的过程称为平仓。入仓混凝土应及时平仓，不得堆积。仓内如有粗骨料堆叠时，应均匀地分散至砂浆较多处，但不得以水泥砂浆覆盖，以免造成蜂窝。对于坍落度较小的混凝土、仓面较大且无模板拉条干扰时，可吊入小型履带式推土机平仓，一般还可在机后安装振捣器组，平仓、振捣两用，效率较高。有条件时应采用平仓机平仓。

2. 振捣

振捣是影响混凝土浇筑质量的关键工序。振捣的作用在于借助振捣器产生的高频小振幅振动力强迫混凝土振动，使混凝土拌和物颗粒间的摩擦力和粘接力大大减小，相对密度大的骨料下沉，互相挤密，密度小的空气和多余水分被排出表面，从而使混凝土密实。

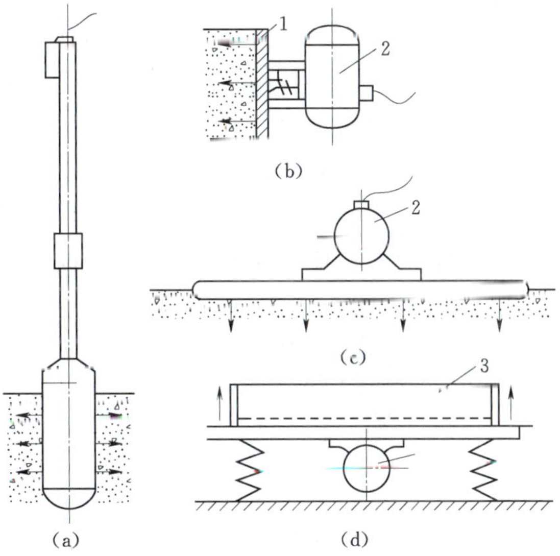

图5-94　混凝土振捣器

(a) 内部振捣器；(b) 外部振捣器；(c) 表面振捣器；(d) 振动台

1—模板；2—振捣器；3—振动台

振捣机械按其工作方式不同，可分为内部振捣器、表面振捣器、外部振捣器和振动台（图5-94）。前两类广泛用于各类现浇混凝土工程中，后两类主要用于构件预制厂。

内部振捣器又称为插入式振捣器（图 5-95、图 5-96），使用最广泛。插入式振捣器有电动软轴式、电动硬轴式（图 5-97）和风动式 3 种。硬轴式和风动式的工作棒直径较大，振动力和振捣范围大，主要用于大、中型工程的大体积少筋混凝土结构；电动软轴式的重量轻、功率小、灵活方便，常用于狭窄部位或钢筋密集部位。

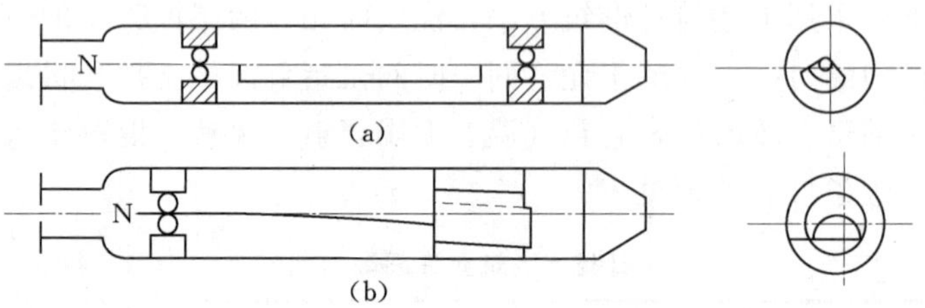

图 5-95　振捣棒振动原理

(a) 偏心式；(b) 行星式

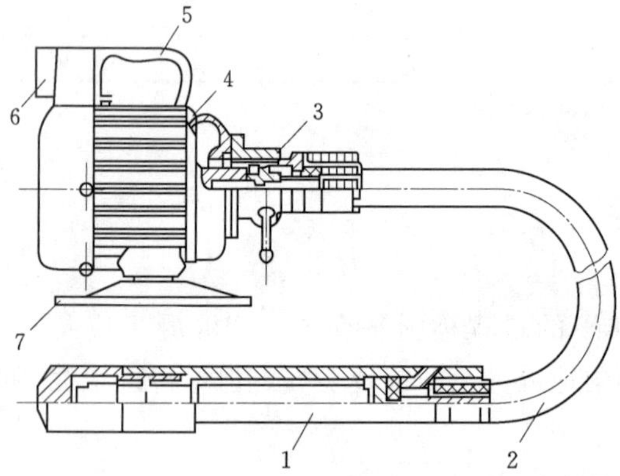

图 5-96　软轴行星式振捣器

1—振捣棒；2—软轴；3—防逆装置；4—电动机；5—握手；6—电动机开关；7—电动机回转支座

表面振捣器又称平板振动器，它是由带偏心块的电动机和平板（钢板或木板）组成，在混凝土表面进行振捣，适用于薄板结构。

外部振捣器又称附着式振捣器，这种振捣器是固定在模板外侧的横挡和竖挡上，偏心块转动时所产生的振动力通过模板传给混凝土，使之密实。适用于钢筋密集或预埋件多、断面尺寸小的构件。使用此种振捣器对模板及其支撑件的强度、刚度、稳定性要求较高。

振动台是一个支撑在弹性支座上的工作平台，在平台下面装有振动机构，当振动机构转动时，即带动工作台强迫振动，从而使工作台上的构件混凝土得到密实。振动台一般用于预制构件厂及实验室。

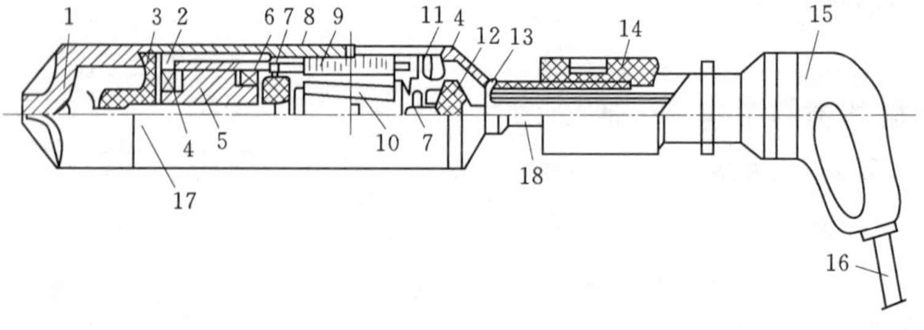

图 5-97　硬轴偏心式振捣器

1—端塞；2—吸油嘴；3—油盘；4—轴承；5—偏心轴；6—油封座；7—油封；8—中间壳体；9—定子；10—转子；11—轴承座；12—接线盖；13—尾盖；14—减振器；15—手柄；16—引出电缆；17—圆销孔；18—连接管

混凝土浇筑振捣应注意以下要求：

（1）混凝土浇筑应先平仓后振捣，严禁以振捣代替平仓。

（2）振捣器（棒）振捣混凝土应按一定的顺序和间距插点，均匀地进行，防止漏振和重振。振捣器（棒）应垂直插入，快插慢拔，插入下层混凝土5cm左右，以加强层间结合；插入混凝土的间距，应根据试验确定并不应超过振捣器有效半径的1.5倍。

（3）振捣时严禁碰触到模板、钢筋和预埋件，以免引起位移、变形、漏浆以及破坏已初凝的混凝土与钢筋的粘接。

（4）在预埋件特别是止水片、止浆片周围，应细心振捣，必要时可辅以人工捣固密实。

（5）浇筑块的第一层、卸料接触带和台阶边坡的混凝土应加强振捣。

（6）混凝土振捣应严格掌握时间，防止振捣不足和过振。混凝土振捣完全的标志有：混凝土表面不再有明显的下沉；无明显气泡生成；混凝土表面出现浮浆；混凝土有均匀的外形，并充满模板的边角。每点上的振动时间以15～25s为宜。

5.4.5　混凝土养护

混凝土浇筑完毕后，在一个相当长的时间内，应保持其适当的温度和足够的湿度，以营造混凝土良好的硬化条件，这就是混凝土的养护工作。混凝土表面水分不断蒸发，如不设法防止水分损失，水化作用未能充分进行，混凝土的强度将受到影响，还可能产生干缩裂缝。因此混凝土养护的目的：一是创造有利条件，使水泥充分水化，加速混凝土的硬化；二是防止混凝土成型后因曝晒、风吹、干燥等自然因素影响，出现不正常的收缩、裂缝等现象。

混凝土的养护方法分为自然养护和热养护两类，见表5-16。养护时间取决于当地气温、水泥品种和结构物的重要性，见表5-17。

表5-16　　　　混凝土的养护

类别	名　　称	说　　明
自然养护	洒水（喷雾）养护	在混凝土面不断洒水（喷雾），保持其表面湿润
	覆盖浇水养护	在混凝土面覆盖湿麻袋、草袋、湿砂、锯木，不断洒水保持其表面湿润
	围水养护	四周围成土埂，将水蓄在混凝土表面
	铺膜养护	在混凝土表面铺上薄膜，阻止水分蒸发
	喷膜养护	在混凝土表面喷上薄膜，阻止水分蒸发
热养护	蒸汽养护	利用热蒸汽对混凝土进行湿热养护
	热水（热油）养护	将水或油加热，将构件搁置在其上养护
	电热养护	对模板加热或微波加热养护
	太阳能养护	利用各种罩、窑、集热箱等封闭装置对构件进行养护

表5-17　　　　混凝土养护时间

水　泥　种　类	养护时间（d）
硅酸盐水泥、普通硅酸盐水泥	14
火山灰质硅酸盐水泥、矿渣硅酸盐水泥、粉煤灰硅酸盐水泥、硅酸盐大坝水泥	21

注　重要部位和利用后期强度的混凝土，养护时间不少于28d。夏季和冬季施工的混凝土以及有温度控制要求的混凝土养护时间按设计要求进行。

5.4.6 大体积混凝土温度控制

混凝土温度控制的基本目的是为了防止其发生温度裂缝，以保证建筑物的整体性和耐久性。温控和防裂的主要措施有降低混凝土水化热温升、降低混凝土浇筑温度、混凝土人工冷却散热和表面保护等。一般把结构最小尺度大于 2m 的混凝土称为大体积混凝土。大体积混凝土要求控制水泥水化产生的热量及伴随发生的体积变化，尽量减少温度裂缝。

5.4.6.1 混凝土温度变化过程

水泥在凝结硬化过程中，会放出大量的水化热。水泥在开始凝结时放热较快，以后逐渐变慢，普通水泥最初 3d 放出的总热量占总水化热的 50%以上。水泥水化热与龄期的关系曲线如图 5-98 所示。图中 Q_0 为水泥的最终发热量（J/kg)，其中 m 为系数，它与水泥品种及混凝土入仓温度有关。

混凝土的温度随水化热的逐渐释放而升高，当散热条件较好时，水化热造成的最高温度升高值并不大，也不致使混凝土产生较大裂缝。而当混凝土的浇筑块尺寸较大时，其散热条件较差，由于混凝土导热性能不良，水化热基本上都积蓄在浇筑块内，从而引起混凝土温度明显升高，有时混凝土块体中部温度可达 60～80℃。由于混凝土温度高于外界气温，随着时间的延续，热量慢慢向外界散发，块体内温度逐渐下降。这种自然散热过程甚为漫长，大约要经历几年以至几十年的时间水化热才能基本消失。此后，块体温度即趋近于稳定状态。在稳定期内，坝体内部温度基本稳定，而表层混凝土温度则随外界温度的变化而呈周期性波动。由此可见，大体积混凝土温度变化一般经历上升期、冷却期和稳定期 3 个时期，如图 5-99 所示。

$$\Delta T=T_m-T_f=T_p+T_r-T_f \qquad (5-9)$$

由于稳定温度 T_f 值变化不大，所以要减少温差，就必须采取措施降低混凝土入仓温度 T_p 和混凝土的最大温升 T_r。

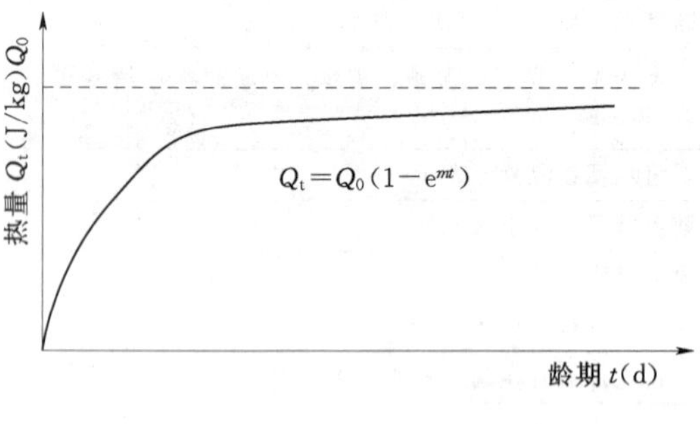

图 5-98 水泥水化热与龄期关系曲线

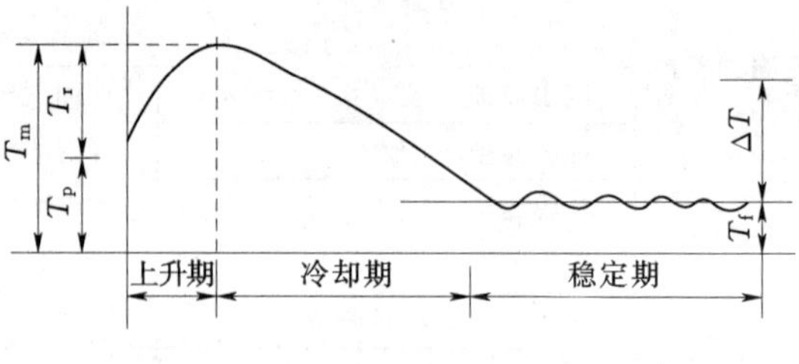

图 5-99 大体积混凝土温度变化过程

5.4.6.2 温度应力与温度裂缝

混凝土温度的变化会引起混凝土体积变化，即温度变形。而温度变形一旦受到约束不能自由伸缩时，就必然引起温度应力。若为压应力，通常无大的危害；若为拉应力，当超过混凝土抗拉强度极限时，就会产生温度裂缝，如图 5-100 所示。

1. 表面裂缝

大体积混凝土结构块体各部分由于散热条件不同，温度也不同，块体内部散热条件

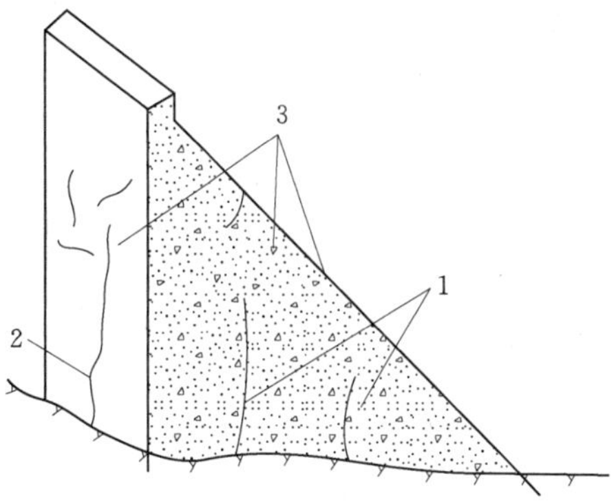

图 5-100 混凝土坝裂缝形式
1—贯穿裂缝；2—深层裂缝；3—表面裂缝

差，温度较高，持续时间也较长；而块体外表由于和大气接触，散热方便，冷却迅速。当表面混凝土冷却收缩时，就会受到内部尚未收缩的混凝土的约束产生表面温度拉应力，当它超过混凝土的抗拉极限强度时，就会产生裂缝。

一般表面裂缝方向不规则，数量较多，但短而浅，深度小于 1m，缝宽小于 0.5mm。有的后来还会随着坝体内部温度降低而自行闭合。因而对一般结构威胁较小。但在混凝土坝体上游面或其他有防渗要求的部位，表面裂缝形成了渗透途径，在渗水压力作用下，裂缝易于发展；在基础部位，表面裂缝还可能与其他裂缝相连，发展成为贯穿裂缝。这些对建筑物的安全运行都是不利的，因此必须采取一些措施，防止表面裂缝的产生和发展。

防止表面裂缝的产生，最根本的是把内外温差控制在一定范围内。防止表面裂缝还应注意防止混凝土表面温度骤降（冷击）。冷击主要是冷风寒潮袭击和低温下拆模引起的，这时会形成较大的内外温差，最容易发生表面裂缝。因此，在冬季不要急于拆模，对新浇混凝土的表面，当温度骤降前应进行表面保护。表面保护措施可采用保温模板、挂保温泡沫板、喷水泥珍珠岩、挂双层草垫等。

2. 深层裂缝和贯穿裂缝

混凝土凝结硬化初期，水化热使混凝土温度升高，体积膨胀，基础部位混凝土由于受基岩的约束，不能自由变形而产生压应力，但此时混凝土塑性较大，所以压应力很低。随着混凝土温度的逐渐下降，体积也随之收缩，这时混凝土已硬化，并与基础岩石粘接牢固，受基础岩石的约束不能自由收缩，而使混凝土内部除抵消了原有的压应力外，还产生了拉应力，当拉应力超过混凝土的抗拉极限强度时，就产生裂缝。裂缝方向大致垂直于岩面，自下而上开展，缝宽较大（可达 1～3mm），延伸长，切割深（缝深可达 3～5m 以上），称之为深层裂缝。当平行坝轴线出现时，常常贯穿整个坝段，则称为贯穿裂缝。

基础贯穿裂缝对建筑物安全运行是很危险的，因为这种裂缝发生后，就会把建筑物分割成独立的块体，使建筑物的整体性遭到破坏，坝内应力发生不利变化，特别对于大坝上游坝踵处将出现较大的拉应力，甚至危及大坝安全。

防止产生基础贯穿裂缝，关键是控制混凝土的温差，通常基础容许温差的控制范围见表 5-18。

表 5-18　　基础容许温差 ΔT　　（单位：℃）

浇筑块边长 L（m）		<16	17～20	21～30	31～40	通仓长块
离基础面高度 h(m)	0～0.2L	26～25	24～22	22～19	19～16	16～14
	0.2～0.4L	28～27	26～25	25～22	22～19	19～17

混凝土浇筑块经过长期停歇后，在长龄期老混凝土上浇筑新混凝土时，老混凝土也会

对新混凝土起约束作用，产生温度应力，可能导致新混凝土产生裂缝，所以新、老混凝土间的内部温差（即上、下层温差）也必须进行控制，一般允许温差为15～20℃。

5.4.6.3 大体积混凝土温度控制的措施

1. 减少混凝土发热量

(1) 采用低热水泥。采用水化热较低的普通大坝水泥、矿渣大坝水泥及低热膨胀水泥。

(2) 降低水泥用量。

1) 掺混合材料。

2) 调整骨料级配，增大骨料粒径。

3) 采用低流态混凝土或无坍落度干硬性贫混凝土。

4) 掺外加剂（减水剂、加气剂）。

5) 其他措施：采用埋石混凝土；坝体分区使用不同强度等级的混凝土；利用混凝土的后期强度。

2. 降低混凝土的入仓温度

(1) 料场措施。

1) 加大骨料堆积高度。

2) 地弄取料。

3) 搭盖凉棚。

4) 喷水雾降温（石子）。

(2) 冷水或加冰拌和。

(3) 预冷骨料。

1) 水冷。如喷水冷却、浸水冷却。

2) 气冷。在供料廊道中通冷气。

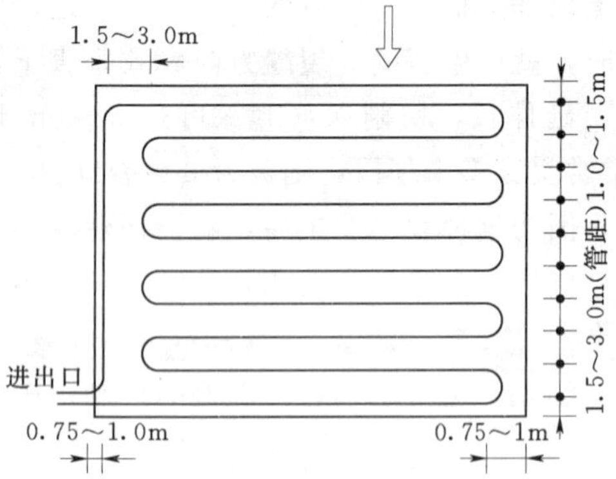

图5-101 冷却水管布置

3. 加速混凝土散热

(1) 表面自然散热。

采用薄层浇筑，浇筑层厚度采用3～5cm，在基础地面或老混凝土面上可以浇1～2m的薄层，上、下层间歇时间宜为5～10d。浇筑块的浇筑顺序应间隔进行，尽量延长两相邻块的间隔时间，以利侧面散热。

(2) 人工强迫散热——埋冷却水管。

混凝土坝（或其他大体积混凝土）内预埋的冷却水管，有埋管和拔管两种施工方式。

1) 埋管。一般用ϕ19～25mm HDPE管呈蛇形布置，如图5-101所示。安装时一般把冷却水管按预定位置直接铺放或悬空架立在混凝土面上。接头有专用套管接头、跨缝活接头。

2) 拔管。拔管一般采用3cm左右的塑料软管，按其连接供水方式分为坝外连接和坝内连接，如图5-102所示。

埋设前根据浇筑块尺寸截断，一头封焊，另一头接上充气接头，先用10～20kPa风压检查，塑料软管不得漏气。在已浇的混凝土面（或基面）上，安放钢管弯头，把塑料管封焊的一头插入钢管内10cm，另一头穿出模板外固定，再将塑料管充气、理直，放入已扒好的混凝土沟内覆盖混凝土。待塑料管上的混凝土凝固，即可放气、拔管。拔管时间：夏季一般12～16h；春季24～48h。

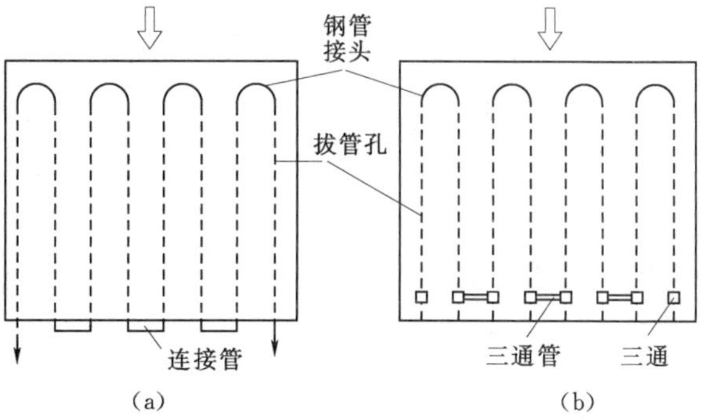

图5-102 拔管连接形式

利用预埋的冷却水管通低温水以散热降温。冷却水管的作用有以下两点：

a. 一期冷却。混凝土浇后立即通水，以降低混凝土的最高温升。

b. 二期冷却。在接缝灌浆时将坝体温度降至灌浆温度，扩张缝隙以利灌浆。

5.4.7 混凝土质量检查与控制

为了保证混凝土工程的质量，必须对混凝土生产的各个环节进行检查、控制，消除质量隐患。混凝土的质量检查、控制主要包括混凝土在施工中的检查、混凝土的强度检验及混凝土建筑物的质量监测。

5.4.7.1 混凝土质量检查

1. 混凝土施工中的检查

检查内容包括：水泥品种、生产日期及标号；砂、石的质量及含泥量；混凝土配合比、配料精度、搅拌时间、坍落度、运输振捣过程中有无分层离析；混凝土的振捣、养护等环节。规范对上述各环节的检查频率、方法、控制标准都作了详细的规定。检查频率一般要求在每一工作班至少两次。

2. 混凝土的强度检验

混凝土养护后，应对其抗压强度通过留置试块做强度试验判定。强度检验以抗压强度为主，当混凝土试块强度不符合有关规范规定时，可以从结构中直接钻取混凝土试样或采用非破损检验方法等其他检验方法作为辅助手段进行强度检验。

3. 混凝土强度的其他检验方法

(1) 钻芯检验法。

当需要对混凝土结构的强度进行复检，或由于其他原因需要重新核对结构的承载能力时，可以在混凝土结构物上直接钻取芯样，做抗压强度试验，以确定混凝土的强度等级。由于芯样是在结构物上直接钻取，因此所得的结果能较真实地反映结构物的强度。

钻取混凝土芯样是采用内径为最大骨料粒径2.5倍的金刚石或人造金刚石薄壁钻头钻取芯样，钻取芯样的数量视实际需要而定。取样部位应该避开主筋、预埋件的位置，并应在结构或构件受力较小的部位，对于大体积混凝土取芯可按每万立方米混凝土钻孔2～10m。钻取芯样法不适用于薄壁结构。

钻芯检验法往往与压水试验相配合。用钻机钻取芯样后，对钻孔进行压水试验，通过测试单位吸水率，判定混凝土的密实度及裂隙的情况。钻芯检验法往往用于大体积混凝土建筑物。对于小构件应以非破损检验法为主，只有在必要时才采用钻芯检验法。

（2）非破损检验法。

1）回弹法。回弹法是利用回弹仪根据事先预测好的硬度—强度曲线来测定结构的抗压强度。但回弹仪测出的是构筑物表层混凝土的强度，与构筑物的整体抗压强度有一定的误差。

2）超声法。超声法是利用超声波在密实度不同的混凝土中的行进速度不同的原理，将超声波穿过混凝土后在接收器中记录下来，按事先建立的强度与速度的关系曲线换算成混凝土强度的一种测试方法。超声法的测试结果受到的影响因素较多，误差较大，但它可以准确地检测出混凝土缺陷的位置、大小和性质。

3）超声回弹综合法。超声回弹综合法是建立在超声波传播速度和回弹值同混凝土抗压强度之间相互联系的基础上的，以声速和回弹值综合反映混凝土的抗压强度，所以可以较好地反映混凝土的整体质量。超声回弹综合法与超声或回弹单一法相比可以抵消一些影响因素的干扰，互相弥补各自的不足，因此精度高、适应范围广，使用日益广泛。

对于混凝土建筑物除了进行强度检验外，还应采用物理监测、原型观测等方法对建筑物进行质量监测。

4. 混凝土建筑物的质量监测方法

（1）物理监测。物理监测就是采用超声波、γ射线、红外线等仪表监测裂缝、孔洞和混凝土的弹性模量。例如，面表仪能监测混凝土构筑物表面以下3m深的混凝土质量，并能够计算求取动弹性模量及剪切模量。

（2）原型观测。原型观测指的是在混凝土浇筑时埋设电阻温度计来监测运行期混凝土内部的温度变化；埋设裂缝计（测缝计）监测裂缝的发展情况；埋设渗压计监测坝基扬压力和坝体渗透压力的大小；埋设应力应变计监测坝体等建筑物的应力应变变化情况；埋设钢筋计监测结构内部钢筋的工作情况。同时，还可对坝体或其他建筑物进行位移、沉降等外部观测。

5.4.7.2 混凝土缺陷及其修补

当混凝土拆模后，如发现有缺陷，应及时分析原因，采取适当措施加以修补。水利工程中混凝土的常见缺陷有以下几种。

1. 麻面

造成混凝土麻面的主要原因是模板吸水、模板没有刷“脱模剂”、振捣不够（尤其邻近模板的混凝土）。修补的方法一般是先用钢丝刷或压力水清除麻面松软的表面，再用高标号的水泥砂浆或环氧树脂砂浆填满抹平，并加强养护。

2. 蜂窝

蜂窝主要是由于材料配比不当、混凝土混合物均匀性差（搅拌不均或分层离析）、模板漏浆或振捣不密实造成的。处理方法是首先去掉附近不密实的混凝土及突出的和松动的骨料颗粒并冲洗干净，然后抹高标号水泥砂浆结合层，再用比原强度等级高一级的细石混凝土填塞，之后用钢筋人工捣实，并加强养护。

3. 孔洞

孔洞往往是由于钢筋非常密集架空混凝土或漏振造成的。处理方法是首先清除孔洞表面不密实的混凝土及突出的和松动的骨料颗粒并冲洗干净，架设模板（必要时加设钢筋）浇筑同标号或高一级标号的混凝土，并振捣密实，加强养护。当孔洞较隐蔽时可用压力灌浆法进行修补。

4. 裂缝

混凝土发生裂缝的原因较复杂。裂缝的类别主要有表面干缩裂缝和温度裂缝。应根据裂缝的种类分析原因。当裂缝较细、较浅且所在的部位不重要时，可将裂缝加以冲洗，用水泥砂浆或环氧树脂砂浆抹补。当裂缝较宽、较深且所在的部位重要（如过高速水流的部位）时，应沿裂缝凿去薄弱部分后采用水泥或化学灌浆。

5.4.8 混凝土的冬、雨季施工

5.4.8.1 混凝土冬季施工

混凝土冬季施工时，若不采取保温防冻措施，其结构会遭到破坏，如强度、抗裂、抗渗、抗冻性均低于正常值。新浇混凝土受冻越早，水灰比越大，强度损失会越大。

新浇混凝土如经预先养护达到一定强度后再遭冻结，其后期强度损失将会减小。一般把遭受冻结，其后期抗压强度损失在5%以内所需的预养强度值称为混凝土受冻临界强度。该值在大体积混凝土应不低于7.0MPa（或成熟度不低于1800℃·h）；非大体积混凝土不低于设计强度的85%。为防止新浇混凝土受冻，《水工混凝土施工规范》（DL/T 5144—2001）规定，日平均气温连续5d稳定在5℃以下或最低气温连续5d稳定在−3℃以下时按低温季节施工，应采取相应的施工措施，除工程特殊需要，日平均气温在−20℃以下时不宜施工。

混凝土冬季施工措施归纳起来有3类：蓄热法、外部加热法和掺外加剂法。

1. 蓄热法

利用水泥的水化热和加热原材料的热能，在混凝土浇筑后用适当的保温材料覆盖，防止热量过快散失，从而延缓混凝土的冷却速度，使其在正温度下硬化超过受冻临界强度，达到防冻的目的。

原材料加热，应首先加热水，但拌制时水温不得超过60℃，以免水泥假凝。如水温已达60℃，热量尚嫌不足时，或日平均气温稳定在−5℃时，应加热骨料。骨料的加热方法，宜采用蒸汽排管法，粗骨料可以用蒸汽直接加热，但不得影响混凝土的水胶（灰）比。水泥不得加热。运输时尽可能减少转运次数。

防止热量过快散失可选择保温的模板（如木模板等），还可对混凝土构筑物覆以保温材料。保温材料的品种很多，应以导热差、廉价易得者为宜。常用的有草帘、草袋、锯末、炉渣、干松土、矿棉、泡沫塑料、蛭石粉、岩棉、膨胀珍珠岩等。对于地下结构可采用回填土的方法保温。

蓄热法施工简便、经济，它一般适用于不太寒冷（室外日平均气温在−10℃以上）的环境及厚大结构和地下结构等。混凝土冬季施工时，应首先考虑采用蓄热法。

2. 外部加热法

外部加热法主要有蒸汽加热法、电加热法、暖棚加热法、远红外加热法和空气加热法等。

(1) 蒸汽加热法就是通过向预先在模板与混凝土之间预设的套膜或混凝土中预留的孔道内通入蒸汽进行养护。这种方法需要锅炉、管道等，耗能较高，费用高，一般只用于预制构件厂。

(2) 电加热法可在混凝土中每隔一定间距插入电极（ϕ6～12mm 短钢筋）接通电流，利用新浇混凝土本身的电阻变电能为热能进行加热；也可通过加热电热器或电热模板对混凝土进行加热养护；还可通过交变电磁场使铁质的钢筋及模板产生感应电动势及涡流电流，电流再变为热能加热混凝土。电加热法设备简单，施工方便，但耗电量大，费用高，应慎重选择并注意安全。

(3) 暖棚法是在混凝土浇筑地点，用保温材料搭设暖棚，使暖棚内温度提高。

(4) 远红外线法是利用 5.6～1000μ 的远红外线对新浇混凝土或模板进行辐射加热。

(5) 空气加热法是通过火炉或热风机对新浇混凝土进行加热，空气加热法往往与暖棚相结合，这种方法设备简单、施工方便、费用低廉。

3. 掺外加剂法

在混凝土中掺入外加剂使其在负温度条件下继续硬化而不受冻害的方法称为掺外加剂法。掺外加剂的作用是使之产生抗冻、早强、催化、减水等效用，使水泥在一定负温度范围内还能继续水化，从而使混凝土的强度逐步发展。

冬季施工中常用的外加剂有氯化钠、氯化钙、硫酸钠、亚硝酸钠、三乙醇胺、木质素磺酸钙、甲醇、乙醇、尿素等，多数情况是由几种材料配成复合剂使用。其中氯盐因对钢筋有腐蚀作用，掺量和使用范围应有所限制。

混凝土冬季施工常常选择以上方法中的两种或多种方法结合使用，并且在混凝土的冬季施工整个过程中都应采取必要的措施，如拌和混凝土前用热水或蒸汽冲洗拌和机；浇筑混凝土前将老混凝土面或基岩加热至正温度；仓面处理用热风枪或机械方法而不用水枪或风水枪；尽量缩短混凝土暴露在外界的时间并对运输工具加设保温措施等。

混凝土冬季施工应经过技术经济比较，选择最优的方案，并作出严密的施工组织设计。

5.4.8.2 混凝土雨季施工

混凝土工程在雨季施工，首先，砂石料仓应排水通畅，并增加骨料含水率的测定次数，以便及时对拌和水用量做出调整；其次，运输工具应有防雨及防滑措施，浇筑仓面应有防雨措施并备有不透水覆盖材料。在雨季，应及时了解天气预报，及早作出安排。

在小雨天气进行浇筑时，应加强仓内排水和防止周围雨水进入仓内；适当减少混凝土拌和水用量和出机口混凝土的坍落度，必要时应适当缩小混凝土的水胶（灰）比。

中雨以上的雨天不得新开混凝土浇筑仓面，有抗冲耐磨和有抹面要求的混凝土不得在雨天施工。在浇筑过程中，遇大雨、暴雨，应立即停止进料，已入仓的混凝土应振捣密实后立即进行遮盖。雨后必须首先排除仓内积水，对受雨水冲刷的部位应立即处理，若混凝土还能重塑，应加铺接缝混凝土后浇筑，否则按施工缝处理。

5.5 碾压混凝土坝的施工技术

碾压混凝土坝施工技术是混凝土重力坝与碾压土石坝长期“竞争”的结果。碾压混凝土坝施工技术就是用土石坝的施工方法（分层铺填、碾压）施工，采用一种特殊的混凝土——碾压混凝土（干贫混凝土）。近年来，碾压混凝土在工程中得到了广泛应用。

5.5.1 碾压混凝土的拌和料特点

碾压混凝土单位水泥用量（30～150kg）和用水量较少，水胶（灰）比宜小于0.70，掺合材料（粉煤灰、火山灰质材料等）掺量较大（掺合料的掺量宜取30%～65%），碾压混凝土粗骨料的粒径不宜大于80mm，并一般不采用间断级配，碾压混凝土的坍落度等于零。其特点主要表现在以下几点：

（1）由于坍落度为零，混凝土浆量又小，对振动碾压机械既有足够的承载力，又不至于像普通塑性混凝土那样受振液化而失去支持力。

（2）由于水泥用量少，水化热总量小，而且薄层（25～70cm）浇筑，有利于散热，可有效地降低大体积混凝土的水化热温升，温控措施简单，节省大量投资。

采用碾压施工法可以大大提高施工速度，特别适用于大体积结构尤其是重力坝的施工。当前国内多采用“全断面碾压混凝土重力坝”，克服了传统的“金包银式碾压混凝土重力坝”中常态和碾压两种混凝土弹性模量相差过大、之间产生收缩缝较大、面层常态混凝土裂缝产生多等诸多不利因素。

振动压实指标（工作度或V_C值）是碾压混凝土的一个重要指标。一般用改良型维勃实验测定。在一定的振动条件下，碾压混凝土的液化有一个临界时间，达到临界时间后混凝土迅速液化，这个时间间接表示碾压混凝土的流动性，称为稠度，亦称V_C值，一般以s计。通过大量的试验实践证明，V_C值小于40s时，碾压混凝土的强度随V_C的升高而增大，V_C值大于40s时，碾压混凝土的强度随V_C的升高而降低。为了保证碾压混凝土的可碾性，泛浆性以及层面结合质量，拌和物现场V_C值在5～15s内比较合适。碾压混凝土拌和物的设计工作度（V_C值）可选用5～12s，机口（V_C值）应根据施工现场的气候条件变化动态选用和控制，机口值可在5～12s范围内。实际施工时，由于各种因素都会影响到现场的V_C值，因此，在满足现场正常碾压的条件下，搅拌机口V_C值可低于5s。

5.5.2 碾压混凝土的施工工艺

碾压混凝土通常用自卸汽车、皮带输送机等运输，在仓面可用薄层连续铺筑或间歇铺筑，铺筑方法宜采用平层通仓法和斜层平推法，斜层坡度达1：10左右。采用吊罐入仓时，卸料高度不宜大于1.5m。平仓机或推土机应平行坝轴线平仓，也可用铲运机运输、铺料和平仓。当压实厚度为30cm左右时，可一次平仓铺筑，为了改善分离状况或压实厚度较大时，可分2～3次铺筑。

振动压实机械往往采用振动平碾，碾压方式可采用“无振—有振—无振”的方法，振动碾的行进速度控制在1.0～1.5km/h。坝体迎水面3～5m范围内，碾压方向应垂直于水

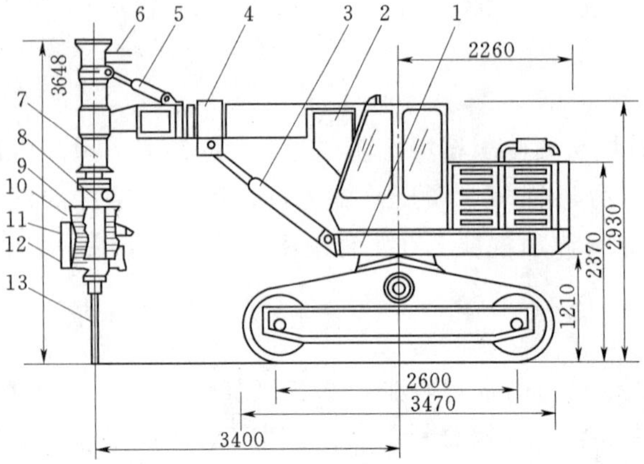

图 5-103　HZQ-65 型切缝机结构（单位：mm）

1—底盘；2—动臂支架；3—动臂升降油缸；4—动臂；5—倾斜油缸；6—液压管路系统；7—刀片升降机构；8—回转机构；9—内外弹簧组；10—油马达组；11—减振弹簧；12—振动器；13—刀片装置

流方向，其余部位也宜垂直于水流方向，碾压作业应采用搭接法，搭接宽度为 10～20cm，端头搭接宽度为 100cm。连续上升铺筑的碾压混凝土，层间允许间隔时间应控制在混凝土初凝之前，且混凝土拌和物从拌和到碾压完毕的时间不应大于 2h。碾压混凝土施工不设纵缝，横缝可采用切缝机切割（图 5-103）、设置诱导孔或隔板等方式形成。

目前，碾压混凝土的施工工艺有多种，应用最多的是以日本为代表的 RCC（Roller Compacted Concrete）施工方法（厚层碾压，层间间歇上升，切缝机切缝），即全断面碾压工法。它采用类似土石坝填筑的施工技术和工艺，将干硬性混凝土快速地全面分层振动压实。还有一种以美国为代表的 RCD（Roller Compacted Dam-Concrete RCD）施工方法（薄层碾压，连续上升不切缝），即金包银碾压工法。该工法施工工艺简单，连续浇筑，平仓几层，一次碾压。上、下游面和基础接合处用常态混凝土外包，即“金包银”；以解决坝体的防渗、抗冻、防冲。这两种施工方法各有优、缺点。我国一些工程如高坝洲、龙滩、戈兰滩、江垭等，选择采用了斜层碾压技术。

坝内常态混凝土与碾压混凝土的结合部位应按图 5-104 所示的方法进行处理。两种混凝土应交叉浇筑，并应在两种混凝土初凝之前振捣或碾压完毕。

干贫混凝土运输途中易泌水，卸料时容易发生粗细骨料分离。可控制砂浆中塑性粉料（粒径小于 0.15mm，以塑性指数不大于 25 为宜）的含量，以对骨料的孔隙作有效的填充，并增加混凝土的塑性；降低卸料高度，并在卸料口装设防分离的挡板；在一个浇筑层内，进行两次或多次铺料平仓，一次碾压。

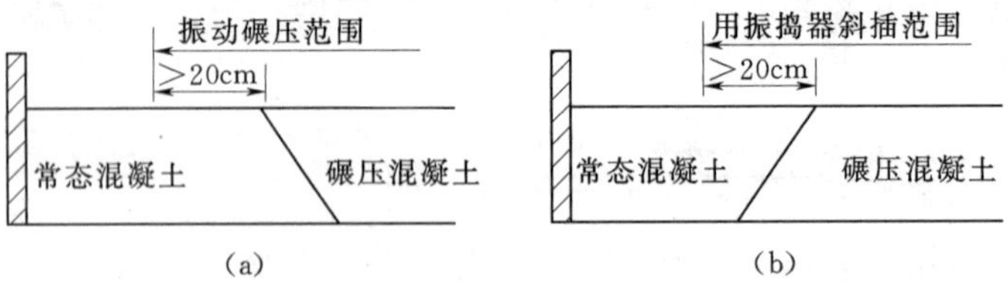

图 5-104　异种混凝土结合部位的处理

(a) 先浇常态混凝土后铺筑碾压混凝土；(b) 先铺筑碾压混凝土后浇常态混凝土

5.5.3　碾压层面结合施工

碾压混凝土层面一般有两种：一种是连续碾压的临时施工层面（热分层），一般不需要处理；另一种是正常的间歇面（冷分层），层面处理采用刷毛或冲毛清除乳皮，露出无浆膜的骨料，铺设一层 10～15mm 厚的垫层，垫层材料可选用水泥砂浆或粉煤灰水泥砂浆等。

为改善碾压层面结合的状况，可采用下列措施：

(1) 铺筑面积确定情况下提高碾压混凝土的铺筑强度。

(2) 配料时采用高效缓凝减水剂，以延长碾压混凝土的初凝时间。

(3) 气温较高时，采用斜层摊铺法铺料，以缩短层间间隔时间。

(4) 提高碾压混凝土拌和料的抗分离性，防止骨料分离及混入软弱颗粒。

(5) 防止外来水流入层面，做好防雨工作。

(6) 冬季注意防冻，夏、秋季注意防晒。

5.5.4 碾压混凝土施工的质量控制

碾压混凝土施工时，主要有原材料、新拌碾压混凝土、现场质量检测与控制等。铺筑时 V_C 值检测每 2h 一次，现场 V_C 值为 5～15s 比较合适。压实容重检测采用核子水分密度仪或压实密度计。具体可按水工碾压混凝土施工规范和要求进行质量控制。施工时须特别注意以下几点：

(1) 碾压混凝土含水量较少，在运输及碾压过程中，易失水（尤其表层）而产生表面裂缝或造成层间结合薄弱而形成层间渗漏。

(2) 立模与不立模的选择技术。立模板容易保证建筑物的外形平整，但限制了施工速度；不立模不易控制建筑物的外形尺寸和表面质量。

(3) 采用“金包银式碾压混凝土重力坝”坝型时，常态混凝土与碾压混凝土的结合部位，因不易施工而成为薄弱环节。

5.6 水电站厂房施工技术

5.6.1 水电站厂房施工特点

水电站厂房包括主厂房和副厂房，其中主厂房安装水轮发电机组、蜗壳、座环、桥式吊车等主要机电设备。安装立轴水轮发电机组的水电站厂房多为钢筋混凝土结构，通常以发电机层楼板为界分为水上部分、水下部分。水上部分有梁、板、柱结构，与一般工业厂房相似。这部分结构的施工，往往与机电设备安装平行交叉进行，干扰性大，必须注意施工安全；下部结构主要包括机墩、蜗壳、尾水管、基础板、上下游围墙等，多属大体积混凝土，与混凝土坝施工基本相同。但这部分结构形状复杂，钢筋密，孔洞及预埋件多，质量要求高，模板的制作和安装都比较困难。

大型厂房还要求严控混凝土温差。此外，下部结构因浇筑仓面狭窄，给混凝土运输浇筑工作带来一定的困难。

5.6.2 厂房混凝土施工

5.6.2.1 厂房混凝土的分层分块

厂房下部结构混凝土是大体积混凝土，由于受到浇筑能力的限制及温度控制的要求，必须分层分块。分块形式主要有以下几种：

(1) 通仓浇筑。整个厂房段不设纵缝，逐层浇筑。此法可加快施工进度，有利于结构的整体性。适用于厂房尺寸不大、混凝土浇筑可安排在低温季节或具有较高温度控制能力的情况。

(2) 错缝分块。上、下层浇筑块互相错缝，相邻块均匀上升的施工方法。错缝分块长度一般为15～30m，上、下层浇筑块的搭接长度为浇筑块厚度的1/3～1/2。错缝搭接范围内的水平施工缝，在收仓时表面抹平不冲毛，以允许一定的变形，从而减少块体的温度应力。但此法对施工进度有一定的影响，适用于厂房尺寸大、混凝土温差控制严格的情况。

(3) 灌浆缝。要求设置键槽、埋设止浆片及灌浆系统。一般设置于厂房局部部分。

(4) 预留宽槽和封闭块。设于大型厂房某些易于开裂的关键部位，如在进口段与主机段之间预留宽度1～1.5m，深度可达10m以上的宽槽；在尾水管上弯段、框架结构的顶板上预留宽度1～1.5m、深度约3m的封闭块。预留的宽槽和封闭块暂时不浇，待周边混凝土充分收缩后，再在低温季节用微膨胀混凝土回填。这种施工方法对削减施工期温度应力有显著效果，预留宽槽还可减少进口段与主机段的施工干扰，加快厂房施工进度。大型厂房下部结构分层分块如图5-105所示。

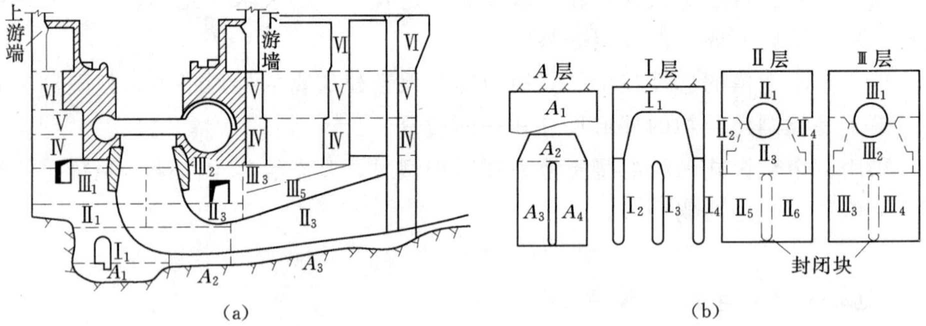

图5-105 厂房下部结构的分层分块

(a) 机组中心线剖面图；(b) A层及Ⅰ、Ⅱ、Ⅲ层平面图

5.6.2.2 厂房混凝土浇筑方案

大中型厂房工程，多采用门机、塔机浇筑方案。其布置主要取决于厂区地形、厂房类型和尺寸、起重机械的性能和供应情况。

对于坝后式厂房与河床式厂房、门机和塔机常布置在厂房上游侧、下游侧、上下游两侧，并沿厂房纵向开行，也可以布置在厂房端部，以满足施工的需要。

为了提高起重机械的设备利用能力，完成厂房上部结构的浇筑和吊装任务，在施工的中期和后期，常将门机和塔机布置在已浇筑好的闸墩、尾水平台或坝体上。图5-106所示为某坝后式厂房混凝土浇筑方案。该厂房在上、下游两侧各布置一台10t塔机，以完成厂房绝大部分混凝土浇筑，混凝土的水平运输主要来自102m高程的铁路运输线。在施工后期，布置在厂坝之间82m高程处的塔机，将妨碍各坝块压力钢管的安装和混凝土浇筑，故将塔机从左向右逐步后退，直到拆除。此时还需在尾水平台100.70m高程布置一台门机。

对于引水式电站的厂房，一般都靠山布置，厂房上游侧场地比较狭窄，故一般都把起重机布置在厂房下游侧，主要料物也从下游运入。

需注意上述各种类型的大中型厂房工程，当门、塔机栈桥尚未形成时的基础部位浇筑或在门、塔机控制范围之外的厂房部位浇筑，都需要布置辅助机械和设备来完成混凝土浇筑任务。近年来，高架门机的广泛使用简化了起重机械布置，加快了厂房施工进度。

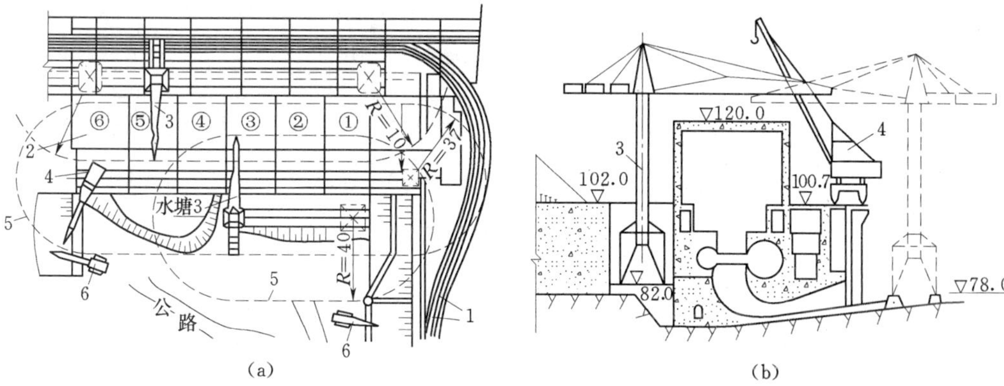

图5-106 某坝后式厂房混凝土浇筑方案（单位：m）

(a) 平面图；(b) 立视图

1—铁路运输线；2—厂房；3—塔机；4—门机；5—门、塔机控制范围；6—履带式起重机

缺乏机械设备的小型厂房工程，常采用满堂脚手架方案，浇筑厂房下部结构混凝土。即在基坑中布满脚手架，上面铺设马道板，再用手推车、机动翻斗车、皮带机等运输混凝土，并辅以溜槽、溜管卸料。当厂区地形有利时，可将混凝土拌和站设在较高的地方，只用简单的排架配合溜槽、溜管运输混凝土。但是，厂房上部结构的混凝土浇筑和屋顶结构的吊装仍需设置起重机械，如履带式起重机、桅杆式起重机、金属井架等。

5.6.2.3 施工程序

主厂房混凝土施工的构造及一般程序如图5-107和图5-108所示。其中，主机段蜗壳底板和侧墙浇筑后，即可组织土建施工和机电设备安装的平行交叉作业。

一方面浇筑厂房上下游承重墙、吊车梁、屋顶等结构，并完成厂房桥吊的安装，另一方面安装蜗壳、座环、机井里衬等设备，并完成设备外围及有关部位的二期混凝土浇筑。在上述两方面工作都完成后，即可利用桥吊安装水轮机、发电机、调速设备等。

5.6.2.4 尾水管模板施工

水电站厂房多采用肘形尾水管，由圆锥段、弯管段、扩散段3部分组成。其中，圆锥段是正圆锥形，由于流速较高，一般都采用钢板内衬，并结合二期混凝土施工；扩散段横截面为矩形，且宽度和高度都按直线变化，模板的施工相对较容易；弯管段形状最为复杂，其模板的施工是难点。

1. 弯管段模板制作

先绘出一系列水平截面与弯管段外形轮廓的交线图（单线图），主要根据厂家提供的正视图、平面图和基本尺寸进行绘制，可采用图解法或数解法。再选制作框架的木材，控制木材的含水率在20%左右。框架上弦、下弦等构件，先按设计图尺寸在铺设的放样台上

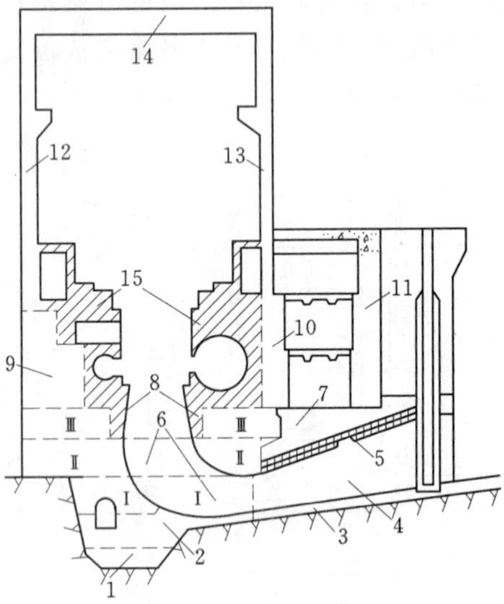

图 5-107　主厂房混凝土施工构造

1—基础填筑；2—弯管段底板；3—扩散段底板；4—扩散段墩墙；5—倒T形梁；6—弯管段；7—扩散段顶板；8—锥管段；9—蜗壳上游侧墙；10—蜗壳下游侧墙；11—挡水墙墩；12—上游墙；13—下游墙；14—屋顶；15—二期混凝土

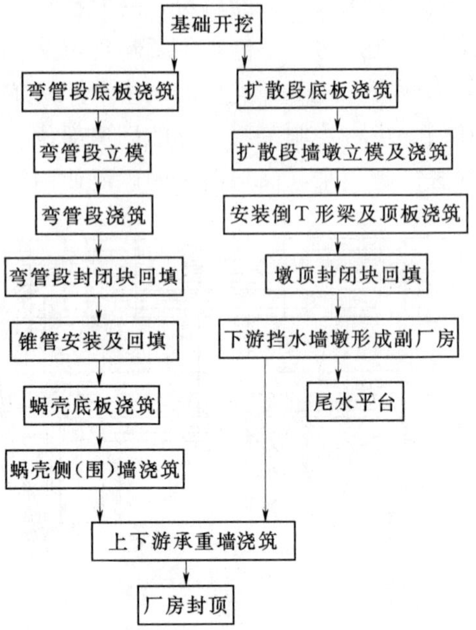

图 5-108　主厂房一期混凝土施工程序

按1∶1比例放出大样，并用杉木薄板按大样尺寸制成样板；校正无误后，最后按样板进行取料、划线、裁料和构件制作。

模板框架及其连接构件制作好后，必须进行整体试拼装。

试拼装的过程为搭设整体拼装台及防雨棚；测量放线，测出平台高程和控制点线；逐层安装框架及连接件；选用经水浸泡过的小木条（宽3～5cm、厚约1cm）拼钉2～4层面板，并将板缝错开，模板表面刨光，直到合格为止；拼装合格后的模板，按各部位编号，拆散后运往现场安装。对于大型模板，只需拼装框架及连接件，不钉面板，以便分件运输。对于小型模板，可在加工厂整体或分节拼好，并钉上面板，直接运往现场。

2. 模板安装

先在基坑内按混凝土分层要求浇至底板高程，并在底板上游侧底1m左右，以便于模板支撑和固定。然后在已浇混凝土面上进行测量放样，放出机组中心线、尾水管中心线、高程点、控制点和外围检查点的坐标。安装时，将模板用起重机吊入，按控制点对位，应使模板上的中心线与基坑内的中心线重合，同时控制安装高程。定位后进行临时固定并校正。最后用钢筋拉条和钢顶撑进行固定。

安装完毕后，按安装规范进行质量检查。

5.6.2.5　机组二期混凝土施工

在厂房的水下混凝土施工中，为了便于安装水轮发电机组及确保安装精度，通常将机电埋件周围的混凝土划分为二期混凝土，其施工紧密配合安装工作进行。

为满足安装要求并便于立模扎筋，二期混凝土也是分层浇筑，有些部位还需留待三期浇筑。图 5-109 是一种大型机组二期混凝土分层图。共分 5 层进行浇筑。

机组二期混凝土施工特点是，要求与机电埋件安装紧密配合，工作面狭小，相互干扰尤为突出；某些特殊部位，如钢蜗壳与座环相连的阴角处、机墩顶部以及定子螺栓孔等部位回填的混凝土，承受的荷载大，质量要求高，但这些部位仓面小、钢筋密、进料和振捣都比较困难。现就主要部位的施工措施介绍如下。

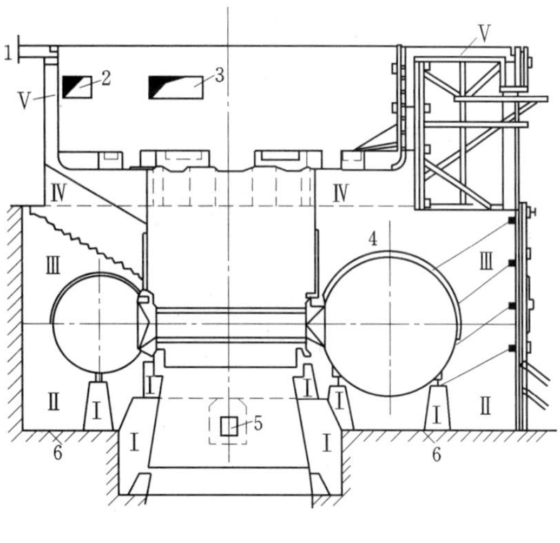

图 5-109　大型机组二期混凝土施工分层图

1—通风孔；2—发电机中性点电流互感器；3—发电机主引出线电流互感器孔；4—钢蜗壳弹性垫层；5—尾水管进人孔；6—一期混凝土

1. 圆锥段里衬二期混凝土

尾水管圆锥段用钢板里衬作为二期混凝土内侧模板。根据混凝土侧压力的大小，校核里衬刚度是否满足要求。必要时可在里衬内侧布置桁架加强，或在仓内增设拉条、支撑加固。

圆锥段里衬底部与一期混凝土之间，一般留有 20cm 左右的垂直间隙，以保证里衬安装的精度。二期混凝土施工时，再用韧性材料作间隙部位的模板，使里衬与一期混凝土衔接平整。里衬二期混凝土回填，因仓位狭长，为避免产生不规则裂缝，在里衬安装完毕后，还需在其径向设置 2～4 条引缝片。引缝片采用 2～3mm 厚的薄钢板垂直布置，其高度约为浇筑层厚 h 的 1/3，两端焊接在里衬及一期混凝土壁埋件上。上、下浇筑层设置的引缝片，还应错开 5°左右，如图 5-110 所示。

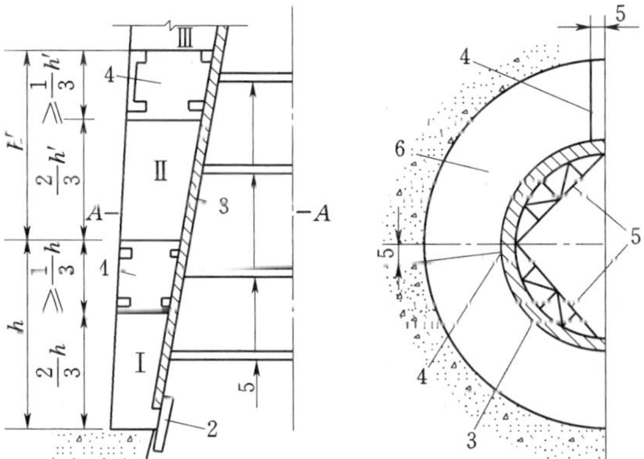

图 5-110　圆锥里衬二期混凝土与引缝片示意图

1—弯管段；2—韧性接头模板；3—钢板里衬；4—引缝钢板；5—桁架；6—二期混凝土

2. 钢蜗壳下半部二期混凝土

该部分位于钢蜗壳中心线以下，其中施工难度最大的是蜗壳与座环相连处的阴角部位。该部位空间狭窄，进料困难，而且很难振捣密实。为了保证质量，施工时常采取以下专门措施：

(1) 在座环或蜗壳上开口进料。即在水轮机厂制造时，在座环或蜗壳上预留若干进料孔。当蜗壳下部混凝土浇筑时，先在蜗壳外边卸料，用铁铲向蜗壳底部送料，并振捣密实。混凝土上升到蜗壳底面后，就不能从底部向阴角部位进料，而只能在蜗壳或座环上预留的孔口进料，争取进入振捣。阴角上的尖角

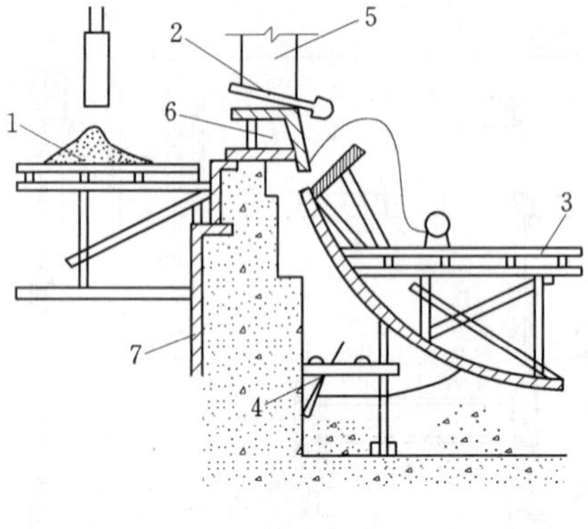

图 5-111　蜗壳阴角部位浇筑工艺布置

1—转料平台；2—转料工具；3—操作平台；4—操作跳板；5—导叶；6—座环底板；7—钢板里衬

部分无法进入时，则用软轴振捣器插入孔中振捣，直到混凝土填满座环上的孔口。

图 5-111 所示为蜗壳阴角部位浇筑工艺布置，预留孔口位置，选择在靠近座环底板的钢蜗壳侧面。

(2) 预埋骨料或混凝土砌块灌浆施工法。即在阴角部位浇筑前，预先用骨料填塞或混凝土砌块砌筑，骨料或砌块可用钢筋托住，并在尖角部分安装回填灌浆管路。灌浆管可采用直径 25mm 左右的钢管，沿机组径向间隔 2m 布置一根，一端管口朝上并用水泥纸包裹，另一端管口比较集中地引至水轮机层楼面，编号保管。当机组二期混凝土全部浇完 15d 后，采用压力为 303.9kPa (即 3 个大气压) 的水泥砂浆灌注，直到阴角空隙处灌满为止。

进浆管也可以直接预留在座环顶部，但会对座环板造成缺陷。

3. 钢蜗壳上半部二期混凝土

施工时应注意搞好钢蜗壳上半部弹性垫层的施工及水轮机井钢衬与钢蜗壳之间凹槽部位的浇筑。为了使钢蜗壳与上部混凝土分开，保证钢蜗壳不承受上部混凝土结构传来的荷载，常在蜗壳上半圆表面铺设 5～6cm 厚的弹性垫层。弹性垫层由两层油毛毡夹一层沥青软木构成。施工时，先在蜗壳上刷一层热沥青 (温度不低于 140℃)，趁热将预制的沥青软木块铺上，再铺二毡三油即成。预制的软木块，可采用较小尺寸，以便吻合蜗壳弧度。此外，在浇混凝土时，还应防止水泥砂浆浸入垫层，而使垫层失去弹性作用。

机井钢衬与蜗壳之间的凹槽部位，由于钢筋较密，施工时应采用细石混凝土，并注意捣实。同时注意蜗壳内外侧混凝土的浇筑速度，应大致按相同高程上升，以免接头处产生陡坡或冷缝。

钢蜗壳外围混凝土浇筑，无论是上半部还是下半部，还必须考虑蜗壳承受外压时的稳定性。一般在蜗壳内设置临时支架支撑，以抵抗混凝土侧压力。

4. 发电机机墩及风罩二期混凝土

机墩是发电机支承结构，多采用圆筒形。圆筒厚度在 1.5m 左右，圆筒顶部预留有通风槽和定子地脚螺栓孔，是二期混凝土施工中结构复杂、钢筋和预埋件较多的部位。

施工时，机墩内外侧模板采用一次或二次架立，并需要考虑模板的整体稳定性。通风槽模板由于底面积大，应考虑浇筑时的上浮力。定子地脚螺栓孔模板应严格控制安装位置，便于拆除和清渣。机墩内的钢筋网和预埋件宜适当增加焊固点，埋件露出面应牢固地固定在模板上。

混凝土浇筑时，宜采用溜管或溜槽入仓，进行薄层浇筑，并减小混凝土骨料粒径，加大坍落度。遇有凹腔部位模板时，模板四周要均匀卸料，以防模板向一侧倾斜。浇筑结束时，应严格控制墩顶浇筑高程。机墩顶部的定子地脚螺栓孔，立模、拆模、出渣和混凝土回填都比较困难。地脚螺栓安装后，由于孔口有定子基础板盖住，振捣器不能插入时，回填的混凝土可利用预先放入孔内的振动环振捣。振动环通过钢筋和孔口外的振动器相连接，如图5-112所示。

为了方便施工，某大型电站预先用钢板做成铁盒子，代替定子地脚螺栓木模板，不需要拆模。但在浇筑前须用砂子临时将盒子填满，孔口也用钢板临时封闭，以防止浇筑时盒子变形和砂浆渗入盒内。地脚螺栓安装后，再用细石混凝土回填。机组经多年运转，未发现异常现象。

发电机风罩墙与机墩相连，墙厚仅30～50cm，且有双层钢筋网，常用软轴插入式振捣器振捣。浇筑时应控制混凝土骨料级配、坍落度和整个风罩墙均匀上升速度，并可适当延长振捣时间，以保证振捣密实，其余施工方法与机墩施工相同。

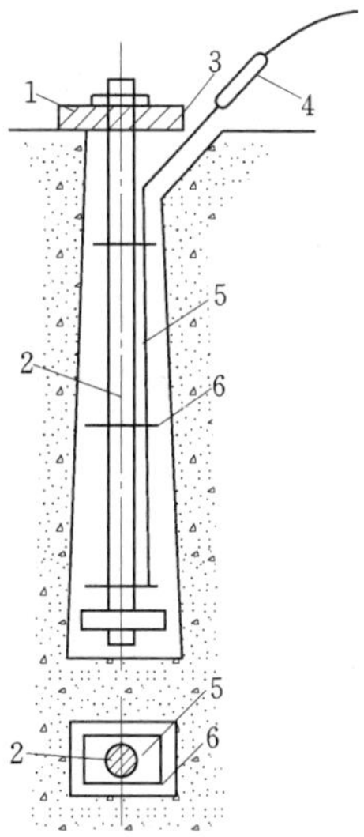

图5-112 定子地脚螺栓孔振动环示意图

1—定子基础板；2—定子地脚螺栓；3—混凝土进料；4—振动器；5—钢筋；6—振动环

5.6.3 上部结构施工

水电站厂房上部结构与一般工业厂房相似，主要由屋顶、立柱、吊车梁、纵向联系梁、圈梁、柱间围墙等组成。构件多为钢筋混凝土结构，也有在特殊情况下采用钢结构的。厂房柱间围墙，如无防洪、承重等要求，则通常采用砖砌体。

钢筋混凝土构件的施工方法有现场浇筑和预制装配法两种。现场浇筑的构件刚度大，受力条件好，但施工比较困难，主要适用于重型结构。预制装配的构件施工方便，主要适用于轻型结构，并有相应的设备吊装能力。下面仅就现场浇筑法加以介绍。

1. 立柱现浇

厂房立柱布置在下部结构的一期混凝土上，并与基础固结。按照厂房施工程序安排，当立柱基础浇筑完成后，立柱应立即施工，以利及早安装桥吊，使机组安装和厂房二期混凝土施工能快速进行。现场浇筑的厂房立柱，一般先安装钢筋，后安装模板。立柱模板主要解决垂直度、施工时的侧向稳定及抵抗混凝土侧压力等问题。模板安装时，按照边线先将柱底部分固定好位置，再将模板竖起来，用临时支撑固定，然后用锤球校正垂直度。检查无误后，即可将模板外侧的柱箍箍紧，再用支撑钉牢固定。相互柱模之间，还要用水平撑及剪刀撑相互撑牢。

立柱混凝土浇筑时，可搭设卸料平台，采用溜管下料、分层浇筑的方式。各层施工缝设在基础顶面、梁及牛腿下面，在浇筑过程中，应控制好混凝土料的级配、坍落度和上升速度（一般不超过0.5m/h），并及时纠正模板变形。

2. 屋顶现浇

厂房重型结构的屋顶横梁，重量、厚度和跨度均较大，施工比较困难。屋顶横梁的现场浇筑程序如下。

（1）模板架立。一般考虑以下立模方法：

1）采用预应力钢筋混凝土梁，安装在上下游承重墙上，并作为屋顶横梁的一部分，在其上浇筑混凝土到设计厚度。此法不影响下面桥吊的运行。

2）利用屋顶横梁钢筋作成上承重构架，将模板悬挂其上，再浇筑混凝土。此法将增加 20%～40%的钢材用量。

3）利用临时钢架支撑在牛腿或立柱预埋型钢上，作为下承重构架，以支撑模板，此法可回收大量钢材，但装拆较麻烦，且影响桥吊运行。

（2）钢筋安装。既可采用散装法，也可采用整装法。

（3）混凝土浇筑。应以上下游向中间，或由中间向上下游浇筑。当屋顶横梁为双层结构时，下层混凝土强度达到设计要求后，方可浇筑上层混凝土。

【引例分析】

常态混凝土包括大坝常态混凝土、出线场混凝土、下游护坡混凝土、鹅公带滑坡体混凝土、导流洞封堵混凝土等，其中大坝工程常态混凝土有坝基垫层混凝土、基坑回填混凝土、溢流堰顶混凝土、溢流坝段闸墩胸墙混凝土等，常态混凝土总量约 136137m^3。

（1）常态混凝土施工程序如图 5-113 所示。

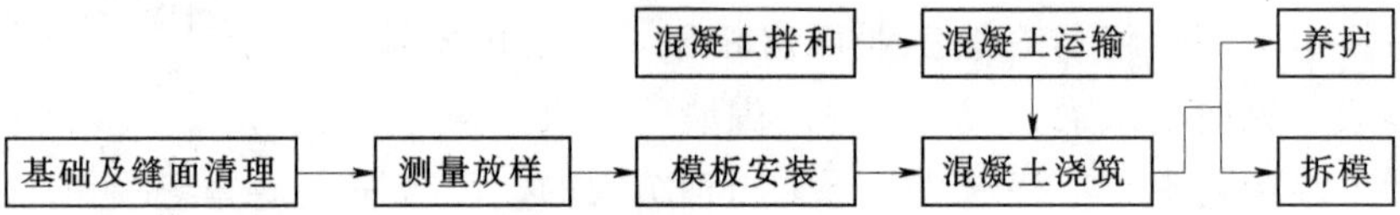

图 5-113　大坝常态混凝土施工程序

（2）常态混凝土施工方法。

1）仓面清理。混凝土浇筑前，基岩上的杂物、泥土及松动岩石均应清除，并用压力水冲洗干净并排干积水。施工缝采用人工凿毛，清除缝面上所有浮浆，松散物及污水用压力水冲洗干净，保持湿润。

2）测量放线。基岩面处理合格后，用全站仪、经纬仪、水准仪等进行测量放线，将建筑物体的控制点放在明显的地方，并在方便度量的地方给出高程点，确定钢筋绑扎和模板边线，并做好标记。

3）钢筋施工。

a. 钢筋施工工艺流程。钢筋施工工艺流程见图 5-114。

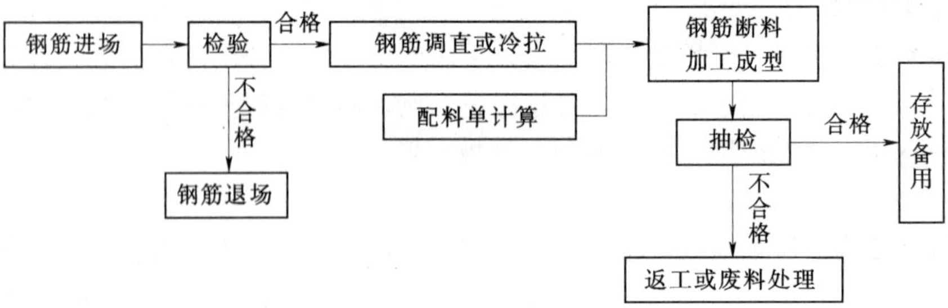

图 5-114　钢筋加工工艺流程图

b. 钢筋的供应、验收、堆放和标识。本工程钢筋由发包人供应。工程使用的钢筋品种、规格须符合图纸要求，钢筋力学性能须满足国家标准要求。钢筋进场后，分批检查验收，须有出厂合格证、产品质量证明书及出厂检验单才能进场存放。

c. 钢筋的试验。钢筋分批取样检验，同批号钢筋取样代表数量不大于60t。钢筋进场后，先进行表面检查和断面尺寸测量，然后由试验员按规范取样检验。钢筋检验合格后才能用于工程施工。

d. 钢筋加工。由分管钢筋的技术人员根据设计图纸和混凝土浇筑分层分块图开出钢筋加工料表，钢筋加工厂按料表加工。异形钢筋先放样、后加工，确保钢筋加工尺寸符合图纸要求。

钢筋加工的尺寸应符合施工图纸的要求，加工后钢筋的允许偏差不得超过规范规定的数值。钢筋加工成型，经质检人员检查、验收，确认符合图纸要求后，分类堆放整齐并挂牌标识：钢筋品种、规格、数量和使用部位。

e. 钢筋安装。钢筋成品料用汽车运输到施工现场，采用人工绑扎，绑扎完成验收合格后进行混凝土浇筑。交通桥钢筋在工厂内采用帮条双面焊接，焊接长度大于$5d$；溢流面钢筋采用绑扎搭接为主，部分采用焊接搭接，绑扎搭接长度大于$30d$，焊接长度大于$10d$。钢筋安装完成，钢筋网每间隔1.5m绑扎一个砂浆预制块，确保钢筋网留有足够的保护层，混凝土浇筑过程中，须有钢筋工值班，对变形的钢筋进行校正。

4）模板施工。

a. 模板材料。坝体基础垫层模板：采用施工单位自行研制的悬卡式模板（专利号ZL2006 2 0061851.8）。

灌浆平洞衬砌、基础、溢流堰、牛腿等不规则部位：选用组合钢模板和木模。

墙基础、墩、墙、梁、板等非大体积结构模板主要采用定型标准钢模板P6015型模板，配以少量P3015、P2015及阴、阳角模及转角模。

b. 模板安装。

ⅰ. 悬卡式模板安装。

ⅱ. 大坝基岩扩垫层及其他结构基础底板模板。

采用组合钢模板竖向拼装，不规则部位使用木模。模板加固方式为"螺栓＋扁铁＋拉筋"，扁铁置于模板缝间，扁铁外端伸至外楞与螺栓焊接，用垫片、螺母紧固于外楞；扁铁内端与预埋筋用斜拉筋连接。

模板及其支撑根据设计图纸要求、施工工艺等情况进行结构设计，其强度、刚度、抗倾稳定性均符合施工规范要求。

c. 模板拆除。为利于表面保护，避免在夜间拆模。拆模时间根据天气、结构类型、特点和混凝土强度等条件确定，非承重的模板，在混凝土强度达到3.5MPa后才允许拆模；承重的模板，在混凝土强度达到施工规范要求后才可拆模。

拆模自上而下，逐块拆除；先支的后拆，后支的先拆；非承重的部位先拆，承重部位后拆。拆模时严禁施工人员站在拆除模板的上、下方，高处拆除的模板，用绳索缓缓放下，不得乱甩。

悬卡模板拆除时，用钢丝绳系紧下层模板，然后松开模板的锚筋螺栓，模板与混凝土面脱离后用8～10t仓面履带吊提升悬臂模板。

5）清仓、验收。清理仓面内的杂物、排除积水，将待浇筑仓面洒水湿润，同时提交有关验收资料，进行仓位验收。混凝土浇筑前，检查脚手架、安全护栏等。

6）混凝土施工。

a. 混凝土拌制。闸墩、胸墙等厚大构件混凝土，视结构配筋情况，尽量采用大级配混凝土；其他薄壁小构件的梁、柱、板等构件，根据实际情况采用一、二级配混凝土。其中溢流堰等有抗冲磨、空蚀要求部位的混凝土需掺聚丙烯纤维和钢纤维。

混凝土由设在大坝右岸下游的拌和系统按现场实验室并经监理工程师批准的程序和混凝土配料单进行统一拌制，并在出机口和浇筑现场进行混凝土取样试验；各种不同类型结构物的混凝土配合比通过试验选定，并根据建筑物的性质、浇筑部位、混凝土运输、浇筑方法和气候条件等选用不同的混凝土坍落度。

b. 混凝土浇筑。浇筑仓号首先作业班组自检，提供原始资料，由质检部门进行复检，然后请监理工程师进行终检。岩基上的杂物、泥土及松动岩石均清除，冲洗干净并排干积水，如遇有承压水，应指定引排措施和方法报监理人批准，处理完毕，并经监理人认可后，方可浇筑混凝土。基岩面浇筑混凝土时，在浇筑第一层混凝土前，先铺一层 2～3cm 厚的水泥砂浆，砂浆水灰比与混凝土的浇筑强度相适应，铺设施工工艺应保持混凝土与基岩结合良好。在斜面上浇筑混凝土时应从最低处开始，直至保持水平面。不合格的混凝土严禁入仓，已入仓的不合格混凝土必须予以清除，按要求弃置指定地点。

仓面内注意平铺、振捣，浇筑导墙、闸墩时，注意对称下料，防止使模板整体变形，另外要注意层间结合，以免出现冷缝。

ⅰ. 坝基垫层混凝土浇筑。

混凝土运输：▽112.50m 高程以下采用自卸汽车利用坝基开挖出碴道路直接运至浇筑点，边角部位有 30t 履带吊吊运混凝土入仓；▽112.50m 高程以上垫层混凝土水平运输由自卸车运到两岸坝坡顶，再由抗分离溜管输送到仓面，再用汽车装运至浇筑点。

混凝土分块厚度：坝基垫层混凝土分块厚度按设计要求为 1.5m。

混凝土浇筑：采用台阶式铺料，每层厚度约 50cm，由上游往下游方向进行。振捣采用插入式振捣器振捣；岸坡部分坝基垫层常态混凝土浇筑，与碾压混凝土同步进行，碾压混凝土和垫层混凝土按顺序交叉上升，碾压混凝土作业完成后即铺垫层混凝土，垫层混凝土略低于碾压混凝土，避免垫层混凝土泌水流入已碾好的碾压混凝土表面。为确保混凝土浇筑时建基面不积水，仓内周边设排水沟拦截外来水，并引至上下游集水井，仓内配置足够人力与排水设备。汽车进仓前，轮胎用高压水冲洗，仓内受二次污染的部位，覆盖前用水冲洗干净。

ⅱ. 放空底孔混凝土浇筑。

混凝土运输：水平运输由自卸车通过▽112.50m 高程道路运输，垂直运输采用门式起重机或 30t 履带吊吊运。

混凝土浇筑：放空底孔周边混凝土采用先施工碾压混凝土后浇廊道周边常态混凝土，碾压混凝土与廊道周边混凝土结合部位随后用小振动碾在结合部予以碾压，每层周边混凝土与碾压混凝土浇筑同步上升，并控制在层间允许间歇的时间内完成。

ⅲ. 溢洪堰及闸墩混凝土施工。

混凝土运输：水平运输由自卸车通过▽112.50m 高程道路运输，垂直运输采用门式起重机吊运。

混凝土分层：闸墩和胸墙每3m设一条水平施工缝，溢流堰堰体碾压混凝土每3m设一条水平施工缝，溢流堰表面抗冲磨常态混凝土一次浇筑完成（图5-115）。

混凝土浇筑：混凝土采用台阶法铺料，每层厚度控制在50cm左右，采用高频插入式振捣器振捣；溢流面采用滑模，溢流面出模后分两次抹面，一次抹平、终凝前抹光，以确保溢流面的平整度。

ⅳ. 灌浆平洞混凝土衬砌。采用6.0m^3混凝土拌和车运输混凝土运至洞口的混凝土泵旁，由混凝土泵泵送混凝土入仓。混凝土入仓时，注意台车两侧边墙，混凝土基本平衡上升，以免因不平衡而导致模板变形。

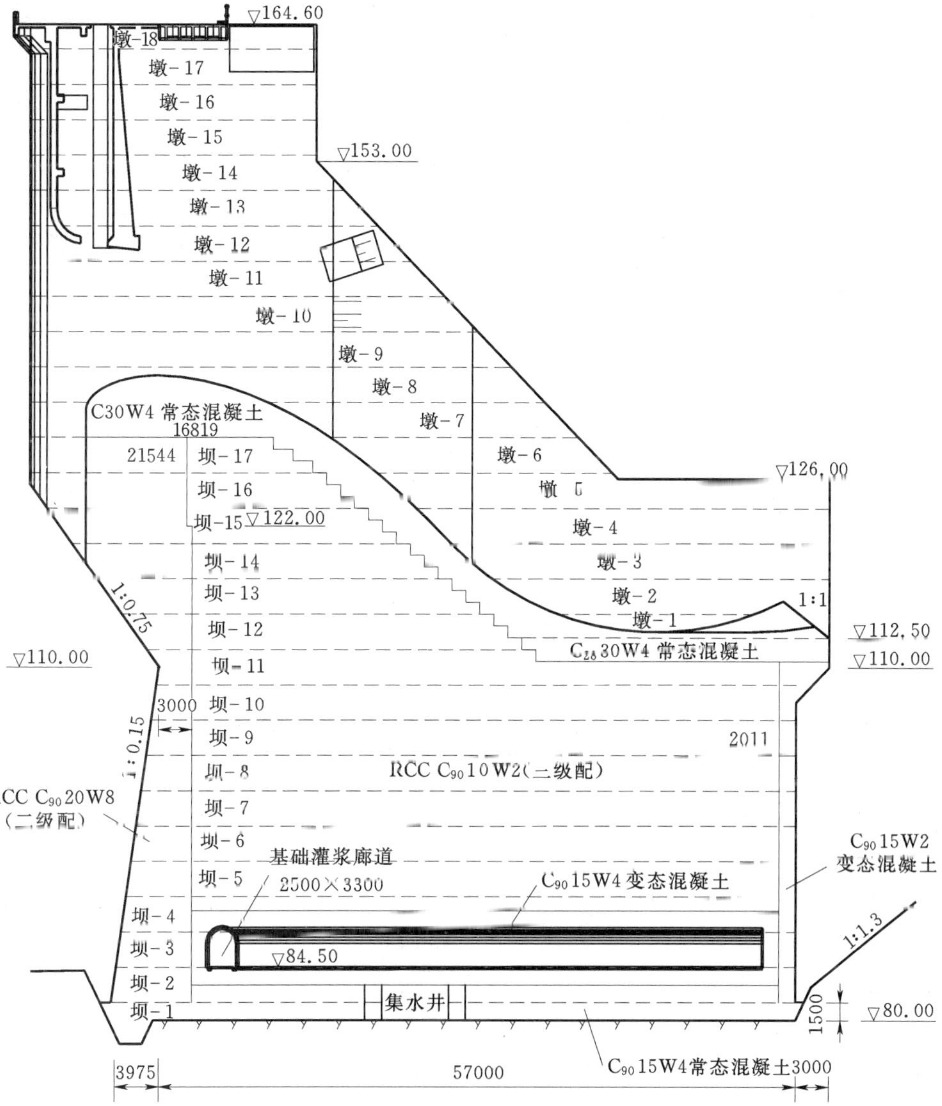

说明：1. 本图高程以m计；
2. 混凝土浇筑块层厚3m。

图5-115　溢流坝段混凝土浇筑分层图

c. 混凝土养护。混凝土浇筑完成后12～18h，开始洒水养护，使其表面保持湿润状态。养护时间为14d，在干燥、炎热的气候条件下，延长养护时间至28d以上；大体积混凝土的水平缝则养护到浇筑上层混凝土为止。

【技能训练】

一、填空题

1. 大、中型水利工程采用的骨料来源有________、________与________3种。

2. 模板按架立和工作特征分有________、________、________和________。

3. 钢筋加工一般包括________、________、________、________和________等工序。

4. 混凝土拌和机按拌制混凝土的方式分有________和________两种。前者用于拌制________，后者用于拌制________。

5. 混凝土拌和楼分为________、________、________、________和________共5层。

6. 常用的混凝土垂直运输设备有________、________、________、________。

7. 门、塔机浇筑混凝土的栈桥布置方式有________、________和________。

8. 大坝混凝土浇筑，分块尺寸和铺层厚度已定，解决层间不出现冷缝的措施有________、________。

9. 混凝土坝的基本分缝分块方法有________、________、________和________。

10. 碾压混凝土采用V_C值为________s。

二、选择题

1. 骨料筛分的质量控制标准要求超径率不大于（　　）。

A. 5%　　B. 10%　　C. 15%

2. 滑模平均滑升速度约为（　　）cm/h。

A. 10～20　　B. 20～30　　C. 30～40

3. 承重模板的跨度大于4m时，设计起拱值一般可为（　　）跨长的左右。

A. 0.1%　　B. 0.3%　　C. 0.5%

4. 非承重模板的拆模时间应在混凝土强度达到（　　）以上。

A. 15×10^5Pa　　B. 20×10^5Pa　　C. 25×10^5Pa

5. 承重模板、跨度大于8m时，拆模时要求混凝土的强度达到设计强度的（　　）。

A. 50%　　B. 70%　　C. 100%

6. 混凝土卸料和转运自由跌落高差不超过（　　）m。

A. 1.5　　B. 2.0　　C. 2.5

7. 混凝土浇筑，铺料层厚一般为（　　）。

A. 30～60cm　　B. 70～80cm　　C. 90～100cm

8. 混凝土浇筑采用阶梯法，通常用于浇筑块高不大于（　　）的情况。

A. 1.5m　　B. 3m　　C. 4m

9. 混凝土的养护时间，通常为（　　）。

A. 1～2周　　B. 2～3周　　C. 3～4周

10. 在老混凝土上浇筑新混凝土，要求上下层温度差不超过（　　）。

A. 10～15℃　　B. 15～20℃　　C. 20～25℃

三、判断题

1. 用人工骨料，可提高混凝土的强度。（　　）
2. 滑模上滑时，要求新浇混凝土达到初凝，并有 1.5×10^5 Pa 的强度。（　　）
3. 混凝土拌和机的出料系数是拌和筒内混凝土的体积与拌和筒的几何容积之比。（　　）
4. 混凝土系统在高程上应与上坝运输线路和坝上工作桥的高程协调一致。（　　）
5. 对施工纵缝可以不凿毛，只要冲洗干净即可。（　　）
6. 对水平施工缝采用高压水冲毛，视气温情况，可在浇筑后 5～20h 进行。（　　）
7. 用插入式振捣器振动混凝土应插入下层混凝土 5cm。（　　）
8. 贯穿裂缝与深层裂缝两者相同，只是叫法不同。（　　）
9. 混凝土坝施工，纵缝缝面上的键槽为三角形，两个斜面相互正交，且分别与坝的第一、二主应力正交。（　　）
10. 混凝土冬季施工，在常温下浇筑 7～10d 后受冻，对混凝土的最终强度影响极小。（　　）

四、问答题

1. 混凝土坝施工包括哪些主要施工过程？
2. 混凝土坝施工的料场规划应遵守的原则是什么？
3. 简述混凝土骨料生产的基本过程。
4. 骨料加工厂生产工艺流程布置应遵守的原则是什么？
5. 模板的基本要求是什么？
6. 模板选型应考虑哪些因素？
7. 简述钢筋加工的工序。
8. 选择拌和机及确定台数时应考虑哪些要求？
9. 试比较门式起重机与塔式起重机的优、缺点。
10. 缆式起重机适合于何种情况？如何提高其生产率？
11. 混凝土坝枢纽工程，常用的混凝土辅助浇筑方案有哪几种？
12. 随着施工进程，混凝土坝的垂直运输方案，如何随工程的形象进度变化而变化以适应工程施工的需要？
13. 混凝土浇筑包括哪些工序？
14. 检查已浇混凝土质量的方法有哪几种？
15. 已经产生质量事故的混凝土应如何处理？
16. 简述碾压混凝土坝施工方法。
17. 试说明贯穿裂缝的形成原因与危害。
18. 简述混凝土坝浇筑各种分缝分块法的适用条件及优、缺点。
19. 混凝土夏季施工可采取哪些措施？

五、计算题

1. 混凝土坝最高月浇筑强度为 4×104m^3。混凝土的粗骨料为二级配，其中 5～20mm 占 45％，20～40mm 占 55％。天然骨料中 5～20mm 的含量为 30％，20～40mm 的含量为 45％。求砂砾石的最高月开采量（每方混凝土用粗骨料量为 1476kg）。

2. 已知某混凝土的设计配合比为 C∶W∶S∶G＝1.0∶0.55∶2.5∶4.5，水泥用量为 300kg/m^3。若施工现场所用的砂和碎石的含水量分别为 3％和 2％。试求该混凝土的施工配合比。若用出料容量为 500L 的搅拌机搅拌，计算拌和一次所需水泥、水、砂和碎石的重量。

3. 混凝土块厚 1.4m，长×宽＝24.5m×16.6m。浇筑层厚 0.3m，混凝土初凝时间为 2.5h，运输入仓时间为 18min，浇筑能力为 22m^3/h。试确定其浇筑铺填方法。

项目6 堤防与河道整治工程施工

【教学目标】

通过本章的学习和实训能够掌握堤防工程施工工艺流程，能够做出实施性的施工组织设计。

【教学要求】

知识要点	能力目标
堤基施工工艺、验收标准、堤身填筑及防护工程施工工艺、验收标准	能编制堤防工程、河道整治工程施工方案；能进行隐蔽工程质量控制
丁坝、顺坝施工工艺、验收标准	熟悉丁坝、顺坝施工要点
河道疏浚及堤防抢险加固技术	熟悉河道疏浚及堤防抢险加固施工工艺

【引例】

广州市境内的珠江下流上起流溪河口，下至虎门口，主流全长106km。其中老鸦岗至白鹅潭段称西航道，长约16km，西航道至白鹅潭、洲头嘴分为前、后航道，前航道长约23km，后航道长约28km；前、后航道在黄埔汇合后，由虎门出海，此段河道由黄埔水道、狮子洋和虎门出海水道组成，长约36km。原有珠江堤防规划整治的范围为广州市区的西航道、前航道、后航道，水道全长63.5km，堤岸总长125.66km，其中列入广东省防灾减灾工程项目的珠江堤防共有101.74km。

广州市珠江堤岸防护工程是广州市基础设施建设的一个重要项目，在满足200年一遇洪水标准、具备防洪纳潮功能的前提下，还应满足城市建设景观的需要。堤岸治导线在不影响行洪纳潮的原则下，尽量不对原堤岸线进行大的调整，保持原河道流势。

珠江堤岸整治在具深厚淤泥层的地段一般采用混凝土预制桩结构形式，混凝土预制桩结构一般采用挂板或板桩墙挡土的组合结构形式。混凝土预制桩的施工采用常规的施工机械和施工方法进行，陆上施工一般采用滚筒式打桩机或履带式打桩机，水上施工一般采用水上打桩船作业。现结合珠江堤岸南方面粉厂至原人民制革厂段工程板桩的施工，探讨如何形成一个稳定的陆上施工条件。

工程地质条件：本段工程沿线河岸地貌特征为珠江一级阶地，属珠江三角洲冲积平原地貌单元。沿岸线地层自上而下主要由第四系冲积层（淤泥、砾砂、中砂层）、第四系残积层（粉质黏土层）、上白垩系红砂层（全、强、中风化砂岩层）等构成。桩号5+359.71

～6＋080.52m 地质纵剖面图如图 6－1 所示。

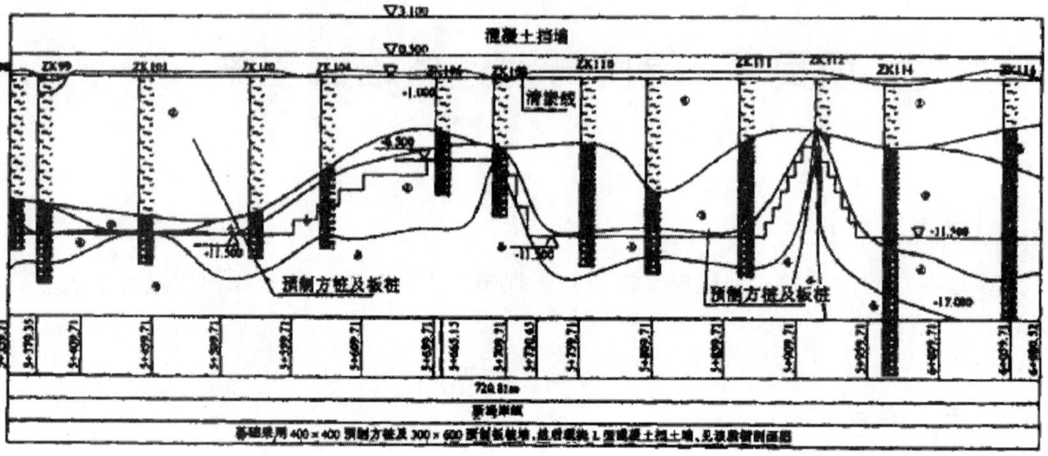

图 6－1　桩号 5＋359.71～6＋080.52m 地质纵剖面图

在该堤岸段，淤泥顶面标高－0.08m 左右，厚度 3.5～9.6m，平均含水量为 77.56%，孔隙比为 2.110，压缩系数 1.782MPa^{-1}，压缩模量 1.932MPa，直接快剪 c＝5.2kPa，φ＝2.3，自然膨胀率 5.89%，有机质含量为 7.69%，标贯击数为 1.0～3.0 击，平均 1.5 击，推荐地基承载力标准为 35kPa。

珠江堤岸整治南方面粉厂至原人民制革厂段工程位于珠江前航道左岸，属广州市天河区南部临江地段，全长约 6.1km，其中 720.81 m 为预制桩基础，板桩堤段嵌入砂岩层或下部深入到一定厚度的黏土层，达到下端嵌固作用，上端与 L 形挡土墙底板连接，形成基础挡土墙，避免堤后回填加荷后下部淤泥流失（图 6－2）。板桩的施工为这段堤防工程的施工难点和重点。

图 6－2　珠江堤防广州段

通过该引例我们要带着一个问题进行下面知识的学习：怎样制定该段堤防基础部分的施工方案？

【基本知识学习】

6.1 堤防工程施工技术

6.1.1 堤防分类

1. 按抵抗水体性质分类

按抵抗水体性质的不同分为河堤、湖堤、水库堤防和海堤。

2. 按筑堤材料分类

按筑堤材料不同分为土堤、石堤、土石混合堤及混凝土、浆砌石、钢筋混凝土防洪墙。

一般将土堤、石堤、土石混合堤称为防洪堤；由于混凝土、浆砌石混凝土或钢筋混凝土的堤体较薄，习惯上称为防洪墙。

3. 按堤身断面分类

按堤身断面形式不同，分为斜坡式堤、直墙式堤或直斜复合式堤。

4. 按防渗体分类

按防渗体不同，分为均质土堤、斜墙式土堤、心墙式土堤、混凝土防渗墙式土堤。

堤防工程的形式应根据因地制宜、就地取材的原则，结合堤段所在的地理位置、重要程度、堤址地质、筑堤材料、水流及风浪特性、施工条件、运行和管理要求、环境景观、工程造价等技术经济比较来综合确定。如土石堤与混凝土堤相比，边坡较缓，占用面积空间大，防渗防冲及抗御超额洪水与漫顶的能力弱，需合理和科学设计。混凝土堤则坚固耐冲，但对软基适应性差、造价高。

我国堤防根据所处的地理位置和堤内地形切割情况，堤基水文地质结构特征按透水层的情况分为透水层封闭模式和渗透模式两大类。堤防施工主要包括堤料选择、堤基（清理）施工、堤身填筑（防渗）等内容。

6.1.2 筑堤材料

1. 堤料选择

根据设计要求，结合土（石）质、天然含水量、运距、开采条件等因素合理选择取料区。一般应注意以下几点：

（1）淤泥土、杂质土、冻土块、膨胀土、分散性黏土等特殊土料，一般不宜用作填筑堤身，若必须采用时，应有技术论证和制定专门的施工工艺。

（2）土石混合堤、砌石堤（墙）、混凝土堤（墙）所采用的石料、砂砾石料及拌制混凝土和水泥砂浆的水泥、水、外加剂等，应符合相关规范要求。

（3）土料多用于堤身填筑和防渗、压浸，石料用于护坡，砂砾石料用于排水、反滤及混凝土骨料，天然砂砾石缺乏时可用人工碎石料代替。

（4）选用的反滤料（含土工织物），应满足设计提出的保土、透水、防堵等要求。

2. 堤料采集与选购

（1）陆上料区开挖前须将其表层的杂质和耕作土、植物根系等清除，水下料区开挖前须将表层稀软淤土清除，确保取料区的位置和取料深度符合设计要求。

（2）土料的开采应综合考虑料场、施工条件等因素，并符合下列要求：

1）料场建设。料场周围应布置截水沟，料场排水措施安排得当；遇雨时，对坑口坡道宜用防水编织布进行覆盖保护。

2）土料开采方式。当筑堤材料天然含水量接近施工控制下限值时，宜采用立面开挖；当含水量偏大以及在层状筑堤材料中有必须剔除的不合格料层时，宜采用平面开挖；当层状筑堤材料允许掺混或冬季开采筑堤材料时，宜用立面开挖。开采时取料坑壁应稳定，立面开挖时严禁掏底施工。

（3）不同粒径组的反滤料，应根据设计要求筛选加工或选购，并需按不同粒径组分别堆放；用非织造土工织物代替时，其选用规格应符合设计要求。

（4）堤基及堤身结构采用的土工织物、加筋材料、土工防渗膜、塑料排水板及止水带等土工合成材料，应根据设计要求的型号、规格、数量选购，有产品合格证和质量检测报告。

（5）采集或选购的石料，除应满足岩性、强度等性能指标外，砌筑用石料的形状、尺寸和块重也需符合设计要求。

6.1.3 堤基施工

1. 堤基清理

（1）堤基基面清理范围包括堤身、铺盖、压载的基面，其边界应在设计基面边线外30～50cm。

（2）堤基表层不合格土、杂物等必须清除，堤基范围内坑、槽、沟等，应按堤身填筑要求进行回填处理。

（3）堤基开挖、清除的弃土、杂物、废碴等，均应运到指定的场地堆放。

（4）基面清理平整后，应及时报验并抓紧施工。若不能立即施工时，应做好基面保护，复工前应再检验，必要时须重新清理。

2. 软弱堤基处理

（1）浅埋的薄层采用挖除软弱层换填砂、土时，应按设计要求用中粗砂或砂砾，铺填后及时予以压实。厚度较大难以挖除或挖除不经济时，可采用铺垫透水材料加速排水和扩散应力、在堤脚外设置压载、打排水井或塑料排水带、放缓堤坡、控制加荷速率等方法处理。

（2）流塑态淤质软黏土地基上采用堤身自重挤淤法施工时，应放缓堤坡、减慢堤身填筑速度、分期加高，直至堤基流塑变形与堤身沉降平衡、稳定。

（3）软塑态淤质软黏土地基上在堤身两侧坡脚外设置压载体处理时，压载体应与堤身同步、分级、分期加载，保持施工中的堤基与堤身受力平衡。

（4）抛石挤淤应使用块径不小于30cm的坚硬石块，当抛石露出土面或水面时，改用较小石块填平压实，再在上面铺设反滤层并填筑堤身。

（5）修筑重要堤防时，可采用振冲法或搅拌桩等方法加固堤基。

3. 透水堤基处理

（1）浅层透水堤基宜采用黏性土截水槽或其他垂直防渗措施截渗。黏性土截水槽施工时，宜采用明沟排水或井点抽排，回填黏性土应在无水基底上，并按设计要求施工。

（2）深厚透水堤基上的重要堤段，可设置黏土、土工膜、固化灰浆、混凝土、塑性混凝土、沥青混凝土等地下截渗墙。

（3）用黏性土做铺盖或用土工合成材料进行防渗，应按相关规定施工。铺盖分片施工时，应加强接缝处的碾压和检验。

（4）采用槽形孔浇筑混凝土或高压喷射连续防渗墙等方法对透水堤基进行防渗处理时，应符合防渗墙施工的规定。

（5）砂性堤基采用振冲法处理时，应符合相关标准的规定。

4. 多层堤基处理

（1）多层堤基如无渗流稳定安全问题，施工时仅需将经清基的表层土夯实后即可填筑堤身。

（2）盖重压渗、排水减压沟及减压井等措施可单独使用，也可结合使用。表层弱透水覆盖层较薄的堤基如下卧的透水层均匀且厚度足够时，宜采用排水减压沟，其平面位置宜靠近堤防背水侧坡脚。排水减压沟可采用明沟或暗沟。暗沟可采用砂石、土工织物、开孔管等。

（3）堤基下有承压水的相对隔水层，施工时应保留设计要求厚度的相对隔水层。

（4）堤基面层为软弱或透水层时，应按软弱堤基施工、透水堤基施工处理。

5. 岩石堤基处理

（1）强风化岩层堤基，除按设计要求清除松动岩石外，筑砌石堤或混凝土堤时基面应铺层厚大于30mm的水泥砂浆；筑土堤时基面应涂层厚为3mm的黏土浆，然后进行堤身填筑。

（2）裂缝或裂隙比较密集的基岩，可采用水泥固结灌浆或帷幕灌浆进行处理。

6.1.4　堤身填筑与砌筑

这里主要介绍碾压筑堤、土料吹填筑堤、抛石筑堤、砌石筑墙（堤）等工艺。

1. 碾压筑堤

（1）填筑作业要求。

1）地面起伏不平时按水平分层由低处开始逐层填筑，不得顺坡铺填。堤防横断面上的地面坡度陡于1∶5时，应将地面坡度削至缓于1∶5。

2）分段作业面的最小长度不应小于100m，人工施工时作业面段长可适当减短。相邻施工段作业面宜均衡上升，若段与段之间不可避免出现高差时，应以斜坡面相接。分段填筑应设立标志，上下层的分段接缝位置应错开。

3）在软土堤基上筑堤或采用较高含水量土料填筑堤身时，应严格控制施工速度，必要时在堤基、坡面设置沉降和位移观测点进行控制。如堤身两侧设计有压载平台时，堤身与压载平台应按设计断面同步分层填筑。

4）采用光面碾压实黏性土时，在新层铺料前应对压光层面做刨毛处理；在填筑层检验合格后因故未及时碾压或经过雨淋、暴晒使表面出现疏松层时，复工前应采取复压等措施进行处理。

5）施工中若发现局部“弹簧土”、层间光面、层间中空、松土层或剪切破坏等现象时应及时处理，并经检验合格后方准铺填新土。

6）施工中应协调好观测设备安装埋设和测量工作的实施；已埋设的观测设备和测量标志应保护完好。

7）对占压堤身断面的上堤临时坡道做补缺口处理时，应将已板结的老土刨松，并与新铺土一起按填筑要求分层压实。

8）堤身全断面填筑完成后，应做整坡压实及削坡处理，并对堤身两侧护堤地面的坑洼进行铺填和整平。

9）对老堤进行加高培厚处理时，必须清除结合部位的各种杂物，并将老堤坡挖成台阶状，再分层填筑。

10）黏性土填筑面在下雨时不宜行走践踏，不允许车辆通行。雨后恢复施工，填筑面应经晾晒、复压处理，必要时应对表层再次进行清理。

11）土堤不宜在负温下施工。如施工现场具备可靠保温措施，允许在气温不低于－10℃的情况下施工。施工时应取正温土料，土料压实时的气温必须在－1℃以上，装土、铺土、碾压、取样等工序快速连续作业。要求黏性土含水量不得大于塑限的90%，砂料含水量不得大于4%，铺土厚度应比常规要求适当减薄，或采用重型机械碾压。

（2）铺料作业要求。

1）应按设计要求将土料铺至规定部位，严禁将砂（砾）料或其他透水料与黏性土料混杂，上堤土料中的杂质应予以清除；如设计无特别规定，铺筑应平行堤轴线顺次进行。

2）土料或砾质土可采用进占法或后退法卸料；砂砾料宜用后退法卸料；砂砾料或砾质土卸料如发生颗粒分离现象时，应采取措施将其拌和均匀。

3）铺料厚度和土块直径的限制尺寸，宜通过碾压试验确定；在缺乏试验资料时，可参照表6-1的规定取值。

表6-1　铺料厚度和土块直径限制尺寸表

压实功能类型	压实机具种类	铺料厚度（cm）	土块限制直径（cm）
轻型	人工夯、机械夯	15～20	≤5
	5～10t平碾	20～25	≤8
中型	12～15t平碾 斗容2.5m^3铲运机 5～8t振动碾	25～30	≤10
重型	斗容大于7m^3铲运机 10～16t振动碾 加载气胎碾	30～50	≤15

4）铺料至堤边时，应比设计边线超填出一定余量：人工铺料宜为10cm，机械铺料宜为30cm。

（3）压实作业要求。

施工前应先做现场碾压试验，验证碾压质量能否达到设计压实度值。若已有相似施工条件的碾压经验时，也可参考使用。

1）碾压施工应符合下列规定：碾压机械行走方向应平行于堤轴线；分段、分片碾压时，相邻作业面的碾压搭接宽度：平行堤轴线方向的宽度不应小于0.5m；垂直堤轴线方向的宽度不应小于2m；拖拉机带碾或振动碾压实作业时，宜采用进退错距法，碾迹搭压宽度应大于10cm；铲运机兼作压实机械时，宜采用轨迹排压法，轨迹应搭压轮宽的1/3；机械碾压应控制行车速度，以不超过下列规定为宜：平碾为2km/h，振动碾为2km/h，铲运机为2挡。

2）机械碾压不到的部位，应辅以夯具夯实，夯实时应采用连环套打法，夯迹双向套压，夯压夯1/3，行压行1/3；分段、分片夯实时，夯迹搭压宽度应不小于1/3夯径。

3）砂砾料压实时，洒水量宜为填筑方量的20%～40%；中细砂压实的洒水量，宜按最优含水量控制；压实作业宜用履带式拖拉机带平碾、振动碾或气胎碾施工。

4）当已铺土料表面在压实前被晒干时，应采用铲除或洒水湿润等方法进行处理；雨前应将堤面做成中间稍高两侧微倾的状态并及时压实。

5）在土堤斜坡结合面上铺筑施工时，要控制好结合面土料的含水量，边刨毛、边铺土、边压实。进行垂直堤轴线的堤身接缝碾压时，须跨缝搭接碾压，其搭压宽度不小于2.0m。

（4）堤身与建筑物接合部施工。

土堤与刚性建筑物如涵闸、堤内埋管、混凝土防渗墙等相接时，施工应符合下列要求.

1）建筑物周边回填土方，宜在建筑物强度分别达到设计强度的50%～70%情况下施工。

2）填土前，应清除建筑物表面的乳皮、粉尘及油污等；对表面的外露铁件（如模板对销螺栓等）宜割除，必要时对铁件残余露头需用水泥砂浆覆盖保护。

3）填筑时，须先将建筑物表面湿润，边涂泥浆、边铺土、边夯实；涂浆高度应与铺土厚度一致，涂层厚宜为3～5mm，并应与下部涂层衔接；不允许泥浆干涸后再铺土和夯实。

4）制备泥浆应采用塑性指数$I_P>17$的黏土，泥浆的浓度可用1：2.5～1：3.0（土水重量比）。

5）建筑物两侧填土，应保持均衡上升；贴边填筑宜用夯具夯实，铺土层厚度宜为15～20cm。

（5）土工合成材料填筑要求。

工程中常用到土工合成材料，如编织型土工织物、土工网、土工格栅等，施工时按以下要求控制：

1）筋材铺放基面应平整，筋材垂直堤轴线方向铺展，长度按设计要求裁制。

2）筋材一般不宜有拼接缝。如筋材必须拼接时，应按不同情况区别对待：编织型筋材接头的搭接长度，不宜小于15cm，以细尼龙线双道缝合，并满足抗拉要求；土工网、土工格栅接头的搭接长度，不宜小于5cm（土工格栅至少搭接一个方格），并以细尼龙绳在连接处绑扎牢固。

3）铺放筋材不允许有褶皱，并尽量用人工拉紧，以U形钉定位于填筑土面上，填土时不得发生移动。填土前如发现筋材有破损、裂纹等质量问题，应及时修补或做更换处理。

4）筋材上面可按规定层厚铺土，但施工机械与筋材间的填土厚度不应小于15cm。

5）加筋土堤压实，宜用平碾或气胎碾，但在极软地基上筑加筋土堤时，开始填筑的二、三层宜用推土机或装载机铺土压实，当填筑层厚度大于0.6m后，方可按常规方法碾压。

6）加筋土堤施工时，最初二、三层填筑应遵照以下原则：在极软地基上作业时，宜先由堤脚两侧开始填筑，然后逐渐向堤中心扩展，在平面上呈“凹”字形向前推进；在一般地基上作业时，宜先从堤中心开始填筑，然后逐渐向两侧堤脚对称扩展，在平面上呈“凸”字形向前推进；随后逐层填筑时，可按常规方法进行。

2. 土料吹填筑堤

（1）土料吹填筑堤方式。

常用土料吹填筑堤方式有挖泥船法、水力冲挖机组法两种，挖泥船又分绞吸式和斗轮式两种型号。水下挖土多采用绞吸式、斗轮式挖泥船，水上挖土多用水力冲挖机组。所挖泥土均采用管道以压力方式输送至作业面，并在挖泥船取土区应设置水尺和挖掘导标。

排泥管线路布置时应平顺，避免死弯。对水、陆排泥管的连接，应采用柔性接头。排泥管出泥口的布置方式如下：

1）吹填用于堤身两侧池塘洼地的充填时，排泥管出泥口可相对固定。

2）吹填用于堤身两侧填筑加固平台时，排泥管出泥口应适时向前延伸或增加出泥支管，不宜相对固定；每次吹填层厚不宜超过1.0m，并应分段间歇施工，分层吹填。

（2）不同土质吹填筑堤原则。

1）无黏性土、少黏性土适用于吹填筑堤，若用于老堤背水侧培厚加固更为适宜。

2）流塑—软塑态中、高塑性的有机黏土，不应用于筑堤。

3）软塑—可塑态黏粒含量高的壤土和黏土，不宜用于筑堤；但可用于充填堤身两侧的池塘洼地加固堤基。

4）可塑—硬塑态的重粉质壤土和粉质黏土，适用于绞吸式、斗轮式挖泥船以黏土团块的方式吹填筑堤。

（3）吹填区修筑围堰要求。

1）应认真清基，并确保围堰填筑质量。

2）每次筑堰高度，除黏土团块吹填可达2m高外，一般不宜超过1.2m。

3）根据不同土质，围堰断面可采用下列尺寸：黏性土，顶宽1～2m，内坡1：1.5，外坡1：2.0；砂性土，顶宽2m，内坡1：1.5～1：2.0，外坡1：2.0～1：2.5。

4）筑堰土料可就近取土或在吹填区内取用，但取土坑边缘距堰脚不应小于3m。

5）在浅水域或有潮汐的江河滩地，可采用水力冲挖机组等设备，向透水编织布长管袋中充填土（砂）料垒筑围堰，但需及时对围堰表面做防护。

6）应按设计要求做好截渗沟的排水和围护；泄水口可采用溢流堰、跌水、涵管、竖井等结构形式。

(4）吹填法填筑新堤要求。

1）先在两堤脚处各做一道纵向围堰，然后按照分仓长度要求做多道横向分隔围堰，构成多个封闭仓区，然后逐区分层吹填。

2）排泥管道居中布放，采用端进法吹填，直至吹填仓末端。

3）每次吹填层厚，除黏土团块允许1.8m以外，一般宜为0.3～0.5m。

4）每层吹填完成后应间歇一段时间，待吹填土初步排水固结后才允许继续施工，必要时需铺设仓内排水设施以加快排水固结。

5）当吹填接近堤顶吹填面变窄不便施工时，可改用碾压法填筑至堤顶。

(5）结合工程进展，吹填法施工管理应注意做好以下几点：

1）加强管道和围堰巡查，掌握管道工作状态和吹填进展趋势。

2）统筹安排水上、陆上施工，适时调度吹填区分仓轮流作业，提高机船施工效率。

3）查定吹填筑堤时的开挖土质、泥浆浓度及吹填有效土方利用率等项目。

4）适时检测吹填土沿程沉积颗粒大小分布状况以及干密度和强度与吹填土固结时间的关系。

5）控制排放尾水中未沉淀土颗粒的含量，防止河道、沟渠淤积。

6）气温在－5℃以下吹填筑堤应连续施工；若需停工时应以清水冲刷管道，并放空管道内存水。

3. 抛石筑堤

(1）在水域或陆域软基地段采用抛石法筑堤时，应先实施抛石棱体，再以其为依托填筑堤身闭气土方。

(2）实施抛石棱体时，在水域，应在两条堤脚线外各做一道，在陆域，可仅在临水侧的堤脚线外做一道。

(3）抛石棱体定线放样，在陆域软基地段或浅水域应插设标杆，间距以50m为宜；在深水域，放样控制点需专设定位船，并通过岸边架设的经纬仪定位。

(4）进行抛石作业，应符合以下规定：

1）陆域软基地段或浅水域抛石，可用自卸车辆载料并以端进法向前延伸立抛；立抛时可根据现场情况采用不分层或分层阶梯方式抛投。

2）在软基上的立抛厚度，以不超过地基土的相应极限承载高度为原则。

3）在深水域抛石，宜用驳船在水上定位后分层平抛，每层厚度不宜大于2.5m。

(5）抛填石料块重以20～40kg为宜，抛投时应大小搭配。

(6）当抛石棱体达到预定断面高程，并经沉降初步稳定后，应按设计轮廓将抛石体整理成型。

(7）抛石棱体与闭气土方的接触面，应根据设计要求做好砂石反滤层或土工织物滤层。

(8) 软基上采用抛石法筑堤，若堤基有已铺填的透水材料或土工合成加筋材料的加固层时，应采取措施加以保护。

(9) 陆域抛石筑堤，宜用自卸车辆由抛石棱体背水侧开始填筑闭气土方，并逐渐向堤身扩展；闭气土方有填筑密实度要求的，应符合规范的相关规定。

(10) 水域抛石筑堤，两抛石棱体之间的闭气土体，宜用吹填法施工；在吹填土层露出水面，且表面土层初步固结后，宜采用可塑性大的土料碾压填筑一个厚度约1m的过渡层，随后按常规方法填筑。

(11) 用抛石法填筑土石混合堤时，应在堤身范围内设置一定数量的沉降、位移观测标点。

4. *砌石筑墙（堤）*

浆砌石墙（堤）宜用块石砌筑；如规则石料不够，可采用粗料石或混凝土预制块对砌体进行镶面；仅有卵石的地区，也可采用卵石砌筑，但砌体强度应达到设计要求。

(1) 浆砌石砌筑应符合下列要求：

1) 砌筑前，应在砌体外将石料上的泥垢冲洗干净，砌筑时保持砌石表面湿润。

2) 应采用坐浆法分层砌筑，铺浆厚宜为3～5cm，随铺浆随砌石，砌缝需用砂浆填充饱满，不得无浆直接贴靠，砌缝内砂浆应采用扁铁插捣密实；严禁先堆砌石块再用砂浆灌缝方式操作。

3) 上、下层砌石应错缝砌筑；砌体外露面应平整美观，外露面上的砌缝应预留约4cm深的空隙，以备勾缝处理；水平缝宽应不大于2.5cm，竖缝宽应不大于4cm。

4) 砌筑因故停顿且砂浆已超过初凝时间，应待砂浆强度达到2.5MPa后才可继续施工；继续砌筑前，应将原砌体表面的浮渣清除。

5) 勾缝作业时须先清缝，用水冲净并保持缝槽湿润；勾缝砂浆应分次向缝内填塞密实，严禁勾假缝、凸缝。低温时水泥砂浆拌和时间宜适当延长，拌和物料温度不低于5℃。

6) 小雨中施工时宜适当减小水灰比，遇见中到大雨时应停止施工，并妥善保护工作面；雨后若表层砂浆或混凝土尚未初凝，可加铺水泥砂浆后继续施工，否则应按工作缝要求进行处理。

7) 浆砌石在0～5℃的环境中施工时，应对砌筑层表面做保温处理；在0℃以下又无保温措施时，应停止施工。

8) 浆砌石墙（堤）分段施工时，相邻施工段的砌筑面高差应不大于1.0m。

(2) 混凝土预制块镶面作业应符合下列要求：

1) 预制块尺寸及混凝土强度应满足设计要求。

2) 砌筑时，应根据设计要求排布丁、顺砌块；砌缝应横平竖直，上下层竖缝错开距离不应小于10cm，丁石的上、下方不得有竖缝。

3) 砌缝内应将砂浆填充饱满，水平缝宽应不大于1.5cm；竖缝宽不得大于2cm。

(3) 对浆砌石防洪墙的变形缝和防渗止水结构部位，宜预留茬口，用浇筑二期混凝土的方式处理。

(4) 干砌石砌筑应符合下列要求：

1) 不得使用有尖角或薄边的石料砌筑；石料最小边尺寸不宜小于20cm。

2）砌石应垫稳填实，与周边砌石靠紧，严禁加空。

3）严禁出现通缝、叠砌和浮塞；不得在外露面用块石砌筑，而中间以小石填心；不得在砌筑面以小块石、片石找平；堤顶应以大石块或混凝土预制块压顶。

4）承受大风浪冲击的堤段，宜用粗料石丁扣砌筑。

5. 堤身防渗施工

（1）黏土防渗体施工。

1）在清理过的无水基底上进行。

2）坡脚截水槽应与堤身防渗体协同铺筑，尽量减少接缝。

3）分层铺筑时，上、下层接缝应错开，每层厚以15～20cm为宜，层面间应刨毛、洒水。

4）相邻工作面搭接碾压应符合设计要求。

（2）土工膜防渗施工。

1）铺膜应选择在小于二级风的天气进行。

2）铺膜前，应将膜下基面铲平；土工膜质量也应经检验合格。

3）大幅土工膜拼接，宜采用胶接法粘合或热元件法焊接，胶接法搭接宽度为5～7cm，热元件法焊接叠合宽度为1.0～1.5cm。

4）应自下游侧开始，依次向上游侧平展铺设，避免土工膜打皱。

5）已铺土工膜上的破孔应及时粘补，粘贴膜大小应超出破孔边缘10～20cm。

6）土工膜铺完后应及时铺填（砌）保护层。

6. 反滤、排水施工

（1）铺反滤层前，应将基面用挖除法整平，对个别低洼部分，应采用与基面相同土料或反滤层第一层滤料填平。

（2）反滤层铺筑应符合下列要求。

1）铺筑前应做好场地排水，设好样桩，备足反滤料。

2）不同粒径组的反滤料层厚必须符合设计要求。

3）应由底部开始向上按设计结构层要求逐层铺设，并保证层次清楚，互不混杂，不得从高处顺坡倾倒。

4）分段铺筑时，应使接缝层次清楚，不得发生层间错位、断缺、混杂等现象。

5）陡于1：1的反滤层施工时，应采用挡板支护铺筑。

6）已铺好反滤层的工段，不允许人车通行，应及时铺筑上层堤料。

7）下雪天应停止铺筑，雪后复工时，应严防冻土、冰块和积雪混入料内。

（3）土工织物作反滤层、垫层、排水层铺设应符合下列要求：

1）铺设前应对材料质量进行复验，材料质量必须合格，有扯裂、蠕变、老化等现象的材料均不得使用。

2）铺设时，自下游侧开始依次向上游侧铺展，上游侧织物应搭接在下游侧织物上，或者采用专用设备缝制。

3）在土工织物上铺砂时，织物接头不宜用搭接法连接。

4）土工织物长边宜顺河铺设，并避免张拉受力、折叠、打皱等情况发生。

5）土工织物层铺设完毕，应尽快铺设上一层堤料。

（4）堆石排水体应按设计要求分层实施，施工时不得破坏反滤层，靠近反滤层处用较小石料铺设，堆石上下层面应避免产生水平通缝。

（5）排水减压沟应在枯水期施工，沟的位置、深度和断面均应符合设计要求。

（6）排水减压井应按设计要求并参照有关规范施工。钻井宜用清水固壁，并随时取样、绘制地质柱状图，钻完井孔要用清水洗井，经验收合格后安装井管。每口井均应建立施工技术档案。结合堤防临河防渗及截渗、背水侧导渗等要求，堤基防渗及渗流控制措施如图 6-3、图 6-4 所示。

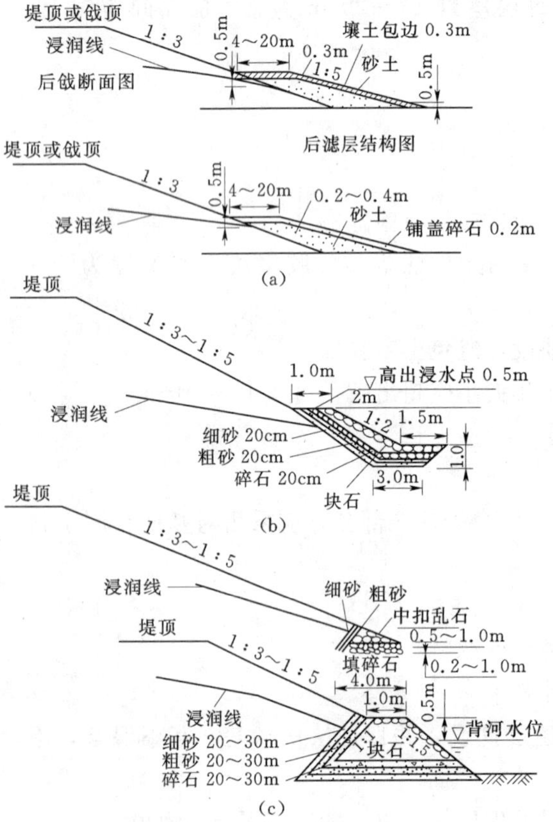

图 6-3　背水侧渗流控制措施

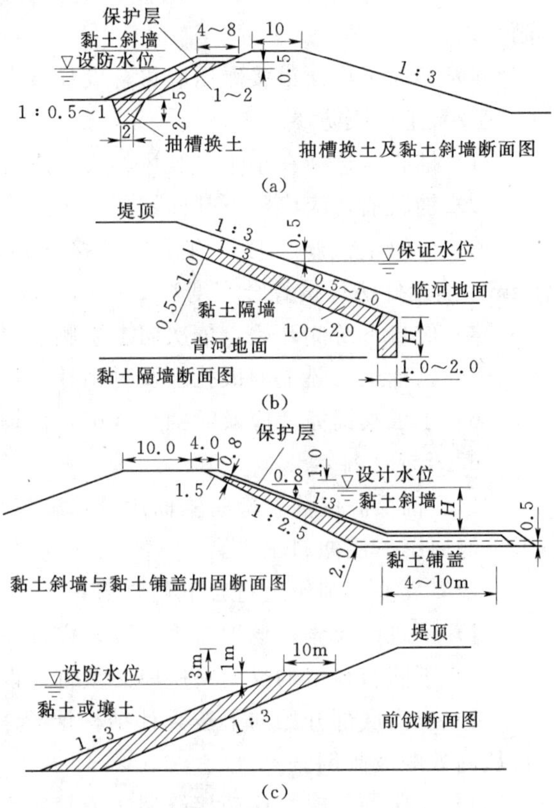

图 6-4　临水侧渗流控制措施（单位：m）

6.1.5　堤岸防护

河道堤岸受风浪、水流、潮汐作用可能发生冲刷破坏的堤段，宜采用工程措施和生物措施相结合的防护方法。工程措施主要有坡式护岸、坝式护岸护滩和墙式护岸等。工程布设之前，应对河道或沟道的两岸情况进行调查研究，分析在修建护岸护滩工程之后，下游或对岸是否会发生新的冲刷。工程应大致按地形设置，外沿顺直，力求没有急剧弯曲，工程高度应保证高于最高洪水位。

6.1.5.1　坡式护岸

坡式护岸也称平顺护岸，用抗冲材料直接铺敷在岸坡及堤脚一定范围形成连续的覆盖式护岸，对河床边界条件改变较小，是一种常见的、需要优先选用的型式。枯水位以下采取护坡脚工程，枯水位与洪水位之间采用护坡工程。一般施工顺序是先护脚，后护坡、封顶。

1. 护脚工程

护脚工程是防护及崩岸整治工程中的基础，护脚方式有抛石（石笼）、抛土袋（土工包）、抛柴枕、抛六棱框架、充沙模袋软体沉排、模袋混凝土（固化砂浆）沉排、铰链混凝土块沉排、混凝土沉井等多种，应遵照设计要求选用。

（1）抛投石料（石笼、土工包、柴枕、六棱框架等）护脚。

抛投前将抛投材料运至施工现场。抛投区的水深、流速、断面形状等抛投前测量完毕，并掌握抛投物料在水中的位移规律。

1）抛投石料（图6－5）由工程监理严格控制量方，对运送石料的船只应抽样称重检查，确定合理的孔隙率。

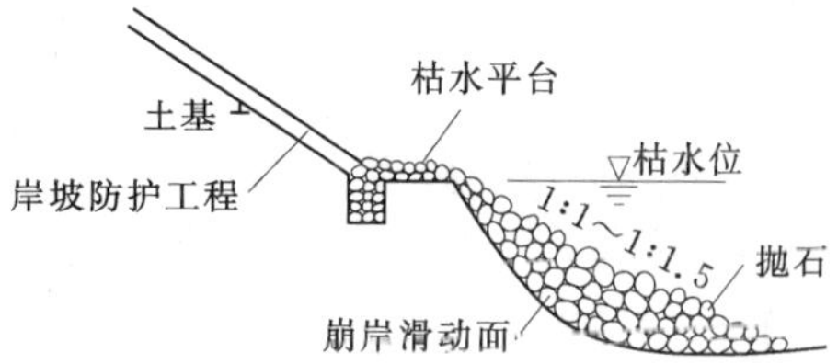

图6－5 抛石护脚示意图

2）抛投时机宜在枯水期内选择。在抛投区平面图上，利用定位船对抛投作业进行控制。

3）定位船按划定网格用经纬仪或全站仪布控，抛投船只挂靠在定位船由施工技术员指定的位置，从深水网格开始向浅水网格依次抛投。遵循原则为：抛石护脚宜从下游侧向上游侧依次抛投，水深流急时，应先用较大石块在护脚部位下游侧按设计厚度抛一石埂，然后再逐次向上游抛投；石笼抛完后，须用大石块将笼与笼之间不严密处抛投补齐。

4）对于抢险或应急护脚工程，应从最能控制险情的部位抛起，依次展开。

5）抛投过程中应及时探测水下抛石坡度、厚度，检查抛投施工情况是否符合设计要求。

（2）铰链混凝土块沉排护脚。

1）在堤（或岸滩）顶稳定地面，沿整治段方向开挖、铺垫层、立模、浇筑成一钢筋混凝土系排梁，并须洒水养护14d。

2）施工前将质量合格的铰链混凝土块排体，运至整治段附近堆放，备好起重和运排船只。

3）用两艘驳船组合成一艘沉排船，在钢板平台的近岸侧焊制圆弧形滑板，并设置拉排梁、卡排梁、拉排卷扬机、提升机等专用设备。

4）沉排顺序在垂直水流方向上，由堤（岸）边向河心进占；在顺水流方向上，由下游侧向上游侧进占。沉排时，由经纬仪控制沉排船移位、定位，必要时由潜水员辅助操作。排体单元应平稳、缓慢沉入到水下设计部位。

5）排体搭接遵照上游排体搭压在下游排体上的原则。排体下如需要铺设土工合成材料时，材料规格和质量应满足设计要求。

（3）混凝土沉井护脚。

1）施工前将质量合格的混凝土沉井运至现场。

2）将沉井按设计要求在枯水时河滩面上准确定位。

3）人工或机械挖除沉井内的河床介质，使沉井平稳沉至设计高程。

4）向混凝土沉井中回填砂石料，填满后，顶面应以大石块盖护。

2. 护坡工程

护坡方式有堆石、干砌石、浆砌石、灌砌石、混凝土预制压块、现浇混凝土板、模袋混凝土以及草皮生态防护等方式，应遵照设计要求和防护段实际情况选用。

护坡施工基本要求：护坡施工应在护脚施工合格的基础上，先从坡脚开始，依次向上护至坡顶；护坡脚槽施工应在低水位时进行，若工程规模较大时，可分段开挖脚槽，并及时砌筑；护坡前，按设计要求先进行削坡，坡面必须平顺坚实，不得有突起、松动块体或虚土浮渣等缺陷；堤（岸）坡线的修整也应大体平顺、流畅；在处理好的坡面上按设计要求铺好碎石粗砂反滤层或土工合成材料垫层；用压有块石的土工布排体将坡脚处盖护，以防坡脚被风浪冲塌；当护坡工程规模较大时，可分块逐一进行护坡施工。

（1）铺土工布堆石护坡。

1）按设计要求铺好反滤垫层，或用土工合成材料替代。

2）堆石作业应综合考虑设计要求、施工能力和江（河、湖）水位等因素，具体确定分层和分段的施工顺序。

3）当施工设计中有控制堆石速率要求时，应设置沉降观测点，准确控制堆石间歇时间。

4）堆石作业可根据护坡工程的具体情况一次或分多次堆放至顶坎。

（2）砌石护坡。

1）按设计要求削坡，并砌筑好条埂，铺好垫层或反滤层。

2）干砌石护坡由低处向高处逐层铺砌，铺砌要嵌紧、整平，铺砌厚度达到设计要求。

3）浆砌石护坡时，应做好排水孔施工。

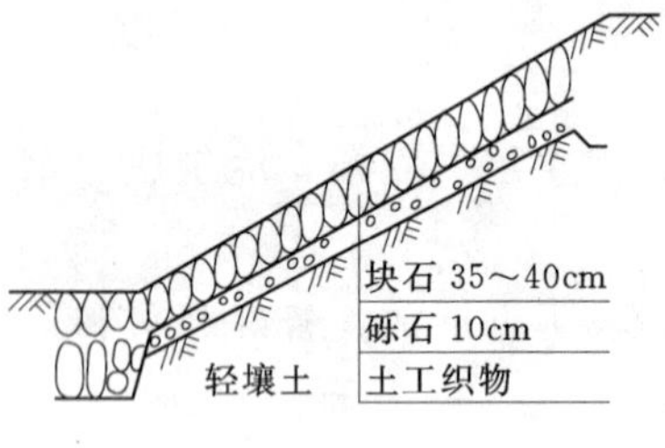

图 6-6　护坡结构

4）灌砌石护坡，要确保混凝土灌筑质量，灌料饱满、振捣密实。护坡结构示意图如图 6-6 所示。

（3）预制混凝土锁块护坡

1）按设计要求人工开挖沟槽，砌筑好条埂。

2）坡面开挖修整，自上而下精心修坡，并洒水湿润后夯实。

3）铺设砂石垫层要求层次分明且振动密实。

4）从坡脚开始，向上分层铺砌预制混凝土锁块。铺砌时应符合下列规定：

a. 有长裂纹和缺棱掉角的预制混凝土锁块应剔除。

b. 锁块铺砌应平整、密实，不能有架空、超高现象。

c. 预制块体缝口应紧密、均匀，缝线应规则。

d. 铺砌好的预制混凝土锁块坡面上不得堆放预制块或其他重物。

若采用带有锚桩的钢筋混凝土框架梁内铺混凝土预制锁块进行护坡时，应符合下列要求：

1）施工前将预制钢筋混凝土锚桩（长度一般为 2～3m）运至现场堆放。

2）按设计要求将锚桩打入堤（岸）坡上，并将桩顶部分凿毛。

3）按设计要求沿锚桩走向挖好锚定沟及堤（岸）坡上的排水盲沟。

4）立好框架梁模板，并将系排梁（预留有锚定钩）、锚桩和联系梁浇筑成一个整体框架。

5）框架梁格内铺土工布，排水盲沟内填碎石，再压盖混凝土预制锁块。

6）框架梁、锚定沟混凝土施工应满足《水工混凝土施工规范》（DL/T 5144—2001）的规定。

（4）草皮生态防护。

1）根据堤（岸）坡具体情况，草皮护坡选用适合当地生长、根系发达的草种，铺植要均匀，草皮厚度不应小于3cm，并加强草皮养护，提高成活率。

2）对有特殊要求堤（岸）坡防护，辅以土工材料三维植物网垫或格栅固土种植基等措施。

3）护堤林、防浪林栽植，按设计要求确定树种、林带宽度和株、行距，并要适时栽种，保证成活率。同时做好消浪效果观测点的选择。

4）植草皮、植防浪林等生态堤（岸）坡防护措施，要与其他措施（如堆石护脚、预制混凝土空心块护坡等）相配合使用。卫运河土工织物结合生物护坡的护坡设计断面见图6-7，护坡护基效果良好。

其他护坡形式如现浇混凝土护坡、模袋混凝土护坡（图6-8）等，可参考有关规定执行。

堤顶防护与要求可参阅规范，封顶工程要与护坡工程密切配合，连续施工，不遗留任何缺口。对顶部边缘处的集水沟、排水沟等设施，要精心组织施工。

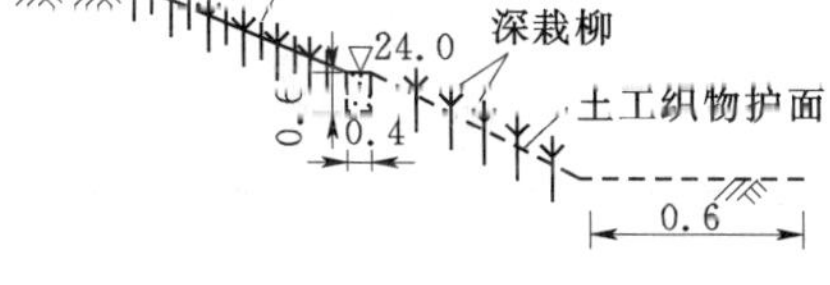

图6-7 护坡断面设计

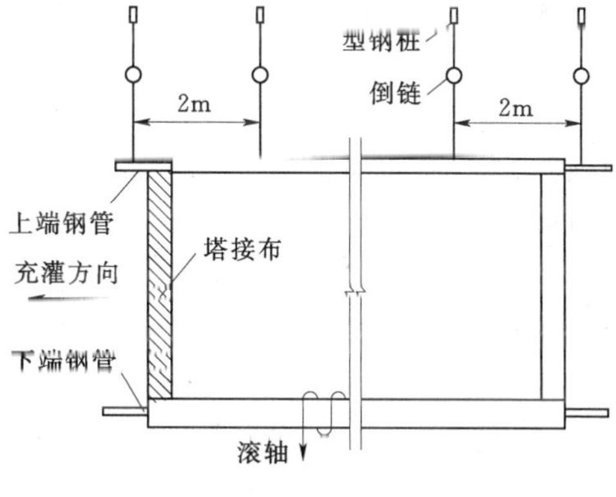

图6-8 模袋铺设平面图

6.1.5.2 坝式护岸

坝式护岸是依托堤身、滩岸修建，主要有丁坝、顺坝以及丁坝与顺坝结合的拐头坝等形式，引导水流离岸，防止水流、风浪、潮汐直接侵袭、冲刷堤岸，危及堤防安全，在一定条件下为河堤、海堤防护所采用。坝式护岸按结构材料、坝高及水流、潮流流向关系，可选用透水、不透水，淹没、非淹没，上挑、正挑、下挑等形式。坝式护岸工程可依堤岸修建，丁坝坝头的位置在规划的治导线上，顺坝沿治导线布置。

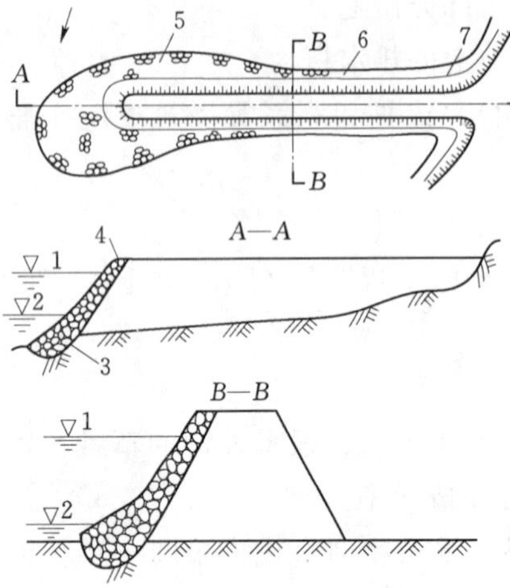

图6-9 丁坝布置图

1—洪水位；2—枯水位；3—抛石护根；4—砌石护面；5——坝头；6—坝身；7—坝根

1. 丁坝

丁坝具有束窄河床、调整水流、保护河岸的功能。丁坝由坝头、坝身和坝根3部分组成，坝根与河岸相连，坝头伸向河槽，在平面上呈“丁”字形（图6-9）。按照坝轴线与水流方向的交角，可分为上挑、下挑、正挑3种。

（1）丁坝的平面布置。丁坝间距一般为坝长的1～3倍，处于治导线凹岸以外位置的丁坝及海堤的促淤丁坝的间距可增大；非淹没丁坝宜采用下挑形式布置，坝轴线与水流流向的夹角可采用30°～60°，强潮海岸的丁坝，其坝轴线应垂直于强潮流方向。

（2）浆砌石丁坝或抛石丁坝的主要尺寸如下：坝顶高程一般高出设计水位1m左右；坝体长度根据工程的具体条件确定，以不影响对岸滩岸遭受冲刷为原则；坝顶宽度一般1～3m；两侧坡度1∶1.5～1∶2.0。

（3）土心丁坝坝身用壤土、砂壤土填筑，坝身与护坡之间设置垫层，一般采用砂石、土工织物做成。坝顶宽度宜采用5～10m，根据工程的需要可适当增减；坝的上下游护砌坡度宜缓于1∶1；护砌厚度可采用0.5～1.0m；土心丁坝在土与护坡之间应设置垫层。根据反滤要求，可采用砂石垫层或土工织物垫层，砂层垫层厚度宜大于0.1m；土工织物垫层的上面宜铺薄层砂卵石保护。

（4）对不透水淹没丁坝的坝顶面，宜做成坝根斜向河心和纵坡，其坡度可为1%～3%。

2. 顺坝

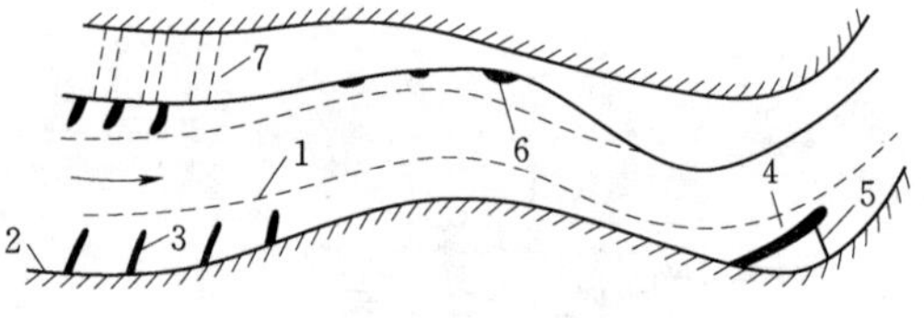

图6-10 多种坝型联合布置图

1—整治线；2—大堤；3—丁坝；4—顺坝；5—格坝；6—柳石枕；7—活柳坝

顺坝是一种纵向整治建筑物，由坝头、坝身和坝根3部分组成。坝身一般较长，与水流方向大致平行或有很小交角，沿整治线布置（图6-10）。顺坝具有束窄河槽、引导水流、调整岸线的作用，因此又称导流坝。顺坝分淹没式、非淹没式两种形式。淹没式顺坝多用于枯水航道整治，其坝顶高程由整治水位决定，并且自坝根至坝头逐渐降低成一缓坡，坡度可以略大于水面比降。为了促淤防冲，顺坡与堤岸之间可以加筑若干格坝，格坝的间距可为其长度的1～3倍，过流格坝的坝顶高程略低于顺坝。对于非淹没式顺坝，一般多在下端留有缺口，以便洪水倒灌落淤。

顺坝根据建坝材料，有土质顺坝、石质顺坝与土石顺坝3类。土质顺坝的坝顶宽2～5m，一般在3m左右，背水坡不小于1∶2.0，迎水坡1∶1.5～1∶2.0；石质顺坝的坝顶宽1.5～3.0m，背水坡1∶1.5～1∶2.0，迎水坡1∶1.0～1∶1.5；土石顺坝坝基为细砂河床的，应设沉排，沉排伸出坝基的宽度，背水坡不小于6m，迎水坡不小于3m。

丁坝与顺坝结合的拐头坝技术要求，可按前述要求执行。

6.1.5.3 墙式护岸

墙式护岸为重力式挡墙护岸，它对地基要求较高，造价也较高，因而主要用于堤前无滩、水域较窄、防护对象重要、受地形条件或已建建筑物限制的塌岸堤段。墙式护岸的结构形式，临水面可采取直立式，背水面可采取直立式、斜坡式、折线式、卸荷台阶式等形式，墙体材料可采用钢筋混凝土、混凝土、浆砌石等。一般布设要求如下：

（1）墙后与岸坡之间，应回填砂、砾石，与墙顶相平。墙体设置排水孔，排水孔处设反滤层。

（2）沿墙式护岸长度方向设置变形缝，其分缝间距：钢筋混凝土结构20m；混凝土结构15m；浆砌石结构10m。岩基上的墙体分段可适当加长，在堤基条件改变处应增设变形缝，并做防渗处理。

（3）墙式护岸嵌入岸坡以下的墙基结构，可采用地下连续墙结构、沉井结构或桩基结构，可采用钢筋混凝土或少筋混凝土。

（4）地下连续墙、沉井采用钢筋混凝土结构时，断面尺寸应结合结构分析确定。

6.1.5.4 其他防护形式

除以上3种形式外，工程中常采用桩式护岸、植树种草等生物防护措施维护陡岸的稳定，保护堤脚不受强烈水流的淘刷、促淤保堤。

桩式护岸的材料采用木桩、钢桩、预制钢筋混凝土桩、大孔径钢筋混凝土管桩等。桩的长度、直径、入土深度、桩距、结构等根据水深、流速、泥沙、地质等情况分析确定。桩的布置可采用1～3排桩，按需要选择丁坝、顺坝等。排距可采用2.0～4.0m。同一排桩的桩与桩之间可采用透水式、不透水式。透水式桩间应以横梁连系并挂尼龙网、铅丝网、竹柳编篱等构成屏蔽式桩坝。桩间及桩与堤脚之间可抛石块、混凝土预制块等护桩护底防冲。有条件的岸滩应采取生态护岸技术，如植树、植草等生物防护措施，可设置防浪林台、防浪林带、草皮护坡等。

6.2 河道整治工程施工技术

河道整治为防洪、航运、供水、排水及河岸洲滩的合理利用，按河道演变的规律，因势利导，调整、稳定河道主流位置，以改善水流、泥沙运动和河床冲淤部位的工程措施。针对平原河道，主要有浅滩疏浚、裁弯取直、河道展宽、滩面治理及加固河道（堤防）岸线和整治绿化等。

6.2.1 河道疏浚

疏浚是使用挖泥船或其他工具、设备开挖水下的土、石以增加水深或清除淤积的工程措施。人工开挖只适用于可断流施工的小河流。机械施工广泛使用各类挖泥船，有时也用索铲等陆上施工机械。

6.2.1.1 挖泥船简介

在设备选型时要考虑生态环境要求、河道宽度、水深、土质、排泥场位置及要求、设备调遣条件及河道通航等各方面因素。根据航行方式的不同，挖泥船分为自航式挖泥船、非自航式挖泥船。按照挖泥机具所采用的不同动力，挖泥船又可分为机械式挖泥船、水力式挖泥船和气动式挖泥船。

如小河道在治理过程中存在河窄、水浅和跨河桥梁净高净宽小等困难，宜选用小型疏浚机械，如泥浆泵、小型绞吸式挖泥船、清淤机等。大型河道则可用绞吸式挖泥船、斗轮式挖泥船、抓斗式挖泥船（图 6-11）、耙吸式挖泥船（图 6-12）、自航式开底泥驳等进行河道疏浚。

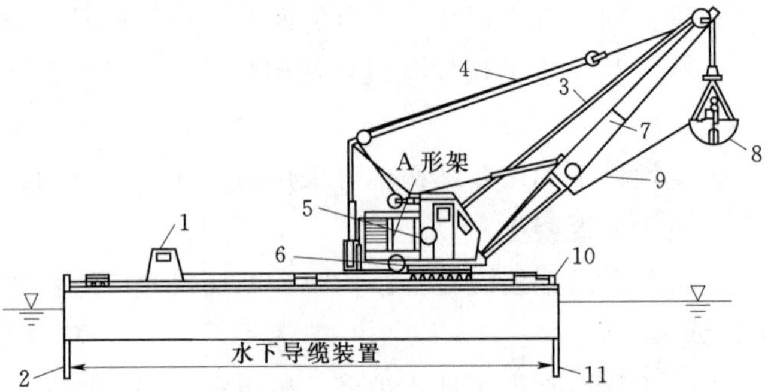

图 6-11 抓斗式挖泥船

1—艉缆；2—边缆；3—抓斗升降启闭钢缆；4—吊杆俯仰钢缆；5—抓斗升降、启闭钢缆滚筒绞车；6—吊杆俯仰钢缆滚筒；7—吊杆；8—抓斗；9—抓斗稳定索；10—艏缆；11—边缆

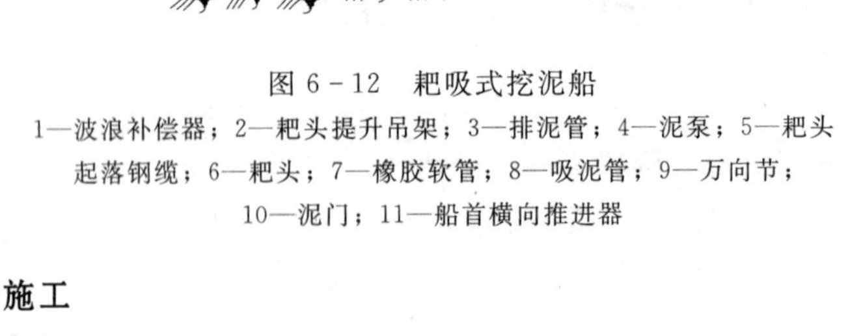

图 6-12 耙吸式挖泥船

1—波浪补偿器；2—耙头提升吊架；3—排泥管；4—泥泵；5—耙头起落钢缆；6—耙头；7—橡胶软管；8—吸泥管；9—万向节；10—泥门；11—船首横向推进器

6.2.1.2 挖泥船施工

1. 施工标志设立

(1) 测量。

施工前对勘测单位提供的测量控制点、水准点进行复核。对丢失的控制点、水准点应补齐，必要时增设辅助导线。疏浚放样点相对于测站点的点位误差不应超过表 6-2 的规定。

表 6-2　　疏浚放样点位误差要求

序　号	项　目		平面位置误差（m）
1	疏浚开挖边线	岸边	±0.5
		水下	±1.0
2	各种管线安装		±0.5
3	挖槽中心线		±1.0
4	疏浚机械定位		±1.0

（2）标志。

1）挖槽设计位置以明显标志显示，可用标杆、浮标或灯标。纵向标志应设在挖槽中心线和设计上开口边线上；横向标志设在挖槽起讫点、施工分界线及弯道处。平直河段每隔50～100m设立一组横向标志，弯道处可适当加密。

2）在沿海、湖泊及开阔水域施工时，各组标志以不同形状的标牌相间设置。夜间同组标志应安装颜色相同的单面发光灯，相邻组标志的灯光，应以不同颜色区别。

3）水下卸泥区设置浮标、灯标或岸标，指示卸泥范围和卸泥顺序。

4）在挖泥区通往卸泥区、避风锚地的航道上设置临时性航标，指示航行路线。必要时在转向区增设转向标志。

5）施工船舶避风水域内，应设置泊位标，并在岸上埋设带缆桩或在水上设置系缆浮筒，以利船舶紧急停泊。

（3）水尺设置。

施工作业区的水尺应设置在便于观测、水流平稳、波浪影响小和不易被船艇碰撞的地方。水尺间距视水面比降、地形条件、水位变化及开挖质量要求来确定。如水面比降小于1/10000时，宜每公里设置一组，水面比降不小于1/10000时，宜每0.5km设置一组。水尺零点宜与挖槽设计底高程一致。

2. 排泥管线架设

（1）排泥管线应平坦顺直，弯度力求平缓。

（2）排泥管支架须牢固可靠，出泥管口伸出围堰坡脚外的长度不宜小于5m，并应高出排泥面0.5m以上。

（3）水陆排泥管应采用柔性接头连接，整个管线和接头不得漏泥、漏水。

（4）因条件限制不能使用水上浮筒管线进行疏浚时，可采用潜管。

3. 挖泥船定位施工

（1）挖泥船定位。

绞吸式挖泥船采用定位桩施工。驶进挖槽起点时，先测量水深，放下一个定位桩，并在船首抛设两个边锚，将船位调整到挖槽中心线起点上，严禁在行进中落锚。逆流向施工时，横移地锚的超前角不宜大于30°，落后角不宜大于15°。

抓斗、链斗、铲扬式挖泥船分别由锚缆、斗桥和定位桩定位。驶进挖槽时航速减至极慢，顺流开挖时先抛尾锚，逆流开挖时先抛首锚。无强风强流时，可将斗桥、抓斗或铲斗下放至泥面，辅助船舶定位。

(2) 挖泥船开挖。

挖泥船工作条件根据船舶使用说明书和设备状况确定。一般可参照表6-3。实际工作条件指标大于表列数值之一时停止施工。当流速小于0.5m/s时，绞吸式挖泥船宜采用顺流开挖，当流速大于0.5m/s时，宜采用逆流开挖。链斗式挖泥船宜采用逆流开挖。抓斗式、铲扬式挖泥船宜采用顺流开挖。

针对下列情况，可分层或分条开挖：

1）泥层厚度超过挖泥船一次最大挖泥厚度时，应分层开挖。上层宜厚，下层宜薄。

2）挖槽断面方量较大，又确有需要提前发挥工程效益时，可分层或分条开挖，即先挖子槽使河道先通后畅。

3）当高潮位水深大于挖泥船最大挖深而低潮位水深又小于挖泥船吃水时，可利用高潮位先挖上层，利用低潮位再挖下层，确保设计挖深达到要求。

4）设计挖槽宽度大于挖泥船的最大挖宽时，应分条开挖。

表6-3　　挖泥船工作条件限制表

船舶类型		风（级）		浪高（m）	流速（m/s）	雾级（级）
		内河	沿海			
绞吸式	$500m^3/h$以上	6	5	0.6	1.6	2
	$200\sim500m^3/h$	5	4	0.6	1.5	2
	$200m^3/h$以下	5		0.6	1.2	2
链斗式	$250m^3/h$及以上	6	6	1.0	2.5～3.0	2
	$250m^3/h$以下	5		0.8	1.8	2
铲扬式	斗容$4m^3$以上	6	5	0.6	3.0	2
	斗容$4m^3$及以下	6	5	0.6	2.0	2
抓斗式	斗容$4m^3$以上	6	5	0.8～1.0	3.0	2
	斗容$4m^3$及以下	5	5	0.6	1.5	2
自航耙吸式		7	6	1.0	2.0	2
拖轮拖带泥驳	294kW以上	6	5～6	0.8	1.5	4
	294kW及以下	6		0.8	1.3	4

6.2.2 堤防抢险加固

工程中堤防险情主要有漫溢、渗水、漏洞、跌窝、滑坡、管涌、崩塌、裂缝、风浪等，需采取针对性措施，对堤防除险加固并确保其安全。现就主要几种加以介绍，其他可参阅相关规范。

1. 漫溢

洪水位持续上涨并逼近堤顶，如不及时迅速加高抢护，水流即漫顶而过。

漫溢抢护原则为“水涨堤高”。当遭遇超标准洪水，并根据预报有可能超过堤顶时，为防漫溢溃决，应迅速加高抢护。工程中除采用分洪截流减小来水流量及增加河道泄洪能力等措施外，主要方法是在堤防临水坡顶部，距堤外肩0.5～1m处抢筑子堤，如土料子堤、土袋子堤、桩柳（木板）挡墙、柳石枕子堤和防浪墙筑子堤等，如图6－13所示。

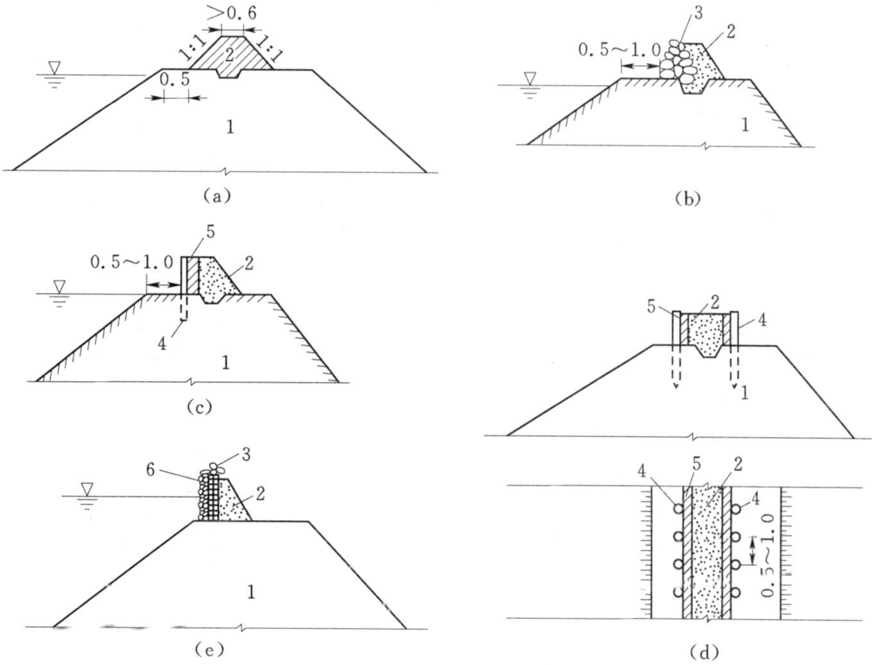

图6－13　抢筑子堤示意图

(a) 土料子堤；(b) 土袋子堤；(c) 木板埽捆子堤；(d) 双层木板、埽捆子堤；(e) 利用防浪墙筑子堤
1—坝身；2—土料；3—土袋；4—木桩；5—木板或埽捆；6—防浪墙

(1) 土料子堤。采用土料抢筑，一般子堤顶宽0.6～1.0m，边坡不陡于1∶1，堤顶应超出推算最高水位0.5～1m，土料尽可能选用黏性土壤。如果水已漫顶，远地运土来不及时，也可用堤内的肩土抢筑子堤。适用于取土便利，堤顶较宽，洪峰持续时间不长及不常遭较大风浪袭击的情况。

(2) 土袋子堤。当风浪较大，取土困难时，可用草袋、编织袋或麻袋等装上黏性土，袋口不宜用绳扎紧，以利铺砌。土袋主要起防冲作用，排砌紧密，袋缝错开。土袋后面可修土戗，遂砌土袋分层铺土夯实。土袋子堤用土少而坚实，耐水流冲击，占用面积小。

(3) 桩柳（木板）挡墙。当取土困难、土袋缺乏、土质较差时，可就地取材，采用桩柳（木板）子堤。

2. 渗水

渗水指在汛期高水位情况下，背河堤坡及附近地面土壤潮湿或有清水渗出的情况。抢护原则为"临河截渗，背河导渗"。一般抢护的方法有临水截渗、反滤沟导渗、反滤层导渗、透水压浸台等。

(1) 临水截渗。根据临水深度、流速、风浪大小及取土难易，采用土工膜布截渗、抛黏土截渗和土袋（柳桩）前戗台截渗，如图6－14所示。

(2) 反滤沟导渗。如果背水坡出现大面积严重渗水，则可开挖导渗沟，在沟内铺设反滤料和加筋透水后戗台，引导渗水排出，降低浸润线。导渗沟的形式有纵横沟、"Y"字沟和

"人"字沟，其尺寸和间距视渗水程度确定。一般顺堤边坡的横沟每隔 6～10m 设一条，沟深不小于 0.5m。具体有沙石导渗沟、土工织布导渗沟和梢料导渗沟，如图 6-15 所示。

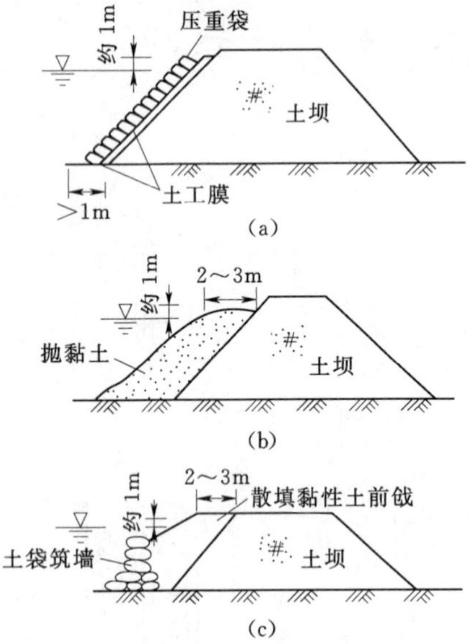

图 6-14　临水截渗示意图

(a) 土工膜截渗；(b) 抛黏土截渗；
(c) 土袋前戗截渗

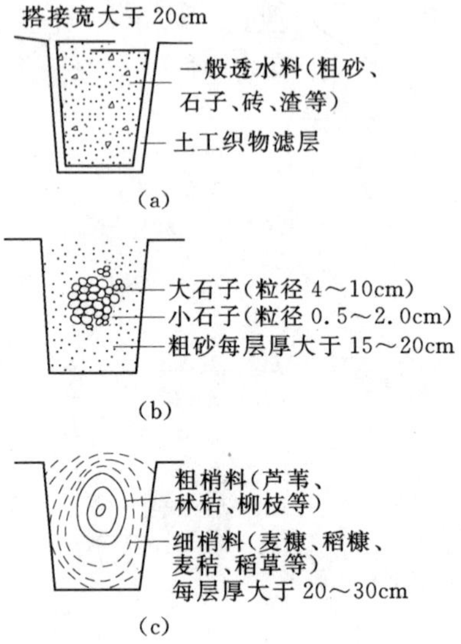

图 6-15　导流沟铺设

(a) 土工织物导渗沟；(b) 砂石导渗沟；
(c) 梢料导渗沟

(3) 反滤层导渗。多用于大堤透水性较强，背水坡土体稀软，挖沟有困难的情况。通过在渗水坡面上铺反滤层，并延至堤脚以外压块石保护，以便起镇脚作用防止滑坡。按反滤材料不同有沙石反滤层、织物反滤层、梢料（柴草）反滤层，如图 6-16 所示。

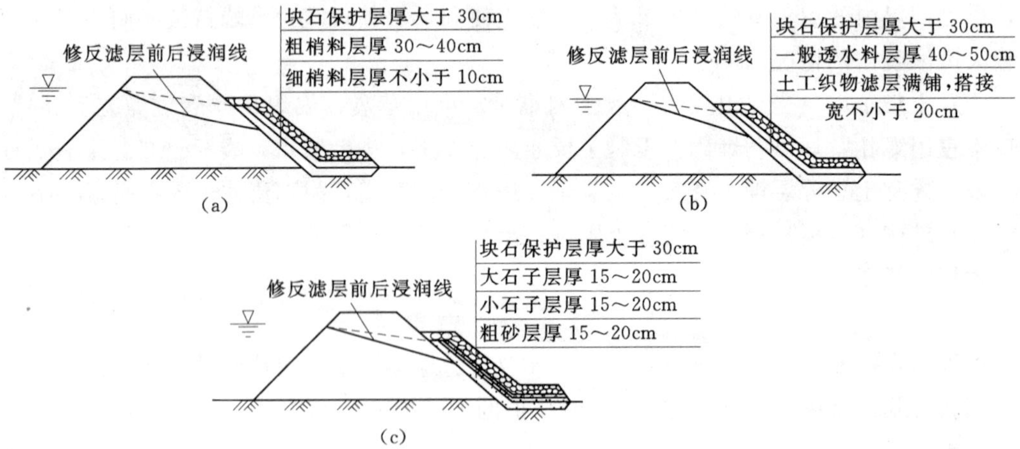

图 6-16　反滤层导渗示意图

(a) 梢料反滤层；(b) 土工织物反滤层；(c) 砂石反滤层

(4) 透水压浸台。由于堤土质量较差，堤身单薄，造成背水坡渗水严重，坡脚土体软化，甚至发生流土，在背水坡可采用此法。既能排出渗水，防止渗透破坏，又能加大堤身断面。具体有砂土后戗、梢土后戗等，如图6－17所示。

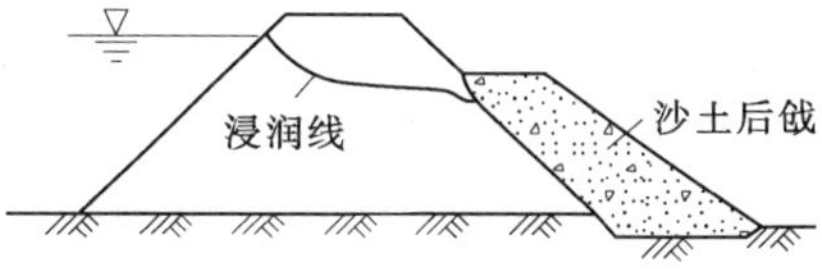

图6－17 砂土后戗示意图

3．漏洞

汛期高水位情况下，大堤背水坡及坡脚附近出现横贯堤身或基础的渗流孔洞，即漏洞。如漏洞出浑水，或由清变浑，或时清时浑，均表明漏洞在迅速扩大，大堤有发生溃决的危险，需要迅速抢护。

漏洞抢堵原则为“临河堵截断流，背河反滤导渗，临背并举”。主要方法有软楔堵塞、软帘盖堵、外月围法（戗堤法）等，如图6－18和图6－19所示。背水坡漏洞出口抢做反滤导渗体如反滤围井、反滤铺盖和透水压浸台法等。

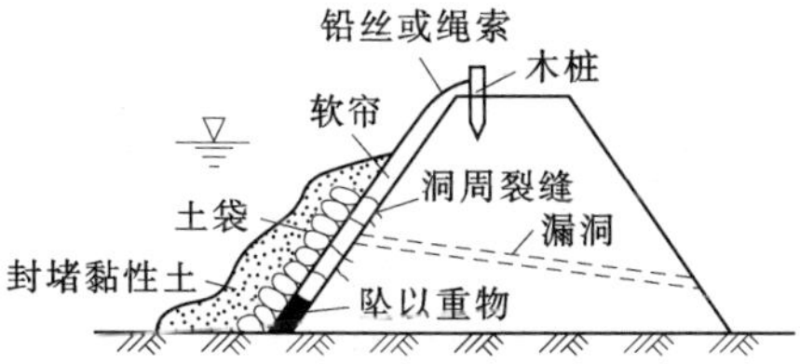

图6－18 软帘盖堵示意图

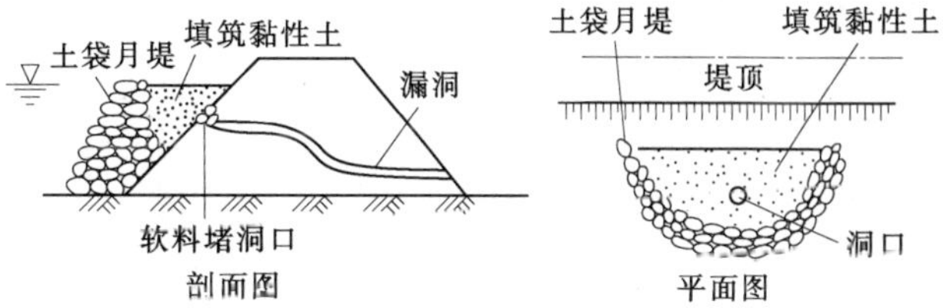

图6－19 外月围法示意图

4．跌窝

跌窝又称陷坑，是在大堤顶部、边坡及坡脚附近突然发生局部下陷并形成的险情。

抢护原则为水位以上的跌窝翻填夯实、水位以下填堵防漏。具体如下：

（1）如果在汛前发现跌窝，先挑出松土，再填土夯实。

（2）对于临水坡水面以下的跌窝，使用土袋直接填实陷坑，也可做小月围，再填黏土封堵和帮宽，如图6－20所示。

（3）发生在背水坡的跌窝，并有渗水或漏洞险情，除尽快进行迎水坡堵截外，对陷坑先将松土或湿软土清除，并用粗沙填实。再在背水坡铺设滤层，如图6－21所示。

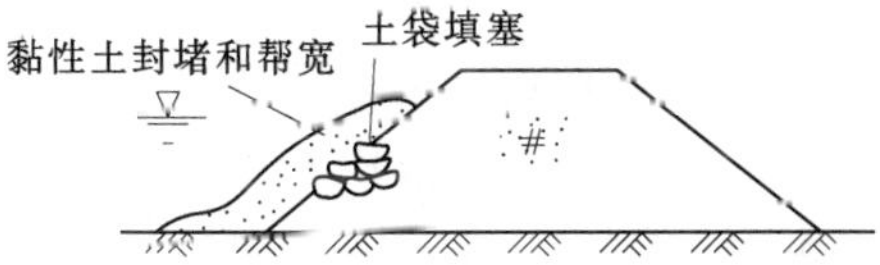

图6－20 封堵跌窝示意图

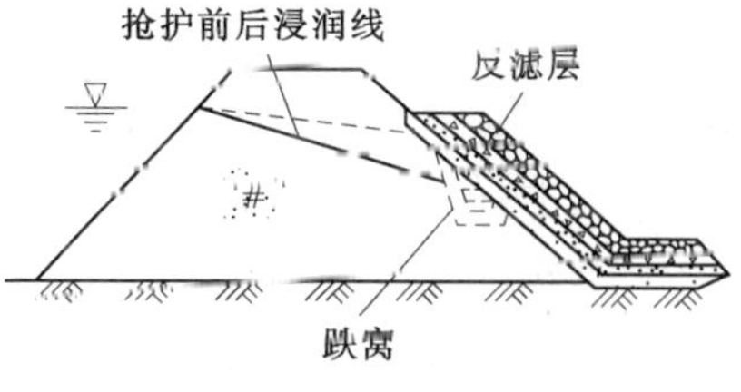

图6－21 反滤料抢护跌窝

5．裂缝

堤防出现的裂缝有横向裂缝、纵向裂缝和龟纹裂缝（裂缝纵横交错不规则）。在判明成因的基础上，处理原则为“消除成因，固堤填缝”。特别是对横贯堤身的横向裂缝，须及时处理。在消除产生裂缝的成因后抢护方法有灌堵缝口、压力灌浆、开挖回填和横墙隔断。

6. 管涌

在堤身背水坡脚附近，或堤脚以外的洼坑、水沟等出现孔眼冒沙的现象称为管涌，其可能引起堤身裂缝、漏洞、坍塌等。抢护原则为“反滤导渗，制止涌水带出泥沙”。抢险方法有反滤围井、减压围井、反滤铺盖和压渗台等。

【引例分析】

珠江堤防工程中的板桩基础施工

珠江堤岸　桩号5＋359.71～6＋080.52m为预制桩基础，其结构形式如图6－22所示。整治后的堤岸线距旧堤岸线15～20m，板桩堤段嵌入砂岩层或下部深入到一定厚度的黏土层，达到下端嵌固作用，上端与L形挡土墙底板连接，形成基础挡土墙，避免堤后回填加荷后下部淤泥流失。

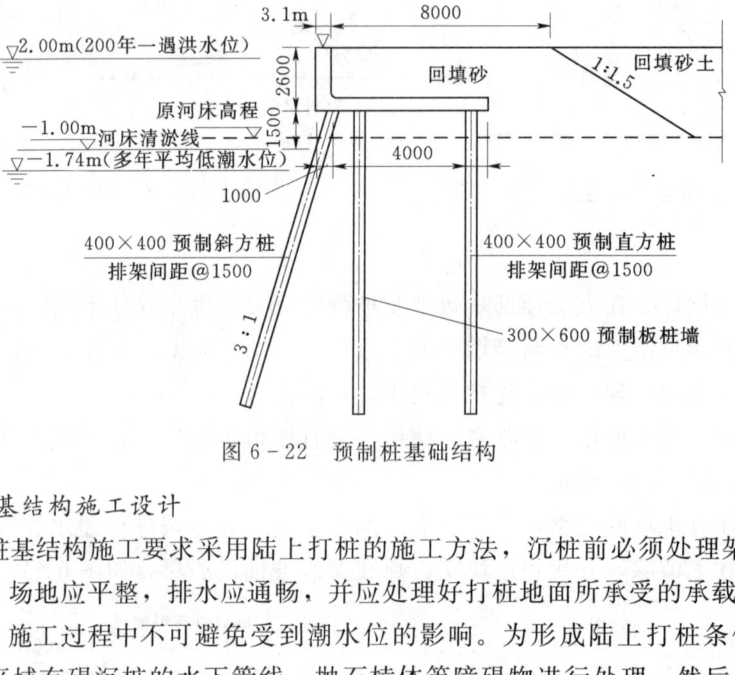

图6－22　预制桩基础结构

1. 预制桩基结构施工设计

本段预制桩基结构施工要求采用陆上打桩的施工方法，沉桩前必须处理架空（高压线）和地下障碍物，场地应平整，排水应通畅，并应处理好打桩地面所承受的承载力。因桩基布置于临岸江中，施工过程中不可避免受到潮水位的影响。为形成陆上打桩条件，设计要求沉桩前对施工区域有碍沉桩的水下管线、抛石棱体等障碍物进行处理，然后回填中粗砂至打桩机所需地面高程。为方便靠江侧一排板桩的施打和利于板桩施工时板桩的受力，要求回填砂离开治导线（该段近似堤岸线）外至少3m。板桩应逐根依次套榫插入，可采用依次沉桩到设计标高或阶梯式沉桩的方法。板桩沉桩的允许偏差应符合表6－4的规定。

表6－4　板桩沉桩的允许偏差

项　　目		板桩允许偏差
板桩平面位置	陆上沉桩	100mm
	水上沉桩	100mm
板桩垂直度	垂直于墙轴线方向	1%
	沿墙轴线方向	1%
钢筋混凝土板桩间缝宽		≤25mm

2. 预制桩基施工

（1）施工平台填筑。根据设计要求，施工平台结构如图6-23所示。该施工平台于2003年4月17日开始填筑，在填筑过程中平台有下沉和向河中心位移的情况，并且填筑平台以外的淤泥有隆起的现象。在填筑过程中采取边沉积边回填的方法，直到满足平台要求高程1.8m为止。到2003年7月18日止，经统计，在3个月的施工平台填筑过程中，平台累计下沉80～165cm。

（2）板桩施工。2003年7月27日在桩号5+591.71m试打第一根12m板桩，8月3日正式施打12m板桩（施工方向由下游向上游方向），采用履带式打桩机，下铺钢板，倒退施工。至8月4日，共完成14根12m板桩的施工，施工过程中板桩定位和收锤标准均满足设计和规范要求。在施打过程中，施工平台有裂缝产生，桩基所压过的地方有明显的下沉现象。8月5日准备继续施工时，发现已完成的板桩向河中心方向有不同程度的偏移。经测量复核，其中有3根偏移15cm，5根偏移5～6cm，6根偏移2cm。从该段地质剖面图揭示，该处淤泥层过后，直接是持力层（强风化泥质砂岩），中间无黏土层，从施工情况也可以证明这一点，板桩根本不能嵌入强风化泥质砂岩。

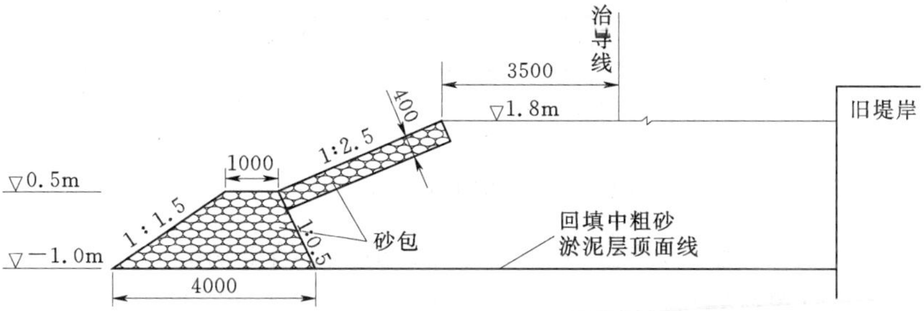

图6-23 施工平台横剖面图（单位：mm）

鉴于板桩顶部位置偏离超出设计要求，因此暂停板桩的施工。经与设计人员研究，为了验证中间黏土夹层的嵌固作用，决定将桩机往上游移动18m，在中间有黏土夹层（约2m厚）的堤段继续施工试打。共施打了19根12m板桩，然后对板桩进行观测，也发生了与前述板桩一样的变位。经现场实测，最大变位达18cm（4个月后，变位达到69cm，因码头使用和材料运输需要，该两段平台未进行加固处理），但是板桩间未形成错位。

3. 板桩变位分析

针对该两段板桩偏移现象，结合工程地质情况，认为板桩产生变位主要是受到不平衡外力的作用，原因有以下3点：

（1）施工平台不稳定。由于施工平台是填筑在呈流塑状的淤泥层上，淤泥层又比较深厚，既没有采取使其加快固结的施工措施，又没有足够长的时间让其自然沉积稳定。在此状况下进行板桩施工，施工平台仍存在下沉和位移的趋势和条件。

（2）不平衡力作用。由于淤泥呈流塑状，板桩下端未嵌入到泥质砂岩中，此时的板桩就像一根插在稀粥中的筷子，稍有外力作用就会产生变位。在施工机械和施工平台垂直荷载作用下，大部分荷载转化为水平力。因靠旧堤岸侧受到约束，当这种影响造成板桩两侧水平力不平衡时，则导致了板桩的位移。

(3) 潮水影响。退潮时，存在一个流水造成的压力，又由于板桩墙的阻隔作用，导致板桩后的水不能及时排出，形成了渗透压力，因此水流的压力也是板桩产生变位的因素之一。

4. 处理方法

依据板桩变位产生的原因，采取的措施应着重解决板桩所受到的不平衡水平力的作用，并确保施工平台相对稳定。要做到同时兼顾，最直接而且最有效的方法就是加大施工平台，利用稳定的平台“固定”住板桩，并使其能承受不平衡力的影响。根据这种指导思想，设计单位根据工程施工实际情况，按瑞典条分法重新核算，提出了新的施工平台结构。新的施工平台结构如图 6-24 所示。在施工过程中，施工平台的填筑由低至高分层填筑，每层控制在 50cm，在填筑过程中将旧堤岸和施工平台之间的水坑填平，以免降雨形成过大的施工平台内外侧水位差，对板桩受力不利；在打桩穿过淤泥层时采用熄火打桩，进入硬的岩石层时，采用低锤打桩，尽量避免对淤泥产生大的扰动和过重的锤击使桩受损。注意打桩顺序，避免桩机压在已施打完成的桩上。

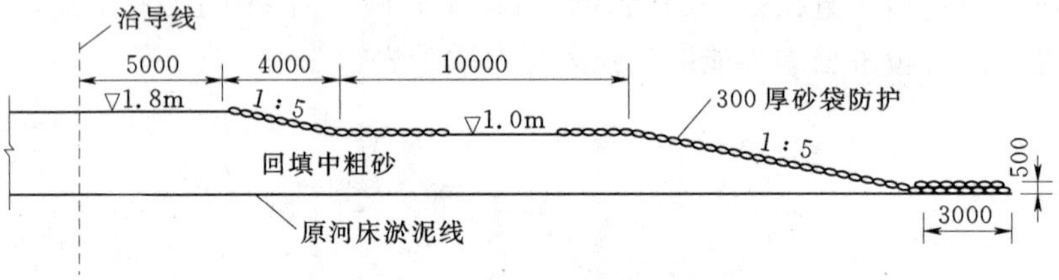

图 6-24　新施工平台结构

对前两段发生偏移的板桩，因其未相互错开，仍具备挡土功能，只要桩顶凿除至不影响斜桩施工，在其两端补桩与后续施工的板桩形成连续挡土体系即可。按上述方法实施，先后完成了各种长度（6m、9m、12m、15m）板桩的施工。施工过程中施工平台稳定，板桩未出现偏移现象，满足了设计和规范要求。

5. 工程总结

(1) 结合该段桩基工程的施工，认为主体工程不但应该有一个结构合理、经济可行的设计方案，还应有一个相应的切实可行的施工措施。这对工程投资、质量、工期控制有时会起到至关重要的作用。

(2) 该段工程水流平缓且位于珠江前航道，航运不繁忙，而且对河道行洪影响不大。若河道属行洪主通道，且处于航运繁忙江段，建议不宜采用填筑施工平台这种施工方法。

(3) 在深厚淤泥层上填筑施工平台，填方较大，施工完成后堤外部分又必须挖除。因此必须考虑填方利用问题；否则工程成本增加较大。因珠江沿岸陆上至岸边施工交通多不便利，预制桩多采用水上运输。填筑施工平台后，桩体上岸难度很大，在设计或施工投标时，应考虑运输的难度和多次转运的因素。

【技能训练】

一、填空题

1. 堤防工程按抵抗水体性质不同，可分为________、________、________

和________。

2. 选择筑堤材料，应组合________、________、________、________等因素综合考虑。

3. 土堤碾压施工，土料或砾质土可采用________或________卸料，砂砾料宜采用________法卸料。

4. 浆砌石筑堤应采用________法砌筑，铺浆厚________；上下层砌石应________砌筑。

5. 常用于大型河道疏浚的挖泥船有________、________、________、________等形式。

二、简答题

1. 按筑堤材料不同，堤防工程可分为哪几类？

2. 碾压筑堤与抛石筑堤有何不同？

3. 抛石护脚和沉排护脚施工时有何要求？

4. 坝式护岸中丁坝、顺坝布置有何要求？

5. 挖泥船施工应注意哪些问题？

6. 堤防出现渗水和漏洞时应如何处理？

项目7 渠系建筑物工程施工

【教学目标】

通过本章的学习能够掌握渠道及渠系建筑物（主要为水闸、泵站、橡胶坝、水工隧洞、渡槽、涵管）的施工工艺流程、施工方法，并能编制渠系建筑物的施工方案。

【教学要求】

知识要点	能力目标
渠道施工工艺、渠系建筑物施工方法、验收标准	掌握渠道施工工艺、渠系建筑物施工流程，能编制渠道及渠系建筑物施工方案
渠系建筑物（如水闸、泵站、橡胶坝、水工隧洞、渡槽、涵管）等施工工艺流程及施工技术	掌握各种渠系建筑物施工工艺流程及技术要求，能编制建筑物施工方案

【引例】

八涌水闸位于容桂街道胜江围［桩号为07＋635m（新）］，在八涌顺德支流出口处，是胜江围防洪大堤北线上的一个具有防洪、排水、引水等多重作用的水闸，并兼有胜江围防洪大堤交通作用（图7－1）。该闸改建于1988年，单孔净宽4.0m，运行至今已有20多年历史，发挥了较大的社会效益和良好的经济效益。但同时也存在诸多问题阻挠着水闸的安全运行。八涌水闸采用天然基础，防洪闸室为钢筋混凝土结构，前后摆手及后闸为浆砌

图7－1 八涌电排站效果

石结构，由于受当时经济及技术条件限制，设计标准低，渗径不足，闸顶欠高；经过20多年的运行，八涌水闸目前存在外观破旧、结构明显沉陷、结构开裂、设备陈旧等多种运行安全隐患，不能满足现行的防洪标准要求。故将原水闸建筑物全部拆除，原址重建新闸，从根本上消除旧闸防洪安全隐患，提高胜江围的防洪能力；水闸建设的同时，新建八涌电排站，有效提高胜江围的排涝能力，排水减灾。该工程建成后，与围内现有电排站及规划中的飞鹅电排站共同作用，胜江围的排涝标准可从目前的10年一遇24h暴雨量2d排干提高到1d排干，且控制最高内水位不大于1.40m的标准。

新建八涌闸站工程位于原八涌水闸闸址处。水闸、电排站分别位于原八涌水闸闸址两侧，自右向左（面向内江）一字排开，采用隔离岛分离。根据地形条件及工程的使用功能，新建水闸、电排站纵轴线平行布置，轴线距16.5m，与原水闸纵轴线成10.38°夹角；闸、站横轴线（堤围中心线）位于旧闸公路桥中心线内江侧，距离约6.4m。

试完成该渠系建筑物施工方案的拟定。

【基本知识学习】

7.1 渠道施工技术

渠道作为输水建筑物，横断面形式有梯形、矩形、U形及复式断面等（图7-2）。渠道施工包括渠道开挖、渠堤填筑和渠道衬砌，其特点是工程量大，施工线路长，工种单一，适合于流水作业施工。渠道基槽应根据设计测量放线，进行挖、填和修整，严格控制渠道基槽断面的高度、尺寸和平整度。

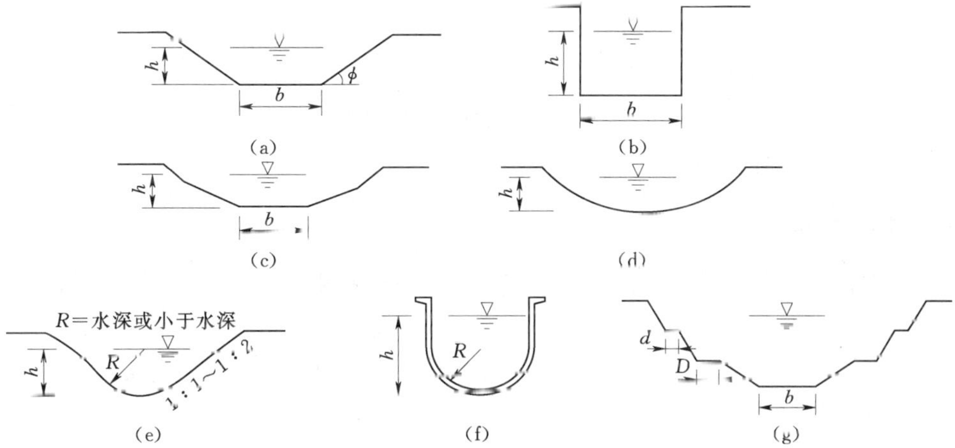

图7-2 渠道断面图

(a) 梯形断面；(b) 矩形断面；(c) 多边断面；(d) 抛物线形断面；(e) 弧形渠底断面；(f) U形断面；(g) 复式断面

7.1.1 渠道开挖

渠道开挖的施工方法有人工开挖、机械开挖和爆破开挖等。选择哪种开挖方法，主要取决于技术条件、土壤种类、渠道纵横断面尺寸和地下水位等因素。渠道开挖的土方多堆在渠道两侧用作渠堤。对于岩基渠道和盘山渠道，宜采用爆破开挖法，一般先挖平台再挖槽。现主要介绍机械开挖渠道施工。

对于渠道开挖较深时，采用反向铲挖掘机开挖具有方便、快捷、生产率高的特点，在生产实践中应用相当广泛，其布置方式有沟端开挖和沟侧开挖。渠道具体的开挖方法、机械设备及验收标准见项目3的相关内容，这里不再赘述。

7.1.2 渠堤填筑

筑渠堤用的土料，不得掺有杂质，以黏土略含砂质为宜。如果用几种土料，应将透水性小的填筑在迎水坡，透水性大的填筑在背水坡。

新建填方渠道，填筑前应清除填筑范围内的草皮、树根、淤泥、腐殖土和污物，刨松基土表面，适当洒水湿润，然后摊铺选定的土料，分层压实。每层铺土厚度，机械压实时，不应大于30cm；人工夯实时，不应大于20cm。土料含水量应按最优含水量控制；针对新建半挖半填渠道的填筑部位，应利用挖方土料按要求进行填筑，达到密实、稳定。在开挖和填筑施工中，宜避免扰动挖方基槽土的结构。填方渠道的取土坑与堤脚保持一定距离，挖土深度不宜超过2m，取土宜先远后近，并留有斜坡道以便运土。半填半挖渠道应尽量利用挖方筑堤，只有在土料不足或土质不适用时，才在取土坑取土。

挖方渠槽、填方渠槽和已建渠道改建工程中将原渠槽填筑到设计高程时，应按设计定好渠线中心桩，测量好高程，定好两侧开挖线。采用机械或人工开挖法施工时，先粗略开挖至接近渠底，再将中心桩移至渠底，重新测量高程后挖完剩下的土方。然后每隔5～10m挖出标准断面，在两个标准断面间拉紧横线，按横线从上至下边挖边刷坡，并用断面样板逐段检查，反复修整，直至符合设计要求为止。

堤顶应做成坡度为2%～5%的坡面，以利排水。填筑高度应考虑沉陷，一般可预加5%的沉陷量。填筑完成后，可对渠堤进行夯实（人工夯实或机械压实）。对小型渠道土堤夯实宜采用人力夯和蛙式夯击机。砂卵石填堤，可选用轮胎碾或振动碾，在水源充沛地方可用水力夯实。

7.1.3 渠道衬砌

渠道衬砌目的是防止渗漏，保护渠基不风化，减少糙率，美化建筑物。目前渠道衬砌的材料有灰土、三合土（四合土）、水泥土、砌石、混凝土、沥青材料和膜料等。在选择衬砌时，应考虑就地取材、防渗效果、渠道输水能力和抗冲能力、管理与养护等因素。

1. *灰土衬砌*

由石灰和土料混合而成，衬砌的灰与土的配合比一般为1∶3～1∶9。一般厚度控制在10～20cm。灰土施工时，先将过筛后的细土和石灰粉干拌均匀，再加水拌和，然后堆放一段时间，使石灰粉熟化，稍干后即可分层铺筑夯实，拍打坡面消除裂缝，灰土夯实后养护一段时间再通水。也有一些工程直接采用土料（黏性土、黏砂混合土）衬砌，厚度大于30cm。

无条件进行试验时，灰土、三合土等土料的最优含水率选取如灰土可采用20%～

30%，三合土、四合土可采用15%～20%。

此种衬砌就地取材，施工简便，造价低，但抗冻、耐久性差，可用于气候温和地区的中、小型渠道防渗衬砌。

2. 水泥土衬砌

水泥土主要原材料为壤土、砂壤土、水泥等，配合比应通过试验确定。一般无冻融作用地区，水泥土配合比为1∶9～1∶7。有冻融作用地区，配合比为1∶6～1∶5。水泥土防渗结构的厚度，宜采用8～10cm。小型渠道不能小于5cm。拌和水泥土时，宜先干拌，再湿拌均匀。

铺筑塑性水泥土前，应先洒水润湿渠基，安设伸缩缝模板，然后按先渠坡后渠底的顺序铺筑。水泥土料应摊铺均匀，浇捣拍实。初步抹平后，宜在表面撒一层厚度为1～2mm的水泥，随即揉压抹光。应连续铺筑，每次拌和料从加水至铺筑宜在1.5h内完成。

考虑预制时，将水泥土料装入模具中，压实后拆模，放在阴凉处静置24h后，洒水养护。在渠基修整后，按设计要求铺砌预制板，板间用水泥砂浆挤压、填平，并及时勾缝与养护。

3. 砌石衬砌

砌石衬砌材料有卵石、块石、条石等，砌筑方法有干砌和浆砌两种。砌石防渗结构，宜采用外形方正、表面凸凹不大于10mm的料石；上下面平整、无尖角薄边、块重不小于20kg的块石；长径不小于20cm的卵石；矩形、表面平整、厚度不小于30mm的石板等。

护面式防渗结构的厚度，浆砌料石宜采用15～25cm；浆砌块石宜采用20～30cm；浆砌石板的厚度不宜小于3cm（寒区浆砌石板厚度不宜小于4cm）。

在砂砾石地区，坡度大、渗漏强的渠道多采用浆砌卵石衬砌。施工时应先按设计要求铺设垫层，然后再砌卵石；砌卵石的基本要求是使卵石的长边垂直于边坡或渠底，并砌紧、砌平、错缝、坐落在垫层上，如图7-3所示。为了防止砌面被局部冲毁而扩大，每隔10～20m距离用较大的卵石砌一道隔墙。渠坡隔墙可砌成平直形，渠底隔墙可砌成拱形，其拱顶迎向水流方向，以加强抗冲能力。隔墙深度可根据渠道可能冲刷深度确定。

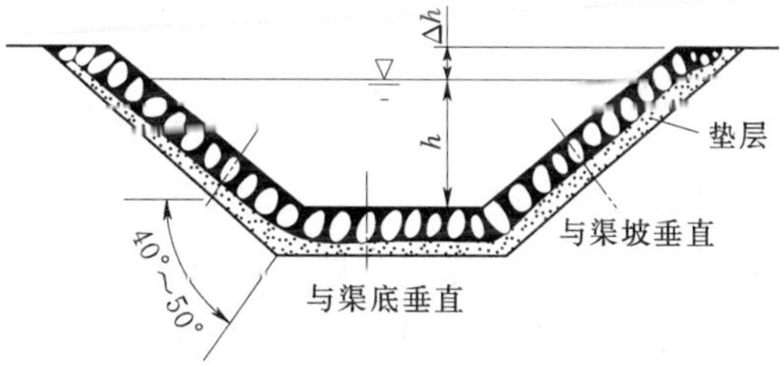

图7-3　浆砌卵石渠道衬砌示意图

渠底卵石的缝最好垂直于水流方向，这样抗冲效果较好。不论是渠底还是渠坡，浆砌料石、块石、卵石和石板，宜在砌筑砂浆初凝前勾缝。勾缝应自上而下用砂浆充填、压实和抹光。

4. 混凝土衬砌

混凝土衬砌防渗效果好，一般能减少90%以上渗漏量，耐久性强，糙率小，强度高，适应性强。工程中多采用板形结构，素混凝土板常用于水文地质条件较好的渠段，厚度控制在6～12cm；钢筋混凝土板则用于地质条件较差和防渗要求较高的重要渠道，厚度控制在6～10cm。钢筋混凝土板按其截面形状的不同，又有矩形板、楔形板、肋梁板等不同形式。矩形板适用于无冻胀地区的各种渠道。楔形板、肋形板多用于冻胀地区的各种渠道；一些小型渠道在工程中有时也采用槽形结构。

(1) 现场浇筑。

大型渠道的混凝土衬砌多为就地浇筑，渠道在开挖和压实处理以后，先设置排水，铺设垫层，然后再浇筑。渠底跳仓浇筑，但也有依次连续浇筑的。渠坡分块浇筑时，先立两侧模板，然后随混凝土的升高，边浇筑边安设表面模板；如渠坡较缓，用表面振动器捣实混凝土时，则不安设表面模板。在浇筑中间块时，应按伸缩缝宽度设立两边的缝子板。缝子板在混凝土凝固以后拆除，以便灌浇沥青混合物、聚氯乙烯胶泥和沥青油毡等填缝材料。常见接缝形式如图 7-4 所示。近年来，一些工程采用了先进的渠道衬砌成套设备，如矩形、U 形衬砌机能够完成集布料、平仓振捣、衬砌一体化的施工作业，工效大为提高。

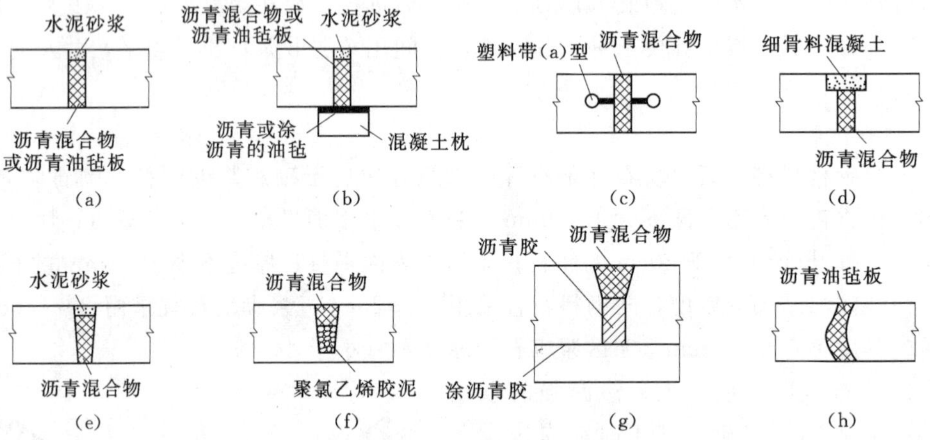

图 7-4　混凝土衬砌渠道伸缩缝设置

混凝土拌和站的位置，根据水源、料场分布和混凝土工程量等因素来确定。中、小型工程人工施工时，拌和站控制渠道长度以 150～400m 为宜；大型渠道采用机械化施工时，以每 3km 移动一次拌和站为宜。有条件时还可采用移动式拌和站或汽车搅拌机。

(2) 预制铺砌。

装配式混凝土衬砌，是在预制场制作混凝土板，运至现场安装和灌筑填缝材料。预制板的尺寸应与起吊运输设备的能力相适应，适宜厚度为 4～10cm。人工安装时，一般为 0.4～0.6m^2。装配式衬砌预制板，施工受气候影响条件较小，在已运用的渠道上施工可减少施工与放水间的矛盾。但装配式衬砌的接缝较多，防渗、抗冻性能差，一般在中、小型渠道采用。

此外，喷射混凝土已在工程中应用，作为衬砌渠道，具有强度高、厚度薄、抗冻及抗渗性好、施工方便等优点，适宜厚度为 4～8cm。适用于大型渠道和 U 形渠道衬砌。

5. *塑料薄膜衬砌*

塑料薄膜具有造价低（运输量少、施工简单）和效果好（适用性强）等优点，多采用埋藏式，可用于铺设梯形、复式梯形、矩形、锯齿形等断面。铺设范围有全铺式、半铺式、底铺式。半铺式和底铺式可用于宽浅渠道，或渠坡有树木的改建渠道。为了施工方便，一般多采用梯形边坡，保护层可用素土夯实或加铺防冲材料，其厚度应不小于 30cm。在寒冷冻深较大的地区，保护层厚度常采用冻深的 1/3～1/2。塑料薄膜防渗的关键是要铺好保护层，以延长使用年限。

膜料（如土工膜、复合土工膜等）可在现场边铺边连接。一般按先下游后上游的顺序，上游幅压下游幅，接缝垂直于水流方向铺设膜层。膜层不要拉得太紧，并平贴渠基，膜下空气应完全排出。填筑过渡层或保护层的施工速度应与铺膜速度相配合，避免膜层裸露时间过长。填筑保护层的土料，不得含石块、树根、草根等杂物。采用压实法填筑保护层时，禁止使用羊脚碾。施工中要注意检查并粘补已铺膜层的破孔。粘补膜应超出破孔周边 10～20cm。

一般无过渡层的防渗结构宜用于土渠基和用黏性土、水泥土作保护层的防渗工程；有过渡层的防渗结构宜用于岩石、砂砾石、土渠基和用石料、砂砾石、现浇碎石混凝土或预制混凝土作保护层的防渗工程。

7.2　水闸施工技术

水闸是一种低水头建筑物，可完成灌溉、排涝、防洪、给水等多种任务。一般由上游连接段、闸室段和下游连接段 3 部分组成（图 7－5）。具施工内容主要有地基开挖与处理、闸室施工（如底板、闸墩等）、上下游连接段施工（如护坦、海漫等）。现主要介绍闸基开挖与处理和闸室施工。

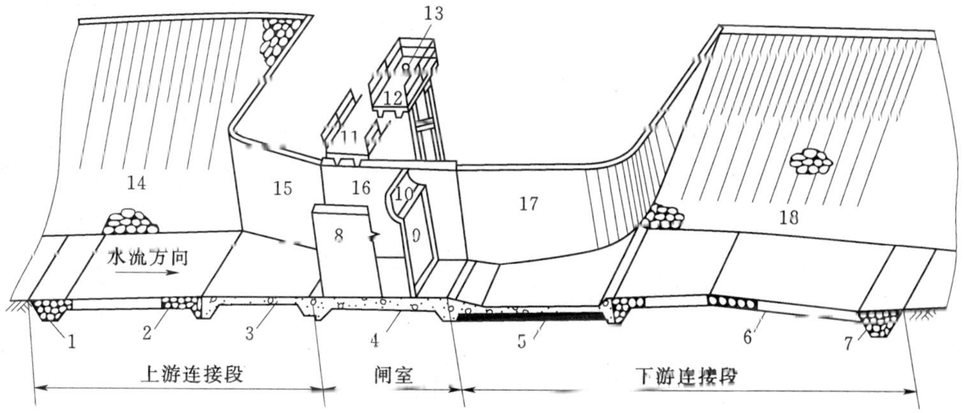

图 7－5　水闸组成

1—上游防冲槽；2—上游护底；3—铺盖；4—底板；5—护坦（消力池）；6—海漫；7—下游防冲槽；8—闸墩；9—闸门；10—胸墙；11—交通桥；12—工作桥；13—启闭机；14—上游护坡；15—上游翼墙；16—边墩；17—下游翼墙；18—下游护坡

7.2.1　闸基开挖与处理

7.2.1.1　软基开挖

软基开挖的施工与一般土方开挖相同，可选用人工挖运、推土机配合皮带机或斗车挖运、反向铲或铲运机挖运、正向铲开挖配合自卸汽车等。要注意尽量减少渗入基坑的水量，使边坡保持稳定。由于软基的施工条件比较特殊，针对具体情况应采取相应的措施。

1. 淤泥

（1）稀淤泥。其特点是含水量高，流动性大，装筐易漏。当稀淤泥较薄、面积较小时，可将干砂倒入，进占挤淤而形成土埂，在土埂上进行挖运作业；如面积较大，要同时填筑多条土埂，分区治理，以防乱流；若淤泥深度大、面积广，可将稀泥分区围埂，分别排入附近挖好的深坑内。

（2）烂淤泥。其特点是淤泥层较厚，含水量较小，锹插难拔，粘锹不易脱离。为避免粘锹，挖前先将锹蘸水，也可用三股钗或五股钗代替铁锹。为解决立足问题，可自坑边沿起，集中力量突破一点，一直挖到埂土上，再向四周扩展；或者采用苇排铺路法，即将芦席扎成捆枕，每3枕用桩连成苇排铺在烂泥上，人在排上挖运。

（3）夹砂淤泥。其特点是淤泥中有一层或几层夹砂层。如果淤泥厚度较大，可采用前面之法挖除；如果淤泥层很薄，先将砂面晾干，能站人时方可进行，开挖时连同下层淤泥一同挖除，露出新砂面。切勿将夹层挖混，造成开挖困难。

2. 流砂

开挖前可人工降低地下水位，不但可以防止流砂产生，而且使土的安息角和密实度增大，减少开挖和回填量。工程中可用管井排水法降低地下水位或轻型井点系统降低水位。

采用明式排水开挖基坑时，由于形成了较大的水力坡降，造成渗流挟带细砂从坑底上冒，或在边坡形成管涌、流土等现象。为避免产生流砂现象，可采取以下措施：

（1）苇捆叠砌拦砂法。苇捆起到拦砂导渗作用。先沿基坑边线挖出一圈，随即用苇捆靠边叠砌，其上可用土袋或块石适当压重。接着再挖第二层，同样砌一圈苇捆，同时在基坑内布置网格状集水沟。

（2）柴枕拦砂法。在坡脚处设柴枕，既可截住由雨水造成的坡面流砂，又可防止由于坡内渗水压力过大造成坡脚坍陷。此法适用于坡面较长基坑开挖很深的情况。

（3）坡面铺设护面层。它可以防止地面径流的冲刷，并起反滤作用，防止坡内渗水把泥砂带出。适用于基坑不大和不深的情况。护面层有两种：一种是在坡面上铺粗砂一层，其上再铺小石子一层，厚度均为5～8cm；另一种是在坡面上铺设爬坡式柴枕，并从坡脚向上，每隔适当距离打入钎枕桩，在坡角设排水沟。

3. 泉眼

泉眼的产生多因为基坑排水不畅，地下水未能很快降低，导致地下水穿过薄弱土层向外流出。若泉眼水为清水，只需将流水引向积水井，排出基坑外；若为混水，先在泉眼上抛粗砂一层，其上再铺小石一层，使泉水中带泥砂的混水变清水流出，引向积水井，排出基坑外；若泉眼位于建筑物底部，应在泉眼上浇筑混凝土。这时先在泉眼上铺设砂石滤层，并用管子将泉水引出混凝土外，管子浇入混凝土中，最后用较干的水泥砂浆将排水管堵塞。

7.2.1.2 软基处理

软基处理方法有换土法、排水法、振冲法、钻孔灌注法及旋喷法等。

（1）换土法。软土层厚度不大时可全部挖除，换填砂土或重粉质壤土，分层夯实。施工时要注意排水，保证干地作业。

(2) 排水法。通常用砂井排水法。砂井直径一般为30～50cm，井距为井径的4～10倍。打设砂井的方法很多，以水射法为最好。它用起重设备吊起，用高压水泵供水。高压水由射水头的喷水嘴喷出冲射软土成孔，在高压水和环刀切割下，射水头下的土变成泥浆，随上升水流排出井口。当冲到设计深度时，在离井底50～100cm处继续冲射2～3min，以彻底排泥和清除井底沉淀物。成孔后灌注洁净级配良好的中、粗砂，即构成砂井。也可采用直径为7～12cm的聚丙烯编织袋装砂，以导管式振动打桩机械埋入（袋装砂井）。或采用塑料板排水法，层中的固结渗流水通过滤膜渗入到沟槽内，并通过沟槽从顶部的排水砂垫层中排出。塑料排水板采用导管式振动插板机埋入地层。

(3) 振冲法。振冲法是用振冲器在土层中振冲成孔，同时填以最大粒径不超过5cm的碎石（或砾石），形成碎（砾）石桩以达到加固地基的目的。振冲法所需主要机具有吊车或卷扬机、振冲器、供水泵、地面电器控制设备及排污设备等。边振边往孔内填料，每次填料厚度不大于80cm，振密一段上提一段，如此分层填料与振实，即形成密实的桩柱。

(4) 钻孔灌注法。施工时用大锅锥或水冲法造孔，在孔中放入预制好的钢筋骨架，水下浇筑混凝土即成灌注桩。再连接各桩顶成一整体，作为建筑物的承台。桩基不仅解决了软基的承载力不足的问题，同时也增强了建筑物的抗滑稳定性。

7.2.2　闸室施工

7.2.2.1　浇筑块划分与浇筑顺序

1. 浇筑块划分

混凝土水闸常由沉陷缝、温度缝分为许多结构块，施工时应尽量利用永久性接缝分块。若划分浇筑块面积太大，混凝土拌和运输能力或浇筑能力难以满足要求时，则可设置一些施工缝。

浇筑块的大小，即浇筑块的体积不应大于拌和站相应时间的生产量。浇筑块面积应保证混凝土浇筑中不出现冷缝。浇筑块的高度可视建筑物结构尺寸、季节施工要求及架立模板情况而定。若每日不采用三班连续生产时，还要受混凝土浇筑相应时间的生产量的限制，以满足式（7-1）的要求，即

$$H \leqslant \frac{Qm}{F} \tag{7-1}$$

式中　H——浇筑块高度，m；

Q——混凝土拌和站的生产率，m^3/h；

F——浇筑块平面面积，m^2；

m——每日连续工作的小时数，h。

2. 混凝土的浇筑顺序

施工中应根据工序先后、模板周转、供料强度及上下层、相邻块间施工影响等因素，确定各浇筑块的浇筑方式、浇筑次序、浇筑日期，以便合理安排混凝土施工进度。安排浇筑进度时，应考虑以下几点：

(1) 先深后浅。基坑开挖后应尽快完成底板浇筑。为防止地基扰动或破坏，应优先浇深基础，后浇浅基础，再浇筑上部结构。

(2) 先重后轻。荷重较大的部位优先浇筑，再浇相邻荷重较小的部位，以减小两者之间的不均匀沉陷。

(3) 先主后次。优先浇筑上部结构复杂、工序时间长，对工程整体影响大的部位或浇筑块。同时注意新块浇筑时，其模板已架立，钢筋、预埋件已安设，且已浇筑块应达一定强度。

7.2.2.2 闸底板施工

1. 平底板施工

水闸平底板浇筑时，一般采用逐层浇筑法。但当底板厚度不大，拌和站的生产能力受到限制时，也可采用斜层浇筑法。

运输混凝土入仓时，必须在仓面上搭设纵横交错的脚手架。混凝土柱间距视脚手架横梁的跨度而定，柱顶高程应低于闸底板表面。底板立模如图7-6所示。

底板混凝土的浇筑，一般均先浇上、下游齿墙，然后再从一端向另一端浇筑。当底板混凝土方量较大，且底板顺水流长度在12m以内时，可安排两个作业组分层浇筑。首先两组同时浇筑下游齿墙，待齿墙浇平后，将第二组调至上游浇齿墙，第一组则从下游向上游浇。

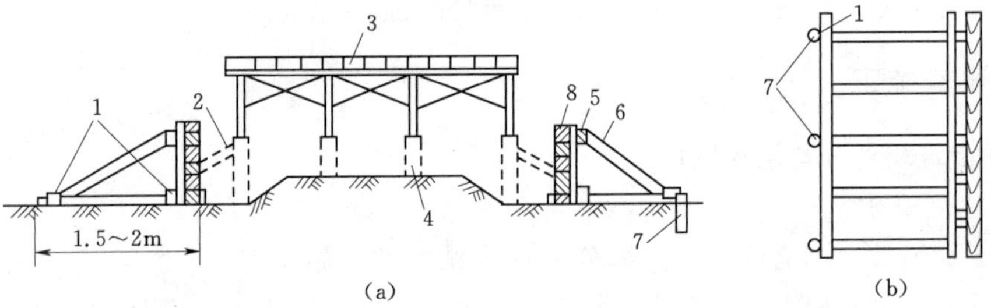

图7-6 底板立模与仓面脚手
(a) 剖面图；(b) 模板平面
1—地龙木；2—内撑；3—仓面脚手；4—混凝土柱；5—横围囹木；6—斜撑；7—木桩；8—模板

当底板浇筑接近完成时，可将脚手架拆除，并立即把混凝土表面抹平，混凝土柱则埋入浇筑块内作为底板的一部分。

为了节省水泥，在底板混凝土中可埋入大块石，但应注意勿砸弯钢筋或使钢筋错位。所以抛块石时，最好在一定部位临时抽掉一些面层钢筋，采取固定位置抛块石，为了使块石埋入一定部位，可用滚动的办法就位。混凝土浇至接近面层钢筋位置时，应将原钢筋按设计要求复位。

2. 反拱底板的施工

(1) 施工程序。

由于反拱底板对地基的不均匀沉陷反应敏感，必须注意其施工程序。采用方法有下面两种：

1) 先浇闸墩及岸墙后浇反拱底板。为了减少水闸各部分在自重作用下的不均匀沉陷，可将自重较大的闸墩岸墙等先行浇筑，并在控制基底不致产生塑性开展的条件下，尽快均衡上升到顶。对于岸墙还应考虑尽量将墙后还土夯填到顶，这样使闸墩岸墙预压沉实，然后再浇反拱底板，从而底板的受力状态得到改善。此法目前采用较多，对于黏性土或砂性土均可采用。

2）反拱底板与闸墩岸墙底板同时浇筑。此法适用于地基较好的水闸，对于反拱底板的受力状态较为不利，但保证了建筑的整体性，同时减少了施工工序，便于施工安排。对于缺少有效排水措施的砂性土地基，采用此法较为有利。

（2）施工要点。

1）由于反拱底板采用土模，因此必须做好排水工作。尤其是砂土地基，不做好排水工作，拱模控制将很困难。

2）挖模前必须将基土夯实，放样时应严格控制曲线。土模挖出后，应先铺一层10cm厚的砂浆，待其具有一定强度后加盖保护，以待浇筑混凝土。

3）采用第一种施工程序，在浇筑岸、墩墙底板时，应将接缝钢筋一头埋在岸、墩墙底板内，另一头伸入土模中，以备下一阶段浇入反拱底板。岸、墩墙浇筑完毕后，应尽量推迟底板的浇筑，以便岸、墩墙基础有更多的时间沉实。为了减少混凝土的温度收缩应力，底板混凝土浇筑应尽量选择在低温季节进行，并注意施工缝的处理。

4）当采用第二种施工程序时，为了减少不均匀沉降对整体浇筑的反拱底板的不利影响，可在拱脚处预留一缝，缝底设临时铁皮止水，缝顶设"假铰"，待大部分上部结构荷载施加以后，便在低温期用二期混凝土封堵。

5）为了保证反拱底板的受力性能，在拱腔内浇筑的门槛、消力坎等构件，需在底板混凝土凝固后浇制二期混凝土，且不应使两者成为一个整体。

7.2.2.3　闸墩施工

闸墩的特点是高度大、厚度小、门槽处钢筋密、预埋件多、闸墩相对位置要求严格，所以闸墩的立模与混凝土浇筑是施工中的主要问题。

1. 闸墩模板安装

为使闸墩混凝土一次浇筑达到设计高程，闸墩模板不仅要有足够的强度，而且要有足够的刚度。所以闸墩模板安装常采用"铁板螺栓、对拉撑木"的立模支撑方法。近年来，滑模施工技术日趋成熟，闸墩混凝土浇筑逐渐采用滑模施工。

（1）"铁板螺栓，对拉撑木"的模板安装。

立模前，应准备好两种固定模板的对销螺栓：一种是两端都绞丝的圆钢，直径可选用12mm、16mm或19mm，长度大于闸墩厚度并视实际安装需要确定；另一种是一端绞丝，另一端焊接一块5mm×40mm×400mm扁铁的螺栓，扁铁上钻两个圆孔，以便固定在对拉撑木上。

闸墩立模时，其两侧模板要同时相对进行。先立平直模板，次立墩头模板。在闸底板上架立第一层模板时，上口必须保持水平，在闸墩两侧模板上，每隔1m左右钻与螺栓直径相应的圆孔，并于模板内侧对准圆孔撑以毛竹管或混凝土撑头，然后将螺栓穿入，且端头穿出横向双夹围囹和竖直围囹木，然后用螺帽拧紧在竖直围囹木上。铁板螺栓带扁铁的一端与水平对拉撑木相接，与两端均绞丝的螺栓要相间布置。在对拉撑木与竖直围囹木之间要留有10cm空隙，以便用木楔校正对拉撑木的松紧度。对拉撑木是为了防止每孔闸墩模板的歪斜与变形。若闸墩不高。每隔两根对销螺栓放一根铁板螺栓。具体安装见图7-7和图7-8。

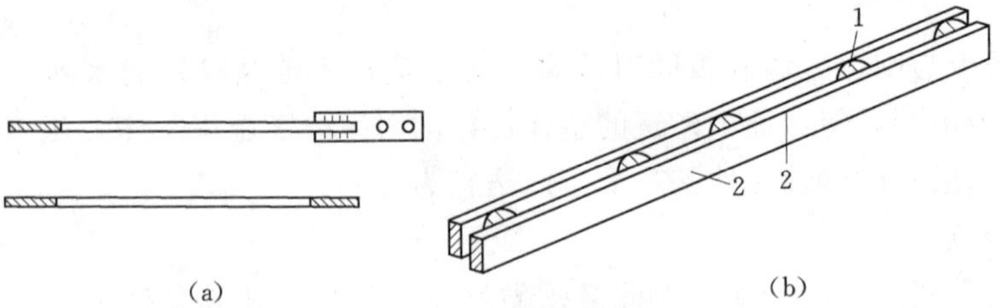

图 7-7 对销螺栓及双夹围囹
(a) 对销螺栓和铁板螺栓；(b) 双夹围囹
1—每隔 1m 一块的 2.5cm 小木块；2—两块 5cm×15cm 的木板

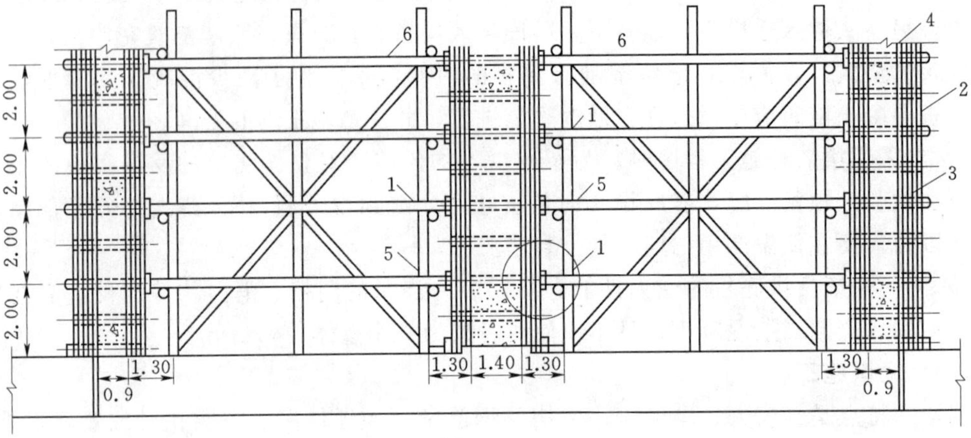

(a)

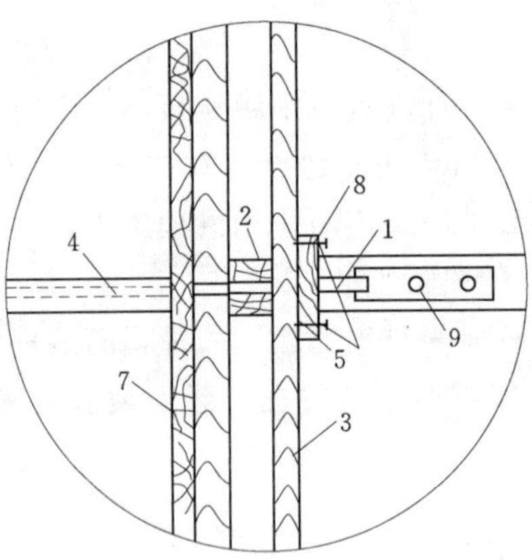

(b)

图 7-8 铁板螺栓对拉撑木支撑的闸墩模板（单位：m）
1—铁板螺栓；2—双夹围囹；3—纵向围囹；4—毛竹管；5—马钉；
6—对拉撑木；7—模板；8—木楔块；9—螺栓孔

闸墩两端的圆头部分，待模板立好后，在其外侧自下而上相隔适当距离，箍以半圆形粗钢筋铁环，两端焊以扁铁并钻孔，钻孔尺寸与对销螺栓相同，并将它固定在双夹围囹上（图 7-9）。

当水闸为3孔一联整体底板时，则中孔可不予支撑。在双孔底板的闸墩上，则宜将两孔同时支撑，这样可使3个闸墩同时浇筑。

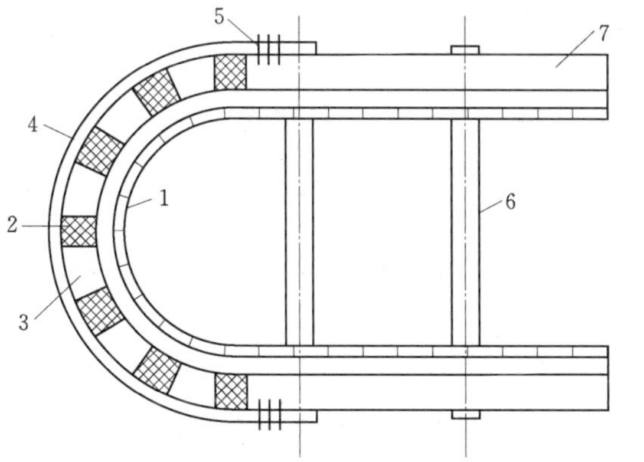

图7-9　闸墩圆头立模

1—模板；2—半圆钢筋环；3—板墙筋；4—竖直围囹，5—扁铁；6—毛竹管；7—双夹围囹

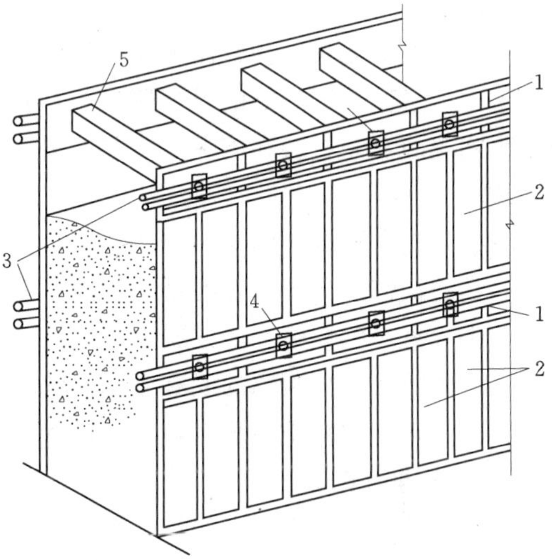

图7-10　翻模组装

1—腰箍模板；2—定型钢模；3—双夹围囹；4—对拉螺栓；5—水泥撑头

（2）翻模施工。

由于钢模板的广泛应用，施工人员依据滑模的施工特点，发展形成了使用于闸墩施工的翻模施工法。立模时一次至少立3层，当第二层模板内混凝土浇至腰箍下缘时，第一层模板内腰箍以下部分的混凝土须达到脱模强度（以98kPa为宜），这样便可拆掉第一层，去架立第四层模板，并绑扎钢筋。依此类推，保持混凝土浇筑的连续性，以避免产生次缝。例如，江苏省高邮船闸，仅用了两套共630m²组合钢模，就代替了原计划4套共2460m²的木模，节约木材200多m³，具体组装见图7-10。

2. 混凝土浇筑

闸墩模板立好后，随即进行清仓工作。用压力水冲洗模板内侧和闸墩底面，污水由底层模板上的预留孔排出。清仓完毕堵塞小孔后，即可进行混凝土浇筑。

闸墩混凝土的浇筑，主要是解决好两个问题：一是每块底板上闸墩混凝土的均衡上升；二是流态混凝土的入仓及仓内混凝土的铺筑。为了保证混凝土的均衡上升，运送混凝土入仓时应很好地组织，使在同一时间运到同一底块各闸墩的混凝土量大致相同。

为防止流态混凝土自8～10m高度下落时产生离析，采用溜管运输，可每隔2～3m设置一组。由于仓内工作面窄，浇捣人员走动困难，可把仓内浇筑面分划成几个区段，每区段内固定浇捣工人，这样可提高工效。每坯混凝土厚度可控制在30cm左右。

7.2.2.4　止水设施的施工

为了适应地基的不均匀沉降和伸缩变形，在水闸设计中均设置温度缝与沉陷缝，并常用沉陷缝代温度缝作用。缝有铅直和水平两种，缝宽一般为1.0～2.5cm。缝中填料及止水设施，在施工中应按设计要求确保质量。

1. 沉陷缝填料的施工

沉陷缝的填充材料，常用的有沥青油毛毡，沥青杉木板及沥青芦席等多种。其安装方法有以下两种：

(1) 将填充料用铁钉固定在模板内侧后再浇混凝土，这样拆模后填充材料即可贴在混凝土上，然后立沉陷缝的另一侧模板和浇混凝土。如果沉陷缝两侧的结构需要同时浇灌，则沉陷缝的填充材料在安装时要竖立平直，浇灌时沉陷缝两侧流态混凝土的上升高度要一致。

(2) 先在缝的一侧立模浇混凝土，并在模板内侧预先钉好安装填充材料的长铁钉数排，并使铁钉的 1/3 留在混凝土外面，然后安装填料、敲弯铁尖，使填料固定在混凝土面上，再立另一侧模板和浇混凝土。

若闸墩沉陷缝两侧的混凝土要同时浇筑，可借固定模板用的预制混凝土块和对销螺栓夹紧，使填充材料竖立平直，浇筑时混凝土上升要均衡。

2. 止水的施工

凡是位于防渗范围内的缝，都有止水设施。止水设施分垂直止水和水平止水两种。可参阅有关规范。水平止水大都采用塑料止水带，其安装与沉陷缝填料的安装方法一样。

有关闸室上部结构施工等内容，可采用立模现浇或预制吊装施工。采用预制构件设计时，要考虑运输、吊装、接缝及建筑物的整体性要求，并拟定出经济、合理的吊装方法和施工技术措施。

7.3 泵站施工技术

泵站主要由泵房、管道、进出水建筑物及变电站等组成，如图 7-11 所示。在泵房内安装有水泵、传动装置和动力机组组成的机组，还有辅机和电气设备等。进出水建筑物主要有取水、引水设施以及进水池和出水池等。泵站的管道包括进水管和出水管。进水管把

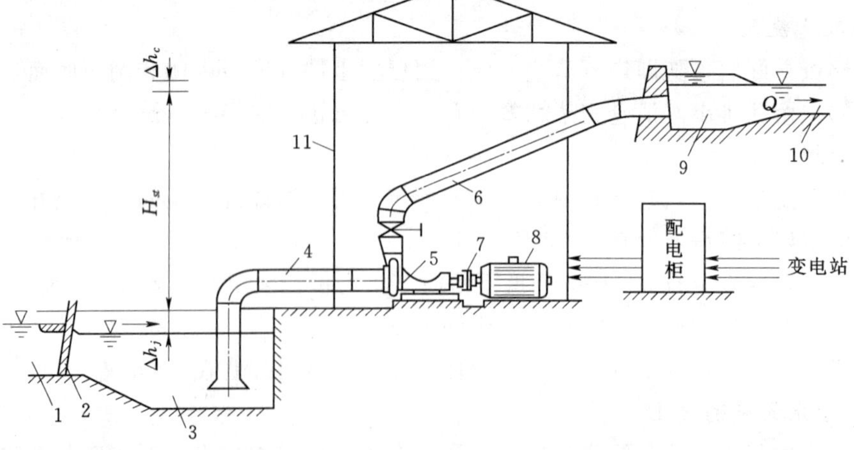

图 7-11 泵站

1—水渠；2—拦污栅；3—进水池；4—进水管；5—水泵；6—出水管；7—传动装置；8—电动机；9—出水池；10—干渠；11—泵房

水源和水泵口连接起来，出水管则是连接水泵出口和出水池的管道。泵站运行时，水流即可通过进水建筑物和进水管进入水泵，通过水泵加压后，将水流送往出水池或管网，从而达到提水或输水的目的。根据泵站担负的任务不同，泵站的布置一般有灌溉泵站、排水泵站、排灌结合站等几种典型的布置形式。

7.3.1　泵房施工方法选择

泵房施工方法选择见表7-1。

表7-1　　泵房施工方法选择

施工方法			选择参考条件
常规施工方法	砖、石砌体结构		适用于一般的送水泵房、加压泵房、循环泵房等及其他在干式施工地点的开槽施工泵房的建设
	现浇钢筋混凝土结构		
沉井施工方法	在水中或岸边	筑岛法	当水深在2m以内，流速小于0.5m/s时可采用
		围堰法	适用于水深小于3.5m，流速小于2.0m/s的水中施工
		浮运、浮吊法施工	水深接近或超过5m时，与其他施工方法比较更为经济的情况下选用
	排水法施工		用水泵将沉井井筒内地下水排除或采用人工降低地下水位的施工方法。适合地下水位不高，或地下水补给量不大，且排水不困难时选用
	不排水法施工		井筒内外不降水，保持沉井内原有水位。适合地下水位高，或地下水补给量大，且排水困难时选用

7.3.2　常规施工泵房

采用常规施工，泵房结构部分主要包括现浇钢筋混凝土结构、砖石砌体结构等。

地上部分的混凝土和砖石砌体施工方法可参照一般建筑施工的有关内容进行，这里不多赘述。地下部分的混凝土和砖石砌体施工可参考水池的相关要求进行。泵房地下和水下部分应按防水要求进行施工，其内壁、隔墙不得渗水，穿墙管均应采用预制防水套管在土建施工中预埋，且保证管道外壁与套管间的沉降空隙满足要求，待泵房沉降平稳后再安装管线，并用柔性防水材料填塞。同时应做好泵房地面的排水及机组基础与泵站底板间施工缝的处理。

7.3.3　深井施工

沉井施工法是修筑地下工程和深埋基础工程所采用的重要施工方法之一，在给水排水工程中常用于取水构筑物、排水泵站、大型集水井、盾构和顶管工作井等工程。平面布置多为圆形、矩形、椭圆形、菱形或不规则形状。

沉井法施工包括沉井制作、沉井下沉和沉井封底等几个主要部分。根据不同的情况和条件，可以采取一次制作一次下沉，也可以采用制作和下沉交替进行。沉井的井筒一般在地面上制作，在井筒内挖土，使井筒靠自重以克服其外壁与土间的摩阻力而逐渐下沉至设计标高。然后平整筒内土层，浇筑混凝土垫层和混凝土底板，完成沉井的封底工作。因此，在地下水位高、渗水量较大或有地下承压水、流砂、软土层、现场狭窄地段及附近已建成地下管线或地上建筑物等情况下，更显其施工优点。

7.3.3.1 沉井制作

沉井制作的地表应平整，没有良好的排水系统，并保持地下水位低于基坑底面不应小于0.5m。采用承垫木方法制作沉井，应根据沉井的重力、地基土的承载力等因素，分析计算砂垫层的厚度、承垫木的数量、尺寸等。在较好的均质土层上制作沉井，可采用无承垫木方法，铺垫适当厚度的素混凝土或砂垫层。沉井分节制作时，每节高度应合理，应保证沉井的稳定性和顺利下沉。制作混凝土沉井时要求浇筑应均匀对称，沉井外壁应平滑；刃脚模板应在混凝土达到设计强度的70%后，方可拆除；分节制作时，应在第一节混凝土达到设计强度的70%后，再浇筑其上一节混凝土。

1. 基坑土方开挖

为减少沉井下沉深度，在沉井筒体制作前先开挖基坑，基坑开挖采用大开口方式进行，边坡坡比为1∶0.5，基坑底的平面尺寸比刃脚的外壁每侧各大2m，在基底四周开挖排水沟，并接入基坑内的集水井中，用排水泵将集水井内的水抽排到远离基坑以外，如图7-12所示。

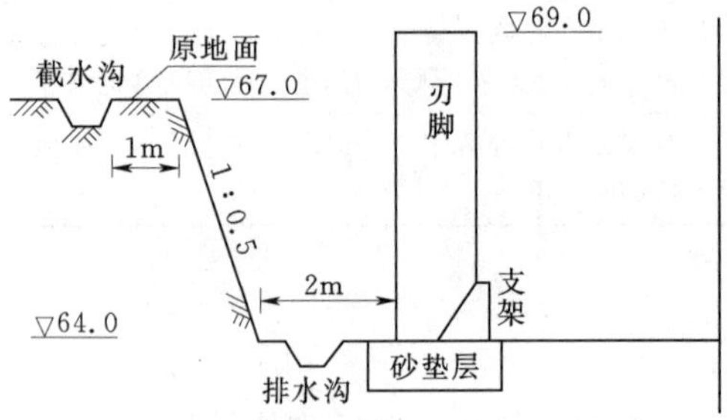

图7-12 基坑开挖示意图

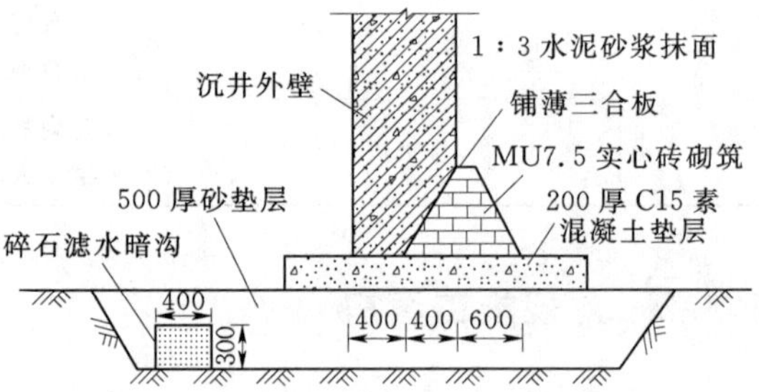

图7-13 沉井刃脚砖座示意图（单位：mm）

2. 沉井井筒的制作

沉井井筒的制作分为两部分，即刃脚支架的制作和井壁的制作。

(1) 刃脚支架的制作。沉井刃脚支架的制作方法视沉井自重、施工荷载和土层承载力等情况而设定，支架方法有砖混结构支架、垫木支架、木支架等类型。

如图7-13所示，为扩大沉井刃脚的支承面积，减小对砂垫层的压力，在刃脚环形混凝土垫层浇筑区按每2m为单位，将混凝土垫层分为54块，中间用2cm厚的缝板将混凝土垫层断隔，采用跳档法浇筑施工。混凝土的强度等级为C10，厚度为15cm，宽度为4.2cm。在已浇筑的混凝土垫层上，采用跳档施工法用砖砌筑刃脚大放脚基础支架。每档之间留有2cm空隙，在靠近刃脚浇筑混凝土的砖模支架面，用水泥砂浆抹面，并铺油毡纸一层。

(2) 井壁的制作。沉井模板采用组合钢模竖向分节制作，底梁、刃脚内侧采用非标准木模。支模先支内模，一次支到比浇筑混凝土施工缝高10cm以上处，待钢筋安装完毕后再进行外模支设和加固。模板纵、横向间距为60cm，用钢管紧固立楞，内、外模用钢管紧锁，并用水平撑加剪刀撑固位。内、外模直立后，用ϕ18mm螺栓对拉固定，在每根螺栓距离内、外模20cm处设置钢板止水片。木模间隙刮腻子找平，模板与已浇筑混凝土接触处，粘贴 50mm 宽泡沫塑料带防漏浆，预埋的插筋用夹板密封。用垂球法校正模板垂直度，且围绕沉井井壁内、外模的外侧，搭设双排门式脚手架。

混凝土浇筑一般采用泵送混凝土工艺进行。将沉井井壁分成偶数段，布置两个混凝土输送出口，同时对称分层进行。施工中应避免高差悬殊，荷载不均衡，防止造成地基不均匀下沉或产生倾斜。

为保证沉井现浇钢筋混凝土的抗渗性能，防止混凝土现浇后的自身渗漏，将混凝土的施工配制强度比设计要求的混凝土强度值提高。由于大体积混凝土易出现收缩性裂缝，为提高混凝土的抗裂抗渗性能，在混凝土内加入适量的 UEA 微膨胀剂以补偿混凝土的硬化收缩。

沉井井壁现浇钢筋混凝土工作面大，其展开长度较长，在混凝土浇筑前，合理布局浇筑面流程图，精确计算每层混凝土的浇筑厚度、每一层混凝土完成所需时间、确定浇筑层厚、单位泵送量与每层完成时间的对应关系，以控制新浇混凝土层的入模、振捣完成时间必须在已浇混凝土初凝之前完成，避免混凝土浇筑层间隙时间长而形成冷缝。

上、下节井壁混凝土的接缝采用凹式水平施工缝，施工缝处凿毛并冲洗干净后，先浇一层减半石混凝土约 7cm，然后再按正常混凝土施工配合比浇筑混凝土。

7.3.3.2　沉井下沉

在沉井刃脚浇筑的混凝土达到设计强度，井壁最后一次浇筑混凝土强度达到设计强度的 70%后，沉井开始下沉。沉井下沉方法如表 7-2 所列。

表 7-2　沉井下沉方法

土　质	下沉除土方法	说　明
砂土	抓土吸泥	若抓土宜用两瓣式抓斗
卵石	吸泥，抓土	以直径大于卵石粒径的吸泥机吸泥为好，若抓斗宜选用四瓣式
黏性土	吸泥，抓土	一般需辅以高压射水，冲碎土层
风化岩	射水，爆破	碎块可用抓斗或吸泥机取出

1. 排水开挖下沉

在稳定的土层中，渗水量较小时可采用排水开挖下沉。具体施工工艺为：①挖土时先将刃脚内侧的回填土分层挖去，定位承垫处的土最后挖除，一层挖完再挖第二层；②土质松软时，在分层挖回填土的过程中，沉井即逐渐下沉，当刃脚下沉至沉井中部土面大体齐平时，即可在中部先向下下沉 40～50cm，再向四周均匀扩挖，分层挖除刃脚内侧的土台，如图 7-14 所示；③在坚硬的土层中，可先分段掏空刃脚，随即回填砂砾，即跳槽法开挖，最后挖定位承垫下的土（岩）层；④遇有岩层时，按顺序开挖刃脚内侧和外侧，风化岩（或软岩）可用风镐、风铲挖除，硬岩层可以采用爆破方式。

2. 不排水开挖下沉

井内挖土深度一般根据土质而定，最深不应低于刃脚下 2m；尽量加大刃脚对土的压力；通过粉砂、细砂等松软地层时，不宜以降低井内水位而减少浮力的办法促使沉井下沉，应保持井内水位比井外高 1～2m，以防止流砂涌向井内，引起沉井倾斜；除了纠偏

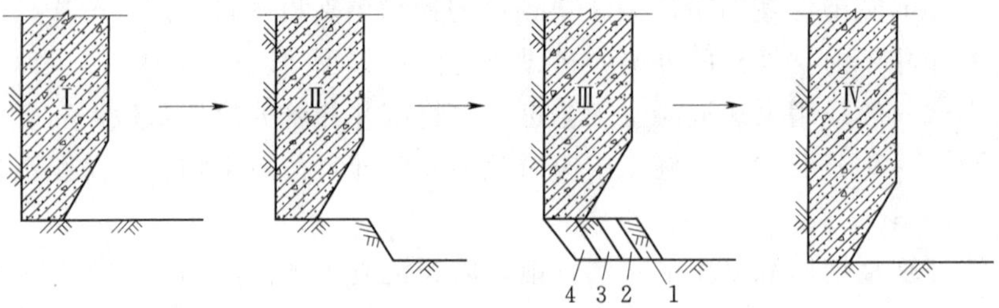

图 7-14 沉井刃脚开挖顺序示意图
1、2、3、4—开挖顺序

外，井内的土应由各井孔均匀清除，各孔内高差不超过 50cm。

抓土下沉施工。抓土施工坑底比刃脚低 1～1.5m，刃脚周边不易坍落时应采用高压水枪冲刃脚部位辅助下沉，多孔井时，每个井孔需配备一套抓土设备。出土方式可采用特制的挂钩甩土或利用井顶运输轨道。

3. 吸泥下沉

吸泥机有水力吸泥机、水力吸石筒及空气吸泥机。通常采用吊架或吊机维持其悬吊状态，管线垂直，并能在井内移动位置，如图 7-15 所示。吸泥时，其吸泥管口泥面高度一般为 0.15～0.5m。吸泥时应经常变换位置，提高吸泥效果，使井底泥面均匀下降，靠近刃脚及隔墙下的土层如不能向中间锅底自行坍落时，可用高压水枪射水冲击。吸泥操作水深不宜小于 5m，因此筑岛一段开始下沉时，可采用排水开挖或抓斗下沉方法，或向井内注水，以增大吸泥深度。吸泥机工作时应经常调整吸泥管口距泥面的高度，以能经常吸出最稠的泥浆为准。工作时注意泥面变化，防止周边坍方埋住吸泥机；停吸时，应先将吸泥机提升一定高度后再关闭风阀。

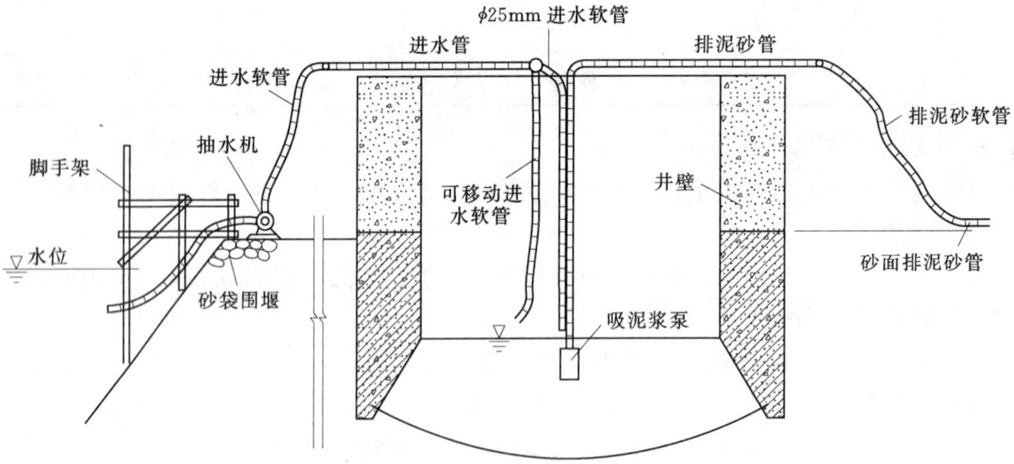

图 7-15 沉井水力吸砂方式下沉施工

4. 沉井下沉过程中发生偏差的原因及预防措施

沉井下沉过程中发生偏差的原因及预防措施见表 7-3。

表7-3 沉井下沉过程中发生偏差的原因及预防措施

序号	产生原因	预防措施
1	筑岛被水流冲坏或沉井一侧的土被水流冲空	事先加强对筑岛的防护，对水流冲刷的一侧可抛卵石或片石防护
2	沉井刃脚下土层软硬不均	随时掌握地层情况，多挖土层较硬地段，对土质软地段应少挖，多留台阶或适当回填和支垫
3	没有对称地抽出垫木或未及时回填夯实	认真制定和执行抽垫操作细则，注意及时回填夯实
4	除土不均匀，使井内土面高低相差过大	除土时严格控制井内泥面高差
5	刃脚下掏空过多，沉井突然下沉	严格控制刃脚下沉土量
6	刃脚一角或一侧被障碍物搁住没有及时发觉和处理	及时发现和处理障碍物，对未被障碍物搁住的地段，应适当回填或支垫
7	井外弃土或河床高低相差过大，偏土压对沉井水平推移	弃土应尽量远弃，或弃于水流冲刷作用较大的一侧面，对河床较低的一侧可抛土（石）回填
8	排水开挖时，井内大量翻砂	刃脚处应适当留有土台，不宜挖通，以免在刃脚下形成翻砂通水通道，引起沉井偏斜
9	土层或岩面倾斜较大，沉井沿倾斜面滑动	在倾斜面低的一侧填土挡御，刃脚到达倾斜岩面后，应尽快使刃脚嵌入岩层一定深度，或对岩层钻孔，以桩（柱）锚固
10	在软塑至流动状态的淤泥土中，沉井易于偏斜	可采用轻型沉井，台面宽度宜适当加宽，以免沉井下没过快而失去控制

7.3.3.3 沉井基底清理

沉井下到设计标高后，应进行基底清理以便封底。

1. 排水清基

当沉井刃脚下岩面较平整，刃脚与岩面间空隙不大时（20cm以内），可用1∶1水泥砂浆封堵间隙后排水清基；岩石风化层较多，清基时应将风化层全部凿除，然后由潜水工将刃脚与岩石间空隙部分泥砂软层清理干净，在刃脚内侧堆码一圈砂袋，作为封堵砂浆的内模，用塑料袋或桶装1∶1水泥砂浆（必要时可掺2%氧化钠）缓缓吊送给潜水工，由潜水工将砂浆倒入砂袋与刃脚的空间内进行封堵，施工应连续进行。待砂浆达到一定强度后抽水进行井内清基工作。

2. 非岩石类土基底水下清基

基底设置在非岩石类土层上的沉井、井孔内、刃脚及隔墙下的土层均应进行清理，以形成封底坑。清基时可采用射水、吸泥泵交替进行。清理时应注意控制泥面高度以及不要过分扰动刃脚下土层，以免引起翻砂或下沉，基底范围内的浮泥松土不宜超过10cm，封底混凝土高度内的井壁及隔墙底面的黏泥应尽可能洗净。由潜水员和测量人员共同测定井孔底面标高。

7.3.3.4 沉井封底

沉井下沉至设计标高并清除沉淀淤泥后，应进行沉降观察，8h内沉降量不大于10mm时方可封底。封底采用垂直导管法灌注水下混凝土封底，在井孔内垂直放入多根内径为

200～300mm 的钢制导管，导管数量及在平面上的布置应使各导管有效灌注半径互相搭接，并盖满全部基底。管底距基底面 30～40cm，在导管顶部接一漏斗，在漏斗颈部安放球塞，并用绳索系牢。漏斗内盛满坍落度较大的混凝土，用砍球法灌注混凝土。在灌注混凝土过程中，对于导管断裂、接头漏水、球塞卡堵等常见故障采取相应预防措施。

7.3.4 设备基础施工

在泵站施工中，设备基础精度要求高，技术复杂，施工工序多，交叉作业多，工作面有限，所以必须组织严密，各工种协调配合。

7.3.4.1 设备基础的施工方案

设备基础施工的先后顺序将影响到结构安装的方法、施工进度和经济效果。设备基础的施工可以有两种方案：

（1）厂房柱基础和厂房结构先施工，设备基础后施工，通常称为封闭式施工。

（2）厂房柱基础和设备基础先施工，厂房结构后安装，通常称为开敞式施工。

两者各有优点。封闭式的优点是对构件的预测、拼装、运输和起重机开行都比较方便；设备基础施工不受气候影响，有时还可以利用厂房内已安装好的桥式起重机浇捣设备基础混凝土。缺点是：部分土方重复挖填（如靠近柱基处的回填土）；设备基础施工时场地拥挤，开挖土方及浇筑混凝土的施工条件较差。而开敞式的优缺点则与此相反。

两种方案的选择应根据工期要求、图纸到达时间、土质情况、地下水位、施工设备、基础分布密度、施工地区气候特征和施工季节等具体条件而定。一般来说，如设备基础较大较深、分布密度较大，其开挖范围与柱基挖土连成一片，或者厂房地区土质不好的往往采用开敞式施工方案。这时，如设备基础有碍结构安装时，起重机的开行可考虑在设备基础内填砂或铺道木，或者在可能条件下先施工地坪以下的设备基础，待厂房结构安装后再施工地坪以上的设备基础。当起重机的起重臂很长，在厂房两侧开行就能解决全部吊装时也可采用开敞式。在特殊情况下，如在湿陷性黄土地区采用重锤夯实法进行土壤地基加固时就只能采用开敞式施工。如设备基础不大、分布密度较小、在结构安装后施工对厂房结构稳定性并无影响时，往往采用封闭式施工方案。有时虽然设备基础较宽、较深，但当采用特殊施工方法（如沉井法）时也可采用封闭式。

设备基础混凝土垫层由于平面较大，浇筑时宜根据基础平面特点及运输、浇筑情况，划分若干作业区，分区分层地浇筑。

7.3.4.2 设备基础地脚螺栓的固定

地脚螺栓是用来固定机器设备于钢筋混凝土基础上，其位置是否正确与牢固，直接影响机器设备安装的准确性。因此，地脚螺栓的安装是设备基础施工中一项非常重要的工作。

地脚螺栓依其埋设方式不同，可分为活、死地脚螺栓两种。活地脚螺栓是在浇筑混凝土前把木板制的方形或圆形壳子放在螺栓所在位置，预留螺栓孔洞，在浇筑混凝土时将螺栓的锚板埋于基础内，在锚板下装一小铁匣，以留出小穴，便于安装螺栓头。安装机器时将地脚螺栓通过预留孔洞插入锚板中，旋转 90°后，上面用螺母拧紧即可。活地脚螺栓由于施工复杂，应用较少。死地脚螺栓即将地脚螺栓预埋在混凝土内。为保证其位置的正确，浇筑混凝土时需用地脚螺栓固定架临时加以固定。其固定架所用的钢材，一部分可回收，另一部分即埋在混凝土中。还可以采用环氧砂浆粘接地脚螺栓的方法，可省去用于固定架所需的钢材和预留孔洞的模板，而且缩短工期、减轻劳动强度、保证地脚螺栓安装精度、降低成本。

7.3.4.3　设备基础混凝土的浇筑

1. 浇筑前的准备工作

浇筑前的准备工作包括混凝土的运输、浇筑方案的制定，现场道路的铺筑，水、电线路的架设，浇捣机具的准备，以及浇筑前的有关质量检查工作等。

设备基础由于体积大而又要求一气呵成，一般需要分层浇筑、分层捣实（或分段分层），同时又需使每一处的混凝土在初凝前就被上一层的新混凝土覆盖并捣实完毕。

选择浇筑方案时，必须进行具体分析和比较。当厂房内桥式起重机尚未完成时，才用履带式起重机吊装或混凝土泵泵送；当厂房内桥式起重机已安装好，则利用它来浇筑最为方便。

混凝土浇筑前的质量检查，首先将设计资料逐一查对，然后进行施工检查，检查设备基础的中心线及标高，地脚螺栓及各种管道的位置、标高、数量和规格，埋设铁件的位置和数量，模板的位置及尺寸，钢筋的形式、规格、数量和间距等，并做好记录备查。

2. 设备基础混凝土的浇筑

设备基础的浇筑高度一般应比设计标高低4～5cm，待设备安装完毕后，再进行二次浇筑找平。混凝土的浇筑只能停歇在伸缩缝处或预先拟定的施工缝处，以保证基础的整体性。

在地脚螺栓附近，每层混凝土的顶面都应比周围稍高，使混凝土泌水流向四周，不致沿螺栓下渗，以免影响混凝土与螺栓的粘接力。螺栓四周必须振捣密实，振动器离螺栓表面必须保持20cm的距离，并垂直插入，以免碰动地脚螺栓。在浇筑混凝土时，地脚螺栓的丝扣应包好，以免沾上水泥浆或碰坏。

设备基础中的管道常密排在一起，且上下数层纵横交错，这些地方的浇筑要特别注意。当管道覆盖宽度在0.8～1.2m且不超过3层时，可由两侧斜向插入振动器捣实管道下的混凝土。在多层管道交叉部分，采用此法难以保证浇筑质量时，应采用坍落度较大（6～8cm）的混凝土，并多设串筒。

沟道混凝土灌注时若混凝土浇筑到沟底，则应立即捣实，防止在灌注沟侧混凝土时水泥浆下渗，使成沟侧产生蜂窝、麻面。当灌注沟侧混凝土时，部分混凝土可能进入沟底，因此在灌注沟底时，可略低于设计标高，以后补平。

7.3.5　泵房施工

泵房从结构上可以分为下部结构和上部结构。下部结构（如底板层、水泵层等）多为现浇钢筋混凝土，上部结构（如厂房柱、屋面板等）多为预制钢筋混凝土。

泵房施工中，为了防止缝口漏水，在平面上一般不许设置垂直缝。泵房内部的机墩、隔墙、楼板、柱、墙外启闭台、导水墙等可分期浇筑。

泵房底板地基必须经过工程验收合格，才能进行混凝土施工。施工时，地基面上宜先浇一层素混凝土垫层，其厚度为80～100mm，混凝土强度不应低于C10，垫层混凝土面积应大于底板面积，以利施工，避免搅动地基土。模板制作安装的允许偏差应按有关规定确定。底板上、下层钢筋骨架网应使用有足够强度和稳定性的柱撑。柱撑可为钢柱或混凝土预制柱。底板应架设与上部结构相连接的插筋，插筋与上部钢筋的接头应错开。混凝土浇筑前应全面检查准备工作，经验收合格后才能开盘浇筑。

混凝土应分层连续浇筑，不得斜层浇筑。如果浇筑仓面较大，可采用多层阶梯推进法浇筑，其上、下两层前后距离不宜小于1.5m，同层的接头部位应充分振捣，不得漏振。在斜面基底上浇筑混凝土时应从低处开始，逐层升高，并采取措施保持水平分层，防止混凝土向低处流动。

混凝土浇筑过程中。应及时清除粘附在模板、钢筋、止水片和预埋件上的灰浆。混凝土表面泌水过多时应及时采取措施，设法排去仓内积水，但不得带走灰浆。混凝土表面应抹平、压实、收光，认真养护，防止产生干缩裂缝。

泵房上部结构的施工参照一般建筑施工的有关内容，这里不多赘述。

7.4 水工隧洞施工技术

水工隧洞施工主要是开挖、衬砌和灌浆。由于多在岩石中开凿，开挖掘进方法有钻孔爆破法和掘进机开挖。钻孔爆破法开挖的施工过程为测量放线、钻孔、装药、爆破、通风散烟、安全检查与处理、装渣运输、洞室临时支护、洞室衬砌或支护、灌浆及质量检查等。衬砌和支护的形式，常用现浇钢筋混凝土衬砌及喷锚支护。

7.4.1 隧洞的开挖

7.4.1.1 开挖方式

隧洞的开挖方式有全断面开挖法和导洞开挖法两种。开挖方式的选择主要取决于隧洞围岩的类别、断面尺寸、施工机械化程度和施工水平。

1. 全断面开挖法

全断面开挖是指整个开挖断面一次钻爆开挖成型，在隧洞断面不大（不超过16m²），或断面尺寸虽较大，但地质条件好，山岩压力不大，不需要支撑或只需要局部简单支撑，而机械设备又比较完善时，均可采用全断面开挖法。

全断面开挖的施工程序是全断面一次开挖成洞，后面紧跟衬砌作业。其施工特点是净空面积大，各工序相互干扰小，有利于机械化作业，施工组织较简单，掘进速度快。但这种方式受到机械设备、地质条件和断面尺寸的限制。

全断面开挖又分为垂直掌子面掘进和台阶掌子面掘进两种。

垂直掌子面掘进能使用多台钻机或钻孔台车，因而适宜于大型机械设备施工。全断面垂直掌子面开挖掘进、机械化施工的示意图，如图7-16所示。它采用钻孔台车钻孔、装渣机向电瓶机车牵引的斗车装渣，衬砌采用钢模台车立模，由混凝土泵及其导管运输混凝土进行浇筑。

台阶掌子面掘进，是将整个断面分为上、下两层，上层超前2～3.5m，上下层同时爆

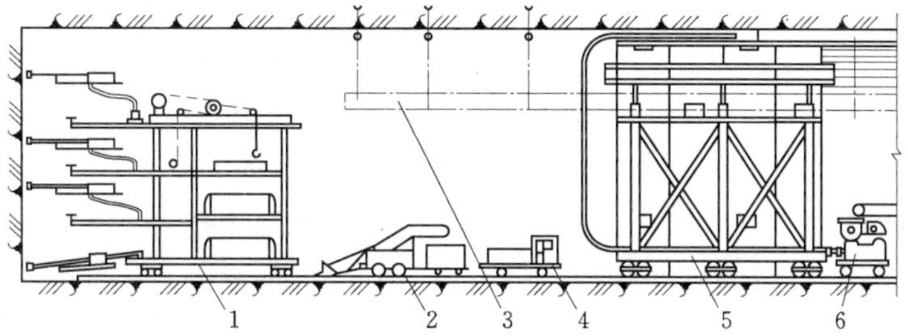

图 7-16　全断面开挖机械化程序

1—钻孔台车；2—装渣机；3—通风管；4—电瓶车；5—钢模台车；6—混凝土泵

破。通风散烟后，迅速清理好台阶上的石渣，就可以在台阶上钻孔，使下层出渣与上层钻孔同时作业。下层爆破由于增加了临空面，可以少用炸药。这种方式适用于断面较大，围岩稳定性好，但又缺乏钻孔台车等大型机械设备的情况。在掘进过程中要求上、下两层同时爆破，掘进深度应大致相同。

2. 导洞开挖法

在待开挖的隧洞中先开挖一个小断面的洞作为先导，称为导洞。等导洞贯通后再扩大开挖出设计断面。隧洞较长时，也可在导洞开挖一定距离后，接着进行断面扩大，使导洞开挖与断面扩大相隔 10～15m 的距离同时并进。

根据导洞在横断面位置的不同，有下导洞、上导洞、中导洞、双导洞等。

(1) 下导洞开挖法。

导洞布置在断面的下部，又称漏斗棚架法，其施工程序如图 7-17 所示。

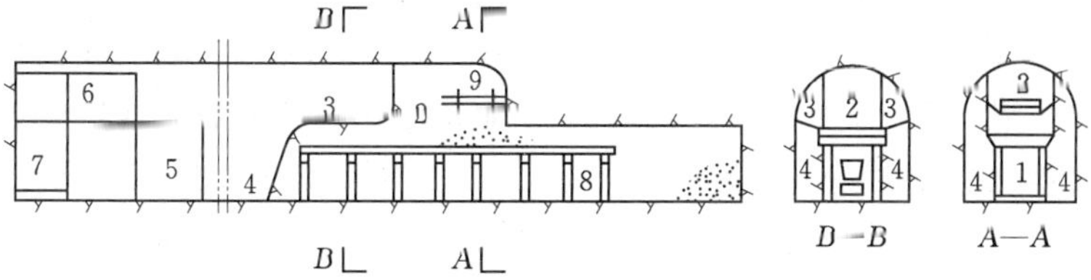

图 7-17　下导洞开挖法施工顺序

1—下导洞；2—顶部扩大；3—上部扩大；4—下部扩大；5—边墙衬砌；
6—顶拱衬砌；7—底板衬砌；8—漏斗棚架；9—脚手架

下导洞开挖适用于岩石稳定、地下水较多的情况。它的优点是下部出渣线路不必转移，运输方便，上部扩大，可利用岩石自重提高爆破效果，排水容易，开挖与衬砌施工干扰小、施工速度较快。缺点是顶部钻孔比较困难，遇岩石破碎时，施工不够安全。

(2) 上导洞开挖法。其开挖与衬砌的顺序如图 7-18 所示。当地质条件较好时，可以在断面全部挖好后再进行衬砌，并先衬边墙后衬顶拱；当地质条件不好时，应采用边开挖边衬砌、先衬顶拱后衬边墙的顺序，即在同一断面上，开挖与衬砌交叉作业，以确保施工安全。

上导洞开挖适用于岩石稳定性差、地下水不多，机械化程度不高的情况。其优点是顶部开挖规格易于掌握，支撑简单，遇顶部岩石破碎时，可在开挖后立即衬砌，以保证施工

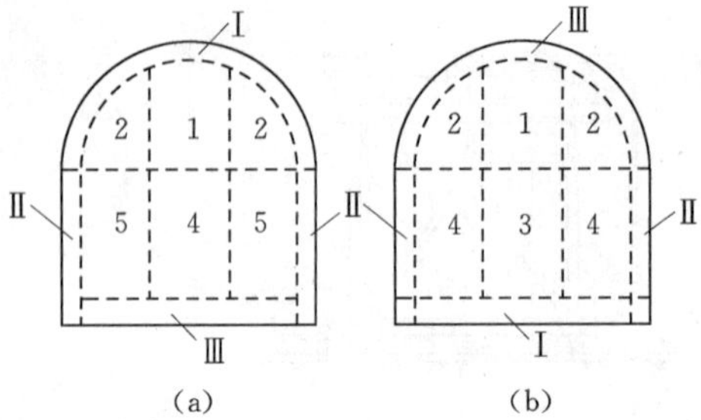

图 7-18 上导洞开挖与衬砌施工顺序
(a) 先拱后墙衬砌；(b) 先墙后拱衬砌
1、2、3、4、5—开挖顺序
Ⅰ、Ⅱ、Ⅲ—衬砌顺序

安全。缺点是上部出渣线路需要转移，排水不方便，开挖与衬砌常互相干扰，施工速度较慢。

常用的"上导洞边挖边衬、先拱后墙衬砌法"，能及时形成混凝土顶拱，保证后续工序施工安全，但施工干扰大，衬砌整体性差。

(3) 导洞的形状和尺寸。

导洞一般采用上窄下宽的梯形断面，这样的断面受力条件较好，也便于利用断面底角布置风、水、电等管线。导洞断面尺寸根据开挖、支撑、运输工具的大小和人行通道的布置确定，安全距离不小于 20cm。在满足导洞施工的前提下，应尽可能减少断面尺寸，以加快进度，节约炸药用量。

7.4.1.2 炮孔布置与装药量计算

隧洞开挖广泛采用钻孔爆破法。应根据设计要求、地质情况、爆破材料及钻孔设备等条件，做好布置炮孔，确定装药量，选择爆破方法等工作。

1. 炮孔分类与布置

炮孔按所起作用不同，分为掏槽孔、崩落孔和周边孔 3 种。

(1) 掏槽孔的作用是增加爆破的临空面。为保证一次掘进的深度及掏槽效果，掏槽孔要比其他炮孔略深 15～20cm，装药量比崩落孔多 20%左右。

(2) 崩落孔的主要作用是爆落岩体，大致均匀地分布在掏槽孔外围，通常崩落孔与开挖断面垂直，孔底应落在同一平面上。

(3) 周边孔主要作用是控制开挖轮廓，布置在开挖断面四周，每个角上须布置角孔。周边孔的孔口应离边界线 10～20cm，以利钻孔。上述周边炮孔爆破后，开挖面高低不平，超欠挖量很大，围岩爆破裂隙也多。在隧洞开挖施工中，为降低糙率可采用光面爆破技术。

图 7-19 所示为某隧洞炮孔布置。导洞共布置了 17 个炮孔，其中 1～4 为掏槽孔，5、6 为崩落孔，7～17 为导洞周边孔。扩大部分共布置 13 个炮孔，其中 18～23 是垂直孔，担任掘进任务；24～30 是水平孔，主要保证爆破边线符合设计要求。

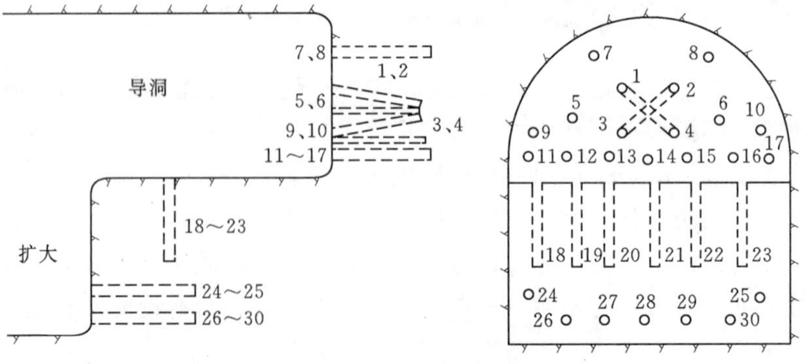

图 7-19 隧洞炮孔布置

隧洞开挖面上的炮孔总数 N，常用下面经验公式估算，即

$$N=k_1\sqrt{fS} \tag{7-2}$$

式中　k_1——系数，一个临空面用2.7，两个临空面用2.0；

f——岩石的坚固系数；

S——开挖断面面积，m^2。

炮孔深度应根据断面大小、围岩类别、钻孔机具和掘进循环时间进行选择。在一般情况下，崩落炮孔的深度近似等于开挖循环的进尺值。循环进尺值可按下列原则确定：当隧洞围岩为Ⅰ～Ⅲ类时，风钻钻孔可用1.2m，钻孔台车钻孔可用2.5～4m；当隧洞围岩为Ⅳ～Ⅴ类时，不宜超过1.5m。

掏槽孔和周边孔的深度可根据崩落孔深度确定。

2. 装药量

隧洞爆破中，炸药用量多少直接影响开挖断面的轮廓、掘进速度、围岩稳定性和爆破安全。此外，爆落石块的大小还影响装渣运输。

由于岩石性质和岩层的构造差别甚大，断面大小、爆落块度及炸药性质也不完全相同，因此装药量必须经过现场试验确定。开工前可按式（7-3）估算，即

$$Q=KSL \tag{7-3}$$

式中　Q——一次掘进中的炸药用量，kg；

K——单位炸药消耗量，kg/m^3，可查相关单位炸药消耗量表；

S——开挖断面面积，m^2；

L——崩落孔炮孔深度，m。

各种炮孔的装药深度和药卷直径有所不同。通常掏槽孔的装药深度为孔深的60%～67%，药卷直径为孔径的3/4；崩落孔和周边孔为孔深的40%～55%，而药卷直径崩落孔为孔径的3/4，周边孔为1/2。炮孔其余长度用1∶3黏土与砂的混合物堵塞。爆破顺序一般是由内向外逐层进行，即按掏槽孔、崩落孔、周边孔的顺序进行。起爆应采用电爆法，用延期或毫秒电雷管控制爆破顺序。隧洞爆破，应采用光面爆破或预裂爆破技术，以保证开挖面光滑平整。

3. 钻孔作业

钻孔作业在掘进循环时间中占有很大的比重。在隧洞断面不大或机械化程度不高的情况下，常用风钻钻孔。为了提高钻孔速度，应使用多台风钻同时工作，但应保证每台风钻有2～4m^2的工作面。当隧洞断面较大时，可采用钻孔台车或多臂钻来提高钻孔速度。

7.4.1.3　装渣与运输

出渣是隧洞开挖中最繁重的工作，费力费时，所花时间约占一次爆破开挖循环时间的50%，是决定掘进速度的关键工序。出渣的方式有以下几种：

（1）人工出渣。常用架子车或窄轨斗车运渣，适用于小型工地。为提高出渣效率，常借助工作台车或堆渣棚架在装渣点放置钢板，使爆落石渣堆落在钢板上以便铲渣。

（2）装岩机装渣。窄轨机车牵引斗车或矿车出渣。适用于小断面隧洞或大断面分部开挖的隧洞。出渣设备有电动或风动翻斗式装岩机、电动扒斗式装岩机、窄轨电力机车或蓄

电池机车牵引 0.6～1.0m^3 的翻斗车。运输线路应铺双线，并在适当位置铺设岔道，以满足装车及调度需要。如用单线时，则应多设错车道。

(3) 装载机或短臂正向铲挖掘机装车，自卸汽车运输，适用于大断面隧洞全断面开挖。洞内宜设双车道，如用单车道时，每隔 200～300m 应设错车道。

7.4.1.4 临时支护

在开挖爆破后，为防止破碎岩层坍塌和个别石块跌落以确保施工安全，必须进行临时支护。临时支护的形式很多，根据所使用的材料不同，有以下几种：

(1) 木支撑。具有重量轻、加工架立方便，损坏前有显著变形等特点。门框形支撑形式简单，构件数目少，通常适用于断面不大的导洞或临时旁洞。拱形支撑构件承压能力大，其断面小、用料省，支撑下面空间大，适用于较坚硬的岩石中，可作隧洞扩大后的支撑。

(2) 钢支撑。在岩层十分破碎不稳定的地层中，山岩压力很大，木支撑难以承受或支撑不能拆除必须留在衬砌层内时，往往采用钢支撑。它占空间小，但耗钢量大。

(3) 预制混凝土及钢筋混凝土支撑。适用于岩石软弱、山岩压力大、支撑必须留在衬砌层内、跨度不大的断面中。其特点是刚性大、耐久性好，可作为永久性支护的一部分留在衬砌中。但重量大、安装运输不便。

7.4.1.5 隧洞开挖的辅助作业

隧洞开挖的辅助作业有通风、防尘、防有害气体、供水、排水、供电、照明等。很明显，这些辅助工作是改善洞内劳动条件和工程顺利进行的必要保证。

1. 通风与防尘

通风和防尘的目的是为了排除因钻孔、爆破等原因而产生的有害气体和岩尘，保证供给工人必要的新鲜空气，并改善洞内温度、湿度和气流速度。

(1) 通风方式。

有自然通风和机械通风两种。自然通风只有在掘进长度不超过 40m 时，才允许单独采用，其他情况都必须有专门的机械通风设备。机械通风的布置方式有压入式、吸出式和混合式 3 种，如图 7-20 所示。

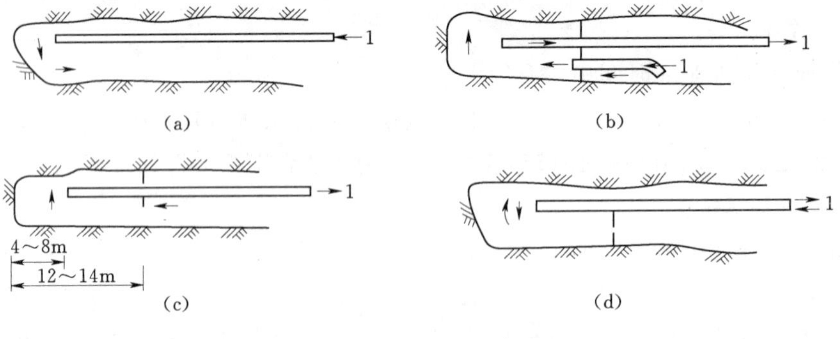

图 7-20 隧洞机械通风方式

(a) 压入式；(b) 两台鼓风机混合式；(c) 吸出式；(d) 一台可转向的鼓风机混合式

1—鼓风机；箭头—气流方向

压入式将新鲜空气沿风管送到工作面，以保证新鲜空气的及时供给，但洞内污浊空气则由洞身流出洞外，将流经整个隧洞；吸出式将污浊空气由风管排出，但新鲜空气流入缓慢；混合式在经常性供风时用压入式，而在爆破后排烟时改用吸出式，从而具有上述两种方式的优点。

（2）通风量。

通风量可按以下要求分别计算，并取其中最大值，再考虑 20%～50% 的风管漏风损失。

1）按洞内同时工作的最多人数计算，每人所需通风量为 $3m^3/min$。

2）按冲淡爆破后产生的有害气体的需要计算，使其达到允许的浓度（CO 的允许浓度应控制在 0.02% 以下）。

3）按洞内最小风速不低于 0.15m/s 的要求，计算和校核通风量。

（3）防尘、防有害气体。

除按地下工程施工规定采用湿钻钻孔外，还应在爆破后通风排烟、喷雾降尘、对渣堆洒水，并用压力冲刷岩壁，以降低空气中的粉尘含量。

2. 排水与供水

洞内渗水及施工废水需及时排水，当隧洞开挖是向上坡进行则水量不大时，可沿洞底设置排水沟，使水顺沟排出。当隧洞开挖是向下坡进行或洞底是水平时，应将隧洞沿纵向分成数段，每段设置排水沟和集水井，用水泵排出洞外。

洞内钻孔、洒水和混凝土养护等施工用水，一般可在洞外较高处设置水池，或直接用水泵加压供水，使压力水沿洞内敷设的供水管道送到工作面。

3. 供电与照明

洞内供电线路一般采用三相四线制。动力线电压为 380V，成洞段照明用 220V，工作段照明用 24V 或 36V。在工作面较大的地段，也可采用 220V 的投光灯照明。由于洞内空间小、潮湿，所有线路、灯具、电气设备都必须注意绝缘、防水、防爆、防止安全事故的发生。开挖区的电力起爆主线，必须单独设置，与一般供电线路分两侧架设，以示区别。

7.4.1.6　隧洞开挖的循环作业

用钻爆法开挖隧洞包括钻孔、装药、爆破、散烟、安全检查、出渣、临时支撑和铺轨等工序。从第一次钻孔到第二次钻孔，构成一个“循环”。为便于交接班，应使一昼夜中的循环次数为整数，常用的循环时间为 4h、6h、8h、12h 等。

为确保掘进速度，常采用流水作业法组织各工序进行开挖掘进工作。在一个循环时间内，各工序的起、止时间和进度安排，常用循环作业图表示。

循环作业的编制步骤如下：

（1）计算开挖面的炮孔数目 N，见式（7-2）。

（2）计算开挖面掘进 1m 时的炮孔总长 $L_{总}$。

$$L_{总}=\frac{N\times 1}{\eta}\text{m} \tag{7-4}$$

式中　η——炮孔利用系数，为 0.8～0.9。

（3）计算开挖面掘进 1m 时的钻孔时间 $t_{钻}$。

$$t_{钻}=\frac{L_{总}}{\pi_{钻}\ n\varphi}\quad \mathrm{h} \tag{7-5}$$

式中 $\pi_{钻}$——台风钻的生产率，m/h，当使用手持式风钻时可取3；

n——使用的风钻台数；

φ——n 台风钻同时工作系数。

(4) 计算开挖面掘进1m时的出渣时间 $t_{渣}$。

$$t_{渣}=\frac{SK_{松}\times 1}{\pi_{渣}} \tag{7-6}$$

式中 S——开挖断面面积，m^2；

$K_{松}$——岩石松散系数，为1.6～1.9；

$\pi_{渣}$——装岩机的生产率，m/h。

(5) 确定其他辅助工序的时间 $T_{辅}$ (h)，包括装药、爆破、通风排烟、爆破后检查处理、铺接轨道等工序所占用的时间，可按工程类比法确定。

(6) 计算开挖面循环掘进深度 L。

$$L=\frac{T-T_{辅}}{t_{钻}+t_{渣}} \tag{7-7}$$

图7-21所示为全断面台阶法掘进方案。工作开始时，先将上台阶的石渣扒到洞底，因而上台阶钻孔可与下台阶出渣平行作业，然后进行下台阶钻孔，最后上、下台阶同时装药爆破。

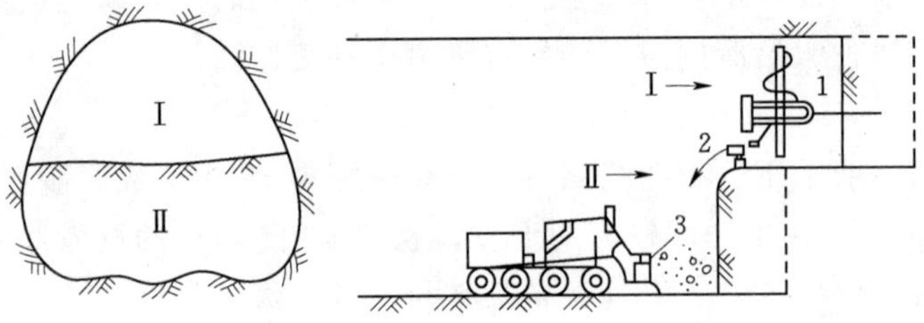

图7-21 全断面台阶法掘进

Ⅰ—上台阶；Ⅱ—下台阶

1—上台阶钻孔；2—扒落石渣；3—出渣后再钻孔

7.4.2 隧洞衬砌

混凝土和钢筋混凝土衬砌的施工，有现浇、预填骨料压浆和预制安装等方法。现仅介绍现浇混凝土的衬砌方法。

7.4.2.1 衬砌分缝分块

在隧洞洞轴线上设有永久性结构缝时，可按结构缝分段施工，若结构缝间距过大或无永久性结构缝时，则设施工缝分段浇筑。一般分段长度为6～18m，视地质条件、隧洞断面大小、施工方法及浇筑能力等因素而定。

分段浇筑的顺序有跳仓浇筑、分段流水浇筑、分段留空档浇筑等3种方式，如图7-22 (a)、(b)、(c) 所示。

衬砌施工在横断面上分块进行，一般分成底拱、边拱和顶拱，如图7-22 (d)、(e)

所示，其浇筑顺序一般是先底拱、后边拱、再顶拱。其中边拱和顶拱可以按分块浇筑，也可以连续浇筑，视模板形式和浇筑能力而定。

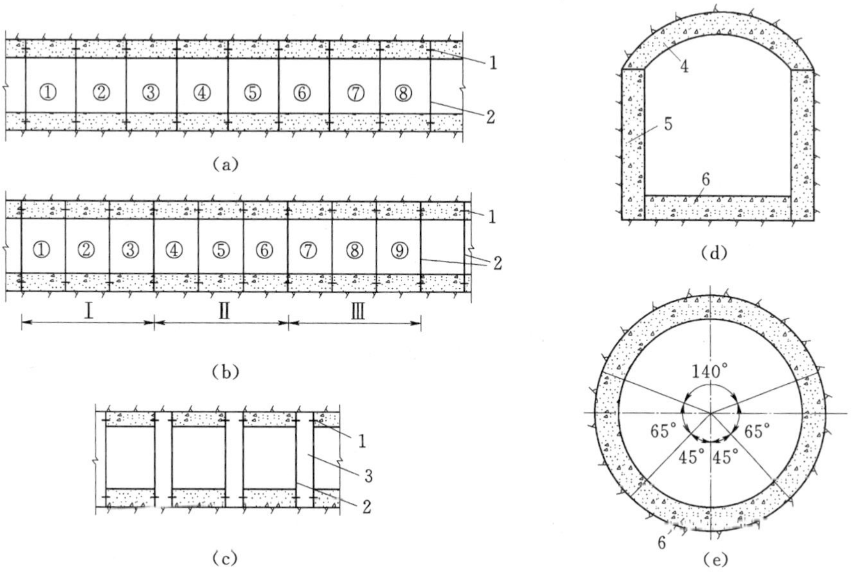

图 7-22 隧洞混凝土衬砌分块

①～⑨—分段序号；Ⅰ、Ⅱ、Ⅲ—流水段序号

1—止水；2—缝；3—空挡；4—顶拱；5—边拱（边墙）；6—底拱（底板）

7.4.2.2 衬砌混凝土的浇筑

1. 模板架立

对于底拱，如果中心角不大，只需架立两端模板，待混凝土浇筑后，用弧形样板将表面刮成弧形即可。当中心角较大时，一般采用悬吊式模板（图7-23）。先立端部模板，再立弧形模板桁架，然后随混凝土浇筑，逐渐从中间向两旁安装悬吊式模板。边拱和顶拱可用桁架式模板（图7-24）。通常是在洞外先将桁架拼装好，运入洞内安装就位后再安设面板。

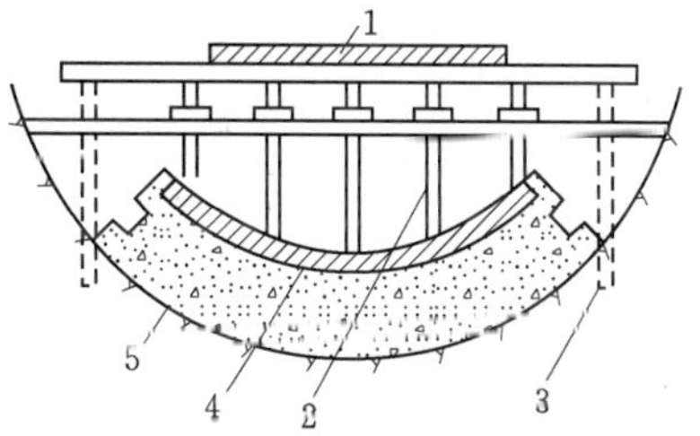

图 7-23 悬吊式模板

1—脚手板；2—固定模板的悬吊杆；3—支撑边柱；4—悬吊模板；5—已浇混凝土

在大、中型隧洞衬砌时，可用移动式钢模台车。在图7-25中，它可沿专用轨道移动，上面装有垂直和水平千斤顶及调节螺杆，用来撑开、收拢模板支架和调整模板就位。

2. 衬砌的浇筑和封拱

在中小型隧洞施工中，运送混凝土常用手推车和斗车。当浇筑底拱时，可在其脚手架上运送混凝土直接倾倒入仓。浇筑边拱时，混凝土可由模板上预留的几层窗口进料。

浇筑顶拱时，混凝土在模板顶部预留的几个窗口进料，顺洞轴线方向退到端部，最后由端部挡板上预留的小窗口进料直到浇完为止。如浇筑段两端的相邻段都浇好，只能在顶拱的最后一个窗口封拱。常采用封拱盒进行封拱（图7-26）。

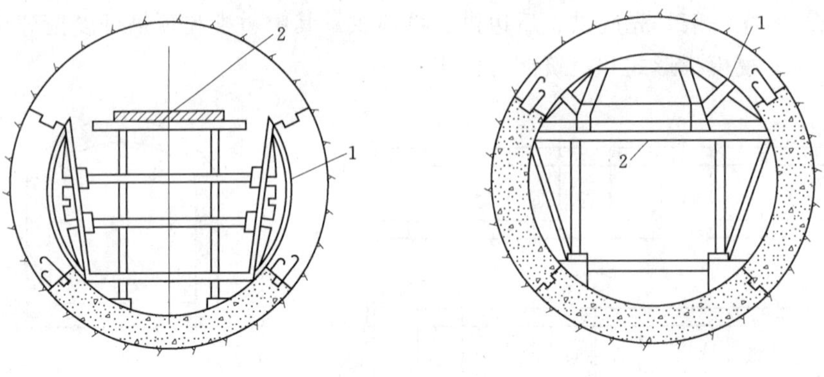

(a)　　　　　　　　　　　　　　　　(b)

图 7-24　桁架式模板

(a) 边拱桁架式模板；(b) 顶拱桁架式模板

1—桁架式模板；2—工作平台或脚手架

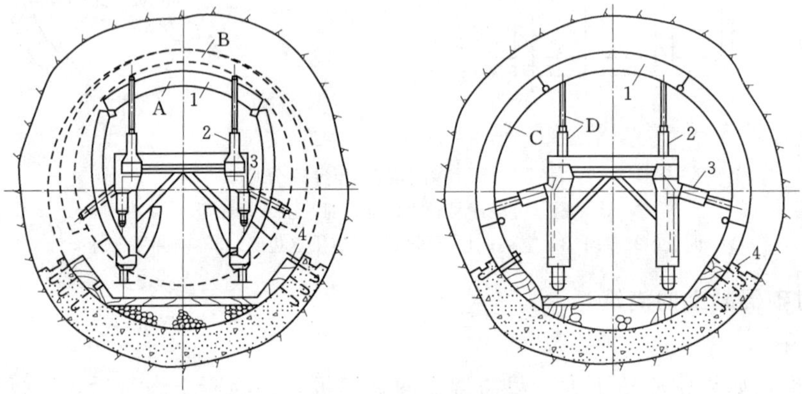

图 7-25　钢模台车工作示意图

A—活动台车驮钢模就位；B—支起顶部钢模；C—支起两侧钢模；D—台车脱离钢模

1—钢模；2—液压千斤顶；3—螺杆千斤顶；4—预埋锚筋

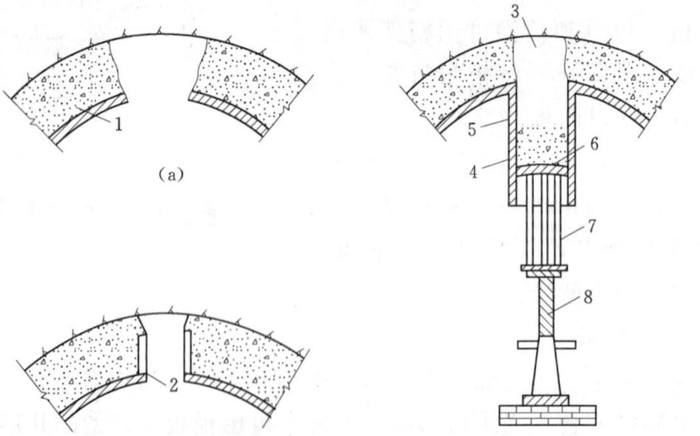

(b)　　　　　　　　　　　　(c)

图 7-26　千斤顶封拱盒封拱

(a) 工人退出窗口时的混凝土浇筑面；(b) 装模框后浇筑情况；(c) 最后封拱盒封拱

1—已浇混凝土；2—模框；3—封拱部分；4—封拱盒；5—进料活门；6—活动封口板；7—顶架；8—千斤顶

用混凝土泵浇筑边拱和底拱，既可解决在狭窄隧洞内的运输问题，又可提高混凝土的浇筑质量。封拱时在导管末端接上冲天尾管伸入仓内。为了排除仓内空气和检查顶拱的混凝土填满程度，可在仓内最高处设通气管。

7.4.3 隧洞灌浆

隧洞灌浆有回填灌浆和固结灌浆两种。前者是堵塞岩石与衬砌之间的空隙，以弥补混凝土浇筑质量的不足，所以只限于顶拱范围内；后者是为了加固围岩，以提高围岩的整体性和强度，所以范围包括断面四周的围岩。

为了节省钻孔工作量，两种灌浆都需要在衬砌时预留直径为38～50mm的灌浆钢管，并固定在模板上。

图7-27所示为隧洞两种灌浆管孔的布置。灌浆管孔沿洞轴线2～4m布置一排，各排孔位交叉排列。此外，还需要布置一些检查孔，用以检查灌浆质量。

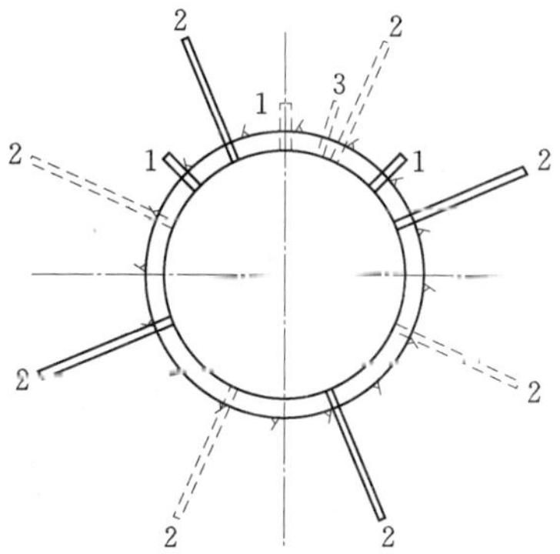

图7-27 灌浆孔布置示意

1—回填灌浆管；2—固结灌浆管孔；3—检查管

灌浆必须在衬砌混凝土达到一定强度后才能进行，并先进行回填灌浆，隔一个星期后再进行固结灌浆。

灌浆时应先用压缩空气清孔，然后用压力水冲洗。灌浆在断面上应自下而上进行，并利用上部管孔排气。在洞轴线方向采用隔排灌注、逐步加密的方法。

为了保证灌浆质量和防止衬砌结构的破坏，必须严格控制灌浆压力。回填灌浆压力为：无压隧洞第一序孔用100～304kPa，有压隧洞第一序孔用200～405kPa，第二序孔可增大1.5～2倍。固结灌浆的压力，应比回填灌浆的压力高一些，以使岩石裂缝灌注密实。

7.4.4 喷锚支护

喷锚支护是利用喷混凝土和锚杆加固围岩，阻止围岩变形，提高围岩的自身稳定能力，使衬砌结构与围岩形成共同工作的整体，将围岩转化成为承重结构的一部分。

喷锚支护的类型有4种：一是锚杆支护，在临时支护中多用楔缝式锚杆，永久支护多用砂浆锚杆；二是喷混凝土支护；三是砂浆锚杆和喷混凝土联合支护，多用于稳定性较差的围岩；四是砂浆锚杆、钢筋网和喷混凝土联合支护，多用于软弱岩体和破碎带的支护。

7.4.4.1 锚杆支护

在水工隧洞中常用的锚固方式有机械型锚固和胶结型锚固。前者常用楔缝式锚杆和胀壳式锚杆。后者常用砂浆锚杆，有普通砂浆锚杆（由$\phi16$～25mm螺纹钢筋制成）和楔缝式注浆锚杆等。锚杆的类型如图7-28所示。

1. 楔缝式锚杆施工

其施工顺序是先按设计孔位钻孔，将楔块放入锚杆楔缝内，把带楔块的锚杆插入钻孔，使楔块与孔底接触，用铁锤或风镐对锚杆冲击，使楔块插入缝内，迫使锚头张开，楔紧在眼底孔壁，最后安上垫板，拧紧螺帽。

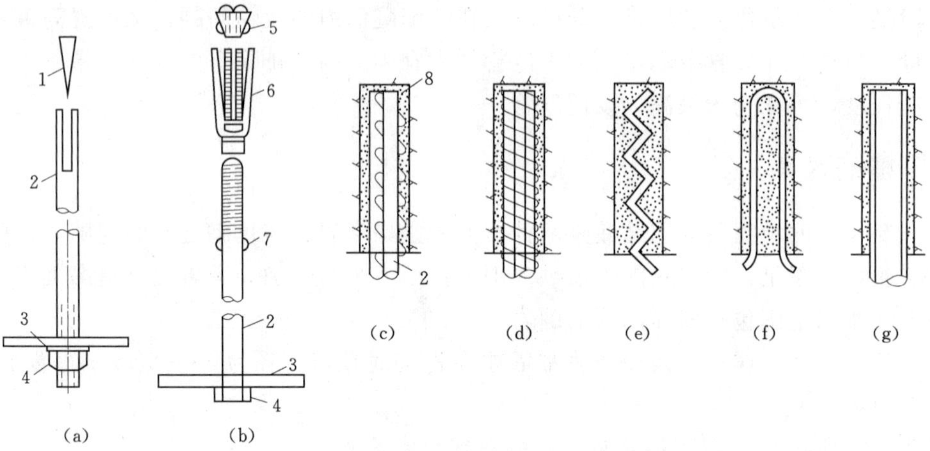

图 7-28 锚杆类型

(a) 楔缝式锚杆；(b) 胀壳式锚杆；(c) 螺纹或竹节钢筋砂浆锚杆；(d) 中空螺纹或竹节钢筋砂浆锚杆；(e) 波浪形钢筋砂浆锚杆；(f) 倒 U 形钢筋砂浆锚杆；(g) 钢管砂浆锚杆

1—楔块；2—锚杆；3—垫板；4—螺帽；5—锥形螺帽；6—胀圈；7—凸头；8—水泥砂浆或树脂

2. 砂浆锚杆施工

施工程序是钻孔、钻孔清洗、压注砂浆和安设锚杆。压注砂浆用风动锚孔灌浆机进行。灌浆时先将砂浆装入罐内，打开进气阀使压缩空气进入罐内，砂浆即沿管道进入孔内。锚杆徐徐插至孔底后，即在孔口楔紧，待砂浆凝固后再拆除楔块。

先设锚杆后注砂浆的施工工艺，用真空压力法注浆（图 7-29）。注浆时先启动真空泵，通过端部的抽气管抽气，然后由灰浆泵将砂浆压入孔内，一边抽气一边压浆，砂浆注满后，停灰浆泵，而真空泵继续工作几分钟，以保证注浆质量。适用于楔缝式锚杆等。

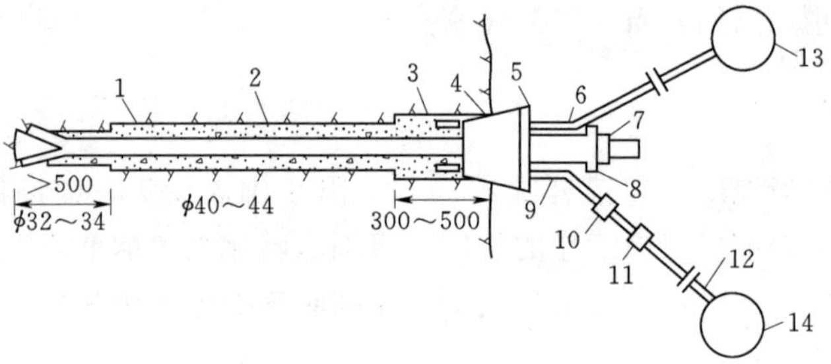

图 7-29 真空压力注浆示意图

1—锚杆；2—砂浆；3—抽气管；4—橡皮封闭塞；5—垫板；6—抽气管接真空泵；7—螺帽；8—套筒压紧装置；9—注浆管接灰浆泵；10，11—阀门；12—高压软管；13—真空泵；14—灰浆泵

7.4.4.2 喷混凝土施工

喷混凝土是将水泥、砂、石子和速凝剂等材料，按一定比例混合后，装入喷射机中，用压缩空气将混合料压送到喷嘴处与水混合（干喷）或直接拌和成混凝土（湿喷），然后再喷到岩石表面及裂隙中，使之起到支护作用。喷混凝土的配合比，可按类比法选择后再通过试验确定，水泥与砂石的重量比为 1∶4～1∶5，砂率为 50%～60%，水灰比为 0.4～0.5。

图 7-30 所示为喷射混凝土的工艺流程。为保证喷混凝土的质量，必须合理控制有关

施工参数，主要有以下内容：

（1）风压。风压是指正常作业时喷射机工作室内的风压。风压过大，混凝土回弹量大；风压过小，喷射速度低，混凝土不易密实。一般控制在0.2MPa左右。

（2）水压。喷头处的水压必须大于该处风压0.1～0.15MPa，以保证混合料充分润湿均匀。

（3）喷射方向和喷射距离。喷头与受喷面应垂直，偏角宜控制在20°以内，并稍微向刚喷射的部位倾斜。最佳喷射距离为1m左右，过远或过近都会增加回弹量。

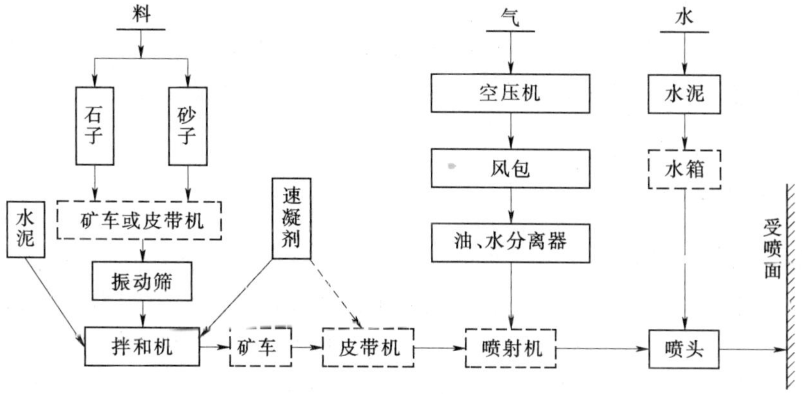

图7-30　喷射混凝土工艺

（4）喷射分层和间歇时间。分层喷射的间歇时间与水泥品种、速凝剂型号及掺量、施工温度等因素有关。一般应掌握在前层混凝土终凝后，并有一定强度时，再喷后一层为好。当喷混凝土设计厚度大于10cm时，应分层喷射。当掺有速凝剂时，一次喷射顶拱厚度为5～7cm，边拱厚为7～10cm。不掺时应薄些。

（5）喷射区段与喷射顺序。喷射作业应分区段进行，区段长一般为4～6m。喷射时，通常是先墙后拱，自下而上进行（图7-31）。喷头的运动呈螺旋形画圈，画圈直径为30cm左右，并以每次套半圈地前进。

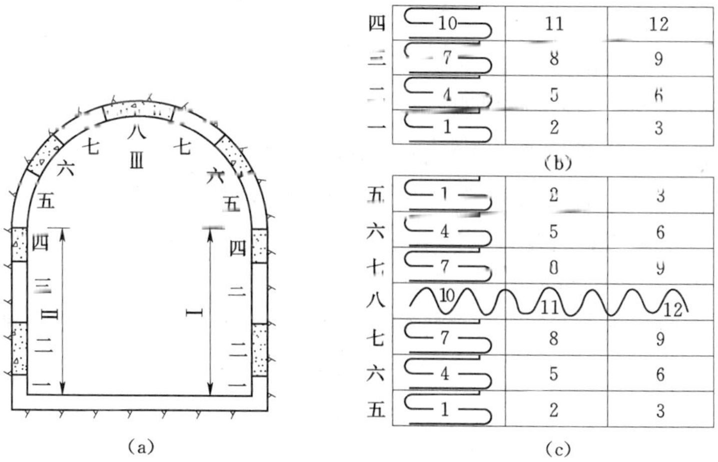

图7-31　喷射区段和顺序

（a）喷射分区；（b）侧墙Ⅰ、Ⅱ区喷射次序；（c）顶拱Ⅲ区喷射次序

(6) 养护。喷后2～4h后开始洒水养护。洒水次数以保持混凝土表面充分湿润为宜。养护历时不少于14d。

此外，一些工程应用喷射钢纤维混凝土用来边坡维护、建筑结构及建筑物补强加固等，取得满意的效果。因增加了钢纤维，明显改善了喷混凝土的物理力学性能。有关资料表明，钢纤维掺入率显著影响复合材料的各项物理力学指标。一般掺入率为1%～3%。

7.5 橡胶坝施工技术

橡胶坝是用胶布按要求的尺寸，锚固于底板上呈封闭状，用水（气）充胀形成的袋式挡水坝，可采用单跨式或多跨式。常见于平原河道、溢流堰或溢洪道上，用于防洪、灌溉、发电、供水、航运、挡潮等工程中。

7.5.1 橡胶坝的形式

橡胶坝按岸墙的结构形式可分为直墙式和斜坡式。直墙式橡胶坝的所有锚固均在底板上，橡胶坝坝袋采用堵头式，这种形式结构简单，适应面广，但充坝时在坝袋和岸墙结合部位出现坍肩现象，引起局部溢流，这就要求坝袋和岸墙结合部位尽可能光滑。斜坡式橡胶坝的端锚固设在岸墙上，这种形式坝袋在岸墙和底板的连接处易形成褶皱，在护坡式的河道中，与上下游的连接容易处理，见图7-32。

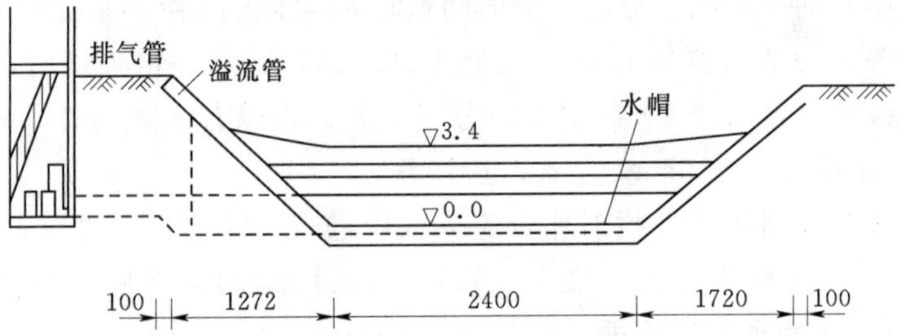

图7-32 斜坡式橡胶坝（单位：mm）

橡胶坝结构主要由3部分组成。

(1) 土建部分。其包括基础底板、边墩（岸墙）、中墩（多跨式）、上下游翼墙、上下游护坡、上游防渗铺盖或截渗墙、下游消力池、海漫等。铺盖常采用混凝土或黏土结构，厚度视不同材料而定，一般混凝土铺盖厚0.3m，黏土铺盖厚不小于0.5m。护坦（消力池）一般采用混凝土结构，其厚度为0.3～0.5m。海漫一般采用浆砌石、干砌石或铅丝石笼，其厚度一般为0.3～0.5m。

(2) 坝体（橡胶坝袋）。橡胶坝主要依靠坝袋内的胶布（多采用锦纶帆布）来承受拉力，橡胶保护胶布免受外力的损害。根据坝高不同，坝袋可以选择一布二胶、二布三胶和三布四胶，采用最多的是二布三胶。一般夹层胶厚为0.3～0.5mm，内层覆盖胶大于2.0mm，外层覆盖胶大于2.5mm。坝袋表面上涂刷耐老化涂料。

(3) 控制和安全观测系统。包括充胀和坍落坝体的充排设备、安全及检测装置。

7.5.2 土建工程施工

1. 基坑开挖

基坑开挖宜在准备工作就绪后进行（图7-33），对于沙砾石河床，一般采用反铲挖掘机挖装，自卸汽车运至弃渣区。要求预留一定厚度（20～30cm）的保护层，用人工挖清理至设计高程。

对于坝基础石方开挖，应自上而下进行。设计边坡轮廓面可采用预裂爆破或光面爆破，高度较大的边坡应考虑分台阶开挖；基础岩石开挖时，应采取分层梯段爆破；紧邻水平建基面，可预留保护层进行分层爆破，避免产生大量的爆破裂隙，损害岩体的完整性；设计边坡开挖前，应及时做好开挖边线外的危石处理、削坡、加固和排水等工作。

在开挖过程中，对于降雨积水或地下水渗漏，必须及时抽干，不得长期积水；若地基不满足设计要求，要开挖进行处理，并防止产生局部沉陷。侧墙开挖要严防塌方，以免影响工期。泵房施工及设备安装参照《泵站施工规范》（SL 234—1999）进行，并注意防渗要求，使橡胶坝能正常运行操作。

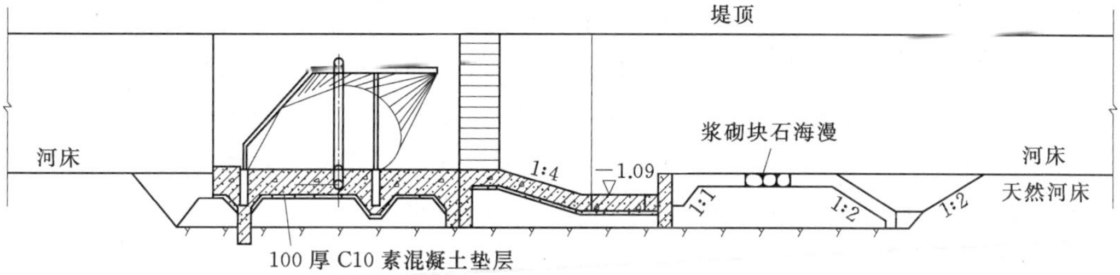

图7-33 基础开挖剖面

2. 混凝土施工

其主要有坝底板、上游防渗铺盖、下游消力池、边墩（中墩）等混凝土施工。一般从岸边向中间跳仓浇筑，先浇筑坝基混凝土，再浇上游防渗铺盖混凝土、下游消力池混凝土。

坝底板混凝土施工流程为基础开挖、垫层混凝土、供排水管道安装、钢筋制作与安装、埋件与止水安装、模板安装、混凝土浇筑、拆模养护等。混凝土入仓时，注意吊罐卸料口接近仓面，缓慢下料，可采用台阶法或斜层铺筑法，避免扰动钢筋或预埋件。先浇筑沟槽，再浇筑底板。振捣时严禁接触预埋件及钢管。

边墩（中墩）混凝土施工流程为基础开挖、混凝土垫层、供排水管道安装、基础钢筋制作与安装、基础预埋件与止水安装、基础模板制作与安装、基础混凝土浇筑、墩墙钢筋制作与安装、墩墙模板安装、墩墙混凝土浇筑、拆模养护等。边墩（中墩）混凝土施工同坝底板混凝土施工，一般先浇筑基础混凝土，后浇墩墙混凝土。墩墙混凝土施工时，在墙体顶部设置下料漏斗，均匀下料，分层振捣密实。

止水安装如橡皮止水带（条）、铝皮止水等按设计要求进行。施工中按尺寸加工成型，拼组焊接。防止止水卷曲和移位，严禁止水上钉铁钉、穿孔。

3. 埋件和锚固

(1) 预埋件安装。

埋件安装有埋设在一期混凝土、地下和其他砌体中的预埋件，包括供排水管和套管、电气管道及电缆，设备基础、支架、吊架、坝袋锚固螺栓、垫板锚钩等固定件及接地装置等预埋件。

坝袋埋件主要有锚固螺栓和垫板。当坝底板立模、扎筋完成后，应在钢筋上放出锚固槽位置，将垫板按要求摆放到位，在两端焊拉线固定架，拉线确定垫板的中心线和高程控制线，把垫板上抬至设计高程，中心对中然后焊接固定，再进行统一测量和检查调整。全部垫板安装完毕并检查无误后，可将锚固螺栓自下向上穿入垫板锚栓孔内，测量高程，调整垂直度和固定。

锚固螺栓和垫板全部安装完成以后，可安装锚固槽模板和浇筑混凝土。

(2) 锚固施工。

锚固结构形式可分为螺栓压板锚固和楔块挤压锚固。

1) 螺栓压板锚固的施工。在预埋螺栓时，可采用活动木夹板固定螺栓位置，用经纬仪测量，螺栓中心线要求成一直线。用水准仪测定螺栓高度，无误差后用木支撑将活动木夹板固定于槽内，再用一根钢筋将所有的钢筋和两侧预埋件焊接在一起，使螺栓首先牢固不动，然后才可向槽内浇筑混凝土。混凝土浇筑一般分为两期：一期混凝土浇筑至距锚固槽底 100mm 时，应测量螺栓中心位置高程和间距，发现误差及时纠正；二期混凝土浇筑后，在混凝土初凝前再次进行校核工作。压板除按设计尺寸制造外，还要制备少量尺寸不规格的压板，以适用于拐角等特殊部位，如图 7-34 所示。

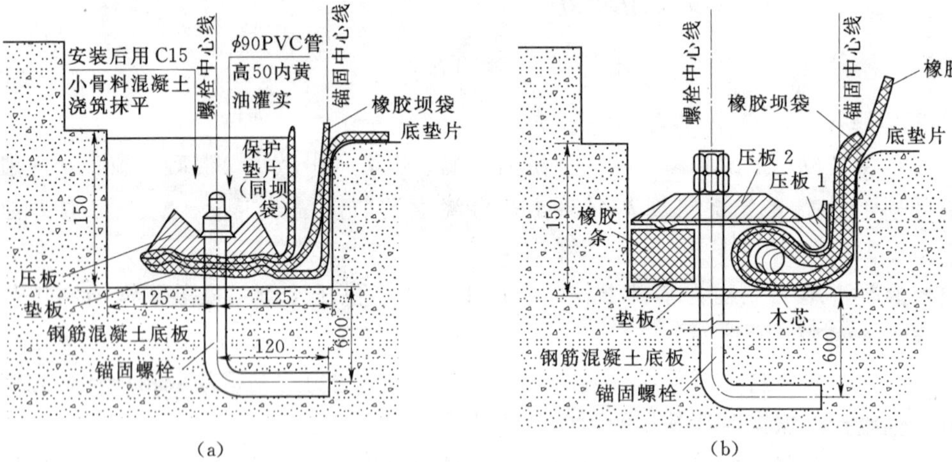

图 7-34 螺栓压板锚固布置示意图（单位：mm）

2) 楔块挤压锚固。必须在基础底板上设置锚固槽，槽的尺寸允许偏差为±5mm，槽口线和槽底线一定要直，槽壁要求光滑平整无凸凹现象。为了便于掌握上述标准，可采用二期混凝土施工。二期混凝土预留的范围可宽一些。浇筑混凝土楔块，要严格控制尺寸，允许偏差为±2mm；特别应保证所有直立面垂直；前楔块与后楔块的斜面必须吻合，其斜坡角度一般取 75°左右（图 7-35）。

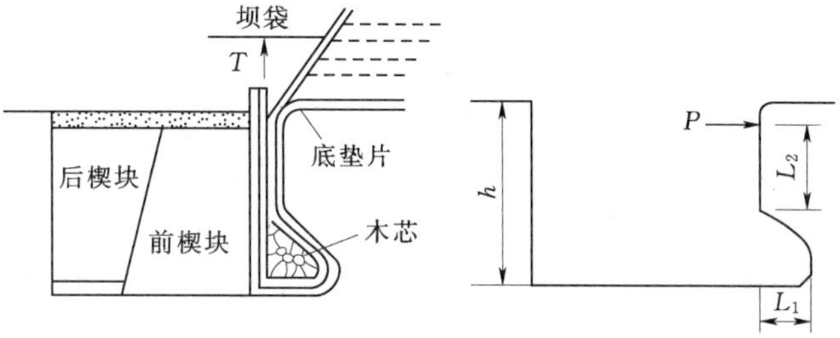

图 7-35　楔块锚固示意图

锚固线布置分单线锚固、双线锚固两种（图 7-36）。单线锚固只有上游一条锚固线，锚线短，锚固件少，但多费坝袋胶布，低坝和充气坝多采用单线锚固。由于单线锚固仅在上游侧锚固，坝袋可动范围大，对坝袋防振防磨损不利，尤其在坝顶溢流时，有可能在下游坝脚处产生负压，将泥沙（或漂浮物）吸进坝袋底部，造成坝袋磨损。双线锚固是将胶布分别锚固于四周，锚线长，锚固件多，安装工作量大，相应地处理密封的工作量也大，但由于其四周锚固，坝袋可动范围小，于坝袋防振防磨损有利。

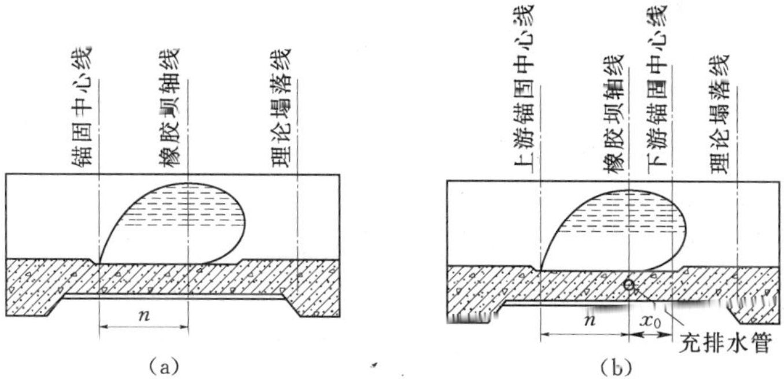

(a)　(b)

图 7-36　单线锚固和双线锚固示意图

(a) 单线锚固；(b) 双线锚固

7.5.3　坝袋安装

1. 安装前检查

坝袋安装前的检查主要有以下内容：

(1) 楔块、基础底板及岸墙混凝土的强度必须达到设计要求。

(2) 坝袋与底板及岸墙接触部位应平整光滑。

(3) 充排管道应畅通，无渗漏现象。

(4) 预埋螺栓、垫板、压板、螺帽（或锚固槽、楔块、木芯）、进出水（气）口、排气孔、超压溢流孔的位置和尺寸应符合设计要求。

(5) 坝袋和底垫片运到现场后，应结合就位安装首先复查其尺寸和搬运过程中有无损伤，如有损伤应及时修补或更换。

2. 坝袋安装顺序及要求

(1) 底垫片就位（指双锚线型坝袋）。对准底板上的中心线和锚固线的位置，将底垫片临时固定于底板锚固槽内和岸墙上，按设计位置开挖进、出水口和安装水帽，孔口垫片的四周做补强处理，补强范围为孔径的3倍以上；为避免止水胶片在安装过程中移动，最好将止水胶片粘贴在底垫片上。

（2）坝袋就位。底垫片就位后，将坝袋胶布平铺在底垫片上，先对齐下游端相应的锚固线和中心线，再使其与上游端锚固线和中心线对齐吻合。

（3）双锚线锚固型坝袋安装。按先下游，后上游，最后岸墙的顺序进行。先从下游底板中心线开始，向左、右两侧同时安装，下游锚固好后，将坝袋胶布翻向下游，安装导水胶管，然后再将胶布翻向上游，对准上游锚固中心线，从底板中心线开始向左、右两侧同时安装。锚固两侧边墙时，须将坝袋布挂起撑平，从下部向上部锚固。

（4）单锚线锚固型坝袋的安装。单线锚固只有上游一条锚固线，锚固时从底板中心线开始，向两侧同时安装。先安装底层，装设水帽及导水胶管，放置止水胶，再安装面层胶布。

（5）堵头式橡胶坝袋的安装。先将两侧堵头裙脚锚固好；从底板中线开始，向两侧连续安装锚固。为了避免误差集中在一个小段上，坝袋产生褶皱，不论采用何种方法锚固，锚固时必须严格控制误差的平均分配。

（6）螺栓压板锚固施工步骤。压板要首尾对齐，不平整时要用橡胶片垫平；上螺帽时，要进行多次拧紧，坝袋充水试验后，再次拧紧螺帽；上螺帽时宜用扭力扳手，按设定的扭力矩逐个螺栓进行拧紧；卷入压轴（木芯或钢管）的对接缝应与压板接缝处错开，以免出现软缝，造成局部漏水。

（7）混凝土模块锚固施工步骤。将坝袋胶布与底垫片卷入木芯，推至锚固槽的半圆形小槽内；逐个放入前楔块，一个前楔块在两头处打入木楔块，在前模块中间放入后楔块，用大铁锤边打木楔块，边打后楔块，反复敲打使后楔块达到设计深度并挤紧时，才将木楔块橇起换上另两块后楔块，如此反复进行；当锚固到岸墙与底板转角处，应以锚固槽底高程为控制点，坝袋胶布可在此处放宽300mm左右，这样坝袋胶布就可以满足槽底最大弧度要求。

7.5.4 控制、安全和观测系统

1. 控制系统

控制系统由水泵（鼓风机或空压机）、机电设备、传感器、管道和阀门等组成。其施工安装要求较高，任何部位漏水（气）都会影响坝袋的使用，在安装中应注意下列事项：

（1）所有闸阀在安装前，都要做压力试验，不漏水（气）才能安装使用。所有仪表在安装前应经调校。

（2）充水式橡胶坝的管道大部分用钢管，其弯头、三通和闸阀的连接处均用法兰、橡胶圈止水连接，尽可能用厂家产品。管道在底板分缝处，应加橡胶伸缩节与固定法兰连接。

（3）充气式橡胶坝的管道均采用无缝钢管，为节省管道，进气和排气管路可采用一条主供、排气管。管与管之间尽可能用法兰连接，坝袋内支管与坝袋内总管连接采用三通或弯头。排气管道上设置安全阀，当主供气管内压力超过设计压力时开始动作，以防坝袋超

压破坏。另外要在管道上设置压力表，以监测坝袋内压力，总管与支管均设阀门控制。

2. 安全系统

安全系统由超压溢流孔、安全阀、压力表、排气孔等组成，该系统的施工要求严密，不得有漏水（气）现象。安装时要注意以下几点：

（1）密封性高的设备都要在安装前进行调试，符合设计要求方能安装使用。

（2）安全装置应设置在控制室内或控制室旁，以利随时控制。

（3）超压管的设置，其超压排水（气）能力应不小于进坝的供水（气）量。

3. 观测系统

观测系统由压力表、内压检测、上下游水位观测装置等组成，施工中应注意以下几点：

（1）施工安装时一定要掌握仪器精度，要保证其灵活性、可靠性和安全性。

（2）坝袋内压的观测要求独立管理，直接从坝内引管观测，上、下游水位观测要求独立埋管引水，取水点尽量离上下游远点。

（3）坝袋的经纬向拉力观测，要求厂家提供坝袋胶布的伸长率曲线。

7.5.5　工程检查与验收

（1）施工期间应检查坝袋、锚固螺栓或楔块标号及外形尺寸、安装构件、管道、操作设备的性能。

（2）检查施工单位提供的质量检验记录和分部分项工程质量评定记录，同时需进行抽样检查。

（3）坝袋安装后，必须进行全面检查。在无挡水的条件下，应做坝袋充坝试验；若条件许可，还应进行挡水试验。整个过程应进行下列项目的检查：

1）坝袋及安装处的密封性。

2）锚固构件的状况。

3）坝袋外观观察及变形观测。

4）充排、观测系统情况。

5）充气坝袋内的压力下降情况。

（4）充坝检查后，应排除坝袋内水（气）体，重新紧固锚固件。

（5）坝袋以设计坝高为验收标准。验收前的管理维护：

1）工程验收前，应由施工单位负责管理维护。

2）对工程施工遗留问题，施工单位必须认真加以处理，并在验收前完成。

3）工程竣工后，建设单位应及时组织验收。

7.6　管涵施工技术

管道是水利工程中常见的一种输水建筑物，常采用钢筋混凝土结构或预应力钢筋混凝土结构。工程中有以下几种形式：

（1）大断面的刚性节点箱涵，一般在现场浇筑。

(2) 盖板涵，即用浆砌块石或混凝土做好底板及边墩，最后盖上预制的钢筋混凝土盖板。

(3) 预制圆管。

前两者的施工方法和一般混凝土工程相同，不再介绍。预制圆管直径一般在 2m 以下，多用卧式离心法成型。圆管养护好后，用内套筒式水压试验和全充水式水压试验机进行压水试验，检验涵管的质量。一般工程量小的工程可直接购买合格的涵管进行安装，工程量大的可自行预制。管道安装按是否开槽划分，有开槽法施工和不开槽法施工。

7.6.1 管道的开槽法施工

开槽法施工包括土方开挖、管道基础、下管和稳定、接口、砌筑附属构筑物和土方回填等过程。土方开挖与回填、混凝土基础等施工内容在有关章节中已有涉及，这里侧重介绍下管和稳管。

7.6.1.1 下管

下管方法有人工下管和机械下管法。应根据管子的重量和工程量的大小、施工环境、沟槽断面、工期要求及设备供应等情况综合考虑确定。目前已很少采用人工下管法。一般采用机械下管法。

机械下管速度快、安全，并且可以减轻工人的劳动强度。条件允许时，应尽可能采用机械下管法。其适用范围为：管径大，自重大；沟槽深，工程量大；施工现场便于机械操作。

机械下管一般沿沟槽移动。因此，沟槽开挖时应一侧堆土，另一侧作为机械工作面：运输道路、管材堆放场地。管子堆放在下管机械的臂长范围之内，以减少管材的二次搬运。

机械下管视管子重量选择起重机械，常用有汽车起重机和履带式起重机。采用机械下管时，应设专人统一指挥。机械下管不应一点起吊，采用两点起吊时吊绳应找好重心，平吊轻放。

起重机禁止在斜坡地方吊着管子回转，轮胎式起重机作业前将支腿撑好，轮胎不应承担起吊的重量。支腿距沟边要有 2.0m 以上的距离，必要时应垫木板。在起吊作业区内，禁止无关人员停留或通过。在吊钩和被吊起的重物下面，严禁任何人通过或站立。起吊作业不应在带电的架空线路下作业，在架空线路同侧作业时，起重机臂杆距架空线保持一定安全距离。

7.6.1.2 稳管

稳管是将每节符合质量要求的管子按照设计的平面设置和高程稳在地基或基础上。稳管包括管子对中和对高程两个环节，两者同时进行。

1. 管轴线位置的控制

管轴线位置的控制是指所铺设的管线符合设计规定的坐标位置。其方法是在稳管前由测量人员将管中心钉测设在坡度板上，稳定时由操作人员将坡度板上中心钉挂上小线，即为管子轴线位置。稳管具体操作方法有中心线法和边线法。

(1) 中心线法。如图 7-37 所示，即在中心线上挂一垂球，在管内放置一块带有中心刻度的水平尺，当垂球线穿过水平尺的中心刻度时，则表示管子已经对中。倘若垂线往水平尺中心刻度左边偏离，表明管子往右偏离中心线相等一段距离，调整管子位置，使其居中为止。

(2) 边线法。如图7-38所示，即在管子同一侧，钉一排边桩，其高度接近管中心处。在边桩上钉一小钉，其位置距中心垂线保持同一常数值。稳管时，将边桩上的小钉挂上边线。即边线是与中心垂线相距同一距离的水平线。在稳管操作时，使管外皮与边线保持同一间距，则表示管道中心处于设计轴线位置。边线法稳管操作简便，应用较为广泛。

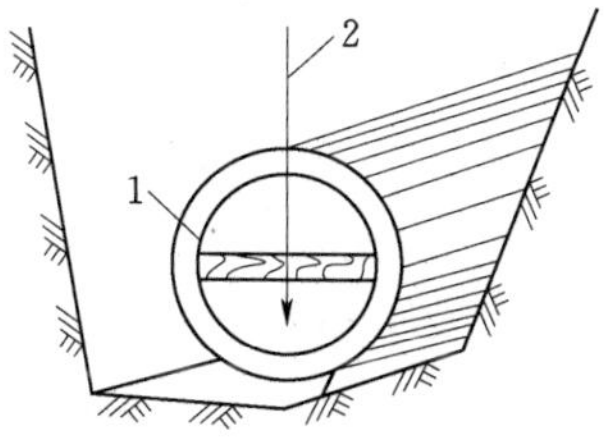

图7-37 中心线对中法
1—水平尺；2—中心垂线

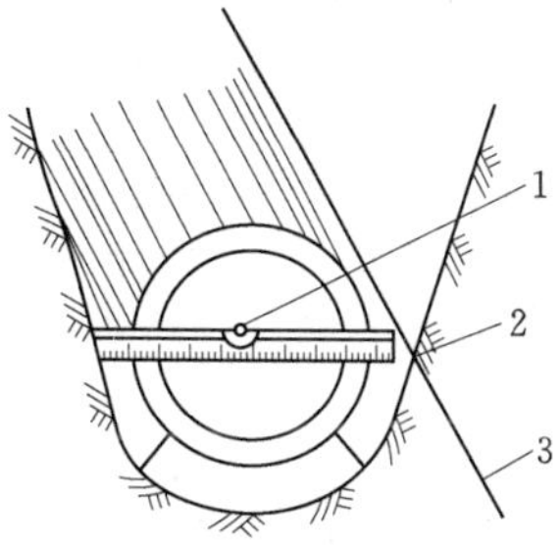

图7-38 边线对中法
1—水平尺；2—边柱；3—边桩

2. 管内底高程控制

沟槽开挖接近设计标高，由测量人员埋设坡度板，坡度板上标出桩号、高程和中心钉。

坡度板埋设间距，排水管道一般为10m，给水管道一般为15～20m。管道平面及纵向折点和附属构筑物处，根据需要增设坡度板。

相邻两块坡度板的高程钉至管内底的垂直距离保持一常数，则两个高程钉的连线坡度与管内底坡度相平行，该连线称坡度线。坡度线上任何一点到管内底的垂直距离为一常数，称为下反数，稳管时，用一木制“丁”字形高程尺，上面标出下反数刻度，将高程尺垂直放在管内底中心位置，调整管子高程，使高程尺下反数的刻度与坡度线相重合，则表明管内底高程正确。

稳管工作的对中和对高程两者同时进行，根据管径大小，可由2人或4人进行，互相配合，稳好后的管子用石块垫牢。

7.6.2 管道的不开槽法施工

地下管道在穿越铁路、河流、土坝等重要建筑物和不适宜采用开槽法施工时，可选用不开槽法施工。此法施工具有以下特点：不需要拆除地上建筑物、不影响地面交通、减少土方开挖量、管道不必设置基础和管座、不受季节影响，有利于文明施工。

管道不开槽法施工种类较多，可归纳为掘进顶管法、不取土顶管法、盾构法和暗挖法等。暗挖法与隧洞施工有相似之处，现主要介绍掘进顶管法和盾构法。

7.6.2.1 掘进顶管法

掘进顶管法包括人工取土顶管法、机械取土顶管法和水力冲刷顶管法等。

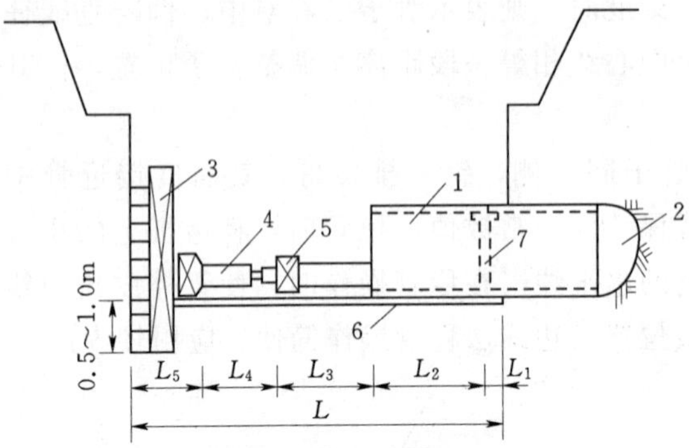

图 7-39 掘进顶管法示意图

1—管子；2—掘进工作面；3—后背；4—千斤顶；5—顶铁；6—导轨；7—内胀圈

1. 人工取土顶管法

人工取土顶管法是依靠人工在管内端部挖掘土壤，然后在工作坑内借助顶进设备，把敷设的管子按设计中心和高程的要求顶入，并用小车将土从管中运出。如图 7-39 所示，适用于管径大于 800mm 的管道顶进，应用较为广泛。

（1）顶管施工的准备工作。

工作坑（图 7-40）是掘进顶管施工的主要工作场所，应有足够的空间和工作面，保证下管、安装顶进设备和操作间距。施工前，要选定工作坑的位置、尺寸及进行顶管后背验算。

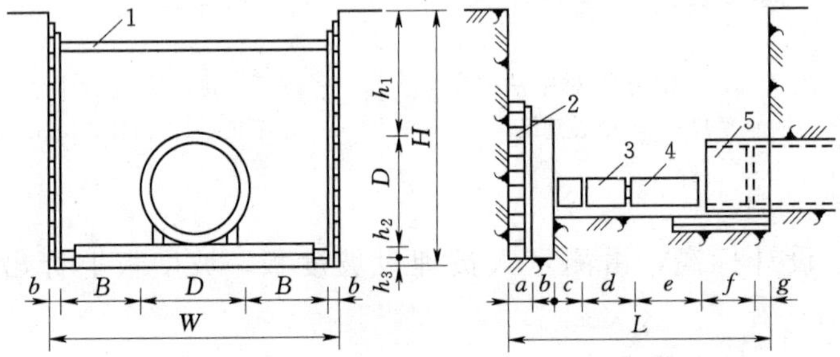

图 7-40 工作坑尺寸示意图

1—支撑；2—后背；3—千斤顶；4—顶铁；5—混凝土管

后背可分为浅覆土后背和深覆土后背，具体计算可按挡土墙计算方法确定。顶管时，后背不应当破坏及产生不允许的压缩变形。工作坑的位置可根据以下条件确定：

1）根据管线设计，排水管线可选在检查井处。

2）单向顶进时，应选在管道下游端，以利排水。

3）考虑地形和土质情况，选择可利用的原土后背。

4）工作坑与被穿越的建筑物要有一定安全距离，距水、电源地方较近。

（2）挖土与运土。

管前挖土是保证顶进质量及地上构筑物安全的关键，管前挖土的方向和开挖形状，直接影响顶进管位的准确性。由于管子在顶进中是循已挖好的土壁前进，管前周围超挖应严格控制。

管前挖土深度，一般等于千斤顶出镐长度，如土质较好，可超前 0.5m。超挖过大，土壁开挖形状就不易控制，易引起管位偏差和上方土坍塌。在松软土层中顶进时，应采取管顶上部土壤加固或管前安设管檐，操作人员在其内挖土，防止坍塌伤人。

管前挖出土应及时外运。管径较大时，可用双轮手推车推运。管径较小时，应采用双筒卷扬机牵引四轮小车出土。

(3) 顶进。

顶进是利用千斤顶出镐在后背不动的情况下将管子推向前进。其操作过程如下:

1) 安装好顶铁挤牢,管前端已挖一定长度后,启动油泵,千斤顶进油,活塞伸出一个工作行程,将管子推向一定距离。

2) 停止油泵,打开控制闸,千斤顶回油,活塞回缩。

3) 添加顶铁,重复上述操作,直至需要安装下一节管子为止。

4) 卸下顶铁,下管,在混凝土管接口处放一圈麻绳,以保证接口缝隙和受力均匀。

5) 在管内口处安装一个内胀圈,作为临时性加固措施,防止顶进纠偏时错口,其装置如图7-41所示。胀圈直径小于管内径5~8cm,空隙用木楔背紧,胀圈用7~8mm厚钢板焊制,宽200~300mm。

6) 重新装好顶铁,重复上述操作。在顶进过程中,要做好顶管测量及误差校正工作。

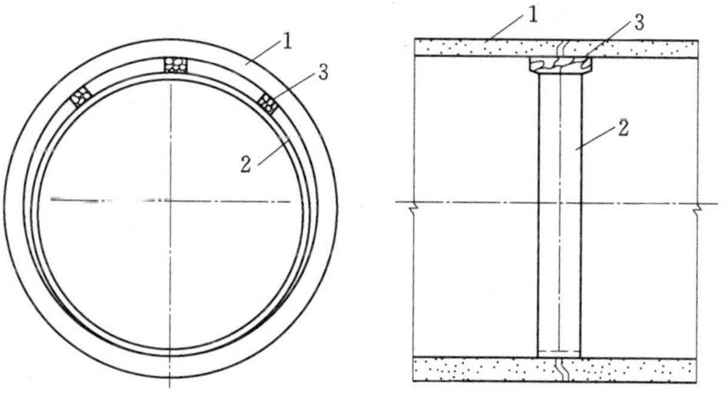

图7-41 钢制内胀圈安装

1—混凝土管;2—内胀圈;3—木楔

2. 机械取土顶管法

机械取土顶管与人工取土顶管除了掘进和管内运土不同外,其余部分大致相同。机械取土顶管是在被顶进管子前端安装机械钻进的挖土设备,配上皮带运土,可代替人工挖、运土。

7.6.2.2 盾构法

盾构是用于地下不开槽法施工时进行地层开挖及衬砌拼装时起支护作用的施工设备,基本构造由开挖系统、推进系统和衬砌拼装系统3部分组成。其施工原理如图7-42所示。

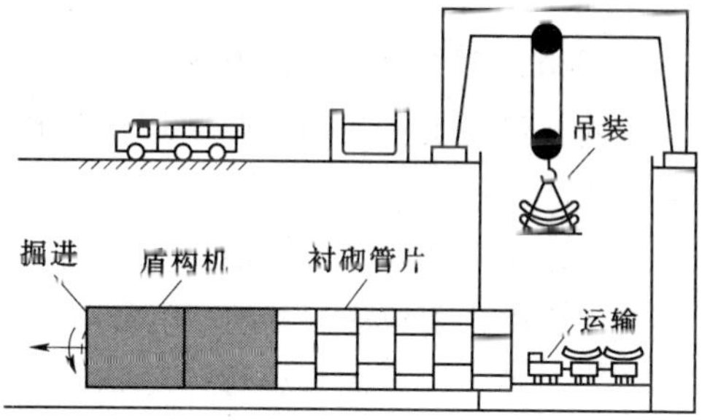

图7-42 盾构掘进机施工原理示意图

1. 施工准备

盾构施工前根据设计提供的图纸和有关资料,对施工现场应进行详细勘察,对地上、地下障碍物、地形、土质、地下水和现场条件等诸方面进行了解,根据勘察结果,编制盾构施工方案。

盾构施工的准备工作还应包括测量定线、衬块预制、盾构机械组装、降低地下水位、土层加固及工作坑开挖等。

2. 盾构工作坑及始顶

盾构法施工也应当设置工作坑，作为盾构开始、中间、结束井。

开始工作坑与顶管工作坑相同，其尺寸应满足盾构和顶进设备尺寸的要求。工作坑周壁应做支撑或者采用沉井或连续墙加固，防止坍塌，并在顶进装置背后做好牢固的后背。

盾构在工作坑导轨上至盾构完全进入土中的这一段距离，借助外部千斤顶顶进。与顶管方法相同，如图 7-43（a）所示。

当盾构已进入土中以后，在开始工作坑后背与盾构衬砌环之间各设置一个木环，其大小尺寸与衬砌环相等，在两个木环之间用圆木支撑，如图 7-43（b）所示，作为始顶段的盾构千斤顶的支撑结构。一般情况下，衬砌环长度达 30～50m 以后，才能起到后背作用，方可拆除工作坑内圆木支撑。

如顶段开始后，即可起用盾构本身千斤顶，将切削环的刃口切入土中，在切削环掩护下进行掘土，一面出土一面将衬砌块运入盾构内，待千斤顶回镐后，其空隙部分进行砌块拼装。再以衬砌环为后背，启动千斤顶，重复上述操作，盾构便不断前进。

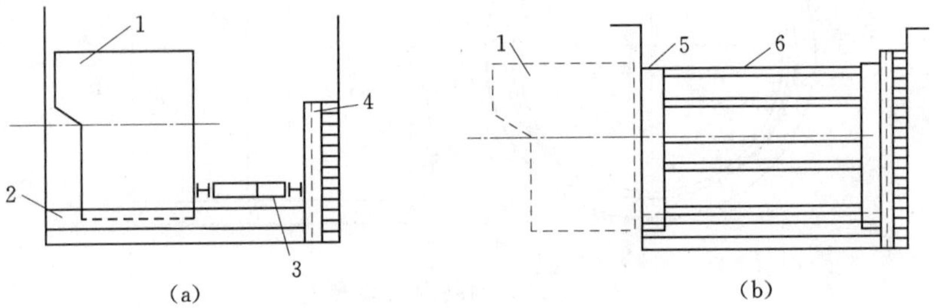

图 7-43　始顶工作坑

（a）盾构在工作坑始顶；（b）始顶段支撑结构

1—盾构；2—导轨；3—千斤顶；4—后背；5—木环；6—撑木

3. 衬砌和灌浆

按照设计要求，确定砌块形状和尺寸及接缝方法，接口有平口、企口和螺栓连接。企口接缝防水性能好，但拼装复杂；螺栓连接整体性好，刚度大。砌块接口涂抹粘接剂，提高防水性能，常用的粘接剂有沥青玛脂、环氧胶泥等。

砌块外壁与土壁间的间隙应用水泥砂浆或豆石混凝土灌注。通常每隔 3～5 衬砌环有一灌注孔环，此环上设有 4～10 个灌注孔。灌注孔直径不小于 36mm。

灌浆作业应及时进行。灌入顺序自下而上，左右对称地进行。灌浆时应防止浆液漏入盾构内，在此之前应做好止水。

砌块衬砌和缝隙注浆合称为一次衬砌。二次衬砌按照动能要求，在一次衬砌合格后，可进行二次衬砌。二次衬砌可浇筑豆石混凝土、喷射混凝土等。

7.7　渡槽施工技术

渡槽是输送渠道水流跨越河渠、溪谷、洼地和道路的架空水槽。普遍用于灌溉输水，也用于排洪、排沙等，大型渡槽还可以通航。渡槽主要用砌石、混凝土及钢筋混凝土等材料建成，如图7-44所示。

图7-44 东深供水工程中的渡槽

渡槽有悠久的历史。公元前690年，在前苏联的戈梅利河向特比图河引水，曾架设一座拱形渡槽，长274.3m、高9.1m，并用砂浆勾缝防渗。公元前19年在法国境内修建了蓬迪加尔渡槽。该渡槽长274m、高49m，为块石干砌拱形结构。中国最古老的渡槽，距今已有2000余年。早期修建的渡槽多为木石结构。20世纪30年代出现了钢筋混凝土渡槽。

渡槽是一种跨越性的输水建筑物，有预制装配式施工、现浇混凝土施工及浆砌石施工法。近年来为解决现浇大型U形渡槽的抗裂、抗弯问题，应用了现浇后张无粘接预应力技术。

7.7.1 装配式渡槽施工

装配式渡槽施工包括预制和吊装两个施工过程。它与现浇式渡槽相比，有简化施工、缩短工期、提高质量、减轻劳动强度、节约钢木材、降低工程造价等优点。

7.7.1.1 构件的预制

1. 排架的预制

排架是渡槽的支承构件，为便于吊装，一般在就近槽址的场地预制。可采用地面立模和砖土胎模施工。

（1）地面立模。在平坦夯实的地面上，按排架形状放样定位，用配比为1：3：8的水泥黏土砂浆抹面厚为0.5～1cm，压抹光滑作为底模。立上侧模后，涂刷隔离剂，再安放好事先绑扎好的钢筋骨架，即可浇筑混凝土。拆模后，当强度达到70%时，即可移出存放，以便重复利用场地。

（2）砖土胎膜。其底模和侧模采用砌砖或夯实土做成，与构件的接触面用水泥黏土砂浆抹面，并涂上脱模剂，即可绑扎钢筋浇制构件。用夯土制作的土模，必须先用木胎作母模夯筑成型。

2. 槽身预制

为使于预制后直接吊装，整体槽身预制宜在两排架之间或排架一侧进行。槽身的方向可以垂直或平行于渡槽的纵向轴线，根据吊装设备和方法而定。要避免因预制位置选择不当，而在起吊时发生摆动或冲击现象。

U形薄壳梁式槽身的预制，有正置和反置两种浇筑方式。正置浇筑是槽口向上，其优点是内模拆除方便，吊装时不必翻身，但底部混凝土不易捣实，适用于大型渡槽或槽身不便翻身的情况。反置浇筑是槽口向下，其优点是易捣实，混凝土质量易保证，缺点是增加了翻身工序。常用木内模有折合式、活动支撑式等。对于中小型工程，槽身预制还可采用砖模、土模等。

7.7.1.2 渡槽吊装

1. 排架吊装

吊装方法通常有滑行法和旋转法两种。

(1) 滑行法。由吊装机械将排架一端吊起，另一端沿地面滑行，竖直后吊离地面，再插入基础杯口中。校正位置后，可按设计要求做好排架与基础的接头。

(2) 旋转法。排架预制时使架脚靠近基础杯口。吊装时，以起重机吊钩拉吊构件顶部，使排架绕架脚旋转，直立后吊起插入基础杯口，再校正、固结。如在杯口一侧留出供架脚滑入的缺口，并于基础和排架适当位置预埋铰圈，则排架脚可在吊装中不离地面而滑入杯口。

2. 槽身吊装

槽身吊装按起重设备架立的位置不同，有以下几种：

(1) 起重设备在渡槽两侧地面。起重设备在地面组装、拆卸、转移都较方便，且稳固、安全。但要求起重设备高度大，易受地形限制，特别是跨越河床水面时，起重设备的架立、移动都比较困难。此法适用于起吊高度不大、地势较平坦的渡槽吊装。

吊装方式可选用独脚扒杆、悬臂扒杆、桅杆式起重机或履带式、汽车式起重机等。

(2) 起重设备立在排架或槽身上。此法不受地形限制，起重设备的高度不大，但设备的装拆和移动须在高空进行。有些吊装方法会使已架立的排架承受较大的偏心荷载，必须对排架结构进行加强。

吊装方法如槽身上设置双人字悬臂扒杆吊装、排架顶上设置龙门架吊装槽身等。

(3) 起重设备立在两岸高地。利用两岸高地架设固定式简易缆索式起重机。当渡槽横跨峡谷、两岸地形陡峻，构件无法在河谷内预制时，可采用缆机吊装。

7.7.2 现浇预应力钢筋混凝土槽身施工

对于大型U形渡槽的现浇施工，主要需解决抗裂、抗渗问题。若采用预应力钢筋混凝土结构，不仅能提高混凝土的抗裂性、抗渗性与耐久性，减轻构件自重，并可节约钢筋20%～40%。制造预应力钢筋混凝土构件的方法基本上可分为先张法和后张法两大类。

1. 先张法

在浇筑混凝土之前，先将钢筋拉张固定，然后立模浇筑混凝土。待混凝土完全硬化后，去掉拉张设备或剪断钢筋。利用钢筋弹性收缩的作用，通过钢筋与混凝土间的粘接力把压力传给混凝土，使混凝土产生预应力。先张法施工设备包括台座、承力架、加拉螺杆和螺母、夹具等。

台座是先张法的基本设备，有槽式台座和墩式台座两种。槽式台座加盖后可以进行蒸汽养护以加速周转，并能承受较大荷载。

承力架承受张拉力，并传给台座。张拉力是由螺杆螺母的相对运动而产生的，螺杆的拉力通过螺母作用在承力架上。夹具主要用来固定钢筋。

2. 后张法

后张法就是在混凝土浇好以后再张拉钢筋。这种方法是在设计配置预应力钢筋的部位预先留出孔道，等到混凝土达到设计强度后，再穿入钢筋进行张拉。张拉锚固后，让混凝土获得压应力，并在孔道内灌浆，也有不灌浆的无粘接预应力钢筋混凝土施工法，最后卸去锚固外面的张拉设备。

后张法不用台座，它直接利用构件当台座，因此它适用于大型构件。施工工序比较复杂（较先张法多留孔、穿筋、灌浆等工序），但预应力钢筋可按曲线布置，能做大型构件分块制作的拼装等。

【引例分析】

工程初设阶段，编制八涌水闸、电排站等建筑物施工方案如下。

1. 施工条件分析

（1）对外交通。新建电排站位于水闸左岸，闸站纵轴线平行距16.5m，防洪堤中心线同水闸交通桥中心线。

本工程位于顺德区容桂街道境内，濒临顺德支流。工程紧靠城区，水陆交通十分便利。本工程利用现有堤围作为施工陆路交通，顺德支流作为水路交通运送主要施工材料。

（2）施工期间的引、排水。施工期围内的引水和排水可利用胜江围内其他水闸解决。

（3）施工场地。施工阶段可利用堤内征用场地布置钢筋和模板加工场、仓库和工棚。

（4）水电供应。现有供水供电已到达工程所在位置，可以满足施工要求；施工用水由施工单位自行从外江抽水，生活用水与当地乡镇联用。

（5）建筑材料来源。按规定，工程建设必须使用商品混凝土。工程所采用的商品混凝土、水泥、钢材、木材等可从建材市场择优购买，砂、石可从当地砂石料场或附近地区直接购买，土料可考虑利用方，余下部分就近购买，橡胶止水、土工合成材料等新型材料从外地购入。

2. 主要施工技术

（1）施工围堰。本工程外江围堰的设计洪水位取10月至次年3月枯水期各月最高潮水位作为施工期围堰设计水位。八涌闸站拟建场地濒临顺德支流，外江围堰设计水位根据容奇（二）水位站资料，枯水期（10月至次年3月）历年各月最高潮水位为2.12m。内江围堰设计水位取八涌不涝水位1.40m。

取枯水期（10月至次年3月）历年各月最高潮水位为2.12m作为工程施工期外江围堰设计水位，外江围堰顶高程按设计水位加超高0.88m，定为3.0m；需考虑交通要求，围堰顶宽5.0m。根据场地情况，围堰布置以最大限度满足本工程建筑物的施工为原则。

（2）围堰断面。外江围堰采用水泥搅拌桩＋土袋围堰，围堰顶高程为3.0m，土袋抛填，边坡为1：2，内坡脚采用3排桩长为10.0m、桩顶高程为－1.50m的ϕ500mm水泥搅拌桩支护。河床底清浮淤后，先抛填土袋至1.5m高程，内江干水后，再进行水泥搅拌桩施工，最后堰体土袋加高至设计高程（图7－45）。

内河围堰位于八涌、长基尾涌与闸站引渠交界处，均采用全断面砂围堰。围堰迎水面侧采用斑马布防渗，山泥石渣和沙袋防冲。围堰顶高程按内河允许最高水位1.4m加超高0.6m，定为2.0m，内河围堰不考虑交通要求，围堰顶宽定为2.0m，内、外坡均为1：4。为保证围堰稳定，围堰要求清除该处浮淤。

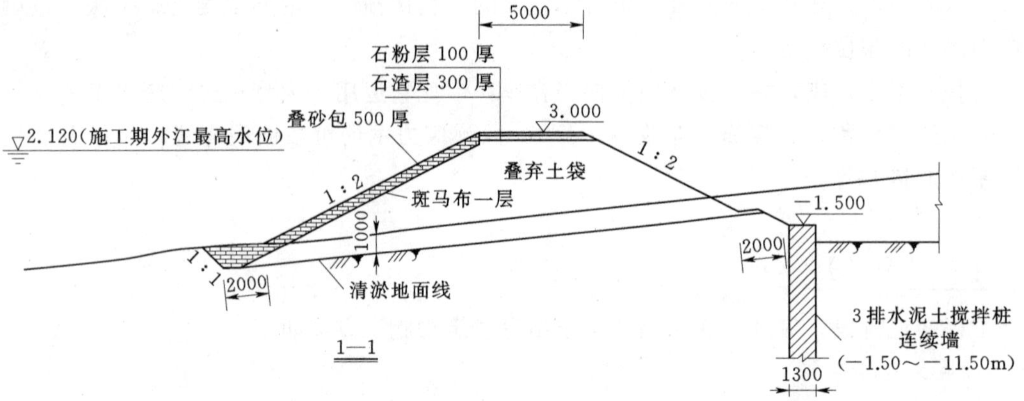

图 7-45　上游围堰（单位：mm）

3. 主体工程施工

（1）基坑开挖及排水。

基坑开挖前，应降低地下水位，使其低于开挖面 0.5m。采用机械施工时，应合理布置施工现场道路和作业场地，并加强维护。自卸汽车行走的道路加铺路面。基坑开挖宜分层分段依次进行，逐层设置排水沟，层层下挖。基坑底部应留有一定厚度的保护层，在底部工程施工前，分块依次挖除。弃土按土质类别分开堆放，先期开挖的吹填砂用于填充砂包，对开挖出来能用作回填的黏土、亚黏土堆放在基坑附近，对不能用作回填的土料，全部用作填高周围场地。

基坑的外围应设置截水沟与围埂，防止地表水流入。本工程采用排水沟和集水坑相结合的方式降低地下水位。基坑底、排水沟底、集水坑底应保持一定深差；集水坑和排水沟应设置在建筑物底部轮廓线以外一定距离。

泵房基坑与压力涵基面高差达 4.065m，拟采用 3 排密排 ϕ500mm 深层水泥搅拌桩支护，压力涵地基已作水泥搅拌桩加固，作用在支护墙上的土压力不大，作用在支护墙上的主要是水压力，通过计算，支护墙可挡 2m 水头差，因此，泵房建基面开挖时应做好压力涵基底的排水，支护墙后水位应控制在−2.30m 以下。

（2）旧闸拆除。

在基坑抽干水后进行旧闸拆除，采用挖掘机改装的专用钻头结合人工施工。

（3）基础处理。

本工程止水范围内主要建筑物采用深层水泥搅拌桩（ϕ500mm 桩径，桩距约 1000mm）加固和改善表层不良地基土，防止下卧深厚软弱土层的液化及深层滑动，提高地基土承载力。

水泥搅拌桩施工前应根据设计进行工艺性试桩，数量不得少于两根。应对相对软弱土层增加搅拌次数或增加水泥掺量。竖向承载搅拌桩施工时，停浆（灰）面应高于桩顶设计标高 300～500mm。在开挖基坑时，应将搅拌桩顶端施工质量较差的桩段用人工挖除。

本工程止水范围以外建筑物选用预应力管桩承担垂直荷载和水平荷载，以 4 层花岗片麻岩作为桩端持力层。

预应力管桩施工前应根据设计进行试桩，数量不得少于两根。本工程的地层变化非常大，预应力管桩采用贯入度控制，根据现场试桩情况，确定控制贯入度，并对以后每根桩做好桩长和贯入度记录。

根据建筑物平面布置及工程特点，要求按以下施工顺序施工：基坑开挖及旧闸拆除→管桩及水泥搅拌桩施工→二次开挖至建基面→垫层施工。

（4）混凝土施工。

混凝土工程的施工宜按照“先深后浅、先重后轻、先高后矮、先主后次”的原则进行。根据其所在部位的工作条件，分别满足强度、抗渗、抗侵蚀、抗冲刷、抗磨损等性能及施工和易性的要求。混凝土的施工，应从材料选择、配合比设计、温度控制、施工安排的质量控制等方面，采取综合措施，防止产生裂缝和钢筋锈蚀。

1）材料选择。混凝土宜选用普通硅酸盐水泥，标号不宜低于32.5R，每一分部工程所用水泥品种不宜太多；粗骨料宜用质地坚硬，粒形、级配良好的碎石、卵石。不得使用未经分级的混合石子；细骨料宜采用质地坚硬、颗粒洁净、级配良好的天然砂。建议采用商品混凝土。

2）配合比设计。混凝土的配合比应通过计算和试验选定，除应满足设计强度、耐久性及施工要求外，还应做到经济、合理。

3）温度控制。顺德位于珠江三角洲平原中部，地处北回归线以南。年平均气温21.9℃，极端最低气温为1.1℃，极端最高气温为37.7℃。由于本工程选择在冬季施工，根据顺德本地气候条件，施工期日最高气温低于30℃，连续5d日平均气温不低于5℃，无需采取额外温控措施。但在冬期施工中，应注意收集天气预报，做好测温工作。对冬期施工期间出现的大风和寒流天气，应及时采取覆盖塑料膜、草垫子、麻袋等措施，对混凝土进行保温、保湿养护，避免在寒流袭击、气温陡降时拆模；当混凝土与外界气温相差20℃以上时，拆模后的混凝土表面应加以覆盖。混凝土浇筑时，应尽量避免雨天施工，当不能避开时，新浇筑的混凝土应用塑料薄膜覆盖。水泥砂浆抹面完成后，在强度未达到要求之前，在雨天也应用塑料薄膜覆盖，以防止表层水泥浆被冲刷。

（5）土方填筑。

建筑物周边基坑土方回填，应在建筑物强度达到设计强度的50%～70%时开始进行；墙背及伸缩缝经清理整修合格后，方可回填；土方填筑前，必须清除基坑底部的积水、杂物等。填筑土料应符合设计要求，合理控制土料含水量；铺土厚度宜为25～30cm，并碾压密实至规定值。填土应均衡上升；靠近岸墙、翼墙、岸坡的回填土宜用人工或小型机具夯压密实，铺土厚度宜适当减薄；分段处应留有坡度，错缝搭接，并注意密实。墙后填土和筑堤应考虑预加沉降量。墙后排渗设施的施工程序，应先回填再开挖槽坑，然后依次铺设滤料等。施工时应在地基、坡面设置沉降和位移观测点，桩基观测资料分析结果，指导安全施工。若观测值突变，且堤坡有明显变形时，填土即应停止，并观察变形发展规律，研究处理办法，使变形趋于稳定后再继续施工。

（6）土石方利用。

堤身填筑土方采用外购土料，开挖土方可用于场地回填；旧闸拆除的混凝土及块石等，首先满足场地平整、抛石防冲槽等填筑所需石渣混合料，多余部分则按弃渣考虑；工程清基部分全部按弃渣考虑。

本工程总开挖方量 27236.0m^3，总回填土方 19292.0m^3，防洪堤堤身范围回填亚黏土，拟采用外购土，共 12340m^3，其余回填土方采用开挖利用方。

4. 施工进度计划安排（略）

5. 施工总布置图（略）

【技能训练】

一、单选题

1. 渗流挟带（　　）从基坑底部上冒或在边坡形成管涌、流土现象。

A. 黏土　　B. 砂土　　C. 卵石

2. 沉井刃脚下掏土（　　）会导致沉井下沉过程中发生偏差。

A. 过少　　B. 过慢　　C. 过多

3. 斜井的斜角为（　　），一般采用自上而下的全断面开挖法。

A. 3°～5°　　B. 6°～35°　　C. 35°～48°

4. 对深度不大的竖井，采用一次钻孔、一次爆破的关键是控制钻孔的偏斜率不超过（　　）。

A. 0.5%　　B. 1.0%　　C. 1.5%

5. 渠道衬砌中多采用板形结构，（　　）适用于无冻胀地区，（　　）适用于冻胀地区。

A. 矩形板　　B. 槽形板　　C. 楔形板

6. 顶管施工中，管前挖土深度一般（　　）千斤顶出镐长度。

A. 等于　　B. 大于　　C. 小于

7. 橡胶坝坝袋安装就位，应先对齐（　　）相应的锚固线和中心线，再使其与（　　）相应的锚固线和中心线对齐吻合。

A. 上游端　　B. 下游端　　C. 坝轴线

8. 盾构法施工中，衬砌环长度达（　　）以后，才能起到后背作用。

A. 20～30m　　B. 30～50m　　C. 50～60m

9. 当渡槽横跨峡谷，两岸陡峻，可选用（　　）吊装。

A. 汽车式起重机　　B. 缆机　　C. 塔机

10. 每块底板上的闸墩混凝土应（　　）上升。

A. 错开　　B. 均衡　　C. 单独

二、判断题

1. 隧洞断面衬砌顺序，自下而上多用于地质条件较好的场合，自上而下适合于围岩自承能力较差的情况。（　　）

2. 水闸的施工应遵循先浅后深、先主后次、先重后轻的施工。（　　）

3. 掏槽眼的主要作用是增加爆破的临空面。（　　）

4. 泵房施工中，在平面上可设垂直缝。（　　）

5. 渠堤填筑，应将透水性小的材料填在背水坡，将透水性大的材料填在迎水坡。（　）

6. 竖井、斜井和短洞开挖时可采用压入式通风。（　）

7. 盾构法施工是以衬砌环为后背，所以不用在工作坑内设后背。（　）

8. 先张法是先张拉钢筋后浇筑混凝土。（　）

9. 隧洞钢筋混凝土衬砌施工，在横断面上分块浇筑次序，在正常情况下先底拱（底板）、后边拱（边墙）和顶拱。（　）

10. 喷混凝土施工应先下而上、先凹后凸。（　）

三、简答题

1. 水闸闸墩模板应如何安装固定？

2. 简述泵站的结构组成及其施工流程。

3. 简述渠道的开挖方法有哪几种？

4. 管道开槽法施工和不开槽法施工有何不同？各自的适用条件是什么？

5. 如何组织沉井下沉？

6. 试述橡胶坝袋安装顺序和锚固施工步骤。

7. 简述隧洞开挖循环作业的工序。

8. 喷锚支护的类型有哪些？试加以简述。

9. 喷混凝土施工有何要求？应注意哪些问题？

10. 试述渡槽排架的吊装方法。

项目8　水利工程施工组织与计划

【教学目标】

通过教学活动，使学生具备编写施工组织设计文件和正确组织水利工程施工的能力。

【教学要求】

知识要点	能力目标
水利水电工程建设程序和建设项目划分	明确水利水电工程基本建设程序，能正确进行水利水电建设项目的3级划分
施工组织设计	掌握施工组织设计的编制原则，理解施工组织设计的组成内容
施工组织计划	能正确组织流水施工，会编制单代号、双代号网络图及正确计算网络计划时间参数
施工进度计划	合理编制施工进度计划横道图
施工总体布置	能根据工程地形条件、枢纽布置情况合理进行施工总平面图的布置

【引例】

隔河岩水利枢纽大坝为混凝土重力拱坝，右岸岸边布置电站厂房，左岸布置升船机。隔河岩工程主体建筑物土石方开挖580.55万m^3，混凝土337.30万m^3。总工期7年（升船机等缓建项目除外）。

施工场地条件：清江为山区河流，枢纽坝址位于高山峡谷地区，下距长阳县城水路9km、公路12.5km。红花套—长阳—火烧坪地方公路从坝址左岸通过，对外交通方便。坝址3km范围内的施工场地主要有：右岸下游西寺坪、刘家坪台地，高程85～130m，面积约40万m^2；覃家湾、曾家湾沟谷坡地，高程110～180m，面积约40万m^2；姜家湾坡地，高程130～160m，面积8万m^2；丁家湾坡地，高程240～280m，面积8万m^2；左岸下游晒谷坪台地，高程90～95m，面积约3万m^2；沿头溪、下渔口沟谷坡地，高程88～110m，面积15万m^2；刘家河以下沟谷坡地，高程90～120m，面积16万m^2；大坝上游左岸倒渔溪和右岸凶溪沟可布置弃渣场，面积约15万m^2。以上合计可利用的场地面积约145万m^2。

天然砂石料场分布于坝址附近上下游的滩地，上游有距坝址3.5km的沿市口滩；下游有距坝址1.5km的西寺坪滩、距坝址3km的猫子滩、距坝址5km的八公滩。人工砂石料场位于距右坝头2.5km的右岸细砂坡，属石灰岩，高程为310～500m。

试根据施工地区地形图、枢纽布置图、场内外交通运输条件、料场位置等进行施工总平面布置。

【基本知识学习】

8.1 水利工程建设程序和建设项目划分

8.1.1 基本建设程序概述

1. 基本建设程序

基本建设程序是指基本建设项目从决策、设计、施工到竣工验收全过程中各项工作所必须遵循的先后次序。设计工作一般分两阶段进行，即初步设计和施工图设计。对于重大工程建设项目或新型、特殊工程项目采用3阶段设计，即初步设计、技术设计和施工图设计。在建设实施阶段，施工单位须严格履行合同，和建设单位、设计单位、监理工程师密切配合。施工过程须按设计图纸严格进行，各个环节要相互协调，科学管理，确保工程质量。水利水电工程基本建设程序如图8-1所示。

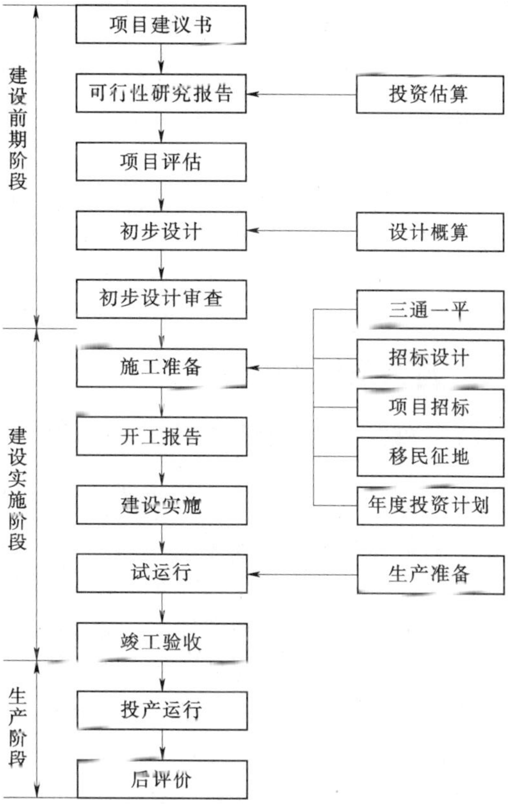

图8-1 水利工程建设程序流程

2. 基本建设程序的特点

基本建设程序的特点表现在以下几个方面：

（1）建设项目单一性。水电建设项目有特定的目的和用途，须单独设计和单独建设。即使为相同规模的同类项目，由于工程地点、地区条件和自然条件（如水文、气象等）不同，均会造成设计和施工有一定差异。

（2）建设地点固定，工期长，耗资较大。项目施工中消耗的人力、物力和财力，在工程费用中占有较大的比例。同时，由于工程复杂和艰巨性，建设周期长。小型工程短则2～3年，大型工程长则十几年，如龙羊峡、李家峡、长江三峡工程。

（3）涉及面广，问题复杂。项目一般为多目标综合开发利用，具有防洪、灌溉、发电、供水、航运等综合效益。需科学组织和编写施工组织设计，优质、高速地完成预期目标。

8.1.2 建设项目划分

水利水电基本建设项目一般包括新建、续建、改建、加固和修复工程建设项目。工程质量评定时，一般逐级划分为若干个扩大单位工程（又称单项工程）、单位工程、分部工程和单元工程。

1. 扩大单位工程

扩大单位工程是指由几个单位工程联合发挥同一效益与作用，或具有同一性质和用途的工程。具有独立的设计文件，可独立发挥生产能力或效益，如发电工程、拦河坝工程、航运工程、引水工程等。

2. 单位工程

单位工程是指具有独立的施工条件或有独立作用的，由若干个分部工程组成。例如，溢流坝、泄洪洞，水电站引水工程中的进水口、调压井等。

3. 分部工程

分部工程是指组成单位工程的各个部分。如隧洞工程可分为开挖工程、衬砌工程等。混凝土坝工程可以分为非溢流坝段、溢流坝段、引水坝段、厂坝连接坝段、坝基及坝体接缝灌浆等分部工程。

4. 单元（分项）工程

单元工程是组成分部工程的由几个工种施工完成的最小综合体，也是建设项目最基本的组成单元和日常质量考核的基本单位。可依据设计结构、施工部署或质量考核要求把建筑物划分为层、块、区、段，如混凝土浇筑仓等。

8.2 施工组织设计

8.2.1 施工组织设计的概念与作用

施工组织设计是指针对拟建的工程项目，在开工前针对工程本身特点和工地具体情况，按照工程的要求，对所需的施工劳动力、施工材料、施工机具和施工临时设施，经过科学计算、精心对比及合理的安排后编制出的一套在时间和空间上进行合理施工的战略部署文件。施工组织设计是工程施工的组织方案，是指导施工准备和组织施工的全面性技术经济文件，是现场施工的指导性文件。

施工组织设计在每项建设工程中都具有重要的规划作用、组织作用和指导作用，具体表现在以下几个方面：

（1）施工组织设计是施工准备工作的一项重要内容，同时又是指导各项施工准备工作的依据。

（2）施工组织设计可体现实现基本建设计划和设计的要求，可进一步验证设计方案的合理性与可行性。

（3）施工组织设计为拟建工程确定施工方案、施工进度和施工顺序等，是指导开展紧凑、有秩序施工活动的技术依据。

（4）施工组织设计所提出的各项资源需要量计划，直接为物质供应工作提供依据。

(5) 施工组织设计对现场所做的规划与布置，为现场的文明施工创造了条件，并为现场平面管理提供了依据。

(6) 施工组织设计对施工企业的施工计划起决定和控制性的作用。施工计划是根据施工企业对建筑市场所进行科学预测和中标的结果，结合本企业的具体情况，制定出的企业不同时期应完成的生产计划和各项技术经济指标。而施工组织设计是按具体的拟建工程的开竣工时间编制的指导施工的文件。因此，施工组织设计与施工企业的施工计划两者之间有着极为密切、不可分割的关系。施工组织设计是编制施工企业施工计划的基础；反过来，制定施工组织设计又应服从企业的施工计划，两者是相辅相成、互为依据的。

(7) 施工组织设计是统筹安排施工企业生产的投入与产出过程的关键和依据。建筑企业从承担工程任务开始到竣工验收交付使用为止的全部施工过程的计划、组织和控制的基础就是施工组织设计。

(8) 通过编制施工组织设计，可以充分考虑施工中可能遇到的困难和障碍，主动调整施工中的薄弱环节，事先予以解决或排除，从而提高了施工的可预见性，减少了盲目性，使管理者和生产者做到心中有数，为实现建设目标提供了技术保证。

总之，一个科学的施工组织设计，如能够在工程施工中得到贯彻实施，必然能够统筹安排施工的各个环节，协调好各个方面的关系，使复杂的建筑施工过程有序、合理地按科学程序顺利进行，从而保证建设项目的各项指标得以实现。

8.2.2 施工组织设计任务与分类

1. 施工组织设计的任务

从施工的角度对建筑物的位置、型式及枢纽布置进行方案比较；选定施工方案并拟定施工方法；确定施工程序及施工进度；计算工程量及相应的建筑材料、施工设备、劳动力及工程投资需用量；进行工地各项业务的组织，确定场地布置和临时设施等。

根据基建程序，在可行性研究中，施工组织设计要根据工程施工条件，从施工导流及度汛、对外交通、当地建材、施工厂区布置和施工进度等主要方面，对不同坝址的建设条件，进行技术经济综合论证；初步设计阶段的施工组织设计，主要是配合坝型选择和枢纽布置方案进行的。要求重点研究导、截流（包括施工期度汛通航、过木、下闸蓄水及下游供水）、当地建设材料料源、对外交通运输、主体工程的施工程序、施工方法、施工布置、混凝土温度控制设计与温控措施、施工工厂规模及临建工程量、施工总布置和施工总进度安排等，并通过分析比较，选定技术先进、经济合理的设计方案。对某些重大技术问题，必要时提出专题报告，在招标投标活动中，参加招标的单位，都要从各自的角度，分析施工条件，研究施工方案，提出质量、工期、施工布置等方面的要求，以便对工程的投资或造价作出合理的估计；在技术设计和工程施工过程中，要针对各单项工程或专项工程的具体条件，编制单项工程或专项工程施工措施设计，从技术组织措施上具体落实施工组织设计的要求。

2. 施工组织设计的分类

根据编制的对象或范围不同，可将施工组织设计分为 3 类。

(1) 施工组织总设计。针对整个水利水电枢纽工程编制的施工组织设计，一般在工程设计阶段编制，相对比较宏观、概括和粗略，对工程施工起指导作用。

(2) 单项工程施工组织设计。按单项（单位）工程编制的施工组织设计（或施工计划）。

(3) 分部（分项）工程施工组织设计或年度、季度施工的实施计划。以分部（分项）工程为编制对象，用以具体实施其施工全过程的各项施工活动的技术、经济和组织的综合性文件。它将单位工程施工组织设计进一步具体化，是专业工程的具体施工设计。

8.2.3 编制依据及编制原则

1. 编制依据

进行施工组织设计工作的依据主要有以下几个：

(1) 可行性研究报告及审批意见、设计任务书、上级单位对工程建设的要求和批件。

(2) 工程所在地区有关基本建设法规或条例、地方政府对工程建设的要求。

(3) 国民经济各有关部门如铁路、交通、灌溉、环保、城市供水、旅游等，对工程建设期间有关要求及协议。

(4) 当前水利水电工程建设的施工装备、管理水平和技术特点。

(5) 工程所在地区和河流的自然条件、施工电源、水源及水质、交通、环保、旅游、防洪、灌溉、航运、过木、供水等现状和近期发展规划。

(6) 当地城镇现有修配、加工能力，生活、生产物资和劳动力供应条件，居民生活、卫生习惯等。

(7) 施工导流及通航过木等水工模型试验、各种原材料试验、混凝土配合比试验、重要结构模型试验、岩土物理力学试验等成果。

(8) 工程有关工艺试验或生产性试验成果。

(9) 勘测、设计各专业有关成果。

2. 编制原则

尽管不同的阶段施工组织设计的内容和深度有所不同，但编制水利水电工程施工组织设计都应遵循以下原则：

(1) 严格遵循国家有关工程建设的方针政策，贯彻施工技术规范和操作规程。

(2) 保证工程按期完工并争取尽早投入使用。

(3) 根据需要，尽可能采取机械化、工业化施工。

(4) 分清主次，保证重点，尽可能节省人力、财力、物力。

(5) 尽量利用已有建筑物和结合永久建筑物，减少临时设施工程。

(6) 尽量不破坏植被，减少施工用地，不占用或少占用农田。

(7) 尽可能使用和总结推广新材料、新技术、新方法。

(8) 尽量采用流水作业，组织连续、均衡、有节奏的施工。

(9) 充分掌握和利用自然条件，根据季节合理安排施工顺序与施工进度。

(10) 创造良好的施工条件，做到文明生产和文明施工，保证施工安全。

8.2.4　施工组织设计内容

施工组织设计的内容，是根据不同工程的特点和要求，结合现有的和可能创造的施工条件，从实际出发，决定各种生产要素（材料、机械、资金、劳动力和施工方法等）的结合方式。尽管在不同设计阶段编制的施工组织设计文件，内容和深度不尽相同，但应包含施工方法与相应的技术组织措施、施工进度计划、施工现场平面布置、各种资源需要量及其供应等内容。

施工组织设计的重点是施工平面布置图、进度计划和施工方案。

1. 施工条件分析

施工条件包括工程条件、自然条件、物质资源供应条件及社会经济条件等，主要有：工程所在地点对外交通运输，枢纽建筑物及其特征；地形、地质、水文、气象条件；主要建筑材料来源和供应条件；当地水源、电源情况，施工期间通航、过木、过鱼、供水、环保等要求；国家对工期、分期投产的要求；施工用地、居民安置以及与工程施工有关的协作条件等。施工条件分析需在简要阐明上述条件的基础上，着重分析它们对工程施工可能带来的影响和后果。

2. 施工导流与截流

施工导流设计应在综合分析导流条件的基础上，确定导流标准和导流量，划分导流时段，明确施工分期，选择导流方案、导流方式和导流建筑物，进行导流建筑物的设计，提出导流建筑物的施工安排，拟定截流、拦洪度汛、基坑排水、通航过木、下闸封孔、供水、蓄水发电等措施。

3. 主体工程施工

主体工程包括挡水、泄水、引水、发电、通航等主要建筑物，应根据各自的施工条件，对施工程序、施工方法、施工强度、施工布置、施工进度和施工机械等问题进行分析比较和选择。必要时，对其中的关键技术问题，如特殊的基础处理、大体积混凝土温度控制、土石坝合拢、拦洪及光爆喷锚等问题，作出相应的设计和论证。

对于有机电设备和金属结构安装任务的工程项目，应对主要机电设备和金属结构的加工、制作、运输、预拼装、吊装以及土建工程与安装工程的施工顺序等问题，作出相应的设计和论证。

4. 施工交通运输

施工交通运输分为对外交通运输和场内交通运输。对外交通运输是在弄清现有对外水陆交通和发展规划的情况下，根据工程对外运输总量、运输强度和重大部件的运输要求，确定对外交通运输方式，选择线路和线路的标准，规划沿线重大设施和与国家干线的连接，并提出场外交通工程的施工进度安排。场内交通运输应根据施工场区的地形条件和分区规划要求，结合主体工程的施工运输，选定场内交通主干线路的布置和标准，提出相应的工程量。施工期间，若有船、木过坝问题，应作出专门的分析论证，提出解决方案。

5. 施工辅助企业和大型临建工程

根据工程施工的任务和要求，对主要施工辅助企业（如混凝土骨料开采加工系统，土石料场和土石料加工系统，混凝土拌和及制冷系统，钢筋加工厂，预制构件厂，木料加工厂，机械修配系统，汽车修配厂等)，应分别确定各自的位置、规模、设备容量、生产工艺、占地面积、建筑面积和土建安装工程量，并提出土建安装进度和分期投产的计划；对大型临建工程（如导流设施，施工道路，施工栈桥、过河桥梁、缆机平台，风、水、电、通信系统等)，要作出专门设计，确定其工程量和施工进度安排。

6. 施工总体布置

施工总体布置主要是根据工程规模、施工场区的地形地貌、枢纽主要建筑物的施工方案、各项临建设施的布置要求，研究解决主体工程施工期间所需的辅助企业、交通道路、仓库、施工动力、给排水管线等设施的总体布置问题，对施工场地进行分期分区规划，确定分期分区布置方案和各承包单位的场地范围，对土石方和开挖、堆弃和填筑进行综合平衡，使整个工地形成一个统一的整体。

具体而言，主要有以下几点：

(1) 结合对外运输方案、主体工程施工方案，选定场内运输方式和两岸交通联系方式。

(2) 确定场内区域划分原则，布置各施工辅助设施、仓库站场、施工管理及生活福利设施。

(3) 选择和布置给水、供电、供气和通信等系统及干管、干线。

(4) 确定施工场地排水防洪标准，布置排水防洪沟涵、管道系统。

(5) 规划弃渣、堆料场地，做好土石方平衡及开挖土石方调配方案。

(6) 研究和确定环境保护和水土保持措施。

7. 施工总进度

施工总进度的任务是根据工程所在地区的自然条件、社会经济资源及工程建设目标、水工设计方案、工程施工方案、工程施工特性等，研究确定关键性工程的施工进度，从而选择合理的总工期及相应的总进度；在保证工程质量和施工安全的前提下，协调平衡和安排其他单项工程的施工进度，使工程各阶段、各单项工程、各工序间统筹兼顾，最大限度地合理使用建设资金、劳力、机械设备和建筑材料。

施工总进度的安排必须符合国家对工程投产所提出的要求。为了合理安排施工进度，必须仔细分析工程规模、导流程序、对外交通、资源供应、临建准备等各项控制因素，拟定整个工程，包括准备工程、主体工程和结束工作在内的施工总进度，确定各项目的起讫日期和相互之间的衔接关系；对导流截流、拦洪度汛、封孔蓄水、供水发电等控制环节，工程应达到的形象面貌，需作出专门的论证；对土石方、混凝土等主要工种工程和施工强度，对劳动力、主要建筑材料、主要机械设备的需用量，要进行综合平衡；要分析施工工期和工程费用的关系，提出合理工期的推荐意见。

8. 主要技术及物资供应计划

根据施工总进度的安排和定额资料的分析，对主要建筑材料（如钢材、钢筋、木材、水泥、粉煤灰、油料、炸药等）和主要施工机械设备，列出总需要量和分年需要量计划。必要时还需提出进行试验研究和补充勘测的建议，为进一步深入设计和研究提供依据。

9. 拆迁赔偿和移民安置计划

拆迁赔偿和移民安置计划主要包括拆迁数量、征占地面积、补偿标准以及生活生产安置等。

10. 施工组织领导

施工组织设计中应明确提出施工机构、管理方式、隶属关系和人员配备的建议等。

11. 附图及说明

在完成上述设计内容时，还应提交以下附图：

（1）施工场外交通图及施工转运站规划布置图。

（2）施工征地规划范围图及施工总布置图。

（3）施工导流方案综合比较图及施工导流分期布置图。

（4）导流建筑物结构布置图及导流建筑物施工方法示意图。

（5）施工期通航过木布置图。

（6）主要建筑物土石方开挖程序及基础处理示意图。

（7）主要建筑物的混凝土及土石方填筑施工程序、施工方法及施工布置示意图。

（8）地下工程开挖、衬砌施工程序、施工方法及施工布置示意图。

（9）机电设备、金属结构安装施工示意图。

（10）砂石料系统、混凝土拌和及制冷系统布置图。

（11）施工总进度表及施工关键路线图。

综上叙述，在编制施工组织设计时，应注意以下几点：

（1）运用系统的观念和方法，建立施工组织设计编制工作的标准。

（2）选择合理的施工方案是施工组织设计的核心，应借鉴国内外先进施工技术，运用现代科学管理方法，从技术及经济上比较选出最合理的方案来编制施工组织设计。

（3）运用现代化信息技术，实行施工组织设计的模块化编制，内容应简明扼要，突出目标。

（4）贯彻国家质量管理体系标准，实现设计和施工技术一体化，使新的技术成果在施工组织设计中得到应用。

8.2.5　施工组织各部分内容的关系

施工组织设计各部分内容，虽各有侧重和自成体系，但密切关联，相辅相成。弄清施工组织设计各部分内容之间的内在联系，对于搞好施工组织设计，做好现场施工的组织和管理，都有重要的意义。

施工条件分析是其他各部分设计的基础和前提，只有切实掌握施工条件，才能搞好

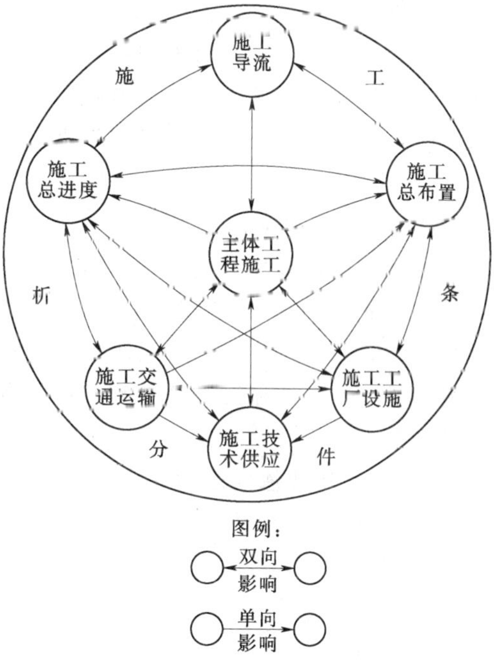

图8-2　施工组织设计各部分的关系

施工组织设计。

施工导流解决施工全过程的水流控制问题，主体工程施工方案从技术组织措施上保证主要建筑物的修建，施工总进度对整个施工过程作出时间安排，施工总布置对整个施工现场进行空间规划，各自从不同的角度对施工全局作出部署。因此，在进行这 4 个部分的设计时，必须密切配合，互相协调，以取得相辅相成的效果。

施工交通运输是整个工程施工的动脉，施工工厂设施和技术供应是施工前方的后勤保障，关系到外来建筑材料、机械设备的供应，关系到工程建设任务的完成，关系到施工进度的实施和施工布置的合理性。

由此可见，施工组织设计各个组成部分是一个整体，必须全面考虑，互相协调，才能得到合理的解决。它们之间的关系可形象地用图 8-2 来表示。

8.3 施工组织计划技术

8.3.1 流水作业法

8.3.1.1 流水作业的概念与作用

在组织多个工程对象施工时，通常有顺序施工、平行施工和流水施工 3 种形式。

1. 顺序施工

顺序施工是施工对象一个接一个依次进行施工的方法。各工作队按顺序依次在各施工对象上工作。这种方法组织较简单，同时投入的劳动力和物资资源量较小，但各专业工作队不能连续工作，工地物资资源的消耗也有间断性，施工工期长、一般用于规模较小、工作面有限的工程。

2. 平行施工

平行施工是所有施工对象同时开工，齐头并进，同时完工的组织施工方法。采用平行施工方法可以缩短工期，但劳动力和资源需要量集中，施工组织管理复杂，且费用高，此法仅用于工期要求紧，需要突击的工程。

3. 流水施工

流水施工是将拟建工程按工程特点和结构部位划分为若干施工段，各工作队按一定的顺序和时间间隔连续地在各施工对象上工作。流水施工综合了顺序施工和平行施工的特点，消除了它们的缺点，保证了各工作队的工作和物资资源的消耗具有连续性和均衡性。流水作业法是组织生产的一种高级形式，它运用流水作业原理，对于保持施工作业的连续性、均衡性，充分利用时间和空间，进行专业化施工，保证工程质量，提高工效和降低成本有着显著的作用。

8.3.1.2 流水作业法的表述形式

1. 水平图表

水平图表的表述方式见图 8-3。其横坐标表示持续时间，纵坐标表示施工过程或施工对象的名称或编号。

2. 垂直图表

垂直图表的表述方式见图 8-4。其横坐标表示持续时间，纵坐标表示工程项目或施工

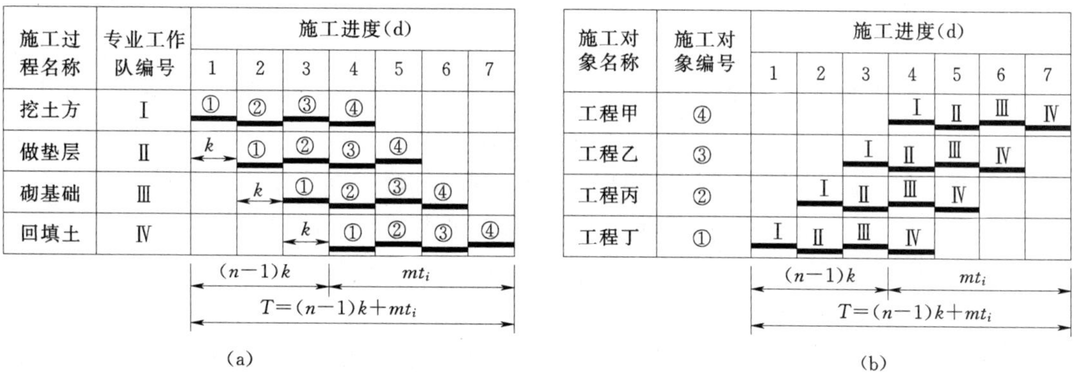

图 8-3　流水作业水平图表

T—流水施工的总工期；m—施工段的数目；n—施工过程或专业工作队的数目；
t_i—流水节拍；k—流水步距（比例 $k=t_i$）

工段的名称或编号，图中符号含义同图 8-3。

3. 网络图

网络图的表述方式，详见本章后面内容。

8.3.1.3　流水作业参数

组织流水施工，应依据工程类型、平面形式、结构特点和施工条件，确定下列流水作业参数。

1. 施工过程数（n）

施工过程是指用以表达流水施工在工艺上开展层次的有关过程，施工过程的数目通常以 n 表示。施工过程可以根据计划需要确定其粗细程度，既可以是一个具体的工序，也可以是一个分项工程，还可以是它们的组合。

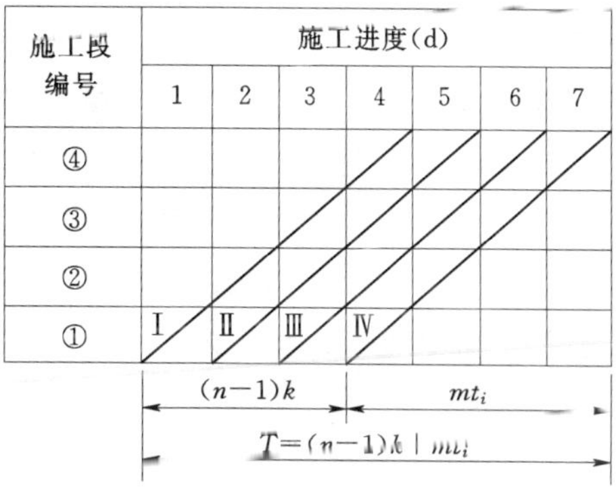

图 8-4　流水作业垂直图表

施工过程数与建筑物和构筑物的复杂程度、施工方法等有关。确定施工过程数要适当。应突出主导施工过程或主要专业工种。若取的太多、太细，会给计算增添麻烦，在施工进度计划上也会带来主次不分的缺点；但若取的太少又会使计划过于笼统，失去指导作用。

2. 施工段数（m）

把拟建工程在平面上划分为若干个劳动量大致相等的施工段落，即为施工段。段数一般以 m 表示。在划分施工段时，应遵循以下原则：

（1）要使专业工种在各个施工段上所消耗的劳动量大致相等。相差幅度不宜超过 10%～15%。

（2）每一施工段的大小应满足专业工种对工作面的要求，并以主导施工过程的工作需要为主。

（3）施工段数目应根据各工序在施工过程中工艺周期的长短来确定，能满足连续作业，不出现停歇的合理流水施工要求。

（4）施工段分界限应尽可能与工程的自然界限相吻合，如伸缩缝、沉降缝等，对于管道工程可考虑划在检查井或阀门井等处；各层房屋的竖向分段一般与结构层一致，并应使各施工过程能连续施工。即各施工过程的工作队做完第一段，能立即转入第二段；做完第一层的最后一段，能立即转入第二层的第一段。因而每层的最少施工段数目 m_0 应满足：$m_0 \geqslant n$，其中 m_0 为每层最少施工段数；n 为施工过程数。

此外，施工段的划分还应考虑垂直运输方式和进料的影响。

3. 流水节拍（t_i）

流水节拍是指各个专业工作队在各个施工段完成各自施工过程所需的持续时间，通常以 t_i 表示。

流水节拍决定施工的速度和施工的节奏性。因此，各专业工作队的流水节拍一般应成倍数，以满足均衡施工的要求。流水节拍的确定，应考虑劳动力、材料和施工机械供应的可能性，以及劳动组织和工作面使用的合理性。通常按式（8-1）计算，即

$$t_i = Q_i / S_i R_i N = P_i / R_i N \tag{8-1}$$

式中 t_i——某施工过程在某施工段上的流水节拍；

Q_i——某施工过程在某施工段上的工程量；

S_i——某专业工种或机械的产量定额；

R_i——某专业工作队人数或机械台数；

N——某专业工作队或机械的工作班次；

P_i——某施工过程在某施工段上的劳动量。

4. 流水步距（$k_{i,i+1}$）

在流水施工过程中，相邻两个专业工作队先后进入第一施工段开始施工的时间间隔，称为流水步距，通常以 $k_{i,i+1}$ 表示。正确的流水步距应与流水节拍保持一定的关系。确定流水步距应遵循以下原则：

（1）要保证每个专业工作队，在各个施工段上都能连续作业。

（2）要使相邻专业工作队，在开工时间上实现最大限度地合理地搭接。

（3）要满足均衡生产和安全施工的要求。

5. 技术间歇时间（S）

由于工艺和组织原因引起的等待时间，称为技术间歇时间，有时对两类不同的间歇时间可以分别考虑。

（1）工艺间歇。它是指在流水施工中，由于施工工艺的要求，某施工过程在某施工段上除流水步距以外必须停歇的时间间隔。

（2）组织间歇。它是指施工中由于考虑组织技术的因素，某施工过程在某施工段上除流水步距以外增加的必要时间间隔。

6. 平行搭接时间（C）

组织流水施工时，在工作面允许的条件下，某些施工过程可以与其他施工过程平行作业，其搭接时间以 C 表示。

8.3.1.4 流水施工基本方式

流水施工有流水段法和流水线法，可以根据建筑物或构筑物的结构特点进行选用。根据各施工过程时间参数的不同特点，流水段法可分为固定节拍专业流水、成倍节拍专业流水和分别流水等几种形式。

1. 固定节拍专业流水

固定节拍专业流水是指在所组织的流水范围内各施工过程的流水节拍均彼此相等，并且等于流水步距，即 $t_i=K=$常数。由于流水节拍相等，因此各施工过程的施工速度是一样的，两相邻施工过程间的流水步距等于一个流水节拍。这种组织方式能够保证专业工作队的工作连续、有节奏，可以实现均衡施工，从而最理想地达到组织流水作业的目的。

固定节拍流水施工工期，可以由式（8-2）计算，即

$$T=(m+n-1)t_i-\sum C+\sum S \tag{8-2}$$

式中 m——施工段数；

n——专业施工队数；

$\sum C$——所有平行搭接时间的总和；

$\sum S$——所有技术间歇时间的总和。

【例8-1】 某工程由挖土方、做垫层、砌基础、回填土4个过程组成，它在平面上划分为4个施工段，各施工过程在各个施工段上的流水节拍均为1d，试组织固定节拍的流水施工。

解： 根据题设条件和要求，其基本步骤如下：

（1）确定流水步距

$$k=t=3(\mathrm{d})$$

（2）确定流水工期

$$T=(4+4-1)\times 1=7(\mathrm{d})$$

（3）绘制流水指示图表，如图8-3（a）所示。

2. 成倍节拍专业流水

在组织流水施工时，通常会遇到不同施工过程之间，由于劳动量的不等以及技术或组织上的原因，其流水节拍互成倍数，从而形成成倍节拍专业流水。即不同施工过程的 t_i 成倍数关系，同一过程不同段的 t_i 相等。成倍节拍流水又分为一般成倍节拍流水和加快速度的成倍节拍流水施工。

一般成倍节拍流水关键在于求出各施工过程的流水步距，使各专业施工队都能连续施工，实现最大限度地、合理地搭接。各施工过程的流水步距的计算式为

$$K_i=\begin{cases} t_{i-1} & \text{当 } t_{i-1}\leqslant t_i \\ mt_{i-1}-(m-1)t_i & \text{当 } t_{i-1}>t_i \end{cases} \tag{8-3}$$

一般成倍节拍流水施工的工期，可按式（8-4）计算，即

$$T=\sum k_{i,i+1}+T_n-\sum C+\sum S \tag{8-4}$$

式中 $\sum k_{i,i+1}$——流水步距总和；

T_n——最后一个施工过程在施工段上的持续时间之和；

$\sum C$——所有平行搭接时间的总和；

$\sum S$——所有技术间歇时间的总和。

【例 8-2】 假若工地需安装 400m 管道，分 4 段施工，工序分为：①测量放样开挖每段 $t_i=5\text{d}$；②基础垫层施工每段 $t_i=10\text{d}$；③管道安装每段 $t_i=10\text{d}$；④回填压实每段 $t_i=5\text{d}$，试组织一般成倍节拍流水。

解：(1) 按式 (8-3) 计算流水步距

$$t_1<t_2 \quad K_2=t_1=5(\text{d})$$

$$t_2=t_3 \quad K_3=t_2=10(\text{d})$$

$$t_3>t_4 \quad K_4=mt_3-(m-1)t_4=4\times10-3\times5=25(\text{d})$$

(2) 按式 (8-4) 确定流水工期

$$T=(5+10+25)+4\times5=60(\text{d})$$

(3) 绘制流水指示图表，如图 8-5 所示。

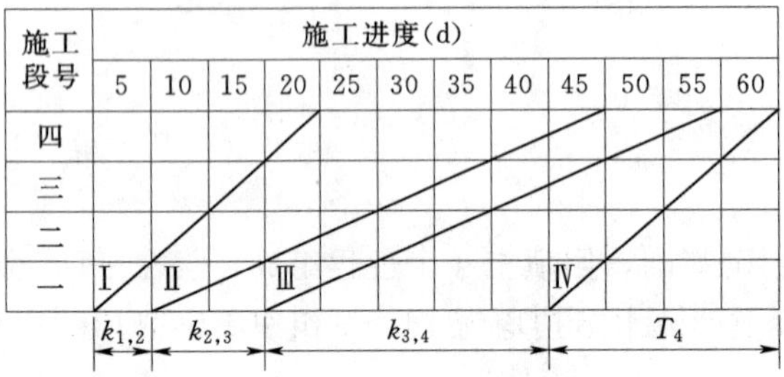

图 8-5 一般成倍节拍流水图表

加快速度的成倍节拍流水，为了加快流水施工的速度，当不同施工过程在同一施工段上的流水节拍之间存在一个最大公约数时，可按最大公约数的倍数确定每个施工过程的专业工作队，这样便构成了一个工期最短的成倍节拍流水施工方案，其基本步骤如下：

(1) 确定流水步距。

$$K_b=\text{最大公约数}\{\text{各施工过程流水节拍}\} \tag{8-5}$$

式中 K_b——流水步距，数值上等于所有流水节拍的最大公约数。

(2) 确定专业施工队的数目。

每个施工过程所需的专业施工队的数目，可由式 (8-6) 计算确定，即

$$b_j=\frac{t_i}{K_b} \tag{8-6}$$

式中 b_j——某施工过程所需的专业施工队数目；

t_i——某施工过程的流水节拍。

成倍节拍流水施工的专业施工队的总和可按式 (8-7) 计算，即

$$n'=\sum_{j=1}^{n}b_j \tag{8-7}$$

(3) 确定流水施工工期。

成倍节拍流水的施工工期，可由式 (8-8) 计算，即

$$T=(m+n'-1)K_b-\sum C+\sum S \tag{8-8}$$

式中 m——施工段数；

n'——专业施工队总和；

$\sum C$，$\sum S$——含义同式 (8-2)。

(4) 绘制流水施工指示图表。

前面所述例 8-2 如组织加快成倍节拍流水，可有效缩短工期，计算如下：

1）确定流水步距

$$K_b=最大公约数\{5;10;10;5\}=5(d)$$

2）确定专业施工队的数目，由式（8-7）得

$$b_1=5/5=1 \quad b_2=10/5=2 \quad b_3=10/5=2 \quad b_4=5/5=1$$

$$n'=1+2+2+1=6$$

3）确定流水施工工期。

$$T=(4+6-1)\times5=45(d)$$

4）绘制流水施工指示图表，如图8-6所示。

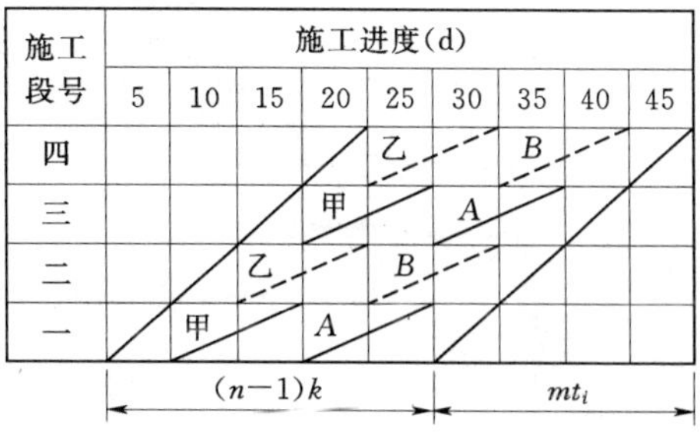

图8-6　加快成倍节拍流水图

3. 分别流水

当各施工段的工程量不等，各队（组）的生产效率互有差异，并且也不可能组织固定节拍或成倍节拍流水时，则可组织分别流水。它的特点是各施工过程的流水节拍随施工段的不同而改变。不同施工过程之间流水节拍的变化又有很大差异。通过组织各专业施工队连续流水作业，使得专业工作队之间在一个施工段内不相互干扰，或前后两专业施工队之间工作紧密衔接。

组织分别流水法的关键是正确计算流水步距，可采用“相邻队组每段作业时间累加数列错位相减取最大差”的方法进行计算，即首先分别将两相邻工序每段作业时间逐项累加得出两个数列，后续工序累加数列向后错一位对齐，逐个相减最后得到第三个数列，从中取最大值，即为两工序施工队间的流水步距。

分别流水的施工工期的计算式为

$$T=\sum K_i+\sum t_n \tag{8-9}$$

式中　$\sum K_i$——各流水步距之和；

$\sum t_n$——最后一个施工过程在各施工段的持续时间之和。

【例8-3】　某工程的各段流水节拍见表8-1，组织分别流水作业并绘制流水作业图。

表8-1　**某工程流水节拍表**

施工过程	流水节拍			
	①	②	③	④
A	2	3	1	2
B	3	2	2	1
C	3	2	3	2

解：（1）累加各施工过程的流水节拍，形成累加数据数列：

施工过程A为2、5、6、8；施工过程B为3、5、7、8；施工过程C为3、5、8、10。

（2）A、B两个相邻施工过程的累加数据数列错位相减：

$$
\begin{array}{rrrrrr}
 & 2 & 5 & 6 & 8 & \\
-) & & 3 & 5 & 7 & 8 \\
\hline
 & 2 & 2 & 1 & 1 & -8
\end{array}
$$

可得 $K_{ab}=2$，同理可求出 B、C 两个相邻施工过程的流水步距 $K_{bc}=3$。

(3) 计算工期，由式 (8-9) 得

$$T=\sum K_i+\sum t_n=(2+3)+(3+2+3+2)=15(\mathrm{d})$$

(4) 其分别流水作业图如图 8-7 所示。

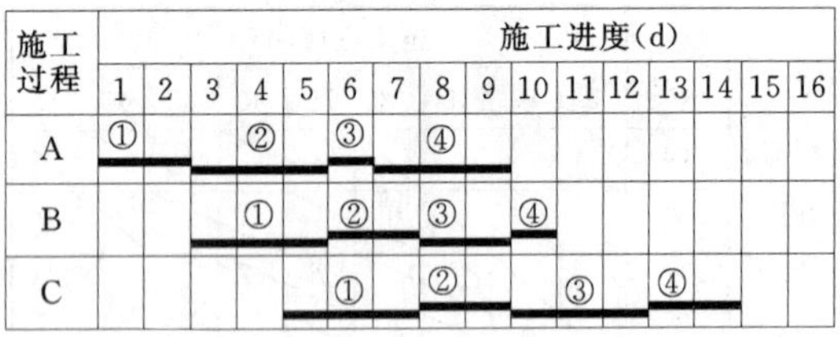

图 8-7 分别流水施工图

4. 流水线法

在工程中常遇到延伸很长的构筑物，其长度可达数十米甚至数百千米，这样的工程称为线性工程，如管道、道路工程等。由于其工程数量沿着长度方向均匀分布且结构情况一致，在组织流水作业时，只需将线性工程分为若干施工过程，分别组织施工队；然后各施工队按照一定的工艺顺序相继投入施工，各队以固定的速度沿着线性工程的长度方向不断向前移动，每天完成同样长度的工作任务，称之为流水线法。流水线法只适用于线性工程，它同流水段法的区别就在于流水线法没有明确的施工段，只有速度进展问题。如将施工段理解为在一个工作班内，在线性工程上完成某一施工过程所进展的长度，那么流水线法就和流水段法一样了，因此，流水线法实际上是流水段法的一个特例。

流水线法的总工期，可用式 (8-10) 计算，即

$$T=(n-1)K+L/v \tag{8-10}$$

式中 T——线性工程的总工期；

L——线性工程的总长度；

v——工作队移动的速度，km/班或 m/班；

K——流水步距；

n——施工过程数或工作队数。

8.3.2 网络计划技术

8.3.2.1 网络图的概念与作用

网络计划技术是用网络图解模型表达计划管理的一种方法，其基本原理是应用网络图描述一项计划中各个工作（任务、活动、过程、工序）的先后顺序和相互关系；估计每个工作的持续时间和资源需要量；通过计算找出计划中的关键工作和关键线路；再通过不断改变各项工作所依据的数据和参数，选择出最合理的方案并付诸实施；然后在计划执行过程中进行有效的控制和监督，保证最合理地使用人力、物力及财力和时间，顺利完成规定的任务。目前，网络计划技术越来越多地被应用于资源和成本优化、工程投标、签订合同和拨款业务、工程建设监理等方面。

网络图是以网状图形表示某项工程开展顺序的工作流程图。构成网络图的基本组成部

分有箭线、节点和线路。根据箭线和节点所表示的内容不同，网络图有双代号、单代号两种表示方法。现以双代号网络图为例来说明各组成部分的含义，如图8-8所示。

1. 箭线

在双代号网络图中，箭线表示工作。通常将工作的名称或代号放在箭线的上方。完成该项工作所需的时间写在箭线下方，箭尾表示工作的开始，箭头表示工作的结束，箭线的长短和曲折对网络图没有影响（时标网络图除外）。

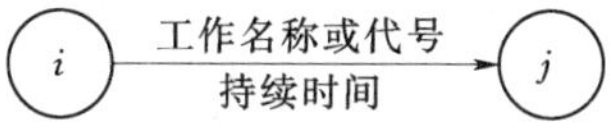

图8-8　工作的双代号表示法

根据计划的编制范围不同，工作可以是分项、单元、单位工程或工程项目。一般来讲，工作需要占用时间和消耗资源，如挖基坑、绑扎钢筋、浇灌混凝土等。有些技术问题，如混凝土的养护、满水试验观测等，也应作为一项工作，不过它只占用时间而不消耗资源。因此，凡是占用时间的过程都应作为一项工作看待，即在网络图中有一条相应的箭线。为了正确表示各项工作之间的逻辑关系，常引入“虚工作”，它既不占用时间，也不消耗资源，以虚线表示。

2. 节点

用圆圈或其他封闭图形表示的箭线之间的连接点称为节点。节点也称为事件，它表示工作的开始、结束或衔接等关系。网络图中的第一个节点叫起始节点，最后一个节点叫终结节点，它们分别表示一项任务的开始或完成。其他节点叫中间节点。

为了使网络图便于检查和计算，所有节点均应统一编号，若某工作的箭尾和箭头节点分别是 i 和 j，则 $i-j$ 即表示该工作的代号，节点编号不应重复。为计算方便和更直观起见，箭尾节点的号码应小于箭头节点的号码，即 $i<j$。编号方法可以沿水平方向，也可沿垂直方向，由前到后顺序进行，可按自然数连续编号，但有时由于网络图需要调整，因此也可以不连续编号，以便增添。

3. 线路

从起始节点沿箭线方向顺序通过一系列箭线与节点，最后到达终结节点的若干条“通路”称为线路，显然，线路有很多条，通过计算可以找到需用工作时间最长的线路，这样的线路称为关键线路（关键线路最少为一条，也可能有若干条）。位于关键线路上的工作称为关键工作。常以粗线或双线表示。

关键工作完成的快慢直接影响着工程的总工期，这就突出了整个工程的重点，使施工的组织者明确主要矛盾。非关键线路上的工作则有一定的机动时间，叫做时差。如果将非关键工作的部分人工、机具转到关键工作上去，或者在时差范围内对非关键工作进行调整则可达到均衡施工的目的。关键工作与非关键工作，在一定条件下可能相互转化，而由它们组成的线路也随之转化。

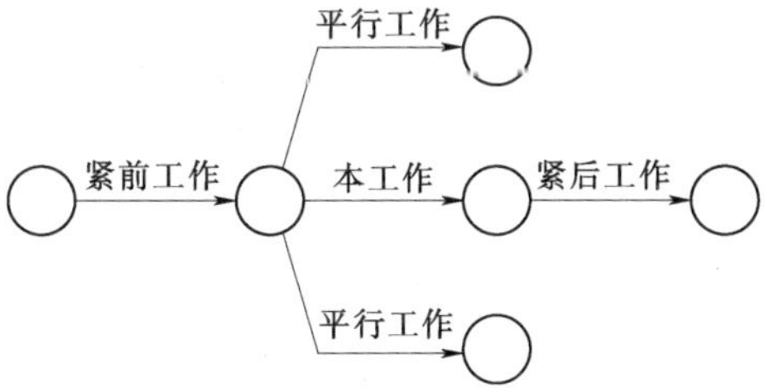

图8-9　工作的逻辑关系

8.3.2.2　双代号网络图的编制

1. 双代号网络图的绘制

(1) 正确表达各项工作间的逻辑关系。

逻辑关系是指工作进行的、客观上存在的一种先后顺序关系。这里既包括客观上的先后顺序关系，也包括施工组织要求的相互制约、相互依赖的关系，前者称为工艺逻辑，后者称为组织逻辑。逻辑关系的正确与否是网络图能否反映工程实际情况的关键。某项工作和其他工作的相互关系可以分为 3 类，即紧前工作、紧后工作、平行工作，如图 8-9 所示。

表 8-2 所列为网络图中常见的一些逻辑关系及其表示方法。

表 8-2　　5 种基本逻辑关系单、双代号表达方式对照表

序号	描　述	单代号表达方法	双代号表达方法
1	A 工序完成后，B 工序才能开始	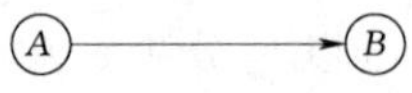	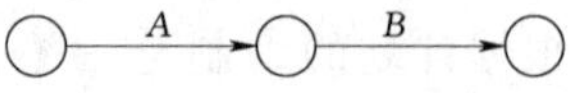
2	A 工序完成后，B、C 工序才能开始	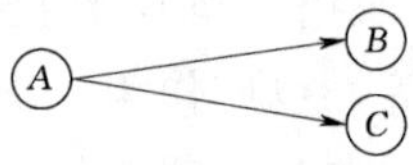	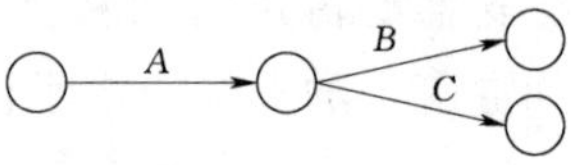
3	A、B 工序完成后，C 工序才能开始	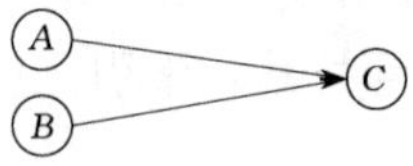	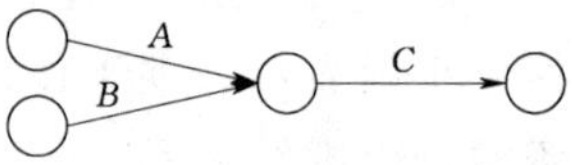
4	A、B 工序完成后，C、D 工序才能开始	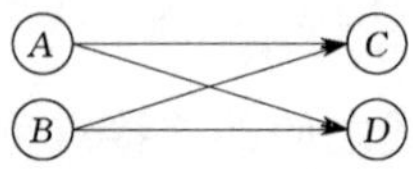	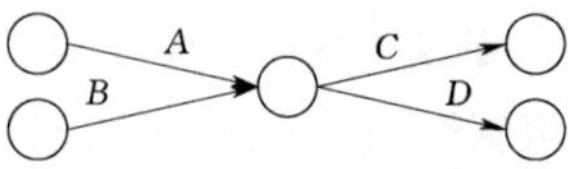
5	A、B 工序完成后，C 工序才能开始，且 B 工序完成后，D 才能开始	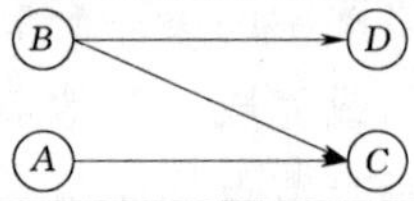	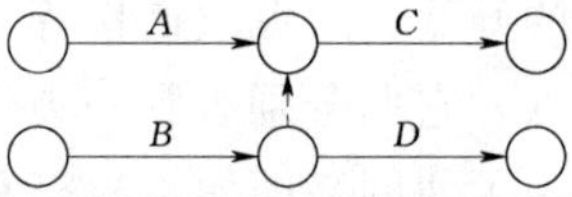

（2）双代号网络图的绘制规则。

绘制网络图时，除了必须正确反映项目之间的逻辑关系外，还应遵循以下规则：

1）网络图中不允许出现循环线路（闭全回路）。

2）为了统一计算基准，在一个网络图中只能有一个起始节点和一个终结节点（多目标网络图除外）以统一整个网络进度的开工、完工时间。

3）为了方便计算，对网络图的节点要进行编号，通常的做法是从网络图的始端到终端顺序递增编号，编号可以连续也可间断，但要防止重复（在网络图中不允许出现代号相同的箭线），并保持箭尾编号小于箭头编号。

4）在网络图中不允许出现有双向箭头或无箭头的线段。

5）不允许出现没有起始节点的工作。

6）表示两项工作的箭线发生交叉时可采用图 8-10 所示的“暗桥法”、“断线法”或“指向法”等来处理。

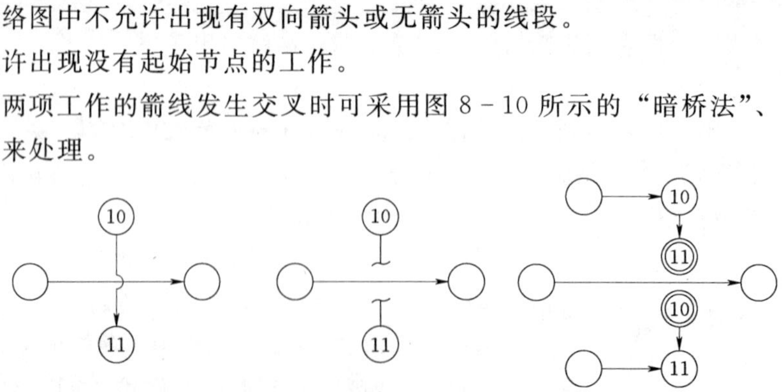

(a)　　(b)　　(c)

图 8-10　箭线交叉的处理方法

(a) 暗桥法；(b) 断线法；(c) 指向法

7）在网络图中，应尽量避免使用反向箭线。因为反箭线容易发生错误，可能会造成循环线路，在时标网络图中更是不允许的。

8）正确使用虚箭线（虚项目），虚项目的延续时间为零，不耗用任何资源。

虚箭线主要用于工作的逻辑连接和工作的逻辑“断路”两个方面。例如，绘制网络图时遇到图8-11所示的情况，这里A工作不仅制约B工作，而且制约D工作，C工作仅制约D工作，而不制约B工作，这时必须在节点②和⑤之间引入虚箭线。又如，某基础工程施工由挖槽、垫层、墙基和回填4项工作组成，分两段施工，因为挖槽2与墙基1没有逻辑上的关系（垫层2与回填土也是），所以必须增加虚箭线来加以分隔，如图8-12所示。这种用虚箭线隔断的网络图中无逻辑关系的各项工作的方法称为“断路法”，这种方法在组织分段流水作业的网络图中使用很多，虚箭线的数量应以必不可少为限度。

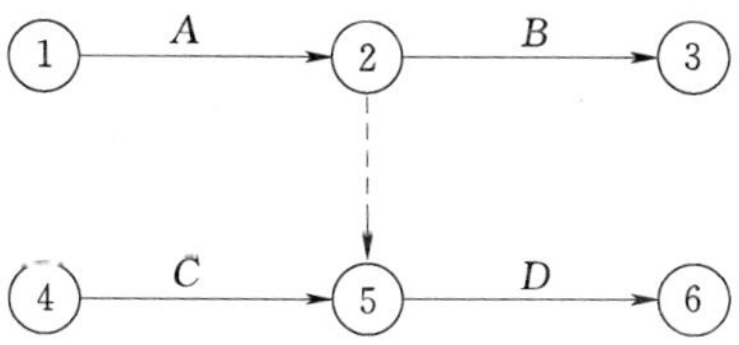

图8-11　虚箭线的应用之一

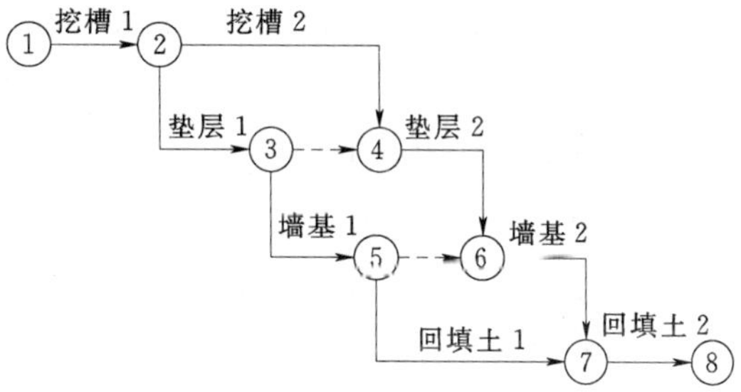

图8-12　虚箭线的应用之二

2. 双代号网络计划时间参数的计算

网络计划的时间参数是确定关键工作、关键线路和计划工期的基础，也是判定非关键工作机动程度和进行计划优化、调整与动态管理的依据。网络计划的时间参数可直接按工作计算，计算过程比较直观，也可按节点算出节点时间参数，再进行推算，多用于计算机计算中。常用的计算方法有图上计算法、表上计算法、矩阵法和电算法等，由于计算原理和计算公式相同，现结合图8-13分别讨论如下：

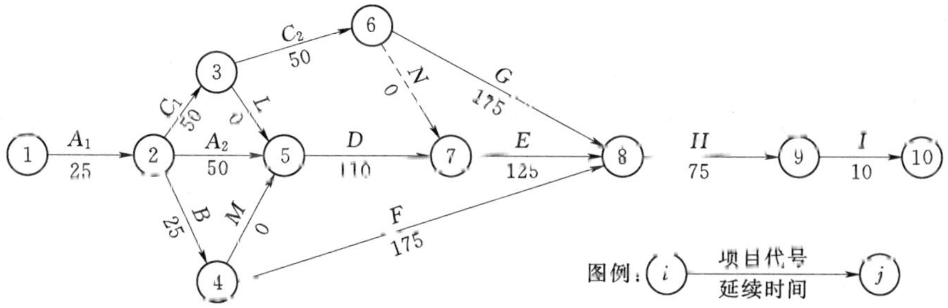

图8-13　双代号网络进度计算举例

（1）最早可能开工时间ES。

在网络图中任何一个项目，只有它的紧前项目都完工以后才有可能开工，因此，每个项目都有一个最早可能开工时间。计算最早可能开工时间应从网络的始端节点起，循着箭线的指向顺序逐项进行，直到终端节点为止。

如果网络图的节点编号是从 1 开始到 n 结束，并设定整个网络进度的起始时间为零，则各项目的最早可能开工时间为

$$ES_{1j}=0 \quad 1<j\leqslant n \tag{8-11}$$

$$ES_{ij}=\max_{h}(ES_{hi}+t_{hi}) \quad 2\leqslant i<j\leqslant n \tag{8-12}$$

式中 ES_{1j}——前节点为 1 的项目，即与网络始端相连的项目的最早开工时间，均按零计算；

ES_{ij}——其他任意项目（i，j）的最早开工时间；

ES_{hi}——项目（i，j）的紧前项目（h，i）的最早开工时间；

t_{hi}——紧前项目（h，i）的延续时间。

（2）最早可能完工时间 EF。

任意项目的最早可能完工时间为它的最早可能开工时间和本项目的延续时间之和，即

$$EF_{ij}=ES_{ij}+t_{ij} \quad 1\leqslant i<j\leqslant n \tag{8-13}$$

以网络终端节点 n 为后节点的项目（i，n），其最早可能完工时间的最大值，就是网络计划的总工期 T。故有

$$T=\max_{i}(EF_{in}) \tag{8-14}$$

（3）最迟必须完工时间 LF。

最迟必须完工时间是指不致延误总工期的最迟完工时间，它等于紧后项目最迟开工时间的最小值。计算最迟必须完工时间系从网络的终端节点起，逆箭线指向，逆序逐项进行，直到始端节点为止。通常规定以 n 为后节点的项目（i，n），其最迟必须完工时间等于总工期 T，即

$$LF_{in}=T=\max_{i}(EF_{in}) \quad 1\leqslant i<n \tag{8-15}$$

其他各项目的最迟完工时间按定义有

$$LF_{ij}=\min_{k}(LF_{jk}-t_{jk}) \quad 1\leqslant i<j<n \tag{8-16}$$

这里，项目（j，k）为项目（i，j）的紧后项目。

（4）最迟必须开工时间 LS。

任意项目最迟必须开工时间为最迟必须完工时间与该项目的延续时间之差，即

$$LS_{ij}=LF_{ij}-t_{ij} \quad 1\leqslant i<j<n \tag{8-17}$$

（5）总时差 TF。

总时差是指不致延误总工期的机动时间。任意项目的总时差为

$$TF_{ij}=LS_{ij}-ES_{ij}=LF_{ij}-EF_{ij} \quad 1\leqslant i<j<n \tag{8-18}$$

（6）自由时差 FF。

自由时差是指不致延误紧后项目开工的机动时间，它应等于紧后项目最早开工时间的最小值与本项目最早完工时间之差，即

$$FF_{ij}=\min_{k}(ES_{jk})-EF_{ij} \quad 1\leqslant i<j<n \tag{8-19}$$

根据以上公式对图 8-13 所示网络计划进行计算，其结果示于图 8-14 和表 8-3 中。

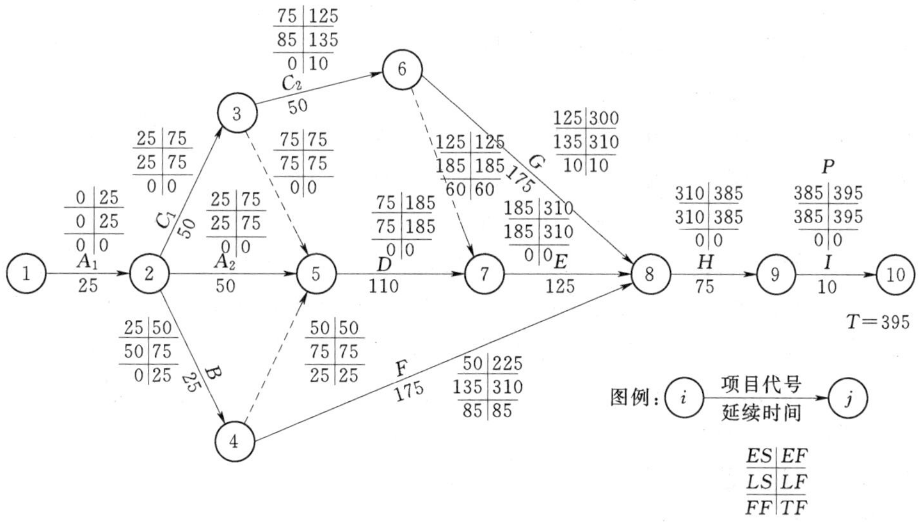

图 8-14　双代号网络计划时间参数计算

表 8-3　　时间参数计算表

序号	工程项目及其代号	t	ES	EF	LF	LS	TF	FF	备注
1	(1, 2), A_1	25	0	25	25	0	0	0	关键
2	(2, 3), C_1	50	25	75	75	25	0	0	关键
3	(2, 4), B	25	25	50	75	50	25	0	
4	(2, 5), A_2	50	25	75	75	25	0	0	关键
5	(3, 5), L	0	75	75	75	75	0	0	关键，虚项目
6	(3, 6), C_2	50	75	125	135	85	10	0	
7	(4, 5), M	0	50	50	75	75	25	25	虚项目
8	(4, 8), F	175	50	225	310	135	85	85	
9	(5, 7), D	110	75	185	185	75	0	0	关键
10	(6, 7), N	0	125	125	185	185	60	60	虚项目
11	(6, 8), G	175	125	300	310	135	10	10	
12	(7, 8), E	125	185	310	310	185	0	0	关键
13	(8, 9), H	75	310	385	385	310	0	0	关键
14	(9, 10), I	10	385	395	395	385	0	0	关键

3. 双代号网络计划调整

网络计划初始方案确定以后，最常遇到的问题是计算工期不满足要求。这时就需要进行调整。调整的方法有两类：第一类需要改变网络图的结构；第二类是网络图结构不变，只改变工作的持续时间。

（1）网络图结构调整。

调整网络图结构的方法有两种：一种是改变施工方法，这时网络图一般应重新绘制和计算；另一种是在施工方法没有改变的情况下，调整工作的逻辑关系（主要指组织逻辑关系的调整，工艺逻辑关系一般不变），并对网络图进行修正和重新计算时间参数。

（2）关键工作持续时间的调整。

工期的缩短可以通过增加劳动力或机械设备、缩短关键工作的持续时间来实现；也可以通过某些非关键工作向关键工作的资源转移来实现。

选择压缩工作顺序的方法有顺序法、加权平均法、选择法等。顺序法是按关键工作开工时间来确定，先干的先压缩。加权平均法是按关键工作持续时间长度的百分比压缩。这两种方法没有考虑需要压缩的关键工作所需资源是否有保证及相应的费用增加幅度。选择法更接近实际，即按一定次序先选择优先压缩的工作。这些因素包括：对质量影响不大的工作；有充足库存材料和机械的工作；缩短持续时间增加工人或其他资源最少的工作；缩短持续时间所需增加费用最少的工作。

8.3.2.3 单代号网络图的编制

1. 单代号网络图的绘制

单代号网络图具有容易绘制、无虚工作、便于修改等优点，近年来国外对单代号网络图逐渐重视起来，特别是西欧一些国家正不断扩大单代号网络图的应用。单代号网络图也是由许多节点和箭线组成，但是其含义与双代号不同。单代号网络图的节点表示工作，通常将一项工作的工作名称、持续时间连同编号等一起写在圆圈或方框里，而箭线只表示工作之间的逻辑关系，如图 8-15（a）所示，其他常用的绘图符号还有几种，如图 8-15（b）所示。有关箭线前后节点的关系如图 8-16 所示。用单代号网络图表示的基本逻辑关系见表 8-2。

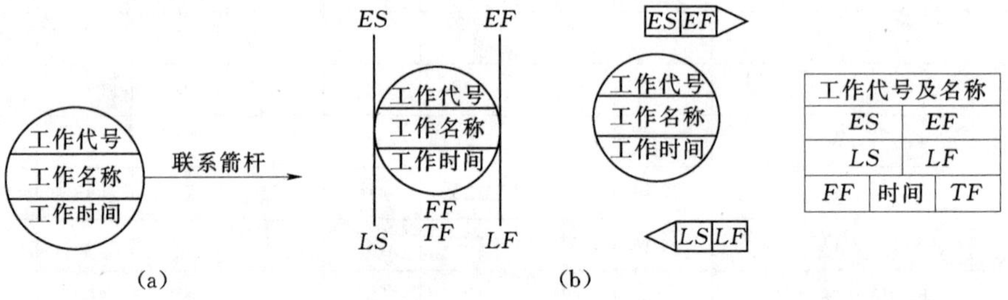

图 8-15　工作的单代号表示法

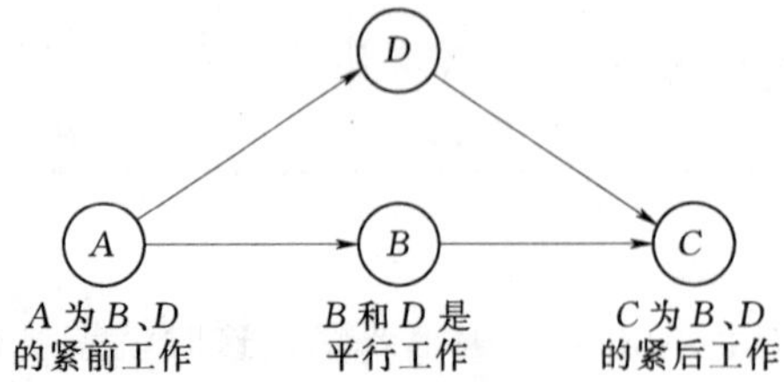

图 8-16　节点所表示的工作关系

绘制单代号网络图的逻辑规则与双代号网络图基本相同，但要注意，如果单代号网络图在开始和结束时的一些工作缺少必要的逻辑联系时，必须在开始和结束处增加虚拟的起始节点和终结节点。

2. 单代号网络计划时间参数的计算

单代号网络计划与双代号网络计划只是表现形式和参数符号不同，其表达内容是完全一样的。所以计算时除时差外，只需将双代号计算式中的符号加以改变即可使用，如图 8-17 所示。

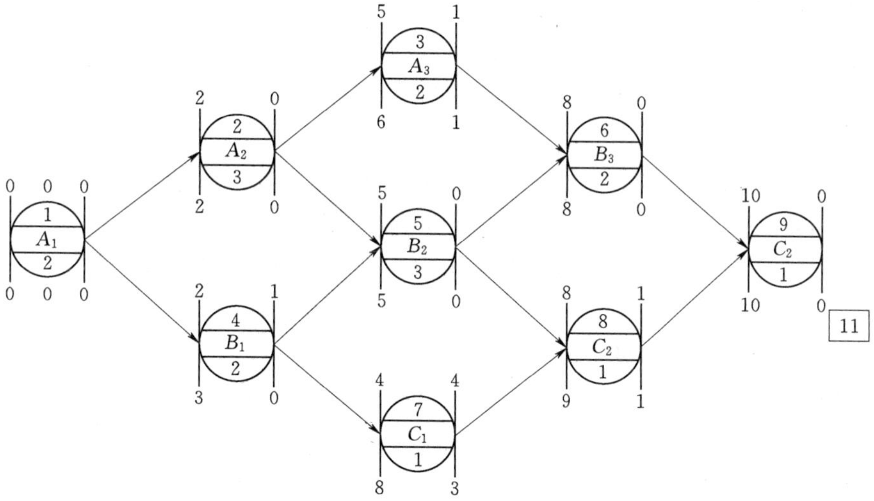

图 8-17　单代号网络计划时间参数计算

8.3.2.4　时标网络计划

时标网络计划是以时间坐标为尺度表示工作时间的网络计划。它吸取了横道图直观易懂的优点，使用方便。

1. 双代号时标网络计划

双代号时标网络计划可按最早时间也可按最迟时间绘制。绘制方法是先计算无时标网络计划的时间参数，再在时标上进行绘制，也可不经计算直接绘制。

下面以图 8-18 所示为例，说明不经计算直接按最早时间绘制双代号时标网络计划的步骤。

（1）绘制时标表。

（2）将起始节点定位在时标表的起始刻度线上，见图 8-19 中的节点①。

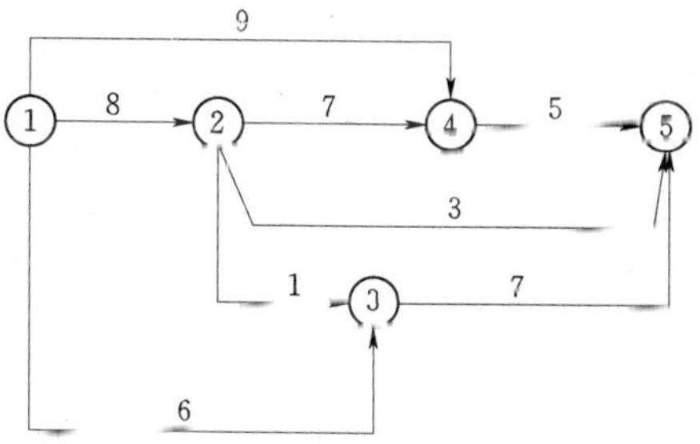

图 8-18　双代号无时标网络计划

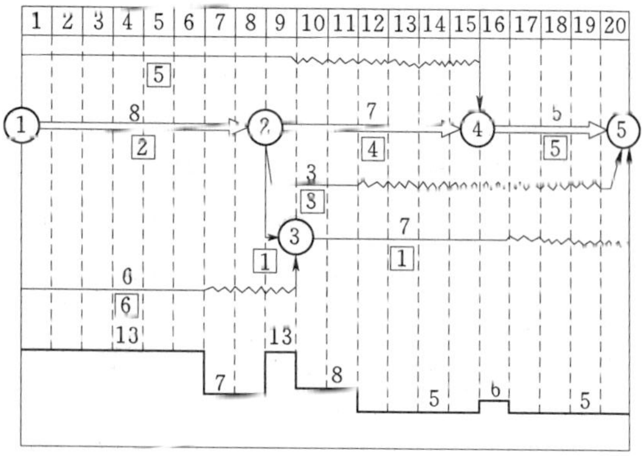

图 8-19　双代号最早时间时标网络计划及资源动态曲线

（3）按工作持续时间在时标表上绘制起始节点的外向箭线，见图 8-19 中的①-②、①-③、①-④。

(4) 工作的箭头节点，必须在其所有内向箭线绘出以后，定位在这些内向箭线中最晚完成的实箭线箭头处，如图 8-19 中的节点③、④、⑤。

(5) 某些内向实箭线长度不足以达到该箭头节点时，水平部分用波形线补足，其末端有垂直部分时用实线绘制，如图 8-19 中的①-③、①-④、②-⑤、③-⑤。如果虚箭线的开始节点和结束节点之间有水平距离时，也以波形线补足，垂直部分用虚线绘制。

无论是上述哪种情况，水平波形线的长度就表示该工作的自由时差。

(6) 用上述方法自左至右依次确定其他节点的位置，直至终结节点定位，绘制完成，如图 8-19 所示。确定节点位置时，尽量与无时标网络图的节点位置相当，保持布局不变。工作的总时差可自右到左逐个推算。

关键线路可依据下述方法判定：自终结节点逆箭头方向观察，凡自始至终不出现波形线路的通路，即为关键线路，如图 8-19 中的①→②→④→⑤线路。

图 8-19 下方的资源动态曲线是把每天的资源需要量逐天累加绘制的，对施工中资源使用很有用。它也是网络调整与成本控制的分析依据。

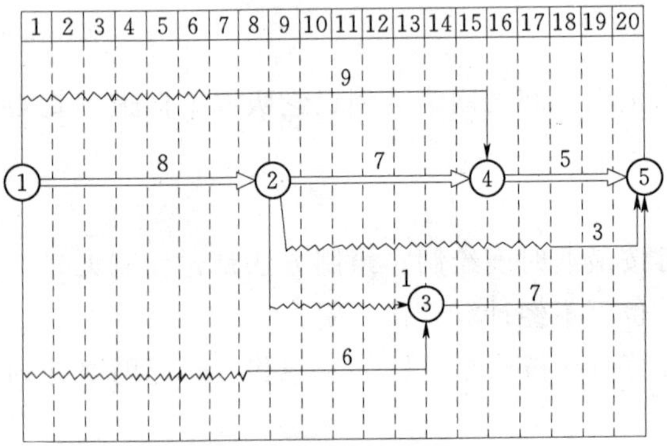

图 8-20 单代号时标网络计划

2. 单代号时标网络计划

单代号时标网络计划的优点是更加与横道图相似。由于每个节点代表一项工作，把节点拉长，其形状与横道图完全相同，而且有竖向箭线表示彼此制约关系，还可表示出关键线路；缺点是竖向箭线时常重叠，不易看清。为此，可用圆弧过桥和平行竖箭线方法来解决，如图 8-20 所示。图中虚方框表示非关键工序的最迟位置，据此也可画时标网络，其绘制方法与双代号类似。

【例 8-4】 三峡右岸一期工程施工管理。

三峡工程一期土石围堰于 1993 年 10 月 24 日正式下河填筑。第一步是先填至 70m 高程，形成防渗墙钻孔灌浆平台。需在狭长和拥挤的地带施工，平行交叉作业，干扰较大，其次水下地形复杂，河下淤泥较厚，对堰体石渣堤的填筑不利。填筑过程中过往船只所引起的波浪，会把抛填的风化砂携走。同时，由于块石及石渣料源不够，9km 之外的采石场运至围堰，将严重影响石渣堤的施工进度。第二步是从 70m 高程起填至堰顶，其工序有防渗墙施工平台、槽口板施工、钻机安装就位、风水电管线纵横交叉铺设、土工膜施工、高压旋喷灌浆、帷幕灌浆、风化砂交替上升、防冲块石抛投、石渣堤填筑反滤层铺设等。

施工过程管理中，采用 PERT 网络技术软件，对一期土石围堰的施工实行动态控制。绘制"三峡右岸一期土石围堰施工计划网络图"，对现场出现影响网络正常实施的情况及时提出解决方案，使整个工程项目的施工始终按照网络计划实施，对工程的如期完工发挥了巨大的作用。

8.4 施工进度计划

8.4.1 进度计划的概念与分类

1. 进度计划的概念

施工进度计划是施工组织设计的重要组成部分，是对工程建设实施计划管理的重要手段。它规定了工程项目施工的起讫时间、施工顺序和施工速度，是工程项目施工的时间规划，是控制工期的有效工具，同时也是国家对该工程分年度投资和财务拨款、贷款计划的控制依据之一。

施工进度计划与施工组织设计的其他组成部分密切关联，互相制约（图8-2）。如选择施工导流方案，研究主体工程施工方法，确定施工现场的总体布置，规划场内外的交通运输，组织施工技术供应，拟定施工工厂的生产规模，都要依据施工进度的安排。反之，拟定施工进度计划时，必须与施工导流程序相适应，即应根据导流程序来考虑导流、截流、拦洪、度汛、下闸、蓄水、供水、发电等控制环节的施工顺序和施工速度；进度计划中拟定的施工强度，应有施工方法、施工方案所提供的生产能力来保证；施工进度的安排，要与分期施工的场地布置相协调等。

施工进度计划可用进度表（横道图）或网络图的形式来表示。横道图优点是图面简单明确，直观易懂；缺点是不能表示各分项工程之间的逻辑关系，不能反映进度安排的工期、投资或资源等参数的相互制约关系；网络图前述已介绍，能明确表示分项工程之间的依存关系和控制工期的关键线路，采用计算机进行施工进度的优化和调整比较方便。

2. 进度计划的分类

水电工程的施工进度计划，按内容范围和管理层次一般分成3类。

（1）施工总进度计划。施工总进度计划是对某一水电工程整个枢纽编制的，它将整个枢纽工程划分成若干个单项工程，定出每个项目的施工顺序和起止日期，以及施工准备和结尾工作项目的施工顺序和施工期限。

（2）单项工程进度计划。单项工程进度计划的对象是各扩大单位工程或单位工程，如大坝、电站厂房、导流建筑物等，它将单项工程划分成若干个分部分项工程甚至更细的项目，定出这些项目的施工顺序和起止日期，并安排单项工程施工准备和结尾工作项目的施工顺序和施工期限。

（3）施工措施计划。施工措施计划一般按日历时段（如月、季、年等）编制，将处于该时段中的所有工程，包括它们的准备和结束工作，按结构部位以至工种进行分项，定出施工顺序和起止日期。

在施工组织设计中，主要研究前两种进度计划；在施工阶段则更侧重于施工措施计划，它是实施性进度计划。

8.4.2 施工进度计划的编制

8.4.2.1 施工进度计划的编制原则

编制施工进度计划（特别是施工总进度）主要应遵循以下基本原则：

(1) 严格执行基本建设程序和国家方针政策，遵守有关法令法规，满足国家和上级主管部门对本工程建设的具体要求。

(2) 编制施工进度计划应以规定的竣工投产要求为目标，分清主次，抓住施工过程中对施工进度起控制作用的环节（如导流截流、拦洪度汛、下闸蓄水、供水发电等），与施工组织的其他各专业设计统筹考虑，确保工期。

(3) 按合理的顺序进行项目排队，按均衡连续有节奏的方式组织工程施工，减少施工干扰，从施工顺序和施工速度等组织措施上保证工程质量和施工安全。

(4) 考虑到水电工程施工既受自然条件干扰和制约，又受到社会经济供应条件的影响和限制，编制施工进度计划时要做到既积极可靠又留有适当的余地。

(5) 编制施工进度计划时需要对人力、物力进行综合平衡，在保证施工质量和工期的前提下，充分发挥投资效益。

8.4.2.2　施工进度计划编制的方法和步骤

不论是3类施工进度计划中的哪一类，其内容范围和项目划分的粗细程度虽有所不同，但编制方法和步骤基本一致。

1. 收集基本资料

编制进度计划一般要具备以下资料：

(1) 上级主管部门对工程建设开竣工投产的指示和要求，有关工程建设的合同协议。

(2) 工程勘测和技术经济调查的资料，如水文、气象、地形、地质、当地建筑材料，以及工程所在地的工矿资源、水库淹没和移民安置等资料。

(3) 工程规划设计和概算方面的资料。

(4) 国民经济各部门对施工期间防洪、灌溉、航运、放木、供水等方面的要求。

(5) 施工组织设计其他部分对施工进度的限制和要求，如交通运输能力、技术供应条件、施工分期、施工强度限制等。

(6) 施工单位施工能力方面的资料等。

2. 列出工程项目

工程列项的粗细程度应与进度计划的内容范围相适应，与定额相适应，要防止漏项。通常的做法是按施工先后顺序和相互关联密切程度依次一一列表填明。

在总进度计划中，若按扩大单项工程列项，可以有准备工程、导流工程、拦河坝工程、溢洪道工程、引水工程、水电站、升压变电站、水库清理工程和结束工作等；对于单项工程进度，若按分部分项工程列项，以拦河坝工程为例，可以有准备工作、基础开挖、基础处理、河床坝段、岸坡坝段、坝顶工程等；对于施工措施计划，若按结构部位分项，以混凝土坝为例，可按浇筑部位列项，如坝身、溢流面、挑流坎、闸墩、工作桥、公路桥等；若按工种分项，还可按浇筑部位细分为安装模板、架设钢筋、埋设冷却水管、层间处理、混凝土浇筑及养护、模板拆除等。

3. 计算工程量和施工延续时间

根据列出的项目，分别计算工程量和工作时间。

工程量的计算应根据设计图纸，按工程性质，考虑工程分期和施工顺序等因素，分别按土方、石方、水上、水下、开挖、回填、混凝土等进行计算。有时为了分期、分段组织施工的需要，要计算不同高程（如对拦河坝）、不同桩号（如对渠道）的工程量，并作出累积曲线。

根据计算的工程量，应用相应的定额资料，可以计算或估算各项目的施工延续时间。为了便于对施工进度进行分析比较和调整，常用三值估计法估计出施工延续时间，即

$$t=(t_a+4t_m+t_b)/6 \tag{8-20}$$

式中　t_a——最乐观的估计时间，即最紧凑的估计时间，或称项目的紧缩时间；

t_b——最悲观的估计时间，即最松动的估算时间；

t_m——最可能的估计时间。

4. 分析确定项目逻辑关系

项目逻辑关系是由施工组织、施工技术等许多因素决定的，应逐项研究，仔细确定。概括说来可分为两类。

（1）工艺关系。即由施工工艺决定的逻辑顺序关系。如土建工程中的先基础（地下）后上部（地上）；混凝土浇筑中的模板安装、钢筋架立、混凝土浇筑、养护和拆模；土方填筑中的铺土、平土、洒水、压实、刨毛等。这些逻辑顺序一般是不允许违反的，否则将造成不必要的损失。

（2）组织关系。即由施工组织安排决定的衔接关系。如由于劳动力的调配、施工机械的转移、建筑材料的供应和分配、机电设备进场等原因，安排一些项目在先，另一些项目滞后，均属组织关系所决定的顺序关系。由组织关系所决定的衔接顺序，一般是可以改变的，只要改变相应的组织安排，有关项目的衔接顺序就会有相应的变化。

5. 初拟施工进度

通过项目之间逻辑关系的分析，掌握了工程进度的特点，理清了工程进度的脉络，就可以初步拟出一个施工进度方案。

对于蓄水枢纽工程的施工总进度计划，其关键项目一般均位于河床，故常以导流程序为主要线索，先将施工导流、围堰截流、基坑排水、坝基开挖、基础处理、施工度汛、坝体拦洪、下闸蓄水、机组安装和引水发电等关键性控制进度安排好，其中应包括相应的准备、结束工作和配套辅助工程的进度，构成总的轮廓进度，然后再配合安排不受水文条件控制的其他工程项目，形成整个枢纽工程施工总进度计划草案。

对于引水枢纽工程，一般引水建筑的施工期限成为控制总进度的关键。

6. 优化、调整和修改

初拟施工进度以后，要配合施工组织设计其他部分的分析，对一些控制环节、关键项目的施工强度、资源需用量、投资过程等重大问题，进行分析计算和优化论证，以期对初拟的进度进行修改和调整，使之更加完善、合理。

必须指出的是：施工进度的优化调整往往要反复进行，工作量比较大，一般通过网络计划的优化来实现。

7. 提出施工进度成果

经过优化调整修改之后的施工进度计划，可以作为设计成果，整理以后提交审核。同时还应提交有关主要工种施工强度、主要资源需用强度和投资费用动态过程等方面的成果。

8.5 施工总体布置

8.5.1 施工总体布置目的与作用

1. 施工总体布置的概念

施工总体布置是在分析施工场区的地形条件、枢纽布置情况和各项临时设施布置要求的前提下，确定施工场地的分期、分区、分标布置方案，对施工期间所需的交通运输设施、各类生产和生活用房、动力管线及其他施工设施作出平面上和立面上的布置，从场地安排上为减少施工干扰，保证施工安全和工程质量，加快施工进度和降低工程造价，创造环境条件。它是施工组织设计的重要组成部分，是施工期间对整个施工场区的空间规划。

无论工程建设的哪个阶段，施工总体布置都是不可缺少的。可行性研究阶段，应着重对主要场区划分、主要料场、对外交通、场内主干线以及它们之间的衔接等问题作出规划，提出主要施工设施的项目，估算建筑面积、占地面积、主要工程量等技术经济指标；初步设计阶段，应分别对施工场地的划分、生产生活设施的布置、料场及其生产系统布置、主要施工工厂及大型临时设施的布置、场内主要交通运输线路的布置以及场内外交通的衔接等，拟定布局方案并进行论证比较，选择合理的方案，并提出各项施工设施布置的建筑面积、占地面积、工程量及相应的机械设备、建筑材料数量等技术经济指标；技术设计和工程施工阶段，主要是在初步设计的基础上进一步完善、落实布置的具体内容，进行详细分区布置设计，并对主要施工工厂进行工艺布置设计，对大型临建工程作出结构设计。

2. 施工总体布置目标

施工总体布置的成果，主要是标示在一定比例尺（总平面图 1：2000～1：5000）的施工场区地形图——施工总体布置图，它是施工组织设计的主要成果之一。

施工总体布置图应包括一切地上和地下、已有和拟建的建筑物和构筑物，以及一切为施工服务的临时性建筑物和施工设施。

临时性建筑物和施工设施主要有：施工导流建筑物；交通运输系统；料场及其加工系统；各种仓库、料堆和弃料场等；混凝土产生系统；混凝土浇筑系统；机械修配系统；金属结构、机电设备和施工设备安装基地；风、水、电供应系统；钢筋加工、木材加工、预制构件等施工工厂；办公及生活用房；安全防火设施及其他等。

施工总体布置的成果，除了集中反映在施工总体布置图上以外，还应提出各类临时建筑物、施工设施的分区布置一览表，包括它们的占地面积、建筑面积和建筑安装工程量等；对施工征地应估计面积并提交使用计划，同时研究还地造田和征地再利用的措施；对重大施工设施的场址选择和大宗物料的运输，应进行单独研究并提出优选方案。

施工总体布置是一个复杂的系统工程，施工过程又是一个动态过程：永久性建筑物将随施工进程按一定顺序修建；临时性建筑物和临时设施则随着施工的进展而逐渐建造、拆除转移或废弃；同时，水文、地形等自然条件也将随着施工的进展而不断变迁。因此，研究施工总体布置，解决施工地区空间组织问题，必须同施工进度等施工组织设计的其他环节协调考虑。对于工期较长的大型水电工程，还需根据不同施工时期的现场特点，分期作出布置。

8.5.2　施工总体布置图设计原则

施工总体布置图的设计，由于施工条件多变，不可能列出一种一成不变的格局，只能根据实践经验，因地制宜，按场地布置优化的原理和原则，创造性地予以解决。

一般说来，设计施工总体布置图应该符合以下原则：

（1）合理使用场地，尽量少占农田。

（2）场区划分和布局应符合有利于生产、方便生活、易于管理、经济合理的原则，并符合国家有关安全、防火、卫生和环保等的专门规定。

（3）一切临时建筑物和施工设施的布置，必须满足主体工程施工的要求，互相协调，避免干扰，尤其不能影响主体工程的施工和运行。

（4）主要的施工设施、施工工厂的防洪标准，可根据它们的规模大小、使用期限和重要程度，在5～20年重现期内选用。必要时，宜通过水工模型试验来论证场地防护范围。

8.5.3　施工总体布置图的设计步骤

设计施工总体布置图，大体可以按以下步骤进行：

1. 收集和分析基本资料

所需的基本资料包括：施工场区的地形图；拟建枢纽的布置图；已有的场外交通运输设施、运输能力和发展规划；施工所在地的城镇及工矿企业、有关建筑标准、可供利用的住房、当地建筑材料、水电供应以及机械修配能力等情况；施工场区的土地状况；料场位置和范围；河流水文特征资料；施工地区的地质及气象资料；施工组织设计中的有关成果，如施工方法、导流程序和进度安排等。

2. 列出临建工程项目清单并计算场地面积

在掌握基本资料的基础上，根据工程的施工条件，结合类似工程的施工经验，编拟临建工程项目单，估算它们的占地面积、敞棚面积、建筑面积，明确它们的建筑标准、使用期限以及布置和使用方面的要求，对于施工工厂还要列出它们的生产能力、工作班制、水电动力负荷以及服务对象等情况。必要时，应结合施工分期分区情况来编列清单，使临建工程的分片布置更加清晰。

3. 进行现场布置总体规划

施工现场总体规划是施工总体布置的关键，要着重研究解决一些重大原则问题，如总体布局、主要交通干线及场内外交通衔接、临建工程与永久设施的结合、施工前后期的结合等。在工程施工实行分项承包时，尤其要做好总体规划，明确划分各承包单位的施工场地范围，并按总体规划要求进行布置。

4. 临时建筑物的具体布置

临时建筑物的布置，通常是在现场布置总体规划的基础上，根据对外交通方式，按实际地形地貌，依一定顺序进行的。

5. 方案调整与选定

施工场地布置的协调和修正，主要是检查临建工程与主体工程之间有无矛盾、各项临建工程之间有无干扰、生产和施工工艺是否协调、防火安全和环境卫生能否满足要求、占用农田是否合理等，如有不协调的地方，应进行适当调整。通常要提出若干个布置方案，进行综合评价和选择，并对选定的方案绘制施工总体布置图。

需要指出，施工总体布置方案可以从不同的角度来进行评价。其评价因素主要有定性因素和定量因素两大类。经常用来对定性、定量因素进行综合评价的方法有层次分析法、效用函数法、模糊分析法和专家评分法等。

8.5.4 施工分区布置

1. 主要施工分区

大、中型水利水电工程进行施工总平面布置时，一般可按以下分区：

(1) 主体工程施工区。

(2) 施工工厂设施区。

(3) 当地建材开发区。

(4) 仓库、站场、码头、转运站等储运系统。

(5) 机电、金属结构和大型施工机械设备安装场地。

(6) 工程弃料堆放区。

(7) 施工管理及生活营区。

2. 施工分区的总体布局方式

根据枢纽布置和地形条件的不同，施工场地的总体布局有以下几种情况：

(1) 一岸布置和两岸布置。

若工程比较集中且下游比较平坦开阔，可在枢纽轴线下游的一岸或两岸设立施工场地。当设在一岸时，则这一岸的选择常受电站厂房位置和对外交通线路的影响。若分设在两岸，则主要场地的确定也受上述因素的影响。如丹江口工程由于对外铁路、公路都自左岸引入，采取了左右结合以左岸为主的布置方案。隔河岩工程大坝为混凝土重力拱坝，坝址位于高山峡谷地区，右岸岸边布置电站厂房，其施工总布置如图 8-21 所示。

(2) 集中布置和分散布置。

无论是一岸布置还是两岸布置，集中布置具有占地少、布置紧凑和管理方便等许多优点，但有些工程由于地形陡峻，主体工程附近没有合适的场地供集中布置，化整为零的分散布置也常被采用。不过即使是分散布置，有些临时设施仍然需要相对集中地布置。

(3) “一条龙”和“一二线”布置。

如果坝址位于峡谷地区，两岸地形陡峻，则施工场地常沿河流一岸或两岸的冲沟分布，形成“一条龙”的布置方式。直接影响工程施工的临时设施尽可能地靠近施工现场，随着影响程度的减弱，逐渐向下游延伸，如江西上犹江、浙江新安江、青海李家峡及许多峡谷枢纽等均采用此布置。如果离工地一定距离处有适合布置生活区的场地或城镇，采用“一二线”布置比较理想，即工区布置在施工现场，生活区集中布置在较远的地方。

枢纽工程的组成不同，施工辅助设施的构成也不尽相同，其施工布置常有很大差异。对以混凝土坝为主体的枢纽工程，在进行施工总体布置时，当以骨料开采、运输、加工、储存和混凝土的拌和、运输、浇筑为主线来规划布置各项施工工厂和临时设施。对以土石

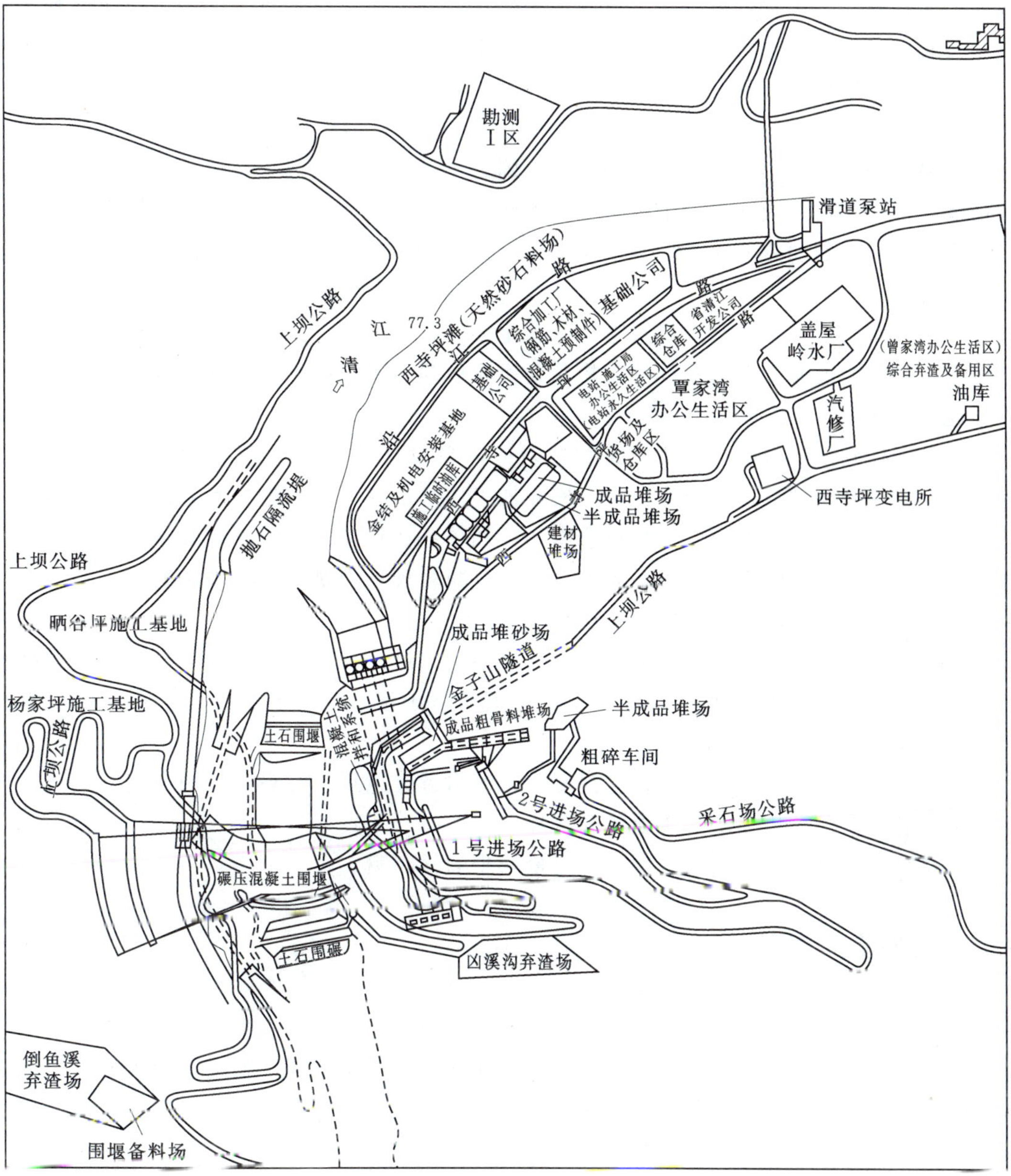

图 8－21　隔河岩工程施工总布置

坝为主体的枢纽工程，其施工总体布置的重点应放在土石料开采、加工、堆置和上坝线路等方面，并以此为主线来规划布置其他施工设施和施工工厂。

规划施工场地时，对水文资料要进行认真研究。主要场地和交通干线要满足防洪标准。在坝址上游布置临时工程时，要研究施工期间由于导流、截流、拦洪、蓄水等原因而引起的上游水位变化，保证在淹没前能顺利撤走。在峡谷冲沟内布置施工场地时，要注意冲沟的承雨面积，分析研究山洪突然袭击的可能。

有些工程建成以后，就成为工程所在地区的工农业发展中心，形成一些相当规模的城镇，对于这样一些工程，就有必要在确定工程建设的同时，结合将来的城市建设规划来考虑施工总体布置，虽然表面上会提高某些临建工程的标准，增加工程的投资，但从整体来看是值得研究的比较方案。

3. 施工分区布置注意事项

如果对外交通采用铁路或水路，应首先确定车站或码头的位置，然后布置场内外交通的衔接和场内交通干线，再沿干线布置各项施工工厂和仓库等设施，最后布置办公、生活设施以及水、电和动力供应系统等。如果对外交通采用公路，则可与场内交通联成一个系统来考虑。

车站应布置在施工场区入口附近，并有足够的临时堆场，工地的一般器材仓库可以靠近车站布置，而油库、炸药库等危险物品仓库应单独布置，设立一定的警戒线，并和场内外交通联系起来。

混凝土拌和系统应设在主要浇筑对象附近，并和混凝土运输线路相协调。水泥仓库、骨料仓库、预制构件厂、钢筋加工厂、模板加工厂，都应尽量靠近拌和系统。如果地形条件不允许，至少应使水泥仓库、骨料仓库和拌和系统布置在一起，形成运输流水线。骨料加工厂应布置在料场附近，以免运输废弃料，并减轻现场干扰。弃料堆场的布置，不能影响各项永久工程和导流工程及施工和运行。

机械修配厂要尽量靠近交通干线，以利重型机械进出；中心变电站常设在比较僻静便于警戒的地方；码头和供水抽水站可布置在枢纽下游河边，但要考虑河岸稳定、河水流速、水位变化等条件的影响。

制冷厂应布置在混凝土建筑物和混凝土系统附近，冷水供应最好采用自流方式，输送距离不宜太远，以减少提水加压设备和冷耗。

金属结构、机电设备安装基地，宜尽量减少运输距离。

8.6 大型临时设施

水利工程施工的大型临时设施，除导流建筑物外，主要包括交通运输、仓库、施工辅助企业、行政管理和生活用房、水电临时设备和动力供应设施等。施工布置主要是根据工程的规模、特点、施工条件、施工进度及施工方法，拟定临时设施的设置项目，估算建筑面积和占地面积，确定其平面布置位置。

8.6.1 生产性临时设施

生产性临时设施主要包括砂石料生产系统、混凝土生产系统、钢筋混凝土预制厂、木料及模板加工厂、钢筋加工厂、各类机械修配厂、机电设备及金属结构安装场等。它们的规模、类型要根据建设地区的具体条件及建设工程对各类产品需要加工的数量和规格确定。所需建筑面积可参考有关资料或经验数据选定。

工地上常用的几种加工厂（如钢筋混凝土预制厂、木料及模板加工厂、钢筋加工厂等）的建筑面积 F，可用式（8-21）确定，即

$$F=KQ/(TSa) \qquad (8-21)$$

式中　Q——加工总量，m^2、t、…；

K——不均衡系数，取1.3～1.5；

T——加工总工期，月；

S——每m^2场地月平均产量；

α——场地或建筑面积利用系数，取0.6～0.7。

各类临时建筑的结构形式，应根据使用期限及当地条件确定。使用年限较短时，一般可采用竹木结构；使用年限较长时，常采用砖木结构或装拆式活动房屋。

8.6.2　工地临时仓库设施

工地临时仓库组织包括确定材料的储备量、确定仓库面积、进行仓库设计及选择仓库位置等。施工现场所需仓库按其用途分为转运仓库（设在大车站、码头及专用线卸货场，为转运之用）、中心仓库（即总仓库，储存整个建筑工地或区域型建筑企业所需材料及需要整理配套的材料仓库）、现场仓库（或堆场，为某一在建工程服务的仓库，一般均就近设置）。

1. 仓库材料储备量的确定

材料储备既要保证工程连续施工的需要，但也不应储存过多使仓库面积过大，积压资金。一般须根据现场条件、供应方式及运输条件来确定。

（1）全工地的材料储备，常按年、季组织储备，按式（8-22）计算，即

$$q_1=K_1Q_1 \tag{8-22}$$

式中　q_1——总储备量；

K_1——储备系数，一般情况下，对于水泥、砖瓦、管材、块石、石灰、沥青等材料，可取0.2～0.3；对于型钢、木材等用量小，不经常使用的材料，取0.3～0.4；

Q_1——该项材料最高年、季需用量。

（2）单位工程的材料储备量，应保证工程连续施工的需要，同时应与全场材料的储备综合考虑，做到减少仓库面积，节约资金。其储备量可按式（8-23）计算，即

$$q_2=nQ_2/T \tag{8-23}$$

式中　q_2——单位工程材料储备量；

n——储备天数；

Q_2——计划期间内需用的材料数量；

T——需用该项材料的施工天数，其值应大于n。

2. 仓库面积的确定

当施工单位缺少资料时，可参考有关施工手册资料选用，或按材料储备期计算。当用于施工规划时，可采用系数进行估算。

（1）按材料储备期计算，即

$$F=q/P \tag{8-24}$$

式中　F——仓库面积，m^2；

q——材料储备量；

P——每 m^2 仓库面积上存放材料数，可查有关手册。

(2) 按系数计算，适用于施工规划估算，即

$$F=\varphi m \tag{8-25}$$

式中 F——所需仓库面积，m^2；

φ——系数，可查有关手册。

m——计算基数，可查有关手册。

材料存放方式及仓库结构形式，应根据材料性质、种类、当地气候等条件确定。仓库的位置，应根据施工组织设计中施工总平面图设计统筹安排。

8.6.3 生活行政临时设施

在组织工程施工时，须为施工人员准备行政、生活福利设施。确定这类临时建筑，应尽量利用施工现场及其附近的原有房屋，或提前修建可资利用的永久性工程为施工生产服务，不足部分再修建临时房屋。修建临时建筑的面积主要取决于建设工程的施工人数，并参照有关资料合理确定。

按照实际使用人数确定建筑面积，可由式 (8-26) 计算，即

$$S=NP \tag{8-26}$$

式中 S——所需建筑面积，m^2；

N——实际使用的人数；

P——建筑面积指标，见表 8-4。

表 8-4　行政、生活福利临时建筑面积参考指标　单位：m^2/人

序号	临时房屋名称	指标使用方法	参考指标	序号	临时房屋名称	指标使用方法	参考指标
1	办公室	按使用人数	3～4	8	招待所	按高峰年平均人数	0.06
2	宿舍	按高峰年平均人数	2.5～4.0	9	托儿所	按高峰年平均人数	0.03～0.06
3	家属宿舍	按户数 (m^2/户)	16～25	10	子弟学校	按高峰年平均人数	0.06～0.08
4	食堂兼礼堂	按高峰年平均人数	0.5～0.9	11	其他公用设施	按高峰年平均人数	0.05～0.10
5	医务所	按高峰年平均人数	0.05～0.07	12	厕所	按工地平均人数	0.02～0.07
6	浴室	按高峰年平均人数	0.07～0.1	13	工人休息室	按工地平均人数	0.15
7	理发室	按高峰年平均人数	0.01～0.03				

临时宿舍建筑的设计应遵守节约、适用和装拆方便的原则，按照当地气候条件，工程施工工期的长短确定结构形式。

8.6.4 临时供水和供电设施

8.6.4.1 工地临时供水设施

1. 施工现场需水量计算

施工现场需水量主要包括施工生产用水量、施工机械用水量、施工现场生活用水、生活区生活用水量、消防用水量等 5 部分，各部分用水量的计算可结合有关手册和用水定

额，按有关公式进行。

施工现场总用水量，可根据上述 5 部分用水量的大小，按有关规定确定。

2. 水源选择及确定临时给水系统

(1) 水源选择。

施工现场临时供水水源应尽量利用附近现有的给水管网，只有当施工现场附近缺少现成的给水管线或无法利用时，才另选天然水源。

天然水源可选用地面水（如江河、湖泊、人工蓄水库等）或地下水（如井水）。选择的水源必须水量充沛可靠，能满足施工现场最大需水量的要求，水质应符合生产、生活饮用水的水质要求，取水、输水、净水设施安全可靠，施工、运转、管理和维护方便。

(2) 临时给水系统。

施工临时给水系统由取水净水设施、储水构筑物（水塔及蓄水池）、输水管和配水管组成。通常，应尽量先修建厂区拟建永久性给水系统，只有当工期紧迫、修建永久性供水系统难应急需时，才修临时供水系统。

临时给水系统所用水泵，一般采用离心泵，水泵扬程可按有关公式计算。

8.6.4.2　工地临时供电

施工现场临时供电组织，一般包括计算用电量、选择电源、确定变压器、布置配电线路及决定导线断面等。

1. 工地总用电量计算

工地临时供电包括动力用电和照明用电两类。总用电量可按有关公式计算。

各种机械设备和室外照明用电定额，可参考有关手册资料选定，或采用企业本身积累的资料。如果每日为单班施工，用电量计算可不考虑照明用电。

2. 选择电源及确定变压器

工地临时供电电源的选择，须考虑的因素有：施工过程中的最高负荷；各个施工阶段的电力需要量；用电设备在施工现场上的分布情况及距离电源的远近；施工现场现有电气设备容量；电源位置应尽量布置在用电设备集中、负荷最大、输电距离最短的地方。

工地临时用电电源，通常有以下几种情况：

(1) 全部由工地附近电力系统供给。全面开工前完成永久性供电外线工程并设置变电站。

(2) 工地附近的电力系统只能供给部分电力，工地需增设临时电力系统以补不足。

(3) 利用附近高压电力网输电，设置降压变电所。

(4) 工地位于边远地区，电力全部由工地临时电站供给。

配电线路须设在道路一侧，不得妨碍交通和施工机械的运转，并应避开堆料、挖槽及修建临时工棚用地，具体布置按施工平面图进行。

8.6.5　施工运输设施

前述已提及，施工期间的交通运输分为对外交通运输和场内交通运输。选择运输方式时，须考虑各种因素，如运输量大小、运距及货物的性质、品种，现有运输设备条件，利用现有航运、铁路、道路的可能性，当地地形、地质、气象等自然条件，铺设临时运输道路、装卸、运输费用等。当有数种可行运输方案时，应经比较确定。

1. 场内交通运输

场内交通运输是指材料、物资、机械、设备等在工地范围内的流动，如将骨料从筛分楼运到拌和楼、将土石料从采料场运到土石坝坝面等。场内交通方案要确保施工工地内部各工区、当地材料产地、堆渣场、各生产区、各生活区之间的交通联系，主要道路与对外交通衔接。

工地敷设临时道路，通常是指施工现场内部及工地附近短距离的道路修建。大量的运输道路应尽量利用现有的和拟建工程永久性道路为施工服务。

2. 对外交通运输

对外交通运输是指将材料、物资、器材等从国家交通干线或地方支线的车站、码头运送到工地的运输。常用的场外交通运输主要有铁路运输、公路运输和水路运输等 3 种方式。铁路运输的优点是运输能力大、运行费用低，但初期投资大，施工期长，还需要公路作为辅助；公路运输具有方便、灵活、适应性强、施工期短、投资少等优点，但公路运输耗油多，运行成本高；水路运输的优点是运输量大、投资少、运营费低，但水路运输季节性强，且运输线路受到一定的限制。目前施工中对外交通多采用公路运输方式。

水利水电工程建设的施工过程中，所需运输的物资不仅多种多样（如大宗建筑材料，机电设备及金属结构，加工的成品、半成品，施工用的机械设备，以及职工生活福利用物品等），而且运输量大、运输强度高、季节性强。这些施工所需物资多数由外地运来，一般由专业运输单位按施工进度计划安排承运。工程所在地区内的物资运输，通常由施工单位负责。工地范围内的运输均由施工单位自行组织。

施工运输组织主要包括确定运输量、选择运输方式和计算运输工具需要量等。

场外货物运输量的确定，可用式（8－27）计算，即

$$q=K\sum Q_iL_i/T \tag{8-27}$$

式中 q——日货运量，t·km/d；

Q_i——各种货物年度需用量，或全部工程的货物用量；

L_i——各种货物从发货地点到储存地点的距离，km；

T——工程年度运输工作日数（对单位工程取该工程的运输日数）；

K——运输工作不均匀系数，铁路运输取 1.5；汽车运输取 1.2；水路运输取 1.3。

【引例分析】

1. 隔河岩工程施工总布置原则

（1）满足工程施工工艺和进度的要求，合理利用山区地形以减少土石方工程量，尽量利用荒地、坡地以节约用地。

（2）根据工程特点和场地条件规划布局，右岸为主，左岸为辅，生产与生活区相对分开。

（3）在满足施工需要的前提下，尽可能结合永久城镇建设规划。

（4）场内交通与对外交通条件相适应，以公路运输为主。运输线路流畅，避免或减少

反向运输；主要道路按城市道路设计，标准适当提高；妥善解决施工期与地方公路运输相互干扰等问题。

(5) 考虑工程采用招投标制，坝区不设大型加工、修配企业，并尽量少建永久性房屋。

(6) 易燃易爆材料仓库符合有关规范的要求，布置于离主要施工系统较远的安全地带。

(7) 永久场地高程布置在2%频率洪水位以上，施工场地高程布置在5%频率设计洪水位以上。

2. 场内交通布置

(1) 场内交通。

施工初期，对外公路从坝下游2.5km的西寺坪索道桥进场，中、后期主要从下游三里店大桥经刘家河进场。

场内运输方式以公路为主，辅以胶带机运输。公路运输总量约4100万t，高峰年运量约890万t，高峰月运量约90万t。场内公路干、支线长度：左岸11.0km，右岸20.6km，总长31.6km。

1) 左岸公路主要利用原红（花套）—火（烧坪）公路改建，至胡家沱分为高低线布置，低线沿红—火公路经晒谷坪直达坝址，并分岔到基坑，担负导流隧洞、围堰施工和基坑出渣运输，在导流隧洞进出口施工时，对原公路局部改线，并架设跨越洞口的公路桥。高线（绕坝公路）通向上游倒渔溪与红—火公路相连并分别与左岸上坝公路及250m缆机平台公路连接。左岸绕坝公路解决了大坝施工期沿江公路中断后的地方货物过坝运输问题，还满足了左岸坝基、缆机平台开挖和升船机施工运输要求。

2) 右岸公路。自右岸刘家河起，沿清江而上，分别经过施工企业区、办公生活区到坝址、电站及采石场。主要有滨江路、西寺坪一路、西寺坪二路、上坝公路、采石场公路等。

3) 地方物资过坝问题。大坝工程开工后，红—火公路被切断。初期利用左岸绕坝公路过坝，后期结合库区淹没补偿规划，在左岸拟利用原七一钢厂已建从下渔口经柏树、天柱山至鸭子口的公路与长（长阳）—资（资丘）—渔（渔峡口）公路衔接。右岸利用上坝公路—采石场公路与茅坪—花桥—五（五眼泉）公路衔接，以解决上游货运问题。

(2) 两岸交通联系。

结合对外公路运输方案，两岸交通联系采用在下游三里店建永久公路大桥（正桥长362m），前期在西寺坪建汽车索道桥（桥长300m）的方案，缩短对外公路里程约10km，并能与长阳县城建结合。在汽车索桥通车前先建简易汽车轮渡码头，以实现初期物资过江运输。

3. 主要施工工厂布置

(1) 混凝土拌和系统（右岸高低系统、左岸临时系统）。

1) 右岸低系统位于坝下游约600m、高程100m的鳝鱼岭附近，设$3\times1.5m^3$拌和楼两座。主要供应上游碾压混凝土围堰、电站护坦和附属工程混凝土。

2) 右岸高系统设在距右坝肩下游100m、高程为180m平台上。主要供应大坝、电站引水口、升船机等部位混凝土。

3）左岸临时系统为解决左岸导流隧洞和下游围堰保护面板混凝土供料而设。系统位于坝址下游1km的晒谷坪，高程94m，设$1\times1.5m^3$拌和站。

（2）砂石加工系统。

1）右岸低系统。主要开采西寺坪和八公滩的天然砂石料，高程在100～115m内。

2）右岸高系统。采石场位于大坝右岸的细沙坡，生产人工砂石料。

3）左岸临时系统。主要开采坝址上游3.5km沿市口滩的天然砂石料，骨料加工设在左岸晒谷坪，高程92～105m。

（3）综合加工厂。

综合加工厂位于西寺坪临江利用弃渣回填的场地上。

（4）钢管及金属结构拼装厂。

该厂位于西寺坪临江利用弃渣回填的场地上。钢管及金属结构加工基本上由外地专业厂承担，工地设拼装厂，两厂可调剂共用。

（5）机电安装基地。

机电安装基地位于西寺坪临江利用弃渣回填的场地上。

（6）机械、汽车修配厂。

机械大修和大部分中修由承包商或委托外地企业承担，坝区只承担部分中修，中修厂设在西寺坪，自卸汽车保养厂设在西寺坪临江边，机械及自卸汽车停放场左右两岸分设。

4. 仓库布置

除大部分煤和部分生活物资由长阳县内供应外，大部分施工外来商品物资由外地供应。由铁路和部分水运、公路运输到工地。除在宜昌市设铁路中转站及在红花套水运中转站设部分仓库外，其余仓库均设在坝区。在西寺坪设综合仓库，存放钢材、化工、配件、劳保用品、建材和部分袋装水泥等；钢筋、木材、水泥、金属结构、机电设备、机械设备等仓库附设在各施工企业内；炸药库设在左岸下渔口附近的林家湾，油库设在距坝址3.5km的右岸洞子冲。坝区仓库建筑面积1.62万m^2，其中货棚0.22万m^2，堆场1.4万m^2。

5. 办公及生活区布置

办公及生活区布置主要集中在左岸覃家湾、曾家湾一带，施工单位办公和生活用房，按施工承包商分别设于各自营地，坝区用房仅解决工地施工人员所需。房建面积15万m^2（按7500人、人均$20m^2$），高峰期增加人员的住房由承包商自行解决。工程建设管理单位（清江开发公司、质检部门）职员的办公生活和生产试验用房共$15000m^2$；勘测、设计、科研单位的办公生活及生产试验用房共$7000m^2$；招待所和其他用房为$8000m^2$。全部办公生活公用建筑面积约18万m^2。

6. 施工场地排水规划

原则以右岸西寺坪主要工区为重点，结合永久使用要求采用暗排为主，砂石筛分系统排水与施工场地排水分别独立设计。

因坝区内无污染性企业，采用雨水和生活污水合用一个排水系统，生活区和施工工厂较集中的区域采用暗排，其他分散场地采用明排为主。排水涵管根据汇水面积和场地分区状况，分成若干独立排水系统，各排水主干涵一般都垂直于清江，支线则根据道路和地形布置。坝轴线以上的右岸凶溪沟和左岸倒鱼溪弃渣场因位于水库淹没区，属临时场地，但考虑到这两条溪沟的来水量较大，布置临时排水明渠。

7. 施工布置的特点与经验

隔河岩工程布置低混凝土拌和系统，利用河道天然砂石料；高混凝土拌和系统，利用人工砂石料，选择距拌和系统较近的料场运距近，开采运输加工流程自上而下，较为经济。利用宜昌交通中转设施（东湖车站、铁路转公路）、现有基地和机修、汽修、加工设施；葛洲坝集团施工中标后，可利用其在宜昌市的生活基地。这些都使隔河岩工地大大减少了施工工厂和生活福利设施规模。临时过江索道桥花费投资不多，只用两个月就架通，解决了坝下游两岸交通（对外公路在左岸，施工主要工区在右岸）问题。有关隔河岩工程的施工总布置，如图 8-21 所示。

【技能训练】

一、填空题

1. 一个工程项目的建设过程要经历________、________、________ 3 个阶段。

2. 在基建程序中，前期工作是指________。

3. 施工组织设计是研究________、选择________、对工程施工________的指导性文件。

4. 施工进度计划的成果可用________、________或________表示。

5. 工期压缩的方法有________与________两种。

6. 网络图进度中的时差有________与________。

7. 施工组织设计的关键内容包括________、________和________ 3 个方面。

8. 施工总布置的场区划分和布局应符合________、________、________、________的原则。

二、选择题

1. 工程建设可行性研究是在（　　）阶段进行的。

A. 规划　　B. 设计　　C. 施工

2. 设计任务书是在（　　）阶段进行的。

A. 规划　　B. 设计　　C. 施工

3. 施工措施计划是在（　　）编制的。

A. 规划阶段　　B. 设计阶段　　C. 施工阶段

4. 要缩短总工期，只有压缩（　　）的时间。

A. 关键项目　　B. 非关键项目　　C. 虚项目

5. （　　）的延续时间，可以在时差范围内适当延长，以降低施工强度。

A. 关键项目　　B. 非关键项目　　C. 虚项目

6. 关键项目的总时差为（　　）。

A. 0　　B. 非 0　　C. 可为 0 或非 0

7. 非关键项目的自由时差为（　　）。

A. 0　　　　　　　　B. 非 0　　　　　　　　C. 可为 0 或非 0

8. 施工场区的地形图，比例尺应为（　　）。

A. 1/10000～1/1000　B. 1/50000～1/2000　C. 1/100000～1/5000

三、判断题

1. 施工进度计划是规定工程施工顺序与速度的文件。（　　）

2. 施工总进度计划是在初步设计阶段在单项工程进度计划的基础上进行综合制订的。（　　）

3. 在技施设计中，就要编制单项工程施工措施设计。（　　）

4. 技施设计一般是与工程施工进度同步进行。（　　）

5. 施工的骨料加工厂应布置在混凝土工厂附近。（　　）

6. 水电站设备安装基地宜布置在水电站厂房附近。（　　）

7. 当河流进行梯级开发或区域开发，对一条河流或一个区域的水电工程，宜建立集中的生产生活基地。（　　）

8. 各项临时建筑物施工设施宜采用集中和分散相结合的布置方式。（　　）

四、问答题

1. 何谓基建程序？进行水利水电工程建设，为什么必须遵循基建程序？

2. 何谓施工组织设计？有何重要作用？

3. 初步设计阶段，施工组织设计包括哪些内容？

4. 编制施工进度计划的目的是什么？

5. 简述施工总进度计划的编制步骤。

6. 水利水电枢纽工程施工总进度有哪些重要控制环节？在安排进度时其起什么控制作用？

7. 网络进度的时间参数有哪些？任何一个项目的最早可能开始时间如何计算？

8. 施工总布置的任务是什么？

9. 简述施工总布置的步骤。

五、计算题

1. 土坝枢纽施工采用全段围堰、隧洞导流，坝高 67.5m。工程于 1995 年初开始，1996 年 6 月底坝体应达 42m 起拦洪作用。1997 年初第一台机组发电。各项工程的工程量及施工强度参考指标列入表 8－5。每月工作日数按 25d 计。安排其施工进度。

表 8－5　　各项工程的工程量及施工强度参考资料

工程项目	单位	工程量	施工强度	工程项目	单位	工程量	施工强度
隧洞	m	750	2～3m/d 工作面	围堰			0.5 个月
钻孔灌浆	m	1100	30～60m/d	溢洪道	m^3	200000	1000～2000m^3/d
混凝土截水墙	m^3	1400	100～200m^3/d	厂房混凝土	m^3	23000	100～200m^3/d
坝基开挖	m^3	24500	500～1000m^3/d	机组安装			3 个月
拦河坝	m	67.5	0.3m/d	蓄水			3 个月

2. 有 3 个施工点需要混凝土。选择拌和楼的位置有 3 个可能位置，具体资料列入表 8－6 中。求最经济的位置。

表 8－6　　确定拌和楼位置所需资料

拌和站位置	建造费	施工点	(一)(需 5 万 m^3)	(二)(需 6 万 m^3)	(三)(需 3 万 m^3)
甲	7 万元	运输单价	1.0 元/m^3	1.2 元/m^3	1.5 元/m^3
乙	9 万元		1.1 元/m^3	0.9 元/m^3	1.3 元/m^3
丙	5 万元		0.8 元/m^3	1.3 元/m^3	1.2 元/m^3

3. 计算图 8－22 所示的网络进度各作业的最早可能开始时间、最迟必须开始时间、总时差及总工期。时间单位为 d。

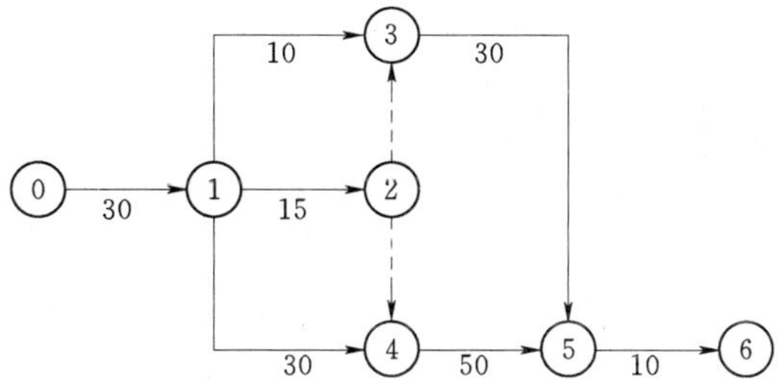

图 8－22　网络进度

参 考 文 献

[1] 谭靖夷．中国水利发电工程．施工卷［M］．北京：中国水利水电出版社，2000.

[2] SL 303—2004 水利水电工程施工组织设计规范［S］．北京：中国水利水电出版社，2004.

[3] 胡志根，肖焕雄．水利水电工程施工布置优化［M］．北京：科学出版社，1997.

[4] 司兆乐，水利水电施工技术［M］．北京：中国水利水电出版社，2002.

[5] 张景秀．坝基防渗与灌浆技术［M］．北京：中国水利水电出版社，2002.

[6] 白永年．中国堤坝防渗加固新技术［M］．北京：中国水利水电出版社，2002.

[7] 魏璇．水利水电工程施工组织设计手册（上、下）［M］．北京：中国水利水电出版社，2002.

[8] 朱伯芳．大体积混凝土温度应力与温度控制［M］．北京：中国电力出版社，1999.

[9] 徐干成，白洪才，郑颖人，等．地下工厂支护结构［M］．北京：中国水利水电出版社，2002.

[10] 涂兴怀．工种施工实习实训．北京：中国水利水电出版社，2003.

[11] 钟汉华，冷涛．水利水电工程施工技术．2 版．北京：中国水利水电出版社，2010.

[12] 刘道南．水工混凝土施工．北京：中国水利水电出版社，2010.

[13]《水利水电工程施工技术》课程建设团队．水利水电工程施工技术．北京：中国水利水电出版社，2011.

[14] 董邑宁．水利工程施工技术与组织．2 版．北京：中国水利水电出版社，2010.

[15] SL 260—98．堤防工程施工规范．北京：中国水利水电出版社，2012.

[16] 水利水电工程管理与实务．北京：中国建筑工业出版社，2011.

[17] 袁瑞文．钢筋工实用技术手册．武汉：华中科技大学出版社，2011.

[18] 毛昶熙，段祥宝，李思慎，等．堤防工程手册．北京：中国水利水电出版社，2009.

[19] 杜云岭．河道修防工．郑州：黄河水利出版社，2012.

[20] SL 172—2012 小型水电站施工技术规范．北京：中国水利水电出版社，2012.